中国科学院科学出版基金资助出版

半导体科学与技术丛书

金属有机化合物气相外延基础及应用

陆大成　段树坤　著

科 学 出 版 社
北 京

内 容 简 介

金属有机化合物气相处延(MOVPE)技术是制备化合物半导体异质结、低维结构材料，以及生产化合物半导体光电子、微电子器件的重要方法。本书是国内第一本全面系统地介绍MOVPE的专著，从理论和实践两个方面分别论述了该技术的生长系统和原材料特性等实验基础、MOVPE生长热力学、化学反应动力学和输运现象等理论基础。在此基础上系统介绍了III-V族和II-VI族化合物半导体材料生长及其量子阱、量子点等低维结构的MOVPE生长，以及在光电器件和电子器件方面的应用。书中附有大量参考文献，以便读者进一步参考。

本书可供从事半导体科研和生产的科研人员、大专院校教师和研究生使用。

图书在版编目(CIP)数据

金属有机化合物气相外延基础及应用/陆大成，段树坤著. —北京：科学出版社，2009

（半导体科学与技术丛书）

ISBN 978-7-03-023845-0

I. 金… II. ① 陆… ② 段… III. 有机金属化合物-气相外延生长-研究 IV. O627

中国版本图书馆 CIP 数据核字 (2008) 第 213222 号

责任编辑：张　静　孟积兴／责任校对：张怡君

责任印制：吴兆东／封面设计：陈　敬

科学出版社出版

北京东黄城根北街 16 号

邮政编码：100717

http://www.sciencep.com

北京凌奇印刷有限责任公司印刷

科学出版社发行　各地新华书店经销

*

2009 年 5 月第　一　版　开本：720×1000　1/16

2025 年 2 月第四次印刷　印张：23 1/2

字数：457 000

定价：128.00 元

(如有印装质量问题，我社负责调换)

《半导体科学与技术丛书》出版说明

半导体科学与技术在 20 世纪科学技术的突破性发展中起着关键的作用，它带动了新材料、新器件、新技术和新的交叉学科的发展创新，并在许多技术领域引起了革命性变革和进步，从而产生了现代的计算机产业、通信产业和 IT 技术。而目前发展迅速的半导体微/纳电子器件、光电子器件和量子信息又将推动本世纪的技术发展和产业革命。半导体科学技术已成为与国家经济发展、社会进步以及国防安全密切相关的重要的科学技术。

新中国成立以后，在国际上对中国禁运封锁的条件下，我国的科技工作者在老一辈科学家的带领下，自力更生，艰苦奋斗，从无到有，在我国半导体的发展历史上取得了许多“第一个”的成果，为我国半导体科学技术事业的发展，为国防建设和国民经济的发展做出过有重要历史影响的贡献。 目前，在改革开放的大好形势下，我国新一代的半导体科技工作者继承老一辈科学家的优良传统，正在为发展我国的半导体事业、加快提高我国科技自主创新能力、推动我们国家在微电子和光电子产业中自主知识产权的发展而顽强拼搏。出版这套《半导体科学与技术丛书》的目的是总结我们自己的工作成果，发展我国的半导体事业，使我国成为世界上半导体科学技术的强国。

出版《半导体科学与技术丛书》是想请从事探索性和应用性研究的半导体工作者总结和介绍国际和中国科学家在半导体前沿领域，包括半导体物理、材料、器件、电路等方面的进展和所开展的工作，总结自己的研究经验，吸引更多的年轻人投入和献身到半导体研究的事业中来，为他们提供一套有用的参考书或教材，使他们尽快地进入这一领域中进行创新性的学习和研究，为发展我国的半导体事业作出自己的贡献。

《半导体科学与技术丛书》将致力于反映半导体学科各个领域的基本内容和最新进展，力求覆盖较广阔的前沿领域，展望该专题的发展前景。丛书中的每一册将尽可能讲清一个专题，而不求面面俱到。在写作风格上，希望作者们能做到以大学高年级学生的水平为出发点，深入浅出，图文并茂，文献丰富，突出物理内容，避免冗长公式推导。我们欢迎广大从事半导体科学技术研究的工作者加入到丛书的编写中来。

愿这套丛书的出版既能为国内半导体领域的学者提供一个机会，将他们的累累硕果奉献给广大读者，又能对半导体科学和技术的教学和研究起到促进和推动作用。

夏建白

2005 年 3 月 16 日

前　言

金属有机化合物气相外延(MOVPE)是20世纪60年代末期发展起来的利用金属有机化合物进行金属输运的一种化合物半导体气相外延新技术。在MOVPE发展之初就显现出制备多种化合物半导体和进行异质外延生长的优点。随着能带工程概念的提出，如何生长低维结构半导体材料和制造低维结构器件就成为研究的热点。MOVPE技术由于能在纳米尺度上精确控制外延层的厚度、组分、掺杂及异质结界面，所以其与分子束外延(MBE)技术一起成为制备化合物半导体异质结、低维结构材料的重要方法，推动了半导体物理学和材料科学的发展，以全新的概念改变了光、电器件的设计思想，为新一代性能更好的固态量子器件研制打下了基础。与MBE相比，MOVPE更适合于批量生产，现已成为生产光电器件的主要手段，并且也应用于高速电子器件的研制与生产中。

我国MOVPE技术的探索工作始于20世纪70年代中期，在国家自然科学研究基金、“863”计划、“973”计划等支持下，80年代逐渐在研究所和大学展开，90年代在国家多项产业化项目推动下，利用MOVPE制造的半导体激光器、高亮度发光管、太阳能电池和高速电子器件等都已实现产业化。当前我国的MOVPE事业正处在前所未有的快速发展期。然而，目前我国尚无论述MOVPE技术的专门著作。现有的散见于丛书或其他书中简单介绍MOVPE的篇章与MOVPE学科的发展和当前的实际需要十分不相称。适逢《半导体科学与技术丛书》出版之际，我们下决心将过去出版的有关MOVPE技术专题加以扩充，撰写一本比较全面系统论述MOVPE技术的专著。我们结合我国实际，力图反映国内外最新进展，以满足我国半导体科学技术发展的需要。

MOVPE技术涉及物理、化学等许多学科，是多项高技术的综合，它既属于材料科学，又是器件制造中的一个重要工艺。本书从理论和实践两方面加以论述。全书分四部分：相关的实验基础、理论基础、具体材料生长和在器件方面的应用。在相关的实验基础上，对MOVPE设备、原材料进行了比较全面的评述。在生长机理方面，不仅讨论了热力学、动力学和流体力学模型，也介绍了实验研究方法。在具体材料生长方面分层次地论述了单层、异质结和低维结构。在器件方面的应用也作了介绍。本书力求突出物理内容，避免冗长公式，深入浅出，我们希望本书对广大科技工作者、研究生和高年级本科生能有切实的帮助。

作者感谢科学出版社和《半导体科学与技术丛书》编委会主编夏建白院士、副主编陈弘达研究员以及中国科学院半导体研究所领导在编著本书的过程中的大力支持和帮助。感谢中国科学院科学出版基金的资助。

限于作者的水平，书中难免有这样或那样的缺点，甚至有错误和不妥之处，恳切希望读者批评、指正。

陆大成　段树坤

2008 年 8 月于北京

目　　录

第1章 绪 论

半导体科学与技术是信息化的基础。半导体科学的发展同半导体材料和器件制造技术的发展密切相关。本书所讨论的金属有机气相外延作为一种半导体气相外延新技术，随着半导体异质结构和低维结构的发展，在化合物半导体材料和器件制造中占有越来越重要的地位，在信息技术快速发展和得到广泛应用的今天将会发挥更大的作用。

1.1 外 延 生 长

晶体生长中“外延”一词始用于 1928 年。基于矿物学覆盖生长(overgrowth)现象和 X 射线衍射结构数据，Royer 提出了外延(epitaxy)一词。英文中外延一词 epitaxy 是由希腊文“Επι(Epi)”和“ταξιο(taxio)”引申而来的，意思是“在……之上排列”。它是指在具有一定结晶取向的原有晶体(一般称为衬底)上延伸出并按一定晶体学方向生长薄膜的方法，这个单晶层被称为外延层。而将外延生长技术应用于半导体领域则是 1959 年末，外延生长首先用来制备硅单晶薄膜，很快应用到化合物半导体的制备中，并成为不可或缺的手段[1]。外延生长与从熔体中直接拉制体单晶相比较有下列优点：可在低于衬底熔点的温度下生长半导体单晶薄膜；可以生长薄层、异质外延层和低维结构材料；可以生长组分或杂质分布陡变或渐变的外延层；可以在衬底指定区域内进行选择性外延生长。外延技术的发展使半导体器件从杂质工程走向能带工程，它的应用与发展对于提高半导体材料的质量和器件的性能，对于新材料、新器件的开发，对于半导体科学的发展都具有重要意义。

但是，外延生长速度慢(典型为 1~10μm/h)，如果用来生长单晶锭或生长厚层作为衬底使用则消耗比较多的时间。只有对于 GaN 这种从熔体中生长单晶锭极为困难，而用氢化物气相外延生长速度可高达每小时数百微米，用外延方法制备衬底才有实际价值。

现在已经发展了很多种外延方法，这里简要介绍几种常用的外延生长技术：1961 年和 1963 年相继问世的氯化物气相外延和液相外延技术，随着半导体超晶格和低维结构对材料的需求于 1968 年出现的金属有机气相外延和分子束外延生长技术，以及 1984 年在分子束外延和金属有机气相外延两种技术的基础上发展的化学束外延技术。

1.1.1　液相外延

液相外延(liquid phase epitaxy, LPE)是指在一定取向的单晶衬底上，利用溶质从过饱和溶液中析出生长外延层的技术。例如，饱和了 GaAs 的 Ga 溶液，通过降温，在 GaAs 衬底上生长 GaAs 外延层。其生长的驱动力是溶液中溶质的过饱和度。外延生长过程是在近平衡条件下进行的。LPE 分为倾斜舟法[2]、坩埚浸渍法和滑动舟法[3]等，目前应用最广的是多槽滑动舟法，衬底依次与放置在多个槽中的不同熔体接触进行多层外延生长。

LPE 的优点是生长设备比较简单、生长速度快、纯度比较高、外延层的位错密度通常低于所用的衬底、操作安全。例如，作为溶剂的高纯金属 Ga 本身就是外延层 GaAs 的基体之一，所以不会造成沾污。对于溶剂中那些液-固分配系数小于 1 的杂质，还有提纯作用。另外从 Ga 熔剂中析出的 GaAs 具有富 Ga 的化学计量比，使得外延层中能够导致深电子陷阱的 EL_2 的 Ga 空位和 As 反位(As 占 Ga 位)缺陷浓度低。这些都使得 GaAs 外延层的纯度很高。在用 LPE 生长 AlGaAs 时，生长系统中的氧在熔体的表面上形成高度稳定的 Al_2O_3 膜，阻止了作为深能级杂质的氧并入外延层，因此早期用 LPE 生长的 AlGaAs 外延层的质量远远优于用其他外延方法制得的材料。

液相外延的主要缺点是表面形貌比较差、对外延层与衬底的晶格匹配要求较高、当溶液中含有固-液分凝系数与 1 相差较大的组分时，很难在生长方向上获得均匀的固熔体组分或掺杂，在生长多种材料和薄层、超薄层及复杂结构方面有局限性。

尽管有这些缺点，LPE 技术曾广泛用于生长 GaAs、GaAlAs、GaP、InP、GaInAsP 等半导体材料单晶层，制作发光二极管、双异质结激光器、太阳能电池、微波器件等。时至今日 LPE 仍用于某些器件的生产，如 GaAs 发光二极管。

1.1.2　气相外延

气相外延(vapor phase epitaxy, VPE)是将含有组成外延层元素的气态化合物输运至衬底上，进行化学反应而获得单晶层的方法。氯化物气相外延(Cl-VPE)、氢化物气相外延(HVPE)和后来发展起来的金属有机气相外延 (MOVPE) 都属于气相外延。

氯化物气相外延中金属和非金属都以氯化物形式输运[4]。例如，为生长 GaAs，氢气携带 $AsCl_3$ 蒸气流经石英反应管内加热到 850°C 的盛液态 Ga 的石英舟表面，发生反应

$$AsCl_3 + 3Ga \longrightarrow 1/4As_4 + 3GaCl \tag{1-1}$$

开始生成的砷溶解到 Ga 中，直到 Ga 表面析出 GaAs 壳。此后气态的 As_4 和 GaCl 混合物流到 750°C 的生长区，在衬底上进一步发生 GaCl 的歧化反应得到外延层：

$$3GaCl + 1/2As_4 \longrightarrow 2GaAs\downarrow + GaCl_3 \qquad (1\text{-}2)$$

当高温和有 H_2 存在时还可能发生 GaCl 的氢还原反应生成 GaAs

$$2GaCl + 1/2As_4 + H_2 \longrightarrow 2GaAs\downarrow + 2HCl \qquad (1\text{-}3)$$

氯化物气相外延的特点是设备比较简单、外延层纯度高、易于批量生产。但 Cl-VPE 和所有的 VPE 方法一样使用的气体源或易挥发的液体源，具有毒性和腐蚀性。因而不仅要求生长系统密封性好并且耐腐蚀，还需要有防毒、防爆、防火的安全措施。

早在 1961 年 Cl-VPE 技术就应用于生长 III-V 族半导体材料，并且成功制备了超高纯度的 GaAs 外延层[5]。

氢化物气相外延(HVPE)[6]与氯化物气相外延的区别在于采用非金属的氢化物(如 AsH_3)取代其氯化物($AsCl_3$)。仍以 GaAs 为例，氢气携带 HCl 流经石英反应管内加热到 850°C 的液态 Ga 表面，发生反应

$$HCl + Ga \longrightarrow GaCl + 1/2H_2 \qquad (1\text{-}4)$$

V 族元素砷以氢化物 AsH_3 形式输运到生长界面。在 750°C 的生长区进一步发生 GaCl 的歧化反应，在衬底上生成外延层：

$$3GaCl + 2AsH_3 \longrightarrow 2GaAs\downarrow + GaCl_3 + 3H_2 \qquad (1\text{-}5)$$

当通入砷烷和磷烷混合气时，则生长出 GaAsP 三元固溶体。再增加呈液态 In 的石英舟提供 InCl 蒸气还可以生长 InGaAsP 四元固溶体。HVPE 已用于大规模商业生产同质 GaAsP 发光二极管(LED)。

近年来氮化物的 HVPE 成为新的研究热点。氮化物的 HVPE 是用氢气携带 HCl 流经加热到 850°C 的液态 Ga 表面生成 GaCl，再流到~1100°C 的生长区与 NH_3 混合发生反应，在蓝宝石衬底上生长 GaN 外延层。除前面提到可制作 GaN 衬底外，在制备 Al 化物方面取得突破性进展。生长含 Al 氮化物时，用 HCl 流经 550°C 的固态 Al 表面反应生成的 $AlCl_3$ 为铝源，而不用与 SiO_2 反应管发生反应引起硅沾污的 AlCl。现已生产出 2in* AlN 自支撑衬底，也已制备出发光波长~ 420nm 的 AlGaN/InGaN/AlGaN 发光二极管[7]和阱宽为 2~6nm 的 GaN/AlGaN 量子阱结构[8]。

氯化物和氢化物气相外延的共同缺点是必须在反应室内建立两个温区，以完成各自的反应。HVPE 的原材料中的非金属砷和磷的氢化物毒性比 Cl-VPE 使用的砷和磷的氯化物更大。

1.1.3 金属有机化合物气相外延

金属有机化合物气相外延(MOVPE)与 Cl-VPE 和 HVPE 不同的是它是利用金属有机化合物进行金属输运的气相外延。以生长 GaAs 为例，用氢气通过盛有 $(CH_3)_3Ga$ 的鼓泡瓶，携带其蒸气和 AsH_3 一同进入反应室，在加热到 650°C 的 GaAs

---

* 1in=2.54cm。

衬底表面，发生反应

$$(CH_3)_3Ga + AsH_3 \longrightarrow GaAs\downarrow + 3CH_4 \tag{1-6}$$

生长出 GaAs 外延层。这种热分解-合成反应是在单一温区内完成的。因为 MOVPE 可采用金属有机化合物(简称 MO 源)的种类很多，所以导致该方法具有制备多种化合物和多元固溶体的灵活性；生长外延层的各组分和掺杂剂都是以气态的方式通入反应室的，通过控制气态源的流量和通断时间可以控制外延层的组分、厚度、界面和掺杂浓度；通常情况下晶体生长速率与 III 族源的流量成正比，因此生长速率调节范围较广。MOVPE 适于生长薄层、超薄层，乃至超晶格、量子阱材料等低维结构，而且可以进行多片和大片的外延生长，易实现产业化。MOVPE 技术现已获得广泛应用，成为制备化合物半导体异质结、低维结构材料，以及生产化合物半导体光电子、微电子器件的重要方法。用 MOVPE 技术生产半导体激光器、发光管、太阳能电池和高频、高速电子器件等都已形成产业。

MOVPE 技术除使用具有毒性的氢化物外，还使用了在空气中易自燃，并有一定毒性的 MO 源，安全问题更加重要；使用的原材料价格昂贵；为了得到需要的均匀和重复的外延层，在生长过程中必须严格控制大量参数，这些都是 MOVPE 技术的不足之处。

1.1.4 分子束外延

分子束外延(molecular beam epitaxy, MBE)是 20 世纪 60 年代末期在真空蒸发沉积的基础上发展起来的一种外延技术[9]。它是在超高真空(UHV)条件下，将构成外延层各组元的原子或分子束流，以一定的速率喷射到被加热的衬底表面，在其上进行化学反应，并沉积成单晶薄膜的方法。MBE 生长系统由高真空外延生长分系统、检测分析分系统和生长过程的控制分系统组成。仍以 GaAs 为例，在超高真空条件下，III 族 Ga 和 V 族元素 As 分别从各自的束源炉以可控速度蒸发出来，并且以分子束的形式喷射到加热的衬底表面上，当衬底表面存在 III 族 Ga 原子时，V 族 As_4 分子到达表面时的黏附系数就为 1，与 Ga 原子结合成 GaAs 化合物分子并入晶格。因此只要有足够的 V 族元素束流入射到衬底上，就可以获得符合化学计量比的 III-V 化合物外延层。其生长速度完全由 III 族入射束流所决定。利用束源炉快门来切换到达衬底的分子束组成，可以随意改变外延生长层的种类和掺杂类型。通常认为 MBE 生长过程是远离平衡状态由动力学支配的过程，但在衬底表面与气态分子之间存在准平衡区，使晶体生长在近热力学平衡的条件下进行。

MBE 的优点是生长温度低、生长速率低、纯度高、均匀性和重复性好，生长界面陡峭。生长室内可配置多种原位分析仪器，适时监测单原子层晶体的生长过程。MBE 技术与能带工程结合，制备出一系列人工异质结、超晶格、量子阱等低维结构材料，观察到许多新的物理效应，如量子尺寸效应、量子隧穿效应、分数霍尔效应等低维物理现象。基于这些物理效应，开发出了新一代的高电子迁移率晶体管、异质结双极晶体管、超高速微波、毫米器件与电路、量子阱激光器、量子级联激光器、红外探测器、调制器等。

MBE 技术虽然能用于生产，但超高真空装置费用和运转费用昂贵。每次添加原材料都需要打开反应室，再次生长前，必须经过长时间烘烤以恢复超高真空条件，降低了设备利用率。此外，相当低的生长速度限制了 MBE 在某些含有厚层结构的器件方面的应用，表面卵形缺陷也很难克服。这些因素都不利于 MBE 在器件生产上的应用。

1.1.5 化学束外延

MBE 有许多衍生技术，都是在 MBE 与 MOVPE 基础上发展起来的超薄层生长技术。例如，1980 年出现的以气态 V 族氢化物源代替固态单体 V 族元素的“气态源分子束外延”(GS-MBE)。又如以 III 族 MO 源代替 III 族元素，或 V 族元素也被 V 族金属有机化合物代替的“金属有机化合物分子束外延”(MO-MBE)。如果既用 III 族 MO 源又用 V 族氢化物气体源的，称为“化学束外延”(chemical beam epitaxy, CBE)[10]。CBE 技术综合了 MBE 和 MOVPE 的特点。由于反应室处于超高真空状态，将原来 MOVPE 技术使用的 MO 源的输运从黏滞流变成分子流，III 族元素的原子是通过金属有机化合物在热衬底上热解获得的，因而保证了材料的均匀性。此外，在高生长速率下也不产生卵形缺陷。这种方法还保留了 MBE 技术中可以原位检测分析和清洁环境的优点。采用 CBE 技术已经制备出一些优质的半导体材料和器件，如 InP、InGaAs。另外，CBE 的高真空环境，提供了研究金属有机化合物的分解过程和了解外延层生长机构的条件。

由于引入了气体源和 MO 源，CBE 生长系统需要在 MBE 装置的基础上增加气体引入控制和尾气处理装置。同时外延系统由于大的气体负载，真空装置需使用特殊的扩散泵或分子泵。另外，由于 MO 源的纯度以及带来的碳沾污，CBE 外延层的纯度要比固体源 MBE 差。虽然 CBE 技术已经提出了 20 多年，目前 CBE 仍仅作为研究手段，很难用于生产。

上述各种外延方法优缺点是相对的，因为各种外延方法自身都在发展，而且相互借鉴，互相促进。Cl-VPE、HVPE 和 LPE 技术都曾对半导体的发展起过很大的促进作用。当材料和器件结构进入纳米量级，MOVPE 和 MBE 逐渐成为主要的生长手段，而 MOVPE 技术在生产中的应用更加重要。

1.2 MOVPE 概述

本书讨论的金属有机化合物气相外延(metalorganic vapor phase epitaxy, MOVPE)，又称有机金属化合物气相外延(organicmetal vapor phase epitaxy，OMVPE)[11]，它是

利用金属有机化合物进行金属输运的一种气相外延生长技术。在该技术发展的初期称为金属有机化合物化学气相沉积(metalorganic chemical vapor deposition，MOCVD)，正如它的名字所表示的，强调的是利用金属有机化合物进行化学反应的气相沉积，而不强调生长层一定是单晶。不过至今这几个名称仍然同时在使用。鉴于本书主要讨论化合物半导体的外延生长，故采用 MOVPE 的名称。

MOVPE 技术始于 1968 年 Manasevit 的工作[12]，更早期的工作可追溯到 20 世纪 50 年代中期[13]。Manasevit 首先在蓝宝石上进行了多种 III-V 族半导体材料的异质外延生长，但是那时生长的外延层质量远不如当时广泛采用的液相外延(LPE)和氯化物气相外延(Cl-VPE)技术生长的外延层。到了 1975 年，由于原材料纯度的提高和生长工艺的改进，Seki 等[14]用 MOVPE 方法制备出 77K 时的电子迁移率为 120 000cm^2/(V·s)的器件级 GaAs 同质外延层，才消除了长期以来人们对采用 MO 源会引起碳沾污的疑虑，导致了几个实验室相继开展 GaAs 场效应晶体管(FET)、GaAs/GaAlAs 注入式激光器和太阳能电池的研究工作。Dupuis 和 Dapkus[15]于 1978 年首次报道了可在室温下连续工作的低阈值电流密度注入式激光器。Saxena 等[16]在 1980 年报道了在 369 倍聚光下，太阳能电池的转换效率为 23%。不久 Duchemin 和 Hirtz 等[17,18]分别研制成功了 GaInAs 和 GaInAsP 激光器和场效应晶体管。此后，MOVPE 技术引起人们极大的兴趣并进行了广泛的研究，取得了一系列的进展。特别值得指出的是，用 MOVPE 技术生长出 AlInP 和 AlGaInP 等用 LPE 以及 Cl 化物或 H 化物 VPE 技术不能生长的材料，并且用于大规模生产高亮度红色、橘黄色和琥珀色发光二极管、红光激光器以及高效率太阳能电池[19-21]。而在 GaN 方面的突破最引人注目，从 1989 年 Akasaki、Amono 研制成功第一支 pn 结 GaN 蓝光发光二极管[22]，到 1993 年底 Nakamura 等实现了 InGaN 异质结发光二极管的产业化[23]和 1995 年研制成功 InGaN 量子阱蓝光激光器[24]并迅速推向市场，表明 MOVPE 技术是迄今为止生长 AlGaInN 的最好方法。

今天，MOVPE 技术已经得到广泛应用。它不仅成为制备化合物半导体异质结、超晶格、量子阱等低维结构的主要手段，而且还是生产化合物半导体光电子、微电子器件的重要方法。用 MOVPE 生产半导体激光器、发光管、太阳能电池和高频、高速电子器件等都已形成产业，并且仍在继续发展之中。还需指出的是，今天它不仅应用于半导体领域，现已扩展到金属、绝缘介质等多种材料体系，成为现代外延技术的重要组成部分。

如前所述，MOVPE 是用氢气携带金属有机化合物和(或)氢化物分子连续地输运到反应室内加热的衬底上方，在衬底表面上生成外延层。例如，用三甲基镓(TMGa) 和砷化氢 (AsH_3) 生长 GaAs 的反应，见式(1-6)。

如果同时通入三甲基铝(TMAl)，则得到 $Ga_{1-x}Al_xAs$ 三元固溶体：

$$(1-x)(CH_3)_3Ga + x(CH_3)_3Al + AsH_3 = Ga_{1-x}Al_xAs\downarrow + 3CH_4 \quad (1-7)$$

如果再同时通入 PH_3，则得到 $Ga_{1-x}Al_xAs_yP_{1-y}$ 四元固溶体：

$$(1-x)(CH_3)_3Ga + x(CH_3)_3Al + yAsH_3 + (1-y)PH_3 = Ga_{1-x}Al_xAs_yP_{1-y}\downarrow + 3CH_4 \quad (1\text{-}8)$$

MOVPE 的生长室，虽然只有单一温区，但生长过程并不像式(1-6)~(1-8)表示的那样简单，其生长机构要复杂得多。生长过程涉及输运和多组分、多相的化学反应，见图 1-1。氢气作为运载气体携带 MO 源和氢化物等反应剂进入反应室，随着气体流向加热的衬底，其温度逐渐升高，在气相中可能会发生如下反应：金属有机化合物[路易斯(Lewis)酸]与非金属氢化物或有机化合物(路易斯碱)之间形成加合物，当温度进一步升高时 MO 源和氢化物及加合物的逐步热分解甚至气相成核。气相中的反应品种扩散至衬底表面后首先吸附到表面，然后吸附的品种会在表面迁移并继续发生反应，最终并入晶格形成外延层。表面反应的副产物从生长表面脱附，通过扩散，再回到主气流，被载气带出反应室。此外也有部分气相反应产物被气流直接带出反应室。

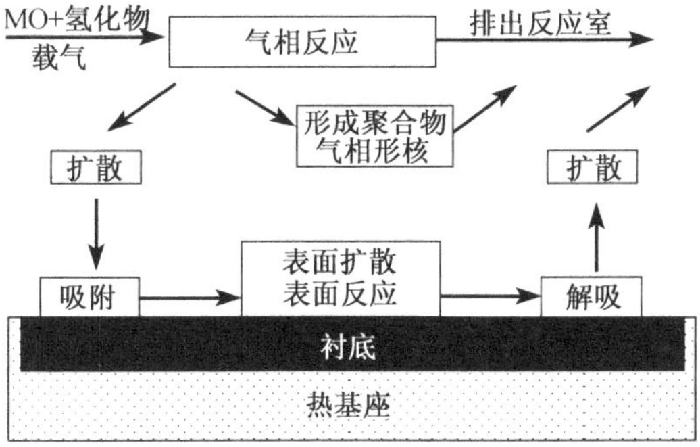

图 1-1　MOVPE 生长过程示意图

正是这种生长过程的复杂性使得晶体生长工作者长期以来在很大程度上是凭经验，靠不断地调整各种工艺参数，通过大量实验直到生长出所希望的外延层。随着对 MOVPE 过程的深入研究，目前初步建立了一些比较适用的模型帮助我们理解和预言 MOVPE 生长系统的特性。

本书将从理论和实验两个方面加以讨论。首先介绍相关的实验基础：第 2 章讨论了 MOVPE 生长设备，包括外延层生长过程的各种光学在位监测仪器。第 3 章 MOVPE 技术使用的原材料，包括 MO 源和氢化物。在生长机理方面，第 4 章讨论 MOVPE 的热力学问题。热力学因素决定外延生长所有过程的驱动力、固溶体的组分等。第 5 章讨论化学反应动力学、质量输运和模型化。化学反应动力学决定反应室内气相和衬底表面上所发生的各种化学反应的速度，流体动力学控制原材料输运到固−气生长界面的速度，在两者基础上建立了化学反应−输运模型。第 6 章讨论表面过程，包括生长模式、表面再构。在第 7、8 两章里讨论二元半导体化合物和多元固溶体的单层 MOVPE 生长和掺杂。其中第 7 章为 III-V 族化合物半导体的 MOVPE 生长，重点是 GaAs 基、InP 基和 GaN 基化合物。第 8 章介绍 HgCdTe 等窄带 II-VI 族化合物和 ZnSe 基、ZnO 基宽带 II-VI 族化合物的 MOVPE 生长。第 9 章讨论超晶格、量子阱及量子点等低维结构生长出现的新问题。第 10 章讨论 MOVPE 技术在器件方面的应用。由于各种材料与多种器件结构的组合数量过大，只能选择典型的光电和微波器件来说明 MOVPE 应用到具体器件结构生长时需要解决的具体问题，试图达到举一反三的目的。

参 考 文 献

[1] Herman M A, Richter W, Sitter H. Epitaxy: Physical principles and technical implementation. Berlin: Springer, 2004.

[2] Nelson H. Epitaxy growth from the liquid state and its application to the fabrication of tunnel and laser diodes. RCA Rev, 1963, 24: 603-615.

[3] Panish M B, Sumski S, Hayashi I. Preparation of multilayer LPE heterostructures with crystalline solid solutions of $Al_xGa_{1-x}As$: heterostructure lasers. Met Trans, 1971, 2: 795-801.

[4] Shaw D W. Kinetic aspects in the vapor phase epitaxy of III-V compounds. J Crystal Growth, 1975, 31: 130-141.

[5] Lin L Y, Lin Y W, Zhong X R, Zhang Y Y, Li H L. Vapour phase epitaxial growth of high purity GaAs with the $AsCl_3$-Ga-N_2 system. J Crystal Growth, 1982, 56: 344-349.

[6] Tietjen J J, Amick J A. The preparation and properties of vapor-deposited epitaxial $Ga_{1-x}AsP_x$ using arsine and phosphine. J Elentronchem Soc, 1966, 113: 724-728.

[7] Kim K H, Jang K S, Hwang S L, et al. Fabrication of SAG-AlGaN/InGaN/AlGaN LEDs by mixed-source HVPE with multi-sliding boat system. Phy Stat Sol (c), 2007, 4: 29-32.

[8] Usikov A, Shapovalova L, Kovaleukov O, et al. Novel HVPE technology to grow nanometer thick GaN, AlN, AlGaN layers and multi-layered structures. Phys Stat Sol (c), 2007, 4: 2301-2305.

[9] Davey J E, Pankey T. Epitaxial GaAs films deposited by vacuum evaporation. J Appl Phys, 1968, 39: 1941-1948.

[10] Tsang W T. Chemical beam epitaxy of InP and GaAs. Appl Phys Lett, 1984, 45: 1234-1236.

[11] Stringfellow G B. Organometallic vapor phase epitaxy: theory and practice. 2nd Edition. Boston: Academic Press, 1999.

[12] Manasevit H M. Single-crystal GaAs on insulating substrates. Appl Phys Lett, 1968, 12: 156-159.

[13] Scott T R, King G, Wilson J M. UK Patent, 778, 383.8. 1954.
Miederer W, Ziegler G, Dotzer R. German Patent, 1,176,102. 1962.
Miederer W, Ziegler G, Dotzer R. US Patent, 3,226,270. 1963.

[14] Seki Y, Tanno K, Lida K, Ichiki E. Properties of epitaxial GaAs layers from a Triethylgallium and Arsine system. J Electrochem Soc, 1975, 122: 1108-1112.

[15] Dupuis R D, Dapkus P D. Continuous room temperature operation of GaAlAs-GaAs DH laser grown by MOCVD. Appl Phys Lett, 1978, 32: 406-407.

[16] Saxena R R, Aebi V, Cooper C B, et al. High-efficiency GaAlAs concentrator solar cells by

MOCVD. J Appl Phys, 1980, 51: 4501-4503.

[17] Duchemin J P, Hirtz J P, Razeghi M, Bonnet M, Hersee S D. GaInAs and GaInAsP materials grown by LP MOCVD for microwave and optoelectronic applications. J Crystal Growth, 1981, 55: 64-73.

[18] Hirtz J P, Duchemin J P, Hirtg J P, et al. GaInAsP/InP DH laser emitting at 1.15m grown by LP MOCVD. Electronics Lett, 1980, 16: 275-277.

[19] Kuo C P, Flethch R M, Osentowski T D, et al. High performance AlGaInP visible light-emitting diodes. Appl Phys Lett, 1990, 57: 2937-2939.

[20] Ikeda M, Mori Y, Sato H, et al. Room-temperature continuous-wave operation of an AlGaInP double heterostructure laser grown by atmospheric pressure metalorganic chemical vapor deposition. Appl Phys Lett, 1997, 47: 1027-1029.

[21] Takamoto T, Ikeda E, Kurita H, Ohmori M. Over 30% efficient InGaP/GaAs tandem solar cells. Appl Phys Lett, 1997, 70: 381-383.

[22] Amano H, Kito M, Hiramatsu K, Akasaki I. P-type conduction in Mg-doped GaN treted with low-energy electron beam irradiation (LEEBI). Jpn J Appl Phys, 1989, 28: L2112-L2114.

[23] Nakamura S, Mukai T, Senoh M. Candela-class high-brightness InGaN/AlGaN DH blue light-emitting diode. Appl Phys Lett, 1994, 64: 1687-1689.

[24] Nakamura S, Senoh M, Nagahama S, et al. Optical gain and carrier lifetime InGaN MQW structure laser diodes. Appl Phys Lett, 1996, 69: 1568-1570.

第 2 章 MOVPE 生长系统

MOVPE 生长系统一般包括原材料输运分系统、反应室分系统、尾气处理分系统、控制分系统以及原位监测，如图 2-1 所示。由于反应室是生长系统的核心，因此有多种类型的反应室，也有不同的分类方法。按反应室的容量可以分为研究型的反应室和生产型设备。按气流方向与衬底的关系，可以分为水平和立式反应室。通常衬底生长面朝上，但也有衬底生长面朝下的以抑制热对流的倒置反应室。根据反应室的工作压力可分为工作在大气压下的常压 MOVPE(AP-MOVPE)反应室和低压 MOVPE (LP-MOVPE) 反应室。AP-MOVPE 的优点是设备简单、维修方便。LP-MOVPE 在反应室出口处需要增加反应室压力控制器和抽气泵系统，同时在 MO 源瓶的出口处也需要安装压力控制器，设备比常压系统复杂。然而 LP-MOVPE 有如下优点[1]：有助于消除反应室内热驱动对流、抑制有害的寄生反应和气相成核、有利于获得陡峭结和改善均匀性、减弱来自衬底的自掺杂、可以使用较低的生长温度以及可以使用较低蒸气压的 MO 源。因此 LP-MOVPE 可以改善外延层的厚度和组分均匀性，改善界面的陡峭程度，扩大金属有机化合物源的选择范围。现已成为生产型 MOVPE 的主流机型。

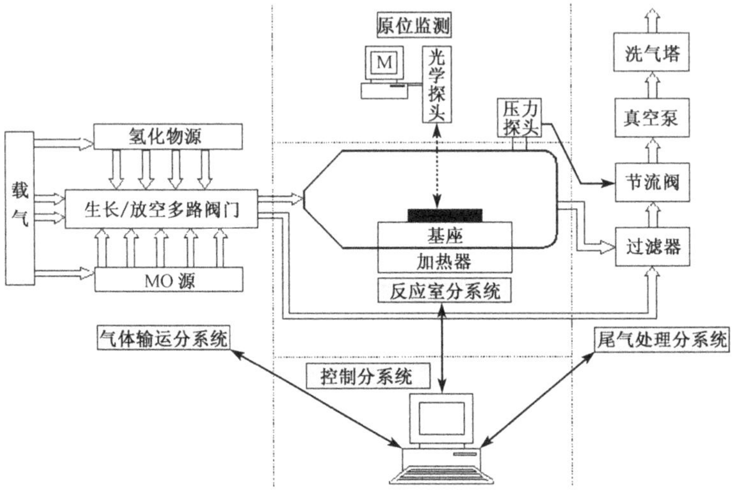

图 2-1 低压 MOVPE 生长系统示意图

2.1 MOVPE 气体输运分系统

气体输运分系统的功能是向反应室内输运各种反应剂，并精确控制其计量、送入的时间和顺序以及流过反应室的总气体流速等，以便生长特定成分与结构的外延层。气体输运分系统由载气供应子系统、氢化物供应子系统、MO 源供应子系统和特殊设计的生长/放空多路组合阀等组成。

2.1.1 载气供应子系统

载气的作用是把反应剂输运到反应室。载气供应子系统包括氢气和氮气钢瓶、压力调节阀、氢气和氮气的提纯器等。氢气易于提纯，并且具有还原性成为最广泛使用的载气。需要注意的是 H_2 遇空气可能形成易燃、易爆的混合气。N_2 的作用除了和 H_2 一样作为载气外，还利用它的惰性，在装卸衬底、更换源瓶、或维修设备打开系统前，用氮气置换系统中的氢气。

MOVPE 生长系统使用的载气需要很高的纯度。氢气提纯普遍使用钯合金扩散纯化器，利用在 300~400°C 只有氢气能扩散通过钯合金的特点，将氢气中的杂质，诸如 O_2、H_2O、CO、CO_2、N_2 和所有碳氢化合物，都降到<1ppb*。为防止工作中意外断电导致温度降低损坏钯合金膜，一般都配备不间断电源。另一种方法是采用高压氮气为动力的 Verituri 气体真空发生器抽出钯合金中的氢，并配合氮气吹扫来保护钯合金。纯化氮气(和惰性气体)则采用化学和物理吸附型纯化器，诸如锆基或镍基化学吸收型纯化器[2]。

2.1.2 氢化物供应子系统

图 2-2 为氢化物供应子系统示意图，给出标准管路和双稀释管路两种设计。标准管路用于组分气体，如 AsH_3、PH_3 和 NH_3 等，以及不需要进一步稀释的掺杂气体。在标准管路中，存储在高压钢瓶中的氢化物，经减压阀进入三通阀，该三通阀的另一入口与氢气管路相连，三通阀的出口经过质量流量控制器(mass flow controller, MFC)进入生长/放空多路组合阀，选择进入反应室或者放空。送入反应室的氢化物流量，由 MFC 来控制。MFC 给出标准状态下的流量，一般以 sccm(标准毫升每分钟)或 slm(标准升每分钟)来表示。其读数与气体性质有关，因此需用实际使用的气体进行标定。MFC 的控制精度是满量程的 1%，为此使用时需要选择合适的量程。

标准管路氢化物的摩尔流量 n_V(单位为 mol/min)，可由下式计算

$$n_V = F/V_m \qquad (2\text{-}1)$$

式中，F 为在标准状态下氢化物的流量，单位为 sccm (即 cm^3/min)；V_m 等于

* ppb 为 parts per billion 的缩写，本文中使用的是体积分数，nl/L，量级为 10^{-9}。

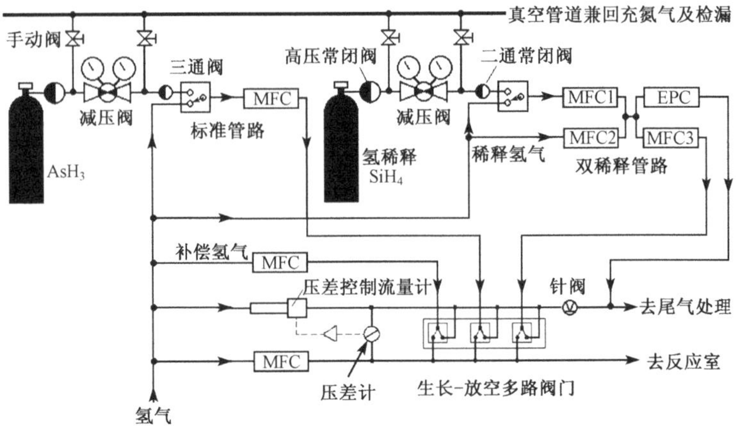

图 2-2　氢化物供应子系统示意图

MFC. 质量流量控制器; EPC. 电子压力控制器

22 414cm^3/mol，即在标准状态下理想气体的摩尔体积。

对于需要极低浓度的氢化物掺杂剂，采用双稀释管路(见图 2-2)，将钢瓶中的混合气进一步稀释，以满足工艺要求。双稀释管路是将来自第 1 支 MFC1 的氢化物在进入生长/放空多路组合阀前，再经第二支 MFC2 通入氢气进行稀释。稀释后的混合气仅有一部分通过第三支 MFC3 控制其流量通入反应室，其余通过电子压力控制器(electronic pressure controller, EPC)放空。双稀释管路最终进入反应室的氢化物源摩尔流量 n_{Hy}(单位为 mol/min)由下式计算

$$n_{\mathrm{Hy}}=\frac{\alpha\cdot F_1\cdot F_3}{V_m\left(F_1+F_2\right)} \tag{2-2}$$

式中，F_1 为来自钢瓶的氢化物流量(sccm)，α 为钢瓶中氢化物的稀释分数，F_2 为稀释流量(sccm)，F_3 为进入反应室的稀释混合气体流量(sccm)。双稀释管路调节范围与各个 MFC 量程有关。由于输入到反应室的掺杂源混合气中杂质含量一般都很低，通常不必考虑相对于标定气体(氮气)的质量流量转换系数问题。

氢化物管路还与真空管路、氮气管路相连，它们平时都用阀门隔离。在置换钢瓶前后需进行多次“抽空-回充氮气”操作，防止剧毒氢化物外泄及管路被空气沾污。真空管路附有连接氦质谱检漏仪的检漏口，用于检测系统的气密性。系统中使用的两通气动阀，都分为常开和常闭型两类；三通气动阀则有常开侧支和常闭侧支之分，其选择原则是在停电或无气源压力下阀门所处的常开或常闭状态符合系统安全要求。这些气动阀门是通过两位三通先导电磁阀门实现电控的。在氢化物钢瓶出口设置高压常闭气动阀，以便遥控关断气源。也可以在钢瓶出口附加限流阀，一旦出现流量突然增大超过设定值可以自动关断。

在氢化物子系统中，还可以增加在线的氢化物气体纯化器和水、氧分析仪，以保证和监测气体纯度；钢瓶底部增加电子秤以称量钢瓶中氢化物的消耗量；在大型

GaN 外延系统中使用液氨钢瓶加热器以补偿气化时吸热造成的降温，保证高流速氨气的供应。

2.1.3　MO 源供应子系统

MO 源多为液态存储在不锈钢鼓泡瓶中，需用载气将其蒸气携带到反应室。图 2-3 示出标准 MO 管路、单稀释 MO 管路与双稀释 MO 管路，以及鼓泡瓶和适用于固态源的源瓶。

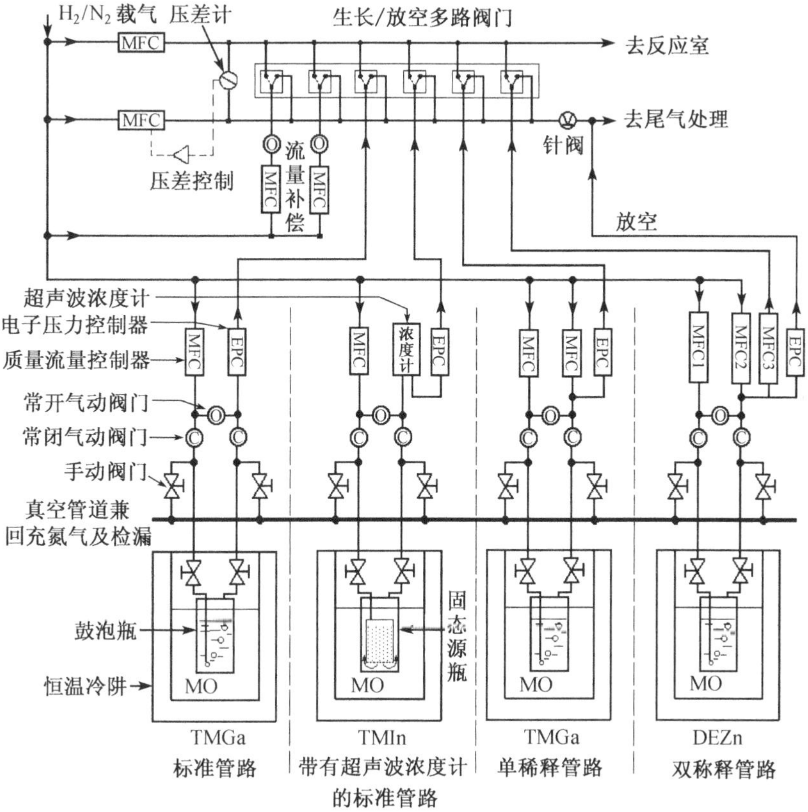

图 2-3　MO 源管路示意图

假设气体是理想的，在气相中的 MO 源以单分子形式存在，并且载气中的 MO 源已经达到饱和。则标准的 MO 源输运管路的 MO 源摩尔流量 n_{MO}(mol/min)可由下式计算：

$$n_{MO}=\frac{F\times P_{MO}}{V_m\times(P_{bub}-P_{MO})} \tag{2-3}$$

式中，P_{MO} 为源的蒸气压，P_{bub} 为鼓泡瓶内的气体压力，F 为通入鼓泡瓶的载气流量(sccm)，V_m 等于 22414(cm^3/mol)。注意应用此公式要求 P_{MO} 和 P_{bub} 单位一致。可用

n_{MO}乘以使用时间来估算源的消耗摩尔流量，再乘以相对分子质量则得到消耗的质量。载气流量由 MFC 控制，鼓泡瓶内的气体压力由 EPC 调节。为了精确控制从鼓泡瓶输出的 MO 源，将鼓泡瓶体浸没在精度为± 0.05~0.1°C 的恒温浴中，压力控制精度应达到±0.1Torr*，同时需要选择合适的 MFC 量程[3]。当 MO 源恒温浴的温度高于室温时，则要加热源瓶出口至生长/放空多路组合阀入口间的管线，以避免源在管线中凝聚。

单稀释管路是在源瓶出口处注入氢气，稀释 MO 源的蒸气以加速源的输送。通常适用于通入 MO 源瓶的载气量小的情况。单稀释管路还可避免 MO 源的蒸气在管路中凝结。单稀释管路的 MO 源摩尔流量 n_{MO}(mol/min)同样由式(2-3)计算。

双稀释管路用在注入反应室的摩尔流量特别小而 MO 源的蒸气压又高的掺杂源管路中。在双稀释管路中，进入鼓泡瓶的载气 F_1 被 MO 源饱和，流出源瓶后立即与另一股载气 F_2 混合。与单稀释回路不同的是，稀释后的混合气体只有一部分 F_3 的气流进入反应室，其余的部分则通过 EPC 经放空线放空。MO 源输运计量有四个参量可调，分别是源瓶压力(P_{bub})、F_1、F_2 和 F_3。进入反应室的 MO 源摩尔流量 n_{MO} 与这四个参量间的关系可以表示为

$$n_{MO} = \frac{F_3}{V_m} \cdot \frac{F_1}{F_2 + F_1(1+\tilde{P})} \cdot \tilde{P} \tag{2-4}$$

式中

$$\tilde{P} = P_{MO} / (P_{bub} + P_{MO})$$

选择各个 MFC 量程可以改变双稀释管路的调节范围。

通常一种元素只设置一条含有该元素的 MO 源管路，当生长具有相邻两层虽然组成元素相同但组分不同的多层结构时，为了注入计量能够快速变化，同一元素设置双重管路，即设置两个相同元素的 MO 源，如两个 TMGa 源(或 TMGa 和 TEGa 各一个)和两个 TMIn 源。

固态源(如 TMIn)需用专门设计的固态源瓶[4,5]，以避免普通源瓶经常出现的气体流过固态床路径缩短的“沟流现象”造成固态源输出剂量不稳定，还可以利用超声波浓度计测量固态源输出的浓度，再通过计算机调整 MFC 的流量值达到控制 MO 源计量的目的[6]。超声波浓度计也适用于液态源。气体流速过大和液面过低都会造成液态源的不饱和，解决的办法是前者可将源瓶内气体出口由一个变成多个，使鼓泡更分散从而增大了气-液接触面积。后者可以利用测量液面位置的液面传感器，适时监测不锈钢源瓶内的液面位置[7]。在大规模生产时，还可采用连续供应 MO 源的原位灌注技术。而在大量使用特丁基砷化氢(TBAs)或特丁基磷化氢(TBP)时，需要采用直接馈送源技术[8]。其特点是不用载气，只需调整源温使源的蒸气压

* 1Torr = 133.32237Pa。

大于反应室工作压力，MO 源直接从源瓶蒸发出来。其 MO 蒸气流量需用可在低压差下工作的特殊 MFC 控制。

2.1.4　生长/放空多路组合阀

生长/放空多路组合阀(vent-run manifold)是由多个三通阀组成。图 2-2 和图 2-3 中都给出了生长/放空多路组合阀示意图。所有反应剂都先进入该组合阀，在这里选择进入生长管线或放空管线。进入生长管线的反应剂被高速流动的载气带入反应室，而进入放空线的则被另外的载气携带到尾气系统中。

为了满足生长陡峭的异质结构或突变掺杂的需要，反应剂必须能在两管线间快速、平稳地切换[9,10]。为此切换时两管线间要维持压力平衡并进行流量补偿。利用两管线间的压差信号控制放空线的流速，使放空线的压力时刻跟随生长线的压力变化，以维持在切换时的压力平衡。如果放空管线压力超过生长管线，在切换时过量的反应剂会进入生长反应室；反之，反应剂会延迟进入反应室。为了保证在切换前后生长管线的总流量基本不变，在反应剂切入(切出)的同时还要利用在图 2-3 中的补偿 MFC 将对等量的氢气切出(切入)进行流量补偿。此外还需要尽可能降低生长管线内气流吹扫不到的“死空间”，特殊设计的生长/放空多路电磁组合阀的死空间已经低至 $0.02cm^3$。还要尽量缩短从生长/放空多路组合阀到反应室入口间的距离。

当反应剂之间有严重预反应时，如 TMAl 和 NH_3 或 TMIn 和 TBP，需采用双生长/放空多路组合阀，将反应剂分成两组分别送入反应室的两个喷口。以免进入反应室后在到达衬底前就在气相中形成颗粒，或者在阀门内部形成加合物沉淀堵塞阀门。

2.2　MOVPE 生长反应室分系统

生长反应室包含放置衬底的基座、加热器和温度传感器，有的还配备光学原位测量用的光学窗口以及自动装卸片机械手。

2.2.1　生长反应室设计的几点考虑

第一，保持反应室内气体无涡流的层流流动是反应室设计的关键。因为涡流会对外延层的界面陡峭程度、本底杂质水平、表面形貌，以及厚度、组分和掺杂均匀性都产生不利影响。有关涡流的起因以及如何抑制和消除，将在第 5 章详细讨论。

载气携带反应剂经生长/放空多路组合阀进入反应室，前者的不锈钢管外径通常为 6.3mm，而后者的直径则大许多倍，尺度上的突然扩展会造成气流离壁和形成涡流。为避免上述情况，采用缓慢扩展反应室进口段管道尺寸[11]的方法，如后面介绍的图 2-4(a)水平式反应室。对于氢气载气，避免出现离壁现象的扩展段的临界扩展角度为 5°~7°[12]。而生产型反应室则多采用特殊设计的气流分配器(或称为喷口)，如图 2-6(a)行星式气垫旋转水平反应室、图 2-7(a)高速旋转盘式反应室和图 2-8(a)紧耦合喷淋反应室等。

热基座产生的温度梯度可能引发热对流导致的涡流。抑制热对流的主要方法是降低反应室工作压力，也可用减小衬底上方的空间高度的方法，如图 2-8(a)的紧耦合喷淋反应室或利用基座高速旋转产生的“泵”作用把气流吸向基座，如图 2-7(a)的高速旋转盘式反应室。还可采用向下的大流量载气将反应剂“压”向衬底，如图 2-4(e)所示的双流反应室。图 2-4(d)所示的烟筒型反应室，则使气流方向与热对流方向一致。另外，在立式反应室中将衬底生长面朝下，使温度梯度与重力加速度矢量相反也可消除热对流。

第二，良好的衬底温度均匀性是获得均匀外延层的前提。衬底的温度均匀性是由基座的温度均匀性来保证的。为使基座温度分布均匀，可以采用多区加热或仔细调整 RF 感应圈与基座之间的耦合。采用旋转基座可以改善温度均匀性，同时也改善反应剂分布均匀性。当生长异质结构时，有时需要在不同温度下进行生长，这时不仅需要保持在不同温度下的温度均匀性不变，还需要基座的热惰性小，以满足快速改变温度的需要。

第三，克服源材料沿程耗尽所造成的外延层不均匀。解决沿气流方向不断沉积引起源材料耗尽有不同的设计理念：图 2-7(a)高速旋转盘式反应室采用的是可调节反应剂量分布的特殊喷口；图 2-6(a)行星式气垫旋转水平反应室则采取衬底自转加公转；图 2-4(a)水平反应室采用加大总流量，利用“冷指效应”保存一部分反应剂到下游使用，以获得均匀的外延层。

源与源之间的预反应也会造成源的消耗，可采用双生长/放空多路阀门分别导入反应剂，还可以在反应管入口段设置隔板，使其在到达基座前才混合。降低反应室压力，消除涡流等措施也可以抑制预反应。

第四，防止构成反应室的材料释放杂质对外延层造成沾污。基座的首选材料是包覆 SiC 的高纯石墨，石墨是电和热的良导体，在还原性气氛中有很好的化学惰性，通常可以使用到 1200°C，而 TaC 包封的石墨可以工作到 1800°C[13]，也可以使用金属钼做基座。反应室器壁通常由高纯石英玻璃或用不锈钢(水冷)制成。石英玻璃透明易于用酸来清洗是其优点，但易碎而且不易精密加工。不锈钢强度高易于精密加工并且容易使用水冷却，特别适合于大型和低压设备。密封材料选用惰性聚合物如聚四氟乙烯(Teflon 或 Kel-F)和氟橡胶(Viton)等。

第五，防止反应室在装卸片或运行时被空气沾污。反应室通常设置气闸和(或)氮气手套箱，将反应室与外界隔离，既避免装卸片过程中空气的沾污又保护了操作人员的安全。为了避免基座旋转机构可能造成的漏气，转轴采用磁流体密封，也可以利用载气驱动衬底旋转。

第六，精确地控制反应室压力。有关 LP-MOVPE 的优点已在本章开始部分论述。低压反应室的压力控制是采用在流量不变的情况下，改变反应室的尾气流动阻力来实现的。压力控制由压力传感器-节流阀-真空泵组成的闭环系统组成，见图 2-1。将来自压力传感器的信号送入控制电路以调整下游节流阀(蝶阀)的张开角度来控制泵的抽气速率，达到恒定压力的目的。真空泵的抽气速率要与反应室的最大流量相匹配。由于一般反应室的压力调节范围在 0.1~1atm*，可采用耐腐蚀的干泵或旋片式真空泵等。

图 2-4 给出了几种类型的 MOVPE 反应室示意图。图 2-4(a) 示出最简单的水

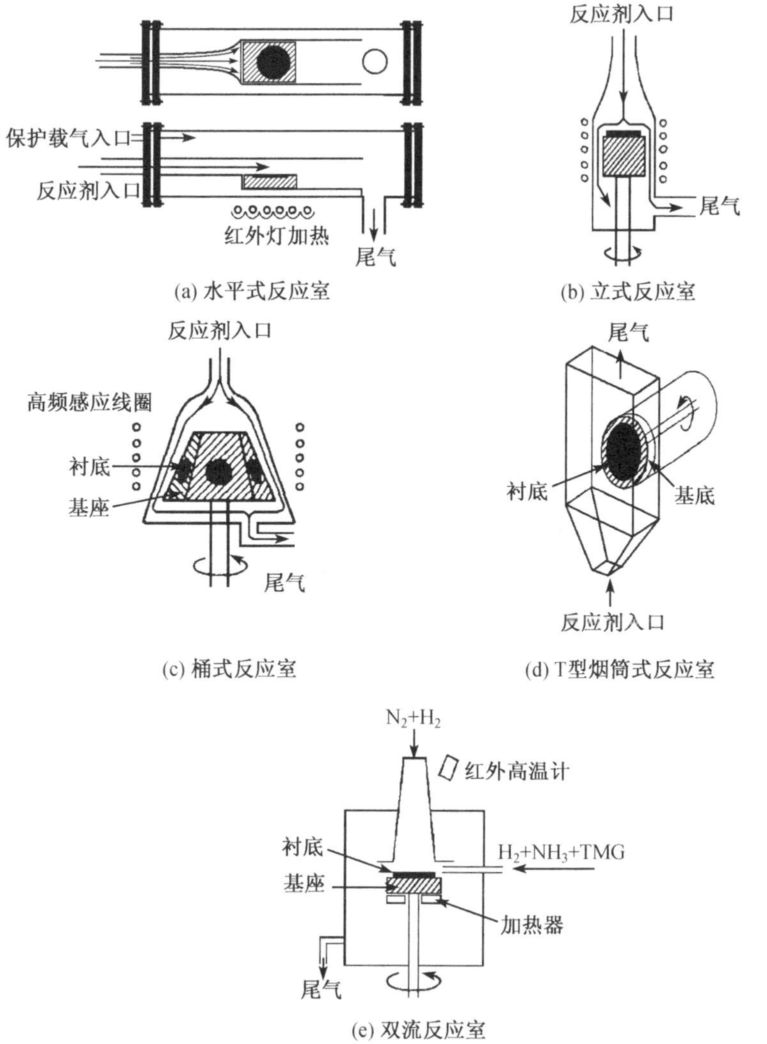

图 2-4　几种类型 MOVPE 反应室示意图

---

* $1atm=1.013\times10^5Pa$。

平式反应室，气流平行流经水平放置的衬底。(b) 为最简单的立式反应室，气流垂直流向衬底。(c) 为桶式反应室，气流平行于衬底表面流动，因此也属于水平反应室。但消除了(a)型水平反应室的侧壁沉积，改善了均匀性。T 型烟筒式反应室(d) 气流自下而上流动，类似于烟筒，但是气流也平行于衬底表面流动，属于水平反应室，其最显著的特点是抑制了热对流的产生。(e) 为双流反应室，在常压下工作。将反应剂 NH_3 和 TMGa 从衬底侧面流向衬底，从顶部向下流的 N_2 和 H_2 混合气不仅抑制热对流并把反应剂压向衬底。双流反应室成功地应用于 GaN 系材料和器件的研究与开发。

2.2.2　典型反应室简介

2.2.2.1　研究型水平反应室

小容量的水平和立式反应室由于结构简单、操作方便广泛应用于 MOVPE 实验室中，下面介绍 AIXTRON 公司生产的一种研究型水平反应室，见图 2-5(a)。它由具有矩形截面的石英内管和耐压的圆形石英保护外管组成，可以放置一片 50mm 直径的衬底。石英内管的宽高比是影响生长效率和均匀性的重要参数[14]。内外管之间亦通入氢气，以保持外管的清洁透明。为抑制 III 族金属有机化合物与 V 族氢化物之间的预反应，将它们分别导入矩形内管流经衬底后，从尾端下方流出。由于 III-V 化合物半导体的 V 族有较高的离解压，通常 V 族氢化物的气流靠近衬底，以抑制衬底的分解。衬底放在包了 SiC 的石墨基座上。热电偶插入基座内测量生长温度。基座可用高频感应加热，对于低生长温度的材料系也可用红外灯辐射加热。这两种加热方式都不在反应室内引入任何元件，即简便又不会带来任何污染。石英生长室可以方便地配备垂直入射或是以布儒斯特角入射的各种光学探测装置进行原位监测，仅需要在矩形内管相应位置开直径 5mm 的小孔。末端配备装卸片用的氮气手套箱和传递衬底时防止空气污染手套箱的气闸。

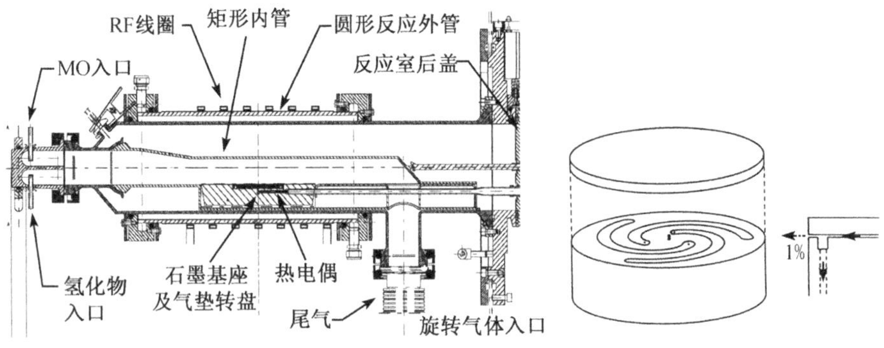

(a)　　(b)

图 2-5　AIXTRON 公司的研究型水平反应室

(a) 气垫旋转基座原理；(b) 示意图

为克服反应物的沿程损耗、侧壁效应以及热对流旋涡所造成的衬底生长速度的不均匀性，引入衬底气垫旋转技术，见图 2-5(b)[15]。气垫旋转部件由两部分组成：上面放置衬底的石墨转盘和下面的石墨固定基座。在石墨转盘的下平面中心有个小轴孔，对应的在固定基座上平面中心也有个小的轴孔，插入钼轴。但是该轴并不起支撑作用。在固定基座的上平面有三个浅的螺旋气道，每个气道在靠近中心端有个进气孔。氢气从各螺旋气道的进气孔送入，在固定基座和转盘之间形成厚度为 50~100μm 气垫，气流主要在螺旋形气道中流动，靠黏性剪切力带动转盘绕轴旋转，并经导流环从固定基座后部流出。从石墨转盘与固定基座之间的缝隙逸出的氢气量约为总驱动气量的 1%，实际上对生长的影响可以忽略。在 100sccm 的氢气驱动气流下，石墨转盘大约可以 100r/min 的转速旋转。气垫旋转技术无需机械传动，仅需从反应管后部用石英管将氢气送入石墨基座即可驱动放置衬底的石墨转盘。

2.2.2.2　生产型反应室

对于生产型反应室，除 2.2.1 节提到的关于生长反应室设计的几点考虑外，降低外延片生产成本也是设计反应室的重要考虑因素。利用相关成本分析模型(cost of ownership，COO)[16]仔细考虑反应室容量、原材料的利用率、生长给定结构材料的周期、影响设备利用率的非生长用时间(down time)等诸多方面与成本有关的因素，以期用最低的成本获得最大的收益。下面介绍三种商用 MOVPE 反应室。

(1) 行星式气垫旋转水平反应室

图 2-6(a)为 AIXTRON 公司的扁平式气垫自转加公转的行星式旋转式水平反应室示意图[15,17]。反应室的最大容量已经达到每次生长 95 片 2in 外延片。行星旋转水平反应室的 III 族和 V 族反应剂分别从上盖中央水冷三层流喷口进入反应室，通过格栅被迫转向沿放置衬底的大石墨基座和石英/石墨天棚之间的 360°环形空间内呈辐射状向外缘水平流动，经有孔的石英侧环流出。这种流动方式消除了水平反应室的侧壁，侧壁效应也随之消除。天棚和基座靠得很近，抑制了对流旋涡获得层流。三层流喷口的上、下两层走 V 族气流，中间层为 III 族气流。而水冷则有利于抑制预反应。大石墨基座上有多个放置衬底的石墨行星转盘呈环形均匀分布。大公转石

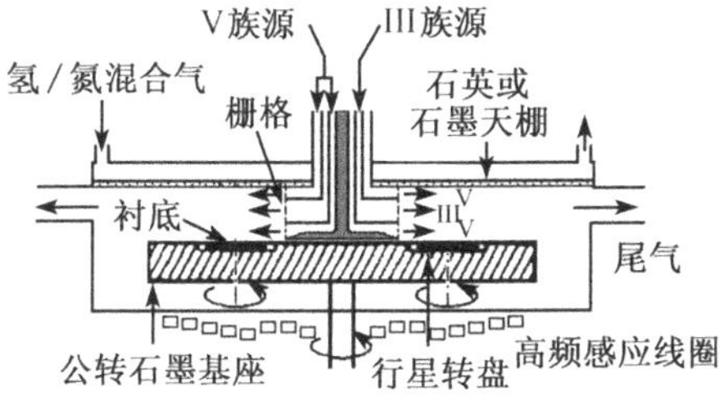

(a)

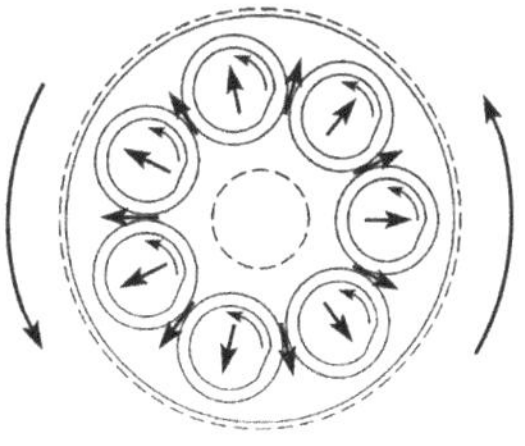

(b)

图 2-6
(a) 行星式气垫旋转水平反应室；(b) 行星转盘旋转示意图

墨基座的旋转用磁流体密封轴直接驱动，而行星石墨转盘则由气垫旋转技术驱动。衬底随大石墨基座公转又随行星转盘各自自转，实现了衬底自转加公转的行星式旋转，见图 2-6(b)。公转转盘可以全部由石墨制成，也可以在其上行星转盘以外的部分用石英覆盖，在取片时更换石英部件。后一种设计能缩短清洁公转转盘的时间，提高反应室的利用效率。

反应室的顶部为石英或石墨天棚，其上是水冷不锈钢外壳，两者间隔仅为 0.5mm，并且通入 N_2 和 H_2 混合气体。利用 N_2 比 H_2 热导率低的特点，通过改变混合气的比例来调节天棚的温度，以降低在其上的沉积。与石英天棚相比，石墨天棚不但降低了天棚温度，改善径向温度分布，降低了寄生反应，并且石墨与沉积物之间有较好的黏附性，特别石墨表面发射率在有了沉积物后并无大的变化，于是就可以取消更换石英天棚后为保证外延生长重现性的预沉积步骤。

利用衬底的自转加公转在整个衬底表面上获得均匀的生长速度。流过反应室的总气体流速是调整外延层生长均匀性的最重要参数。利用控制上层和下层流速比和天棚的温度也可以细调衬底均匀性。自转加公转还提高了片与片之间的均匀性。

对于氮化物体系采用高频感应加热，而对于生长温度较低的材料基座采用红外灯辐射加热。可用红外辐射高温计测量衬底温度。若用带发射率校正的光学高温计，控温系统可以更好地控制衬底的温度，从而提高外延层生长组分的重现性。

此种行星旋转式反应室设计有较高的原材料利用率。生长室配备装卸片氮气手套箱，也可配备机械手完成自动化装卸片操作，提高反应室的利用效率。

(2) 高速旋转盘式反应室

图 2-7(a)为 Veeco 公司的不锈钢结构的立式高速旋转盘式反应室示意图。反应室最大容量已经达到每次生长 57 片 2in 的外延片。反应剂由顶部特殊设计的气流法兰盘喷口注入，基座高速旋转(转速为 700~1500r/min)，尾气从下部流出。利用基座高速旋转产生的泵效应，来抑制立式反应室中由于喷口与基座的距离大而容易引起的热对流旋涡。这种泵效应是流体的黏性力和旋转产生的离心力联合作用的结果。在流体黏性力的作用下，靠近基片表面的一层气体随同基座一起转动；在离心力的作用下，气体不断地沿径向甩到基座的边缘。与此同时，基片上方的气体沿轴向流入基片表面以补充失去的气体。在适宜的高转速下，基座旋转可以使反应室内的气体平稳流过衬底基座不产生任何涡流的活塞流，同时也改善了基座上方的温度分布均匀性和温度梯度，从而大大提高生长速度的均匀性[18]。但是如果转速过快，在反应室壁造成压力梯度，以至最终在靠近反应室壁的转盘上方出现环形漩涡。因此基座转速成为这类反应室重要的生长参数之一。

不但氢化物与 MO 源分别由气流法兰盘喷口注入，而且 MO 源又分成可以独立调整计量的内、中、外 3 个注入区进入反应室，以改善生长层的均匀性，如图 2-7(b)和(c)所示[19,20]。不同喷口的气体出口流速必须匹配，以避免产生涡流。总流

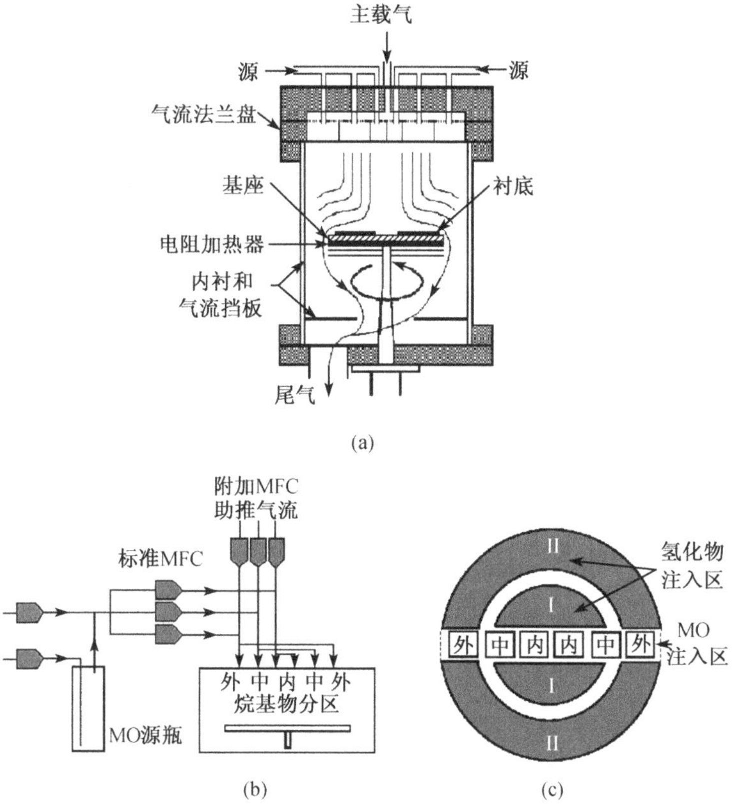

图 2-7　Veeco 公司的立式高速旋转盘式反应室示意图

(a) 反应室；(b)和(c)气流法兰盘喷口结构

速和反应室压力对均匀性也有重要影响。反应室壁用水冷却，以使反应室内温度分布和气流稳定。基座采用 2 区电阻加热。用热电偶和红外高温计共同进行温度测量和控制。

由于反应室壁沉积很少，生长室可以经过很多次生长后才需要清洗，提高了设备利用率。生长室配备装卸片的真空空气锁，通过闸板阀门与可以存放多个衬底托盘的盛片室连接。衬底预先放置在衬底托盘上，每个托盘可以放置多片衬底，用更换整个衬底托盘的方法减少装卸衬底的时间。这种设计还使得装卸衬底可在较高的温度下进行，更进一步节省装卸片所需时间。进一步装备机械手可以自动完成装卸片动作。

(3) 紧耦合喷淋反应室

图 2-8(a)为 Thomas Swan 公司的立式紧耦合喷淋反应室示意图，反应室的最大容量已经达到一次生长 30 片 2in 的外延片。其特点是注入反应剂的喷淋头与衬底之间的距离小到 10~20 mm[21,22]。从流体力学角度，缩短喷淋头与衬底的距离有益

于抑制基座上方的涡流形成。但是距离减小，会使喷淋头表面受热辐射引起高温而产生沉积，必须加以冷却。反应室壁也需用水冷却。立式紧耦合喷淋反应室中采用不锈钢制成的水冷喷淋头，喷淋头由许多内径 0.6 mm 的不锈钢管(喷孔)规则地排列而成，喷孔密度达到 15.5 个/cm^2，见图 2-8(b)。喷孔间距要小到使分别从两组相间的喷孔注入的 III 族源和 V 族源，在经过短距离到达衬底前也能充分混合。喷淋头中含有喷孔的总面积要大到能覆盖整个基座。基座采用三组电阻加热，以保证温度均匀。为了使气流从各个喷孔中均匀流出，喷淋头中跨过喷孔的压降要远大于(至少 10 倍)分配室的压降。喷淋头将反应气体均匀分配到基片上方，从而使到达基片上各点的反应气体浓度基本相同，形成厚度均匀的边界层，从而得到均匀的外延层。

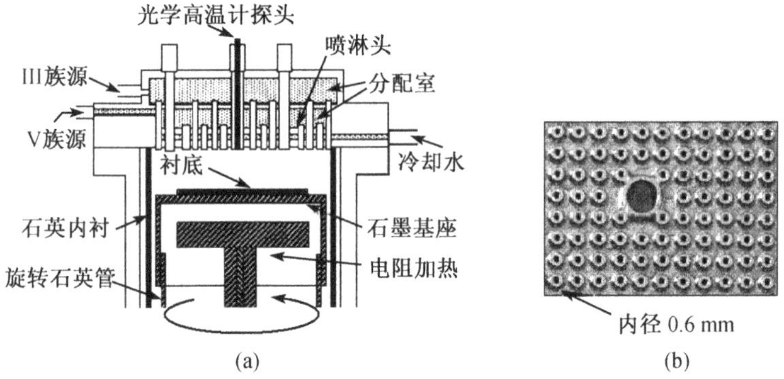

图 2-8　Thomas Swan 公司的立式紧耦合喷淋反应室

(a) 反应室结构；(b) 喷淋头的喷孔照片，大孔为光学探测孔

上述反应室在低压下操作形成无涡流的层流流动。基座的旋转速率通常为 100~500r/min。生长室的总流速(Q)、压力(P)、喷口与衬底距离(H)和基座旋转速率(ω)是影响外延层生长速度、均匀性和原材料利用率的主要因素。生长速度大体上与 $H^{-1/2}$、$Q^{1/2}$ 和$(\omega P)^{1/2}$ 成正比。由于 H 小，源迅速到达衬底，导致高的源利用率和陡峭的异质结构。

由于喷口与热基座之间的距离近，尽管喷口被水冷却但仍然会有沉积物沉积其上需要定期去除，提高总载气流量可以抑制这种沉积。

上述 3 种反应室都可以配备多种原位监测设备。高速旋转盘反应室还可以配置以布儒斯特角入射的光学监测设备。外延层厚度均匀性均可以达到 1%，并且有良好的重现性。随着产品的升级，生产效率和每片的成本将不断降低。

2.2.3　几种特殊的生长反应室

2.2.3.1　*原子层外延生长反应室*

化合物半导体的原子层外延生长(ALE)是一种制备超薄层的技术。图 2-9 以 GaAs 为例说明 ALE 的生长顺序。第 1 步将 TMGa(或 GaCl)通入反应室，TMGa 分子吸附到衬底表面，直到形成单分子层。第 2 步停止供应 TMGa，并把气相中的 TMGa 排出生长区，此时甲基镓仍然吸附在表面。第 3 步通入 AsH_3，AsH_3 与吸附在表面的甲基镓反应形成一个 GaAs 单层，并释放出 CH_4。第 4 步把完成上述全部反应后的 AsH_3 及 CH_4 排空。第 5 步重复第 1 步。从第 1 步到第 4 步完成一个 ALE 循环，生长出一个单层。在 ALE 中厚度可以控制到单层的精度，并且只与循环周期数目有关。因此 ALE 可以在大面积衬底上精确控制层厚和组分，获得平整无缺陷表面，也适用于原子层掺杂和选择外延生长。ALE 生长条件的选择是要使衬底在交替暴露过程中每次只形成含有一种元素的 Langmuir 吸附单层，称为自限制机构。使用 TMGa 时仅在很窄的温区内出现自限制机构的单层生长，而使用 TEGa 为源，尚未出现自限制生长区。GaCl 是 ALE 很理想的源。ALE 的缺点是生长速度低，并且在使用 MO 源时碳沾污比较严重。

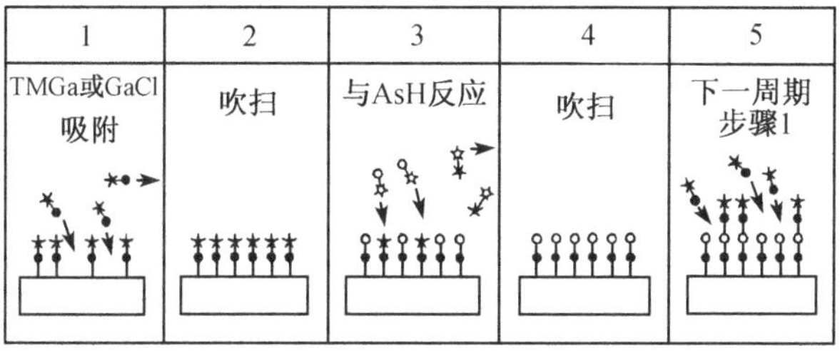

图 2-9　GaAs 原子层外延的生长顺序

ALE 生长有两种方法：一是上述的按一定的时序交替地把反应剂注入到反应室中，并在其间用氢气吹扫，以避免两种反应剂之间的互扩散，称为脉冲气体注入法[23]；二是 III 族和 V 族反应剂在空间上被分隔开，并使衬底在其间作交替移动(见图 2-10)[24]。

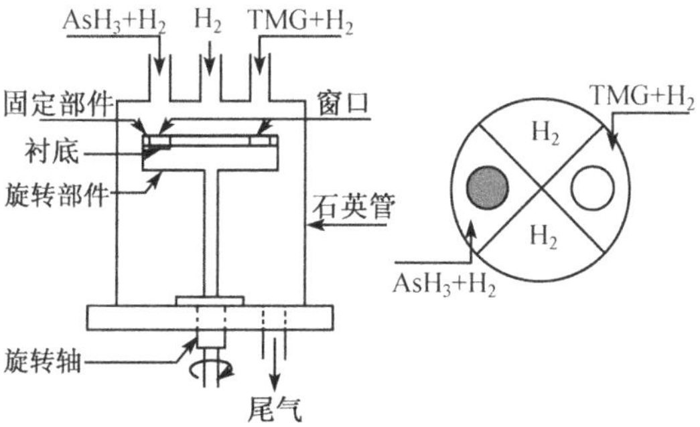

图 2-10　ALE-MOVPE 生长装置

2.2.3.2　等离子体辅助 MOVPE 反应室

到目前为止，所介绍的 MOVPE 技术都可称为“热”MOVPE。化学反应的驱动完全依靠热能。当使用的源的热稳定性很高时，就需要提高生长温度。例如，用

TMGa 和 NH_3 来生长 GaN 时，由于 NH_3 的热稳定性高，生长温度高达 900~1050°C，而且 V/III 值要大于 2000。一般来讲提高生长温度会使半导体的点缺陷浓度上升，自掺杂加剧，并且由于扩散系数增大，也不利于获得陡峭的结。等离子增强 MOVPE 技术是采用等离子体来预先分解 NH_3 或 PH_3 等高热稳定性氢化物，因而可以显著降低生长温度和增加并入效率。但要特别注意从等离子体逸出的粒子能量不能太高，否则会在生长的晶体中造成晶格损伤。使用微波电子回旋共振技术(见图 2-11)产生的自由基的能量可以低至 20eV。用于 GaN 的生长时，反应室的压力为 0.133~1.33Pa。NH_3 注入反应室中先经等离子体分解，TMGa 按常规方式引入。等离子体由微波激励，其频率与电子回旋共振的频率相同。在高于 300°C 的温度下得到 GaN 的单晶膜，其生长速度为 0.1~0.3μm/h[25]。此外，在 25 Pa 和在 400°C 时，TEIn 与等离子体活化的氮生长 InN。TEGa 与 AsH_3 和离子体活化的 N_2 为源，在 25Pa 和 500°C 生长了 GaAsN。在以 PH_3，AsH_3，TMGa 和 TMIn 为源生长 GaInAsP 时，用等离子体预分解 PH_3，改善了磷的并入效率和组分均匀性。

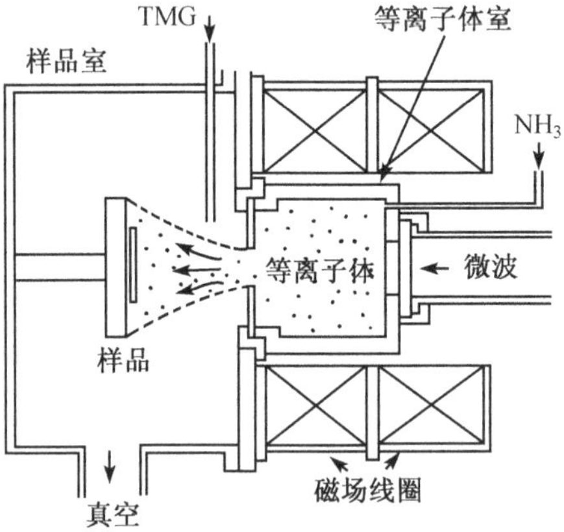

图 2-11　生长 GaN 的等离子体增强 MOVPE 装置

2.2.3.3　光辅助 MOVPE 反应室

在通常的 MOVPE 的生长速度动力学控制区中，生长速度随温度呈指数下降。此时若再进一步降低生长温度则因生长速度太小而无实际应用价值。然而，当用适当波长(能量)的光照射反应区或衬底时，可以增加生长速度实现低温下的外延生长称为光辅助(增强)生长。引入光辐射能量还可以改善掺杂效率和晶体质量，可以分别单独地控制衬底温度和反应剂的分解，可以在衬底上进行局部生长或在图形衬底上生长。光源可以采用低压汞灯、高压汞灯或激光束照射。光辅助 MOVPE 反应室设有能通过紫外线的窗口。光通过窗口垂直照射在衬底表面或者平行照射衬底上方的气相。

光辐射增强生长速度可能有如下几种机制：

(1) 光分解增强机制

气相源分子吸收光子进入激发态，激发态的寿命很短，它随即分解成对生长起促进作用的终态。只有入射波长在源分子的吸收区内才有效，通常采用紫外光例如低压汞灯、高压汞灯或激光光源。光分解增强机制的反应室需要使光通过窗口平行照射衬底上方的气相。图 2-12(a)为生长 HgCdTe 的光增强外延反应室及其光路示意图。图(a)中 ArF 准分子激光器波长为 195 nm 的激光束经过透镜变为平行光束，通过石英窗口平行穿过辐照紧靠衬底的气相区域[26]。衬底倒置是为了避免气相中光分解所产生的颗粒散落在衬底表面上。这种光分解增强机制存在于 HgCdTe 的光辅助 MOVPE 生长中。光辅助已将 HgTe/CdTe 外延层的生长温度降到 100°C 和 150°C。X 射线衍射数据和霍尔测量均证明 HgTe 和 CdTe 外延层的质量很好。

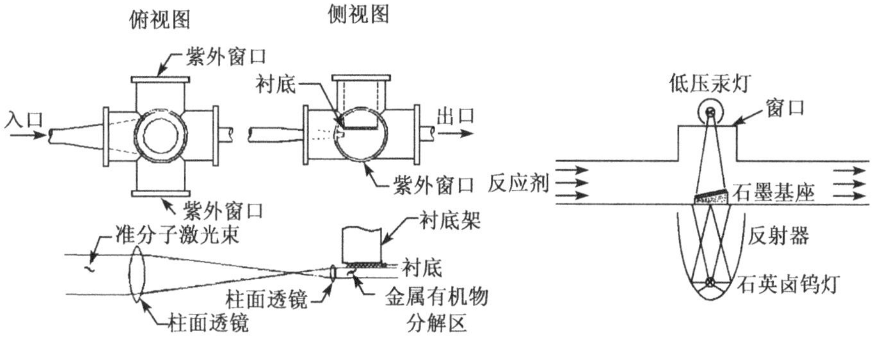

(a) 光分解增强机制　(b) 光催化机制

图 2-12　光辅助 MOVPE 生长室和光路示意图

(2) 光催化机制

光通过窗口垂直照射在衬底表面，当照射光子能量大于衬底材料的禁带宽度，但其能量还不足以分解源分子时，生长速度也会由于光辐照的增加而增加。衬底表面上大量光激发非平衡电子或空穴参与促进生长的化学反应。这种光催化机制存在于 ZnSe、ZnS 和 ZnSSe 的光辅助 MOVPE 生长中。图 2-12 (b)中低压汞灯的紫外线通过石英窗口辐照在衬底表面，而图中的石英卤钨灯用于红外线加热石墨基座。

(3) 热解增强模式

当用高功率激光束照射(或扫描)反应区时，可能引起局部升温而促进反应。此种模式也需要光通过窗口垂直聚焦照射在衬底表面进行局部或图形衬底上生长。

光辅助 MOVPE 主要应用在 II-VI 族半导体的外延生长中，这部分内容将在第 8 章介绍。

2.2.3.4　MOVPE 与 HVPE 组合反应室

在蓝宝石衬底上生长 GaN，由于两者晶格失配大，需要采用先在低温生长薄缓冲层，然后再生长数微米厚层的方法，以提高晶体完整性。MOVPE 的生长速度低，适合于生长薄缓冲层和低维结构，而用来生长几微米以上的厚外延层就显得费时和昂贵。HVPE 的生长速度比 MOVPE 快得多，适合生长厚 GaN 层，外延层中的点缺陷浓度也低。因此用 MOVPE 生长缓冲层，接着用 HVPE 生长厚 GaN 层，可以说是一种集中了两者优点的互补生长技术[27]。图 2-13 为 MOVPE 与 HVPE 组合反应室示意图。采用两套独立控制的加热系统，以满足不同生长阶段对热场的需要。在 MOVPE 生长缓冲层时，仅基座加热器工作而加热区 1 和 2 均不工作，成为“冷壁反应室”。而 HVPE 生长厚 GaN 层时，两个加热区和基座加热器均工作成为“双温区热壁反应室”。为此，以 MOVPE 与 HVPE 组合反应室生长 GaN 的步骤是先在“冷壁反应室”模式下，蓝宝石衬底经 1000°C 热处理后，降低温度至 500°C，通入 TMGa 和 NH_3 生长 25nm 厚的缓冲层；然后转换成“双温区热壁反应室”模式，衬底加热到 1025°C 完成缓冲层的再结晶后，通入 HCl 和 NH_3 用 HVPE 方法生长 12μm 的 GaN 外延层。用 MOVPE-HVPE 互补方法生长的 12μm 厚的 GaN 外延层表面位错密度降低到 10^7cm^{-3}。

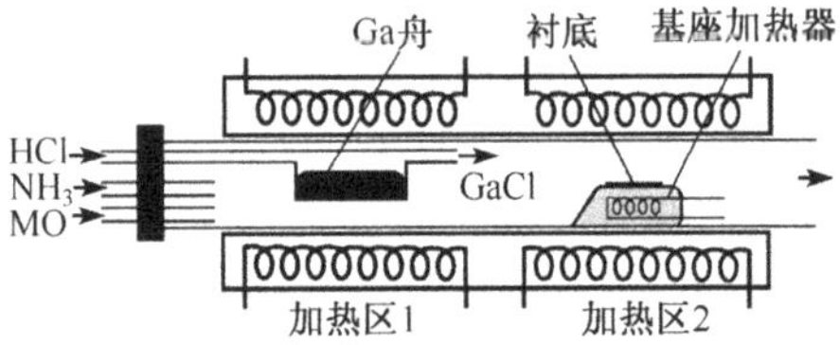

图 2-13　MOVPE 与 HVPE 组合反应室

2.3　MOVPE 尾气处理分系统

MOVPE 尾气处理分系统是将有毒尾气进行无害化处理，使其浓度达到规定排放标准以下。尾气中除了含有有毒气体(未反应完的氢化物、MO 源和某些反应副产物)，还有很多颗粒，例如有毒的砷粉尘。在上面提到的 LP-MOVPE 系统中尾气在进入节流阀前要用颗粒过滤器滤掉直径小于 0.1μm 的粉尘，以保证节流阀和真空泵都能够正常工作。对于生长磷化物的系统，要设置专门冷凝白磷的冷阱，以使尾气中含有的白磷蒸气不会冷凝在节流阀和真空泵中。

从真空泵出来的气体仍然含有毒气，在排放前需要将有毒物质浓度降低到规定排放标准以下。常用的去除有毒气体方法有利用化学反应吸收毒气的湿式过滤器[28]，由液槽、填料式喷淋塔和循环液体的泵等组成，见图 2-14。此处液体为与有毒气体进行化学反应的化学药剂。化学反应是在喷淋塔中进行的，塔中填充具有高表面面积并且与液体浸润的填料，以使从塔顶向下喷淋的液体与从塔底向上的尾气能够充分接触、发生反应并使毒物溶解在液体中。液槽中的液体，用化学泵打到塔顶，喷淋后再返回到储液槽，循环使用。当溶液吸收饱和时需要及时更换。对于不同有毒气体，使用不同的化学药剂。例如，处理尾气中的 AsH_3 和 PH_3 可用两个湿式过滤器串联使用，第一级使用 $NaBrO_3$ 或 NaClO 等氧化剂溶液，将 AsH_3 和 PH_3 氧化成相应的砷酸、亚砷酸根和磷酸、亚磷酸根。第二级用 KOH 或 NaOH 等碱性溶液，对第一级产生的物质进行中和。图 2-14 中的小型活性炭过滤器是为了主系统出现故障时临时启用的。

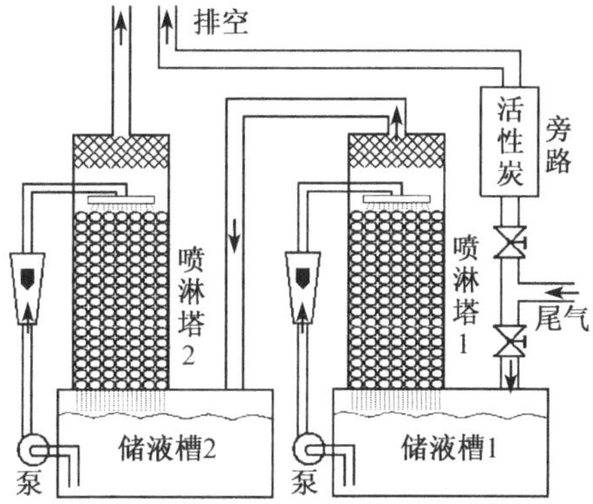

图 2-14 湿法过滤器示意图

另一种尾气处理装置是利用吸附剂吸附毒气的活性炭过滤器[29]。当活性炭吸收饱和时需要及时更换，在丢弃前要经过受控氧化处理。在先用氮气将氢气排除后，通入空气与氮气的混合气将吸附在活性炭上的 AsH_3 和 PH_3 等有毒物质变成较稳定的氧化物形态如 As_2O_3、P_2O_3 或 P_2O_5。由于氧化反应是放热反应，在氧化过程中用改变氮气与空气比例的方法使活性炭吸附床的温度不大于 70°C。可以采用两套装置并联交替使用，在一台进行氧化处理时，由另外一台工作。当处理大量尾气时，比较经济的方法是通过热分解或燃烧使有毒物质转化为氧化物粉尘，再将粉尘过滤的方法。

在氮化物生长系统中使用大量过量氨气，尾气先经过热解炉分解残余的 MO 源，然后进入 400°C 热催化裂解炉将 99%以上的氨气裂解成氮气和氢气，最后通过吸附床去除剩余杂质。由于催化剂不存在饱和容量问题，此方法更为实用。

2.4 MOVPE 生长控制装置分系统

MOVPE 生长控制装置分系统主要由上位的工业控制计算机和下位的多个可编程控制器(PLC)等组成。上位计算机负责材料生长过程监控、控制系统的监控界面运行、数据记录、报警记录、数据趋势图以及操作人员的人工控制功能等。下位的 PLC 负责整个控制系统运行，包括各种信号采集、数据处理以及各种输出信号控制。输入信号包括各类仪表传感器的流量、压力、温度、报警信号等。输出信号涉及电磁阀、接触器、电机、压力控制器、流量控制器、加热器等控制量。

MOVPE 生长控制装置通过不同的人机对话界面至少完成下列功能：

(1) 材料生长程序的生成、运行、分析和统计功能

操作者可以编写、编辑、存储和调用生长程序。当给出执行命令时计算机按生长程序控制进行外延生长，同时实时记录各种数据。此时还可以通过人机对话界面来人为干预已经设定的但尚未进入执行阶段的程序或直接人工操作。记录的各种生长参数数据，用来分析外延层的特性与各种生长参数之间的关系，包括查找实验失败的原因，以及统计源的消耗量等。

(2) 手动控制功能

以满足设备调试及自动生长时实时数据修改的需要。可以在人机对话界面的气路画面上，利用鼠标直接点击相应的图形实现阀门或阀门组的开关操作，设定和读取温度、流量、压力值等模拟量的数值。

(3) 安全功能

设有保证安全的互锁和前提控制条件防止人为误操作；具有报警处理程序，对传感器数据进行监控、分析、分级报警并同时采取相应措施。通过输入口令来识别操作者的权限等。计算机控制系统也需要设紧急人工停车按钮，在发现事故时人为停车。

其他功能如维修提示、辅助生长条件选择等。

MOVPE 生长控制系统使得生长复杂结构变得简单容易，提高了重现性、安全性和生产效率。如再配以装、卸片机械手和开盒即用衬底，可以实现 MOVPE 的自动生长。

2.5　MOVPE 外延层生长的原位监测

原位监测在外延生长过程中的重要性早已被 MBE 证实，近年来适合于 MOVPE 反应室压力比较高的环境下进行表面原位监测的光学方法取得很大进展[30,31]。原位光学测量不但用于研究型设备来研究生长参数对外延层的影响和生长模式等，在生产型设备上也应用得越来越广泛，用来优化生长工艺、避免出现废品和提高重现性。使用光学原位监测设备仅需要在反应室上提供相应的光学窗口。窗口通常采用无应力的石英玻璃，并且用氢气流吹扫以避免沉积。

2.5.1　发射率校正高温计

最常用的热电偶和辐射高温计都很难测得真实的衬底温度。插在石墨基座中的热电偶，因衬底与基座接触不良而引起测量误差。当旋转衬底时，热电偶必须远离衬底，其读数与衬底温度相差更大。而辐射高温计需通过反应室的通光窗口测量

衬底表面温度，但是发射率因生长材料不同而改变，另外当外延层中出现 Fabry-Perot 光学干涉时(见 2.5.2 节)，随着外延层厚度的增加，辐射高温计的读数出现振荡，这些都影响读数的准确性。

为了得到衬底的真实温度需要采用具有发射率校正功能的辐射高温计,即把辐射高温计与反射率计组合使用。在测量外延片热辐射的同时，用同样的波长(或某一固定波长，如 930nm)测量衬底的反射率。由反射率计算出发射率，最后使用 Planck 公式计算衬底的温度[32]。

图 2-15 为 GaN 生长时热电偶和辐射高温计测量的温度，以及经过校正的真实温度曲线。可以看出，热电偶示出的名义温度高于真实温度，辐射高温计读数随生长层厚度变化产生振荡，两者都不能反映无振荡的衬底真实温度。经过校正的真实温度与未修正的温度在 1200°C 时可以相差 100°C。采用发射率补偿技术的真实温度测量技术，可以长时间 (如在 21 个月内) 保持每次生长的温度稳定性，从而提高了外延层厚度、组分等的重现性。

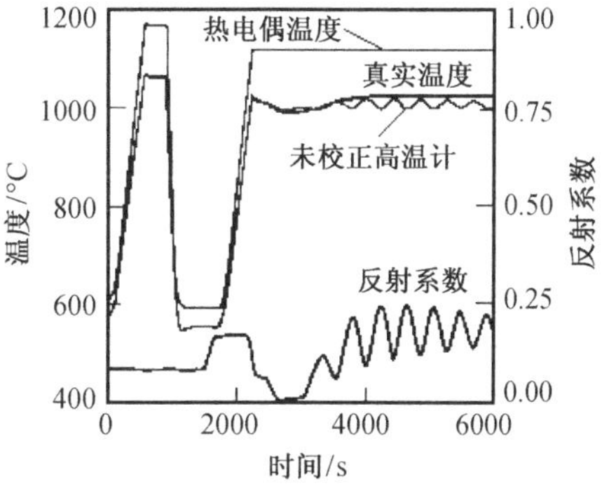

图 2-15　GaN 生长时温度测量
热电偶名义温度、辐射高温计读数振荡和无振荡的真实温度

2.5.2　反射率计

反射率计由光源、单色仪和探测器等组成，要求所用的光对生长层是透明的。其工作原理是基于外延层-衬底界面和外延层表面产生的 Fabry-Perot 干涉。一个振荡周期所对应的厚度 $h = \lambda/[2\sqrt{(n^2-\sin^2\theta)}]$，$\lambda$为入射波长，$n$ 为折射率，θ 为入射角。最简单的反射谱是记录垂直照射到生长层表面的单色光的反射随时间的变化。如取 GaN 折射率为 2.35，入射波长为 635nm，垂直入射时每一个振荡周期对应的外延层厚度为 135nm。由此也可以计算出生长速度。当反射率计测量的厚度与所用光波长为同一数量级时应用最广。如果外延层对光的吸收不能忽略，则随外延层的厚度增加会使振幅逐渐变小。除上述已用于原位控制生长速度、层厚度外，在已知折射率与三元合金的组分关系和恒定生长速度的条件下，从反射率谱可以计算出三元合金的组分。例如，测量 AlGaAs 中的 Al 含量。反射率谱的振幅会因生长过程中外延层表面变粗糙(或变平坦)而逐渐减小(或增大)。反射率谱的这些细节变化已经用来优化氮化物系材料生长，特别是生长核化层。反射率谱还可用来监测 Al(Ga)As/AlGaAs Bragg 反射器生长时的界面陡峭度，此时采用穿透深度浅的 310nm 波长[33]。

在 MOVPE 生长发射波长为 650nm 的垂直面发射激光二极管时，同时记录从

620~780nm 之间反射率随生长时间的变化，并且将其转化为赝彩色图(指纹图)，见图 2-16，用于实时监测 VCSEL 的上下两个 Al(Ga)As/AlGaAs Bragg 反射器的反射波长的对准情况[34]。图 2-16(a)谐振腔上下 Bragg 反射器波长彼此轻微偏离者做成激光器后没有激光输出，而(b)谐振腔的上、下 Bragg 反射器波长彼此对准者得到连续输出。

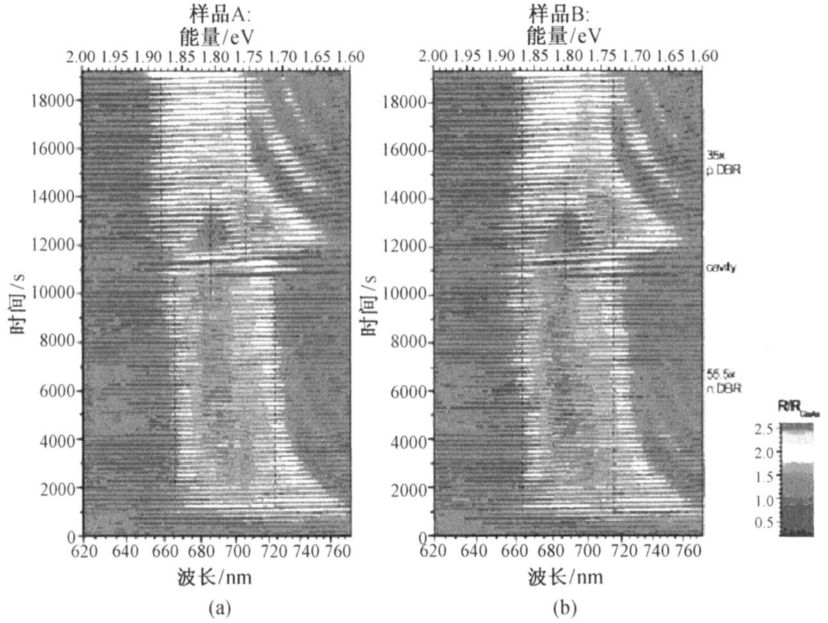

图 2-16　生长 VCSEL 结构时获取的原位反射率指纹谱

(a) 谐振腔的上、下 Bragg 反射器波长彼此轻微偏离(垂直虚线)；

(b) 谐振腔的上、下 Bragg 反射器波长彼此对准。采用 GaAs 衬底的反射率作为基准

2.5.3　反射差分光谱仪

反射差分光谱(reflectance difference spectroscopy，RDS)，也称反射非对称谱(reflectance anisotropy spectroscopy，RAS)[35]。其原理是测量垂直入射偏振光在立方相半导体晶面两个主轴方向的反射光的差别。由于立方相半导体的光学特性是各向同性的，观测到的非对称性起源于表面重构和弛豫所引起的表面非对称性，RDS 谱所反映的就是最外层表面的各向异性。RAS 测量(100)表面沿 $[\bar{1}10]$ 轴的复反射系数 $r_{[\bar{1}10]}$ 和[110]轴的复反射系数 $r_{[110]}$ 之差，通常用平均反射系数$(r_{[\bar{1}10]}+r_{[110]})/2$ 归一化，于是(100)表面的 RAS 信号可以用下式表示：

$$\frac{\Delta r}{r}=\frac{r_{[\bar{1}10]}-r_{[110]}}{(r_{[\bar{1}10]}+r_{[110]})/2} \tag{2-5}$$

复反射系数所携带的信息来源于光穿透深度内所有的原子。在应用时通常仅使用光谱的实部$|\mathrm{Re}(\Delta r/r)|$，如图 2-17 所示的四种不同组分的 InGaAsP 材料的$|\mathrm{Re}(\Delta r/r)|$与入射光子能量的关系。由于表面化学计量比的任何细小变化都会对表面各向异性有很大影响，因此不同组分的 InGaAsP 材料的 RAS 谱不同[36]。图 2-17 中所示的谱线主要是与表面双聚物相关能量的贡献，如 1.8eV、2.5eV 和 3.8eV 附近，而这些都与体材料有关。在这些特定的能量区 GaInAsP 的组分变化在几个原子百分数都可分辨出来。

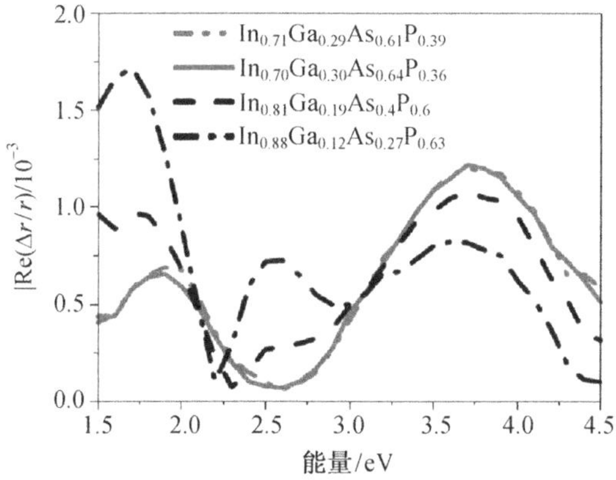

图 2-17　不同组分的 InGaAsP 材料 RAS 谱

图 2-18 为 RAS 装置示意图，氙灯发出的光，经起偏棱镜变成偏振光，近垂直地入射(<5°)聚焦到衬底表面。反射光经过光弹性调制器(PEM)、分析棱镜、再聚集到单色仪入射狭缝，最后到达探测器。起偏棱镜光轴与光弹性调制器光轴彼此平行，而与检偏镜轴呈 45°。通常 RAS 谱的波长范围从 248nm(5eV)到 775nm(1.6eV)。由于 RDS 仅需要在反应室上设一个窗口，因此容易与多种 MOVPE 反应室组合。在旋转和晃动的衬底上利用被动光学补偿装置也可以进行 RDS 测量[37]。

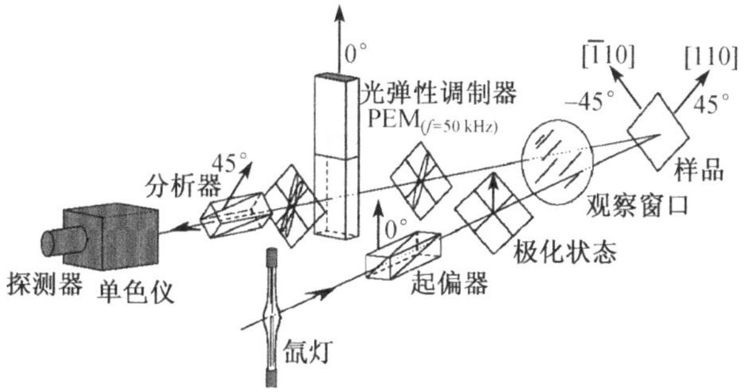

图 2-18　反射差分光谱 RDS 装置示意图

RDS 还可以观测到单层振荡，应用于量子点生长和器件结构的生长[34]。RDS 谱的赝彩色图，同时显示出各外延层的掺杂浓度和材料组分的变化[38]。RDS 已成为 MOVPE 条件下研究表面化学计量、表面重构、表面生长动力学、表面吸附和脱附及表面形貌的非常有力的工具。

将 RDS 和反射率计结合起来，已广泛用在生产型 MOVPE 中。

2.5.4 分光椭圆偏振仪

分光椭圆偏振(spectroscopic ellipsometry，SE)是测量线偏振光在非垂直入射情况下，来自样品表面的反射光偏振状态的变化。这种反射光偏振状态的变化用 Ψ 和 $\varDelta$ 描述。定义如下：

$$\Psi = \arctan\frac{|R_\mathrm{p}|}{|R_\mathrm{s}|} \tag{2-6}$$

$$\varDelta = \varDelta_\mathrm{p} - \varDelta_s \tag{2-7}$$

式中，R_p 和 R_s 分别表示平行入射平面和垂直于入射平面的偏振光分量的反射系数，$\varDelta_\mathrm{p}$ 和 $\varDelta_\mathrm{s}$ 为反射时各自引起的相移。由直接测量的 Ψ 和 $\varDelta$ 可以计算出有效介电常数 $\langle\varepsilon(E)\rangle$。$\langle\varepsilon(E)\rangle$ 与薄膜的光学常数和厚度有关。利用 Ψ 或 $\varDelta$ 或 $\langle\varepsilon(E)\rangle$ 随入射光能量 E 的变化关系作图，或选择某一能量下随时间的变化作图，来表示生长过程中表面特性的变化。

SE 装置本身和与 MOVPE 设备的耦合见图 2-19，需要设置两个窗口[39]。入射角通常接近布儒斯特角，对大多数半导体约为 70°。光通过入射窗口，聚焦在衬底表面。

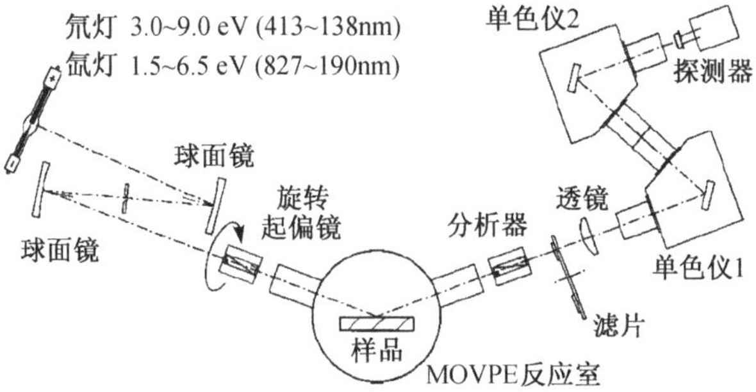

图 2-19　配备分光部件的椭圆偏振仪的 MOVPE 反应室示意图

与 RDS 不同，SE 可以应用于立方晶体(111)面光学各向同性重构表面或六方晶体(0001)面。SE 用于在蓝宝石上生长 GaN 时的核化层研究，提高了 GaN 外延层质量。由于介电常数与化学组分有关，SE 可以用来监测和控制三元或四元固溶体的组分。例如，InP 衬底上生长 InGaAs 时，利用椭偏仪的信号控制 MFC，实现闭环控制在 InP 衬底上生长晶格匹配的 InGaAs[40]，也可研究气体切换和生长中断对界面 As-P 交换的影响。

2.5.5　表面光吸收仪

表面光吸收(surface photoabsorption，SPA)是比较简单的在位监测技术，仅需要入射光的能量高于带隙的 p 极化光源(偏振平行于入射平面)和一个记录反射光信号的探测器[41]。当入射光的能量低于带隙时，此方法也称 p 极化反射谱(p-polarized reflectance spectroscopy，PRS)。SPA 装置本身与 MOVPE 设备的耦合类似于 SE，见图 2-20[42]。p 极化光按布儒斯特角入射，减小了反射光中体材料的贡献部分，使其能探测到生长面的表面光吸收变化造成的反射光强度的微小变化。SPA 对表面的化学成分敏感，如使用波长为 325nm 的 He-Cd 激光器的 p 极化光照射 GaAs 衬底，发现 As 稳定 GaAs 表面的反射光强度低于 Ga 稳定 GaAs 表面的反射光强度，因此 SPA 适合于研究原子层外延生长[41]。SPA 经常用于研究 GaInP 的有序化。SPA 还用于在研究外延生长前衬底表面氧化层的清除[42]和陡峭界面组分变化。

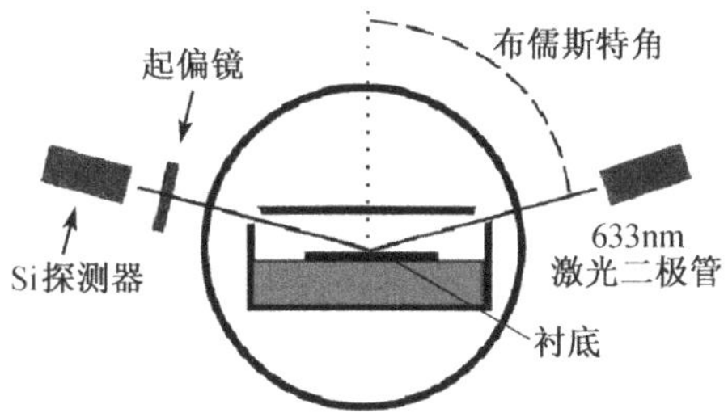

图 2-20　表面光吸收仪与 MOVPE 反应室耦合的剖面示意图
光通过圆柱形外石英管壁和内矩形导管角上的小孔

2.5.6　光束挠度计

光束挠度计(deflectometer)用来测量外延片的翘曲曲率，从而计算异质外延生长时由于晶格失配和热失配所产生的应力。应力使外延片发生翘曲，使其与基座热接触不良，还会产生位错，再大还会导致外延层出现裂纹。图 2-21 所示的单光束挠度计[32]和多光束应力传感器挠度计(MOSS)[43]都是利用激光束近垂直入射到翘曲的外延片上反射光斑的位移，原位测量生长温度下的外延片的翘曲曲率从而计算出应力[44]。

任何失配应变ε_m(晶格、热、生长引起的失配等等)均会使整个片子弯曲。曲率κ与应变之间的关系通常采用经典的 Stoney 公式计算：

$$\kappa_{st} = \frac{6M_f \varepsilon_m h_f}{M_s h_s^2} \tag{2-8}$$

$$M_f = E_f/(1-\nu_f)\,,\quad M_s = E_s/(1-\nu_s)$$

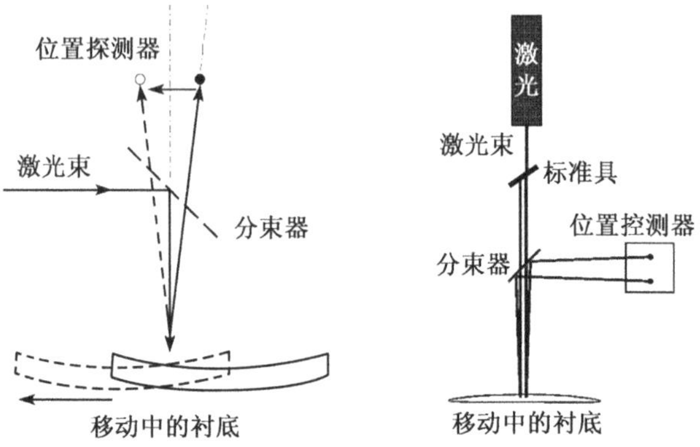

(a) 单光束挠度计　　(b) 多光束挠度计(MOSS)

图 2-21　外延层生长过程中的衬底应力测量装置示意图

式中，E_f、ν_f、h_f和 E_s、ν_s、h_s分别为外延膜和衬底的杨氏模量、泊松比和厚度。Stoney 公式适用于外延层相对于衬底较薄，且翘曲小的情况。膜应力用公式 $\sigma_f = M_f \varepsilon_m$ 计算。

原位衬底翘曲测量已应用到 GaN 基 LED 生长上，改变生长参数使在生长 InGaN 量子阱时衬底处于平坦状态与基座有良好的热接触，改善了衬底温度均匀性，从而提高了器件发射波长的均匀性。挠度计也用于测量 AlGaInAs/InP DBR 结构生长时的应力[32]，利用调节输入的反应室的 In/(Al+Ga+In)比例，获得最佳张应力的 DBR 结构。

除上述原位监测方法外，还有用激光光散射仪(LLS)研究表面形貌[30]；用红外反射吸收谱仪(IRRAS)研究表面 MO 源吸附与分解[29]；利用同步回旋辐射产生的高亮度 X 射线和特殊设计的含铍窗口的掠入射 X 射线衍射技术(GIXS)研究表面再构[45]。除了光学方法以外，将扫描隧道显微镜探头引入反应室，可以在 650°C 的高温和 MOVPE 振动(主要来自抽气泵)的环境下获取生长表面的生长台阶和量子点的图像[46]。

参 考 文 献

[1] Razeghi M. The MOCVD Challenge Volume 1: A survey of GaInAsP-InP for photonic and electronic applications. UK, Bristol Techno Hasse: IOP Publishing Ltd, 1989.

[2] Hardtdegen H, Schmidt R, Wirtz K, et al. On the suitability of getter-purified hydrogen for the LP-MOVPE of (AlGa)As: a comparision to Pd-diffused hydrogen. J Electron Mater, 2001, 30: 1397-1401.

[3] Kisker D W, Kuech T F. Handbook of crystal growth, Volume 3: Thin film and epitaxy. Amsterdam: Elsevier, 1994: 136-150.

[4] Timmons M, Rangarajan P, Stennick R. A study of cylinder design for solid OMVPE sources. J Crystal Growth 2000, 221: 635-639.

[5] Andre C L, El-Zein N. Bubbler for constant vapor delivery of a solid chemical. J Crystal

Growth, 2007, 298: 168-171.

[6] Wajid A, Gogol C, Hurd C, et al. A high-speed high-sensitivity acoustic cell for in-line continuous monitoring of MOCVD precursor gases. J Crystal Growth, 1997, 170: 237-241.

[7] Kanjolia R K, Odedra R, Kingsley A J, et al. An accurate continuous level indication for precursor bubbler. J Crystal Growth, 2004, 261: 236-240.

[8] Komeno J. MOVPE using organic group V precursors. J Crystal Growth, 1994, 145: 468-472.

[9] Roberts J S, Mason N J, Bobinson M. Factors influencing doping control and abrupt metallurgical transitions during atmospheric pressure MOVPE growth of GaAlAs and GaAs. J Crystal Growth, 1984, 68: 422-430.

[10] Clark I O, Fripp A L. MOCVD manifold switching effects on growth and characterization. J Crystal Growth, 1991, 109: 246-251.

[11] Goodings C, Mason N J, Walker P J, Jebb D P. A New inlet aera design for horizontal MOVPE reactors. J Crystal Growth, 1989, 6: 13-18.

[12] Matsumoto K, Itoh K, Tabuchi T, Tsunoda R. Flow patterns in various vertical reactors and MOVPE growth. J Crystal Growth, 1986, 77: 151-156.

[13] Fujimoto N, Kitano T, Narita G, et al. Growth of high-quality AlN at high growth rate by high temperature MOVPE. Phys Stat Sol, 2006, (c) 3: 1617-1619.

[14] Yang C C, et al. The improvement of GaN epitaxial layer quality by the design of reactor chamber spacing. J Crystal Growth, 1999, 200: 32-38.

[15] Frijlink P M. A new versatile, large size MOVPE reactor, J Crystal Growth, 1988, 93: 207-215.

[16] Epitaxy economics: An EMCORE ANALYSIS, III-Vs Rev, 1992, 5:18-21.

[17] Martin C, Dauelsberg M, Protzmann H, et al. Modelling of group-III nitride MOVPE in the closed coupled showerhead reactor and Planetary Reactor®. J Crystal Growth, 2007, 303: 318-322.

[18] Mckee M A, Norris P E, Stall R A, et al. Growth of highly uniform, reproducible InGaAs films in a mutiwafer rotating disk reactor by MOCVD. J Crystal Growth, 1991, 107: 445-451.

[19] Kadinski L, Merai V, Parekh A, et al. Computational analysis of GaN/InGaN deposition in MOCVD vertical rotating disk reactors. J Crystal Growth, 2004, 261: 175-181.

[20] Lobanova A, Mazaev K, Yakovlev E, et al. Parametric studies of III-nitride MOVPE in commercial vertical high-speed rotating disk reactors. J Crystal Growth, 2004, 266: 354-362.

[21] Weyburne D W, Ahem B S. Design and operating considerations for a water-cooled close-spaced reactant injector in a production scale MOCVD. J Crystal Growth, 1997, 170: 77-82.

[22] Zhang X, Moerman I, Sys C, Demeester P, Crawley J A, Thrush E J. Highly uniform A1GaAs/GaAs and InGaAs(P)/InP structures grown in a multiwafer vertical rotating susceptor MOVPE reactor. J Crystal Growth, 1997, 170: 83-87.

[23] OzeKI M, Ohtsuka N, Sakuma Y, Kodama K. Pulsed jet epitaxy of III-V compounds. J Crystal Growth, 1991, 107: 102-110.

[24] Tischer M A, Bedair S M. Improved uniformity of epitaxial indium-based compounds by atomic layer epitaxy. Appl Phys Lett, 1986, 49: 274-276.

[25] Zembutsu S, Sasaki T. Growth of GaN single crystal films using electron cyclotron resonance plasma excited metalorganic vapor phase epitaxy. Appl Phys Lett, 1986, 48: 870-872.

[26] Morris B J. Photochemical organometallic vapor phase epitaxy of mercury cadmium telluride.

Appl Phys Lett, 1986, 48: 867-869.
[27] Solomon G. 互补生长技术可改善 LED 性能. 化合物半导体与光电技术, 2006, 6: 18-20.
[28] Kaufmann L M F, Heuken M, Tilders R, et al. Safety aspects of MOVPE in research and development: a example. J Crystal Growth, 1988, 93: 279-284.
[29] Colabella J M, Stall R A, Sorenson C T. The absorption and subsequent oxidation of AsH_3 and PH_3 on activated carbon. J Crystal Growth, 1988, 92: 189-195.
[30] Herman M A, Richter W, Sitter H. EPITAXY (Physical principles and technical implementation). Berlin: Springer, 2004.
[31] Richter W. In-situ observation of MOVPE epitaxial growth. Appl Phys, 2002, A75: 129-140.
[32] Belousov M, Volf B, Rame J C, et al. In situ metrology advances in MOCVD growth of GaN-based materials. J Crystal Growth, 2004, 272: 94-99.
[33] Haberland K, Zornc M, Kleinc A, et al. In-situ determination of interface roughness in MOVPE-grown visible VCSELs by reflectance spectroscopy. J Crystal Growth, 2003, 248: 194-200.
[34] Zorn M, Haberland K, Knigge A, et al. MOVPE process development for 650nm VCSELS using optical in-situ techniques. J Crystal Growth, 2002, 235: 25-34.
[35] Aspens D E, Studna A A. Anisotropies in the above—band-gap optical spectra of subic semiconductors. Phys Rev Lett, 1985, 54: 1956-1959.
[36] Wolfram P, Steimetz E, Ebert W, et al. Growth of InGaAsP/InP-laser structures monitored by using RAS techniques. J Crystal Growth, 2003, 248: 240-243.
[37] Haberland K, Hunderi O, Pristovsek M, et al. Ellipsometric and reflectance-anisotropy measurements on rotating samples. Thin Solid Films, 1998, 313-314: 620-624.
[38] Wolfram P, Steimetz E, Ebert W, Henninger B, Zettler J T. Growth of InGaAsP/InP-laser structures monitored by using RAS techniques. J Crystal Growth, 2003, 248: 240-243.
[39] Peters S, Schmidtling T, Trepk T, et al. In situ monitoring of GaN metal-organic vapor phase epitaxy by spectroscopic ellipsometry. J Appl Phys, 2000, 88: 4085-4090.
[40] Trepk T, Zorn M, Zettler J T, et al. Spectroscopic ellipsometry applied for in-situ control of lattice matched III-V growth in MOVPE. Thin Solid Films, 1998, 313-314: 496-500.
[41] Kobayashi N, Makimoto T, Yamauchi Y, Horikoshi Y. In-situ morning of GaAs growth process in MOVPE by surface photo-absorption method. J Crystal Growth, 1991, 107: 62-67.
[42] Allwood D A, Mason N J, Walker P J. In situ characterization of MOVPE by surface photoabsorption: I. Substrate oxide desorption. J Crystal Growth, 1998, 195: 163-167/ 168-173.
[43] Krost A, Dadgar A, Schulze F, et al. In situ monitoring of the stress evolution in growing group-III-nitride layers. J Crystal Growth, 2005, 275: 209-216.
[44] Hearne S, Chason E, Han J, et al. Stress evolution during metalorganic chemical vapor deposition of GaN. Appl Phys Lett, 1999, 74: 356-358.
[45] Kisker D W, Stephenson G B, Fuoss P H, et al. Atomic scale characterization of OMVPE growth using in-situ grazing incidence X-ray scattering. J Crystal Growth, 1992, 124: 1-9.
[46] Pristovsek M, Rähmer B, Breusig M, Kremzow R and Richter W. In situ scanning tunnelling microscopy during metal-organic vapour phase epitaxy. J Crystal Growth, 2007, 298: 8-11.

第3章　原　材　料

MOVPE使用的原材料主要有金属有机化合物和氢化物，其化学、物理性质和纯度对MOVPE生长条件、外延层的质量等都有很大影响。

3.1　金属有机化合物源

金属有机化合物源，简称MO源，亦称前体(precursor)。这里所指的MO源实际上包含MOVPE所用的金属和非金属有机化合物。

一般来说，对MO源的要求综述如下：

(1) 室温下为液体，具有适当并且稳定的蒸气压，以保证精确和重现地控制送入反应室的源的计量。对II、III族元素的MO源来说，其蒸气压在–10~20°C的温度范围内以20~1000 Pa为宜；对V、VI族元素的源来说，其蒸气压在10^5~10^8Pa为宜。较低蒸气压的MO源适用于LP- MOVPE。

(2) 适宜的热分解温度。由于外延生长温度受限于源的分解温度，在很多情况下要求MO源具有低的热分解温度，以便在外延生长温度下基本上完全分解，以提高源的利用率。

(3) 易于合成和提纯。

(4) 反应活性较低，不与组合使用的其他的源发生预沉积反应。长年存储不会在源瓶中分解。最好对水和空气不敏感。

(5) 毒性低。

事实上很难找到全部满足上述要求的源。最初MOVPE生长使用的MO源是市面上已经有的产品，如三甲基镓，随着MOVPE的发展，化学工作者开始针对MOVPE的需求进行研发[1-3]。一是改进源的制备路线和使用的溶剂、发展更多的提纯方法和纯度分析方法，使常用源的纯度大为提高。二是研发新源，试图改进原有源的物理化学特性：如研发低毒、低危险性的新As源和P源，低分解温度Te源，降低C、O沾污的Al源或是为扩展MOVPE的应用所需新的金属有机化合物源。三是提高源在使用过程中的输运计量稳定性和利用率，如改善固态TMIn输运计量稳定性，以及针对大规模生产的液态源原位灌注技术。

典型金属有机化合物的化学通式可以表达为R_nM，其中M表示金属原子，实际上M已经扩大到周期表II、III、IV、V和VI族元素，R代表有机基团，下标n为基团的数目。常用的有机基团见表3-1。

表 3-1　MOVPE 常用的有机基团

有机基团名称	缩写	化学式	结构示意图	R—H 键强度 /(kJ/mol)
甲基 methyl	Me 或 M	$—CH_3$		439.3
乙基 ethyl	Et 或 E	$—CH_2—CH_3$ 或$—C_2H_5$	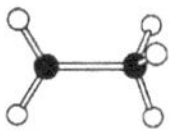	410
正丙基 normalpropyl (*n*-propyl)	NP 或 nP	$—CH_2—CH_2—CH_3$ 或 $n—C_3H_7$	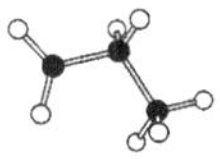	410
异丙基 isopropyl(*i*-propyl)	IP 或 iP	$—CH—(CH_3)_2$ 或 $i—C_3H_7$	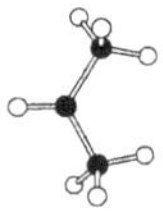	397.5
正丁基 normalbutyl(*n*-butyl)	NB 或 nB	$—CH_2—CH_2—CH_2—$ CH_3 或 $n—C_4H_9$	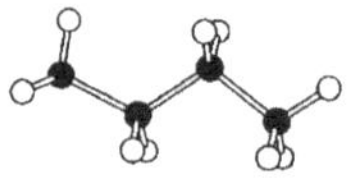	—
另丁基 secbutyl(*s*-butyl)	SB 或 sB	$CH_3—CH_2—CH_2—$ CH_3 或 $n—C_4H_9$	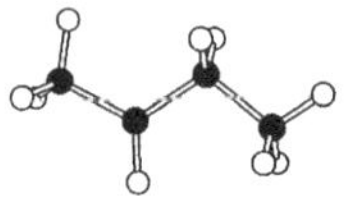	—
异丁基 isobutyl(*i*-butyl)	IB 或 iB	$—CH_2—CH(CH_3)_2$ 或 $i—C_4H_9$	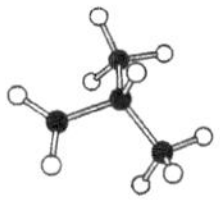	—
特丁基(叔丁基) tertiarybutyl(*t*-butyl)	TB 或 tB	$—C—(CH_3)_3$ 或 $t—C_4H_9$	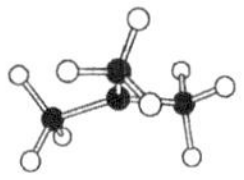	384.9
烯丙基 allyl	A	$—CH—CH{=}CH_2$		364
苯基 phenyl	ph	$—C_6H_5$	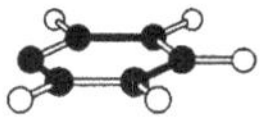	—
苯甲基(苄基) benzyl		$—CH_2—C_6H_5$	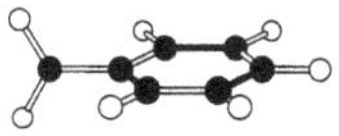	—
茂基(环戊二烯基) cycopentadienal	Cp	$—C_5H_5$	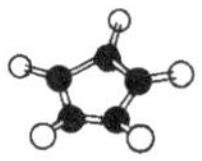	—
胺基 amino	DMA	$—N(CH_3)_2$	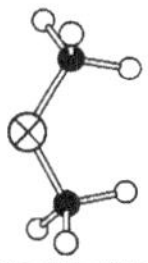	—

○：氢原子，●：碳原子，⊗：氮原子，═：双键，—：单键。

3.1.1　MO 源的分子结构与性质的关系

MO 源的物理和化学性质与其分子结构有关[4]，首先讨论 MO 源的分子结构。

通式为 R_2M 的 II 族金属有机化合物分子，如二甲基锌，其结构为图 3-1(a)所示的线性分子。这是因为根据杂化共价键理论，II 族原子最外层有两个 s 电子，为了形成共价键发生杂化，形成了两个与有机基团成键的 sp 等性杂化轨道，这两个 sp 轨道对称轴在同一条直线上，但方向相反。因此，两个有机基团按 180°角分开。另外两个未杂化的 p 轨道与 sp 杂化轨道垂直。由于有未填充的 p 轨道，具有亲电子特性，使得这些分子成为电子受主，或 Lewis 酸。

对于通式为 R_3M 的 III 族金属有机化合物分子，如三甲基镓，由于 III 族原子的未填满壳层有两个 s 电子和 1 个 p 电子，以 sp^2 杂化轨道形式形成 3 个共价键。于是形成平面正三角形分子，三个有机基团彼此按 180°分开。如图 3-2(b)所示。在形成 3 个共价键后，还有 1 个垂直于分子平面的 p 轨道未填充，这使得 III 族烷基物也是电子受主，即 Lewis 酸。值得指出的是一价的一茂铟(C_5H_5In)与一般的铟源不同为特例，由于本身有一对未形成共价键的电子(孤对电子)，是 Lewis 碱[5,6]。

V 族原子的未填满壳层有两个 s 电子和 3 个 p 电子，为满足 3 个共价键的成键要求，以不等性的 sp^3 杂化轨道形式形成 3 个共价键。这个不等性的 sp^2 杂化轨道为三棱锥。如图 3-2 中(c)所示。在三棱锥的顶点有一孤对电子，它在 V 族前体分子与其他分子相互作用时起重要的作用，使 V 族前体分子的行为像电子施主，或 Lewis 碱。

VI 族元素外壳层有两个 s 电子和 4 个 p 电子，形成四个 sp^3 杂化轨道。两个成键 sp^3 杂化轨道的对称轴指向四面体的两角，构成如图 3-1(d)中 DMTe 的等腰三角形分子。两个“孤对电子”占据四面体的其余两个角。因此这些分子像 H_2O 那样，也是 Lewis 碱。

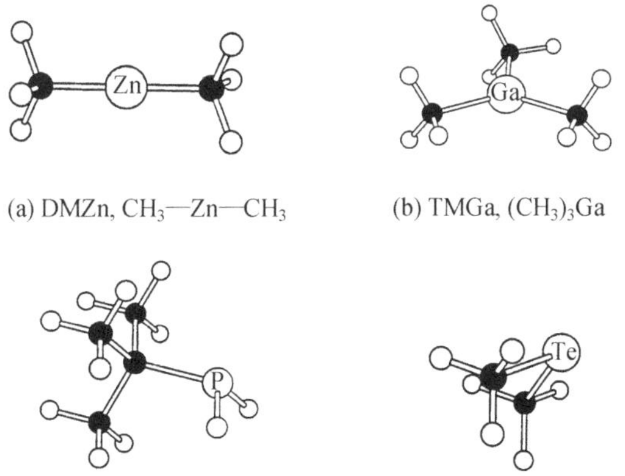

(a) DMZn, CH_3—Zn—CH_3　　(b) TMGa, $(CH_3)_3Ga$

(c) TBP, (CH3)3C—P—H_2　　(d) DMTe, $(CH_3)_2$—Te

图 3-1　MOVPE 常用的 II/VI 和 III/V 半导体前体分子示意图

○：氢原子，●：碳原子

3.1.1.1　MO 源分解温度与分子结构的关系

MO 源中金属-碳键的强度决定了按自由基发生均相裂解反应时分子的稳定性，即键强越弱，MO 源分解温度越低。一般来说，金属-碳键强取决于金属原子本身(即电负性)和有机集团的尺寸与结构[4]。图 3-2 中举例说明了上述两种因素对金属-碳键强度的影响。II 族金属元素(Zn、Cd、Hg)和 III 族金属元素(Al、Ga、In) 的电负性随相对原子质量增加而减小，其键强也依次减小。对于同一元素，乙基化合物的金属-碳键强度弱于甲基化合物的。

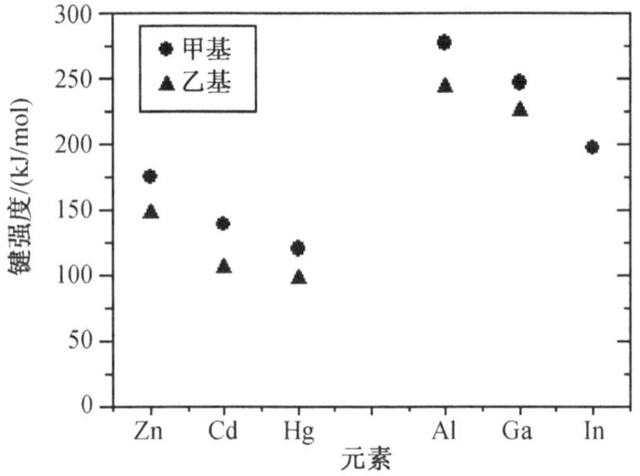

图 3-2　MOVPE 常用 II、III 族 MO 源的甲基和乙基化合物的金属-烷基键强度

如果把有机集团中直接与金属原子键合的碳原子定义为中心碳原子，并把中心碳原子与其他碳原子的成键数目写作 $n°$，则金属-碳键强度以 0° >1° > 2° > 3°的次序递减[4]。从表 3-1 分子结构示意图可以看出，甲基为 0°，乙基和正丙基均仅有一个碳原子与中心碳原子相连为 1°，异丙基为 2°，特丁基有三个碳原子与中心碳原子相连为 3°。表 3-1 中 R—H 键强度也遵守此规律，R—H 键强度(kJ/mol)：甲基(439) > 乙基 = 正丙基(410) > 异丙基(397.5) > 特丁基(385) > 烯丙基(364)。另外，中心碳原子与另一碳原子形成双键或与苯环相键合都会削弱金属-碳键强度。上述规律已成功地用于 P、As、Sb 和 Te 等 V 族和 VI 族低分解温度 MO 源的研制工作中。例如，三甲基砷(TMAs)分解 50% 的温度为 550°C，三乙基砷和乙基二氢砷分别在 550°C 和 475°C 时已分解一半，而叔丁基二氢砷(TBAs)的分解 50%的温度仅为 450°C[7]。

又如用 DETe 生长 HgTe、CdTe 和 HgCdTe 时，由于 DETe 的热分解温度高，外延生长温度大约为 450°C。若能降低外延温度更利于获得陡峭界面、减少汞空位浓度、降低自掺杂，可能获得 n 型材料。为此人们努力寻找能降低生长温度的碲前体。在 R_2Te 分子中，热解阈值温度顺序如下：

甲基 > 乙基 = 正丙基 > 异丙基 = 正丁基 > 异丁基 > 特丁基 > 烯丙基

Te 源在氢气中的开始分解温度 Me_2Te 为 391°C，Et_2Te 为 318°C，i-Pr_2Te 为

266°C，$t\text{-}Bu_2Te$ 为 236°C[8]。以生长 HgTe 为例，使用 DETe 时生长温度为 450°C，用 $i\text{-}Pr_2Te$ 时降到 350°C，用 $t\text{-}Bu_2Te$ 在 200°C 就能生长。因此，$i\text{-}Pr_2Te$ 和 $t\text{-}Bu_2Te$ 是很有希望的新碲前体。其中 $i\text{-}Pr_2Te$ 的蒸气压较高更为引人注目，在 350°C 下与 Me_2Cd 和 Hg 配合生成 $Cd_{0.2}Hg_{0.8}Te$，在 77K 下空穴浓度为 $1\times10^{16}cm^{-3}$，迁移率为 $750cm^2/(V\cdot s)$，均优于在 450°C 用 DETe 生长的材料，且外延层组分均匀性也得到改善。

3.1.1.2 热分解机构与分子结构的关系

由于 MO 源分子中含有碳，热分解过程是否会造成碳杂质的并入到外延层一直是人们所关注的问题。当分别用 TMGa 或 TEGa 和 AsH_3 生成 GaAs 时，发现 TMGa 的碳沾污要比 TEGa 严重。进一步研究表明，外延层中的本底碳浓度与 MO 源的热分解机构有关。TMGa 在热分解过程中释放出甲基自由基 $CH_3^{\bullet}$：

$$Ga(CH_3)_3 \longrightarrow Ga(CH_3)_2 + CH_3^{\bullet} \quad (3\text{-}1)$$
$$\hookrightarrow GaCH_3 + CH_3^{\bullet}$$

化学性质活泼的甲基和 $GaCH_3$ 吸附在生长表面上，都有可能导致碳的并入。实验发现用 TMGa 和 AsH_3 生长 GaAs 时，低 V/III 比、高生长温度以及特定的富 As 衬底取向，都会增强 C 并入。并提出如下机构，由 Me_3Ga 热解产生的 Ga-Me 吸附到衬底表面与同时吸附的 AsH_x 发生下述反应：

$$Ga_{(ads)}(CH_3)_x + As_{(ads)}H_x \longrightarrow Ga_{(ads)}(CH_3)_{x-1} + As_{(ads)}H_{x-1} + CH_4 \quad (3\text{-}2)$$

式中下标 ads 表示吸附在固体表面的物种，尽管大多数 $CH_3^{\bullet}$与活泼的 AsH_x 或从 AsH_3 热解产生的活泼氢反应形成稳定的甲烷分子，仍然有一小部分吸附在 GaAs 表面的 C 并入到外延层中[2]。

对于 TEGa 来说，β氢化物消去反应具有更低的激活能，更容易发生。所谓的β氢化物消去反应，是乙基中处于β位置的一个氢原子转移到金属 Ga 上，从而分解出含金属–氢键的分子和稳定的含双键的烯烃。此过程涉及 Ga 原子上的空 sp^3 杂化轨道。

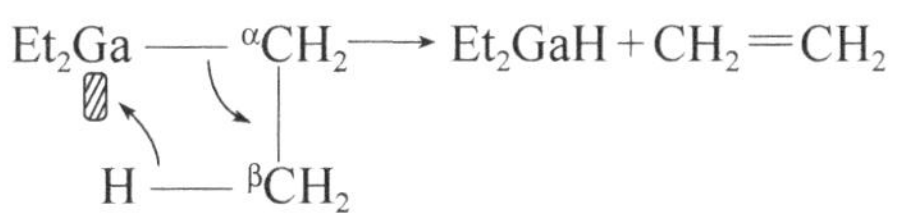

(3-3)

生成的 Et_2GaH 继续发生β氢化物消去反应，再释放出第二个乙烯，

$$Et_2GaH \longrightarrow Et\,GaH_2 + CH_2{=}CH_2 \quad (3\text{-}4)$$

而 TEGa 产生乙基自由基的反应 $Et_3Ga \longrightarrow Et\,Ga_2 + C_2H_5^{\bullet}$不占主导地位。

TEGa 的β氢化物消去反应，既在气相发生也在 GaAs 表面进行。反应产生的 C_2H_4 以及同时形成含 Ga—H 键的中间化合物都有利于降低来自金属有机化合物的碳沾污[9]。此外与 TMGa 相比，TEGa 具有更低的热解温度，因此，它更适于较低温度下的 MOVPE 生长。

其他具有β 氢的化合物均可能发生β氢消去反应，例如，TIPGa、TTBGa、TEAl、*t*-Bu_3Al、TBAs 等。需要指出的是 TEIn 虽然也是具有β 氢的化合物，但是由于 In—H 键弱，因此均相裂解反应仍然是 TEIn 主要的热解过程。而 *i*-Bu_3Al，在低于 327°C 度时按β氢消去反应发生分解产生 C 含量很少的纯 Al，但在较高温下则发生β甲基消去反应在 Al 膜中会含有 30%的碳[3]。三特丁基铝($Al(C—(CH_3)_3)_3$, TTBAl)由于没有β甲基，在温度超过 400°C 时发生β氢消去反应产生烯烃，可以沉积低碳 Al 膜或在 700°C 左右生长低碳含量 AlGaAs[3]。

碳并入外延层与前体中金属-碳键强度也有密切关系：键强越弱，并入外延层的 C 越少。如 In—CH_3 的 In—C 键强度为 155kJ/mol，比 Ga—CH_3 的 Ga—C 键强度 24.86kJ/mol 弱，因此使用 TMIn 为源生长 InP 时 C 的并入较少。相反，Al—CH_3 的 Al—C 键强度最强为 272kJ/mol，使含 Al 材料生长的碳沾污成为严重问题。如用 $Me_2AlH(NMe_3)$前体在 450°C 生长 Al 膜时，其 C 含量竟高达 39%[3]。而键强对β消去反应的影响不大。

3.1.1.3 分子结构对 MO 源的熔、沸点和蒸气压的影响

一般说来，MO 源的分子相对分子质量越小，熔点越低蒸气压越高。在相对分子质量相近时，有机集团结构越复杂蒸气压越高。例如，TMGa 和 TEGa 同为 Ga 的 MO 源，TMGa 的相对分子质量为 114.82 比 TEGa 的 156.91 小，其沸点(55.7°C)低于 TEGa 的沸点(143°C)。在不同金属 MO 源中，如相对分子质量为 114.82 的 TMGa 蒸气压(20°C 为 243.04hPa)比相对分子质量为 159.93 的 TMIn(20°C 为 2.27hPa)的蒸气压高。然而也有特例：TMAl 的相对分子质量虽为 72.09，但它的蒸气压(20°C 为 11.6hPa)却比相对分子质量大的 TMGa 还低，这是因为 TMAl 在气相中以二聚体形态存在。此外，液体中分子间的相互作用也强烈地影响蒸气压。一般说来，比较高级、分叉比较多的分子相互作用比较弱，蒸气压也就比较高。例如，相对分子质量为 198 的三特丁基铝(TTBAl)的蒸气压(20°C 为 3.76hPa)比在气相形成二聚物的 TEAl (相对分子质量为 114，20°C 为 0.0267hPa)大很多。考虑到破坏双聚物有可能提高蒸气压，故合成了 $Et_3Al(NMe_3)$(35°C 为 0.12hPa)和 $Et_2AlH(NMe_2)$(25°C 为 0.20hPa)，蒸气压的确提高了，特别是后者[2]。需要指出的是文献中报道的蒸气压数据有时互不相同，这与测量方法、源纯度、残留溶剂、源中溶解的气体等因素有关[10]。表 3-2 中采用了新的 TMIn 蒸气压数据。MO 源蒸气压数据通常使用 Torr 单位。利用表 3-2 中的蒸气压公式可以得到图 3-3 所绘的 III 族 MO 源蒸气压与温度的关系。

化合物的熔点也因分叉比较多的分子相互之间的作用比较弱而降低。这一特点也已经被用来合成室温下为液态的前体。例如，为了克服室温下为固态的 Me_3In 挥发不稳定的缺点，合成了熔点为 5.5°C 的 $EtMe_2In$；又如 $AlH_3(NMe_3)$在室温下为

固态，用一个乙基取代甲基增加前体的分叉，$AlH_3(NMe_2Et)$在室温下为液态。

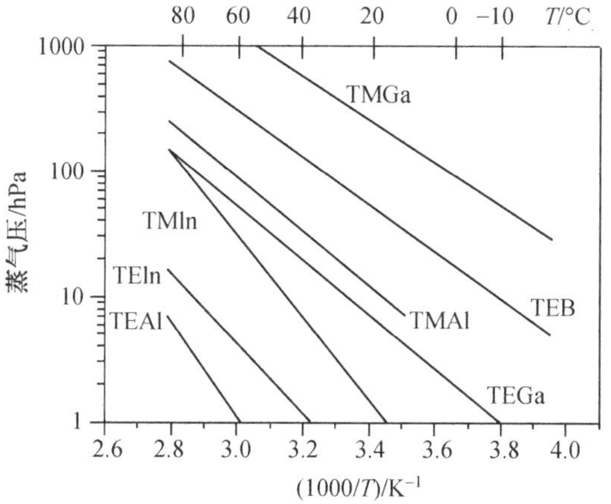

图 3-3 III 族 MO 源蒸气压与温度的关系

3.1.1.4 配合物源

前面已经提到 R_nM 型 II、III 族金属有机化合物是 Lewis 酸，由于金属原子上存在未填充的 p 轨道，它们的化学活性很高。它们与能提供电子的 Lewis 碱的 V、VI 族氢化物，形成分子间配合物，亦称加合物。配合物源除有分子间配合物源外还有分子内配合物源。所谓分子内配合物是指 II、III 族金属原子与 V 族非金属原子之间除了形成配位键外还有其他的成键关系，因此被视为分子内含有配位键的化合物。图 3-4 示出作为 Al 源的(a)分子间配合物 $AlH_3N(CH_3)_2(C_2H_5)$与 (b)分子内配合物 $(CH_2)_5Al(CH_2)_3N(CH_3)_2$ 的结构图。通常选用氮原子作为强电子施主以形成分子内和分子间的配位化合物。配合物源一般不自燃，与氧、水蒸气作用缓慢或不作用，易于处理和纯化。

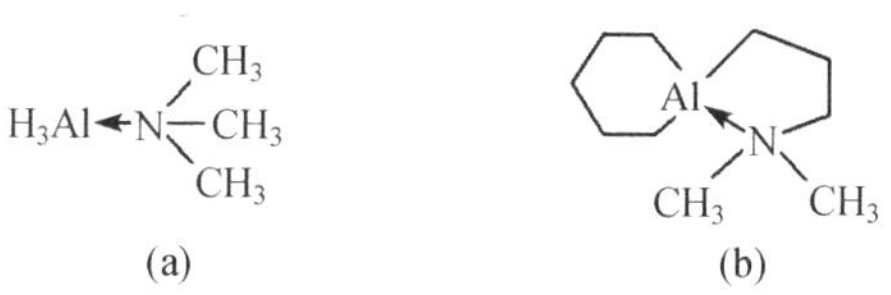

图 3-4 配合物 Al 源结构图

(a) 分子间配合物 $AlH_3N(CH_3)_3$; (b) 分子内配合物$(CH_2)_5Al(CH_2)_3N(CH_3)_2$

分子结构图中"←"表示配位键

使用分子间配合物 $In(CH_3)_3$-$P(C_2H_5)_3$ 作为 In 源时，可以抑制 InP 外延生长时与 PH_3 的预反应[11]。又如二甲基胺基丙烷二甲基铟$(CH_3)_2In$-$(CH_2)_3$-$N(CH_3)_2$(DADIn)，在室温为液体，其蒸气压与 TEIn 相近，未观察到与 PH_3 预反应。生长 InP 外延层的 77K 迁移率达 10 000$cm^2/(V\cdot s)$。但有的配合物如 TMIn-$NHiPr_2$ 与 AsH_3 仍会发生

预反应。DMZn 与 H_2Se 或 H_2S 在室温下即发生强烈的预反应，三乙基胺-二甲基锌 $(CH_3)_2Zn\text{-}(N(C_2H_5)_3)_2$ 配合物完全消除了与 H_2Se 或 H_2S 的预反应，保留了可在较低的 300~350°C 下生长 ZnSe 的优点，已经生长出均匀的高纯外延层。Me_2ZnNEt_3 并不很稳定，进入反应室后在气相中已充分地分解。推测是 NEt_3 俘获了 DMZn 分解出的高反应性中间产物，如$[CH_3\text{-}Zn]^{\bullet}$自由基，从而切断了与 H_2Se 的反应。为克服 DMCd 与 H_2Se 的预反应，采用了类似于 DMZn 的配合物源$(CH_3)_2Cd\text{-}N(C_2H_5)_3$，但仅在抑制与 H_2Se 的预反应方面取得了部分成功。

配合物源不仅用来抑制预反应，还由于配合物的化学稳定性好，可以利用不稳定的 AlH_3 形成稳定的三甲胺氢化铝配合物 Al 源：$AlH_3\text{-}N(CH_3)_3$(TMAAl)。在 TMAAl 中无 Al—C 键，同时在生长表面释放的活泼氢也有助于减少 C 沾污。它与水蒸气反应产生 Al_2O_3 和甲胺，而不像 TMAl 那样产生挥发性的烷氧基物，因此可望降低氧沾污。而 Al—N 配位键是分子中最弱的键，它是由 $N(CH_3)_3$ 上的一对电子进入 AlH_3 中的空 sp^3 杂化轨道形成的，所以 V 族元素 N 不参加生长过程。然而，在常压 MOVPE 装置中以 TMAAl、TMGa 和 AsH_3 配合使用生长 GaAlAs 效果很不理想。这是因为 Me_3Ga 与 AlH_3NMe 之间的均相气相反应导致了 Al—CH_3 和 Me_2GaH、$MeGaH_2$ 的形成，前者造成外延层中碳沾污，后两者为不稳定化合物与 AsH_3 反应，在反应管壁上沉积大量 III-V 族沉积物，并使衬底上铝组分沿气流方向升高。在 LP-MOVPE 中，上述副反应得以控制，外延层中铝组分均匀性得到改善，但碳沾污仍然存在。只有当用 TEGa、TMAAl 与 AsH_3 组合使用时，碳沾污才得以降低。然而，TMAAl 是熔点为 76°C 并在 100°C 以上分解的固态源。为此发展了 $AlH_3\text{-}(CH_3)_2(C_2H_5)N$(DMEAAl)。其熔点为 5°C，室温下为液体，与 TEGa 组合生长高 Al 含量的 AlGaAs 时，也降低了 C 沾污[12]。

分子内配合物$(CH_2)_5Al(CH_2)_3N(CH_3)_2$，甚至在空气中也不自燃，用它生长的 GaAlAs 固溶体，其光荧光强度大大提高，表明减少了氧沾污[13,14]。使用分子内配合物 Ga 和 Al 源$(CH_2)_5Ga(CH_2)_3NMe_2$、$(CH_2)_5Al(CH_2)_3NMe_2$ 与 TBAs 组合生长的 AlGaAs 为 n 型，77K 下电子迁移率为 15 000 $cm^2/(V\cdot s)$，且光荧光强度比用 TEGa-TEAl 为前体时提高 10 倍，光荧光谱未显示出有氧和氮的并入。

III 族配合物源的缺点是由于相对分子质量大而蒸气压较低或为固体，往往不太适合于常压 MOVPE 使用。然而在某些情况下配合物的相对低蒸气压可以用来改善掺杂源的可控性，如 DMZn 和 DEZn 用于 Zn 掺杂时蒸气压过高，而配合物 $Me_2Zn\text{-}NEt_3$ 更适合用做 Zn 的掺杂[15]。

3.1.2　III-V 化合物半导体 MOVPE 使用的 MO 源

表 3-2 和表 3-3 分别列出了主要 III 族和 V 族 MO 源的性质。其中镓源、铝源和铟源是应用最广泛的 III 族 MO 源。常用的 Ga 源是 TMGa 和 TEGa。在生长 GaAs 时，虽然采用 TMGa 和 AsH_3 生长的外延层中碳本底浓度比用 TEGa 的高，

但是由于 TEGa 低的蒸气压限制了它的应用。最常使用的 Al 源是 TMAl。TEAl 虽然可以降低碳沾污，但是它不如 TMAl 稳定，致使外延层中 Al 含量分布不均匀。最常使用的 In 源是固态的 TMIn。为改善其输出计量稳定性，除第 2 章 2.1.3 节讨论的方法以外，还可以使用溶液 TMIn 源。它是将固体 TMIn 与低蒸气压的脂肪胺溶剂(*N*, *N*-dimethyldodecylamine，DMDA)形成的液态-固态混合物[16]。TEIn 虽然是液体，但蒸气压低，预反应强，因而较少采用。EDMIn 在常温下是液体，蒸气压与 TMIn 相近，然而对其分子的稳定性尚有争论。生长含硼的 III-V 化合物，使用的硼源为 TEB 或 B_2H_6[17]。

表 3-2 III 族金属有机化合物的熔、沸点和蒸气压

化合物		相对分子质量	密度 /(g/ml)	熔点 /°C	沸点 /°C	蒸气压 P $\lg(P\ (\mathrm{Torr}))=B-A/T(\mathrm{K})$	
						B	A
B 源	TMB*	55.91		−161.5	−21.8	7.906	1250
	$B(C_2H_5)_3$，TEB*	97.997	0.696	−92.9	95	7.413−1544.2/[T(K) −27.42]	
Al 源	$Al(CH_3)_3$, TMAl	72.09	0.752	15.4	127	8.22	2134
	$Al(C_2H_5)_3$, TEAl	114.17	0.835	−52.5	194	9.0−2361/[T(K) −73.8]	
	$Al(C(CH_3)_3)_3$, TTBAl	198		<20	65~70	5.76	1558
	$AlH(CH_3)_2$, DMAlH	58.1	0.75	17.0	154	8.92	2575
	$AlH_3{:}N(CH_2)_3C_2H_5$, DMEAA	103.12	0.78	5	50~55/7Pa	10.7	3090
	$AlH_3N(CH_3)_3$, TMAA	89.01	—	76	—	2 .666hPa /25°C	
Ga 源	$Ga(CH_3)_3$, TMGa	114.82	1.15	−15.8	55.7	8.07	1703
	$Ga(C_2H_5)_3$, TEGa	156.91	1.06	−82.5	143.0	8.083	2162
	$Ga(C_3H_7)_3$, TMAGa	198.81	1.0	−100	175 (分解)	23.3	6952
	$(C_2H_5)_2GaCl$, DEGaCl	163.3	1.35	−5~−3	60~62/2.666 hPa	1.333hPa/44°C	
In 源	$In(CH_3)_3$, TMIn	159.93	1.568	88.4	133.8	11.09	3246
	$In(C_2H_5)_3$, TEIn	202.01	1.26	−32	184	8.94	2815
	$InC_2H_5(CH_3)_2$, EDMIn	173.96	—	5.5	—	14.444	4210
	$Et_2In{:}NMe_2$	217.02				2.978	1460
	TMIn-TMP			45		6.9534	1573
	C_5H_5In	179.91				10.03	3309

注：[1] TMIn 的蒸气压数据采用最近对高纯 TMIn 的测量结果[18]。

在 V 族 As 和 P 金属有机化合物中，分子中含有氢的叔丁基二氢砷($AsH_2C(CH_3)_3$, TBAs) 和叔丁基二氢磷 ($PH_2\ C(CH_3)_3$, TBP)是目前最有希望取代剧毒 PH_3 和 AsH_3 的 MO 源。这是因为 R_nAsH_{3-n} 和 R_nPH_{3-n} 中 H 原子可以与 TMGa 中的甲基反应形成甲烷，从而降低外延层中的碳沾污。然而 As 前体的毒性随前体分子中 As—H 键

表 3-3　V 族金属有机化合物的熔、沸点和蒸气压

	化合物	相对分子质量	密度/(g/ml)	熔点/°C	沸点/°C	蒸气压 $P\lg(P(\text{Torr}))=B-A/T(\text{K})$	
						B	A
N源	$H_2N\text{-}N(CH_3)_2$, 1,1 DMHy, UDMHy	60.10	0.791	−58	62~64	8.19	1780
	$(C_6H_5)HN\text{-}NH_2$，PhHy	108.19	1.1	20	243 (分解)	8.75	3014
	$(CH_3)_3CNH_2$，TBAm	73.04	0.7	−67.5	45.2	10.06	2243
P源	$PH_2\,C(CH_3)_3$, TBP	90.11	0.7	3.85	55.85	9.7098	1539
	$(CH_3)_2CHPH_2$, $iPrPH_2$	76.08				443.95Pa/20°C	
	$P(N(CH_3)_2)_3$, TDMAP	162.97	0.898		75/13.33hPa	9.16	2560
As源	$As(CH_3)_3$, TMAs	120.02	1.124	−87.3	50	7.405	1480
	$As(C_2H_5)_3$, TEAs	162.11	1.152	−91	140	8.23	2180
	$(C_2H_5)AsH_2$, MEAs	105.99	1.217	−125	36	7.96	1570
	$AsH_2C(CH_3)_3$, TBAs	134.05	1.08	−1.15	67.85	7.243	1509
	$As(C_6H_5)H_2$, $PhAsH_2$	153.99	1.356	*N/A*	148	8.59	2410
	$As(N(CH_3)_2)_3$, TDMAAs	206.92	1.248	−53	55~57/13.33hPa	8.29	2391
Sb源	$Sb(CH_3)_3$, TMSb	166.85	1.528	−87.65	80.6	7.73	1709
	$Sb(C_2H_5)_3$, TESb	208.94	1.324	−29	159.5	7.90	2183
	$Sb(C_3H_7)_3$, TIPSb	251.02	1.20	—	55~58/5.333hPa	9.27	2881
	$Sb(N(CH_3)_2)_3$, TDMASb	253.81	1.3	—	57/2.666hPa	6.23	1734
Bi源	$(C_2H_5)_3Bi$, TMBi	254.09	2.30	−107.7	110	7.628	1816

数目增加而增大，尽管无 H 的 TMAs 毒性更低(见表 3-10)但碳沾污严重，只适合作为碳掺杂源。另外，V 族 As 金属有机化合物的相对热稳定性按以下顺序递减：$AsH_3 > Me_nAsH_{3-n} > Et_nAs_{3-n} > t\text{-}Bu_nAsH_{3-n}$。如 TBAs 分解 50%的温度要比 AsH_3 低 220°C 左右。而 V 族 As 金属有机化合物分解所形成的有机集团的稳定性以相反顺序递减，即 *t*-Bu 原子团比 Me 原子团更稳定。因此，从减少碳沾污的角度考虑，应选择比较稳定的乙基、叔丁基或苯基等。在使用 TBAs 和 TBP 进行外延生长时，它们的分解温度低于相应的 AsH_3 和 PH_3，因此可以使用比较小的 V/III 比。在生长 InGaAsP 时，TBP 的低分解温度使得使用 TBP/AsH_3 组合比 PH_3/AsH_3 组合更容易控制外延层中的 P 含量。然而 TBAs 和 TBP 的缺点是比 AsH_3 和 PH_3 有更强的生成配合物和其他中间产物的倾向。

在生长窄带氮化物(InGaAsN)时，由于生长温度低，经常使用有机氮源：一类为联氨族源，使用较多的是二甲基联胺($(CH_3)_2NNH_2$，1,1DMHy)[19]。另一类有机氮源是用特丁基取代 NH_3 中的一个或两个 H 原子，如 TBAm($(CH_3)_3CNH_2$)。前者分解 50%的温度约为 420°C，后者约为 600°C。1,1DMHy 热解反应主要有两个平行的反应途径：N—C 键断裂反应产生 CH_4 和 N_2 或 N—N 键裂解产生 NH_3 和二甲基胺。但它们的毒性都比氨大得多，见表 3-10。

当前普遍使用的锑源是三甲基锑(TMSb)和三乙基锑(TESb)，这是因为锑化氢(SbH_3)极不稳定。三二甲胺基锑(TDMASb)分解温度较低，适用于 InSb 及其固溶体的生长[20]。目前使用的唯一铋源是三甲基铋(TMBi)。

下面讨论 MOVPE III-V 化合物的掺杂用 MO 源。对于 III-V 族化合物来说，p 型掺杂源为 II 族 Zn、Mg、Cd、Be 等 MO 源和 VI 族的 C 源。有关 II 和 IV 族源的特性见表 3-6 和表 3-4。其中 DEZn 已成功地用做 GaAs 的 p 掺杂剂，其掺杂范围为 10^{17}~$10^{19}cm^{-3}$。DMZn 由于有很高的蒸气压(0°C 为 194Torr)，一般用氢气稀释 DMZn 形成的气体混合气(如 H_2 中含有 5000 ppm 的 DMZn)来实现可控掺杂。为了克服 DMZn 蒸气压高的缺点，也可以使用低蒸气压的配合物源，$Zn(CH_3)_2N(C_2H_5)_3$，作为 GaAs 的 p 型掺杂源时可重复的掺杂范围为 10^{17}~10^{19} cm^{-3}。Mg 在 III-V 族化合物中的扩散系数比 Zn 小，Cp_2Mg 和$(MCp)_2Mg$ 已应用于 GaInP 和 III/V 族氮化物的 p 型掺杂。对于 GaN 系材料，Mg 则是目前唯一的 p 型掺杂剂。但是“记忆效应”使得 Mg 在制作器件结构时很难形成陡峭的 Mg 浓度分布。DMCd 已用做 InP 及其化合物的 p 型掺杂剂，但对于 GaAs，在生长温度下 Cd 的高蒸气压(~10Torr)限制了它的应用。DEBe 已成功地用于 GaAs 的 p 型掺杂，掺杂范围为 10^{15}~$10^{20}cm^{-3}$，然而其剧毒特性严重地限制了它的应用。碳(C)在 GaAs 和 AlGaAs 中的扩散系数明显的比 Zn 低，并且掺杂浓度可以高达 $10^{20}cm^{-3}$。TMAs 和 CCl_4 均可以作为 p 型掺杂源。C 掺杂在含 In 化合物诸如 InP、GaInAs、GaInP 中的应用较少。

III-V 化合物的 n 型掺杂剂为 S、Se、Te、Si 和 Sn 的化合物。虽然 SiH_4、Si_2H_6 和 H_2Se 等氢化物源已经广泛使用，但 Te 和 Sn 则采用 MO 源：DETe、$Sn(CH_3)_4$ 和 $Sn(C_2H_5)_4$ 都已用于 GaAs 和 InP 的 n 型掺杂。例如，$Sn(C_2H_5)_4$ 在 GaAs 的掺杂范围为 8×10^{14}~$1\times10^{19}cm^{-3}$。有关 IV 族源和 VI 族源的特性分别见表 3-4 和表 3-7。

IV 族元素在 III-V 化合物中可以占据 III 族原子格点为 n 型杂质，或占据 V 族原子格点为 p 型杂质，因此称为两性杂质。如前所述碳在 GaAs 中作为 p 型杂质，但在 InSb 中却是 n 型杂质。另外，Sn 在 GaAs 中是 n 型杂质，在 InP 中却是 p 型杂质。

杂质 Fe 在 III-V 化合物中形成深受主能级，使 InP、GaAs 或 GaN 成为高阻或半绝缘材料。常用的 Fe 掺杂剂为二茂铁 $Fe(C_5H_5)_2$(即 Cp_2Fe)和羰基铁 $Fe(CO)_5$[21]，见表 3-5。稀磁 III-V 半导体(半磁半导体)的生长需要掺入 Mn。生长(GaMn)As 时使用甲基二茂锰($(MeCp)_2Mn$)源[22]。

为改变 III-V 族半导体材料的光子发射能量采用稀土掺杂或利用稀土元素的 4f 电子自旋产生磁特性，都需用 Nd、Er、Yb 等稀土 MO 源：三异丙基环戊二烯钕 (trisisopropyl cyclopentadienyl Nd, $Nd(iPCp)_3$)、三甲基环戊二烯铒[23] (trimethylclopen-

表 3-4　IV 族 MO 源的熔、沸点和蒸气压

化合物		相对分子质量	密度 /(g/ml)	熔点 /°C	沸点 /°C	蒸气压 P $\lg(P\ (\mathrm{Torr}))=B-A/T(\mathrm{K})$	
						A	B
C 源	CCl_4	153.82	1.59	−23	77	8.05	1807.5
	$CHCl_3$	119.38	1.492	−63	61	8.10	1735.14
	CBr_4	331.6	3.42	88–90	190	7.78	2346
Si 源	$(C_4H_9)_2SiH_2$, DTBSi	144.33	0.74	−38.0	128	8.8305	2321
Ge 源	$Ge(CH_3)_4$, TMGe	132.7	0.966	−88	43.2	7.879	1571
Sn 源	$Sn(CH_3)_4$, TMT	178.83	1.315	−53	78	7.50	1620
	$Sn(C_2H_5)_4$, TET	234.94	1.187	−112	181	8.90	2739

表 3-5　其他族 MO 源掺杂源的熔、沸点和蒸气压

化合物		相对分子质量	密度 /(g/ml)	熔点 /°C	沸点 /°C	蒸气压 P $\lg(P\ (\mathrm{Torr}))=B-A/T(\mathrm{K})$	
						B	A
Fe 源	$Fe(CO)_5$	195.9	1.453	−25	105	8.514	2105
	$Fe(C_5H_5)_2$	185.85	—	171	249	10.27	3680
Mn 源	Mn $(C_5H_5)_2$, $Mn(Cp)_2$	184.9	—	173	245	10.58	3780
	Mn $(CH_3C_5H_4)_2$, $Mn(MeCp)_2$	213.18					
	$Mn(CO)_3CH_3C_5H_4$	218.09	1.38	1.5	233	2.533hPa/75°C; 13.33hPa/112 °C	
Nd 源	$Nd(C_3H_7C_5H_4)_3$, $Nd(iPCp)_3$	443.59					
Er 源	Er $(C_5H_5)_3$, $Er(Cp)_3$	362.55		285		蒸气压低于 $Er(MeCp)_3$	
	$Er(CH_3C_5H_4)_3$, $Er(MeCp)_3$	400.59		固态			
	$Er(C_3H_7C_5H_4)_3$, $Er(iPCp)_3$	466.61		47			
Yb 源	$Yb(C_3H_7C_5H_4)_3$, $Yb(iPCp)_3$	472.39		47			

tadienyl Er, $Er(MeCp)_3$)、三乙基环戊二烯铒(tris(ethylcyclopentadienyl)erbium)，Er $(EtCp)_3$、三异丙基环戊二烯镱[24](trisisopropylcyclopentadienyl Yb, $Yb(iPCp)_3$)和氟化镱β-二酮(Yb-fluorinated beta-diketonate)等。这些稀土源的蒸气压都很低，因此为达到一定的源计量，不但源温需高于室温，为了防止源在管路中凝结，输运管线也要加热到室温以上。如 $Er(EtCp)_3$ 源温为 100°C，管线需加热到 120°C。$Er(Cp)_3$ 源温高达 180°C。在这些稀土源中也观察到分叉比较多的分子相互之间的作用比较弱，蒸气压比较高的现象。

3.1.3　II-VI 化合物半导体 MOVPE 使用的 MO 源

表 3-6 和表 3-7 分别列出了主要 II 族和 VI 族 MO 源的性质。用于 MOVPE 生长 II-VI 族化合物半导体的 II 族源主要用 DMZn 和 DMCd。当使用 DMZn 与 H_2Se 或 H_2S 生成 ZnSe 或 ZnS 时，在室温下即发生强烈的预反应，使得外延层的厚度不

均匀和表面形貌变差。而采用三乙基胺-二甲基锌$(CH_3)_2Zn\text{-}(N(C_2H_5)_3)_2$ 配合物完全消除了与 H_2Se 或 H_2S 的预反应，保留了生长温度低的优点，已经生长出均匀的、表面光亮和纯度高的外延层[25]。由于金属汞的蒸气压高，而且容易得到高纯度，

表 3-6 II 族 MO 源的熔、沸点和蒸气压

化合物		相对分子质量	密度 /(g/ml)	熔点 /°C	沸点 /°C	蒸气压 P $\lg(P\,(Torr))=B-A/T(K)$	
						A	B
Zn 源	$Zn(CH_3)_2$, DMZn	95.44	1.386	−42	46	7.80	1560
	$Zn(C_2H_5)_2$, DEZn	123.49	1.2	−28	118	8.28	2109
	$Zn(CH_3)_2N(C_2H_5)_3$, DMZn:TEA	196.4	—	—	95	8.27	1970
Cd 源	$Cd(CH_3)_2$, DMCd	142.9	1.985	−4.5	105.5	7.76	1850
	$Cd(C_2H_5)_2$, DECd	170.5		−21	64 / 1333hPa	1.066 hPa/29°C	
Hg 源	Hg*	200.59	13.5	−38.9	357	7.84	3127
	$Hg(CH_3)_2$, DMHg	230.66	3.069	−154	93	7.575	1750
Be 源	$Be(C_2H_5)_2$, DEBe	67.13		12	194	7.59	2200
				−12	110 /20hPa	14.496	5102
Mg 源	$Mg(C_5H_5)_2$, Cp_2Mg	154.49	1.1	176	150/ 0.1333hPa	$25.14-4198/T-2.18\ln(T)$	
	$Mg(C_5H_7)_2$, $MeCp_2Mg$	182.55	—	29	56~60/ 0.4hPa	7.30	2358

* Hg 蒸气压公式(350~550K)根据 Honig R E, Kramer D A. RCA Rev, 1969, 30:285-305, 数据计算。

表 3-7 VI 族 MO 源的熔、沸点和蒸气压

化合物		相对分子质量	密度 /(g/ml)	熔点 /°C	沸点 /°C	蒸气压 P $\lg(P\,(Torr))=B-A/T(K)$	
						A	B
S 源	$S(C_2H_5)_2$, DES	90.19	0.837	−100	88	8.184	1907
	$S(C_4H_9)_2$, DTBS	146.29	0.815	—	147~151	146.65 hPa/90°C	
	$SH(C_4H_9)$,	90.19	0.8	1	63	189.32 hPa/20°C	
Se 源	$Se(CH_3)_2$, DMSe	109.03	1.408	—	52.8	9.872	2224
	$Se(C_2H_5)_2$, DESe	137.08	1.23	—	108	8.20	2020
	$Se((CH_3)_2CH)_2$, DIPSe	165.14	1.10	—	59.5	7.88	2074
	$Se((CH_3)_3C)_2$, DTBSe	193.19	—	—	123	7.87	2040
Te 源	$Te(CH_3)_2$, DMTe	157.68	1.96	−10	82	7.97	1865
	$Te(C_2H_5)_2$, DETe	185.68	1.599	<−78	137	7.99	2093
	$Te(C_3H_7)_2$, DNPTe	213.78				10.9809	2620
	$Te(C_3H_7)_2$, DIPTe	213.78	1.365	−55	49/18.67hPa	8.29	2309
	$Te((CH_3)_3C)_2$, DTBTe	241.83				4.727	1323

因此通常不用剧毒的 DMHg 源。

用于 MOVPE 的 VI 族 MO 源有 DETe，它是常用的 Te 源。为降低 HgCdTe 的生长温度，目前正在发展低分解温度以降低汞空位浓度的碲源，其中二异丙基碲(DIPTe)兼有较低的分解温度和较高的蒸气压，更为引人注目。H_2S 和 H_2Se 用于生长 II-VI 族化合物，但是 H_2Se 的毒性极高。为减少毒性和避免预反应发展了 VI 族有机源，其中 DESe 较为成熟。以它与 DMZn 为源生长 ZnSe 时，不发生预反应可以获得均匀厚度和表面光亮的 ZnSe 外延层。但是生长温度高达 500°C，未掺杂的 ZnSe 膜为高阻，经常在 PL 谱中观察到深能级峰[26]。至于生长 ZnO 用的氧源，目前仍在探索中。既有无机化合物如 O_2、N_2O、NO_2、CO_2、H_2O，也有机化合物如丙酮(CH_3COCH_3)、异丙醇 *i*-PrOH (C_3H_7OH) 和特丁醇 *t*-BuOH($(CH_3)_3CHO$)等。

有关 MOVPE II-VI 化合物的 MO 掺杂源，I 族(如 Li)取代晶格中 II 族原子或 V 族元素取代晶格中 IV 族原子是 p 型掺杂源。对于 ZnSe 和 ZnO，氮是 p 型掺杂元素的首选，常用 NH_3 或 NH_2-$(CH_3)_2N$ 做掺杂源。As 和 P 也是 p 型掺杂元素，TBAs, DMAAs 已用做 HgCdTe 和 ZnO 的 p 型掺杂源。然而无论是用 MOVPE 生长 p 型 ZnSe 还是 p 型 ZnO 的材料，至今尚未完全解决。

III 族原子取代晶格中 II 族原子或 VII 族元素取代晶格中 VI 族原子是 n 型掺杂源。III 族 MO 源 TMGa、TMAl、TEIn 或 TMIn 经常用做 n 型掺杂源。VII 族 C_2H_5I 也作为 HgCdTe 的 n 型掺杂源。

表 3-8 示出 MOVPE 用的 VII 族源的熔、沸点和蒸气压。

表 3-8　MOVPE 用的 VII 族源的熔、沸点和蒸气压

化合物		相对分子质量	密度/(g/ml)	熔点/°C	沸点/°C	蒸气压 *P* lg(*P* (Torr))=*B*−*A*/*T*(K)	
						B	*A*
Cl 源	CCl_4	153.82	1.59	−23	77	8.05	1807.5
Br 源	CBr_4	331.6	3.24	88~90	190	7.78	2346
I 源	CH_3I	141.94	2.279	−64	41~43	6.9724−1138.29/(235.77)	
	C_2H_5I	155.97	1.936	−105	72.4	1.715	7.877

3.2 氢 化 物 源

在 MOVPE 技术中，从 III 族到 VI 族的氢化物都得到应用。如 III 族的 B_2H_6、IV 族的 SiH_4 和 Si_2H_6、V 族的 NH_3、PH_3 和 AsH_3、VI 族的 H_2S 和 H_2Se 等，它们都属于共价氢化物，是挥发性的气态或液态物质。表 3-9 列出了 MOVPE 用的氢化物源的一些物理性质。它们在空气中可燃或自燃，甚至能与空气形成爆炸性气体，并且有剧毒。氢化物之所以得到广泛应用是由于在外延层生长时，氢化物热分解时除提供主体元素外，在表面上还提供氢基，将来自MO源的含碳基团除去。此外，市售的氢化物已有相当高的纯度也是获得广泛使用的原因之一。

表 3-9 MOVPE 用的氢化物源

化合物	相对分子质量	熔点/°C	沸点/°C	蒸气压/kPa	蒸气比重(空气=1)	液体密度/(g/ml)	在空气中可燃性(体积百分数)	在空气中自燃温度/°C
B_2H_6	27.67	−165.5	−92.8	2746/0°C	0.95	0.470	0.8~88	37~52
$(AlH_3)_x$							氧化	
Ga_2H_6	145.49	−21.4	139	245/0°C			自燃	
SiH_4	32.11		−111.5	2402/−30°C	1.12	0.68	>3 自燃，可爆炸	
Si_2H_6	62.22		−92.8	330/20°C	2.26	0.878	自燃	
GeH_4	76.59	−165.9	−88.4	3952/20°C	2.26	1.523/142 °C	自燃，可爆炸	
NH_3	17.03		−33.35	785/21°C	0.597	0.674	15~28 爆炸	650
PH_3	34.00		−87.74	4090/21°C	1.146	0.746	可燃，可爆炸	40~50
AsH_3	77.95		−62.48	1412/21°C	2.695	1.604	可燃	
H_2S	34.08		−60.8		1.189	0.96	可燃	
H_2Se	80.98		−42.0	912/20°C	2.85	2.039	可燃	

3.2.1 氢化物的分子结构及其与性质的关系

图 3-5 示出 MOVPE 常用的氢化物分子结构示意图，IV 族元素 Si、Ge、Sn 和 C 的氢化物为 sp^3 杂化生成正四面体结构。在四面体的中心是 IV 族原子，氢原子位于顶端，键角为 109°，如图 3-5 中(a)，由于结构对称偶极矩为 0。

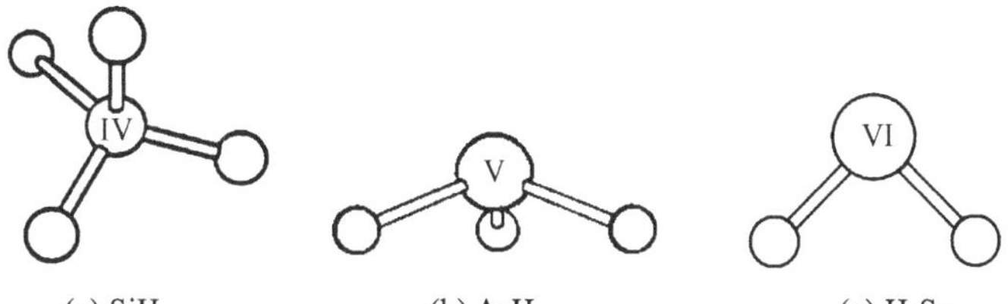

图 3-5 MOVPE 常用的氢化物分子示意图
○：氢原子

V 族原子的氢化物形成不等性的 sp^3 杂化，由于 3 个氢基相同，形成一个键角接近 92°的正三棱锥如图 3-5 中(b)构成棱锥形分子。顶端是形成氢化物的元素，底部是三个氢原子。在棱锥的顶部有一对未形成共价键的电子。这些分子在相互作用中的行为像是电子施主，或 Lewis 碱。磷烷、砷烷和锑烷的极性较弱，NH_3 的键角为 102.5°偶极矩则很大。

如前所述，VI 族原子氢化物形成不等性的 sp^3 杂化，构成等腰三角形分子。VI 族由于氢原子的相斥，键角略大于π/2。随中心原子的半径增加，这种相互作用力逐渐减小，H—M—H 夹角渐近于 90°。如 H_2S 的键角为 92°，H_2Se 的键角为 90°。由于尚有两个未形成共价键的电子对，因此这些分子也是 Lewis 碱。

III 族氢化物中都以二聚物(B_2H_6、Ga_2H_6)或多聚物(如$(AlH_3)_x$)形式存在。对于它们的分子结构提出了多种模型。但是 B、Al、Ga 原子都是电子接受体，因此其氢化物都是电子受主，即 Lewis 酸。

图 3-6 中说明了氢化物键能与形成元素的关系[27]。从图 3-6 中可以看出同属 V 族的氢化物键能，依 N、P、As、Sb 次序随相对原子质量的增加而降低。同属 VI 族的氢化物键能 S > Se > Te。IV 族氢化物键能亦随相对原子质量的增加而递减。

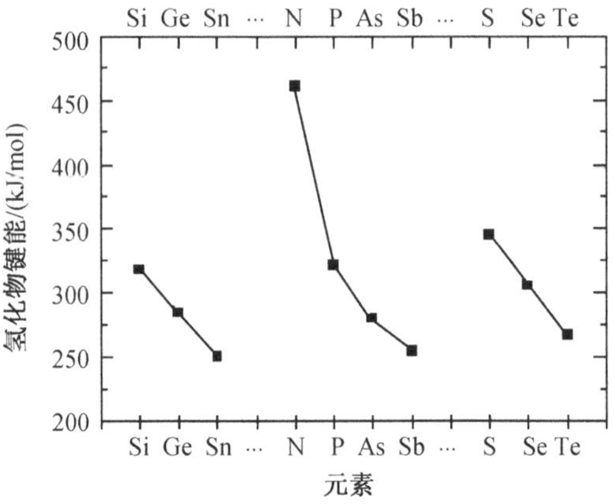

图 3-6　MOVPE 常用氢化物的键能

氢化物的键能决定了分子在均相裂解时的稳定性：键能越大，热稳定性越高。仍以 V 族的氢化物为例，其热稳定性的排列次序是 $NH_3 > PH_3 > AsH_3 > SbH_3$。$NH_3$ 中 N—H 键能高达 460.24kJ/mol 很难分解，NH_3 的热稳定性很高，为此宽带氮化物 AlGaInN 的生长温度需要很高(通常在 1000°C 左右)。PH_3 由于热稳定性也比较高，通常在生长磷化物时需要采用较大的 V/III 比，此外在尾气处理时用热分解法只能将其部分分解。AsH_3 的热稳定性较差，在 850°C 可以完全分解析出砷，因此尾气可以用热解方法进行处理。SbH_3 由于极不稳定很少被人采用。图 3-6 中还示出键能低的 IV 族 SnH_4 和 VI 族 H_2Te，它们的热稳定性都很差，SnH_4 在室温已经高速分解。而 H_2Te 甚至在 0°C 也能分解出碲来。因此锑、锡和碲都采用相应的有机化合物作为 MOVPE 的原材料。

III 族硼、铝、镓的氢化物中的化学键和原子价与正常情形不同。B_2H_6 在室温缓慢分解，生成高级氢化硼和氢气，所释放的氢气能阻碍进一步分解。当温度高于 300°C 时，B_2H_6 就迅速分解成组成元素。因此 B_2H_6 和 TEB 都能用作硼源。$(AlH_3)_x$

在温度高于 100°C 时开始分解为金属铝和氢，Ga_2H_6 在 130°C 开始分解为金属镓和氢。因此氢化镓和氢化铝需采用生成比较稳定的配合物后才能作为原材料使用，如在 3.1.1.4 节配合物源中介绍的 $AlH_3N(CH_3)_3(C_2H_5)$。

3.2.2 氢化物源的毒性

在 MOVPE 中使用氢化物都有毒，生产规模越大，安全问题越突出。常用的 AsH_3、PH_3、H_2Se、B_2H_6 和 $H_2N\text{-}NH_2$ 毒性都很大。如当 AsH_3 在空气中浓度达到 500ppm 时，人暴露在其中 1~2min 内就能致死；浓度达到 6~15ppm 时，致死时间是 30~60 min。又如 PH_3 在空气中浓度达到 2000 ppm 时，人暴露在其中 1~2min 内能致死，浓度达到 400~600ppm 时，致死时间是在 30~60min。可见 AsH_3 比 PH_3 毒性更大。表 3-10 示出 III 族、IV 族、V 族、VI 族氢化物源的毒性，TLV 表示在每日 8h 每

表 3-10 III 族、IV 族、V 族、VI 族氢化物源和 V 族有机源的毒性

源	TLV*/10^{-6}	LC-50**/10^{-6}	中毒症状
B_2H_6	0.1		急性中毒伤害肺脏，对肾、肝功能有影响。伤害神经系统。慢性中毒后感冒、咳嗽、胸部有压迫感
SiH_4	5		引起头痛、呕吐、刺激气管
Si_2H_6	—		
GeH_4	0.2		刺激呼吸器官，破坏肾脏功能及血溶等病症
NH_3	25		刺激眼、鼻、咽喉黏膜、引起窒息。伤害视力、引起支气管炎
$(CH_3)_3CNH_2$	5		
$H_2N\text{-}NH_2$	0.1		
$CH_3N\text{-}NH_2$	0.2		
$(CH_3)_2N\text{-}NH_2$	0.5		
PH_3	0.3	11~50	急性中毒引起血压下降、呼吸困难、呕吐、痉挛、昏睡。伤害神经系统。慢性中毒胸部有压迫感、头晕、头疼、食欲不振。伤害神经系统，引起肺、肾、脑充血
TBP		>1100	
AsH_3	0.05	5~50	头痛、呕吐、头晕、呼吸困难。强血溶毒物，破坏红血球、肝、肺、脾、肾
TBAs	0.5	70	
TMAs		>20000	
H_2S	20		刺激眼角膜，肺肿胀，麻痹呼吸系统
H_2Se	0.05		恶心、头晕、眼和呼吸器官受刺激，有血溶作用

* TLV 表示在每日八小时每周 40h 暴露下对健康没有不利影响的允许最大浓度。

** LC-50 给出实验鼠在暴露 4h 后死亡率为 50%的浓度，以每百万份空气中含该气体的份数(10^{-6})表示。

周 40h 暴露下对健康没有不利影响的允许最大浓度。表 3-10 中也列出了中毒症状。

避免氢化物中毒最好的办法是采取预防措施。例如，工作场所必须具备良好的通风条件、备有自动报警功能的有毒气体探测器以及装、卸剧毒氢化物钢瓶的人员要配戴防毒面具等。采用 TBAs 和 TBP 代替存储于高压钢瓶中的剧毒 PH_3 和 AsH_3，可以大大降低 MOVPE 的危险性。有关 TBAs 和 TBP 与 AsH_3 和 PH_3 的毒性比较见表 3-10。LC-50 是实验鼠在暴露 4h 后死亡率为 50%的浓度以每百万份空气中含有该气体的份数表示的。另外，V 族有机源即使发生泄露，在空气中扩散也比 V 族氢化物慢得多。用 TMGa 和 TBAs 生长的 GaAs，其 77K 时的电子迁移率已达到 80 000cm^2/(V·s)。用 TMIn 和 TBP 生长的 InP，其 77K 时的电子迁移率达到 123 000cm^2/(V·s)。虽然 TBAs 和 TBP 的价格较高，但是生长时使用的 V/III 比小，即用量较小。

3.2.3　氢化物源

常用的氢化物源通常存储在耐高压的钢瓶中，可分为液化气体钢瓶、压缩气体钢瓶和亚大气压吸附钢瓶等，其中液化气钢瓶和压缩气钢瓶最为常用。液化气瓶的压力要比压缩气钢瓶的压力低得多：20°C 下液态氨、磷烷、砷烷、硫化氢和硒化氢的压力分别约为 8.5atm、34atm、15atm、18atm 和 9atm。液化气钢瓶存储量大，故被广泛采用。然而当氢化物气体从液相蒸发出来时，气相杂质的含量会不同于液相。在液化磷烷、砷烷和氨中，由于高沸点 H_2O 杂质在气-液相中分配系数小于 1，将富集在液相中。随着钢瓶中氢化物的消耗，气相中水含量会不断升高[28]。测量液氨蒸发出的氨气水分含量时，还发现与氨气流速和蒸发模式有关[29]。为了保证气体纯度，可以使用终点氢化物纯化器来保证进入反应室氢化物的纯度。

压缩气钢瓶内装有氢化物与稀释气体(亦称底气，常采用氢气)，其压力一般在 120atm 以上。一旦高压钢瓶发生泄露，剧毒气体大量快速溢出，会造成严重后果。为此现在已经很少使用压缩气(如氢气中含 10%砷烷)作为 V 族源。

当 IV 族和 VI 族氢化物作为 III-V 族化合物的 n 型掺杂剂使用时，由于掺杂剂计量相当小，存储在高压钢瓶中的气态氢化物混合气掺杂源的浓度仅为数百至数千 ppm。表 3-11 列出 III/V 化合物半导体常用的掺杂源。对于更低浓度的混合气掺杂源，往往因为钢瓶中存在水气等因素使浓度随时间变化，致使掺杂重现性变差。为此，在需要非常低的掺杂浓度时， MOVPE 生长装置可采用双稀释回路(见第 2 章图 2- 2)，以实现在位稀释。

为了使剧毒 AsH_3、PH_3 钢瓶的存储、运输和使用更为安全，发展了亚大气压吸附钢瓶技术[30,31]。钢瓶内填充对氢化物有高亲和力、比表面大的活性炭吸附剂，在低于大气压的条件下储存大量氢化物。如在 101kPa 和 20°C 时 100g 活性炭可以吸附 50g 砷烷。利用吸附的可逆性，改变吸附平衡(如降压)可以将吸附的氢化物释放出来。为了向 MOVPE 系统提供稳定气流，首先利用泵从亚大气压钢瓶中抽取被

表 3-11　III/V 化合物半导体用混合气掺杂源

掺杂剂	掺杂元素	浓度/10^{-6}	压力/bar*
Si_2H_6	Si	1000~100	150
SiH_4		1000~100	150
H_2S	S	1000~100	150
H_2Se	Se	1000~100	150
$(C_2H_5)_2Te$	Te	1000~100	24~150

* 1bar=10^5Pa。

吸附的氢化物压入缓冲储气罐中，并保持 80kPa (0.78atm)的压力，再由缓冲储气罐向 MOVPE 系统供气，见图 3-7。用特殊设计的泄露实验证明了 AsH_3、PH_3 亚大气压钢瓶的泄露速度是扩散控制的，而不是压力控制的，其安全性大为提高。亚大气压钢瓶的另一优点是释放出的气体水分含量低于 0.1ppm，并且稳定，不随氢化物的使用量而变化。亚大气压钢瓶提供的 AsH_3、PH_3 纯度已经与常规液化气钢瓶相当。例如，用亚大气压钢瓶的 PH_3 源在半绝缘 InP 衬底上生长的 9 μm 厚未掺杂 InP，其 77K Hall 迁移率已经达到 210 000$cm^2/(V·s)$，表明气体纯度已经达到高压钢瓶水平。又如用亚大气压钢瓶 AsH_3 生长的 AlGaAs 外延层，SIMS 测量结果表明氧含量已经在检测限($3\sim5\times10^6$atom/cm^3)以下。

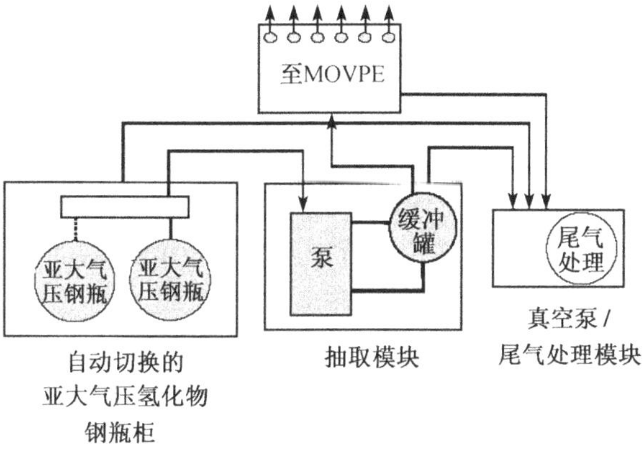

图 3-7　亚大气压钢瓶及其抽取-增压输运系统示意图
抽取-增压部分由波纹管泵和缓冲罐组成

3.2.4　氢化物的原位产生

如果在 MOVPE 系统中，氢化物能按需要量原位产生，其安全性将大为提高。电化学 AsH_3 发生器是利用浸入 KOH 电解质的砷阴极被还原的方法产生 AsH_3[32,33]：

$$As + 3H_2O + 3e^- \longrightarrow AsH_3 + 3OH^- \tag{3-5}$$

同时伴随副反应：

$$2H^+ + 2e^- \longrightarrow H_2 \tag{3-6}$$

为满足 MOVPE 对 AsH_3 的纯度要求，原位产生的 AsH_3 需经 AsH_3 纯化器去除水分和其他杂质。为做到 AsH_3 的稳定供应，采用超声浓度计测量 AsH_3 浓度并用 MFC 调节氢气稀释流量，克服随着砷阴极的消耗 H_2/AsH_3 比例不断增大，保证输出的 AsH_3 浓度恒定为 50%。用电化学砷烷发生器产生的 AsH_3 生长的高纯 GaAs 外延层[34]，净载流子浓度为 $10^{14}cm^{-3}$，生长的 AlGaAs/GaAs 量子阱已经用于多种器件包括光探测器和垂直腔面发射激光器。

H_2Se 的原位产生可由氢气与元素硒直接反应加以实现：

$$Se_2 + 2H_2 \xrightarrow{650^\circ C} 2H_2Se \tag{3-7}$$

H_2Se 的原位发生器由石英反应管和低温冷阱组成，嵌入 MOVPE 生长系统中。氢载气进入石英反应管，从冷阱出口流出的 H_2Se 与 H_2 混合气与多路组合阀相连。石英反应管放置在由低温挥发区和高温反应区组成的两温区炉中，盛高纯硒的石英舟位于挥发区内，纯氢通过硒舟携带硒蒸气进入 650°C 的反应区，在这里硒蒸气全部转化为硒化氢。为了控制进入反应室的硒化氢计量，将生成的 H_2Se+H_2 混合气先经过水冷冷却后，进入−78°C 的冷阱。通过控制挥发区的温度(~260°C)使混合气中 H_2Se 的分压略大于冷阱温度下的硒化氢分压，则多余的硒化氢在冷阱中冷凝为固体，于是流出冷阱的混合气的流量和 H_2Se 分压就变得可控[35]。对于低压 MOVPE 生长系统，需在出口处设置压力控制器，维持发生器为 1atm。用此方法原位产生的 H_2Se 纯度极高，它与 DMZn 生长的 ZeSe 外延层的 300K 电子浓度为 $9\times10^{14}cm^{-3}$，77K 电子迁移率高达 $9250cm^2/(V\cdot s)$，优于使用钢瓶 H_2Se 的结果[36]。另外，使用 H_2Se 原位发生器，仅在外延生长时 MOVPE 系统中才有少量 H_2Se 存在，一旦反应结束，原位发生器中的 H_2Se 被吹扫出去，系统中只有固态元素硒，因此非常安全。除了硒化氢外，硫化氢也可用直接合成法制取。

参 考 文 献

[1] Zanella P, Rossetto G, Brinaese N, et al. Organometallic precursors in the growth of epitaxial thin films of groups III-V semiconductors by MOCVD. Chem Mater, 1991, 3: 225-242.

[2] Jones A C. Metalorganic precursors for VPE. J Crystal Growth, 1993, 129: 728-773.

[3] Jones A C, Rushworth S A, Auld J. Recent developments in metalorganic precursors for MOCVD. J Crystal Growth, 1995, 146: 503-510.

[4] Stringfellow G B. Organometallic vapor phase epitaxy: Theory and practice. 2nd Ed. San Diego: Academic Press, 1989. 151-209.

[5] Ouma K, Kasahara A, Kato K. Atmospheric-pressure MOVPE growth of InP using Lewis base monovalent cyclopentadienyl indium. J Crystal Growth 1991, 107: 360-364.

[6] Haugan H J, Yu W, Lee S T, et al. Low temperature metalorganic chemical vapor deposition

growth of InP using the new precursors pentamethylcyclopentadienylindium(I) and white phosphorus. J Crystal Growth, 2002, 244: 157-167.

[7] Lum R M, Klingert J K. Alternative group V precursors for CVD. J Crystal Growth, 1991, 107: 290-296.

[8] Jackson D A, Jr. Influence of carrier gases on pyrolysis of organometallies. J Crystal Growth, 1989, 94: 459-468.

[9] Kuech T F, Veuhoff E, Kaan T S, et al. The influence of growth chemistry on the MOVPE growth of GaAs and $Al_xGa_{1-x}As$ layers and heterostructures. J Crystal Growth, 1986, 77: 257-271.

[10] Fulem M, Růžička K, Růžička V, et al. Vapor pressure of metal organic precursors. J Crystal Growth, 2003, 248: 99-107.

[11] Moss R H. Adducts in the growth of III-V compounds. J Crystal Growth, 1984, 68: 78-87.

[12] Hageman P R, Olsthoorn S M, Giling L J. Growth of high-qulity $Al_xGa_{1-x}As$ (x=0.05~0.65) by LP-MOVPE using dimethylethylamine-alane. J Crystal Growth, 1994, 142: 284-291.

[13] Pohl L, Hostalek M, Schumann H, et al. Physical properties of non-pyrophoric group III precursors for MOVPE. J Crystal Growth, 1991, 107: 309-313.

[14] Brauers A. Alternative precursors for III-V MOVPE criteria for evaluation. J Crystal Growth, 1991, 107: 281-289.

[15] Smith L M, Coward K M, Jones A C, et al. Purification of dialkylzinc precursors using tertiary amine ligands. J Electron Mater, 2001, 30: 1433-1437.

[16] Ravetz M S, Smith L M, Rushworth S A, et al. Properties of solution TMI as an OMVPE source. J Electronic Materials, 2000, 29: 156-160.

[17] Geisz J F, Friedman D J, Kurtz S, et al. Alternative Boron precursors for BGaAs epitaxy. J Electronic Materials, 2001, 30: 1387-1391.

[18] Shenai D V, Timmons M L, DiCarlo R L, et al. Correlation of vapor pressure equation and film properties with trimethylindium purity for the MOVPE grown III-V compounds. J Crystal Growth, 2003, 248: 91-98.

[19] Nakajima F, Onoa W, Kuboyaa S, Katayamaa R and Onabe K. MOVPE growth and optical characterization of GaPN films using TBP and 1,1-dimethylhydrazine (DMHy). J Crystal Growth, 2007, 298: 103-106.

[20] Shin J, Verma A, Stringfellow G B and Gedridge R W. Trisdimethylaminoantimony: a new Sb source for low temperature epitaxial growth of InSb. J Crystal Growth, 1994, 143: 15-21.

[21] Heikman S, Keller S, Mates T, et al. Growth and characteristics of Fe-doped GaN. J Crystal Growth, 2003, 248: 513-517.

[22] Lampalzer M, Nau S, Pietzonka C, et al. Te-co-doping experiments in ferromagnetic Mn(Ga) As/GaAs cluster hybrid layers by MOVPE. J Crystal Growth, 2004, 272: 772-777.

[23] Weber J, Moser M, Stapor A, et al. MOVPE grown InP:Er layers using $Er(MeCp)_3$ and $Er(IpCp)_3$. J Crystal Growth, 1990, 104: 815-819.

[24] Weber J, Moser M, Stapor A, et al. MOVPE grown InP:Yb layers using $Yb(IpCp)_3$ as a new doping source. J Crystal Growth, 1990, 100: 467-470.

[25] Wright P J, Panbtook P J, Cockayne B, et al. The MOCVD growth without prereaction of ZnSe and ZnS layers. J Crystal Growth, 1989, 94: 441-447.

[26] Giapis K P, Lu D C, Fotiadis D I, Jensen K F. A new reactor system for MOCVD of ZaSe: Modelling and experimental results for growth from dimethylzinc and diethylselenide. J Crystal Growth, 1990, 104: 629-640.
[27] 杰维蒂赫，佐林著. 超纯挥发性无机氢化物. 解崇绅译. 北京：科学出版社，1985.
[28] Watanabe T, Funke H H, Torres R, et al. Contamination control in gas delivery systems for MOCVD. J Crystal Growth 2003, 248: 67-71.
[29] Funke H H, Raynor M W, Yucelen B, et al. Impurities in hydride gases part 1: investigation of trace moisture in the liquid and vapor phase of ultra-pure ammonia by FTIR spectroscopy. J Electron Mater, 2001, 30: 1438-1447.
[30] Raynor M W, Houlding V H, Funke H H, et al. Sub-atmospheric pressure gas sources for bulk storage and delivery of arsine and phosphine to MOCVD tools. J Crystal Growth, 2003, 248: 77-81.
[31] Raynor M W, Houlding V H, Frye R, et al. Performance of sub-atmospheric pressure hydride gas source and delivery system for MOCVD. J Crystal Growth, 2004, 261: 241-248.
[32] Valdes J L, Cadet G, Mitchell J W. On-demand electrochemical generation of Arsine. J Electrochem Soc, 1991, 138: 1654-1658.
[33] Burk A. Application of an clectrochemical arsine generator on a high throughput MOVPE reactor. J Crystal Growth, 1992, 124: 292-299.
[34] Jan P, Ziel van der, Tang Xuefei, Johnson Ralph. Optical studies of very high-purity GaAs grown by metal-organic chemical vapor deposition using a point-of-use arsine (AsH_3) generator. Appl Phys Lett, 1997, 71: 791-793.
[35] Lu Da-Cheng. The in-situ production of H_2Se for high purity epitaxial ZnSe grown by MOVPE. Frontiers of Materials Research/Electronic and Optical Materials, Eds. Kong M, Huang L, Elsevier Science Publishers B.V. 1991: 551.
[36] Giapis K P, Lu D C, Jensen K F. High quality epitaxial ZnSe and relationship between electron mobility and photoluminescence characteristics. Appl Phys Lett, 1988, 54: 353-355.

第 4 章　MOVPE 的热力学分析

热力学是了解晶体生长过程的基础，热力学分析已用于讨论 MOVPE 生长驱动力，最大生长速度，点缺陷浓度等[1]，而最有实际意义的是本章主要讨论的利用化学热力学解释和预言外延的气-固分配系数和单相区范围。

4.1　外延生长速度的限制机构

热力学是建立在平衡基础上的，为了了解热力学分析在 MOVPE 生长中的适用范围，首先分析生长速度与生长温度的关系。MOVPE 外延层的生长速度与生长温度、反应室工作压力、反应剂浓度、气体流速和衬底取向等因素有关。当其他因素固定时，生长速度的对数与生长温度的倒数的关系揭示出有关生长机理的重要信息，称为生长速度的 Arrhenius 图[2]。图 4-1 为以 TMGa 和 AsH_3 为源生长 GaAs 时的 Arrhenius 图[3]。由于多个串联步骤组成的生长速度是由最慢一步的速度决定的，不同的控制过程表现出不同的温度依赖关系。图中的曲线可分为三个区域：550°C 以下的低温区、550~750°C 的中温区和 750°C 以上的高温区。在低温区生长速度随生长温度的上升而迅速提高，由该段直线斜率计算出的活化能较高，相当于一般化学反应过程的活化能值，而且衬底取向对生长速度及活化能都有影响。这表明在低温区生长速度被表面反应动力学所控制。随着温度的升高，表面反应速度急剧增加，到了中温区，温度对生长速度的影响很弱，生长速度与衬底取向几乎无关，随 TMGa 分压增加而直线增加，与 AsH_3 分压无关，生长被 TMGa 到达衬底表面的输运速度所控制。由于气相中原子或分子的扩散势垒较低，故生长速度也就随温度缓慢变化。在该区域中维持其他条件不变只增加气体流速时，会加快反应剂向衬底表面的输运，使生长速度提高。该区称为生长速度的质量输运控制区或扩散控制区。在高温区，生长速度随着生长温度的升高反而下降，并且与衬底取向有关，这可能是由于表面脱附或由于气相反应导致反应物的耗尽所造成的。图 4-1 所示的这种典型关系在许多其他体系中都可以观察到。

Stringfellow 指出[1,4]只有在质量输运控制区，表面反应速度相对于质量输运速度已足够快，于是在气-固界面和包括邻近界面的气相薄层内，可以认为接近或达到平衡状态，才可以用热力学方法对 MOVPE 进行分析。

在质量输运控制区中进行外延生长的优点是外延生长效率高、外延层表面形貌好、生长速率对温度不敏感，因此，MOVPE 生长经常在质量输运控制区中进行。

这也就是 MOVPE 的热力学分析一直被人关注的原因。热力学分析已成功地用于 III-V 族[5-16, 25, 53]和 II-VI 族[17-24, 51, 52]化合物半导体。

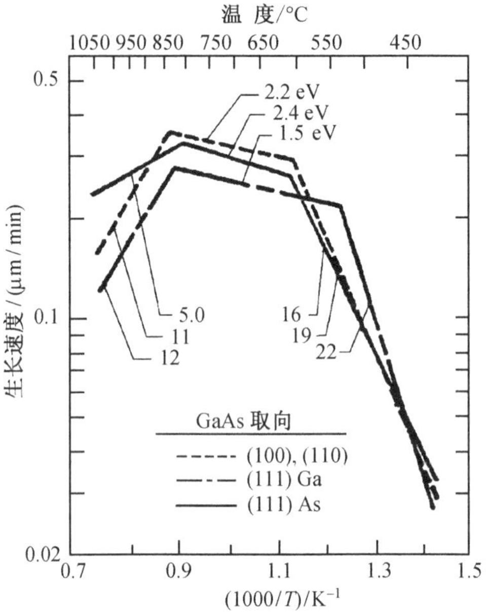

图 4-1　生长速率与温度倒数的关系

$P_{TMGa}=1.78\times10^{-4}$ atm, $P_{AsH_3}=3.3\times10^{-3}$atm

注：1atm=1.01 × 10^5Pa

4.2　MOVPE 生长的固溶体固相成分与气相成分关系

多元半导体固溶体的带隙和晶格常数是其成分的函数，因此确定固溶体固相成分与气相成分关系是 MOVPE 的最基本问题之一。通常使用分配系数来描述固相成分与气相成分关系。对于 AB 二元固溶体，分配系数 k 定义为固相中 A 对 B 的摩尔浓度比除以气相中含有 A 和 B 原子的源的分压比：

$$k=\frac{x_A/x_B}{p^\circ_A/p^\circ_B}=\frac{x_A/(1-x_A)}{p^\circ_A/(1-p^\circ_A)} \tag{4-1}$$

式中 p°为输入反应室的含有 A 或 B 的 MO 源的初始分压。

这种表示方法的不便之处是当 x_B 或 p°_B 很小时，比值 x_A/x_B 或 p°_A/p°_B 会变得很大。如果采用 $x_A/(x_A+x_B)$或 $p^\circ_A/(p^\circ_A+p^\circ_B)$表示，则可以在 0 与 1 区间全面描述固-气间组分分配关系。本书采用后一种表示法。

用热力学方法确定固溶体固相成分与气相成分的关系，就是求解多相、多组分的化学平衡。即在给定温度、压力、V/III 比、输入源分压等生长条件下，求出与固相成平衡的气相各物种的分压。可以采取两种途径："自由能最小化"法[26]和"质量作用定律方程组"法求解[27–30]。自由能最小化法是根据平衡状态下体系自由能最低的原理，利用计算机程序在给定条件下寻找平衡的各物质摩尔量，其优点是可以利用已经比较成熟的处理多元复相系统的通用计算程序，无需构建化学反应方程式。质量作用定律方程组法则更为灵活，更便于引入调整因素，使计算能更有实用价值，因此得到广泛的应用。在这方面 H. Seki 和 A. Koukitu[5–12, 28–30]及陆大成和段树坤[13–21, 24, 51, 53, 54]都发表了多篇论文。

用质量作用定律方程组法时，首先要选择与固相成平衡的气相中的化学物种(可以只选择主要气相物质)。根据系统中存在的物质数目确定独立的化学反应方程组，然后应用质量作用定律可以写出相应的非线性质量作用方程组。质量作用方程式中的反应平衡常数由热化学数据求得。根据物质守恒定律，即化学反应中任一元素的原子总摩尔数不变，写出约束条件线性方程组。求解得到的与物种数相同的非线性-线性方程组，就可以计算出固-气相的平衡组分关系[5–17, 19–22, 27–30]。为了简化计算通常做下述假设：在生长速率的扩散控制区，假设 MO 源完全且不可逆地分解成相应的有机化合物和金属；由于 MOVPE 是在 1atm 或更低压力下进行，假设气体是理想的；假设生成的固溶体遵守正规溶液模型。正规溶液是假设溶液之所以偏离理想完全是混合热所致，混合熵与理想溶液相同。在生长 III 族 P、As 和 Sb 化物时，由于通常反应剂被载气大量稀释，气相中所有反应剂的分压都比载气的分压低得多，此时可以忽略化学反应对总摩尔量的影响，原本由摩尔量关系写成的各个元素物质守恒约束条件方程式可以用简化的分压式来代替[6–13, 24, 28]。

计算中使用的热化学数据可以从专门的书籍[31–34]、手册[35]或互联网上数据库中获得。亦有一些文献已经总结了部分相关的数据[36]，有关 III 族氮化物的数据见文献[37]。正规溶液模型中所用的互作用参数 Ω 的数据见文献[38,39]。

下面分别讨论几种固溶体类型的 MOVPE 生长的固溶体固相成分与气相成分关系。

4.2.1　III-V-V′体系

III-V-V′体系即 $AB_{1-y}C_y$ 型固溶体属于 V 族原子亚晶格形成的混晶的赝二元系，$InAs_{1-y}P_y$ 就是一例。用 TEIn, AsH_3 和 PH_3 为源，在 600°C 以上生长 $InAs_{1-y}P_y$ 时，实验发现固-气组分关系呈现强烈的非线性，表现出 As 优先于 P 并入固溶体的倾向。在此温度下，生长速率处于质量输运控制区中，可用热力学分析进行分析。应用质量作用定律方程组法求解，TEIn 在衬底区域按下式分解：

$$In(C_2H_5)_3\,(g)+3/2H_2(g) \Longrightarrow In(g)+3C_2H_6(g) \tag{4-2}$$

在气-固界面处的气相可以认为有下述物种存在：In、As_2、As_4、AsH_3、P_2、

P_4、PH_3、H_2 和 C_2H_6。在生长界面和界面附近区域发生如下固溶体的合成[式(4-3)，(4-4)]、V 族四聚物与二聚物之间的平衡[式(4-5)，(4-6)]和氢化物分解[式(4-7)，(4-8)]等反应：

$$\mathrm{In\,(g)+1/4As_4(g) = InAs(固溶体)} \tag{4-3}$$

$$\mathrm{In\,(g)+1/4P_4(g) = InP(固溶体)} \tag{4-4}$$

$$\mathrm{As_4(g) = 2As_2(g)} \tag{4-5}$$

$$\mathrm{P_4(g) = 2P_2(g)} \tag{4-6}$$

$$\mathrm{AsH_3(g) = 3/2H_2\,(g) + 1/2As_2(g)} \tag{4-7}$$

$$\mathrm{PH_3(g) = 3/2H_2\,(g) + 1/2P_2(g)} \tag{4-8}$$

式中 InAs(固溶体)和 InP(固溶体)表示 $InAs_{1-y}P_y$ 合金中的二元化合物。

当界面存在化学平衡时，可以写出下列对应的质量作用方程式：

$$K_1 = \alpha_{\mathrm{InAs}} /(P_{\mathrm{In}} \cdot P_{\mathrm{As_4}}^{1/4}) \tag{4-9}$$ 式(4-7)，(4-8)

$$K_2 = \alpha_{\mathrm{InP}} /(P_{\mathrm{In}} \cdot P_{\mathrm{P_4}}^{1/4}) \tag{4-10}$$

$$K_3 = P_{\mathrm{As_2}}^2 / P_{\mathrm{As_4}} \tag{4-11}$$

$$K_4 = P_{\mathrm{P_2}}^2 \,/\, P_{\mathrm{P_4}} \tag{4-12}$$

$$K_5 = P_{\mathrm{As_2}}^{1/2} P_{\mathrm{H_2}}^{3/2} \,/\, P_{\mathrm{AsH_3}} \tag{4-13}$$

$$K_6 = P_{\mathrm{P_2}}^{1/2} P_{\mathrm{H_2}}^{3/2} \,/\, P_{\mathrm{PH_3}} \tag{4-14}$$

式中，K 是平衡常数，P_i 为各物种的分压。a_{InAs} 和 a_{InAs} 分别为 InAs 和 InP 在固溶体中的活度。

假设固溶体为正规溶液。在正规溶液模型理论中，只考虑最近邻的配位原子之间的相互作用，并且认为原子排列是完全随机的。因此，把互作用参数 Ω 视为常数与组分无关。于是，式(4-9)和(4-10)中的活度用正规溶液模型表示为

$$a_{\mathrm{InAs}} = (1-y)\,\exp(y^2\,\Omega/RT) \tag{4-15}$$

$$a_{\mathrm{InP}} = y\,\exp[(1-y)^2\,\Omega/RT] \tag{4-16}$$

式中，互作用参数Ω值为 1673.6kJ/mol, R 为摩尔气体常量。

质量守恒约束方程组直接以分压形式写出。因为 $InAs_{1-y}P_y$ 固相中 In 原子总数等于 As 与 P 原子总数之和，于是得到

$$P^\circ_{\mathrm{III}} - P_{\mathrm{In}} = P^\circ_{\mathrm{V}} - 4(P_{\mathrm{As_4}} + P_{\mathrm{P_4}}) - 2(P_{\mathrm{As_2}} + P_{\mathrm{P_2}}) - (P_{\mathrm{AsH_3}} + P_{\mathrm{PH_3}}) \tag{4-17}$$

y 为 $InAs_{1-y}P_y$ 固溶体中的摩尔分数，从 y 的定义，有

$$y = \frac{(P°_{P} - 4P_{P_4} - 2P_{P_2} - P_{PH_3})}{(P°_{P} - 4P_{P_4} - 2P_{P_2} - P_{PH_3}) + (P°_{As} - 4P_{As_4} - 2P_{As_2} + P_{AsH_3})} \tag{4-18}$$

根据总压等于各个分压之和，有

$$P_{tot} = P_{In} + P_{As_4} + P_{As_2} + P_{AsH_3} + P_{P_4} + P_{P_2} + P_{PH_3} + P_{H_2} + P_{C_2H_6} \tag{4-19}$$

气相中的乙烷全部来自 TMIn，于是得到

$$P_{C_2H_6} = 3P°_{III} \tag{4-20}$$

式中 $P°$ 为输入反应室中相应物质的分压。给定一组生长温度、反应室压力、输入 III 族源和 V 族源分压等生长条件解联立方程组(4-9)~(4-20)，就可以得到气相各物种分压值以及与气相平衡的固相组分 y 值。将输入 III 族源和 V 族源分压表示成输入气相组分与计算得到的固相组分图，就可以绘出气-固组分关系图。改变各种生长参数，如生长温度、V/III 比、反应室压力等，就可以方便地得到该生长参数对气相平衡分压和气-固分配系数的影响。

图 4-2 的计算结果示出 $InAs_{1-y}P_y$ 固相成分与气相成分呈现出强烈的非线性关系[5]。当逐步提高输入气相中的 PH_3 比例时，开始固相中的 P 含量仅缓慢增加，表现出 As 优先并入晶格的强烈倾向，到了 AsH_3 含量小于 10%时，固相的 P 含量陡然增大，这使得在此范围内固溶体组分极难控制。计算结果还表明在 600~800°C 区间改变生长温度，对改善固-气组分关系所呈现强烈的非线性特征影响不大。

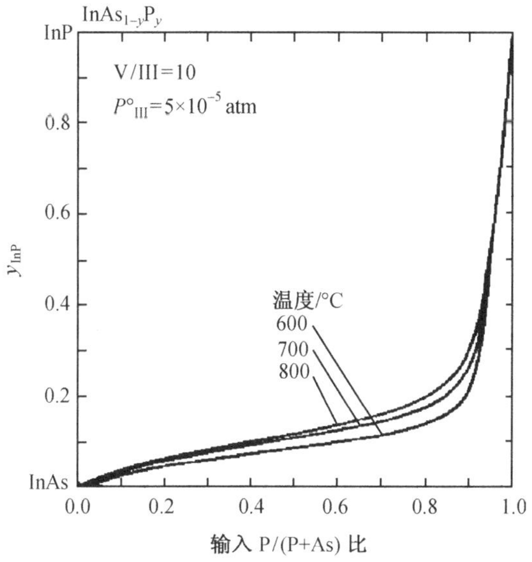

图 4-2　计算的生长温度与 $InAs_{1-y}P_y$ 固相成分与气相成分关系

图 4-3 示出 650°C 下 V/III 比对 $InAs_{1-y}P_y$ 固相成分与气相成分关系影响的计算

曲线[5]。可以看出 V/III 比对固-气成分关系影响很大。随着 V/III 比的降低，As 优先并入晶格的倾向被削弱，在 V/III 比≤1 时，固相成分与输入的气相成分成线性关系。这是因为在富 III 族的情况下，所有达到衬底表面的各种 V 族原子全部并入晶格。

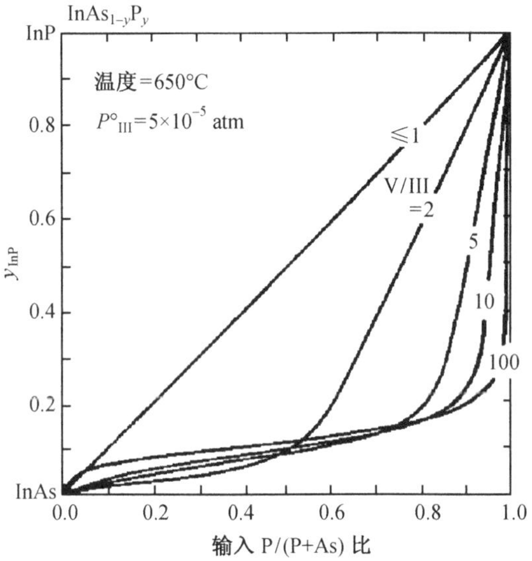

图 4-3　计算的 V/III 比对 $InAs_{1-y}P_y$ 固相成分与气相成分的关系

图 4-4 示出在 600°C 和 V/III 比等于 180 的条件下，计算的 $InAs_{1-y}P_y$ 固相成分

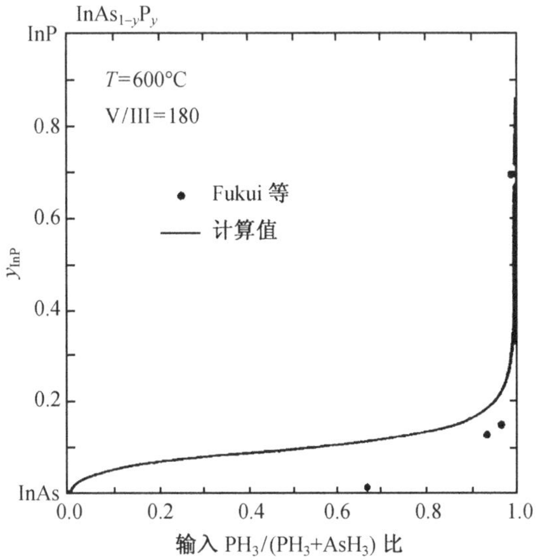

图 4-4　$InAs_{1-y}P_y$ 固相成分与气相成分关系的热力学模型计算曲线与实验值比较

与输入气相成分关系曲线与实验点的比较[5]。模型与实验数据吻合，说明热力学模型适用于解决 MOVPE 生长中的固-气组分关系，而且证实这种非线性关系源自热力学原因。

决定 III 族的磷、砷和锑化合物的 MOVPE 生长的关键化学反应是

$$\mathrm{III(g)} + 1/4\ \mathrm{V_4(g)} = \mathrm{III\text{-}V}\ (\text{固溶体}) \tag{4-21}$$

由于此反应的驱动力是二元化合物的生成 Gibbs 自由能。而反应平衡常数与生成 Gibbs 自由能的关系为$\Delta G^\circ = -RT\ln K$。平衡常数愈大，反应愈向式(4-21)右端方向移动。形成 III 族的磷、砷和锑二元化合物的反应平衡常数有下列顺序[6]

$$\mathrm{AlP>AlAs>GaP>GaAs>GaSb>InAs>InP>InSb} \tag{4-22}$$

因此，此顺序也是生长三元、四元固溶体时二元化合物并入的顺序。例如，根据这一顺序在生长 AlAsP 时，AlP 优先并入；在 InAsP 生长时，InAs 优先并入；在生长 InAsSb 时，InAs 优先并入；又由于 GaAs 与 GaP 的平衡常数相差较小，因此 GaAsP 固溶体组分的分布系数比较接近于 1。图 4-5 的计算曲线表明了 AlAsP、GaAsP、InAsP 和 InAsSb 等 III-V-V′体系的气-固组分关系[7]。

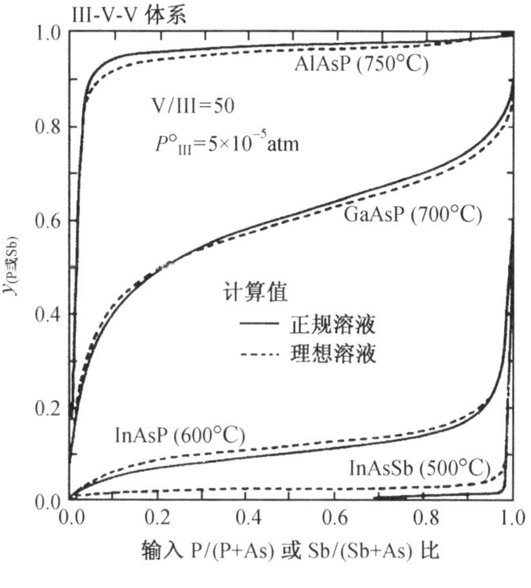

图 4-5　AlAsP、GaAsP、InAsP 和 InAsSb 气-固组分关系的计算曲线

4.2.2　III- III′ -V 体系

III-III′-V 体系即 $A_xB_{1-x}C$ 型属于 III 族亚晶格形成混晶的赝二元系。热力学计算表明，III-III′-V 体系在 V/III >1 的情况下，固-气组分配系数为 1。这是因为在富 V 族的情况下，所有达到衬底表面的各种 III 族原子全部并入晶格。因此用 MOVPE

生长 III-III′-V 体系固溶体时，其固相成分容易控制[7]。

图 4-6 示出 $Al_xGa_{1-x}As$、$In_xGa_{1-x}As$、$In_xGa_{1-x}P$ 和 $Al_xIn_{1-x}As$ 四个体系的固-气组分关系的热力学计算曲线与实验值。图中分别用●表示 $Al_xGa_{1-x}As$、▲表示 $In_xGa_{1-x}As$、■表示 $In_xGa_{1-x}P$ 和□表示 $Al_xIn_{1-x}As$。热力学计算表明，在 V/III >1 的情况下，上述体系的固-气组分配系数均为 1，在图中为对角线。理论计算与实验数据基本符合。然而在 InGaP 中 In 的并入效率低于预期值，这可能与 TMIn 在到达衬底前的预沉积所造成的消耗有关。

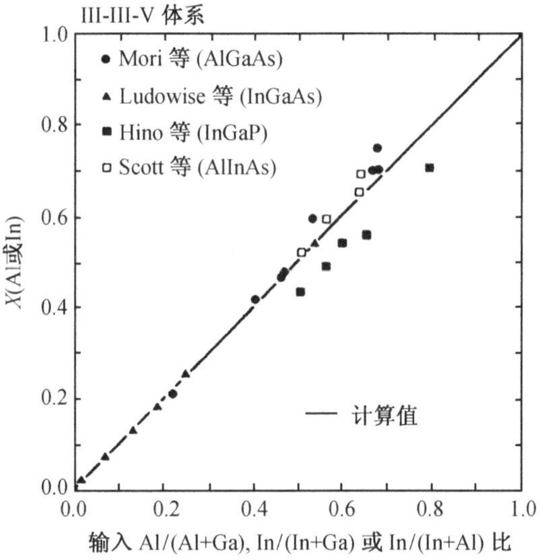

图 4-6　III- III′-V 体系的固相成分与气相成分关系的理论计算与实验值的比较

虽然 AlGaN、InGaN 等 GaN 基固溶体也属于 III- III′ -V 体系，但是由于 N_2 分子的惰性大，不能与 III 族元素直接发生反应生成氮化物，一般采用 NH_3 作为氮源。在进行热力学分析时，发现如果把 NH_3 分解按平衡处理，在生长温度下应该完全分解成氮和氢，这样的计算结果与实验事实不符。实验表明 NH_3 分解受分解动力学的限制，在生长温度下实际仅部分分解。为此引入氨分解分数 η，作为调整参数，成为针对 III 族氮化物的准热力学模型[9,14]。

$$NH_3(g) = (1-\eta)NH_3(g)+\eta/2N_2(g)+3\eta/2H_2(g) \tag{4-23}$$

下面以 $Al_xGa_{1-x}N$ 生长为例对准热力学模型做比较详细的说明[14]。在衬底表面形成 $Al_xGa_{1-x}N$ 固溶体所进行的化学反应是 III 族元素与未分解的 NH_3 的反应：

$$Ga(g)+NH_3(g) = GaN(\text{固溶体})+3/2H_2(g) \tag{4-24}$$

$$Al(g)+NH_3(g) = AlN(\text{固溶体})+3/2H_2(g) \tag{4-25}$$

在用 NH_3 作为氮源生长 III 族氮化物时,V/III 比经常大到几千甚至几万，NH_3 分解化学反应对总摩尔量的影响已经不可忽略。质量守恒约束方程若简化写为分压形式则会引入较大误差，最好用摩尔量直接写出[14]。质量作用方程中的分压项，则用道尔顿分压定律求得。

在 III 族氮化物生长时，经常使用 H_2 和 N_2 混合气体为载气，并且把氮气视为惰性气体。定义 f 为混合载气中氢气的摩尔分数：

$$f = n°_{H_2}/(n°_{H_2}+n°_{N_2}) \tag{4-26}$$

如 $f = 1$，即为纯氢载气。选择下述物种作为分析 $Al_xGa_{1-x}N$ 生长的必须物种：Al、Ga、NH_3、H_2、CH_4、N_2 和惰性气体(IG)。

图 4-7 为准热力学模型[14]计算的在 T_g=1000°C, P_{III} =1e^{-5} atm。P_{tot}=1atm, η = 0.4, f=1 和 R=5000 条件下，各气相物种的平衡分压随 $Al_xGa_{1-x}N$ 固溶体 x 值的变化关系。其中 T_g 为生长温度，P_{III} 为 III 族 MO 源的分压，P_{tot} 为反应室的总压力，R 为 V/III 比。从图中可以看出，金属 Al 和 Ga 的平衡蒸气压明显低于输入的 TMAl 和 TNGa 分压，说明 Al 或 Ga 几乎全部并入晶格。值得注意的是 Al 的平衡分压远低于 Ga 的平衡分压，表明 Al 优先并入晶格的倾向。其原因是生成 AlN 反应式(4-25)的平衡常数大于生成 GaN 反应式(4-24)。

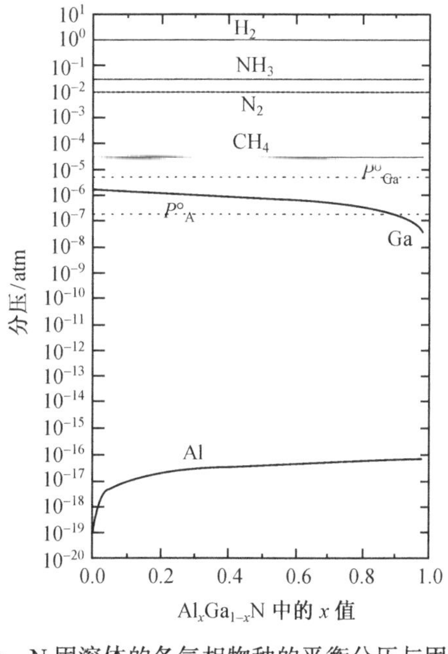

图 4-7　$Al_xGa_{1-x}N$ 固溶体的各气相物种的平衡分压与固相 x 值的关系

虚线为金属 Al 和 Ga 的蒸气压 $P°_{Al}$ 和 $P°_{Ga}$。T_g=1000°C, P_{III}=1×10^{-5}atm。P_{tot}=1atm, η = 0.4, f=1 和 R=5000

由准热力学模型得到的气-固组分关系表现出 Al 优先于 Ga 并入晶格的倾向，与 Clur 等[47]的实验结果吻合，见图 4-8(a)[14]。但许多实验结果恰好相反，表明 Ga 优先于 Al 并入晶格。也有报道当反应室压力从低到高增加时，从 Al 优先并入转变为 Ga 优先并入。为解释这些实验现象，提出了改进的准热力学模型。

在上述 AlGaN 的准热力学模型中，并未考虑 TMAl 与 NH_3 之间的严重预反应。这种预反应使 TMAl 在输运过程中不断消耗，如可能生成加合物的聚合物或沉积到热反应室壁上，因而到达生长表面的实际用于生长的 Al 原子减少。因此，Al 守恒方程式需要增加预反应生成加合物项

$$n^{\circ}_{\mathrm{TMAl}} = n^{\mathrm{Alloy}}_{\mathrm{AlN}} + n_{\mathrm{Al}} + n^{\mathrm{add}}_{\mathrm{TMAl}} \tag{4-27}$$

加合物的生成也会引起氮守恒的改变，相应的氮守恒方程式也应包括加合物项，写为

$$n^{\circ}_{\mathrm{NH_3}} + n^{\circ}_{\mathrm{N_2}} = n^{\mathrm{alloy}}_{\mathrm{GaN}} + n^{\mathrm{alloy}}_{\mathrm{AlN}} + n_{\mathrm{NH_3}} + 2n_{\mathrm{N_2}} + n^{\mathrm{add}}_{\mathrm{TMAl}} \tag{4-28}$$

式中 $n^{\mathrm{add}}_{\mathrm{TMAl}}$ 表示由于预反应造成的 TMAl 的损失。计算结果表明，随着 $n^{\mathrm{add}}_{\mathrm{TMAl}}$ 值的加大由 Al 原子优先并入固相转变为 Ga 优先并入固相。图 4-8(b)示出计算结果与 Matloubian 和 Gershenzon[48] 用 TMAl 和 NH_3 为源在 1000°C 和 1100°C 两个温度下生长 AlGaN 的实验值和 Asif Khan 等[49]的用 TMAAl 和 NH_3 为源生长 AlGaN 实验值都吻合地很好。

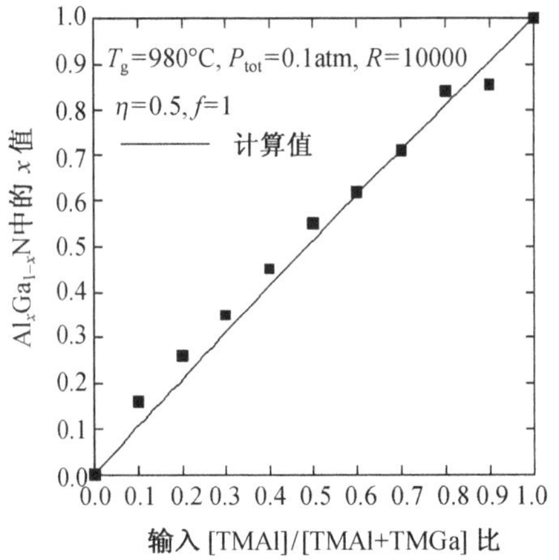

(a) 未考虑 TMAl 的预反应

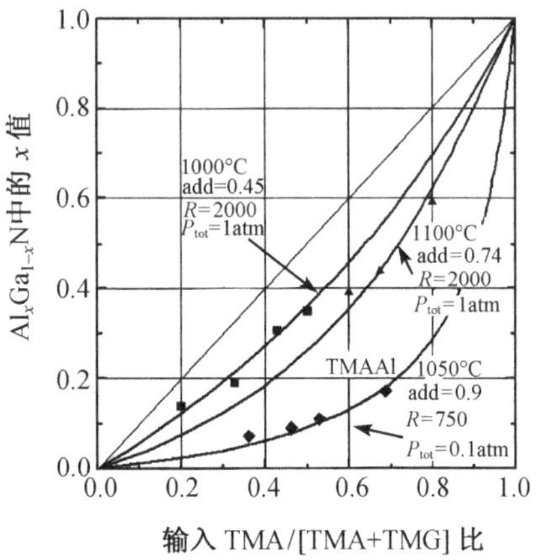

(b) 考虑了 TMAl 的预反应

图 4-8　AlGaN 的 MOVPE 生长的准热力学模型计算的气-固组分关系与实验值的比较

InGaN 体系中由于存在溶解度间隙，使固-气分配呈现复杂关系。溶解度间隙是指当构成固溶体 AB 的两种物质 A 和 B 的原子半径相差很大时，在临界温度以

下就会出现 A 与 B 不能完全互溶的现象[38, 39]。在许多同时含有原子半径差别大的 III 族阳离子(Al—In 或 Ga—In)，以及同时含有 V 族阴离子(P—Sb 或 P—As)的 III-V 半导体三元和四元固溶体中都存在溶解度间隙[41]。处于溶解度间隙内的亚稳组分会自发形成共存的两相。如由于 InN 的晶格参数与 GaN 相差比较大，在 InGaN 中存在比较宽的溶解度间隙。溶解度间隙内的 InGaN 可能会形成富 In 的 InGaN 相和贫 In 的 InGaN 相。

图 4-9 为 $In_xGa_{1-x}N$ 的准热力学模型计算的气-固组分关系曲线与实验值比较[15]。在计算选用的生长条件下，在 800°C 曲线中虚线部分所对应的 x 范围就是因为溶解度间隙的原因不能生长出来。在对 $In_xGa_{1-x}N$ 的生长进行利用准热力学模型分析时，发现 In 的平衡分压非常高，甚至超过输入的 TMIn 的分压。说明在此条件下，不能生成 InGaN，而是对已存在的 InGaN 发生腐蚀。说明显然与 In 与 NH_3 反应生成 InN 的平衡常数小有关。如果单纯增加 TMIn 的分压有可能导致在衬底表面沉积出 In 滴，而不能提高外延层 InGaN 中的 In 含量。计算还指出生长 InGaN 需要在高 V/III 比，比较低的生长温度和采用氮载气的条件下进行。虽然在较低的 500°C 生长温度下可以获得组分处于溶解度间隙内的亚稳 InGaN，但材料的特性极差，没有应用价值。

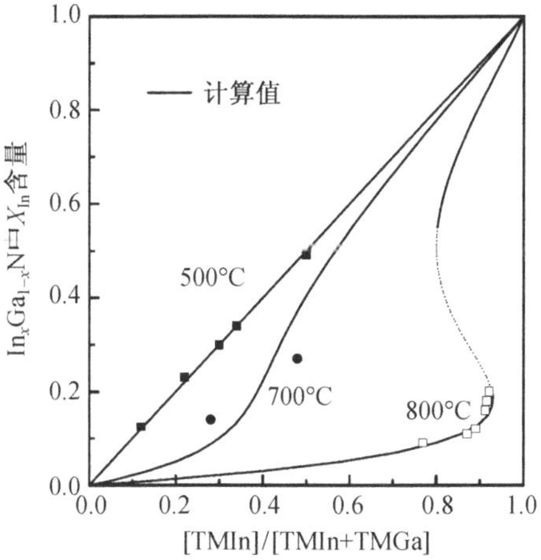

图 4-9　$In_xGa_{1-x}N$ 的准热力学模型计算的气-固组分关系曲线与实验值比较

■: 500°C; ●: 700°C; □: 800°C

InAlN 亦存在溶解度间隙，关于 InAlN 的气-固分布的热力学分析见文献[16]。

4.2.3　III-III′-III″-V 体系

AlGaInP 和 AlGaInAs 体系为 III 族原子混晶的赝三元系。在计算 AlGaInP 时以 III 族乙基化合物和 PH_3 为源，选择的气相物种有 Al、Ga、In、PH_3、P_2、P_4、H_2

和 C_2H_6。当 V/III 比大于 1 时，计算的 Al、Ga 和 In 的分压非常小，因此 III 族元素的分布系数等于 1，使得生长固溶体时组分容易控制。图 4-10 示出 AlGaInP 的固-气组分关系[6]。等边三角形的三个顶角分别表示纯 AlP、InP 和 GaP 固相。图中实线为等输入 Ga/(Al+Ga+In) 摩尔分数比、等输入 Al/(Al+Ga+In) 摩尔分数比和等输入 In/(Al+Ga+In) 摩尔分数比所对应的固相组分。由于分布系数为 1，气相组成与固相成分呈现图中表示的线性关系。AlGaInAs 的固-气组分关系在 V/III 比大于 1 时，分布系数也等于 1，因此，其固-气组分关系图与 AlGaInP 体系相似。

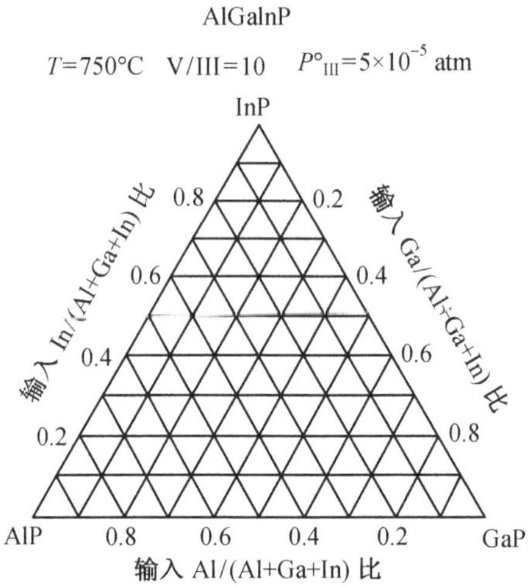

图 4-10　AlGaInP 固溶体的固-气组分关系

然而对于 AlGaInN 体系，情况变得非常复杂[12,17]。当生长温度高于 700°C 出现腐蚀区，腐蚀区随着生长温度升高、载气中氢分压的增加和总 III 族分压的降低而变大[12]，为此生长 AlGaInN 应使用惰性载气和高的 III 族分压。图 4-11 示出用准热力学模型计算的生长温度与 GaN 晶格匹配的 AlGaInN 的气-固分布关系，在计算中尚未考虑 TMAl 与 NH_3 预反应引起的 TMAl 耗尽的影响[17]。图 4-11 是将表示固相和气相的两套正三角形重合，如上顶角既表示 AlN 又代表 TMAl。图 4-11 中虚线表示与 GaN 晶格匹配的固溶体组分线；“■”代表与 GaN 晶格匹配的固相 AlGaInN 组分，“□”点为生长该组分所需要的输入的气相 III 族源成分。为了观察方便，图中将同生长温度相互平衡的固相点“■”与气相点“□”用实线连接起来。当“■”点与“□”点重合表明固气分配系数 k 为 1。从此图中看到当温度为 700°C 时，“□”点与“■”点接近，表明固气分配系数接近于 1。随着生长温度升高，“□”点向 TMIn 角移动，表明随着生长温度的升高 In 更不易并入晶格。当固相 Al 含量增加时，“□”点在向 TMAl 角移动的同时更急剧向 TMIn 角移动，说明在高温(如 800°C)生长与 GaN 晶格匹配的高 Al 含量的宽带隙 AlGaInN 非常困难。

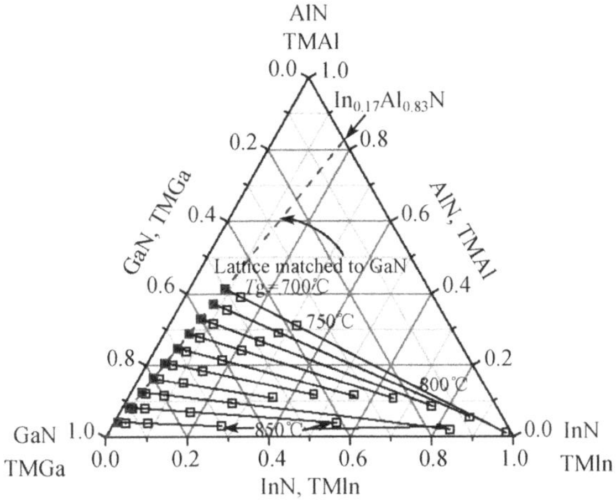

图 4-11 计算的 AlGaInN 固溶体的固-气组分关系[16]

图中虚线为与 GaN 晶格匹配线；“■”代表与 GaN 晶格匹配的固相 AlGaInN 组分；“□”点为生长该组分所需要的输入的气相 III 族源成分. R=20000, P_{III}=5 × 10−6, P_{tot}=0.1 atm, f = 0.01, η = 0.0012 × (T−600) +0.05

4.2.4　III-V-V′-V″体系

此类赝三元固溶体为 V 族原子混晶。在计算 InAsSbP 时以 TEIn、AsH_3、PH_3 和 TESb 为源，选择的气相物种有 In、AsH_3、PH_3、As、As_4、P_2、P_4、Sb_2、Sb_4、H_2 和 C_2H_6。图 4-12 示出以 InAsSbP 为例的固相组分与输入气相的摩尔比的关系[6]。等边三角形的三个顶角分别表示纯 InAs、InP 和 InSb 固相。图 4-12 中细实

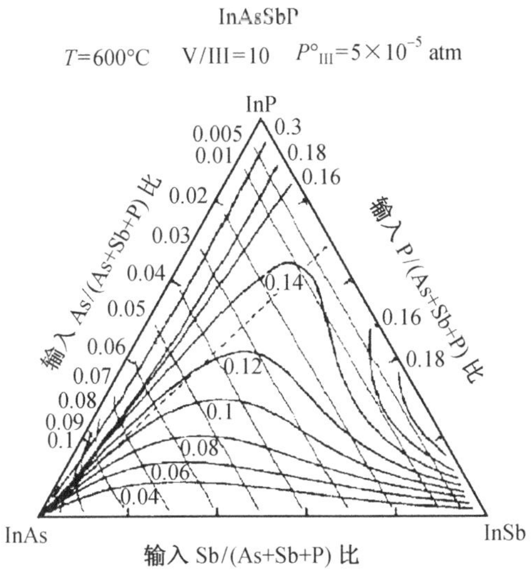

图 4-12　InAsSbP 的固相组分与气相输入的摩尔比的关系

线为等输入 As/(As+Sb+P)摩尔分数比所对应的固相组分；粗实线为等输入 P/(As + Sb+P)摩尔分数比所对应的固相组分。输入 P/(As+Sb+P) 和 Sb/(As+Sb+P) 等摩尔分数线呈现复杂的关系，特别在 InP-InSb 的溶解度间隙区域内。输入 As/(As+Sb+P)等摩尔分数线表明 As 优先并入，并与实验结果相符。图中虚线为与 InSb 衬底晶格匹配的固溶体组分线。

4.2.5　III-III′-V-V′体系

III-III′-V-V′固溶体既有 III 族原子又有 V 族原子混晶，如 InGaAsP、InAlAsP、GaAlAsP 和 InGaAsSb 等。当 V/III 比大于 1 时，对于 III 族的磷、砷和锑化合物 III 和 III′的分布系数为 1，而两个不同 V 族元素的分布系数呈现复杂情况。仅以图 4-13 $In_{1-x}Ga_xAs_yP_{1-y}$ 固溶体固相组分随输入气相摩尔比的变化曲线为例加以说明[6]。在计算 InGaAsP 时以 III 族乙基化合物、AsH_3 和 PH_3 为源，选择的气相物种有 Ga、In、AsH_3、As_2、As_4、PH_3、P_2、P_4、H_2 和 C_2H_6。正方形图的 4 个顶角分别表示纯 InP、InAs、GaAs 和 GaP 固相，水平轴表示固溶体中 Ga 的摩尔分数 X_{Ga}，垂直轴表示 As 的摩尔分数 Y_{As}，均为线性坐标。图中垂直走向线为等输入[Ga]/[Ga+In]摩尔比线，这些垂直线与表示 X_{Ga} 的坐标重合表明 Ga 的分布系数为 1。而 V 族元素在固相中的成分与气相成分则有很大差别，表现为水平走向的输入等[As]/[As+P]摩尔比曲线是非线性的。与 Y_{As} 坐标比较表明 As 以复杂的函数关系优先并入。图中虚线示出分别与 InP 或 GaAs 衬底晶格匹配的固溶体组分。利用此图可以找到生

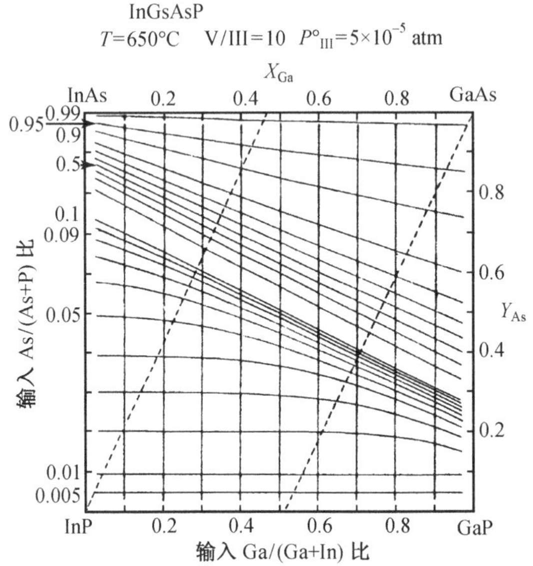

图 4-13　$In_{1-x}Ga_xAs_yP_{1-y}$ 固溶体固相组分随输入摩尔比的变化曲线

虚线示出分别与 InP 或 GaAs 衬底晶格匹配的固溶体组分

长所需要固相成分的输入气相的输入[Ga]/[Ga+In]摩尔比和输入等[As]/[As+P]摩尔比。如生长与 InP 衬底晶格匹配的 $Ga_{0.28}In_{0.72}As_{0.6}P_{0.4}$($\lambda$=1.3μm)，从图中先找到 X_{Ga} 和 Y_{As} 的坐标，再从输入摩尔比曲线估计输入[Ga]/[Ga+In]摩尔比应为 0.28，输入[As]/[As+P]摩尔比约为 0.09。

4.2.6　II-VI-VI′体系

图 4-14 为 ZnS_xSe_{1-x} 固–气成分关系计算曲线(a)以及计算曲线与实验数据的比较(b)[19,20]。所用的源为 DMZn，H_2S 与 H_2Se。在 VI/II 比(R)等于 1 时，达到表面的 VI 族原子全部进入晶格，即 S 与 Se 同时并入，分布系数变成 1。随着 VI/II 比的增加，呈现 Se 的优先并入引起的非线性气–固分配关系。图 4-14(b)示出计算结果与实验值符合的很好。

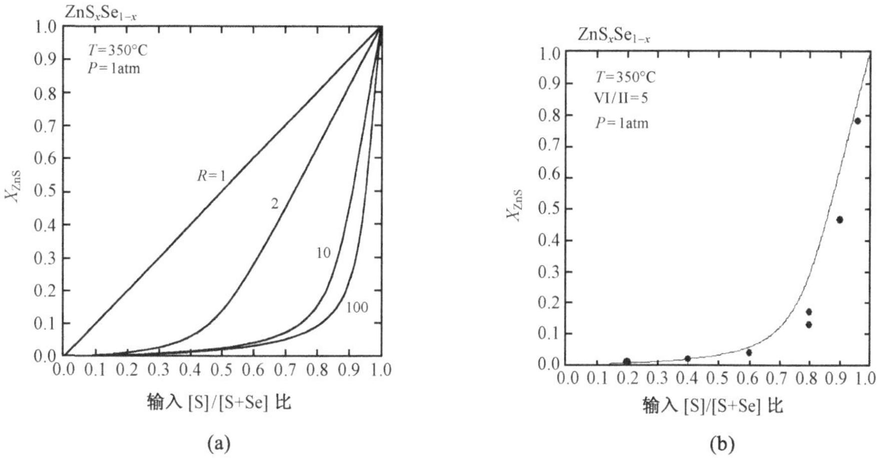

图 4-14　(a) 在不同 VI/II 比时固相 ZnS_xSe_{1-x} 组分随气相输入摩尔比的计算变化曲线
(b) 理论计算结果与实验数据的比较(●：实验数据)

图 4-15(a)和(b)分别为 $ZnS_{1-x}Te_x$ 体系和 $ZnSe_{1-x}Te_x$ 体系的固–气分布曲线。陆大成[19]在计算 $ZnS_{1-x}Te_x$ 固–气分配系数时发现，当 VI/II 比大于 1 时，固–气分布函数曲线呈 S 形，出现多值情况，即一个气相组分对应三个固相组分。然而根据相律，不允许三个固相同时与气相共存，因此中间的固相组分实际并不存在。从对 ZnSSe，ZnSeTe 和 ZnSTe 三个具有不同互作用参数的体系的热力学分析结果对比研究得出，这种 S 型固–气分布函数曲线与溶解度间隙有关。图中 S 形曲线中缺失的部分所对应的固相组分是用 MOVPE 生长不出来的。图中给出了与实验值比较，两者基本吻合。计算也指出，当 VI/II≤1 时(富 Zn)，可以生长出全部组分的 ZnSTe 固溶体。

在 InGaN 体系中也出现类似 $ZnS_{1-x}Te_x$ 体系的与溶解度间隙有关的 S 形固–气分布函数曲线[15]。

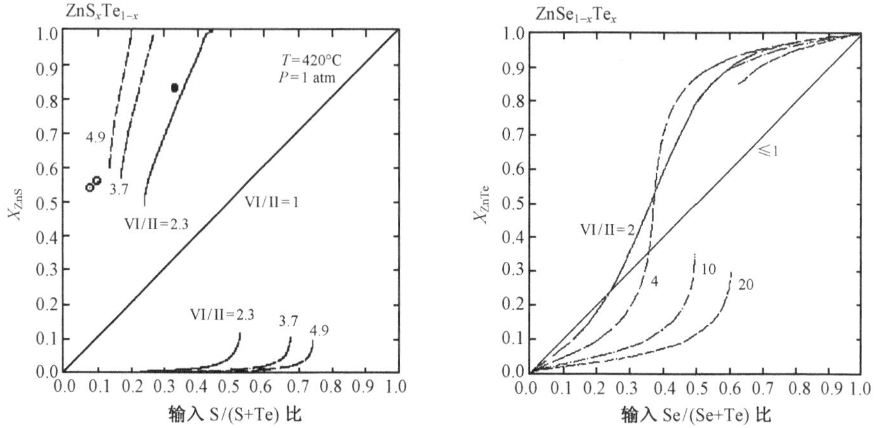

(a)　(b)

图 4-15

(a) 不同 VI/II 比下固相 $ZnS_{1-x}Te_x$ 组分随气相输入摩尔比变化的计算曲线以及与实验数据比较；
(b) 不同 VI/II 比下固相 $ZnSe_{1-x}Te_x$ 组分随气相输入摩尔比变化的计算曲线，生长温度为 350°C
Ω= 41kJ/mol，■: R = 4.9; ●: R = 3.7; ○: R=2.3

4.2.7 II- II′-VI 体系

$Hg_{1-x}Cd_xTe$(MCT)是重要的红外探测器材料，对组分均匀性的要求很高。主要的生长方法有：直接合金生长法(DAG)、内扩散多层工艺法(IMP)和低汞压直接合金法。对以 Hg、DMCd 和有机碲为源生长 $Hg_{1-x}Cd_xTe$ 的“直接合金生长方法”的热力学分析表明，II/VI 比和生长温度均是重要的因素[24]。计算中考虑的气相物种为：Hg、Cd、Te_2、H_2Te、H_2 和相应的烷烃。图 4-16 为不同 II/VI 比下 MOVPE 生长 $Hg_{1-x}Cd_xTe$ 时的固-气分布关系。II/VI 比对固-气分布有很大影响，并且表现出 Cd 优先并入晶格的强烈倾向。当气相 DMCd 超过某一临界值，即使在相当高的 Hg 分压下也可以生长出几乎纯的 CdTe，这就是“内扩散多层工艺”(IMP)的热力学基础。所谓内扩散多层工艺是交替生长 HgTe 和 CdTe 薄层，而后再经过退火形成三元固溶体。从图 4-16(a)中可以看出当 II/VI 比大于 10，要控制 $Hg_{1-x}Cd_xTe$ 中的 Cd 组分就很难了。在这种情况下气相成分的微小变化就会引起固相成分的剧烈改变。然而当 II/VI 比接近 1(或小于 1)时，Cd 的分布系数也接近 1。因此在比较低的 II/VI 比条件下就可以改善 MCT 外延层的均匀性。“低汞压直接合金方法”就是在降低汞压的同时维持 DIPTe 分压不变，实际上降低了 II/VI 比，从 30 下降到约为 8.5，并且观察到改善了外延层的纵向均匀性[24]。为了验证低汞压直接合金方法是由于改善了固-气分布系数才改善了外延层的纵向均匀性，在图 4-16 (b) 中利用热力学模型计算了低汞压直接合金方法的气-固关系，并且与实验值[50]进行了比较。文献中只给出初始 Hg 压范围，使得只能计算两条边界线，可以看出实验点全

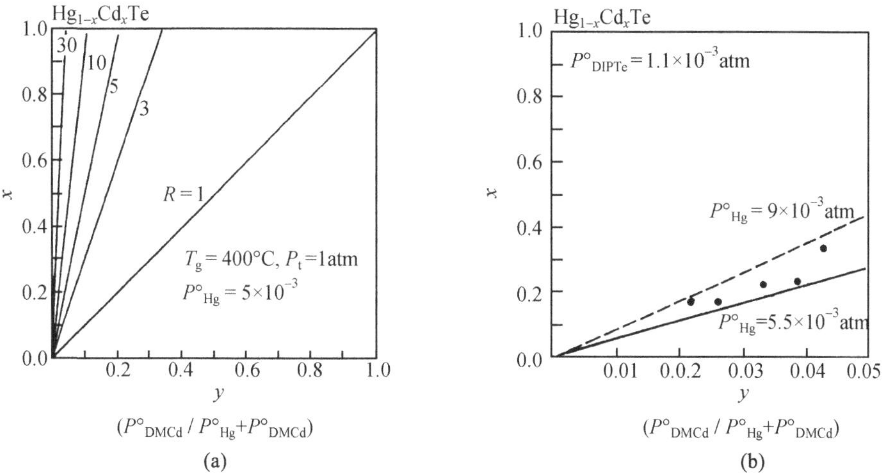

图 4-16

(a) 不同 II/VI 比下 $Hg_{1-x}Cd_xTe$ 组分随输入气相摩尔比变化的计算曲线；(b) $Hg_{1-x}Cd_xTe$ 组分随输入气相摩尔比变化的计算曲线与文献[50]低汞压直接合金方法实验数据的比较

部落在计算的两条边界线之内，两者符合的很好支持了热力学模型所给出的解释。利用此模型还计算了生长温度对固溶体组分的影响，见图 4-17。计算结果指出当生长温度超过 450°C，$Hg_{1-x}Cd_xTe$ 中的 x 值开始随温度的提高而迅速升高，当温度接近 550°C 时，Hg 几乎不能并入固相，因此热力学结果也表明为了生长含 Hg 量高的远红外材料发展低分解温度 Te 源的重要性。

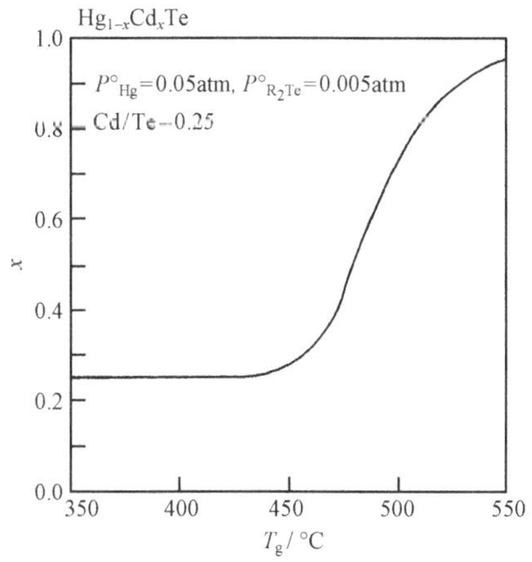

图 4-17　生长温度对 $Hg_{1-x}Cd_xTe$ 组分的影响

4.3　MOVPE 生长相图与单凝聚相生长区

在正常的 MOVPE 生长中仅有气相和半导体固相两相共存。如果生长条件不合适，可能出现第二凝聚相干扰外延层的正常生长。如在 GaAs 外延生长时，实验上观察到当 V/III 比小于 1 时，在 GaAs 表面出现 Ga 滴，即 GaAs 固相和 Ga 液相两个凝聚相共同沉积。这是因为在生长温度下 Ga 的蒸气压很低，Ga 滴的出现说明在衬底处气相中 Ga 的分压已经超过了生长温度下 Ga 本身的蒸气压。为了描述这种现象 Stringfellow 引入 MOVPE 生长相图，以阐明 Ga 滴可能与 GaAs 共同沉积的区域[1]。由于高 V/III 比还有助于抑制碳沾污，GaAs 通常都在高 V/III 比下生长，没有出现第二凝聚相干扰外延层生长的报道。因为砷的蒸气压很高，实验上即使采用很高的 V/III 比也从未观察到出现 As 凝聚相。然而在 III-V 半导体的锑化物及其固溶体就可能出现第二凝聚相干扰外延层生长的情况，氮化物及其固溶体不仅有可能出现第二凝聚相还有可能出现腐蚀的情况。同样 II-VI 半导体中也存在选择单相区生长条件的问题，因此研究它们的 MOVPE 生长相图和单凝聚相生长区范围具有实际意义。

为得到 MOVPE 生长相图，首先用 4. 2 节中介绍的热力学分析方法可以计算气相各个物种的平衡分压，将某元素的平衡分压与其蒸气压比较，就可以判断出现何种条件下会出现第二凝聚相。由此可以计算出相边界，从而绘出 MOVPE 生长相图。

4.3.1　GaSb 和 GaAsSb 生长相图

图 4-18 为 Lu(陆大成)等[13]计算的以 TMGa 和 TMSb 分别作为 Ga 和 Sb 源，600°C 时 GaSb 的 MOVPE 生长相图。此时 Ga 与 Sb 的蒸气压都比较低，分别为 4.5×10^{-8} 和 6×10^{-2} Torr，只要气相 Ga(或 Sb)的平衡分压超过了本身的蒸气压就会分别出现 Ga 滴(或 Sb 晶粒)与 GaSb 两个凝聚相共存的情况，因此相图中出现 3 个相区：GaSb 单相区、GaSb 与液相 Ga 共存的双凝聚相区和 GaSb 与固相 Sb 共存的双凝聚相区。一般文献中通常把双凝聚相区出现的原因归结于 V/III 比，陆大成等对 GaSb 和 GaAsSb 的 MOVPE 相图研究表明 V/III 比只是影响因素之一。输入到反应室的初始 TMSb 分压(P_{TMSb})过高是导致 Sb 凝聚相出现更重要的因素。由于在计算温度条件下 Ga 元素的蒸气压非常小，Ga 滴的出现才表现为仅与 V/III 比有关。在实验上采取固定输入 TMGa 摩尔流量，改变 TMSb 摩尔流量的方法调节 V/III 比，此时实验点将按图中虚线(操作线)移动，并可能跨过三个相区，出现获得单相 GaSb 外延层的 V/III 比窗口。这往往会使人误解 V/III 比是造成两凝聚相共同沉积的唯一因素。造成 GaSb(s)+Sb(s)双凝聚相出现的原因除了 V/III 比过高，更主要的是输入的 TMSb 的分压过高。图 4-18 中标出了生长温度下元素锑的蒸气压值。在生长温度下气相主要以 Sb_4 分子存在，为了与 TMSb 比较，将锑的蒸气压乘以 4。随着 V/III 比的增加，出现 Sb 固相的 TMSb 分压愈来愈靠近可以看出 $4\times P_{\mathrm{Sb}}$ 值。注意 GaSb(s)单相区与 GaSb(s)+Sb(s)双凝聚相区的边界是曲线，并且在 V/III 比接近 1 时，GaSb(s)单相区形成向右侧的尖峰形状。这是因为分解出来的 Sb 分子有一部分

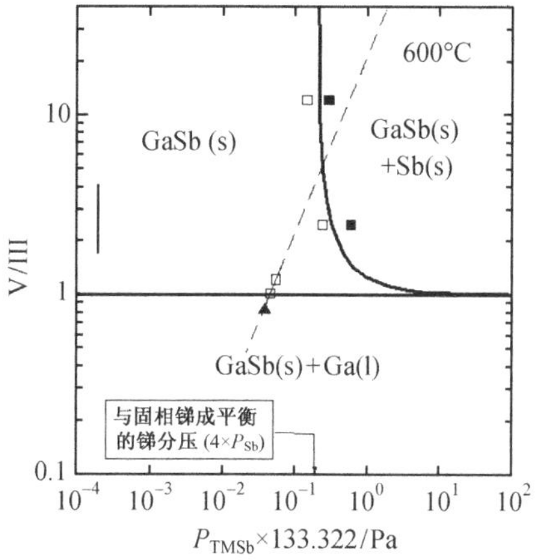

图 4-18　MOVPE 生长 GaSb 的相图(生长温度 600°C)

实线为相区分界线，虚线为固定 TMGa 摩尔流量仅改变 TMSb 摩尔流量的操作线

实验点□：表示 GaSb 外延表面为镜面；▲：表示 GaSb 外延表面出现 Ga 滴；

■：表示 GaSb 外延表面出现 Sb 颗粒

形成了 GaSb 外延层，只有剩余的部分留在气相的缘故。图 4-18 中的实验点与相图的各个相区符合地很好。计算和实验均表明只要控制 TMSb 分压，在 V/III 比高达 10 的情况下仍然可以生长出单相 GaSb 外延层。由于两个凝聚相同时出现的情况与 Ga 或 Sb 的平衡分压超过了本身的蒸气压有关，因此 GaSb 单相区范围也会随与生长温度的提高而扩大。

图 4-19 给出在 600°C 下上述三个相区生长的 GaSb 外延典型的表面显微照片。(a)在单相区生长得到的镜面外延层。其生长条件为：P_{TMSb}=0.047Torr，V/III=1。(b)为 Ga 滴与 GaSb 两个凝聚相共存，其生长条件为 P_{TMSb}=0.039Torr，V/III=0.83。(c)为 Sb 晶粒与 GaSb 两个凝聚相共存，其生长条件为 P_{TMSb}=0.61Torr，V/III=2.5。图(b)和(c)清楚地显示出两个凝聚相共存干扰外延层的正常生长的情况。

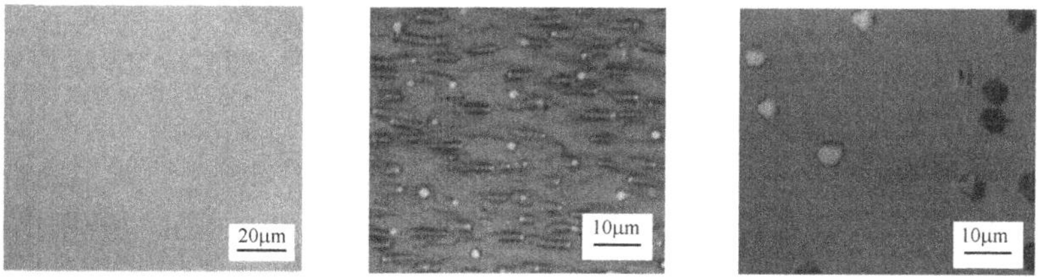

(a)　(b)　(c)

图 4-19　GaSb 外延表面为镜面的显微照片

(a) 单相 GaSb 外延镜面表面；(b) GaSb 外延表面出现 Ga 滴；(c) GaSb 外延表面出现 Sb 颗粒

图 4-20 为理论计算三元固溶体 $GaAs_xSb_{1-x}$ 的 MOVPE 生长相图。存在 3 个相

区：$GaAs_xSb_{1-x}$单相区、$GaAs_xSb_{1-x}$与液相 Ga 共存的双凝聚相区和 $GaAs_xSb_{1-x}$与固相 Sb 共存的双凝聚相区。由于砷的蒸气压高，不会出现砷凝聚相区。对 $GaAs_xSb_{1-x}$固溶体来说，单相区的范围随 x 值的增加而减小，这是因为砷优先并入固体导致锑在气相富集的结果。

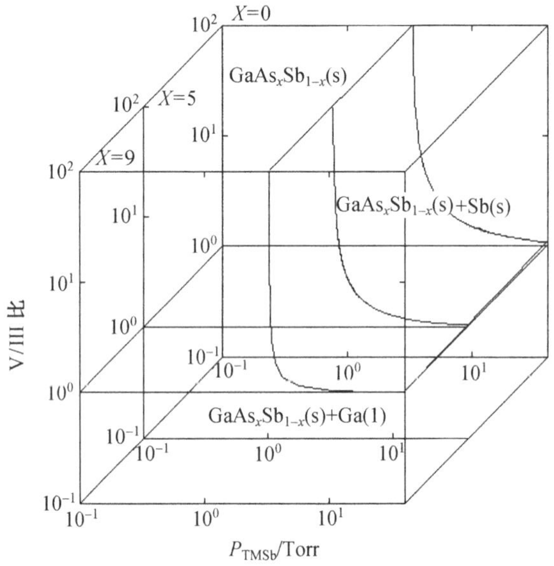

图 4-20　$GaAs_xSb_{1-x}$的 MOVPE 生长相图

生长温度为 600°C, X= 0.0、0.5 和 0.9。注：1Torr=1.333hPa

4.3.2　ZnS、ZnSe、ZnTe 和 ZnSeTe 的 MOVPE 生长相图

在 II-VI 族半导体中，ZnS 在 MOVPE 生长时可能出现 Zn 凝聚相、ZnSe 生长时可能出现 Zn 或 Se 的凝聚相[51]。图 4-21 为以 DMZn 和 H_2S 为源生长 ZnS 的 MOVPE 生长相图。生长温度从 320°C 到 400°C，反应室压力为 1atm。由于在计算所使用的温度下，S 的蒸气压比 Zn 的高很多，在计算的条件范围内不会出现 S 的凝聚相。但是当 VI/II 小于 1 和 DMZn 的分压高的条件下，会出现 Zn 凝聚相。 ZnS 与 Zn(s)共存的双凝聚相区随生长温度的降低而扩大。

图 4-22 以 DMZn 和 H_2Se 为源生长 ZnSe 的 MOVPE 相图。其计算条件是生长温度为 320°C，反应室压力为 0.04atm。当 VI/II 小于 1 和 DMZn 的分压比较高时，可能出现 ZnSe 和 Zn 的两相区。因此，要使用 VI/II 小于 1 的生长条件，就必须严格控制进入反应室的 DMZn 的分压，才能得到单相 ZnSe 的外延生长。由于 H_2Se 在低压之下倾向于分解，当 VI/II 大于 10 和 DMZn 的分压大于 10^{-4}atm 时，会出现 Se 液滴与 ZnSe 共存的情况。图中斜线部分为文献[52]所使用的实验条件，得到单凝聚相 ZnSe 的外延层。

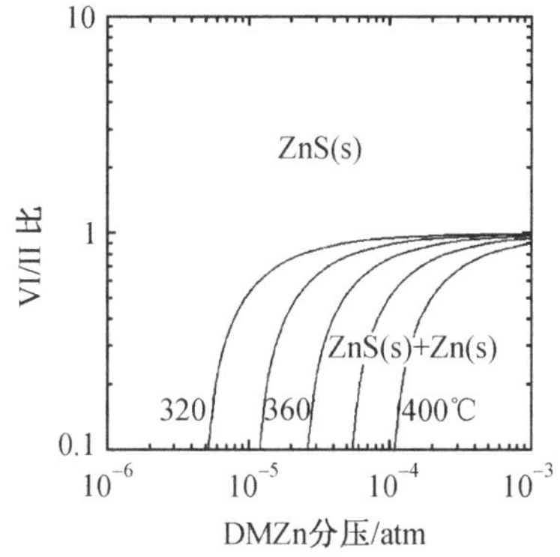

图 4-21　ZnS 的 MOVPE 生长相图

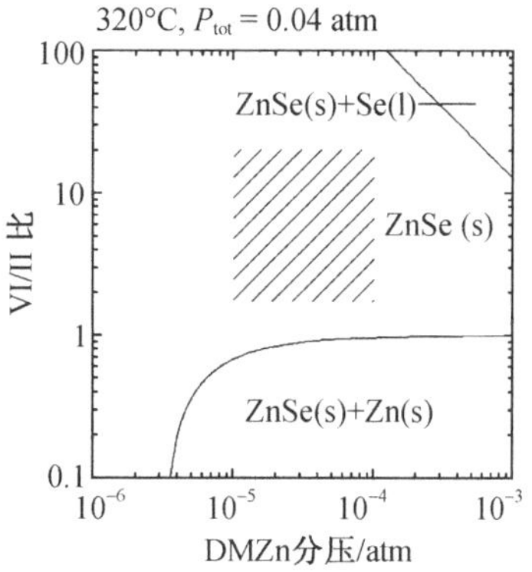

图 4-22　ZnSe 的 MOVPE 生长相图

由于 Te 的蒸气压比较低，ZnTe 和 ZnSeTe 生长时既可能出现 Zn 的凝聚相也可能出现 Te 的凝聚相[21]。图 4-23 为 ZnTe 的 MOVPE 多温生长相图，温度从 380°C 变化到 460°C。图中的三个相区分别为：ZnTe(s)单相区、右上部的 ZnTe(s)+Te(s 或 l) 双凝聚相区和右下部的 ZnTe(s) + Zn(s 或 l)双凝聚相区。随着生长温度的提高 ZnTe(s)单相区迅速扩大。元素 Zn 与 Te 的熔点分别为 419.5°C 和 449.4°C，因此随生长温度沉积的 Zn 与 Te 可能是液相或固相。Zn 与 Te 的蒸气压比较接近，如在 400°C 下分别为 10.66×10^{-2}hPa 和 3.07×10^{-2}hPa，因此在 ZnTe 的生长相图中 ZnTe+Te 和 ZnTe+Zn 的双凝聚相区比较对称。图中还绘出了根据文献中报道的 ZnTe 生长条件得到的实验点，这两个实验点均落在单相区中。这两个实验点的 VI/II 比均大于 1。根据此相图，即使在 VI/II 小于 1 的情况下也有可能生长出单相 ZnTe，其

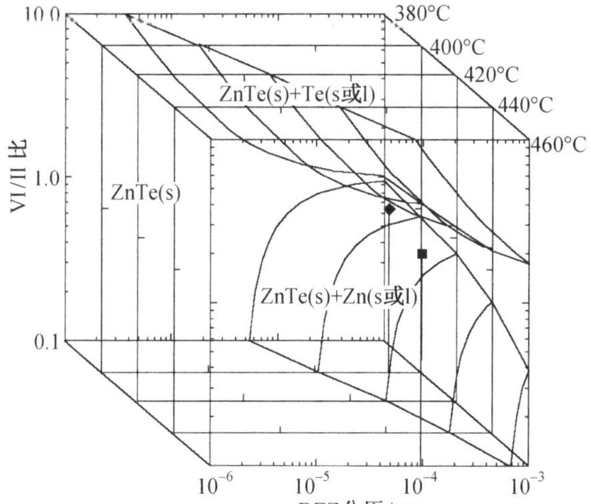

图 4-23　ZnTe 的 MOVPE 多温生长相图

♦和■为实验点，均处于 ZnTe 单相区中

原因是 Zn 具有较高的蒸气压。

图 4-24 为与 InP 晶格匹配的 $ZnSe_{0.54}Te_{0.46}$MOVPE 生长相图，图中的三个相区分别为：$Zn\ Se_{0.54}Te_{0.46}$ (s)单相区、右上部的 $Zn\ Se_{0.54}Te_{0.46}$ (s)+Te(s 或 l)双凝聚相区和右下部的 $ZnSe_{0.54}Te_{0.46}$(s) +Zn(s 或 l)双凝聚相区。同样，随着生长温度从 400°C 提高到 470°C，$Zn\ Se_{0.54}Te_{0.46}$(s)单相区迅速扩大。

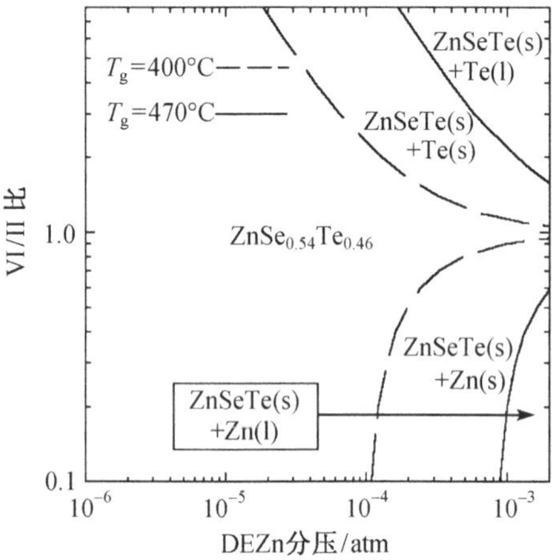

图 4-24　与 InP 晶格匹配的 $ZnSe_{0.54}Te_{0.46}$MOVPE 生长相图

4.3.3　氮化物 MOVPE 的生长相图

氮化物 MOVPE 的生长相图属于另一种类型。图 4-25 为 Koukitu 等[10]计算的生长温度分别为 500°C，700°C 和 800°C 时的 $In_xGa_{1-x}N$ 生长相图，图中表明存在生长、腐蚀和出现 In 滴的三种生长模式。图中左侧表示生长区与腐蚀区的分界。当出现计算的平衡总 III 族分压大于输入的总 III 族分压的结果，此时不仅不可能生长而是发生腐蚀。图中右侧表示出现 In 滴区与不出现 In 滴区区的分界。当平衡分压 P_{In} 大于同一温度下的金属 In 的蒸气压时，在生长表面会出现第二凝聚相 In 滴。只有在 P_{III} 小于输入的总 III 族分压且 P_{In} 也小于同一温度下的金属 In 的蒸气压时，正常生长才能进行。而这三种生长模式存在区域与 V/III 比、生长温度和氨分解分数[即式(4-23)中的 η]和氮氢混合载气中的氢含量[即式(4-26)中的 f]都有密切关系。高温和低 V/III 比使出现 In 滴的区域和腐蚀区域扩大。虽然在 500°C $In_xGa_{1-x}N$ 生长区域最大，但是外延层的质量很差，无实际应用价值。因此 $In_xGa_{1-x}N$ 的生长需要在适当的温度(如 750~800°C)，从相图上看出，为了保证外延生长的进行和避免出现 In 滴，必须使用高 V/III 比和使用氮气作载气下进行生长。

$In_xGa_yAl_{1-x-y}N$ 的 MOVPE 计算的相图同样出现腐蚀区[12]。为了选择合适的生长条件避免出现腐蚀，计算了在 1atm、V/III 比为 10000、f = 0.01 和总 III 族分压为 5×10^{-5}atm 的条件下，生长温度对生长–腐蚀的影响，见图 4-26。图 4-26(a)的生

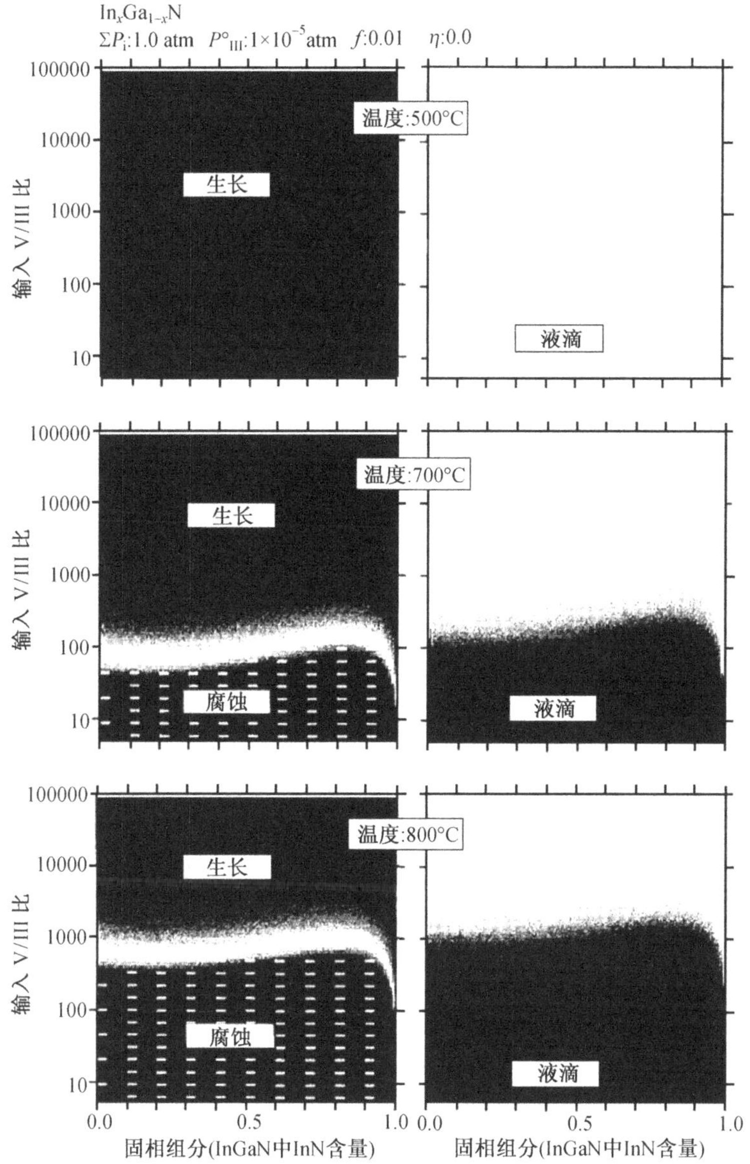

图 4-25　计算的 500°C，700°C 和 800°C $In_xGa_{1-x}N$ 生长相图，示出生长、腐蚀和出现 In 滴三种生长模式

长温度为 700°C，所有四元系组分都能生长；到 800°C 时由于腐蚀区的出现，能够生长四元系合金区的范围已经缩小，见图 4-26 (c)。到了 850°C，见图 4-26 (d)，腐蚀区如此之大，在 $In_xGa_yAl_{1-x-y}N$ 中 只有 x 很小(x<<0.1)或 x 很高(x>0.6)才能生长。所有图中的实线都表示与 GaN 晶格匹配的 $In_xGa_yAl_{1-x-y}N$ 固溶体组分。可以看

出在 750°C 生长与 GaN 晶格匹配的三元合金 $In_{0.17}Al_{0.83}N$ 已经非常困难了，这与实验的结果一致。此外还计算了在恒定的 750°C 生长温度下，氮氢混合载气中的氢含量和输入总 III 族分压对相图中生长-腐蚀的影响。计算结果表明 MOVPE 生长 $In_xGa_yAl_{1-x-y}N$ 合金适于在载气中几乎全是惰性和高的输入总 III 族分压的条件下进行。

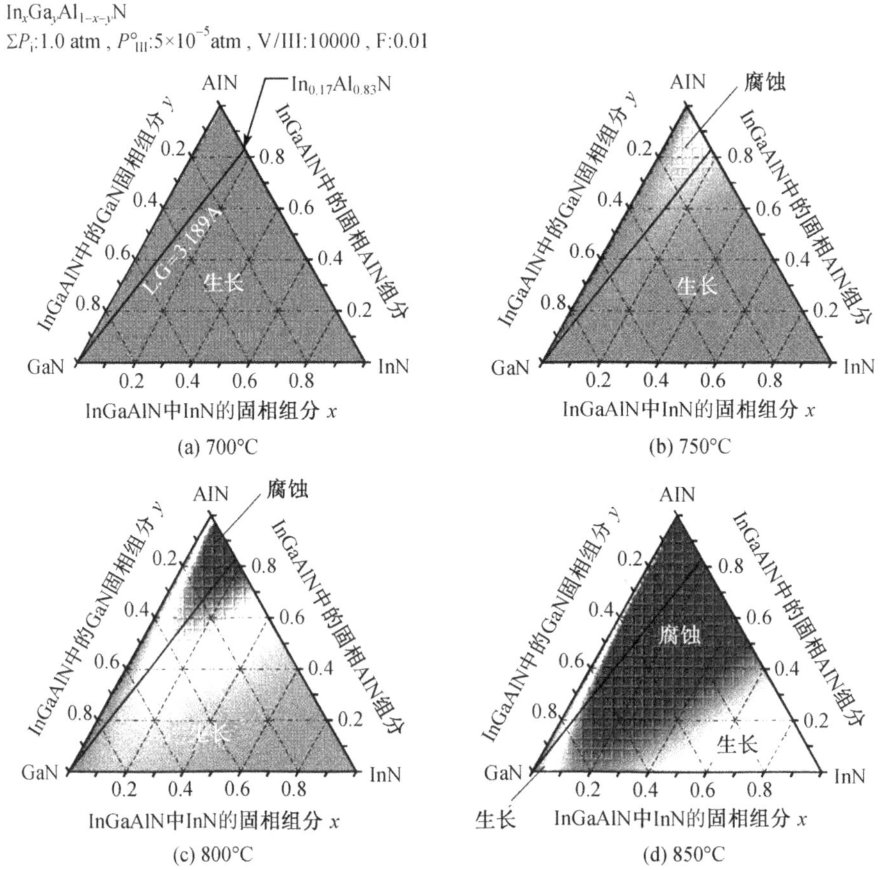

图 4-26　不同生长温度下 $In_xGa_yAl_{1-x-y}N$ 固溶体的 MOVPE 生长相图

NH_3 的分解分数 η 在 700°C 为 0.10, 750°C 为 0.25, 800°C 为 0.30, 850°C 为 0.35

图中的实线为与 GaN 晶格匹配的 $In_xGa_yAl_{1-x-y}N$ 合金组分

4.4　掺　　杂

用热力学分析方法研究掺杂的工作不多。Keizer 等从热力学角度考察 GaAs 的掺杂[25]。采用自由能最小化法计算了 IIa 族的 Be 和 Mg，IIb 族的 Zn 和 Cd，IVa 族的 Si、Ge 和 Sn 以及 VIa 族的 S、Se 和 Te 等多种杂质并入 GaAs 时，在 GaAs

主体中是否出现第二凝聚相(沉积)。如计算 p 型掺杂元素 Be、Mg、Zn 和 Cd 时，输入的源分别为 DEBe、Cp_2Mg、DEZn 和 DMCd。发现气相中 Mg、Zn 和 Cd 的分压则随源分压上升而提高，不会出现凝聚相。而 DEBe 的分压超过 3.2×10^{-11}bar 时，气相 Be 分压始终保持 3.2×10^{-11}bar 不变，多余的 Be 以固相存在。他们根据在 GaAs 主体中是否出现第二凝聚相来划定 Mg、Zn 和 Cd 是好的 p 型杂质。Si、S、Se 和 Te 是好的 n 型杂质，而 Be 是不好的掺杂元素。按此标准，Ge 和 Sn 也属于不好的掺杂元素。计算还发现 SiH_4 输入分压过高时，会出现 Si 的固相。当 H_2S 分压过高时会出现 Ga_2S 沉积。这表明即使好的掺杂元素，在高掺杂计量时也可能形成固态化合物。上述结论有些得到实验支持，如 SiH_4 输入分压过高时出现 Si 的固相造成掺杂饱和现象，重掺 S 的 GaAs 观察到微颗粒沉积。有些则与实验结果不符，如用 DEBe 掺杂时可以很好地控制外延层的空穴浓度。这种模型结论与实验结果的差别应归因于动力学因素。

参 考 文 献

[1] Stringfellow G B. Thermodynamic aspects of OMVPE. J Crystal Growth, 1984, 70: 133-139.

[2] Shaw D W. Kinetic aspects in the vapour phase epitaxy of III-V compounds. J Crystal Growth, 1975, 31: 130-141.

[3] Reep R H, Ghandhi S K. Deposition GaAs epitaxial layer by orgnometallic CVD. J Electronchem Soc, 1983, 131: 675-684.

[4] Stringfellow G B. Thermodynamic aspects of organometallic vapor phase epitaxy. J Crystal Growth, 1983, 62: 225-229.

[5] Seki H, Koukitu A. Thermodynamic analysis of metalorganic vapor phase epitaxy of III-V alloy semiconductors. J Crystal Growth, 1986. 74: 172-180.

[6] Koukitu A, Seki H. Thermodynamic analysis of the MOVPE growth of quaternary III-V alloy semiconductors. J Crystal Growth, 1986, 76: 233-242.

[7] Seki H, Koukitu A. Solid composition of alloy semiconductors MOVPE, MBE, VPE and ALE. J Crystal Growth, 1989, 98: 118-126.

[8] Koukitu A, Hasegawa Y, Seki H. Thermodynamic analysis of the MOVPE and MBE growth of pentanary III–V alloy semiconductors. J Crystal Growth, 1989, 98: 697-703.

[9] Koukitu A, Seki H. Unstable region of solid composition in ternary nitride alloys grown by MOVPE. Jpn. J Appl Phys, 1996, 35: L1638-1640.

[10] Koukitu A, Takahashi N, Taki T, Seki H. Thermodynamic analysis of MOVPE growth of InGaN. J Crystal Growth, 1997, 170: 306-311.

[11] Koukitu A, Seki H. Thermodynamic study on phase separation during MOVPE growth of $In_xGa_{1-x}N$. J Crystal Growth, 1998, 189/190: 13-18.

[12] Koukitu A, Kumagai Y, Seki H. Thermodynamic analysis of the MOVPE growth of InGaAlN quaternary alloy. J Crystal Growth 2000, 221: 743-750.

[13] Lu D C, Liu X L, Wang D, Lin L. Growth of GaSb and GaAsSb in the single phase region by MOVPE. J Crystal Growth, 1992. 124: 383-388.

[14] Lu D C, Duan S. Quasi-thermodynamic analysis of MOVPE growth of AlGaN. J Crystal

Growth, 2000, 208: 73-78.

[15] Lu Da-cheng, Duan Shu-kun. Quasi-thermodynamic analysis of MOVPE growth of InGaN. Chinese J Semiconductors, 2000, 21: 105-114.

[16] Lu D C, Duan S. Quasi-thermodynamic Model of MOVPE growth of InAlN. Chinese J Semiconductors, 2000, 21: 729-734.

[17] Lu D C, Duan S. Quasi-thermodynamic analysis of MOVPE growth of $Ga_xAl_yIn_{1-x-y}N$. J Crystal Growth, 2002, 234: 145-152.

[18] Kisker D W, Zawadzki A G. Estimation of solid-vapor distribution coefficients in organometallic vapor phase epitaxy of II–VI semiconductors. J Crystal Growth, 1988, 89: 378-390.

[19] Lu D C. Thermodynamic Analysis of MOVPE growth of II-VI Semiconducting Alloys I. ZnS_xSe_{1-x}. Chinese J Semiconductors, 1990, 11: 163-169.

[20] Lu D C. Growth of wide band gap immiscible II-VI Alloys by MOVPE. J Crystal Growth, 1993, 129: 629-634.

[21] Duan S K, Lu D C. Phase diagrams for the MOVPE growth of ZnTe and ZnSeTe. J Crystal Growth, 1997, 170: 514-517.

[22] Liaw I R, Chou K S, Lin M S. Thermodynamic analysis of the growth of $Hg_{1-x}Cd_xTe$ by MOCVD. J Crystal Growth, 1988, 87: 529-534.

[23] Weidemann G, Jacobs K. Thermodynamic analysis of metalorganic vapour phase epitaxy of $Hg_{1-x}Cd_xTe$, J Crystal Growth, 1992, 125: 477-486.

[24] 陆大成，段树坤. MOCVD 生长的 II-VI 族化合物固溶体组分的热力学分析 2. $Hg_{1-x}Cd_xTe$, 半导体学报, 1995, 16: 413-420.

[25] Keizer L C, Tang X, Van Meerten R Z C, Gilling L J, Doping of gallium arsenide in MOCVD: Equilibrium calculations. J Crystal Growth, 1990, 102: 667-677.

[26] Li Jingbo, Zhang Weijing, Li Xhang, Du Zhenmin. Comprehensively optimized diagram in the (Ga,In)(As, Sb) reciprocal system. Rare Metals, 1997, 16: 249-256.

[27] 赵慕愚. 质量作用方程组在复杂化学平衡计算中的应用. 南京师院学报//自然科学版, 1980, 1: 37-43.

[28] Koukitu A, Seki H. Thermodynamic analysis for InGaAsP epitaxial growth by the chloride-CVD process. J Crystal Growth, 1980, 49: 325-333.

[29] Hasegawa T, Koukitu A, Kumagai Y. A quadratic convergence method for MOVPE thermodynamic analysis. J Crystal Growth, 2002, 237/239: 1603-1609.

[30] Koukitu A, Takahashi N, Seki H. Thermodynamic study on MOVPE growth of group III nitrides. Jpn J Appl Phys, 1997, 36: L1136-L1138.

[31] Gurvich L V, Veyts I V, Alcock Ch B (Editors). Thermodynamic properties of individual substances. Fourth edition. New York: Hemisphere Publishing Corporation, 1989.

[32] Gurvich L V, Veyts I V, Alcock Ch B. Thermodynamic properties of individual substances. Fourth edition, Vol.2. New York: Hemisphere Publishing Corporation, 1991.

[33] Gurvich L V, Veyts I V, Alcock Ch B. Thermodynamic properties of individual substances. Fourth edition, Vol.3. Boca Raton: CRC Press, 1994.

[34] Barin I, Knacke O, Kubashewski O. Thermochemical properties of inorganic substances. New York: Springer Verlag, 1973.

[35] Stull D R, Prophet H. JANAF thermochemical tables. NSRDS-NBS 37, Washington, 1971.

[36] Tirtowidjojo M, Pollard R. Equilibrium gas phase species for MOCVD of $Al_xGa_{1-x}As$. J Crystal

Growth, 1986,77: 200-209.

[37] Przhevalskii I N, Karpov S Yu, Makarov Yu N. Thermodynamic properties of group-III nitrides and related species. MRS Internet J Nitride Semicond Res, 1998, 3, 30.

[38] Stringfellow G B. Miscibility gaps in quaternary III/V alloys. J Crystal Growth, 1982, 58: 194-202.

[39] Stringfellow G B. Organometallic vapor phase epitaxy: theory and practice. 2nd. San Diego: Academic Press, 1999.

[40] Matsuoka T. Calculation of unstable mixing region in wurtzite $In_{1-x-y}Ga_xAl_yN$. Appl Phys Lett, 1997, 71: 105-106.

[41] Onabe K. Unstable regions in III-V quaternary solid solutions composition plane calculate with strictly regular solution approximation. Jpn. J Appl Phys,1982, 21: L323-L325.

[42] Fedders P A, Muller M W. Mixing enthalpy and composition fluctuations in ternary III-V semiconductor alloys. J Phys Chem Solids, 1984, 45: 685-688.

[43] Ho I-hsiu, Stringfellow G B. Solid phase immiscibility in GaInN. Appl Phys Lett, 1996, 69: 2701-2703.

[44] Saito T, Arakawa Y. Atomic structure and phase stability of $In_xGa_{1-x}N$ random alloys calculated using a valence-force-field method. Phys Rev B, 1999, 60: 1701-1706.

[45] Ito T. Theoretical investigations of thermodynamic stability of III-III-V semiconductor alloys. Jpn J Appl Phys, 1997, 36: L1065-L1067.

[46] Tokunaga H, Ubukata A, Yano Y, Yamaguchi A, Akutsu N, Yamasaki T, Matsumoto K. Effects of growth pressure on AlGaN and Mg-doped GaN grown using multiwafer metal organic vapor phase epitaxy system. J Crystal Growth, 2004, 272: 348-352.

[47] Clur S, Briot O, Rouviere J L, et al. MOVPE growth and characterization of $Al_{1-x}Ga_xN$ layers on sapphire//Abernathy C R, Amano H, Zolper J C. Gallium nitride and related materials II, Mat Res Soc Symp Proc. 468. Pittsburgh: MRS, 1997: 23-30.

[48] Matloubian M, Gershenzon M. MOCVD epitaxial growth of single crystal GaN, AlN and $Al_xGa_{1-x}N$. J Electronic Materials, 1985, 14: 633-644.

[49] Asif Khan M, Olson D T, Kuznia J N. High quality $Al_xGa_{1-x}N$ grown by MOCVD using trimethylamine alane as the aluminum procusor. Appl Phys Lett, 1994, 65: 64-66.

[50] Shigenaka K, Uemoto T, Sugiura L, Ichizono K, Hirabara K, Kanno T, Saga M. $Hg_{1-x}Cd_xTe$ Epitaxial layers grown by low mercury partial pressure MOCVD and extended defect characterazition. J Crystal Growth. 1992, 117: 37-43.

[51] Duan S K, Lu D C. MOVPE growth of ZnSe and ZnS in Znic-rich environment, International Sym. on Blue Laser and Light Emitting Siodes. Chiba, Japan, 1996, 332-335.

[52] Giapis K P, Lu D C, Jensen K F. High quality epitaxial ZnSe and the relationship between electron mobility and photo luminescence characteristics. Appl Phys Lett, 1989, 54: 353-355.

[53] 段树坤, 陆大成. ZnSe 的 MOVPE 全大相图: 以 DMZn 和 H_2Se 为源, 半导体学报, 1996, 17: 401-405.

[54] Lu Dacheng, Duan Shukun. A Quasi-Thermodynamic Model of MOVPE of InAlN. Chinese J Semiconductors, 2000, 21: 105-114.

第 5 章　MOVPE 化学反应动力学和质量输运

MOVPE 是在开管流动下进行的，在 MOVPE 反应室的衬底附近存在很大的温度梯度，反应剂流经反应室在衬底上滞留的时间较短，因此 MOVPE 是非平衡过程，必须考虑动力学因素。MOVPE 生长动力学包括化学反应动力学和质量输运两部分。把化学动力学与输运现象结合起来，发展成为化学反应动力学-输运模型。在此基础上发展起来的 MOVPE 模型化可以用于计算外延层的生长速度、组分、掺杂，以及进行反应室的设计等。为讨论方便，本章分为三节加以论述：① MOVPE 的化学反应动力学；② 输运现象与模型化；③ MOVPE 模型化的应用。

5.1　MOVPE 化学反应动力学

MOVPE 反应室中发生的化学反应包括在气相进行的均相反应和在固相表面进行的异相反应。研究这些反应，首先要确定反应生成物的品种和数量、所进行的化学反应以及反应速率。气相中存在的化学品种和数量可以采用质谱、红外吸收等各种技术来确定。表 5-1 列出了气相化学品种的分析方法并加以简要的比较[1]。取样方法分为原位测量和“离位”(ex-situ)测量两种。通常使用等温热壁管来模拟 MOVPE 反应室内衬底上方的受热区[2]。加入自由基清除剂或产生自由基的试剂，可以判断是否存在自由基反应。利用质谱计时，可用氢的同位素氘 D 代替氢 H，或者使用用 D 标记的源，对反应机构进行判断。

化学反应速率常数 k，与温度的关系可用 Arrhenius 公式表达：

$$k = A\exp(-E_a/RT) \tag{5-1a}$$

式中指前因子 A 是该反应的固有常数，称为频率因子。其单位为$(cm^3/mol)^{a-1}\,s^{-1}$，其中 a 为反应级数。E_a 是反应的激活能(kcal/mol)、R 为摩尔气体常量、T 为温度(单位为 K)。

计入温度对频率因子的影响，修正的 Arrhenius 表达式如下：

$$k = AT^{b}\exp(-E_a/RT) \tag{5-1b}$$

式中，b 为修正系数，当 b=0 时式(5-1b)还原为式(5-1a)。

在不同温度下测量反应速率常数，将其对数与温度的倒数作图。利用最小二乘法拟合，就可以得到式(5-1)及 A、b、E_a。需要指出的是能够直接用上述方法测得的化学动力学数据很少，更多的则是利用统计力学、过渡态理论或键离解焓等气相动力学工具，估计气体速度参数。

对大多数 MOVPE 过程的表面反应了解甚少。表面反应速率参数的估计要比估计气相反应速率参数更为困难，由于不清楚存在于表面的品种和固体表面的电子结构。通常假定表面反应速率 $\Re_j^S$，等于从动力学理论估计的气相品种与表面碰撞的速度，乘以相应的反应黏附系数[3]：

$$\Re_j^S = \frac{\gamma_i p_i}{\sqrt{2\pi M_i R_g T}} \tag{5-2}$$

式中，γ_i 为与温度和覆盖率有关的 i 品种的反应黏附系数，p_i 为 i 品种的分压，M_i 为 i 品种的相对分子质量，R_g 为摩尔气体常量。

表 5-1　气相化学品种的分析方法

分析方法	非破坏性	选择性	灵敏度	定量	通用性	空间分辨率	简单	品种鉴别	主要稳定品种	反应中间物	备注
质谱(MS)	中	中	良	良	优	中	优	良	良	中	可用同位素示踪原子
红外光谱(IRS)	优	良	中	良	优	差	优	良	良	差	实用性强
红外二极管激光器光谱(IRDLS)	优	优	良	良	优	良	良	优	良	中	有限的调谐范围
紫外-可见光谱(UVS)	优	良	良	中	良	差	良	良	中	良	
拉曼(Raman)光谱	良	优	中	优	优	优	中	良	优	差	需要高功率激光器
激光感生荧光(LIF)	优	优	优	中	中	优	中	优	中	优	限于小分子
相干反斯托克拉曼散射光谱(CARS)	优	优	良	良	优	优	差	良	优	中	非线性效应

近年来 MOVPE 的化学反应动力学取得较大进展，建立了不同的模型。其中大部分工作集中在 III-V 族化合物上，下面选择几个典型化合物加以介绍。

5.1.1　TMGa 与 AsH_3 生长 GaAs 的化学反应动力学

5.1.1.1　气相反应

在研究生长 GaAs 的气相化学反应时，首先分别介绍 TMGa 和 AsH_3 单独注入反应室的热分解。然后讨论共同注入的情况。

(1) TMGa 源的热分解

对分子式为 $M(CH_3)_n$ 的热解的速度限制步骤可能包括以下几种类型[2]：

1) 均裂反应(homolysis)

$$M(CH_3)_n = M(CH_3)_{n-1} + CH_3^{\bullet} \tag{5-3}$$

2) 氢解(hydrogenlysis)

$$H_2 + M(CH_3)_n = HM(CH_3)_{n-1} + CH_4 \tag{5-4}$$

3) 自由基反应(radical reaction)

$$CH_3^{\bullet} + M(CH_3)_n = CH_2M(CH_3)_{n-1} + CH_4 \tag{5-5}$$

和

$$H^{\bullet} + M(CH_3)_n = M(CH_3)_{n-1} + CH_4 \tag{5-6}$$

研究发现 $Ga(CH_3)_3$ 在超过 500°C 发生均裂反应失去第一个 $CH_3^{\bullet}$，同时产生二甲基镓 $Ga(CH_3)_2$(DMG)：

$$Ga(CH_3)_3 \longrightarrow Ga(CH_3)_2^{\bullet} + CH_3^{\bullet} \tag{5-7}$$

而第二个甲基基团在 550°C 时释放出来并产生单甲基镓 $Ga(CH_3)$(MMG)。

$$Ga(CH_3)_2^{\bullet} \longrightarrow GaCH_3^{\bullet} + CH_3^{\bullet} \tag{5-8}$$

这两个甲基均裂反应的活化能分别为 248.95kJ/mol 和 148.11kJ/mol[4]。$Ga(CH_3)$ 中的第三个甲基并不发生裂解而是形成固体 $(GaCH_3)_n$ 聚合物，然而根据键强计算的第 3 个甲基均裂反应活化能 324.68kJ/mol。均裂反应产生的 $CH_3^{\bullet}$ 接着与 H_2 反应产生 $H^{\bullet}$，

$$H_2 + CH_3^{\bullet} \longrightarrow H^{\bullet} + CH_4 \tag{5-9}$$

这些自由基彼此之间以及与 $Ga(CH_3)_3$ 发生反应。例如

$$Ga(CH_3)_3 + H^{\bullet} \longrightarrow Ga(CH_3)_2^{\bullet} + CH_4 \tag{5-10}$$

$$CH_3^{\bullet} + CH_3^{\bullet} \longrightarrow C_2H_6 \tag{5-11}$$

(2) AsH_3 的热分解

对 AsH_3 分解的早期动力学研究以及离位的质谱和红外光谱研究均表明 AsH_3 是异相分解，它先吸附到表面，然后丢掉 H[2]。在氘环境中热解实验也证明 AsH_3 的气相单分子分解不重要。然而“在位”CARS 研究认为其分解机构也可能涉及气相反应[5]。

(3) TMGa 和 AsH_3 共同注入的热分解

TMGa 和 AsH_3 同时注入反应室，它们共同存在时，表现出很强的相互影响，这种影响使得气相反应不同于原来的单独化合物时的反应。两者的热分解温度比它们各自单独存在时都降低了，图 5-1 示出在等温管式反应器中得到的测量结果[6]。

当 TMGa 和 AsH_3 共同注入反应室时还发现 TMGa 和 AsH_3 以 1:1 的化学计量比热解。当 TMGa 单独在 D_2(氘)中分解时，主要产物是 CH_3D，而从 TMGa 和 AsH_3 生长时则观测到 CH_4 [6]，仅在小 V/III 时才能探测到浓度很小的 CH_3D。此外也没有探测到 C_2H_6 或 HD。对此观测结果可解释为发生了下述反应：

$$AsH_3 + CH_3^{\bullet} \longrightarrow AsH_2 + CH_4 \tag{5-12}$$

并且其反应速率比 $CH_3^{\bullet}$与氢的反应式(5-9)快。然而为了同时解释当 AsH_3 存在时 TMGa 的分解温度降低，有必要包括吸附的 AsH_x、$CH_3^{\bullet}$和 $Ga(CH_3)_x$ 之间的表面反应。大部分甲烷是来自 CH_3 和 $Ga(CH_3)_x$ 与吸附的 AsH_3 的反应，少部分来自于 AsH_3 的气相反应[7]。

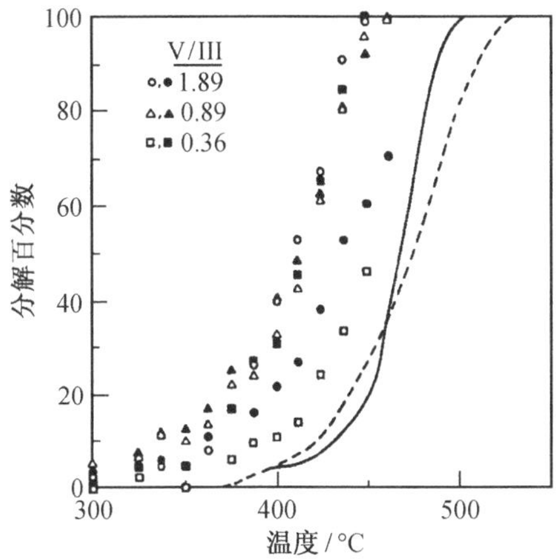

图 5-1　在三种 V/III 条件下 TMGa(实心符号)和 AsH_3(空心符号)同时热分解与 TMGa 单独热分解(实线)和 AsH_3 单独热分解(虚线)的比较

关于 TMGa 和 AsH_3 共同注入 MOVPE 生长 GaAs，在气相中发生的反应已经提出许多化学反应动力学模型[8-10]。下面简要介绍 Mountziaris 和 Jensen 提出的以 TMGa 和 AsH_3 为源生长 GaAs 的模型[8]。在气相中，选择了 15 个品种的 17 个反应，见表 5-2。TMGa 热分解时与单独分解时相似，先去一个甲基形成 DMGa(表 5-2 中反应[G1])，再失去第二个甲基形成 MMGa(表中[G2])。MMGa 是最稳定的品种。第三个甲基是在表面解离的。对生长速度而言，TMGa 和 DMGa 的分解反应([G1]、[G2])和 TMGa 和 DMGa 与 $H^{\bullet}$的反应([G14]、[G15])是关键反应。$H^{\bullet}$是由[G1]、[G2]分解出的 $CH_3^{\bullet}$与 H_2 的反应生成的([G4])。[G1]、[G2]反应生成的 $CH_3^{\bullet}$接着与 AsH_3 反应取得一个 H 形成甲烷([G3])，或与 H_2 反应取得一个 H 形成甲烷([G4])。$CH_3^{\bullet}$与 $Ga(CH_3)_3$ 反应取得一个 H 形成甲烷和 Ga-碳烯 $Ga(CH_3)_2CH_2$ ([G10])；与 $Ga(CH_3)_2$ 反应生成 Ga-碳烯 $Ga(CH_3)CH_2$ 和 CH_4([G16])；与 $GaCH_3$ 反应取得一个 H 形成甲烷和 Ga-碳烯 $GaCH_2$([G8])。$CH_3^{\bullet}$与 $H^{\bullet}$复合生成 CH_4([G6])或者与 $CH_3^{\bullet}$复合生成 C_2H_6([G7])。Ga-碳烯是短寿命活性中间体，在反应管中浓度很小，它们进一步分解([G12]、[G13])或与原子氢复合生成 MMGa([G9])、DMGa([G17])和 TMGa([G11])。

Ga-碳烯类品种对预言 GaAs 的生长速度的贡献不大，但对碳并入机构来说是重要品种。另外，理论和实验均表明会形成 TMGa-AsH_3 的 Lewis 酸-Lewis 碱络合物，但估计在 400°C 以上分解，因此在典型的 GaAs 生长温度 550~800°C 下不重要。表 5-2 中除了反应[G1]~[G7]的速度参数取自文献值外，其余都是利用热化学方法或实验数据估计的。一般而言，活化能数据比指前因子数据准确。

表 5-2 TMGa 和 AsH_3 共同存在时气相反应机构和正向反应速率参数

	反应 $\{k = AT^b\exp(-E_a/RT)\}$			A	E_a	b	注
[G1]	$Ga(CH_3)_3$	⟶	$Ga(CH_3)_2 + CH_3^•$	3.5×10^{15}	59.5	0	①
[G2]	$Ga(CH_3)_2$	⟶	$Ga(CH_3) + CH_3^•$	8.7×10^{7}	35.4	0	①
[G3]	$CH_3^• + AsH_3$	⟶	$AsH_2 + CH_4$	3.9×10^{10}	1.65	0	②
[G4]	$CH_3^• + H_2$	⟶	$CH_4 + H^•$	2.9×10^{12}	8.71	3.1	④
[G5]	$H^• + H^• + M$	⟶	$H_2 + M$	1.0×10^{16}	0.0	0	③
[G6]	$CH_3^• + H^• + M$	⟶	$CH_4 + M$	2.4×10^{22}	0.0	−1	③
[G7]	$CH_3^• + CH_3^•$	⟶	C_2H_6	2.0×10^{13}	0.0	0	④
[G8]	$GaCH_3 + CH_3^•$	⟶	$GaCH_2 + CH_4$	2.0×10^{11}	10.0	0	⑤
[G9]	$GaCH_2 + H^•$	⟶	$GaCH_3$	1.0×10^{14}	0.0	0	⑤
[G10]	$Ga(CH_3)_3 + CH_3^•$	⟶	$Ga(CH_3)_2CH_2+CH_4$	2.0×10^{11}	10.0	0	⑤
[G11]	$Ga(CH_3)_2CH_2 + H^•$	⟶	$Ga(CH_3)_3$	1.0×10^{14}	0.0	0	⑤
[G12]	$Ga(CH_3)_2CH_2$	⟶	$Ga(CH_3)CH_2+CH_3^•$	3.5×10^{15}	59.5	0	⑤
[G13]	$Ga(CH_3)CH_2$	⟶	$GaCH_2 + CH_3^•$	8.7×10^{7}	35.4	0	⑤
[G14]	$Ga(CH_3)_3 + H^•$	⟶	$Ga(CH_3)_2 + CH_4$	5.0×10^{13}	10.0	0	⑤
[G15]	$Ga(CH_3)_2 + H^•$	⟶	$GaCH_3+CH_4$	5.0×10^{13}	10.0	0	⑤
[G16]	$Ga(CH_3)_2 + CH_3^•$	⟶	$Ga(CH_3)CH_2 + CH_4$	2.0×10^{11}	10.0	0	⑤
[G17]	$Ga(CH_3)CH_2 + H^•$	⟶	$Ga(CH_3)_2$	1.0×10^{14}	0.0	0	⑤

① Jacko M G, et al. Can J Chem, 1963, 41: 1560。

② Gaskil D K, et al. J Crystal Growth. 1988, 93: 127。

③ Kondratiev V N. Rate constants of GaS phase reactions. Washington D C: National Bureau of Standards 1972。

④ Tsang W, Hampson R F. J Phys Chem Ref Data, 1986, 15:1087。

⑤ 用热化学方法或模拟类似的碳氢化合物反应得到的估计值。

5.1.1.2 表面反应

当存在 GaAs 衬底时，气相中的各个品种吸附到 GaAs 表面，并且发生表面反应。GaAs 的表面反应机构十分复杂。一方面缺少关于基元反应步骤和相应的速度参数等信息，另外存在大量可能发生的反应。不同晶体取向的 GaAs 晶体表面原子排列不同。对于(110)表面，Ga 原子与 As 原子的数目相等，其和为每平方厘米 4.425×10^{14} 个原子，每个原子有一悬挂键。未被占据的 Ga 原子可以吸附含 As 品种称为 As 位(S_A)；未被占据的 As 原子可以吸附含 Ga 品种称为 Ga 位(S_G)。对于(110)表面可能发生的表面反应列于表 5-3 中。其中[S1]-[S13]为气相所有的品种的吸附和解吸反应。原子氢和甲基都可以吸附在 S_G 和 S_A 两种位置，原子氢吸附在 S_G 上为 H_G*([S1])、吸附在 S_A 上为 H_A*([S2])，甲基则分别为$(CH_3)_G$*([S3])和$(CH_3)_A$*

([S4])。含有甲基镓的品种吸附在 Ga 位。$GaCH_3$ 吸附在 S_G 位，变成 $GaCH_3$*([S5])。$Ga(CH_3)_2$ 吸附后释放出 $CH_3^{\bullet}$，变成 $GaCH_3$*([S6])；$Ga(CH_3)_3$ 吸附后释放 2 $CH_3^{\bullet}$，变成 $GaCH_3$*([S7])。砷的氢化物 $AsH_x(x=1\sim3)$则吸附在 As 位。AsH 吸附在 S_A 上为

表 5-3　TMGa 和 AsH_3 共同注入时 GaAs(110)取向表面反应以及相应的正向和反向的反应速率参数

	反应			A_1	$(E_a)_1$	A_{-1}	$(E_a)_{-1}$	注
[S1]	$H^{\bullet}+S_G$	⟷	H_G*	s=1	0	—	—	①
[S2]	$H^{\bullet}+S_A$	⟷	H_A*	s=1	0	—	—	①
[S3]	$CH_3^{\bullet}+S_G$	⟷	$(CH_3)_G$*	s=1	0	1×10^{12}	20	①, ④
[S4]	$CH_3^{\bullet}+S_A$	⟷	$(CH_3)_A$*	s=1	0	1×10^{12}	20	①, ④
[S5]	$GaCH_3+S_G$	⟷	$GaCH_3$*	s=1	0	1×10^{14}	45	①, ④
[S6]	$Ga(CH_3)_2+S_G$	⟷	$GaCH_3$*$+CH_3^{\bullet}$	s=1	0	—	—	①
[S7]	$Ga(CH_3)_3+S_G$	⟷	$GaCH_3$*$+2CH_3^{\bullet}$	s=1	0	—	—	①
[S8]	$GaCH_2+S_G+S_A$	⟷	$GaC+H_2$	s=1	0	—	—	①
[S9]	$Ga(CH_3)CH_2+S_G+S_A$	⟷	$GaC+CH_3^{\bullet}+H_2$	s=1	0	—	—	①
[S10]	$Ga(CH_3)_2CH_2+S_G+S_A$	⟷	$GaC+2CH_3^{\bullet}+H_2$	s=1	0	—	—	①
[S11]	$AsH+S_A$	⟷	AsH*	s=1	0	1×10^{14}	40	①, ④
[S12]	AsH_2+S_A	⟷	AsH*$+H^{\bullet}$	s=1	0	—	—	①
[S13]	AsH_3+S_A	⟷	AsH*$+H_2$	s=1	0	—	—	①
[S14]	$CH_3^{\bullet}+H_G$*	⟷	CH_4+S_G	碰撞	0	—	—	②
[S15]	$CH_3^{\bullet}+H_A$*	⟷	CH_4+S_A	碰撞	0	—	—	②
[S16]	$H^{\bullet}+(CH_3)_G$*	⟷	CH_4+S_G	碰撞	0	—	—	②
[S17]	$H^{\bullet}+(CH_3)_A$*	⟷	CH_4+S_A	碰撞	0	—	—	②
[S18]	H_G*$+(CH_3)_A$*	⟷	$CH_4+S_G+S_A$	1×10^{17}	10	—	—	③
[S19]	H_A*$+(CH_3)_G$*	⟷	$CH_4+S_G+S_A$	1×10^{17}	10	—	—	③
[S20]	H_A*$+H_G$*	⟷	$H_2+S_G+S_A$	1.2×10^{17}	20	—	—	③
[S21]	$(CH_3)_A$*$+(CH_3)_G$*	⟷	$C_2H_6+S_G+S_A$	1×10^{17}	20	—	—	④
[S22]	$GaCH_3$*+AsH*	⟷	$GaAs+CH_4+S_G+S_A$	5×10^{17}	29.3	—	—	④
[S23]	AsH*+AsH*	⟷	$As_2+H_2+S_G+S_A$	1×10^{17}	35	—	—	④
[S24]	$CH_3^{\bullet}$+AsH*	⟷	As*$+CH_4$	碰撞	20	—	—	②, ④
[S25]	As*+As*	⟷	As_2+2S_A	1×10^{18}	30	—	—	④
[S26]	$GaCH_3$*+As*	⟷	$GaAs+CH_3^{\bullet}+S_G+S_A$	5×10^{18}	20	—	—	④

① 假定在 0 覆盖时黏附系数为 1，实际碰撞速度按方程(5-2)计算。

② 碰撞速度按方程$[P/(2\pi M_i RT)^{1/2}]\exp(-E_{ai}/RT)x_j\theta_{ik}$计算 $k=A,G$。

③ Luth H, Matz R. Phys Rev Lett, 1981, 60: 1652 和 Mokwa W, et al. Phys Rev B, 1984, 29: 6709.

④ 估计值。

注：A_1 和$(E_a)_1$ 为正向反应的指前因子和活化能；A_{-1} 和$(E_a)_{-1}$ 为反向反应的指前因子和活化能。

AsH*([S11])。AsH_2吸附后释放H•，变成AsH*([S12])；AsH_3吸附后释放H_2，变成AsH*([S13])。吸附在表面的$GaCH_3$*与AsH*反应生成GaAs并释放出CH_4([S22])。另一条生成GaAs的路径是吸附在表面的$GaCH_3$*与As*反应并释放出CH_3•([S26])。

在此模型中，认为C并入的重要途径是[S8]到[S10]所对应的Ga-碳烯双位吸附反应。C并入效率取决于两个相邻的S_G和S_A存在情况，Ga-碳烯的Ga原子吸附到S_G上，C原子端吸附到S_A上。不难看出仅在少数情况下，碳烯才能通过[S8]~[S10]的分解反应进入晶格，使C占据晶格中As原子位置成为浅受主。这种机构解释了尽管气相中存在大量含碳化合物，生长的GaAs外延层中碳含量却相对低(10^{15}atom/cm^3)的原因。

[S14]~[S17]和[S24]对应的是在表面上吸附的品种通过与气相自由基碰撞生成甲烷的反应。挥发性副产物通过双分子复合反应[S18]~[S21]、[S23]和[25]从表面除去。

对于GaAs晶体其他取向的表面，如(100)或(111)-Ga面等，由于原子排列不同，TMGa和AsH_3共同注入时表面反应以及相应的正向和反向的反应速率参数都与表5-3有所差异，参见文献[8]。

上述模型仅为用TMGa和AsH_3生长GaAs诸多模型之一，还有更复杂的模型考虑了更多的气相和表面反应。例如讨论GaAs生长时Tirtowidjojo和Pollard的模型考虑的气相品种为60个，气相反应数目多达232个，而表面品种为19个表面反应数目为115个[10]。当然，也可根据需要采用更为简化的模型[3]。

5.1.2 TMGa与NH_3生长GaN的化学反应动力学

TMGa与NH_3共同注入反应室生长氮化镓时，与前面讨论的生长GaAs不同，TMGa与NH_3首先在气相中形成Lewis酸-碱配合物，然后这些配合物再进一步分解[11]。已经提出几种关于GaN的MOVPE的生长化学反应动力学模型[12-14]。下面简要介绍Sengupta等提出的与实验符合的较好，但是比较复杂的模型[12]。如前所述TMGa热分解逐步丢失CH_3•生成DMG和MMG。在气相中TMGa及其分解产物DMG和MMG与NH_3反应生成配合物TMG·NH_3、DMG·NH_3和MMG·NH_3。由于TMGa和MMG分解活化能高，因此分解缓慢，而DMG分解活化能低生成MMG的反应速率快。于是在高温时气相中MMG和MMG·NH_3为主要品种，而在低温时TMGa和TMGa·NH_3为主要品种。在气相中TMGa、DMG和MMG与NH_3反应还分别生成$(CH_3)_2GaNH_2$、CH_3GaNH_2和$GaNH_2$同时释放出CH_4。NH_3非常稳定，即使在高温下分解反应也可以忽略，然而NH_3与TMGa分解出的CH_3•反应，$NH_3+CH_3 \longleftrightarrow NH_2+CH_4$，生成能够对GaN生长有贡献的$NH_2$。加上涉及与$CH_3$•和H•的反应，气相中总共有18个反应。

在此模型中放弃了Mihopoulos等[14]提出的气相中形成一种特殊的“Ga—N”环状分子的假设，因为实验表明在典型的生长条件下形成环的前体$Ga(CH_3)_2NH_2$

浓度非常低。因此假设环在表面生成，并且认为生成 GaN 的最后一步反应是在表面发生的 $Ga(CH_3)_x$ 与 NH_3 的反应。

在表面存在两种吸附格位，即能吸附含 Ga 品种的 S_N 和能吸附含 N 品种的 S_G。在表面上除了发生吸附和解吸反应，还发生形成络合物和形成“环”的表面反应。在表面发生的反应则多达 52 个。TMG 与 NH_3 反应生成 GaN 可以归纳成为三条途径，图 5-2 为其示意图。

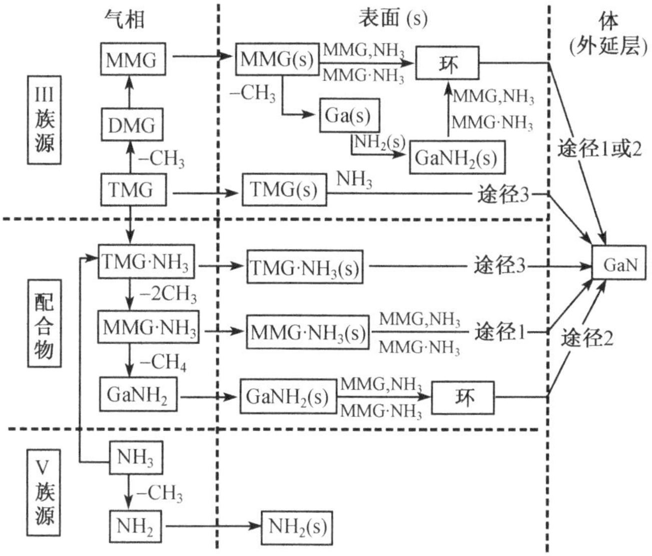

图 5-2　表示 GaN 沉积气相和表面反应路径的示意图

途径 1：气相的 $MMG \cdot NH_3$ 直接吸附到表面的 S_N 上，形成 $MMG{\cdot}NH_3(s)$，或者 MMG 吸附在表面 S_N 上形成 MMG(s)，再与 NH_3 形成络合物 $MMG{\cdot}NH_3(s)$。然后 $MMG{\cdot}NH_3(s)$再与气相的 MMG 和 NH_3 反应，失去 CH_4，最终在表面上形成(s) $NH_2 \cdot Ga \cdot NH_2 \cdot Ga \cdot NH_2 \cdot Ga(s)$“环”。此环然后失去 $3H_2$ 生成 GaN，即

$$(s)NH_2{\cdot}Ga{\cdot}NH_2{\cdot}Ga{\cdot}NH_2{\cdot}Ga(s) \longrightarrow 3H_2+3GaN+S_G+S_N \tag{5-13}$$

途径 2：$GaNH_2$ 能够直接在气相生成，也可以由吸附的 Ga[Ga(s)]和吸附的 NH_2 [$NH_2(s)$]反应生成。然后吸附 MMG 和 NH_3，消去 CH_4 形成“环”。环上的每个 Ga 原子吸附两个 $CH_3^{\bullet}$，接着失去 CH_4，生成 GaN。最后一步反应式如下：

$$(s)\ NH_2{\cdot}Ga(CH_3)_2{\cdot}NH_2{\cdot}Ga(CH_3)_2{\cdot}NH_2{\cdot}Ga(CH_3)_2(s) \longrightarrow 6CH_4+3GaN+S_G+S_N \tag{5-14}$$

途径 3：TMG 吸附到 S_N 上生成 TMG(s)，然后 NH_3 吸附到 TMG(s)上形成络合物 $TMG{\cdot}NH_3(s)$，或者 $TMG{\cdot}NH_3$ 直接吸附到 S_N 上形成 $TMG{\cdot}NH_3(s)$。此络合物先失去 1 个分子 CH_4 形成 (s) $NH_2{\cdot}DMGa$ (s)，最后消除剩余的两个分子 CH_4 生成 GaN，

$NH_2 \cdot DMGa \longrightarrow GaN+2CH_4$。总反应式如下：

$$TMG(s)+NH_3 \longrightarrow TMG:NH_3+S_N \longrightarrow GaN+3CH_4 \tag{5-15}$$

Sengupta 等的模型中使用的动力学参数仅少数是实验测量值,其余是利用量子化学方法计算或估计值，并且用修正的 Arrhenius 公式来表达。

其他描述 TMGa 与 NH_3 生长 GaN 的化学反应动力学的模型还有 Hirako 和 Kusakabe 等[13]提出的由不稳定的基团和稳定的环状分子共同提供 GaN 薄膜的生长的模型，该模型中考虑更多聚合物大分子，如$[Ga—N]_{2\sim6}$，$[DMGaNH_2]_{2\sim3}$，$[MMGaNH]_{2\sim6}$ 和 $DMGaMMGa(NH_2)_3$。主要的沉积路径为 $TMGa \cdot NH_3 \longrightarrow DMGaNH_2 \longrightarrow MMGaNH \longrightarrow Ga—N$。

5.1.3 TMAl、TMGa 与 NH_3 生长 AlGaN 的化学反应动力学

由于观察到在 MOVPE 生长氮化物时,在反应室气相中形成纳米颗粒并且影响到外延层的生长速度[15]，已有几个生长 AlGaN 的模型都包括了氮化物纳米颗粒的气相成核[14,16]。TMAl 与 NH_3 共同存在时，它们之间有很强的预反应，首先 TMAl 与 NH_3 反应生成 $TMAl \cdot NH_3$(表 5-4 中的[G2])，由于此反应的活化能等于 0，因此反应速率很高。与 TMGa 和 NH_3 生成 $TMGa \cdot NH_3$ 的可逆反应不同，TMAl 与 NH_3 生成 $TMAl \cdot NH_3$ 的反应是不可逆反应[17]。然后 $TMAl \cdot NH_3$ 失去 CH_4，生成 DMAl-NH_2(表 5-4 [G3])。DMAl—NH_2 发生聚合反应，生成二聚物$(DMAl \cdot NH_2)_2$或环状的$(DMAl \cdot NH_2)_3$分子([G5]~[G6])，并导致在气相中生成尺寸在 5~50 nm 的 AlN 颗粒([G9][G10])。由于憎热效应，颗粒被载气带出生长区，因此消耗了 III 族源，对生长没有贡献。在气相反应动力学参数缺乏实验值的情况下，采用量子化学的方法估算。在模型中假设$(DMAl \cdot NH_2)_n$生成 AlN 颗粒的反应活化能为 167.36kJ/mol, 指前因子 $A=1.0 \times 10^{11}cm^3/(mol \cdot s)$。

在表面，含 TMAl，$TMAl \cdot NH_3$ 和 MMAl 吸附在 N 表面原子上(用 s 表示)并释放出 $CH_3^{\bullet}$，见表 5-4 中的[S1]~[S3]。DMAl-NH_2 和$(DMAl\text{-}NH_2)_2$ 吸附在表面变成 AlN*并释放出甲烷(表 5-6[S4]~[S5])。吸附在表面的 Al*与 N 反应并入晶格([S6])，注意该模型认为在表面存在过量的活性 N。因此反应[S6]写成 $Al^* \longrightarrow AlN(s)+s$。吸附在表面的 AlN*直接并入晶格([S7])。[S1]~[S5]的表面动力学参数用式(5-2)计算。并且认为[S6]和[S7]的表面动力学参数相同，以减少拟合参数的数目。利用此模型很好地解释了 AlN 的生长速度与输入反应室的 TMAl 摩尔流量亚线性的关系和随反应室压力和生长温度增加而下降[14]。在用 TMAl、TMGa 与 NH_3 生长 AlGaN 时，也利用在气相中生成颗粒的模型，初步解释了 Al 的并入效率随温度、压力的变化[14,16]。

5.1.4 TMIn 和 PH_3 生长 InP 的化学反应动力学

以 TMIn 和 PH_3 为源生长 InP 所涉及的气相和表面反应见表 5-5[18]。在气相，

由于 $In(CH_3)_3$ 的键能低，将丢失第一和第二个甲基的分解简化为 $In(CH_3)_3 \longrightarrow InCH_3$

表 5-4　用 TMAl 和 NH_3 为源生长 AlN 所涉及的气相和表面反应

	反应		A	E_a
		气相反应		
[G1]	TMAl	$\longrightarrow$MMAl+$2CH_3^{\bullet}$	3.5×10^{15}	66.5
[G2]	TMAl+NH_3	$\longrightarrow$TMAl·NH_3	3.0×10^{12}	0.0
[G3]	TMAl·NH_3	$\longrightarrow$DMAl-NH_2+CH_4	2.0×10^{12}	27.0
[G4]	TMAl·NH_3+NH_3	$\longrightarrow$DMAl-NH_2+CH_4+NH_3	2.0×10^{12}	13.0
[G5]	2DMAl-NH_2	$\longrightarrow$(DMAl-$NH_2)_2$	4.0×10^{11}	0.0
[G6]	DMAl-NH_2+(DMAl-$NH_2)_2$	$\longrightarrow$(DMAl-$NH_2)_3$	1.0×10^{11}	0.0
[G7]	DMAl-NH_2+(DMAl-$NH_2)_n$	$\longrightarrow$(DMAl-$NH_2)_{n+1}$	1.0×10^{10}	0.0
[G8]	(DMAl-$NH_2)_2$+(DMAl-$NH_2)_n$	$\longrightarrow$(DMAl-$NH_2)_{n+2}$	1.0×10^{10}	0.0
[G9]	(DMAl-$NH_2)_2$	$\longrightarrow$AlN(颗粒)	1.0×10^{11}	40.0
[G10]	(DMAl-$NH_2)_3$	$\longrightarrow$AlN(颗粒)	1.0×10^{11}	40.0
		表面反应		
[S1]	TMAl+s	$\longrightarrow$Al*+$3CH_3^{\bullet}$	碰撞($\sigma=0.1$)	0.0
[S2]	TMAl·NH_3+s	$\longrightarrow$Al*+$3CH_3^{\bullet}$+NH_3	碰撞($\sigma=0.1$)	0.0
[S3]	MMAl+s	$\longrightarrow$Al*+$CH_3^{\bullet}$	碰撞($\sigma=1.0$)	0.0
[S4]	DMAl-NH_2+s	$\longrightarrow$AlN*+$2CH_4$	碰撞($\sigma=1.0$)	0.0
[S5]	(DMAl-$NH_2)_2$+s	$\longrightarrow$2AlN*+$4CH_4$	碰撞($\sigma=1.0$)	0.0
[S6]	Al*	$\longrightarrow$AlN(s)+s	6.0×10^{6}	20.0
[S7]	AlN*	$\longrightarrow$AlN(s)+s	6.0×10^{6}	20.0

注：σ表示表面反应碰撞类型的黏附系数。

表 5-5　用 TMIn 和 PH_3 为源生长 InP 所涉及的气相反应

	气相反应			A	b	E_a
	TMIn 分解：					
[G1]	$In(CH_3)_3$	$\longrightarrow$	$InCH_3 + 2CH_3$	5.25×10^{15}	0	47.2
[G2]	$InCH_3$	$\longrightarrow$	$In + CH_3$	8.13×10^{10}	0	43.0
[G3]	$In(CH_3)_3+H_2$	$\longrightarrow$	$InCH_3+CH_3+CH_4$	1×10^{11}	0	12.0
	易位反应：					
[G4]	$CH_3 + PH_3$	$\longrightarrow$	$CH_4 + PH_2$	3.90×10^{10}	0	1.65
[G5]	$CH_3 + H_2$	$\longrightarrow$	$CH_4 + H$	2.89×10^{2}	3.12	8.71
	自由基反应：					
[G6]	$2H + M$	$\longrightarrow$	$H_2 + M$	1×10^{16}	0	0.0
[G7]	$CH_3 + H_2+M$	$\longrightarrow$	CH_4+H	2.4×10^{22}	−1	0.0
[G8]	$2CH_3$	$\longrightarrow$	C_2H_6	2.0×10^{13}	0	0.0

+ $2CH_3^{\bullet}$(见表中 5-5[G1])。$InCH_3$ 进一步分解出 In 的反应(表中[G2])。PH_3 单独分解的实验表明主要是异相分解，但是加入 $In(CH_3)_3$ 后分解温度明显降低。因此也考虑 $CH_3 + PH_3 \longrightarrow CH_4 + PH_2$ 的反应([G4])。

在表面，含 In 品种吸附在具有单悬挂键的 P 表面原子上，见表 5-6 中的[S1]~[S3]。PH_x 则吸附在具有单悬挂键的 In 表面原子上，见表 5-6 中的[S4]~ [S6]。反应[S7]和[S8]分别表示吸附的 PH*与 $InCH_3$*和 In*生成 InP 的反应。表面化学吸附反应速率用式(5-2)计算。但是把生成 InP 的反应 $InCH_3^* + PH^* \longrightarrow InP + CH_4 + S_1 + S_2$([S7])和 $In^* + PH^* \longrightarrow InP + H + S_1 + S_2$([S8])的反应速率参数(指前因子和活化能)作为可调整参数，由与 InP 生长速度的实验值拟合的方法来确定，得到 $A = 7\times10^{12}\ cm^2/(mol\cdot s)$，$E_a = 46kJ/mol$(反应速率常数：$k = A\exp(-E/RT)$)。

表 5-6 用 TMIn 和 PH_3 为源生长 InP 所涉及的表面反应

表面反应				正向		逆向	
				A	*E*	*A*	*E*
	化学吸附和再吸附反应：						
[S1]	$In(CH_3)_3+S_1$	⟶	$InCH_3^*+2CH_3$	碰撞	5	—	—
[S2]	$InCH_3+S_1$	⟷	$InCH_3^*$	碰撞	0	1.0×10^{11}	40.0
[S3]	$In + S_1$	⟷	In*	碰撞	0	1.6×10^{12}	53.5
[S4]	$PH_3 + S_2$	⟶	$PH^* + H_2$	碰撞	5	—	—
[S5]	$PH_2 + S_2$	⟶	PH* + H	碰撞	5	—	—
[S6]	$PH + S_2$	⟷	PH*	碰撞	0	1.0×10^{14}	40.0
	生长反应：						
[S7]	$InCH_3^*+PH^*$	⟶	$InP+CH_4+S_1+S_2$	*A*	*B*		
[S8]	In*+ PH*	⟶	$InP+H+S_1+S_2$	*A*	*B*	—	—

注：S_1 表示具有单悬挂键的 P 表面原子，S_2 表示具有单悬挂键的 In 表面原子。*A* 和 *B* 是模型的两个可调整参数，$A = 7\times10^{12}\ cm^2/(mol\cdot s)$，$B = 46kJ/mol$。反应[S2]、[S3]和[S6]为可逆反应。如[S2]表示正向，[–S2]表示反向。

上述模型中所列的化学反应以及动力学参数多为估计的，它们是否真正代表生长的实际情况需要验证。目前采用的方法是将这些动力学数据代入下一节将要讨论的流体力学模型中，形成化学反应-输运模型。计算在特定反应室中的外延层生长速度，将计算结果与实验值进行对比。如果一致，就可以认为上述所考虑的化学反应以及选用的动力学参数是合适的。

5.2 MOVPE 反应室内的输运现象与模型化

MOVPE 反应室的工作压力在绝大多数情况下都是大于 1.33Pa，因此反应室内的气体输运是黏性流动。反应室内的传质与传热决定了气体流动状态、反应剂向衬底表面的输运、温度分布和气相反应进程，从而影响外延层生长速度与组分的均匀性，也影响异质结构的界面组分梯度。反应室的几何形状、工作压力和温度梯度以及载气的性质和流速都是影响输运过程的重要因素。由于在输运过程中伴随着化学反应，使模型化工作更为复杂。

5.2.1　MOVPE 反应室内的输运现象及其观测

5.2.1.1　MOVPE 反应室内的流场可视化

气体流动和气相温度分布的测量往往在特殊设计的模拟实验反应室内进行。既能满足气体流动和气相温度分布测量所需的光路设计要求，又可避免对实际生长系统的沾污或腐蚀。

气流的烟雾颗粒缀示法是最简单的实时观测反应室内气流流动图样的方法[19-21]。颗粒缀示法是将微小颗粒混入气流并将其照明，观察颗粒随气流在黏性力的拖曳下运动的情况。为了安全可以用质量和黏度都与氢气接近的 He 气来代替常用的载气氢气。颗粒尺寸必须足够小到能跟随流场，又须足够大到能散射光线，通常在微米级。最常用的是由携带 $TiCl_4$ 蒸气的载气与携带 H_2O 蒸气的载气反应，生成的约 1μm 直径的 TiO_2 颗粒。此法优点是 TiO_2 微粒稳定并且散射光的能力强，缺点是产生具有腐蚀性的 HCl。如果观测流动时的气体温度不高($<200°C$)也可以用 HCl 气与 NH_3 气混合产生的 NH_4Cl 颗粒。另外，还可以用燃烧石蜡油产生烟雾等。

用宽光束照明可以观察三维流动情况。而为了获取二维流动图样，采用由激光束经柱面透镜(或反射镜)扩展而成的片状光源照明，此时气流中 TiO_2 微粒的散射光会清楚地显示出透明反应室壁内气流流动图样的剖面。

图 5-3 为用片光源照明 TiO_2 微粒获得的模型垂直反应室中气流图样(左侧)[19]。(a)为等温条件下强迫对流占主导地位的情况。由于反应室的直径由入口的 25mm 突然增大到 100mm，气流脱离器壁向基座流去(射流)，然后沿径向流过基座表面，

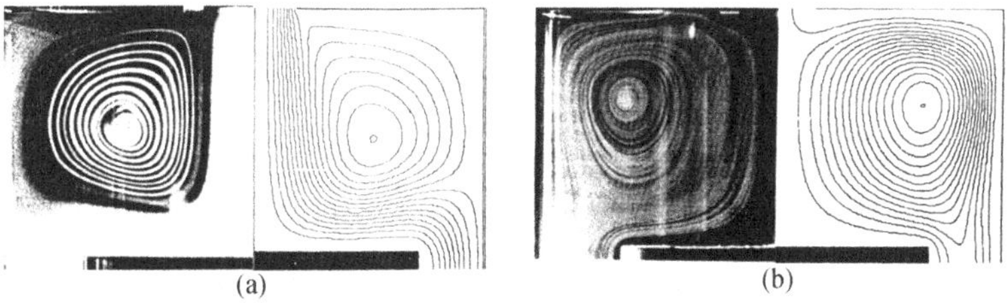

图 5-3　垂直模拟反应室中用颗粒缀示技术观测的气流图形剖面(左侧)与流体力学模型计算结果(右侧)的对比

(a) 强迫对流，等温反应室($T = 300K$)流量 2.5slm；(b)自然对流，进气温度为 300K，基座温度为 350K，流量 2.5slm

再向下沿基座侧壁流出并在反应室壁和射流之间的空间产生环流。(b) 为热对流占主导地位的情况，热浮力引起的环流占据了基座上方大部分空间，并迫使进入反应室的气流沿着反应室顶壁向边缘流动，然后沿器壁向下流动[5]。图中同时示出与流体力学模型计算的流线结果(右侧)的对比，两者吻合的很好。

对于热基座放在下部的水平反应室，热浮力驱动的旋涡流与强迫对流叠加形成混合对流，造成横向返回流(return flow)和纵向卷筒涡胞(longitudinal roll cell)的复杂流动。所谓纵向或横向涡流是由涡流旋转轴平行还是垂直于主气流方向而定。图 5-4 示出了横向返回流(a)和纵向卷筒涡胞(b)这两种流动在特定的矩形模拟反应管中的烟雾可视化照片和示意图。该反应管在实验段前面有足够长的缓慢扩张发展段，以保证气流是充分发展的，即流速按抛物线分布；后端也有足够长的尾段，以降低气体流出时造成的干扰影响[20]。

(a) 从反应室侧壁拍照的横向返回流 (照片下的黑色条表示热衬底位置)

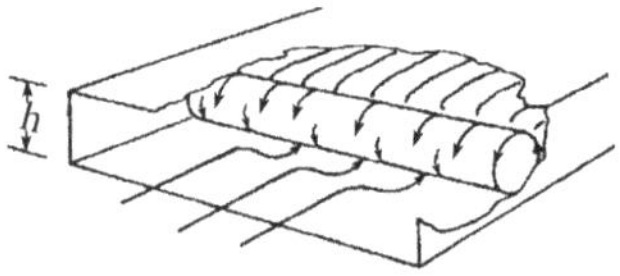

(b) 横向返回流示意图

(c) 从反应室尾端拍照的纵向卷筒涡胞 (照片下的黑色条表示热衬底位置)

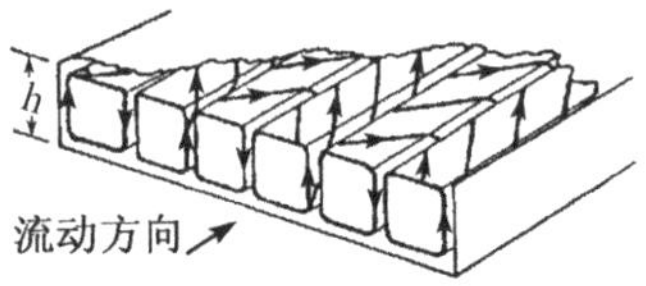

(d) 纵向卷筒涡胞流示意图

图 5-4　烟雾缀示法观测到的模拟矩形截面水平反应室中热衬底造成的涡流

基座区宽为 450mm，高为 22.5mm，实验区长 450mm

返回流是在热基座引起的热浮力足够高时产生的。冷气流在流向基座前端时因被加热而膨胀，向上的热浮力令冷气流被迫朝斜上方运动。如果向上的浮力足够强，被阻挡气流只好逆流运动，形成流线闭合的返回流。当浮力高时返回流能扩展到上游未被加热的区域并且体积大为扩展。如果主气流的雷诺数大，返回流能延伸到反应管的加热区，同样体积大为增加，正如图 5-4(a)所示情况。当主气流中反应剂浓度发生突然变化时，返回流旋涡中的浓度只能通过相对缓慢的扩散过程与主气流达到新的平衡。返回流对于外延层的影响在于它延长了反应剂在反应管内的滞留时间，会由于存储效应使异质结界面加宽，在有预反应时还会由于源的消耗降低生长速度。

纵向卷筒涡胞使气流螺旋形向前流动，影响外延层的生长速度均匀性。在通常的 MOVPE 水平反应室中，存在一对对称旋转的纵向卷筒涡胞，其旋转方向依赖于侧壁温度条件。

MOVPE 反应室内决定颗粒运动速度的有三种主要作用力：来自气体分子的黏性拖曳力、温度梯度造成的憎热力和重力[21]。在温度梯度区域，烟雾颗粒受憎热力影响离开热表面向较冷管壁运动，使粒子轨迹偏离了流线。当温度梯度大于 250°C /cm 时，憎热力可能成为作用于颗粒的主要作用力。因此在基座附近的温度梯度很大的区域无法观测衬底上方的真实流动图样。曾经把憎热效应造成的热衬底表面上方的无烟雾区错误解释为停滞层。当工作压力降低时还会遇到颗粒在重力作用下的沉降速度过快问题。但是实验与计算均表明在氢气中压力大于 0.15×10^5Pa 时，TiO_2 颗粒仍然可以精确随着气流运动。一种替代方法是采用在紫外光激发时产生可见绿光发射的无毒的联乙酰(biacetyl，CH_3—CO—CO—CH_3)分子来缀饰气流。联乙酰可以使用到 65Pa 的低压，但是必须在低于 250°C 使用，否则会分解。联乙酰还可以用来研究气体扩散现象，这是颗粒缀示法无法完成的。

5.2.1.2　MOVPE 反应室气相温度分布测量

热电偶[22]、拉曼光谱[23] 和干涉全息术[24]都是用来测量反应室内气相中的温度分布的技术。热电偶测温是最简单和便宜的方法，其缺点是插入的测量热电偶本身对温度场和流场的扰动。光学方法则相反，对反应室内的温度场和流场没有扰动，但使用的设备要复杂得多。拉曼光谱由于空间分辨率高，可以测量温度的空间分布。已经有许多测量反应室内二维或三维温度剖面结果。干涉全息术也可以用来测量反应室内的温度分布。干涉全息像示出对应于等温线的干涉条纹，在水平反应室的干涉图样中清晰显示“冷指”现象。还可以通过温度场的显示映衬出流场。然而干涉全息术空间分辨率差，较少应用。

5.2.1.3　MOVPE 反应室内气体流速测量

反应管内的气体流速测量，实际是测量随气流流动的 TiO_2 微粒的运动速度。常用多普勒频移(LDA)测速法或激光双聚焦测速法(L2F)测量[25]。在 MOVPE 研究中，前者应用地更多。多普勒频移法可以测量到水平反应室中纵向卷筒涡胞的形成和发展。鉴于测量得到的速度是颗粒运动的速度，因此仅仅在黏性拖曳力占主导地位时颗粒运动速度才能代表气体运动速度。在憎热效应产生的邻近基座的无烟区中测不到颗粒运动速度。

5.2.2 MOVPE 的模型化

前面介绍的在反应室内可能出现的复杂流动图样和温度梯度，必然会对气相的化学反应和外延层的生长起到巨大影响。借助于模型化可以使我们更全面地了解这些过程。MOVPE 的输运模型从简单的水平式反应室一维边界层模型发展到二维模型，随后又发展了三维模型。计算机硬件和软件的快速发展，促进了计算流体力学(CFD)的发展。另一个重要进展是把化学动力学与输运现象结合起来，发展成为化学反应动力学-输运模型。

对于反应室内流场、温场和反应剂靠流动和扩散的输运现象用流体力学理论计算时，无量纲数组在模型化中有重要意义。表 5-7 列出了表征气相晶体生长输运现象的无量纲数组，包括了计算浮力驱动流动的无量纲数群[26]。流体运动的大小由起主要作用的驱动力和相对于黏度的阻尼作用决定。各个输运机理的相对量度由比较这些无量纲群的大小来确定。

MOVPE 反应室通常工作在相对高的压力下，表征平均自由程与反应室特征长度的克努森数 $Kn<<0.01$，流体可以看做是连续流。雷诺数 Re 为对流引起的动量流与扩散引起的动量流之比。层流转变为湍流的临界雷诺数(Re_C)为 2300。由于 MOVPE 反应室流速低，雷诺数 $Re<100$，流动属于层流。同时马赫数很小，$Ma<<1$，意味除了气体随温度增加而膨胀外可以假定为不可压缩流体。普朗特数 Pr 近于 1 (典型值为 0.7)，施密特数 Sc 约比 Pr 大一个数量级。

佩克莱数 Pe 用来估计质量和热输运中对流和扩散的相对贡献。如果 Pe 大(>10)，对流占主导地位，粗略地可以当成活塞流处理。反之 Pe 小(<<1)扩散起主要作用，下游杂质可能会扩散回到生长区。

在 MOVPE 反应室中可能存在入口和出口间的压力差产生的强迫对流，热基座造成的热对流以及由两者相互作用形成的混合对流。

热瑞利数 Ra 用来估计反应室内的热对流强度。当 $Ra > Ra_{CRIT} = 1707$ 热对流可能发生。热瑞利数随温度或浓度梯度的变化是线性的，然而随反应室高度的变化却是三次方关系。因此反应室高度越大，发生热对流的倾向越强。Gr/Re^2 之比可以代表浮力与惯性力之比，当 $0<Gr/Re^2<0.3$时，强迫对流(黏性力)占主导地位；当 $16<Gr/Re^2$ 时，热对流(浮力)占主导地位；在 $0.3<Gr/Re^2<16$ 区间，为热对流与强迫对流的混合对流。通常反应室中 Gr/Re^2 在 0.004~1 之间。如果 $Gr/Re^2 > 0.5$，在水平反应管中就可能出现螺旋形涡卷。溶质格拉斯霍夫数 Gr 用来估计反应室内的浓度梯度驱动对流。当溶质瑞利数或溶质格拉斯霍夫数大时，浓度梯度驱动对流可能发生。

达姆科勒数 Da 用来度量相对于反应时间的输运特征时间。如果表面达姆科勒数大，则物质到表面的输运控制生长过程。如果气相达姆科勒数大，则反应室的停滞时间就会是一个重要因素，而如果气相达姆科勒数小则控制生长过程的是气相反应。

表 5-7　表征气相晶体生长输运过程的无量纲数组

名称	定义	物理含义	典型值
Schmidt number 施密特数	$Sc = \nu/D$	动量扩散系数 / 质量扩散系数	1~10
Prandtl number 普朗特数	$Pr = \nu/\alpha$	动量扩散系数 / 热扩散系数	~0.7
Knudsen number 克努森数	$Kn=\lambda/L$	平均自由程 / 特征长度	$<10^{-2}$
Reynolds number 雷诺数	$Re = \langle v\rangle L/\nu$	对流引起的动量流 / 扩散引起的动量流	10^{-1}~10^{2}
Peclet number (热) 热佩克莱数	$Pe_h = Re\, Pr$	对流引起的热流 / 扩散引起的热流	10^{-1}~10^{2}
Peclet number (质量) 佩克莱数	$Pe_m = Re\, Sc$	对流引起的质量流 / 扩散引起的质量流	10^{-1}~10^{3}
Grashof number (热) 热格拉斯霍夫数	$Gr_t = g\beta_t L^3 \Delta T/\nu^2$	浮力 / 黏性力	1~10^{5}
Grashof number (溶质) 溶质格拉斯霍夫数	$Gr_s = g\beta_c L^3 \Delta c/\nu^2$	浮力 / 黏性力	1~10^{2}
Rayleigh number (热) 热瑞利数	$Ra_t = Gr_t\, Pr$	浮力 / 黏性力	1~10^{5}
Rayleigh number (溶质) 溶质瑞利数	$Ra_s = Gr_s\, Sc$	浮力 / 黏性力	1~10^{2}
Damkohler number (气相) 达姆科勒数	$Da_g= \Re(c,T)_{\mathrm{ref}} L/(c_{\mathrm{ref}}\langle v\rangle)$	流特征时间 / 气相反应特征时间	10^{-3}~10^{3}
Damkohler number (表面) 达姆科勒数	$Da_s= \Re(c,T)_{\mathrm{ref}} L/(c_{\mathrm{ref}} D)$	扩散到表面的特征时间 / 表面反应特征时间	10^{-3}~10^{3}

注：c：浓度；Δc：浓度差；D：分子扩散系数；g:重力加速度；h：热传输系数；k：热导；L：特征尺度；$\Re(c,T)_{\mathrm{ref}}$：参考条件下的反应速率；ΔT：温度差；$\langle v\rangle$：平均线速度；α：热扩散系数；β_t：热膨胀系数；β_c：溶质膨胀系数；λ：平均自由程；ν：动力学黏度($=\mu/\rho$=黏度/密度)。

5.2.2.1　MOVPE 反应室的化学反应-输运模型

已经提出了针对不同类型的 MOVPE 反应室的流体流动、热输运、化学动力学的多种模型[3]。这里重点介绍比较典型的化学反应动力学-输运模型。

(1) MOVPE 生长过程的基本方程组

在 MOVPE 化学反应-输运模型中利用流体力学、化学反应动力学理论对在整个反应室内的气体流动、温度分布以及在气相和表面发生的化学反应进行模拟。该模型由动量守恒、能量守恒、总质量守恒(连续性)和各个化学品种守恒的耦合偏微分方程组构成，并在一定边界条件下求出数值解。

考虑到通常 MOVPE 反应室的实际工作压力和气体流速范围,可以假定流体具有下列特性：

1) 气体为黏滞性流体，

2) MOVPE 反应室通常工作在相对高的压力，克努森数 $Kn \ll 0.01$，流体看做是连续流，

3)气体的流速低，雷诺数 $Re < 100$，流动为定常的(即稳态的，与时间无关)层流，

4) 反应室内气体流速远低于声速，马赫数 $Ma \ll 1$，流体可以认为是不可压缩的。

在此假定下的动量、能量、总质量和各个化学品种的守恒耦合偏微分方程组如下[3]：

动量方程：流体运动同刚体运动一样，同样遵守牛顿第二定律所导出的动量守恒定律。设作用于运动流体有两种力：其一为体积力，即重力ρg 和浮力$-\rho\beta_T g(T-T_0)$；其二为作用于表面上的力，即法向力ΔP 和切向力(黏性力)$\mu\nabla^2\boldsymbol{v}$。

根据动量守恒定律，动量对时间的改变率 (由定常、不可压缩假定)，得到

$$\rho\left(\frac{\partial}{\partial t}+\boldsymbol{v}\cdot\nabla\boldsymbol{v}\right)=-\nabla p+\nabla\cdot\boldsymbol{\tau}+\rho g\boldsymbol{e}_z \tag{5-16a}$$

此方程称为纳维-斯托克斯方程，简称 N-S 方程。式中 $\boldsymbol{v}$ 为气体速度矢量，ρ 为载气密度，p 为压力，g 为重力加速度矢量，e_z 为重力方向单位矢量。$\boldsymbol{\tau}$ 为黏度应力张量，定义为

$$\tau=\mu\left[\nabla\boldsymbol{v}+(\nabla\boldsymbol{v})^{\mathrm{T}}-\frac{2}{3}\boldsymbol{I}\nabla\cdot\boldsymbol{v}\right] \tag{5-16b}$$

式中，μ 为载气黏度，$(\nabla\boldsymbol{v})^{\mathrm{T}}$ 为$\nabla\boldsymbol{v}$ 的转置矩阵，$\boldsymbol{I}$ 为恒等张量。

连续性方程：作为连续介质的流体，其运动遵守质量守恒定律，由此得

$$\frac{\partial\rho}{\partial t}+\nabla\cdot(\rho\boldsymbol{v})=0 \tag{5-17}$$

能量方程：对于具有导热过程和内摩擦过程的流体，应遵守能量守恒定律。在 MOVPE 中由于载气中反应剂稀薄，反应热对热场的贡献很小。如不考虑气相化学反应，忽略内摩擦引起的机械能耗散，则单位时间内流体由导热而获得的热量将等于流体体积不变时消耗在增加流体温度上的热量，由此得

$$\rho C_p\frac{\partial T}{\partial t}+(\boldsymbol{v}\cdot\nabla T)=\nabla\cdot(k\nabla T) \tag{5-18a}$$

考虑气相化学反应则式(5-7a)写成

$$\rho C_p \frac{\partial T}{\partial t} + (\boldsymbol{v} \cdot \nabla T) = \nabla \cdot (k \nabla T) - \sum_{i=1}^{s} \left[C_{pi} \boldsymbol{J}_i \cdot \nabla T + \sum_{j=1}^{n^g} \Delta H_{ji} v_{ij}^g \mathfrak{R}_j^g \right] \tag{5-18b}$$

式中，C_p 为气体等压热容，k 是热导，T 为温度，n^g 为气相反应数目，ΔH_{ji} 是品种 i 的生成热，$\boldsymbol{v}_{ij}^g$ 为化学计量系数，$\mathfrak{R}_j^g$ 是第 j 个气相反应速率。

化学品种方程：

$$\frac{\partial \rho \omega_i}{\partial t} + v \cdot \nabla(\rho \omega_i) = -\nabla \cdot \boldsymbol{j}_i + \sum_{j=1}^{n^g} v_{ij}^g M_i \mathfrak{R}_j^g, \quad i = 1, \cdots, S-1 \tag{5-19}$$

式中，i 代表品种 i 为在载气中的质量分数，M_i 为品种的相对分子质量，S 为品种总数。式(5-19)表示品种 i 的衡算，包括扩散、对流和气相化学反应导致的该品种的减少或增加三方面的贡献。仅需要 $S-1$ 个方程，因为最后组分的质量分数由全部 i 之和为 1 的守恒式给出。

为了完成计算还需要密度 ρ 的状态方程和扩散流方程。密度随温度的变化对流动行为非常重要，通常用理想气体近似，压力、温度和密度有如下关系：

$$\rho = p\overline{M} / R_g T \tag{5-20}$$

式中，R_g 为摩尔气体常量，$\overline{M}$ 为气体的平均相对分子质量。

$\boldsymbol{j}_i$ 为扩散流，包括正常扩散($\boldsymbol{j}_i^{\mathrm{C}}$，由浓度梯度驱动)和热扩散($\boldsymbol{j}_i^{\mathrm{T}}$，由热梯度驱动，又称 Soret 扩散)：$\boldsymbol{j}_i = \boldsymbol{j}_i^{\mathrm{C}} + \boldsymbol{j}_i^{\mathrm{T}}$。起源于浓度梯度的扩散流由 Stefan-Maxwell 方程给出，可以表达为质量分数项和品种流项：

$$\nabla \omega_i + \omega_i \nabla(\ln \overline{M}) = \sum_{j \neq i}^{S} \frac{1}{\rho D_{ij}} \left[\frac{\overline{M} \omega_i}{M_j} - \frac{\overline{M} \omega_j}{M_i} \boldsymbol{j}_i^{\mathrm{C}} \right] \tag{5-21}$$

式中，D_{ij} 为二元扩散系数，$\overline{M}$ 为平均相对分子质量。方程式(5-21)可以利用服从式(5-23)的约束条件用迭代法来求解，以得到作为质量分数的扩散流。

$$\sum_{i=1}^{S} \boldsymbol{j}_i^{\mathrm{C}} = 0 \tag{5-22}$$

$\boldsymbol{j}_i^{\mathrm{T}}$ 为使品种分子从热区朝向冷区扩散的热扩散分量，可以表示为

$$\boldsymbol{j}_i^{\mathrm{T}} = D_{\ i}^{\mathrm{T}} \nabla(\ln T), \quad D_i^{\mathrm{T}} = \sum_{i \neq 1}^{S} \frac{c^2}{\rho} M_i M_j D_{ij} k_{ij}^{\mathrm{T}} \tag{5-23}$$

式中，D_i^{T} 是热扩散系数，k_{ij}^{T} 为热扩散比。由于在衬底附近存在大温度梯度，热扩散经常不能忽略，相对于不存在热扩散的情况，生长速度会下降 10%~20%。

在通常的生长条件下，反应剂的分压小于载气分压的 1%，式(5-21)~(5-23)中的多组分扩散系数表达式，包括热扩散均可以用以下的简单扩散表达式：

$$\boldsymbol{j}_i = -\rho D_{im} [\nabla x_i + k_{im}^{\mathrm{T}} \nabla(\ln T)] \tag{5-24}$$

式中，D_{im} 和 k_{im}^{T} 表示有效输运系数，x_i 是摩尔分数。如果总反应剂的分压占到 10%，则采用下式近似：

$$D_{im} = (1 - x_i)\left(\sum_{\substack{j=1 \\ i \neq j}}^{S} \frac{x_j}{D_{ij}}\right)^{-1} \tag{5-25}$$

为了达到准确预言，还需要考虑物理参量(η，k 和 D)随温度的变化，如 $D=D_0(T/T_0)^k$。C_p 和 $\Delta \boldsymbol{H}$ 则采用多项式表达。

(2) 边界条件

为了模拟特定的反应室构型上述方程必须在器壁、入口和出口等处满足速度、温度和品种边界条件。在气流和热传导模拟时使用的典型边界条件如下。

在器壁速度边界条件：

$$\boldsymbol{v} \cdot \boldsymbol{n}_t = 0 \tag{5-26a}$$

$$\boldsymbol{v} \cdot \boldsymbol{n} - 0 \tag{5-26b}$$

$$\boldsymbol{v} \cdot \boldsymbol{n} = \boldsymbol{j} \cdot \boldsymbol{n} / \rho \tag{5-26c}$$

$\boldsymbol{v}$ 为速度矢量(即 v_x，v_y，v_z)，$\boldsymbol{n}$ 为垂直于表面的单位矢量，$\boldsymbol{n}_t$ 为正切于表面的单位矢量。在动量方程中，通常对于非滑移固体表面应用式(5-26a)，对于非穿透固体表面应用式(5-26b)。除非生长速度很大，即便有原子并入和气态副产物释出的生长界面也同样使用这两个方程式，意味着垂直于衬底的速度有限。但当生长速度很大使用式(5-26c)。

反应室入口和出口速度：

入口　$$\boldsymbol{v} = \boldsymbol{v}_{\mathrm{o}} \tag{5-27}$$

出口　$$\rho - \rho g \boldsymbol{e}_z \cdot \boldsymbol{n}_t + \mu(\nabla v + \nabla v^{\mathrm{T}}) \cdot \boldsymbol{n} = 0 \tag{5-28}$$

一般情况下，反应室入口速度通常是指定的，出口速度通常假设是充分发展的或无应力的。

壁温度边界条件对气流流动有较大影响，为了简化计算可以假设简单的边界条件，如等温，见式(5-29a)或绝热，见式(5-29b)或恒定热传输通量，见式(5-29c)。水冷反应室壁就可以使用等温器壁条件。

$$T = T(\Omega) \tag{5-29a}$$

$$\boldsymbol{n} \cdot \nabla T = 0 \tag{5-29b}$$

$$-k\boldsymbol{n} \cdot \nabla T = h(T - T_a) \tag{5-29c}$$

如果要考虑环境对反应室壁温度的影响则需要使用所谓的共轭(conjugate)热输运条件。即考虑系统内器壁的热传导，内壁一方面接受来自基座的热辐射同时又向气体传导热量的平衡，外壁通过对流和辐射把能量损失到环境中。

温度入口和出口条件：

$$\text{入口}\quad -kn\Delta T = \rho C_p (T_o - T)(\boldsymbol{v}_o \cdot \boldsymbol{n}) \tag{5-30a}$$

$$\text{出口}\quad \boldsymbol{n} \cdot \nabla T = 0 \tag{5-30b}$$

式(5-30a)表示入口气体温度为供气温度再加上向入口截面上游的热传导修正。T_o 即为入口温度，如果强迫对流占主导，向上游的热传导可以忽略不计。出口边界条件则难以确定。如果在出口区没有显著热源或反应，可以简单假设没有净热传导穿越出口截面而不会有大影响，见式(5-30b)。

最后考虑品种壁边界条件。对于非反应表面没有净通量，见式(5-31a)；而对于沉积表面通量则为通过 n^S 个表面反应导致的品种并入速度之间的平衡，见式(5-31b)。

非反应表面：

$$(\rho \omega_i \boldsymbol{v} + \boldsymbol{j}_i) \cdot \boldsymbol{n} = 0 \tag{5-31a}$$

沉积表面：

$$(\rho \omega_i \boldsymbol{v} + \boldsymbol{j}_i) \cdot \boldsymbol{n} = -\sum_{\mathrm{j}=1}^{n^S} \nu_{ij}^S M_i \mathfrak{R}_j^S \tag{5-31b}$$

于是生长速度可以从通过各种表面反应净并入薄膜的品种量估计出来：

$$\text{生长速度} = \overline{V}_{\text{film}} \sum_{i=1}^{S} \sum_{j=1}^{n^S} n_i^{\text{film}} \nu_{ij}^S \mathfrak{R}_j^S \tag{5-32}$$

式中，$\overline{V}_{\text{film}}$ 是薄膜的摩尔体积，n_i^{film} 表示品种 i 在薄膜中的原子数目。在质量输运控制区，表面反应速率很高(既 $\mathfrak{R}_j^S \to \infty$)，等价于沿沉积表面设定 $\omega_i = 0$。

品种入口和出口条件形式上类似温度边界条件。某一特定品种的入口质量分数由为供气组分再加上向入口截面上游的反向扩散修正，如式(5-33a)。如果强迫对流占主导，向上游的扩散可以忽略不计，即入口质量分数等于供气质量分数 ω_{io}。出口边界条件则仍然难以确定。如果在出口区远离沉积区或反应已被淬灭，可以简单假设在出口截面没有扩散而不会有大影响，见式(5-33b)。

$$\text{入口}\quad -D_{im} \boldsymbol{n} \cdot \nabla \omega_i = (\omega_{io} - \omega_i)(\boldsymbol{v}_o \cdot \boldsymbol{n}) \tag{5-33a}$$

$$\text{出口}\quad \boldsymbol{n} \cdot \nabla \omega_i = 0 \tag{5-33b}$$

(3) 化学反应动力学

计算式(5-19)和(5-31b)气相和表面反应项(即 $\mathfrak{R}_j^g$ 和 $\mathfrak{R}_j^S$)需要相关动力学速度参数数据，见 5.1 节。

5.2.2.2　方程组的求解方法

目前最常用上述求解方程组的方法是将上述方程组化为无量纲形式借助于计

算机给出数值解。采用的数值方法主要有有限差分法、有限元法、有限体积法和加权残量法等。将其结果绘成空间速度、温度、浓度分布图。类似地还可以得到气体流量、反应室压力、衬底温度、反应室壁温、衬底和基座旋转速度对温场、流场和生长速度的影响。

在把上述模型应用于解决实际问题时，经常采用各种简化假设。例如，不考虑化学反应，只求解温场和流场。当反应剂在载气中的浓度较低时，忽略化学反应造成的分子数目变化引起的体积变化以及反应热的影响，因而不用考虑气体流动与化学反应之间的耦合关系。利用反应室结构的对称性将三维问题简化成二维来处理，以及采用简单的温度或入口气流速度按抛物线分布的边界条件等。

另外，针对气相和表面反应速率参数难于估计并且使计算量增大的情况，Karpove 等提出了“准热力学”方法(QTD)以简化计算[27,28]。他们认为如果表面品种的扩散长度远大于表面台阶的平均间距，在吸附层内的原子就可以假定与体晶体处于近平衡状态。此外还假设仅将限制生长的那些表面反应按动力学处理，其他则假定处于平衡条件。于是人们就可以利用已知的气体和固体品种热力学性质来计算，而不是用未知的动力学常数来计算。在利用准热力学概念的总模型中，将按准热力学方法处理的表面化学过程作为质量输运方程的边界条件简化了计算。该模型已成功地应用于大型 MOVPE 装置中。GaAs、GaN、InP 材料的生长速度和 AlGaAs、AlGaN、InGaN 和 InGaP 材料的生长速度及组分，模型计算值与实验值之间的偏差在 10%以内。

5.3　MOVPE 化学反应-输运模型的应用

利用 MOVPE 化学反应动力学-输运模型分析反应室内流动情况、温度分布、各个品种的浓度分布和外延层生长厚度分布等，以改善反应室设计和优化生长参数，改善外延层特性。计算时可以根据不同目的、不同需要对前节讨论的 MOVPE 输运-化学反应模型是通用表达式加以简化。例如：① 不考虑化学反应只考虑质量输运，这是以前比较常用的；② 利用立式圆形反应室对称轴或水平反应管中间垂直对称剖面将三维简化成二维等。

5.3.1　模型化在水平反应室的应用

5.3.1.1　矩形水平反应室的流场

在矩形截面冷壁水平反应管内由热基座的浮力所引起的热对流与强迫对流相互作用，导致在水平反应室中的横向返回流和纵向卷筒涡胞等混合对流。图 5-5 说明水平矩形反应室中可能出现的流动形式与雷诺数 Re (表征流体的惯性力与黏性力之比)和瑞利数 Ra (铅垂温差引起的热浮力与黏性力之比)之间的关系[3]。该图有四个主要区域。在瑞利数不超过临界值 Ra_c 的情况下，即图中虚线下方，由于黏性力对于热驱动对流的发生起阻尼作用，如果雷诺数 Re 较小在热基座的前端可能形成单一横向返回流(图 5-5 中的 a 区)。增大雷诺数但不超过临界雷诺数值 Re_{cr} 时反应管中形成无漩涡的层流，如图 5-5 中的 b 所示。返回流的出现与热基座放置在底部还是在顶部无关。在图中虚线上方，即瑞利数 Ra 超过临界值 Ra_c 时，纵向卷筒涡胞会从入口区向下游逐渐发展，如图 5-5 中的 c 所示。漩涡的旋转方向依赖于侧壁热边界条件。如果瑞利数 Ra 超过临界值同时雷诺数较小，反应室中会同时存在横向返回流与纵向卷筒涡胞(图 5-5 中的 d)。这里 Ra_c 的值比无限平版间的临界瑞利数(1708)要略大一些，因为侧壁对自由对流起稳定的作用。图 5-5 中的斜的实曲线 I 表示垂直于气流方向的横向旋涡向平行于气流方向的纵向旋涡的转变界限。实验和模拟均表明这种转变在低 Re 时并不稳定，曲线 I 会向下移动到曲线 II。边界层理论仅适用于高 Re 和 $Ra < Ra_c$ 的情况。如果 $Ra > Ra_c$(和 $Ra \leqslant 10^4$)和 $Re \geqslant 15$，可以采用抛物线近似来做 3D 模拟计算的边界条件而不必采用使计算量增大的全 3D 模型。

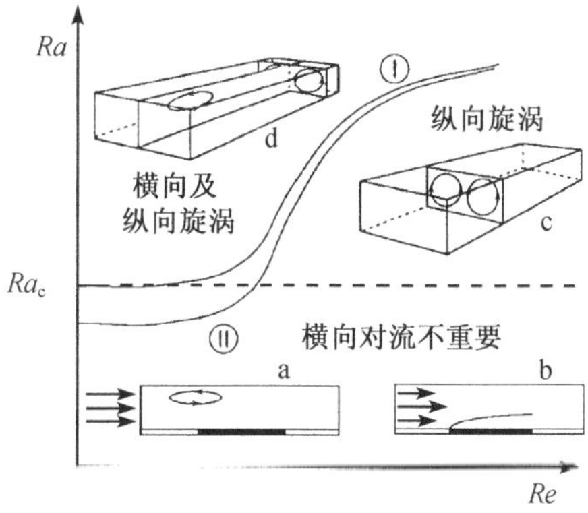

图 5-5　水平矩形反应室中可能出现的流动形式与雷诺数 Re 和瑞利数 Ra 之间的关系

格拉斯霍夫数 Gr 表示浮力与黏性力之比。实验和流体力学分析发现，Gr 与 Re 两个无量纲数，也可以作为发生返回流的判据。可以定义一个临界值γ_c，当混合对流参数 $Gr/Re^k < \gamma_c$时，不产生返回流。对于小雷诺数($Re \leqslant 4$)，混合对流参数的指数 k 为 1，并且不产生返回流的临界值$\gamma_c = 80 \pm 20$；对于大雷诺数($Re \geqslant 8$)指数 k 为 2[29]。使用此混合对流参数判断是否产生返回流时需要非常慎重，因为 Gr、Re 与 γ_c 的关系还和加热器与进气的温度差有关。当温差小时(如加热器为 870K，进气为 290K)，临界值 γ_c 会变大到 190±60。由于在恒定的质量流量下 Ra 和 Gr 随压力的平方项增加而增加，因此降低反应室的压力是消除热对流的有效方法。

图 5-6 示出对于特殊设计的石英反应室，计算的二维流线图和计算时所使用的网格[23]。该反应室采用能满足 Raman 散射等光学测量的需要的特殊的尾端，使得计算结果可以与测量结果进行比较。

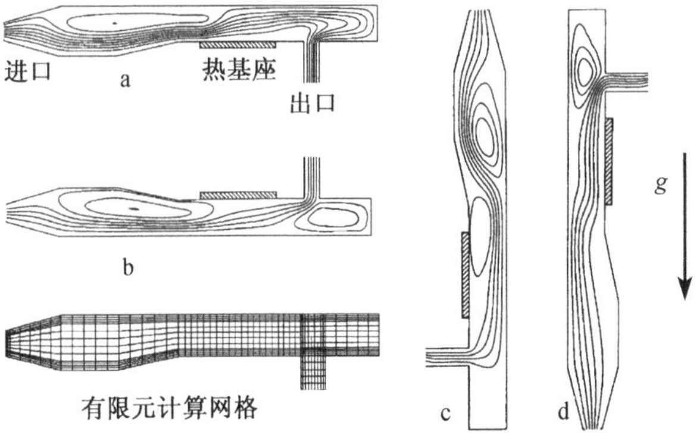

图 5-6　计算的通道式反应管的不同取向流线图

a：水平，基座在底部；b：水平基座在顶部；c：垂直，气流向上；d 垂直，气流向下

计算条件：2 slm，1000hPa。箭头表示重力方向并示出有限元计算所使用的网格

图 5-6(a)为通常基座置于水平反应管的底部，热基座形成的温度梯度与重力加速度方向相反的不稳定态，在基座上游出现返回流。图 5-6(b)表明在同样的操作条件下，将反应管倒置，衬底放置在顶部生长面朝下，虽然不能消除返回流，但可以用来抑制纵向卷筒涡胞。计算表明增加流量(如从 2slm 增加到 4slm)或/和压力从 1000hPa 降低到 100hPa 都可以消除返回流。把反应管转 90°垂直竖立起来气体从上往下流动，如图 5-6(c)，浮力与主气流的方向相反出现两个涡，需要更高的流量(8slm)才能抑制这些涡的生成。说明反应管内流场存在不稳定性不利于 MOVPE 生长[30]。当将反应管竖立起来如图 5-6(d)的情况，浮力与主气流的方向相同，产生涡流的可能性最低，此种流场有利于 MOVPE 生长。所谓“烟囱型”反应管就采用这种结构[31]。至于图 5-6 中出口端的涡流只要改变出口设计就可以消除。

5.3.1.2　矩形水平反应室的温场

利用图 5-6 中使用的反应管，在不同流速、不同压力和不同载气下，二维模型预言的在基座上方的等温线和 Raman 散射测量得到的等温线的比较示于图 5-7[23]。图中温度分布是在水平反应室中部断面测量的，虚线表示 Raman 测量的等温线，实线代表基于流体力学模型的计算结果。从图(a)可以看出随着 H_2 流速沿垂直方向远离热基座，气体的温度单调下降。而沿水平方向，则在进入加热区大约 40mm 区域内温度呈线性增加，到基座尾部等温线向下弯曲。将其与(b)比较，发现当 H_2 流速从 2slm，增加到 8slm 时，700K 等温线从(a)靠近顶部变到(b)靠近基座。表明随着 H_2 流速的增加基座上方的温度梯度增加。对比(a)和(c)表明在流量不变的情况下，总压力从 1000hPa 降到 100hPa 对于等温线影响不大。对比(a)和(d) 表明载气的影响，由于 N_2 的热导率和动力学黏度低于 H_2，因此用 N_2 取代 H_2 作载气时，反应室顶部的温度比用 H_2 低，700K 等温线更靠近基座，在 400K 等温线出现长“冷指”同时也更靠近基座。

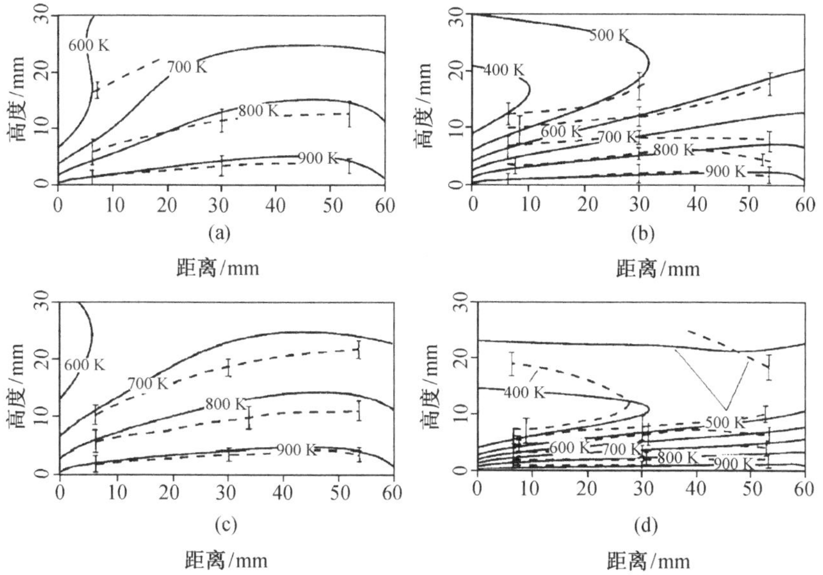

图 5-7　Raman 测量的(虚线)和计算的(实线)基座上方等温线横坐标为距热基座前端的距离，纵坐标为热基座上方的高度

(a) H_2 2 slm, 1000hPa；(b) H_2 8 slm, 1000hPa；(c) H_2 2slm, 100hPa；(d) N_2 2slm，1000hPa

所谓“冷指”是指进入反应室的气体靠近石英反应管壁的部分先被基座以及管壁加热，因而气流中心部分温度最低。冷指减慢了气相反应速率，同时还增大了冷指中心与衬底之间的温度梯度，因而增强了反应剂如 TMGa 离开衬底的热扩散。这两种效应都起着为衬底的下游位置保存反应剂的效果，于是在低流速下由于反应剂的耗尽导致的生长速度沿气流方向下降，转变为在高流速下因冷指效应使得生长速度是沿气流方向上升。因此在适当流速下可以获得均匀的沿气流方向的生长速度分布，并已经得到在水平矩形反应室中生长速度沿气流方向变化的实验数据证实，见图 5-8[32]。图 5-8 比较了在水平矩形反应室中，三种不同流速下的生长速度沿气流方向变化在 50mm 衬底上测量的生长速度实验点数据与计算的生长速度曲线。其生长条件为：载气为氢气；反应室压力=1.06×10^4Pa；TMGa 摩尔分数=0.18×10^{-3}；V/III 比=31.67；入口流量分别为：(a) 3.75slm、(b) 7.5slm 和(c) 14.0slm。图中仅示出了衬底部分的计算结果，但是计算时要对整个反应管进行模拟。从图中可以看出：实线(——)表示考虑了气相与表面化学反应的二维输运模型计算结果，与实验值相一致。虚线(----)表示简单的单一品种模型，虽然能预言随着总流速的增加生长速度沿气流方向下降逆转为上升的趋势，但在绝对值上相差 10%~15%。点线(···)表示简单的边界层模型，甚至不能预言这种趋势。

5.3.1.3　矩形水平反应室的生长速度

图 5-9 为三维模型计算的不同侧壁热边界条件对水平反应管中纵向卷筒涡胞的

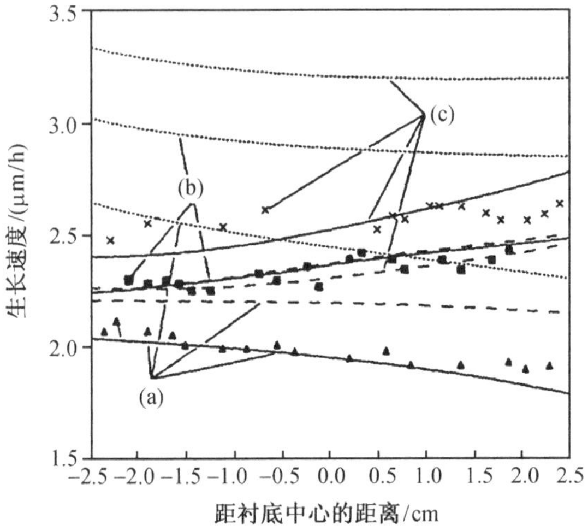

图 5-8　GaAs 生长速度的实验值(数据点)与化学反应动力学-输运模型计算值(实线)的比较

生长条件：载气为氢；压力=1.06×10^4Pa; TMGa 摩尔分数=0.18×10^{-3};

V/III 比 = 31.67；入口流量：(a) 3.75 slm；(b) 7.5 slm; (c) 14.0 slm

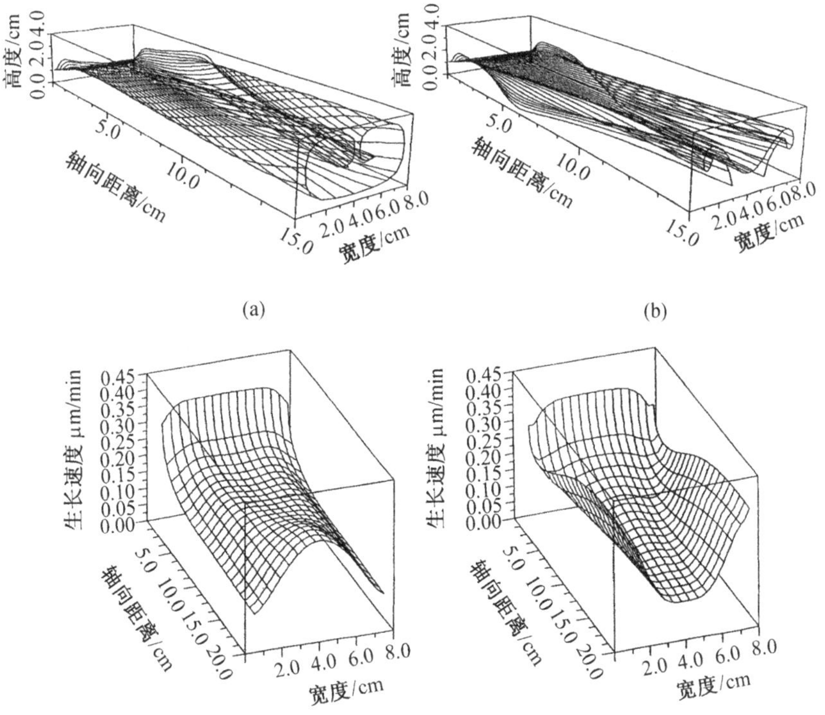

图 5-9　水平反应管中纵向卷筒涡胞的形成和对生长速度的影响

(a) 绝热侧壁；(b) 冷却侧壁

形成和对生长速度的影响[3]。在绝热侧壁(a)的条件下，旋涡沿侧壁向上升。在冷却侧壁(b)的条件下，旋涡沿侧壁向下降，从而造成不同的生长速度分布。当反应管侧壁被冷却时出现横向温度梯度。这种温度梯度对流体流动行为的影响，依赖于梯度的大小和截面的高宽比。当高宽比小时，流动主要受浮力驱动对流的影响。但温度梯度小并且反应管短时，涡可能来不及发展。总之，水平反应管的侧壁对获得均匀外延层有不利影响。

图 5-10 示出已经在 5.1.2 节介绍的 Sengupta 等[12]，利用他们的 GaN 生长模型模拟的在水平反应室中 GaN 生长速度随生长温度变化的趋势，在 700~1300K 的温区内计算值与 Chen 的实验值[33]符合地比较好。在 700~850K 时，生长速度变化剧烈，为动力学限制区，对于大部分反应来说无法跨越活化势垒，反应速率低，导致生长速度也低。到 850K 附近有足够的能量克服消去 CH_4 的势垒，$TMG\cdot NH_3$ 配合物开始失去 CH_4，气相中 MMG 的生成量稳步地随温度的升高而增长。导致通过 MMG 途径(5.1.2 节中的途径 1 和 2)以及 TMG 途径(5.1.2 节中的途径 3)的沉积。超过 1100 K，在表面几乎没有 TMG，所有沉积都通过 MMG 的 2 条途径(5.1.2 节中的途径 1 和 2)。当温度超过 1350 K 转变成为脱附限制，MMG(s)开始从表面脱附，导致生长速度下降。

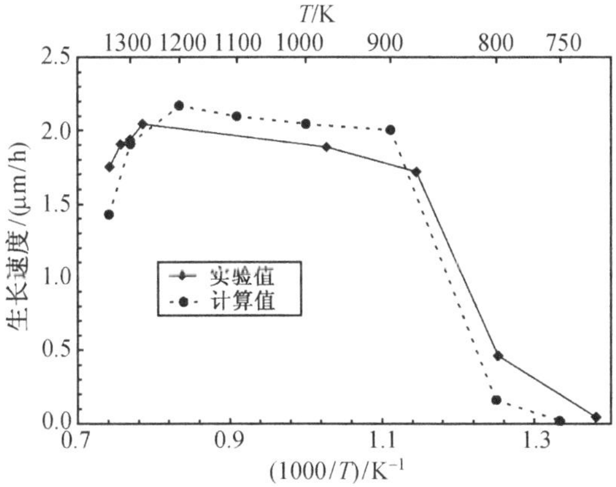

图 5-10 数值计算的 GaN 生长速度与文献[33]实验值的比较

5.3.1.4 消除侧壁的影响

在矩形反应室中侧壁对生长速度均匀性的影响难以用衬底旋转的方法克服。行星旋转水平反应室 III 族和 V 族反应剂分别由载气携带从反应室上部轴心处进入反应室，分别经过上和下两个(或三个)喷口(气流分配器)转向后，气流沿 360°圆周各个径向平行流过基座。此种结构没有侧壁，也就消除了侧壁造成对外延层均匀性的不利影响。图 5-11 为 Bergunde 等[34]用二维模型计算的 5in × 3in 反应室生长 GaAs 的流速矢量、等温线、TMGa 等浓度线和 MMGa 等浓度线。计算条件是生长温度为 750°C，反应室压力 200hPa，总流量 21.5slm，上和下两个喷口的流速比(R)为 53。对比了冷、热两种石英天棚。靠近基座表面的下喷口注入的是 AsH_3，TMGa 从上喷口注入。承载 3in 衬底的小基座转轴位于主轴 72mm 处，生长区大约在离开轴心沿半径 35mm 到 110mm 处。流速矢量图表明反应室内没有涡流出现。进口效应迅速衰减，在衬底前缘已经建立稳定的流场，同时从上喷口注入的 TMGa 与从下喷口注入的 As 品种也迅速混合。然而被基座加热的天棚温度对反应室内温场则有很大影响，而且进一步影响 TMGa 的分解。冷天棚时，TMGa 均相分解缓慢，在衬底上方仍有相当存量。但是在热天棚条件下，TMGa 均相分解在到达衬底中部时已经完成了。最大 MMGa 浓度移向入口区，在垂直方向也离衬底表面较远。结果造成在天棚上沉积大量 GaAs 多晶，并且导致反应室内温度分布随沉积层的厚度变化。石英天棚的温度过低时气相中的 As 会冷凝在天棚的冷处形成砷镜，同样导致反应室内温度分布的不稳定。最适合生长的天棚温度应该是，既没有砷镜沉积同时 GaAs 的沉积速度又很低的适中温度。

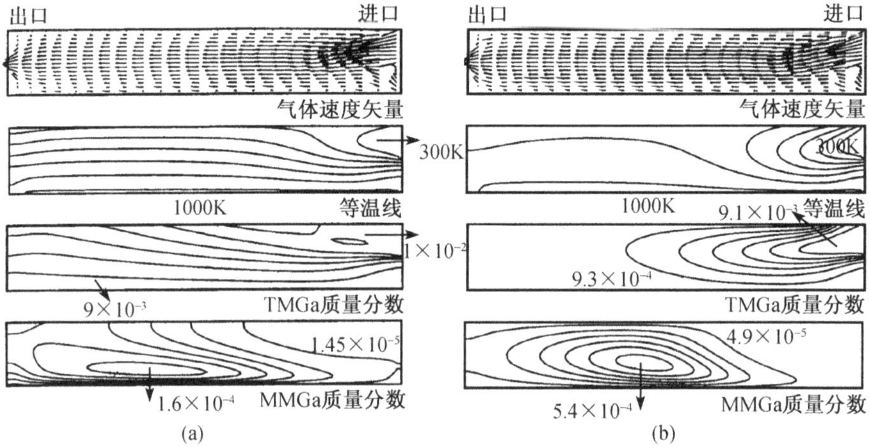

图 5-11　行星式气垫旋转水平反应室中垂直剖面的气体速度矢量、等温线、TMGa 和 MMGa 的质量分布图

(a)：冷石英天棚；(b)：热石英天棚。生长温度为 750°C，反应室压力 200hPa，总流量 21.5slm, R 为 53

图 5-12(a)是 Lundin 等[35]计算的在最佳天棚温度条件下衬底只有公转时和既有公转又有自转两种情况下总流量 F 对 GaAs 外延层生长速度沿衬底径向剖面分布的影响。由于设计了不同的喷口，生长速度最大值的位置更靠近中心。从图中可以看出进入反应室的总流量是调节外延层均匀性的重要手段。计算表明在低 F 下，在 3 英寸衬底上可以达到 ± 1%的厚度均匀性，实验也证明了这个结论。另一个调节外延层生长速度均匀性的手段是上下喷口流量比($R = F_{upper}/F_{lower}$)。从下喷口进入反应室的 AsH_3 和 H_2 混合气通量会阻碍从上喷口进入反应室的含 Ga 品种向衬底表面的扩

散。较大的 *R* 值造成生长速度最大值更靠近中心，从而改善均匀性。*R* 值对生长速度的均匀性有显著影响，计算值与实验值的对比进一步证明了模型的应用价值。

图 5-12(b)为他们计算的衬底只有公转(基座静止)和既有公转又有自转(旋转衬底)两种情况下天棚温度下 GaAs 外延层生长速度沿衬底径向剖面分布，图中还示出实验得到的结果。在三种天棚温度的条件下，基座静止时最大生长速度的径向位置基本相同，因为入口效应几乎相同，然而最大值不同。对于较冷的天棚温度(Is，在距中心 70mm 处温度约为 500°C)，最大生长速度较低，但沿径向下降速度也低，反映出 TMGa 分解较为缓慢。衬底自转时的生长速度分布呈现凸起形状(Ir)。在中间天棚温度区(IIIs，在距中心 70mm 处温度约为 560°C)，最大生长速度较高，但沿径向下降速度比较快。旋转以后生长速度分布(IIIr)呈现凸起形状，但平均生长速度较低。对于热天棚(IIs，在距中心 70mm 处温度约为 870°C)区，最大生长速度最高(IIs)，但沿径向下降速度也最大，以至旋转以后生长速度分布(IIr)呈现凹陷形状，反映出 TMGa 迅速耗尽。图中实验值(▲)与模型预言结果符合地很好。天棚上的沉积同样会影响衬底上 GaN 的生长速度[35]。

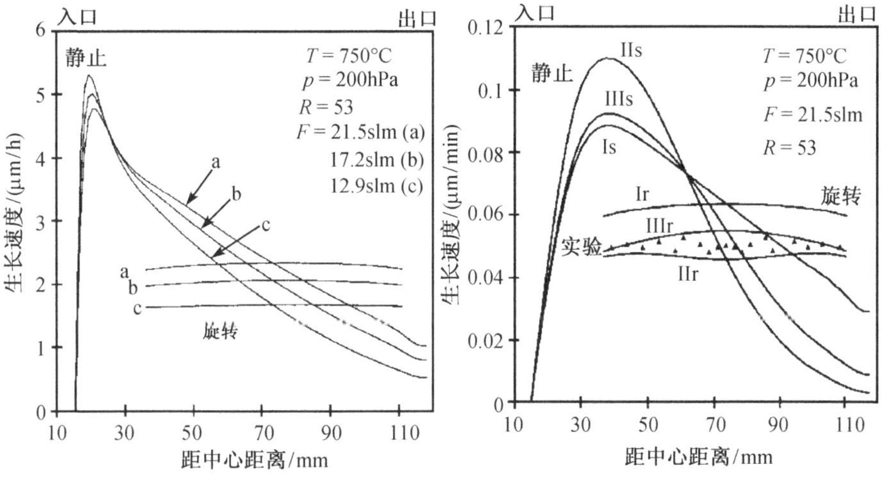

(a) 总流量的影响　　(b) 天棚温度的影响，▲为实验值

图 5-12　计算的静止和旋转衬底 GaAs 外延层生长速度沿衬底径向剖面分布图

5.3.2　模型化在垂直反应室的应用

5.3.2.1　反应室进口段形状的影响

图 5-13 示出了 Fotiadis 等[36]计算的轴对称垂直反应室壁的形状对温度场、流场和 GaAs 外延层生长速度的巨大影响。反应室在基座处的内径为 200 mm，基座直径为 140 mm，入口至基座距离 120 mm。图(a)、(b)、(c)中的左半部为等温线(从入口 300K 到基座 900K 等温度间隔)，右半部为流线。图中(a)右侧的流线表明，直管型反应室中入口处的突然扩张引起气流离壁和浮力驱动对流所引起的涡流。当进

口段的外形改变成(b)，压缩了形成涡流的空间。外形改变成(c)时，完全消除了涡流，此时才适合生长陡峭异质结。图中左侧的等温线则表明相应的温度场同时也得到了改善。图中(d)为对应三种形状的圆柱形垂直模拟反应室用 $Ga(CH_3)_3$ 和 AsH_3 生长 GaAs 的归一化生长速度沿径向的变化，其绝对生长速度分别为：(a) 1.7μm/h, (b) 2.0μm/h 和(c) 2.1 μm/h[40]。可以看出在消除涡流的(c)形反应室外延层的均匀性相对最好。

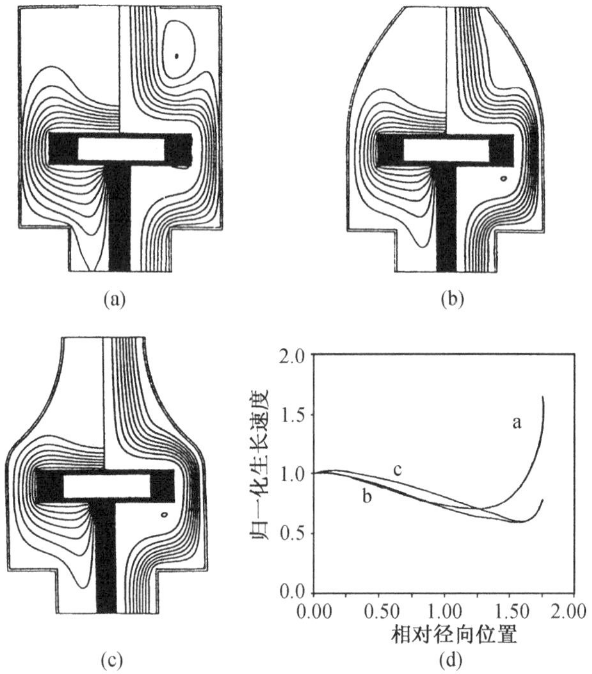

图 5-13　轴对称垂直反应室外罩形状对温度场、流场和 GaAs 外延层生长速度的影响

反应室在基座处的内径为 200mm，基座直径为 140mm，入口至基座距离 120mm 图(a)、(b)、(c)中左半部为等温度间隔的(从入口 300K 到基座 900K)等温线，右半部为流线；

(d) 为归一化生长速度沿径向的变化

对于大型立式反应室反应剂进口需采用气流分配器。气流分配器至基座距离是垂直反应室的关键参数之一，因为表征浮力与黏性力之比的格拉斯霍夫数 *Gr* 与特征距离的三次方成正比。当喷口至基座距离增加时，浮力驱动对流可能占据了反应室内大部分空间。解决的方案之一是利用基座旋转产生的泵作用，以得到活塞流。3D 数值计算的这种活塞流流动现象得到了烟雾实验验证[37]。另一种方案是缩小气流分配器到基座的距离(见 5.3.2.5 节)。

5.3.2.2　基座旋转的影响

第 2 章 2.2.2.2 节介绍了高速旋转盘式反应室利用基座高速旋转产生的泵效应，

来抑制立式反应室中的热对流漩涡。模型化清楚显示出立式反应室内如何利用基座高速旋转产生的作用来抑制热对流的发生，见图 5-14[38]。从流线图可以看到在基座不旋转时(Ω= 0r/min 图 5-14(a))由于 Re 大，靠近轴线的反应剂可以到达基座中部，但是随后流线被强浮力驱使向上流动，形成双旋涡。在低转速下近轴较冷的气体在流体的黏性力和旋转产生的离心力联合作用下被沿径向外推，然后被迫沿器壁流动，在基座上形成大环流(Ω=55r/min 图 5-14(b))。图 5-14(a)~(c)的流动模式称浮力对流控制模式。随着转速增加，向下拉气流的现象更明显。到了转速达到临界值时，

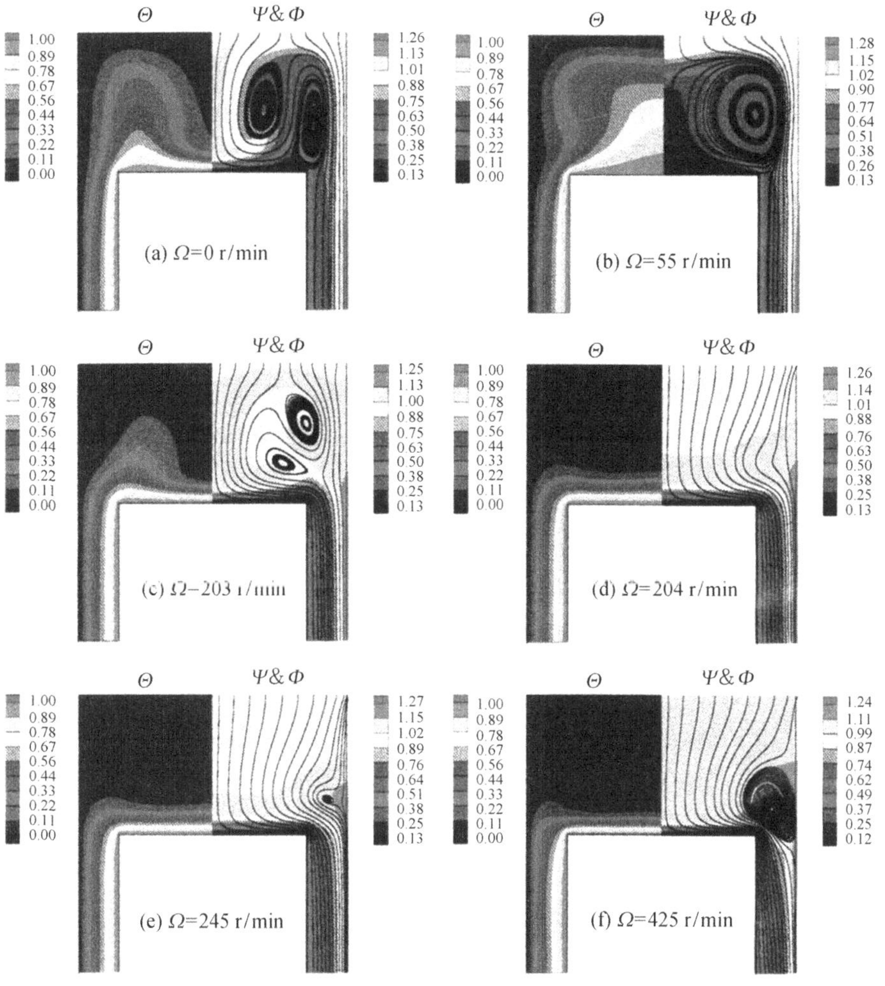

图 5-14　基座直径为 300mm 的单入口反应室计算的温场(左侧θ)，流线和溶质浓度，(右侧Ψ和Φ)，转速Ω

从(a)：0r/min 到(f)：425r/min。反应室半径 = 215mm，喷口至基座距离 = 215mm，基座温度 = 900K，壁温 300K，压力 = 0.1atm，氢气流量 = 61.63slm

流动突然转成活塞流(Ω= 204r/min 图 5-14(d))。此时浮力驱动对流消失，反应剂也能顺利达到基座表面，边界层变得均匀而且厚度变薄，温度分布均匀，衬底上方温度梯度加大最适合外延生长，称活塞流模式。但是当转速继续增加时，由于径向泵作用造成的相反的压力梯度导致流动开始向旋转涡流控制模式转变，以至于在靠近基座的器壁已经形成一个相当大的环型漩涡，并且该漩涡影响基座边缘处的温度和浓度分布，造成外延层厚度不匀(Ω= 425r/min 图 5-14(f))，此时流动模式已经进入旋转涡流控制模式。数值模拟还显示高速旋转基座的半径越大，产生的旋转作用就越大，甚至会导致流动的不稳定性。上述结果清楚显示在立式高速转盘反应室中基座温度高引起的热对流(浮力对流控制模式)可以用提高基座旋转来抑制，使反应室内的气体呈现活塞流(活塞流模式)。但是，转速过快在反应室壁会造成压力梯度以至最终在靠近反应室壁转盘上方出现环型漩涡(旋转涡流控制模式)。

5.3.2.3　反应室压力的影响

影响立式高速旋转反应室流动模式的因素还有反应室的工作压力。这是因为 *Gr* 数与压力的平方成正比，为了抑制热对流的产生，还可以降低反应室工作压力。图 5-15 为 Mitrovic 等[39]利用 2D 模型计算的在恒定的温度、总流量条件下，改变反应室压力、基座转速对流动模式的影响，构成压力–转速流动稳定性关系图。图中菱形点(◆)连线随转速增加而上升段为活塞流与浮力驱动对流的边界，其下降段为活塞流与旋转感生涡流区的边界，于是划分出活塞流的工作区域，为选择生长条件提供了方便途径。在图中同时示出计算的归一化的 GaN 生长速率(用■表示)。在

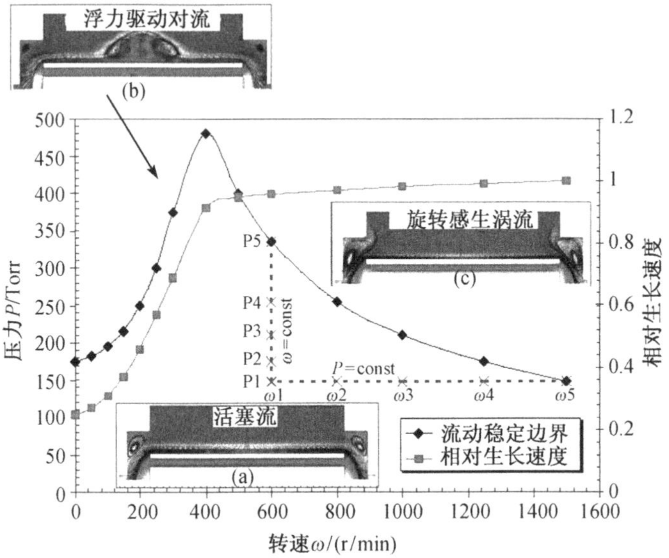

图 5-15　高速转盘反应室的压力-转速流动稳定性和相对生长速度图

流量 Q = 140slm($Q_{H_2}/Q_{N_2}/Q_{NH_3}$=4/1/2)，基座温度 t_s=1050°C，反应室壁温 t_w=50°C[52]

插图(a)、(b)、(c)示出流线和温度分布面。(a) 活塞流；(b) 浮力驱动对流；(c) 旋转引起的涡流

活塞流与浮力驱动对流的边界相对生长速度较低并且变化大，在活塞流和旋转感生涡流边界生长速率高，而且基本保持不变。计算表明生长时无论是采取保持反应室压力不变，增加转速(插图中的$\omega 1 \rightarrow \omega 5$)或者保持转速不变，增加压力(插图中的P1→P5)，只要在活塞流区内，靠近旋转感生涡流边界时都能得到最大的生长速度和均匀性。

5.3.2.4　总载气流量的影响

一般而言，总载气流量对于沉积速度有两个相反的效应：增加总流量可以使用较高的工作压力，因此有较高的生长速度。但是同时稀释了反应剂又使生长速度下降。以立式高速转盘反应室中生长 InP 为例，利用模型化来寻找兼顾外延层均匀性好和高生长速度的最佳总流量。Mitrovic 等[40]首先计算在不同总 H_2 载气流量 Q_{H2} 下的压力-转速流动稳定性和相对生长速度图，得到一组活塞流与旋转感生涡流区的边界线和对应的一组相对生长速度曲线。在固定的旋转速度ω下，可以得到不同总载气流量下的一组相对生长速度和对应的一组反应室压力 P。由此绘出图 5-16 中的相对生长速度与总载气流量的关系曲线(用■表示)。利用 CFD 还可以计算出与该总载气流量和反应室压力对应的沿基座半径的归一化的生长速度分布，并由此计算出厚度变化率，绘出图 5-20 中的总氢载气流速与厚度变化(%)的关系曲线(用◆表示)。从图中可以看出为获得均匀性<1%的外延层，最佳氢载气流速为 Q_{H_2} = 100slm，对应的反应室压力为 P = 45Torr。在此条件下既有较高的相对生长速度(1.1)，又有好的均匀性(0.5%)。这一计算结果与实验值符合地很好。

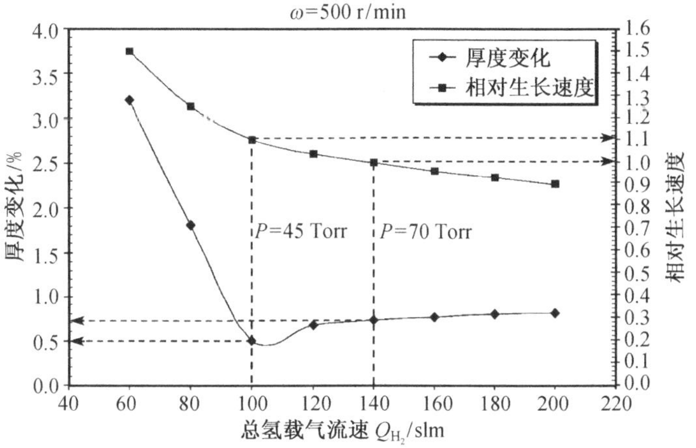

图 5-16　总氢载气流速对生长速度与厚度变化的影响

注：ω = 500r/min

5.3.2.5　缩短气流分配器与基座的距离

从流体力学角度，降低基座至气流分配器(喷淋头)之间的距离有益于抑制基座上方的涡流并形成驻点流。当喷淋头至基座距离近到 10~20 mm，为了避免喷口表面会被辐射加热而产生沉积,因此喷淋头设计成由许多小孔密集规则排列的水冷喷淋头。小孔中心间距要设计地使通过喷淋器小孔的气流在达到衬底前再次融合成同一均匀流。三维模型用于计算从各个小孔喷射出来的气流的混合情况，见图 5-17[41]。由于全部计算如此众多的小孔的计算量太大，此模型仅模拟 25 个小孔组成的喷淋头之 1/4 象限。参考实际使用的数值选取通过小孔的流速(即 8m/s，在 0.1atm 压力下 H_2 流量为 10slm)。计算结果表明离开喷口 5~6mm，各个射流已经融合成为统一的均匀气流。甚至总流量达到 25slm(远远超过典型的 6~15slm 值)也是如此。为了抑制预反应，III 族源和 V 族源分别从两组相间的喷孔注入。类似的计算表明，从相互间隔不同小孔喷出的 III 族和 V 族源在达到衬底以前也已经完全混合。此类反应室称为紧耦合(或窄间隔)喷淋反应室。

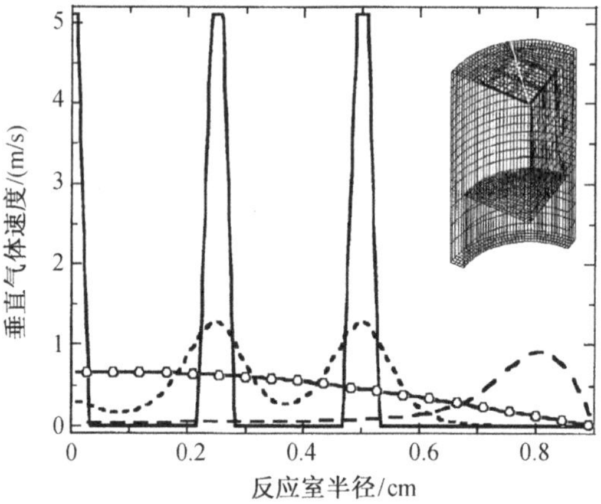

图 5-17　3D 模型计算出的沿反应室径向在不同高度处的垂直气体流速

喷口至基座距离为 16mm。实线(——)为刚离开喷口处的速度；短虚线(---)为离开喷口 1mm 处；带○实线(-○-)为离开喷口 5mm 处；长虚线(－ － －)为离开喷口 15mm 处。插图为 3D 计算是使用的网格，插图中白线通过喷口中心

由于紧耦合喷淋反应室的生长速度均匀性对生长条件不敏感,工艺参数窗口较宽。图 5-18 为 Mihopoulos 等[41]计算的在不存在任何涡流情况下的生长速度与生长速度均匀性随流速、压力和转速的变化，注意喷淋头距离基座仅为 16mm。当转速低于 120r/min 时(图 5-18 中(a)、(b))生长速度与均匀性几乎与压力和转速无关，仅随总流速 Q 的增加而提高。生长速度仅依赖于流速，生长速度随 Q 的平方根增加，这正是驻点流的特征。在高流量下衬底大部分面积上均匀性都很好，即 12slm 时均匀性指数达到 75。均匀性指数 75 表示在半径为 25mm 衬底上，生长速度变化在 ± 1%以内所占的区域的半径为 0.75 × 25mm = 18.75mm。随着转速增加，流场向高速转盘流过渡，见图 5-18 的(c)和(d)。生长速度依赖流速的关系变弱。增加压力或转速都导致生长速度和均匀性的提高。当压力超过 150 Torr，转速高于 400r/min 时，

生长速度近似随$(\omega P)^{1/2}$增加而增加。对于窄间距反应室来说，自然对流虽然被抑制，但是旋转感生涡流在比较高的压力和转速下可能出现。如在图 5-18 喷口距基座 16mm，衬底温度 750°C 的条件下，当转速等于 800r/min 时，压力大于 300Torr 才会出现基座旋转感生的涡流。采用中等转速可以展宽形成稳定流动的生长条件的窗口同时维持均匀性。在紧耦合喷淋反应室中喷淋头至基座的距离是重要参数。当间距为 25mm 压力低于 500Torr 时，均匀性与间距为 16mm 类似。但是转速超过 500r/min 均匀性则急剧变坏。当喷口到基座距离增加到 37mm 时，2D 计算表明压力为 600Torr，基座温度为 750°C 和总流量为 8slm 氢气时，已经出现基座旋转感生涡流。

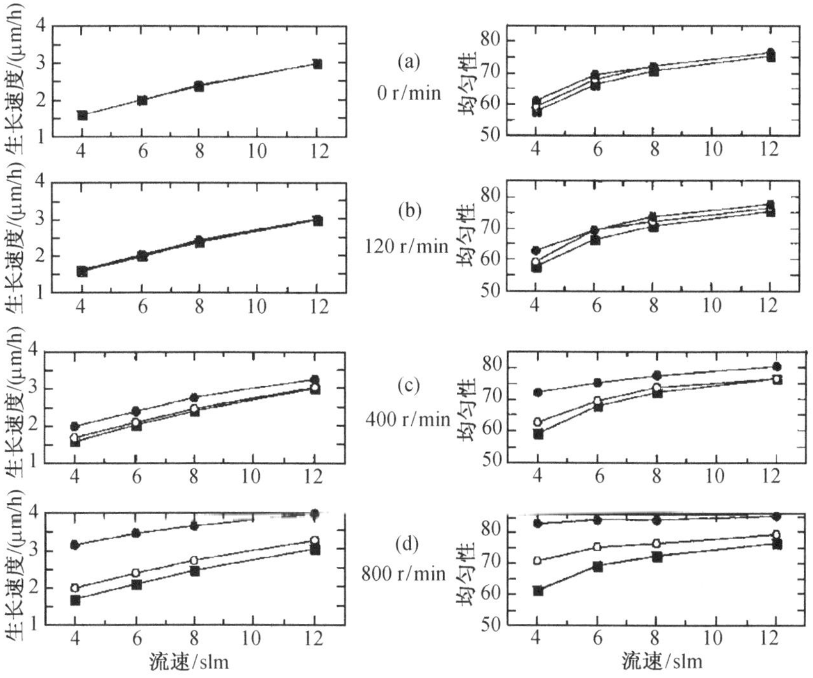

图 5-18　生长速度与生长速度均匀性随流速、压力和转速的变化

喷口距基座 16mm，衬底温度 750°C。(-■-)76Torr，(-○-)150Torr，(-●-)300Torr

参 考 文 献

[1] Jensen K F, Kern W//"Thin film processes II" ed. By Vossen J L, Rern W, Boston：Academic Press, 1991: 288.

[2] Stringfellow G B. Organometallic vapor phase epitaxy: theory and practice, 2nd, San Diego: Academic Press, 1999, Chp. 5.

[3] Jensen K F, Handbook of crystal growth thin films and epitaxy, Transport phenomena in vapor

phase epitaxy reactors. ed. by Hurle D T. Elsevier Sicience, 1994, Chp. 13: 541-599.
[4] Jacko M G, Price S J W. The pyrolysis of trimethyl gallium. Can J Chem. 1963, 41: 1560-1567.
[5] Richter W, Kurpas P, Luckerath R, Motzkus M, Waschbush M. Gas phase studies of MOVPE by optical methods. J Crystal Growth, 1991, 107: 13-25.
[6] Larsen C A, Li S H, Buchan N I, Stringfellow G B, Brown D W. Kinetics of the reaction between TMGa and arsine. J Crystal Growth, 1990, 102: 126-136.
[7] Jensen K F, Futiadis D I, Mountziaris T J. Models and mechanisms of III-V compound semiconductor growth by MOVPE. in III-V heterostruncture for electronic/photonic devices, Proc Mat Res Soc, vol. 145. Pittsburgh: MRS 1989. 107-118.
[8] Mountziaris T J, Jensen K F. Gas-phase and surface reaction mechanisms in MOCVD of GaAs with TMGa and arsine. J Electronchem Soc, 1991, 138: 2426-2439.
[9] Masi M, Simka H, Jensen K F, et al. Simulation of carbon doping of GaAs during MOVPE. J Crystal Growth, 1992, 124: 483-492.
[10] Tirtowidjojo M, Pollard R. Elementary process and rate-limiting factors in MOVPE of GaAs. J Crystal Growth, 1988, 93: 108-114.
[11] Thon A, Kuech T F. High temperature adduct formation of trimethylgallium and ammonia. Appl Phys Lett, 1996, 69(1): 55-57.
[12] Sengupta D, Mazumder S, Kuykendall W, et al. Combined ab initio quantum chemistry and computational fluid dynamics calculations for prediction of gallium nitride growth. J Crystal Growth, 2005, 279: 369-382.
[13] Hirako A, Kusakabe K, Ohkawa K. Modeling of reaction pathways of GaN growth by metalorganic vaporphase epitaxy using $TMGa/NH_3/H_2$ System: a computational fluid dynamics simulation study. Jpn J Appl Phys, 2005, 44: 874-879.
[14] Mihopoulos T G, Gupta V, Jensen K F. A reaction-transport model for AlGaN MOVPE growth. J Crystal Growth, 1998, 195: 733-739.
[15] Creighton J R, Wang G T, Breiland W G, Coltrin M E. Nature of the parasitic chemistry during AlGaInN OMVPE. J Crystal Growth 2004,261: 204-213.
[16] Coltrin M E, Creighton J R, Mitchell C C. Modeling the parasitic chemical reactions of AlGaN organometallic vaporphase epitaxy. J Crystal Growth 2006, 287: 566-571.
[17] Matsumoto K, Tachibana A. Growth mechanism of atmospheric pressure MOVPE of GaN and its alloys: gas phase chemistry and its impact on reactor design. J Crystal Growth, 2004, 272: 360-369.
[18] Theodoroopoulos C, Ihgle N K, Mountziaris T J, et al. Kinetic and transport modeling of the MOCVD of InP from TMIn and phosphine and comparison with experiments. J Electronchem Soc, 1995, 142: 2086-2094.
[19] Fotiadis D I, Kremer A M, Mckenna D R, Jensen K F. Complex flow phenomena in vertical MOCVD reactors: effects on deposition uniformity and interface abruptness. J Crystal Growth, 1987, 85: 154-164.
[20] Kuo W S, Wang C Y, Tuh J L, Lin T F. Delayed onset of return flow by substrate inclination in model horizontal longitudinal MOCVD processes. J Cryst Growth, 2005, 274:265-280.

[21] Fotiadis D I, Jensen K F. Thermophoresis of solid particals in horizontal chemical vapor deposition reactors. J Crystal Growth, 1990, 102: 743-761.

[22] Curtis B J, Dismukes J P. Effect of natural and forced convection in vapor phase system. J Crystal Growth 1972, 17: 128-140.

[23] Fotiadis D I, Bockholt M, Jensen K F, Richter W. Flow and heat transfer in CVD Reactors: Comparison of Raman Temperature Measurements and Finite Element Model Predictions. J Crystal Growth, 1990, 100: 577-599.

[24] Giling L J. Gas flow patterns in horizontal epitaxial reactor cells observed by interference hohography. J Electrochem Soc. 1982, 129: 634-644.

[25] Herman M A, Richter W, Sitter H. Epitaxy: Physical principles and technical implementation. Berlin: Springer, 2004. 217.

[26] Jensen K F. Transport phenomena and chemical reaction issues in OMVPE of compound semiconductors. J Crystal Growth, 1989, 98: 148-166.

[27] Karpov S Yu, Prokofyev V G, Yakovlev E V, et al. Novel approach to Simulation of Group-III Nitrides Growth by MOVPE. MRS Internet J Nitride Semicond Res, 1999, 4: 4.

[28] Karpov S Yu. Advances in The Modeling of MOVPE Processes. J Crystal Growth, 2003, 248: 1-7.

[29] Visser E P, Kleijn C R, Govers C A M, et al. Return flow in horizontal MOCVD reactors studied with the use of TiO_2 particle injection and numerical calculations. J Crystal Growth, 1989, 94：929-946.

[30] Holstein W L, Fitzjohn J L. Effect of buoyancy forces and reactor orientation on fluid flow and growth rate uniformity in cold-wall channel CVD reactors. J Crystal Growth, 1989, 94: 145-158.

[31] Leys M R,Van Opdorp C, Viegers M P A, Talen-Van der Mheen H J. Growth of multiple thin layer structures in the GaAs-AlAs system using a novel VPE reactor. J Crystal Growth, 1984, 68: 431-436.

[32] Jensen K F, Futiadis D I, Mountziaris T J. Detailed models of the MOVPE process. J Crystal Growth, 1991, 107: 1-11.

[33] Chen C H, Liu H, Steigerwald D, et al. A study of parasitic reactions between NH_3 and TMGa or TMAI. J Electron Mater, 1996, 25: 1004-1008.

[34] Bergunde T, Durst F, Kadinski L, Makarov Yu N, Schafer M, Weyers M. Modeling of growth in a 5×3 inch multiwafer MOVPE reactor. J Crystal Growth, 1994, 145: 630-635.

[35] Lundin W V, Zavarin E E, Sizov D S, et al. Effects of reactor pressure and residence time on GaN MOVPE growth efficiency. J Crystal Growth, 287; 605-609.

[36] Fotiadis D I, Kremer A M, McKenna D R, Jensen K F. Complex flow phenomena vertical MOCVD reactors: effects on deposition uniformity and interface abruptness. J Crystal Growth, 1987, 85: 154-164.

[37] Thompson A G, Stall R A, Zawadaki P, Evans G H. The scaling of CVD rotating disk reactor to large sizes and comparison with theory. J Electron Mater, 1996, 25: 1487-1494.

[38] Soong C Y, Chyuan C H, Tzong R Y. Thermo-flow structure and epitaxial uniformity in large-scale metalorganic chemical vapor deposition reactors with rotating susceptor and inlet flow control. Jpn J Appl Phys, (Part 1), 1998, 37: 5823-5834.

[39] Mitrovic B, Gurary A, Kadinski L. On the flow stability in vertical rotating disc MOCVD reactors under a wide range of process parameters. J Crystal Growth, 2006, 287: 656-663.

[40] Mitrovic B, Gurary A, Quinn W. Process conditions optimization for the maximum deposition rate and uniformity in vertical rotating disc MOCVD reactors based on CFD modeling. J Crystal Growth, 2007, 303: 323-329.

[41] Mihopoulos T G, Hummel S G, Jensen K F. Simulation of floe and growth phenomena in a close-spaced reactor. J Crystal Growth, 1998, 195: 725-732.

第 6 章　MOVPE 的表面过程

外延生长过程实际上就是生长基元(原子、离子或简单分子)从气相不断地通过界面而并入晶格格点的过程，关键的问题在于生长基元将以何种方式，以及如何通过界面而进入晶格座位的，在进入晶格座位过程中又如何受界面结构的制约等，因此，人们要了解晶体生长过程就必须首先了解界面的热力学性质及其结构。

外延生长的第一步是在衬底表面上成核。本章从讨论与衬底表面成核有关的一些基本问题开始，包括临界晶核概念，进而介绍外延生长模式、表面再构、表面有序化等微观现象。

6.1　表 面 成 核

为了简化首先考虑无化学反应的同质外延生长的表面成核情况。所谓成核是指相变过程中新相在亚稳态的母相中开始形成。成核的驱动力是新相和亚稳母相之间的体自由能差，它与母相的过饱和度或过冷度成正比。母相中的成分和(或)热涨落导致形成一些很小的新相晶胚，同时也就形成了相界面。晶胚形成所引入新相和母相间的界面能和弹性畸变能，成为成核的阻力。只有晶胚尺度大于某个临界值，才能使相变引起总体的自由能降低，才会稳定地长大形成新相核心。本节讨论在清洁衬底表面上的成核和生长。由于衬底上晶胚的高度通常为晶格常数，远小于其横向尺寸，称为二维晶核。依附于衬底上形成的二维晶核借用了部分衬底与母相的界面，使成核势垒下降。

6.1.1　完整光滑面的生长

所谓完整光滑面，指的是界面从原子或分子的层次来看，没有凸凹不平的平坦面，固、气两相是突变的。在完整光滑面生长，首先需要在生长界面上形成二维临界晶核，使其出现生长台阶。然后晶体沿台阶横向生长为层状生长，再在新生长层上形成二维临界晶核，如此重复进行。层与层间的生长不是一个连续过程。

假定在气体亚稳相中在衬底表面新生成的二维晶核是半径为 r 的圆形核，晶体-流体两相体系所引起的 Gibbs 自由能的变化为[1]

$$\Delta G(r) = -\Delta\mu \frac{\pi r^2}{a^2} + \frac{\Phi}{2} \cdot \frac{2\pi r}{a} \tag{6-1}$$

式中，右边第一项是相变时流体相原子(或分子)转变为二维晶核中的原子(或分子)

所引起的体系 Gibbs 自由能的降低，第二项是由于二维晶核的出现所引起的台阶能的增加。$\Delta\mu$ 为驱动晶核生长的化学势，相当于晶体-流体两相之间的化学势之差。a 为晶格常数，$\Phi/2$ 为每个原子或分子的台阶能。

当二维晶核的半径 r 很小时，式(6-1)中的第二项占优势，总自由能变化$\Delta G(r)$为正值，并且随 r 的逐渐增加而增加。由于第二项是 r 的线性函数，第一项是 r 的平方的函数，因此随 r 的增加第一项的贡献迅速增加，以致当 r 达到某一临界值 r_c 时，$\Delta G(r)$虽然仍为正值，但是 r 的进一步增加却使$\Delta G(r)$开始减小。当 r 很大时，$\Delta G(r)$第一项的贡献占主要地位，$\Delta G(r)$为负值。于是当涨落形成的晶核半径大于 r_c 时，半径再增大使体系的总自由能降低，新生成的二维晶核则会不断吸收新加入的原子而稳定长大成岛。反之，当生成的晶核半径小于 r_c 时，半径再增大使体系的总自由能提高，新生成的二维晶核不稳定会离解消失。可以利用求$\Delta G(r)$的极大值的方法来决定 r_c 值。即

$$\frac{\partial \Delta G(r)}{\partial r}=0 \tag{6-2}$$

从式(6-2)可求得二维晶核的临界半径 r_c 与其相应体系自由能变化的极大值$\Delta G(r)_c$。

$$r_c=\frac{a\Phi}{2\Delta\mu}=\frac{a\Phi}{2kT}\cdot\frac{1}{\ln\alpha} \tag{6-3}$$

$$\Delta G(r)_c=\frac{\pi\Phi^2}{4\Delta\mu}=\frac{\pi\Phi^2}{4kT}\cdot\frac{1}{\ln\alpha} \tag{6-4}$$

从式(6-3)和式(6-4)中可以看出，临界半径和相应体系自由能变化的极大值$\Delta G(r)_c$都与 $\ln\alpha$ 成反比，α 为流体相的过饱和度，这说明流体相的过饱和度愈大，临界半径的尺度与$\Delta G(r)_c$ 均愈小。反之，流体相的过饱和度愈小，临界半径 r_c 与$\Delta G(r)_c$均愈大。当α=1 时，而临界晶核便趋向于无穷大了。

晶体如欲生长，就必须先形成大于临界晶核半径 r_c 的晶胚。临界晶核存在的概率 $\exp(-\Delta G(r)/kT)$将随着$\Delta G(r)_c$的增大而显著减少，因此当临界晶核存在的概率相当小时，而台阶横向扩展速度很快，出现一个二维晶核就会很快形成一新的结晶层。反之，如果成核率较大，而台阶横向扩展速度却比较慢，生长界面会同时存在多个稳定的二维晶核生长，然后相邻的生长台阶合并，最后形成新的一个结晶层。前者称为单核生长，后者称为多核生长。

总之，完整光滑面的生长只能通过二维成核而不断产生台阶，以维持晶体的层状生长。

6.1.2　非完整光滑面的生长

从原子或分子的尺度来看，在界面上除了有位错露头点外，再没有凸凹不平之处，我们称这种类型的界面为非完整光滑面。非完整光滑面的生长不需要二维临界

晶核，晶体在远低于形成二维临界晶核所需要的过饱和度情况下就可生长。这是由于晶体中存在着位错缺陷，例如螺旋位错在界面上的露头所形成的台阶可作为生长源。晶体将围绕螺旋位错露头点螺旋式的连续生长过程，称为螺蜷线生长。简单的螺旋位错生长模型如图 6-1 所示。由于这类台阶的永存性，晶体在生长过程中就不再需要形成二维临界晶核了。近年来的实验观察结果表明，除了螺旋位错外，刃型位错、层错等都能成为生长台阶源。

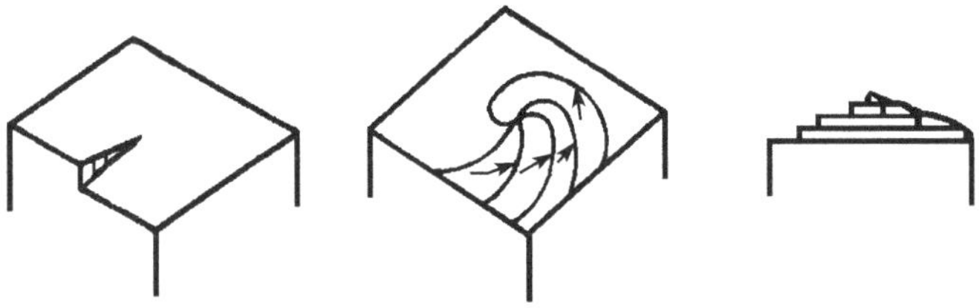

(a) 表面螺旋位错露头　(b) 生长中的螺蜷线　(c) 螺蜷线台阶

图 6-1　螺旋位错生长模型

6.2　外延生长模式

在外延生长过程中，外延层与衬底即可能是同质的(同质外延)也可能是异质的(异质外延)。异质外延中衬底与外延层的晶格常数可能相同，也可能不同。因此会出现多种外延生长模式，而生长模式对外延层的晶体质量与表面和界面形貌都有影响。

6.2.1　外延生长的基本生长模式

外延生长主要有三种基本生长模式：层-层生长模式、岛状生长模式和层-岛生长模式。图 6-2 为这三种生长模式的截面示意图[2]。

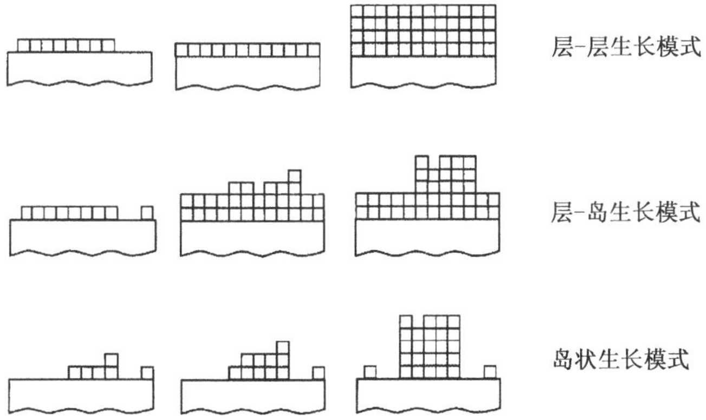

图 6-2　外延生长的三种生长模式(截面示意图)

层-层生长模式：又称 Frank-Van der Merwe 生长模式(简称 FM 或 FVM 模式)或成核-生长模式。这种生长模式经常发生于晶格匹配和失配比较小，且衬底与外延层之间的键能高的材料之间。当衬底表面自由能 σ_S 大于界面能 σ_i 与外延层的表面自由能 σ_f 之和($\sigma_S > \sigma_f + \sigma_i$)时，形成二维成核或层状生长均使体系的总表面自由能降低。换言之，外延层与衬底浸润。于是在衬底表面先进行二维成核再扩展成层，一层生长完毕后才会生长下一层，如此重复的一种逐层晶体生长模式。在正向低指数面衬底上容易出现这种层状生长方式。而在偏向衬底上，可能转变为台阶流生长模式。F-M 模式能获得晶体结构完整表面平坦的外延层。

岛状生长模式：又称 Volmer-Weber 生长模式(简称 VW 生长模式)。当外延层与衬底存在大晶格失配，衬底表面自由能小于界面能与外延层的表面自由能之和($\sigma_S < \sigma_f + \sigma_i$)时，并且衬底与外延层之间的键能低，使得在衬底表面不形成浸润层，而形成许多三维小岛。随着生长的继续进行，这些众多的小岛长大成为柱状岛，然后它们彼此汇聚，最终构成表面粗糙的连续膜。在岛状结构中含有失配位错以释放应变，岛与岛之间存在小角度取向差别，当它们彼此汇聚时产生很高位错密度的边界层。因此，在外延生长中要尽量避免岛状生长。

层-岛生长模式：又称 Stranski-Krdstanow 生长模式，简称 SK 生长模式。在晶格失配体系中，衬底表面自由能大于界面能与外延层的表面自由能之和($\sigma_S > \sigma_f + \sigma_i$)时，但是界面能较小，因此开始时材料浸润衬底，表面先形成厚度达几个原子单层均匀的应变层，称为“浸润层”。继续沉积会导致弹性应变能随着层厚线性增加。当厚度达到一定程度，积累的应变能通过重新分配沉积材料形成三维岛来降低，尽管增加表面能，但是降低了外延层的总能量。因此该模式的特点是先生长薄的二维浸润层，当达到形成岛的临界厚度后续沉积的材料转变为三维岛状生长并在岛上聚集。2D 生长转变为 3D 生长的临界厚度为 t_{SK}。根据能量最低原理在岛形成的过程中产生的新晶面是能量低的低指数面。如果控制总的生长层数，可以使形成的小岛尺寸处于纳米量级，形成量子点结构。由于应变能并不是以形成位错来释放的，小岛中不含有位错，如此形成的量子点材料结构完整有很好的光学特性。利用 SK 生长模式生长量子点的方法称为自组织或自组装方法，已经广泛应用到量子点材料和量子点器件的研究中。

6.2.2　台阶流生长模式

台阶流(step flow)与台阶聚并(step bunching)生长模式是近来通过大量观察提出来的新生长模式中与外延生长关系密切的两种。其中台阶流模式由于能产生结构完整和平滑的表面，更引起关注。通常衬底采用与密排低指数面如{100}面的少许偏离的邻晶面(vicinal surface)。更严格地说，邻晶面是取向和奇异面(singular surface)只有小角度偏差的表面。所谓奇异面是结晶取向和表面张力的奇异取向相吻合的表面，是表面能较低的晶面，通常也是密排低指数面。邻晶面的表面常呈现由台面-台阶-扭折构成的形貌，如图 6-3 所示。从能量考虑，如果由取向相近的奇异面的一系列台面和低指数面的台阶列组成，则表面积虽然增加了，表面能及体系总能量却有所降低。反之，如果邻晶面上的原子都准确坐落在该面取向所规定的几何平面上，将引起较大的晶格畸变，使表面能及体系总能量提高。在反应室中，生长前对衬底的热清洁退火处理后的邻晶面都会出现台阶行列。此时台阶行列的间距，取决于表面和奇异面的取向差角 θ 及单原子台阶的高度 h，即 $\tan\theta=h/l$。例如，GaAs(100)面如果朝[011]方向偏 2°，平均台面宽度约为 8nm；如果朝[011]方向偏 0.5°，平均台面宽度约为 32nm。而台阶边缘平行于[0$\bar{1}$1]。除了单原子台阶外，还可能形成台阶聚并构成的多重宏台阶。邻晶面上台阶走向若与密排方向有偏差，则台阶上形成扭折，扭折间距取决于与密排方向的偏差及原子间距。此外，扭折还可因热激活形成。扭折的形成能较低，邻晶面在普通温度下已有相当数量的正负扭折。即使采用所谓的正(100)面，由于晶体在进行定向、切割和抛光时有一定的误差，一般的晶体表面不可能是严格的低指数面，因此实际的半导体衬底表面经常有台阶和扭折结构。

图 6-3 示出表面的台阶和扭折结构和它们对于晶体生长的影响。吸附到扭折处或台阶边缘或台面上的原子，它们在并入晶体时所释放出的能量不同。图中原子(1)位于扭折位置，是结合新原子的最有利的位置，因为在吸附原子(1)可以和 3 个第一最近邻的原子成键，成键时释放出能量最多。其次是位于台阶边缘的吸附原子(2)，它可以和 2 个第一最近邻的原子成键。而最不利于结合原子位置是吸附原子(3)的位置。因此，扭折和台阶是晶体生长时优先填充的地方。

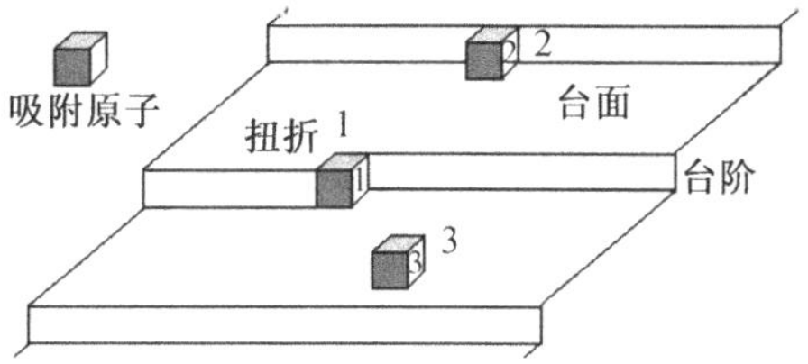

图 6-3　吸附原子在表面可能的生长位置示意图
1. 扭折处；2. 台阶边缘；3. 台面

台阶流生长过程如下：气相中不同品种的分子吸附到邻晶面的台面上以后在台面上扩散迁移直到抵达台阶，并在该处形成化合物并入晶格。如果这一过程继续到新的生长层铺满整个台面而不会在台面上形成新的二维晶胚，那么各个台面完成一层生长后的表面台阶状况就没有变化，整个生长过程就像各个台阶平行向前流动一样，称为台阶流生长，如图 6-4 所示。随着生长进行，看起来台阶就好像自右向左流动。而生长完一层之后表面仍然维持台阶状态。

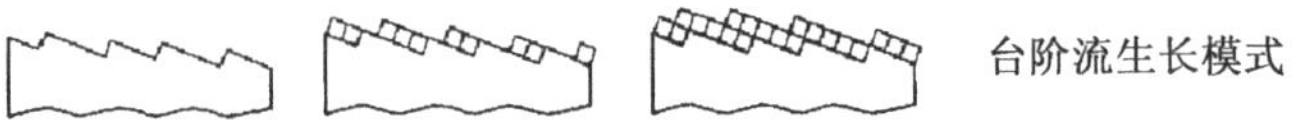

图 6-4　台阶流生长模式示意图[1]

在邻晶面上生长模式可以是层-层方式生长模式，也可以是台阶流模式。虽然两种机构均能得到平滑表面，但有性质上的不同。台阶流生长表面形貌几乎与衬底无区别，而层-层模式在表面台面上有一些小岛和小孔[3]。图 6-5 示出在(001) $SrTiO_3$ 衬底上生长 $SrTiO_3$ 外延层的表面形貌的原子力显微镜照片[4]。显示台阶流生长表面形貌几乎与衬底无区别，而 FM 模式经过超过单分子层铺展生长后，在表面台面上有一些小岛和小孔。因此，台阶流应是获得晶格结构完整和表面平整的最佳外延层生长模式。

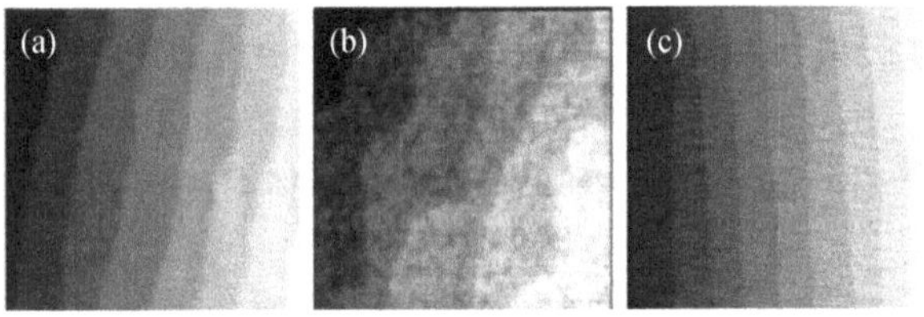

图 6-5　$SrTiO_3$ 表面形貌的 AFM 像

(a) (001) $SrTiO_3$ 衬底；(b) 层状生长模式生长表面；(c) 台阶流生长表面. 影像区尺寸 1 μm×1μm

在 MBE 或 MOMBE 实验上区分台阶流和层-层生长这两种生长模式的方法是观测 RHEED 的强度随生长时间的变化[5]。通常假设 RHEED 信号于台阶边缘密度有关。如果生长是台阶流，台阶密度恒定，RHEED 信号同样也维持不变。但当层-层生长模式(成核-生长模式)时，在新一层开始生长时岛的数目最少，因而总台阶边缘长度最小。当岛大约覆盖台面一半时总台阶长度达到最大。因此随着生长 RHEED 信号出现震荡，即岛形成和融合时间周期，如图 6-6 所示。

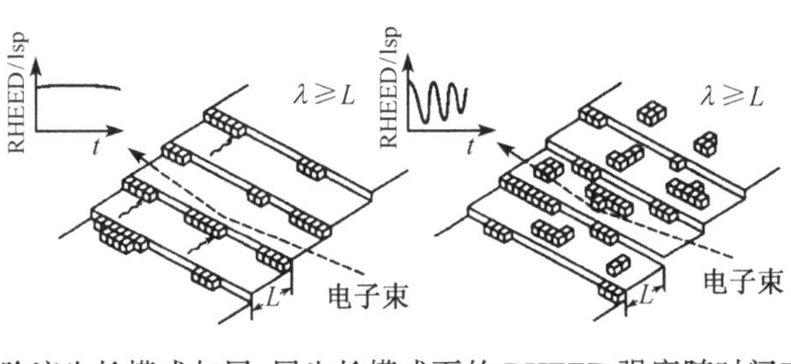

图 6-6　台阶流生长模式与层-层生长模式下的 RHEED 强度随时间变化的比较

区别层-层模式和台阶流模式的控制参数是晶核间的典型距离与平均台面宽度之比。如果岛间距离大于台面宽度，生长就是台阶流。反之，如果岛间距离小于台面宽度，生长就是层-层模式。这两种生长模式之间的转变可以用改变衬底温度、生长速度、衬底偏向或者 V/III 比来控制[6]。如果温度升高，吸附原子在表面上的扩散能力增加。结果吸附原子更活动，更能在给定的时间内可能达到台阶边缘。如果不同原子沉积时间间隔大于这个时间，吸附原子将在其他原子沉积之前到达台阶边缘，于是在表面就不会有成核的可能。因此升高温度会使系统从层-层生长区移动到台阶流生长区。相似的论点可以应用到生长速度的影响上，如果降低生长速度，吸附原子就有更充分的时间在其他原子沉积之前到达台阶边缘。另一个影响生长模式转换的参数是台面宽度，此宽度于衬底切割时的偏角有关。台面宽度小有利于吸附原子达台阶边缘，促使台阶流模式的出现。与温度和生长速度不同的是，此参数不容易在沉积过程中改变[7]。虽然 RHEED 不适用于 MOVPE 环境，利用掠射 X 射线衍射方法，同样证明了在 MOVPE 中生长温度的升高和生长速度的降低都有利于生长模式由层状生长向台阶流模式转变,见图 6-7[8]。

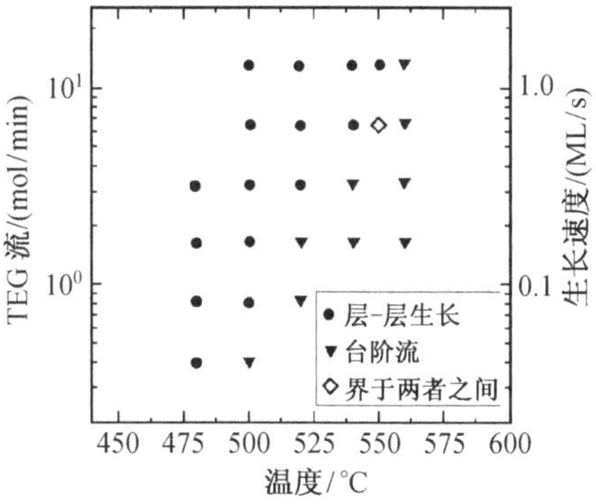

图 6-7　TEGa 和 AsH_3 为源生长 GaAs 时生长模式随生长温度和生长速度的变化

反应室压力 20Torr，GaAs(100) 衬底向(111) B 倾斜 0.25°，平均台面宽度 640Å

对于 III-V 半导体，V/III 比的影响比较复杂。已经报道在 GaAs(001)表面，AsH_3 分压影响横向生长速度[9]。在(001)面上[110]方向横向生长速度随 AsH_3 分压升高而增加；相反[$\bar{1}$10]方向横向生长速度不随 AsH_3 分压变化。V/III 比还是影响表面再构的因素。在(001)表面存在两种台阶：以 III 族元素终止的台阶(A 型)和以 V 族元素终止的台阶(B 型)。A 型台阶比较整齐平直，而 B 型台阶相对粗糙。相对粗糙的台阶减小了到下一个台阶边缘的有效距离，于是减小了有效台面宽度，也会促使台阶流模式的出现[10]。

图 6-1 所示的螺旋位错生长模型是一种变形的台阶流生长模式，特点是台阶的一端钉扎在螺旋位错露头上。已经利用原子力显微镜观测到了在 $GaN//Al_2O_3$ 复合衬底上生长 InGaN 的螺旋生长[11]。

6.2.3　台阶聚并生长模式

在有台阶的邻晶面生长时还可能出现一群台阶聚并形成更高台阶的情况，称为台阶聚并模式(step bunching)，如图 6-8 所示。在晶体生长时，邻晶面的台阶聚并的机构与在上、下台阶间原子各向异性的并入概率有关。如果在台面上移动的吸附原子倾向并入到下层台阶，较窄的下层台阶运动速度就会比较宽的台阶的运动速度慢。因此，当晶体生长时窄台面宽度变得更窄，同时这些台阶两边的窄台阶就倾向彼此聚积。邻晶面的表面台阶状况就会有变化，在生长过程中一群、一群的台阶会聚积形成大台阶和宽台面。

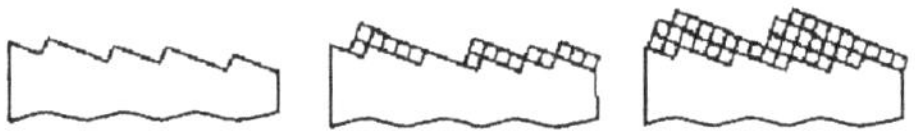

图 6-8 台阶聚并生长模式示意图

这种台阶聚并机构与 Schwoebel 效应[12,13]，或 Ehrlich-Schwoebel (ES) 势垒有关。图 6-9 为 ES 势垒对台阶在生长过程中是发生台阶聚并生长模式还是台阶流生长模式的影响示意图[14]。当存在 ES 势垒时，台面上移动的吸附原子倾向并入到上层台阶，较宽的上层台阶运动速度就会比较窄的台阶的运动速度快，宽台面变窄，而逐渐形成均匀间距的台阶，如图中(a)、(b)、(c)所示。当存在反 ES 势垒时，到达台面上的吸附原子倾向并入到下层台阶，较宽的上层台阶台面变的更宽，而逐渐形成窄台阶聚并，如 (d)、(e)、(f)所示。

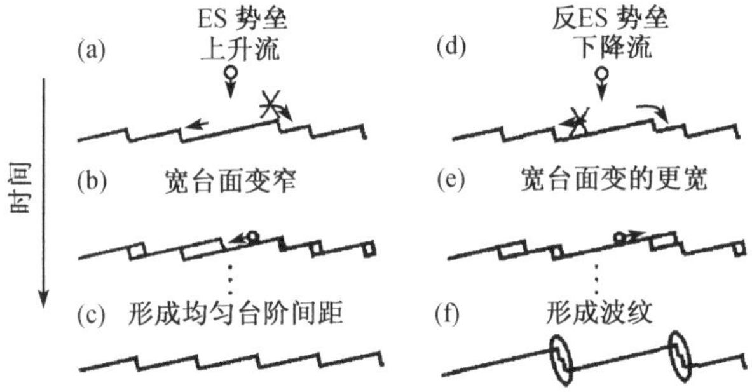

图 6-9 在台阶边缘 ES 势垒与反 ES 势垒造成台阶流与台阶聚并生长模式的示意图

在台阶边缘具有反 ES 势垒造成在台阶流生长时形成台阶聚并，转变为台阶聚并生长模式

区别台阶聚并和台阶流模式的控制参数也与沉积通量和台面宽度有关。当生长温度和沉积通量固定不变的情况下，随着台面宽度减小，生长模式从层-层模式转变为台阶流再变为台阶聚并[15]。这三种生长模式之间的转变可以用改变衬底温度，生长速度，衬底偏向来控制。

显然如果要生长原子平滑表面，就需要避免台阶聚并的出现。然而有序的台阶聚并的衬底可能作为纳米结构的模版[16,17]。台阶聚并过程在邻晶面衬底热处理过程中也可以发生。GaAs(001)邻晶面在 AsH_3/H_2 气氛、700°C 温度下进行热处理，出现台阶聚并。最可能的机理是上台阶的原子解吸后再并入到下台阶上。

6.2.4　柱状生长模式

在大晶格失配的异质外延生长中还观察到柱状生长模式(columnar growth, CG 生长模式)，图 6-10 为柱状生长模式示意图。虽然与 SK 和 VW 生长模式有些类似，但有本质不同。对于 SK 和 VW 生长模式，虽然生长初期出现分离的小岛，但当生长层较厚时，小岛彼此相互融合并且覆盖整个衬底表面。尽管表面厚度不均匀，也存在小岛间汇合时界面结构缺陷，但是仍然形成一种连续结构。相反，在 CG 生长模式中这些小柱并不随生长层变厚而彼此融合。结果在膜生长过程中小柱与小柱之间始终保持分离状态，小柱间存在位错和反相边界等缺陷。

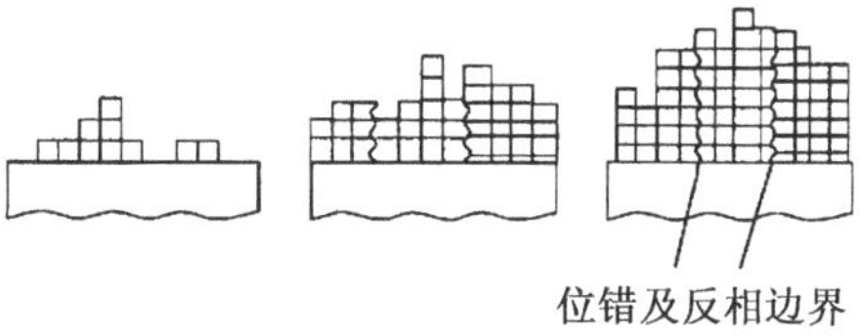

图 6-10　柱状生长模式示意图

当吸附原子在生长表面的迁移率很低时会出现 CG 生长模式，并且此时小柱本身缺陷也多。然而某些大失配衬底在特殊的生长条件下，如在 Si(111)上直接生长 GaN，以 CG 模式生长出纳米晶须(典型直径为 60nm)，X 射线衍射分析表明柱状晶须结构完整性好。

图 6-11 为 MOVPE 方法在 c 面蓝宝石衬底上以 N_2 为载气采用 DEZn 和 N_2O 为源，在 200Torr 下生长 ZnO 时，生长温度对生长模式影响的 SEM 照片[18]。(a) 生

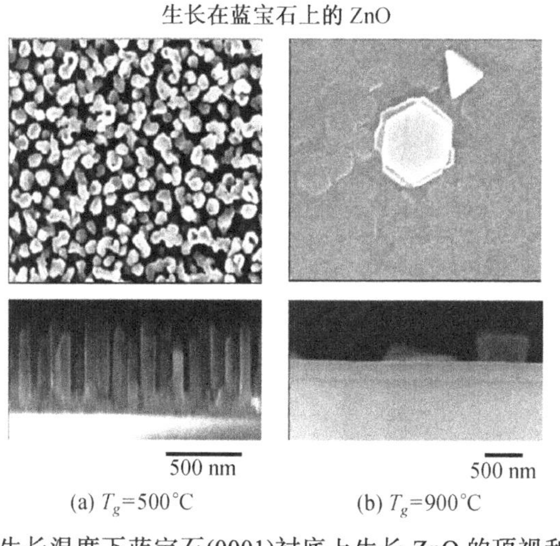

图 6-11　不同生长温度下蓝宝石(0001)衬底上生长 ZnO 的顶视和断面 SEM 像

长温度为 500°C，生长出三维的 ZnO 纳米棒；(b) 900°C 则得到二维生长。然而在 (0001)ZnO 衬底上生长 ZnO 时，生长温度从 400°C 到 800°C 都是二维生长，表明衬底对于生长模式有很大影响[18,19]。

6.2.5 生长模式相图

对于固溶体来说，组分变化意味着失配度的改变，同样影响生长模式。图 6-12 为计算的在 GaN 衬底上生长 InGaN 的生长模式的厚度-组分相图[20]。计算中考虑了应变能、表面能、界面能等因素：计算应变能时考虑了由于引入失配位错导致的应力弛豫；表面能是从在表面上最邻近的键之间的键焓估计的；界面能由晶格失配

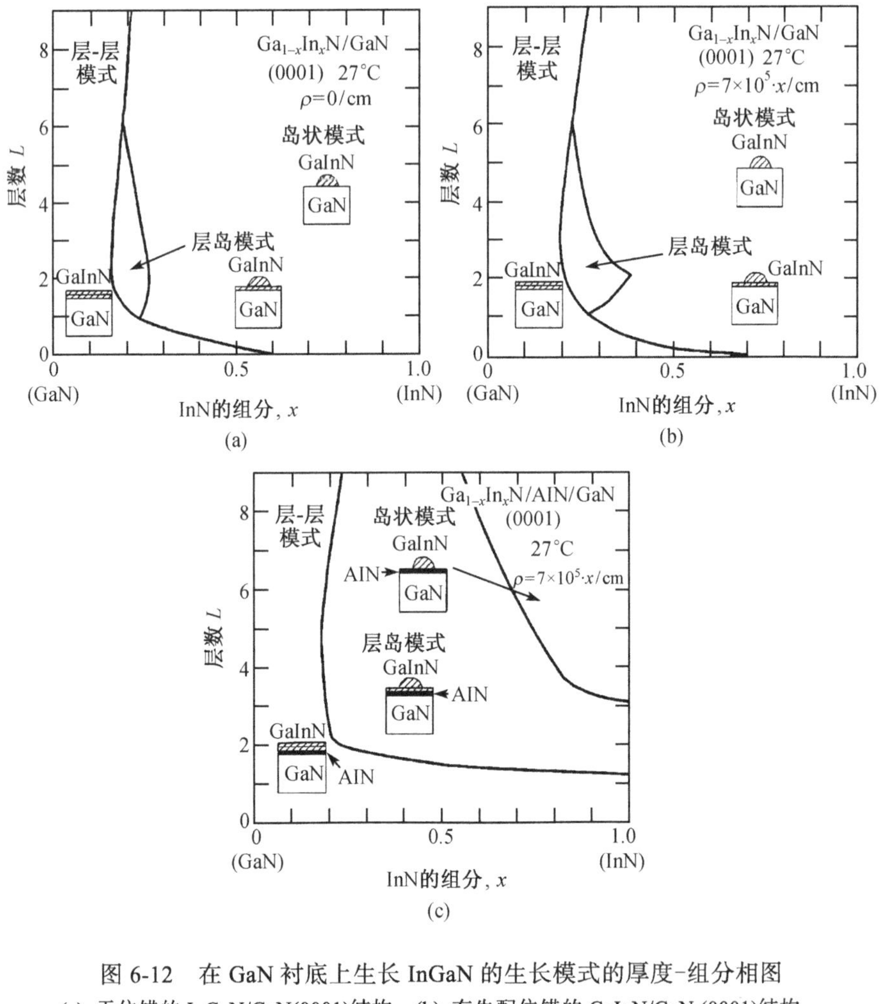

图 6-12　在 GaN 衬底上生长 InGaN 的生长模式的厚度-组分相图

(a) 无位错的 InGaN/GaN(0001)结构；(b) 有失配位错的 GaInN/GaN (0001)结构；(c) 有失配位错的 GaInN/AlN/GaN (0001)结构。ρ为失配位错密度

产生的悬挂键和在异质界面上成键的品种突变两部分构成。自由能为应变能、表面能、界面能之和。比较在一定的 InN 组分和厚度下每种生长模式的自由能变化，来确定生长模式的厚度-组分相图。相图分为层-层生长模式、层-岛生长模式和岛状生长模式三个区，并分别给出生长模式的示意图。图 6-12 中(a)为无失配位错的 InGaN/GaN(0001)结构、(b)为有失配位错的 InGaN/GaN(0001)结构和(c)有失配位错的 GaInN/AlN/GaN (0001)结构。图中ρ为失配位错密度。从(a)可以看出当 InN 组分多时，在 GaN 上外延生长 GaInN 很难得到层-层生长模式，以岛状模式为主。如果计入失配位错，GaInN/GaN 的层-层生长模式和层-岛生长模式区略有扩大，见图(b)。在 GaInN 层和 GaN 衬底之间插入具有表面能比较大的 AlN 层，同时又有失配位错，层-层生长模式区和层-岛生长模式区都扩大很多，特别是后者，见图(c)。可以看出引入失配位错和采用 AlN 缓冲层，更容易得到层-层生长模式。需要指出的是与热力学平衡相图不同，这种生长模式相图仅有定性上的意义。利用生长模式相图可以确定某一生长系统那种生长模式更占优势，以及定性地了解失配位错和 AlN 缓冲层对相图中每种生长模式区域的影响。

6.3　MOVPE 环境下的表面再构

6.3.1　表面再构

表面的出现破坏了理想晶体的三维对称性，伴随大量原子键的断开，比表面能很高，为了降低表面能，表面的几个原子层之间的距离会发生变化，这就是表面弛豫现象。因为弛豫主要发生在垂直表面方向，故又称纵向弛豫。弛豫可以发生在表面以下几个原子层的范围。以 GaAs 为例，实验表明 GaAs 的解理面[110]表面原子发生弛豫，即 As 原子和 Ga 原子分别向体外和体内移动了一定距离。

然而对于许多半导体不仅原子层之间的垂直距离变化，而且表面原子还可以重新成键，从而改变晶体表面的平移对称性，即发生表面再构[21]。一般表面再构是通过减少表面悬挂键的数目来降低表面能。在减少表面悬挂键的同时，往往需要改变原子位置，即产生应变，这又会使表面能增加。因而，一种稳定的表面再构实际上是悬挂键数目和应变量的综合平衡的结果。表面再构虽然也发生在表面下几个原子层范围，但最明显的再构现象是表现在表面最外层上。最常见的表面再构分为缺列型再构和重组型再构两种。

表面吸附一些原子也有利于表面能的降低，吸附原子后的表面周期性也会发生变化，形成所谓的吸附表面。

与体晶格被一几何平面切开后所产生的理想表面相比，再构表面显示出较低的对称性。如果某个晶体 M 的晶面是(hkl)，常用如下方式表示表面或吸附物 s 的结构：

$$M\left(hkl\right)-\left(\frac{b_1}{|a_1|}\times\frac{b_2}{|a_2|}\right)\theta-s \tag{6-5}$$

或

$$M\left(hkl\right)-\left(m\times n\right)\theta-s \tag{6-6}$$

式中，a_1 和 a_2 是晶体衬底理想表面原胞的基矢，b_1, b_2 是具有再构的晶体表面的基矢，θ 是两个原胞之间的夹角，如果表面没有吸附，可以略去符号 s。对于没有再构的表面可表示为 $M(1\times1)$。对于在表面原胞中心有一个原子的情况，则加字母 c。因此对于 $\theta=0$ 的清洁表面，表面再构写成$(m\times n)$，即指两个表面基矢分别比体内的大 m 和 n 倍，换言之，在表面上的原胞比它下面相当的体内层中的要大 $m\times n$ 倍。一种再构表面存在于一定的条件下，超出这个范围，该再构表面将转化为另一种再构表面。

由于 MBE 在超高真空中进行生长，可以使用多种表面科学研究工具来进行表面再构的研究。例如，利用反射式高能电子衍射装置(RHEED)、利用扫描隧道显微镜(STM)、反射差分光谱(RDS)和表面光吸收谱(SPA)等方法进行研究。

在化合物半导体中，GaAs(001) 面的表面再构研究得最多。(001)表面是极性表面，它的每一层只包含一种原子，没有发生重构的表面原子有两个指向体内的键和两个悬挂键。(001)面的$(m\times n)$两个基矢分别指向[$\bar{1}$10]和[110]方向。当发生表面再构时，改变了原来闪锌矿结构沿[110]和[$\bar{1}$10]方向的对称性。在 GaAs (001)表面，可以发生(2×4)、c(4×4)、c(2×8)、c(8×2)、c(6×4)、c(4×6)和(2×6)等多种再构。最常观测到的是(4×2)、(2×4)和 c(4×4)再构。根据反射式高能电子衍射(HREED)斑点强度把具有(2×4)对称性的再构表面进一步区分为α, β和γ(2×4)三种结构[22,23]。图 6-13(a)、(b)、(c)和(d)分别示出 GaAs (001) 面的α(2 × 4), β(2 × 4)和γ(2 × 4)表面再构和 c(4×4)表面再构的原子模型。其中(a)、(b)和(d)分别给出表面(上部)和剖面(下部)的原子结构。表面再构的原子模型中较大的圆球为最顶层原子，较小的圆球表示底层原子。通常认为(2×4)再构是 As 二聚物沿[$\bar{1}$10]终结的长程有序。α(2×4)再构表面被[1$\bar{1}$0]取向的 As—As 二聚物沿[110] 排成行所覆盖(图 6-13(a))。α(2×4)再构、β (2×4)再构和γ(2×4)再构表面 As 覆盖率分别为 0.5、0.75(0.25ML 在第 3 层)和~1 ML。c(4×4)再构是 As 二聚物沿[110]终结的长程有序，其 As 覆盖率为 1.75。最外层有两层 As，如图(d)所示。

6.3.2　MOVPE 环境下的表面再构

在 MOVPE 环境下，不能像 MBE 那样直接利用超高真空中使用的表面科学工具来研究表面再构。只能利用一些光学测量方法，例如，表面光吸收(SPA)[21]、反射差分光谱(RDS)[24]或掠入射 X 射线散射(GIXS)[25]等。在比较 MOVPE 和 MOMBE 的 GaAs(001)表面的 RDS 谱时，发现两者彼此非常接近[24]。结合在 MBE 实验中得

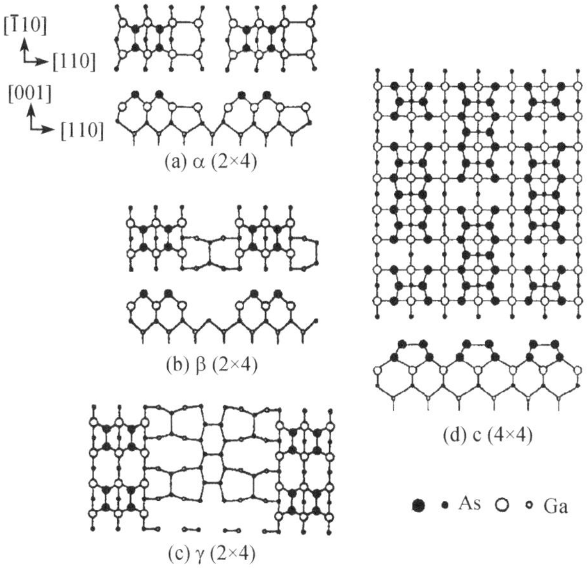

图 6-13　GaAs (001) 面(2×4)和 c(4×4)表面再构的原子模型
模型中较大的圆为最顶层原子，较小的圆表示底层原子

到的表面再构结果，可以建立在 MOVPE 环境下 RDS 谱与表面再构的联系，使得 RDS 谱成为在 MOVPE 环境下研究表面再构的有力工具。与 RHEED 相比，RDS 谱对于短程有序比长程有序更灵敏，因此当表面存在两种表面再构时，表现为二者的线性组合。RDS 谱主要反映的是电子结构而不是长程有序，因此用 RDS 谱得到的再构经常加上术语“类”(like)，如“类(2×1)”再构[26]。MOVPE 环境更为复杂，除了 III 族和 V 族元素以外，还存在 CH_x 和 H 等品种会影响表面状态，因此 MOVPE 和 MOMBE 的 RDS 谱在低温区比高温差别大。在 MOVPE 环境下，吸附表面结构的标记要加吸附品种后缀，如(1×4)-CH_2表示吸附了 CH_2的(1×4)再构表面。

当用 RDS 谱研究 AsH_3 或 $Ga(CH_3)_3$ 吸附在 GaAs(001)表面引起表面再构时，发现在只通入 AsH_3 时，GaAs(001)表面随温度 775K 升高到 835K，其表面再构从 c(4×4)逐渐连续向(2×4)转变，见图 6-14(a)。图 6-14(a)为在 MOVPE 环境下测量的 RDS 谱随温度的变化，(b) 为在 MOMBE 环境下测量的 RDS 谱随温度的变化，图中描黑的谱线分别为 RHEED 确定的(2×4)再构谱(890K)和 c(4×4)再构谱(780K)[24]。可以看出 MOVPE 和 MOMBE 环境下测量的 c(4×4)和(2×4)RDS 谱线的形状相似。

图 6-14 (a)中 775K~835K 的谱线可以用表面覆盖了不同百分比的(2×4)和 c(4×4)再构的线性组合来描述。如用表面覆盖了 40%的(2×4)再构和 60%的 c(4×4)再构的线性组合来描述 805K(上)，用表面覆盖了 20%的(2×4)再构和 80%的 c(4×4)再构的线性组合来描述 800K(下)的谱线，见图 6-15。计算值与实验值符合地较好。

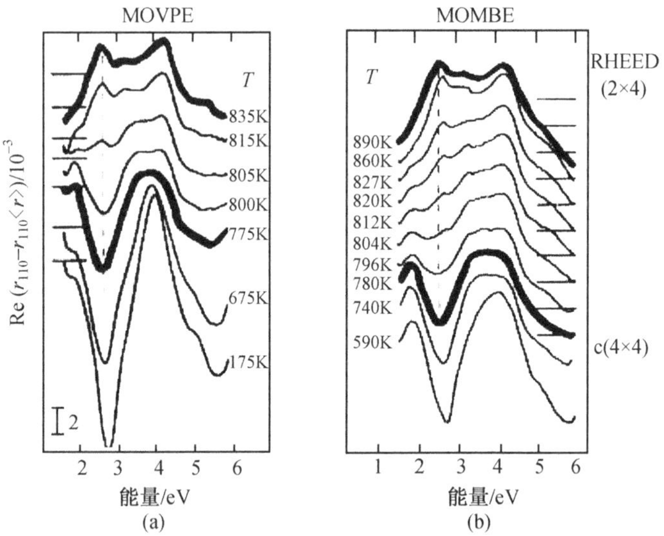

图 6-14　不同温度下 As 稳定的 GaAs (001)表面的 RDS 谱

(a) MOVPE; (b) MOMBE，用黑粗线分别标记了(2×4)和 c(4×4)再构

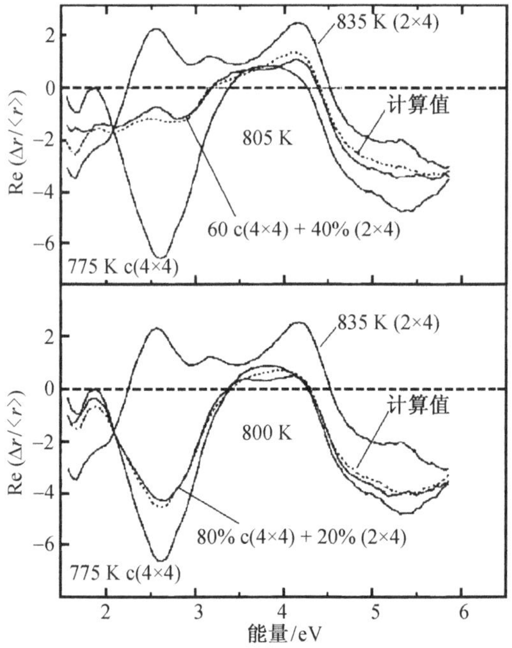

图 6-15　MOVPE 生长 GaAs 表面在 805K 和 800K 温度下的 RDS 谱

谱线处于图 6-14(a)(2×4)和 c(4×4)重构谱之间，可以表达成具有图顶部给出的百分比的(2×4)和 c(4×4)线性组合

图 6-16 示出在 GaAs (001)表面上 $Ga(CH_3)_3$ 吸附过程的 RDS 谱。在 700K 只通入 $Ga(CH_3)_3$ 时，GaAs(001)的表面再构从富 As-(4×3)，经由 (n×6)到表面吸附了 CH_x 的(1×2)-CH_3，最后为(1×4)-CH_2。表面覆盖了 CH_2 的 CH_2-(1×4)是惰性的，不能再进一步吸附 $Ga(CH_3)_3$。这种只有单分子层的吸附是化学吸附，解释了用 $Ga(CH_3)_3$ 可以实现原子层外延生长的原因[24]。

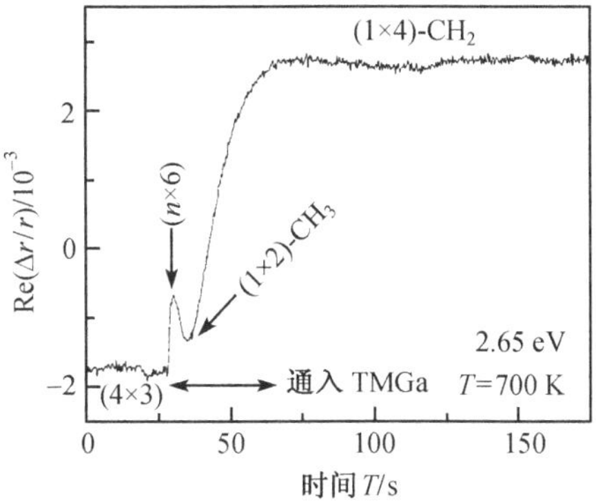

图 6-16 在 GaAs (001)表面上 $Ga(CH_3)_3$ 吸附过程的 RDS 谱

图 6-17 总结了在理论和实验方面的 GaAs (001)表面信息，可以作为校准 RDS 谱和表面再构的依据，图中示出α(2×4)、β2(2×4)、(2×6)和 c(4×4)四种表面再构的 RDS 谱，四种表面再构的 As 和 Ga 原子比分别为 0.5:1.0、0.50:0.80、0.33:0.75 和 1.75:1.0。图中也给出了对应的表面再构的原子模型，其中较大的圆球为最顶层原

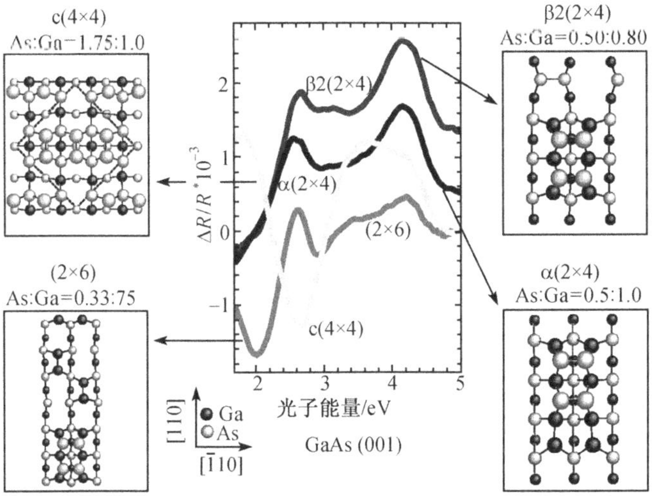

图 6-17 GaAs (001)表面不同再构的 RDS 谱和所对应再构的原子模型

其中较大的圆球为最顶层原子，较小的圆球表示底层原子

子，较小的圆球表示底层原子。该图中 c(4×4)的原子模型与图 13(d)相同，图中的β2(2×4)，是图 6-13 中的(b)，而α(2×4)为图 13 的(a)。

再构的半导体表面的形成是由体系的热力学的广度变量决定的，因此表面再构可以用表面相图来表示。MOVPE 生长表面相图可由反射差分光谱(RDS)谱[24]、表面光吸收(SPA)谱[21]或掠入射 X 射线散射(GIXS)谱[25,27]等确定。

当氮气为载气，同时通入 AsH_3 和 $Ga(CH_3)_3$ 时，外延生长开始进行。此时 RDS 谱发生显著变化，见图 6-18。如果 $Ga(CH_3)_3$ 分压小，依然得到类似于 c(4×4)或(4×3)之一的谱线，只是随着浓度的增加谱线的最小值向低能端少许移动。表明大部分表面仍然是 c(4×4)结构(图 6-18 相区 I，黑实线)。到达表面的 Ga 立即并入晶格，并且被 As 覆盖。

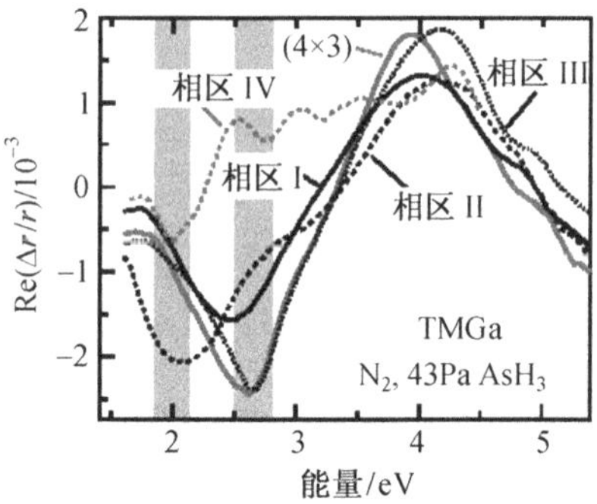

图 6-18　MOVPE 生长中的 GaAs (001)表面 RDS 谱

当增加含 $Ga(CH_3)_3$ 的分压，RDS 最小值(图中竖阴影条)从 2.6eV 移动到 2.0eV，说明表面部分被 Ga 二聚物覆盖，形成类似于(2×6)的结构(相区 II，长虚线)。此时没有足够的 As 到达表面以覆盖 Ga。富 Ga 区域很可能处于台阶边缘。RDS 谱为 c(4×4)和任意一个(n×6)的线性组合。

如果 $Ga(CH_3)_3$ 分压进一步增加，RDS 谱大体变回到初始表面的曲线(4×3)，此表面再构(4 × 3)类似于 c(4 × 4)，至少含有一个双层 As。但是 RDS 谱的最小值变窄，最大值略向紫外区移动(相区 III，轻虚线)。然而因为温度低(<850K)，TMGa 未完全分解，表面被吸附物覆盖并且生长速度随温度成指数地降低(动力学限制生长)。因此相 III 的 RDS 谱符合于(1×2)-CH_3 再构。

当 $Ga(CH_3)_3$ 分压更高(或 V/III 比低)，最后得到完全不同的谱，类似于覆盖了 CH_2 的 (1×4)-CH_2 表面的 RDS 谱(相区 IV，原子层外延生长区)。

根据图 6-18 不同的 RDS 谱型，确定出 GaAs (001) MOVPE 生长压力-温度相图，见图 6-19[21,28,31]。图中划分出 I、II、III 和 IV 四个相区，分别用□、○、△和×来表示。▲代表固定 TMGa 压力为 5Pa，空心点代表固定 AsH_3 分压力为 82.5Pa。在高生长温度和低 TMGa 分压的相区 I 可以生长高质量外延层，生长模式为台阶流。在稍低的温度 RDS 谱改变到相 II。在相区 II，观测到单层生长振荡。此时许多岛(晶胚)在台面上生长(即岛生长模式)，在一个单层生长过程中，RDS 谱从相 II(有许多岛因此有许多台阶边缘和暴露的 Ga 双聚物)到相 I(个别岛和 As 覆盖的表面)，产生 RDS 谱一个单层振荡。在这种条件下，靠测量具有不同台面宽度的邻晶面上从岛生长模式到台阶流的转变温度，可以估计出在表面上 Ga 的扩散长度。根据 BCF 理论在转变温度扩散长度应该与台面宽度在同一数量级。在相区 II 也可能出现 GaAs(001)面上的台阶聚并。在相区 III 和 IV，表面被大量碳氢化合物所覆盖，不利于获得高质量外延生长，但是可以用于本征“碳掺杂”。在很高的 TMGa 分压和温度下，TMGa 完全分解，表面会出现镓滴，如图左上角所示。总之，这种由 RDS 谱分类的相图能帮助我们实时地根据生长表面的状态确定生长条件。

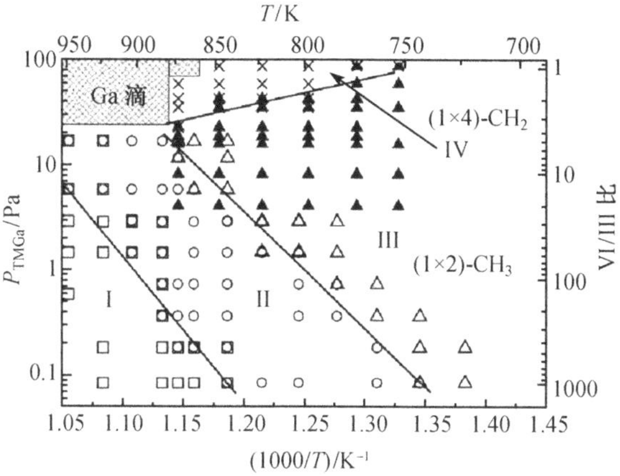

图 6-19　根据不同的 RDS 谱确定的 GaAs (001) MOVPE 生长压力-温度相图

实心点固定 TMGa 压力为 5Pa，空心点固定 AsH_3 分压力为 82.5Pa

利用 SPA 谱建立了作为衬底温度和 PH_3 分压函数的磷稳定表面的 InP (001) MOVPE 表面相图，见图 6-20。在 550°C 和 PH_3 分压为 10Pa 和 30Pa 时，表面为由 P 二聚物构成的类(2×4)再构，P 二聚物的键轴平行于[110]。当衬底温度降低以及 PH_3 分压增高时，无定形 P 开始过量地吸附在类(2×4) P 二聚物上。未发现(4×4)再构。为了生长高质量 InP 外延层，要抑制 P 在(2×4)表面上的吸附。在有过量的 P 的表面上生长的 InP 净电子浓度较高，迁移率较低，可能与天然点缺陷有关(如 P 反位缺陷)[28]。用 RDS 研究 InP(001) 面的 MOVPE 生长时，发现在富 In 或较少富 P 的情况下，产生(2×4)表面再构。富 P 的情况下的表面再构为(2×1)。在低温和高 P 压下，得到弱的 c(4×4)再构[29]。

GaN 为六方晶系，最经常使用的衬底晶面是(0001)面。与 GaN(0001)在真空环境和典型的生长温度下仅有(1×1)，(2×2)和(5×5)再构表面不同，在 MOVPE 条件下，

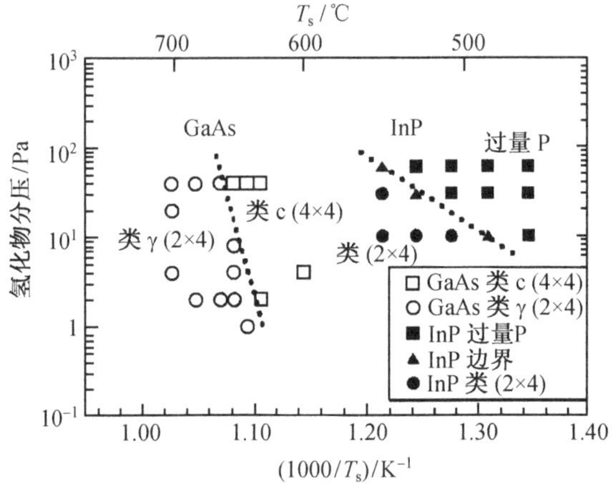

图 6-20　使用 SPA 测量确定的 InP (001)和 GaAs (001)表面相图

用掠入射 X 射线散射(GIXS)方法发现 GaN(0001)的 Ga 面存在(1×1)和($\sqrt{3}\times2\sqrt{3}$)$R30°$两种表面再构[25]。($\sqrt{3}\times2\sqrt{3}$)$R30°$表示再构表面的基矢比体内平面中类似的矢量大了$\sqrt{3}$和$2\sqrt{3}$倍并且转动了 30°。实验以 TMGa 和 NH_3 为源，用 N_2 作载气(使用 H_2 为载气的结果类似)，反应室压力为 200Torr，温度在 740°C 至 620°C 之间。根据 GIXS 结果绘出作为温度和氨分压函数的表面平衡相图，见图 6-21。当氨分压增加($\sqrt{3}\times2\sqrt{3}$)$R30°$转变为(1×1)相的温度也增加。在更高的温度下仅观测到(1×1)结构的峰。(1×1)和($\sqrt{3}\times2\sqrt{3}$)$R30°$两种表面再构的原子排列截面模型见图 6-21 的插图。这种($\sqrt{3}\times2\sqrt{3}$)$R30°$相为新奇的“缺失行”结构，表面 Ga 原子缺少了 1/3，并且有序的排列成行[25]。($\sqrt{3}\times2\sqrt{3}$)$R30°$结构直接关系到 GaN 在低温生长的机构，如生长 GaN/In_xGa_{1-x}N 多量子阱的势垒层。

6.3.3　表面再构与固溶体有序化

实验发现，在用 MOVPE 生长替代式 $Ga_{0.5}In_{0.5}P$ 固溶体时会出现有序化结构，即 Ga 和 In 原子在合金中不是随机排列，而是出现 III 族原子亚晶格排列的 CuPt 型长程有序结构，即在<111>方向上有规则的周期排列。Cu—Pt 有序结构有($\bar{1}11$)和($1\bar{1}1$)两种结构变体。图 6-22 为无序结构与 CuPt 长程有序 $Ga_{0.51}In_{0.49}P$ 合金结构的示意图。

发生有序无序相变时，许多物理性质也显现出突变，如有序结构的 $Ga_{0.51}In_{0.49}P$ 的禁带宽度比 Ga 和 In 原子完全随机分布的无序结构的禁带宽度约低 200meV。为了描述有序程度，引入有序参数 s。在完全无序时，s=0；在完全有序时，s=1。通常根据无序-有序带隙差ΔE_0估算 GaInP 的有序度[53]：

$$s=\sqrt{\Delta E_0(\text{meV})/471(\text{meV})} \tag{6-7}$$

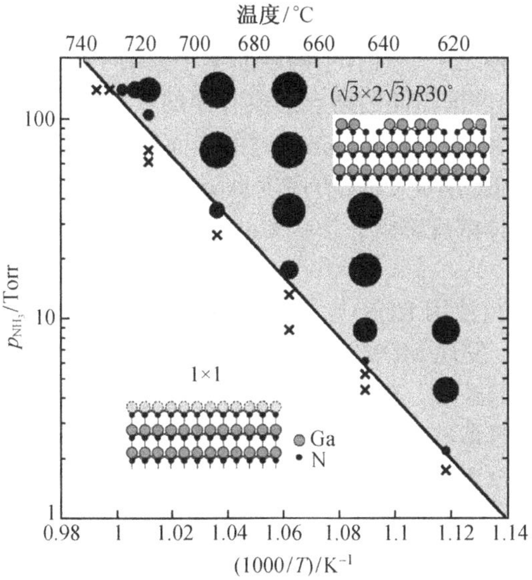

图 6-21　在 MOVPE 生长环境下 GaN(0001)表面平衡相图

阴影区为$(\sqrt{3}\times2\sqrt{3})R30°$再构，透明区为 1×1 再构。图中实心圆面积●正比于在此条件下的 $\frac{1}{3}\frac{1}{3}_{bulk}(20_{surf})$ 反射强度; ×表示在此条件下不存在峰。插图分别为 1×1 和$(\sqrt{3}\times2\sqrt{3})R30°$两种表面再构的原子排列截面模型

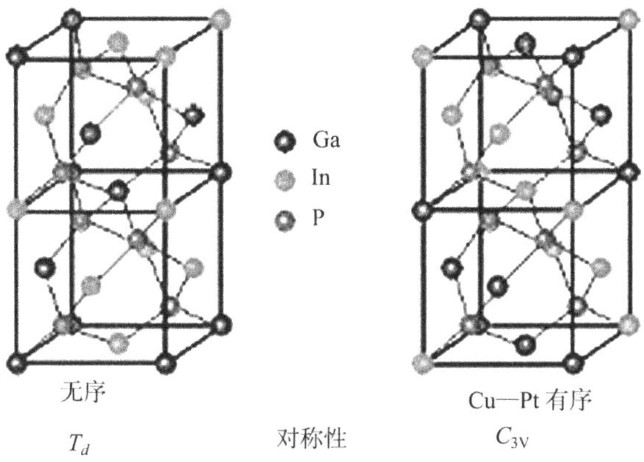

图 6-22　无序与 CuPt 长程有序的 $Ga_{0.5}In_{0.5}P$ 合金结构示意图

实验发现生长温度、V/III 比、掺杂水平、衬底取向等多种因素影响 $Ga_{0.5}In_{0.5}P$ 有序度。一般认为开始吸附到生长表面上的 III 族原子是随机分布的，有序结构的形成与表面 III 族原子排列的有序化过程有关。$Ga_{0.5}In_{0.5}P$ 表面沿$[\bar{1}10]$方向的 P 双聚体触发了 CuPt 有序的形成。这个假定是基于表面光吸收(SPA)研究和理论计算。

模型认为(2×1)表面再构使 P 双聚体在亚表面层产生晶格交替的膨胀与压缩。因此在应变的(2×1)P 双聚体之下，具有不同四面体半径的不同原子(在此是 III 族 Ga 原子较小，In 原子较大)占据不同的格点形成有序的亚晶格，于是形成 CuPt 结构。

利用 SPA 谱对 MOVPE 生长 GaInP 时的表面进行研究的结果指出：若[$\bar{1}$10]方向的 P 双聚物浓度降低，形成 CuPt 有序度也降低[30,31]。例如，生长温度升高或 V/III 比降低都能使 P 双聚体浓度降低，形成 CuPt 有序度也降低，并且指认表面再构是类–(2×4)。

其后的在 MOVPE(使用 RDS)与 CBE(使用 RDS 和 HREED)两种设备中分别生长 GaInP 的对比研究，发现 MOVPE 中在富 P 的条件下为类–(2×1)再构，而在富 III 族的条件下为类–(2×4)再构。在此工作中原位 RDS 观察需要区别表面再构和体有序信号贡献的重叠，选取在 2.9eV 的 RDS 振幅作为测量生长过程中类(2×1)和类(2×4)再构表面的信号，因为类–(2×1)再构的 RDS 谱在 3eV 处有一尖锐峰，而类–(2×4)再构的 RDS 谱在 3eV 处此峰消失。当 V/III 比为 160 时，温度从 875K 到 995K，由于 P 的解吸增强，表面再构由类–(2×1)再构转变成富 III 族的类–(2×4)再构。同样认为沿[$\bar{1}$10]方向的 P 双聚体是触发 $Ga_{0.5}In_{0.5}P$ 形成 CuPt 有序结构的原因，但是指认当表面被类–(2×1)双聚物覆盖时生长出 $CuPt_B$ 型有序 InGaP；当表面为类–(2×4)再构时，有序则消失[32]。图 6-23 示出在两种 V/III 比条件下有序度参数 *s* 与生长温度的关系，同时还列出两种不同的衬底取向和两种不同的掺杂浓度的结果。在 875K 有序度 *s* 为中间值，先随温度的上升而上升，在 935K 附近达到最大，然后随温度的进一步上升而减小。有序度 *s* 随 V/III 比的增加而降低。衬底取在向(111)B 偏 0.2°到 2°有序度 *s* 不变，但是向(111) A 偏 6°有序度 *s* 降低。未掺杂样品有序度最高，当掺 n 型 Se 或 Si 时有序度降低($n=2\times10^{17}cm^{-3}$)，在重掺杂时有序度消失($n=6\times10^{18}cm^{-3}$)。

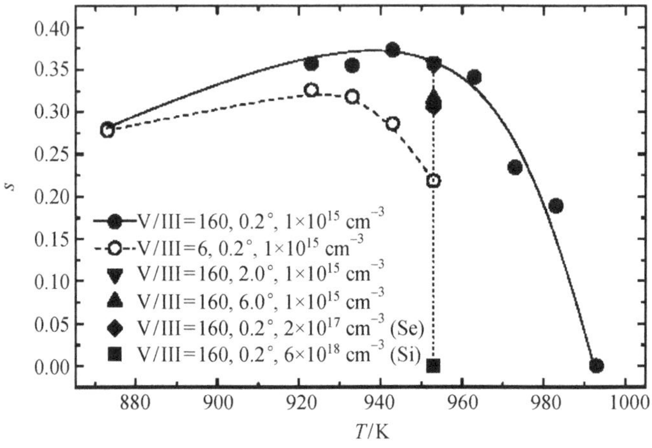

图 6-23　有序度参数 *s* 与生长温度的关系(在两种 V/III 比条件下)同时还列出两种不同的衬底取向和两种不同的掺杂浓度的结果

如果利用与表面类–(2×1)/类–(2×4)再构比有关的 2.9 eV 的 RDS 振幅与 GaInP 的有序度作图，就可以找寻生长时的表面再构与有序度的关系。图 6-24 示出 GaInP 有序度参数 s 与在 2.9eV 的 RDS 振幅的关系。GaInP 的(001)表面在富 P 条件下为(2×1) 再构，而在富 P 不是太多的情况下转变为(2×4)再构[32]。从该图可以看出所有的实验点，包括生长温度、V/III 比、掺杂水平、衬底取向等对有序度的影响，都有规律的排列。这清楚地表明各种生长参数是通过表面再构来影响外延层的有序度的。然而在低温由于减少了 P 的脱附，表面总是富 P 的并且也是类–(2×1)再构，但是有序度却略有下降。这种现象可以解释为 P 双聚体触发的 CuPt 有序即 Ga 和 In 原子扩散到它们在第三亚表面层的能量适宜格点时受到动力学的阻力。因此在低温进行生长时有序度降低。

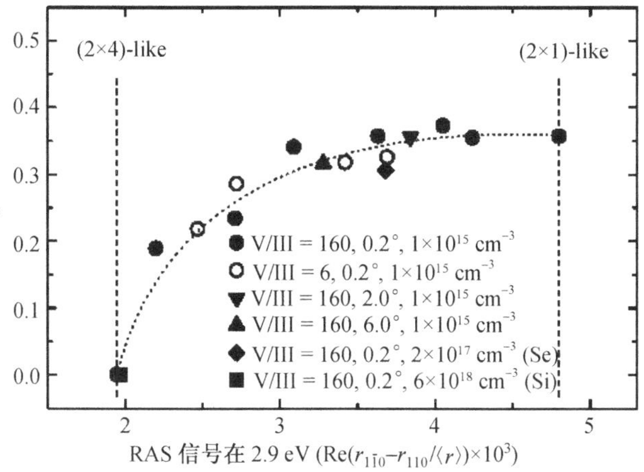

图 6-24　GaInP 有序度参数 s 与在 2.9eV (仅为表面贡献)的 RDS 振幅的关系

此振幅数值与表面(2×1)/(2×4)再构比有关。本图用的数据(V/III 比，衬底取向，掺杂浓度和 925K 至 995K 的生长温度)取自图 6-23

在很多 III-V 固溶体中都已观察到不同的有序结构，这些固溶体包括 GaAlAs(CuAu 有序), GaInAs(CuAu 有序), GaAsSb(CuAu，CuPt 和黄铜矿 CH 有序), InAsSb(有序), InPSb(CuPt 有序), GaAsP 与 GaInAsP(CuPt 有序)，GaAlInP(CuPt-B 有序)，GaInN(CuPt 有序)和 HgCdTe(CuPt 有序)等[21]。

6.4　表面活性剂

表面活性剂(surfactant)是富集于表面和界面上具有极高的降低表面、界面张力的一类物质。在 MOVPE 中，表面活性剂是那些本身蒸气压比较低的元素，经常由于它们与组成固体晶格的原子在尺寸上不同，在生长过程中被母体排出，又不可能靠挥发脱离表面，此种元素被富集在生长表面并且改变表面结构和表面能，进而影响生长过程和外延层的性质[33]。在 MOVPE 中，使用的表面活性剂有：等电子元素，如 GaInP 常用与 P 等电子的元素 As、Sb、Bi[33]，GaN 和 AlN 用与 Ga 和 Al 等电子的元素 In 做表面活性剂 [34]。另外，掺杂元素也可用做表面活性剂，如 *n* 型杂质 Te 做 InGaP 的表面活性剂。

表面活性剂可以改变固溶体外延层的有序度、表面粗糙度和异质结界面质量。使用等电子元素如 As、Sb、Bi 或 n 型杂质 Te 均有助于消除 InGaP 中的 CuPt 有序结构[33]。其机理大致分为两类：一类如 As 和 Sb 是将沿[$\bar{1}$10]排列的 P 双聚物置换成 As 和 Sb 的双聚物，它们较大的双聚物间距直接减小了表面下方的应力，从而降低了形成有序结构的驱动力。另一类如 Te，在台阶边缘聚集，增加了[$\bar{1}$10]台阶的移动速度，使得 Ga/In 原子在无序并入晶格后没有足够时间来交换位置形成有序结构，并未发现表面再构变化。前者属于表面热力学因素，后者属于动力学因素。而 Bi 的影响更为复杂：一方面 Bi 部分取代了在表面(001)的 P 双聚物；另一方面 Bi 也类似于 Te，增加了台阶移动速度，只是 Bi 不仅覆盖台阶边缘而且还覆盖了台面。

InGaP 的有序度随着表面活性剂/III 的比值的增加而下降，见图 6-25。对于 Sb 和 Bi 来说，当 Sb/III 或 Bi/III 分压比约等于 0.02 时，InGaP 基本为无序了。此时 Sb 在固相中的浓度为 $10^{18}cm^{-3}$。对于 As 来说，只有当 As/III=0.45 才能显著降低有序度，而此时 As 在固相中的浓度已为百分之几了，因此 As 不是好的表面活性剂。而得到无序 InGaP 的 Te/III 比 Bi /III 比还要小两个数量级。

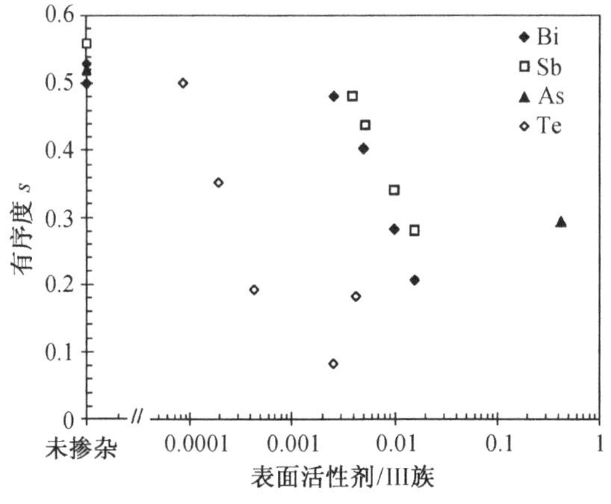

图 6-25　MOVPE 生长的 InGaP 有序度与气相表面活性剂/III 的比值

值得指出的是表面活性剂并不都促进无序化的形成，有时会促进有序的形成。例如，在生长 GaAsSb 时，表面活性剂 Bi 促进 CuAu 有序和黄铜矿有序的形成，其成因还不清楚[34]。

使用少量的表面活性剂能降低某些材料外延层的表面粗糙度,也可以改善异质结界面质量。例如，用 MOVPE 生长 AlN 或高 Al 含量 AlGaN 时，由于 Al-N 键非常强，Al 在表面很难迁移，导致表面粗糙。但在生长 AlN 或 AlGaN 的同时加入一定量的 In(TMIn)作为表面活性剂，则实现了台阶流的生长模式，改善了表面或界面质量，仅有少量 In 并入 AlN 或 AlGaN 中，并且已生长出高迁移率的 AlN/GaN 多层结构[35]。

另外,还观测到表面活性剂能改变 MOVPE 生长时元素并入 GaAs 的掺杂浓度。发现表面活性剂 Sb 能增加 Zn 和 In 向 GaAs 中的并入，而表面活性剂 Sb、Bi 和 Tl 都能降低 N 向 GaAs 中的并入[36]。

参 考 文 献

[1] 张克从, 张乐惠. 晶体生长科学与技术: 上册. 第 2 版. 北京: 科学出版社, 1997. 107.

[2] Scheel H J, Historical aspects of crystal growth technology. J Crystal Growth, 2000, 211: 1-12.

[3] Ratsch C, Garcia J, Caflisch R E. Influence of edge diffusion on the growth mode on vicinal surfaces. Appl Phys Lett, 2005, 87: 141901.

[4] Lippmaa M, Nakagawa N, Kawasaki M, Ohashi S, Koinuma H. Growth mode mapping of $SrTiO_3$ epitaxy. Appl Phys Lett, 2000, 76: 2439-2441.

[5] Neave J H, Dobson P J, Joyce B A, Zhang J. Reflection HEED oscillations from vicinal surface-a new approach to surface diffusion measurements. Appl Phys Lett, 1985, 47: 100-102.

[6] Johnson M D, Sudijono J, Hunt A W, Orr B G. Growth mode evolution during homoepitaxy of GaAs (001). Appl Phys Lett, 1994, 64: 484-486.

[7] Ratsch C, Garcia J, Caflisch R E. Influence of edge diffusion on the growth mode on vicinal surfaces. Appl Phys Lett, 2005, 87: 141901.

[8] Kisker D W, Stephenson G B, Tersoff J, et al. Atomic scale studies of epitaxial growth processes using X-ray techniques. J Crystal Growth, 1996, 163: 54-59.

[9] Asai H. Anisotropic lateral growth in GaAs MOCVD layers on (001) substrates. J Cryst Growth, 1987, 80: 425-433.

[10] Ratsch C, Garcia J, Caflisch R E. Influence of edge diffusion on the growth mode on vicinal surfaces. Appl Phys Lett, 2005, 87: 141901.

[11] Oliver R A, Kappers M J, Humphreys C J, et al. Growth modes in heteroepitaxy of InGaN on GaN. J Appl Phys, 2005, 97: 013707.

[12] Ohkuri K, Ishizaki J, Hara S, Fukui T. Multiatomic step formation on GaAs(001) vicinal surfaces during thermal treatment. J Crystal Growth , 1996, 160: 235-240.

[13] Schwoebel R L, Shipsey D J. Step motion on crystal surfaces. J Appl Phys, 1966, 37: 3682-3686.

[14] Myslivecek J, Schelling C, Schaffler F, et al. On the microscopic origin of the kinetic step bunching instability on vicinal Si (001). Surface Science, 2002, 520: 193-206.

[15] Hong W, Lee H N, Yoon M, et al. Persistent step-flow growth of strained films on vicinal substrates. Phys Rev Lett, 2005, 95: 095501.

[16] Tsuchiya M, Petroff P M, Coldren L A. Spontaneous growth of coherent tilted superlattice on vicinal (100) GaAs substrates. Appl Phys Lett, 1989, 54: 1690-1692.

[17] Venezuela P, Tersoff J, Floro J A, et al. Self-organized growth of alloy superlattices. Nature, 1999, 397: 678-681.

[18] Ogata K, Maejima K, Fujita Sz, Fujita Sg. Growth mode control of ZnO toward nanorod structures or high-quality layered structures by metal-organic vapor phase epitaxy. J Crystal Growth, 2003, 248: 25-30.

[19] Zhang B P, Binh N T, Segawa Y, et al. Optical properties of ZnO rods formed by metalorganic chemical vapor deposition. Appl Phys Lett, 2003, 83: 1635-37.

[20] Nakajima K, Ujihara T, Miyashita S, Sazaki G. Effects of misfit dislocations and AlN buffer layer on the GaInN/GaN phase diagram of the growth mode. J Appl Phys, 2001, 89: 146-153.

[21] Stringfellow G B. Organometallic vapor epitaxy: theory and practice. 2ed. San Diego, California: Acidemic Press, 1989.

[22] Farrell H H, Palmstrom C J. Reflection high energy electron diffraction characteristic absences in GaAs(100) (2×4)-As: A tool for determining the surface stochiometry. J Vac Sci and Technol. 1990, B8: 903-907.

[23] Hashizume T, Xue Q K, Zhou J, Ichimiya A, Sakurai T. Structures of As-rich GaAs(001)-(2×4) reconstructions. Phys Rev Lett, 1994, 73: 2208-2211.

[24] Richter W. In-situ observation of MOVPE epitaxial growth. Appl Phys 2002, A75: 129-140.

[25] Munkholm A, Stephenson G B, Eastman J A, et al. Surface Structure of GaN(0001) in the Chemical Vapor Deposition Environment. Phys Rev Lett, 1999, 83: 741-744.

[26] Kamiya I, Tanaka H, Aspnes D E, Florez L T, Colas E, Harbison J P, Bhat R. Arsenic dimers and multilayers on (001)GaAs surfaces in atmospheric pressure organometallic chemical vapor deposition. Appl Phys Lett, 1992, 60: 1238-1240.

[27] Kisker D W, Stephenson G B, Fuoss P H, Lamelas F J, Brennan S. Imperatori P: Atomic scale characterization of organometallic vapor phase epitaxial growth using in-situ grazing incidence X-ray scattering. J Cryst Growth, 1992, 124: 1-9.

[28] Kobayashi Y, Kobayashi N. Chemical-bonding of InP surface in MOVPE studied by surface photo-absorption. J Electron Materials, 1996, 25: 691-694.

[29] Zorn M, Trepk T, Zettler J T, et al. Temperature dependence of the InP (001) bulk and surface dielectric function. Appl Phys, A 1997, 65: 333-339.

[30] Murata H, Ho I H, Hsu T C, Stringfellow G B. Surface photoabsorption studies of the chemical structure of GaInP grown by organometallic vapor phase epitaxy. Appl Phys Lett, 1995, 67: 3747-3749.

[31] Murata H, Lee S H, Ho I H, Stringfellow G B. Correlation between surface structure and ordering in GaInP. J Vac Sci Technol, 1996, B 14; 3013-3018.

[32] Zorn M, Kurpas P, Bhattacharya A, et al. Correlation of InGaP (001) surface structure during growth and bulk ordering. Phys Rev B, 1999, 60: 8185-8190.

[33] Stringfellow G B, Shurtle J K, Lee R T, et al. Surface processes in OMVPE-the frontiers. J Crystal Growth , 2000, 221: 1-11.

[34] Jiang W Y, Liu J Q, So M G, et al. Effect of Bi surfactant on atomic ordering of GaAsSb. Phys Rev Lett, 2004, 85: 5589-5591.

[35] Keller S, Heikman S, Ben-Yaacov I, et al. Indium-surfactant -assisted growth of high-mobility AlN/GaN multiplayer structures by metalorganic chemical vapor deposition. Appl Phys Lett, 2001, 79: 3449-3451.

[36] Stringfellow G B. Development and current status of organometallic vapor phase epitaxy. J Cryst Growth, 2004, 264: 620-630.

第 7 章　III-V 族半导体材料的 MOVPE 生长

III-V 族半导体材料是最重要的化合物半导体材料，也是 MOVPE 研究的最为深入，应用最为成功的材料体系。本章主要介绍单层 III-V 族化合物半导体材料的 MOVPE 生长，按砷、磷、锑、氮化物及其固溶体的次序，先介绍非有意掺杂化合物半导体的外延层生长，然后讨论单层材料的掺杂规律。

7.1　GaAs 及其固溶体的 MOVPE 生长

7.1.1　非有意掺杂 GaAs 的 MOVPE 生长

7.1.1.1　源

生长 GaAs 最常用的源是 TMGa、TEGa 和 AsH_3，近年来随着低危险性 TBAs 纯度的提高应用也日趋广泛。无论 III 族源还是 V 族源，其纯度和分子结构都对外延层的本底杂质浓度有很大影响。例如，在 TMGa 中会含有 Sn、Si、Zn、S，以及可能残留有合成过程中使用过的有机试剂及溶剂，氧也可能以烷氧基物的形式存在于 TMGa 中。AsH_3 中含有 GeH_4、SiH_4、H_2O 和 O_2 等杂质。外延层的电学、光学性质与 TMGa 中和 AsH_3 中的杂质含量有关早已被实验所证实[1-3]。表 7-1 列出了对早期的两瓶 TMGa 进行原子吸收光谱测量得到的痕量金属杂质含量。现在的纯度已经大为提高。可以看出 3 号 TMGa 的杂质含量少于 1 号的[3]。图 7-1 为用上述源生长的 GaAs77K 时的迁移率和室温载流子浓度与 V/III 比的关系图。将迁移率数据与杂质含量相比较，可以看出较低的杂质含量导致较高的迁移率。杂质含量也影响下面将要讨论的 p 型到 n 型转变点的 V/III 比[3]。

表 7-1　不同 TMGa 源材料中痕量金属杂质含量(ppm)的火焰原子吸收光谱分析

TMGa 编号	Al	Ga	Cd	Cr	Fe	Mg	Mn	Si	Zn
3	未检出	< 0.05	未检出	< 0.1	1.7	0.06	<0.05	11	0.1
1	0.1	<0.05	0.1	<0.1	2.0	0.10	<0.05	37	0.2

除了 MO 源的纯度外，已经在 3.2.1 节中讨论的 MO 源的热解机制对 GaAs 本底碳沾污的影响也很大。与 TMGa 不同，TEGa 以β氢化物消去反应进行热解从而减少了碳沾污。表 7-2 列出了 TEGa、TMGa、AsH_3、TBAs 四种源组合时 GaAs 外延层的电学性质。显然使用 TEGa 比 TMGa 所获得的外延层杂质含量少，使用 AsH_3 比 TBAs 所获得的外延层杂质含量少。TEGa-AsH_3 组合生长的 GaAs 外延层的净载

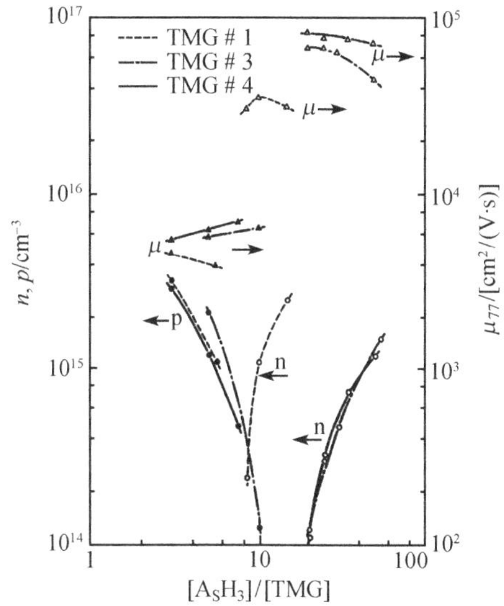

图 7-1 不同 TMGa 源：(---)TMGa#1，(-·-)TMGa#3，(——)TMGa#4 的 77K 电子迁移率和室温载流子浓度与[AsH_3]/[TMGa]的函数关系

流子浓度在 $10^{13}cm^{-3}$ 量级，77K 迁移率已经高达 210 000cm^2/(V·s)，峰值迁移率为 335 000cm^2/(V·s) (35K)。这是迄今各种技术得到的 GaAs 的最高值。TEGa 与 AsH_3 组合得到的高质量外延层也被低温光荧光谱确认。而使用 TMGa 与 AsH_3 组合在 630°C 下生长的最高迁移率为 152 000 cm^2/(V·s)。即使用同一种源组合，外延层的电学特性也会由于纯度不同而有所差异。如 TMGa-TBA 组合在降低了源中残余 n 型杂质含量后可以生长出高阻 p 型材料。在降低了 AsH_3 中的 SiH_4 和 H_2O 以后，与 TMGa 组合也生长出纯度 p 型 GaAs[9]。

表 7-2 四种源组合情况下 GaAs 外延层的电学性质

源	生长反应室			厚度 /μm	N_D-N_A /cm^{-3}	μ_{300} /[cm^2/(V·s)]	μ_{77} /[cm^2/(V·s)]	文献
	温度 /°C	压力 /10^5Pa	V/III					
TEGa+AsH_3	510	0.1	-	12	10^{13}	9 000	210 000	[4]
TEGa+AsH_3	650		17.5	10~12	~10^{14}	>8000	210 000	[8]
TMGa+AsH_3		1.01			3.7×10^{14}		139 000	[3]
TMGa+AsH_3	630	1	70	9~12	7.3×10^{14}	8 200	152 000	[5]
TEGa+TBAs	600	0.1	30	6.5	7.9×10^{13}	7 300	160 000	[6]
TMGa+TBAs	600	1	30	3~6	1.0×10^{14}	7 600	80 000	[7]
TMGa+TBAs	650	1	30	-	$p=8.6\times10^{13}$	μ_p=410	μ_p=7800	[6]

7.1.1.2 生长温度

生长温度即外延生长时的衬底温度。生长温度对生长速度的影响已经在第 4 章 4.2.1 节讨论过。生长温度对外延层杂质浓度的影响因使用不同的源组合而异。

用 TMGa 和 AsH_3 生长 GaAs 时，常用的生长温度在 600~800°C，而高纯 GaAs 是在相对低的生长温度下 600~650°C 获得的。当生长温度高于 700°C，无论是剩余施主杂质还是剩余受主杂质的浓度均有所提高[1]。剩余受主杂质主要是 C，它主要是来自 TMGa 的热解所产生的甲基。甲基既可能占据 As 位，失去 H 掺入外延层；又可能和与 H 结合，生成 CH_4 从表面脱附。这两种机制竞争的结果使得 GaAs 中的 C 含量随着温度的升高而上升。施主杂质主要是 Ge 和 Si，它们主要来自 AsH_3 中的残留杂质[3]。由于 Ge 和 Si 杂质的掺杂行为与其热分解有关，因此随着生长温度的升高杂质浓度也增高。图 7-2 示出了生长温度与外延层中施主浓度 n、受主浓度 p、施主杂质 N_D、受主杂质 N_D 和施主受主总和 N_D+N_A 的关系[3]。上述温度范围处于扩散控制区中，其生长速度与衬底温度几乎无关，仅正比于 TMGa 的浓度，此时生长速度也易于调节，其典型值为 0.005~0.03μm/min。在扩散控制区生长源的利用率较高，外延层表面形貌也较好。

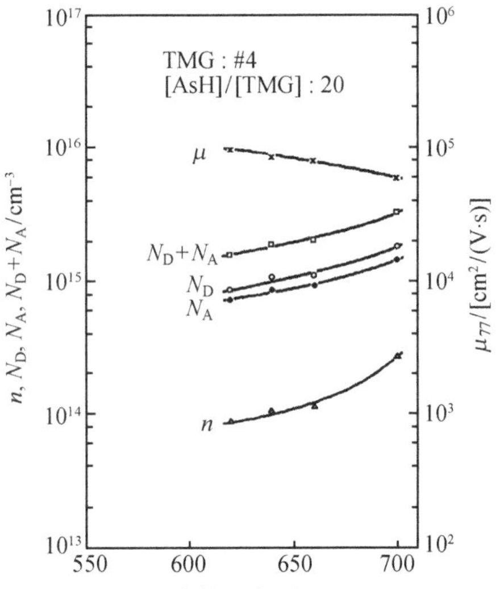

图 7-2 采用 TMGa 和 AsH_3 为源生长 GaAs 的 n，N_D，N_A，N_D+N_A，μ_{77} 与生长温度的关系

采用 TEGa 和 AsH_3 生长 GaAs 时，碳沾污少，生长温度可以降低。Razeghi 等[4]报道 77K 迁移率为 210 000 $cm^2/(V·s)$ GaAs，净载流子浓度为 $10^{13}cm^{-3}$，是在 510°C 得到的。Shastry 等[8]在生长温度 650°C，V/III=17.5 的条件下，也得到 77K 迁移率为 210 000 $cm^2/(V·s)$的 GaAs 外延层。

7.1.1.3　输入 V/III 比

输入 V/III 比，简称 V/III 比，为送入反应室的总 V 族与总 III 族元素的分压比(p_V°/p_{III}°)或摩尔流量比(n_V°/n_{III}°)。而真正在生长中起作用的是在固-气界面的总 V 族与总 III 族元素的分压比(p_V^i / p_{III}^i)。生长界面的 V/III 比会影响外延层中的化学计量比,即影响杂质的并入和天然点缺陷(空位和间隙原子)的浓度。但是需要指出的是在界面上的 V/III 比不同于输入 V/III 比。对 MOVPE 生长 GaAs 而言，通常 V/III 比大于 10 或者更高。在研究 V/III 比的影响时，应该采用恒定 III 族源的流量，改变 V 族源的流量的方法。其原因是当 V/III 比大于 1 时，因为 III 族品种基本上都并入晶格,于是衬底表面 III 族物种的分压很低,即 $p_{Ga}^i \ll p_{Ga}^\circ$，同时由于 V 族过量，生长界面的 V 族分压却近似等于输入的 V 族分压 $p_{AsH_3}^i \approx p_{AsH_3}^\circ$。于是当输入 V/III 比大于 1 时，改变 III 族源的流量只会影响生长速度的变化,而表面 V 族分压基本不变。

V/III 比对外延层中的剩余杂质浓度有重大影响。当以 TMGa 和 AsH_3 为源生长 GaAs 时，随着 V/III 比的增加，GaAs 外延层从 p 型转变到 n 型，见图 7-3[2]。在低 V/III 比时，碳受主占优势。在用低温 PL 谱进行 C 沾污研究时发现，V/III 比降低、生长温度提高和某个特殊衬底取向都会使 C 并入增强。随着 V/III 的增加，即 AsH_3 分压的增大，GaAs 外延层中可以被杂质 C 占据的 As 空位浓度在减小，同时也使在 AsH_3 表面热解产生的 H 与甲基反应生成甲烷而迅速脱附，其综合结果使得外延层中的碳浓度下降。另一方面由于 GaAs 外延层中的 n 型杂质主要来自于 AsH_3，因此随着其流量的增加，在材料中的 n 型掺杂浓度升高最终占优势，材料将呈现为

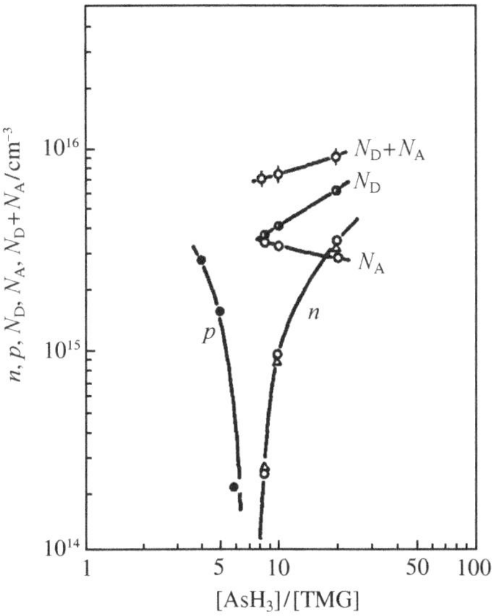

图 7-3　GaAs 外延层中 n、p、N_D 和 N_D+N_A 与输入 V/III 比的关系

n 型[3]。p 型到 n 型转变点的 V/III 比与源的纯度和生长温度有关。当使用高纯 TMGa 和 AsH_3 生长 GaAs 时，由于 n 型杂质含量降低，尽管改变 V/III 比，外延层却总为 P 型[8]。当反应室的压力降低到 0.1atm 时，p 型到 n 型转变点的 V/III 比值变大。

当用 TEGa 代替 TMGa 生长 GaAs 时，电学性质与 V/III 比基本无关。这是因为 TEGa 与 TMGa 的分解机构不同，C 的并入低，推算出的受主浓度约为 $10^{13}cm^{-3}$。

V/III 比对与少数载流子寿命有关的 EL_2 深能级浓度也有影响，用 MOVPE 生长的样品中总有较高的 EL_2，这与富砷生长条件有关，其浓度随 V/III 比升高而上升。Watanabe 等[10]报道过两类 EL_2 中心：EL_{2a} (0.82eV)和 EL_{2b}(0.78eV)。EL_{2a} 在高生长温度下生长的 GaAs 中占主要地位，其浓度与$(V/III)^{1/2}$ 成正比；而 EL_{2b} 在低生长温度下生长的材料中为主，其浓度与$(V/III)^{1/4}$ 成正比。

7.1.1.4　衬底取向

衬底取向通常采用结晶学中低指数方向，最常用的 III-V 族半导体衬底表面是(100)面。(100)面易于化学抛光，易于获得好的表面形貌，适于选择外延生长和图形衬底生长，也能满足后续的器件工艺要求。其他常用的衬底取向为<311>A、<311>B、<111>A 和<111>B。不同的衬底取向对外延层载流子浓度和迁移率都有影响[2]。晶面取向对 GaAs 外延层的空穴浓度的影响见图 7-4。从图中可以看到，(111)A 外延层空穴浓度甚至比(111)B 面生长的高出几个数量级。

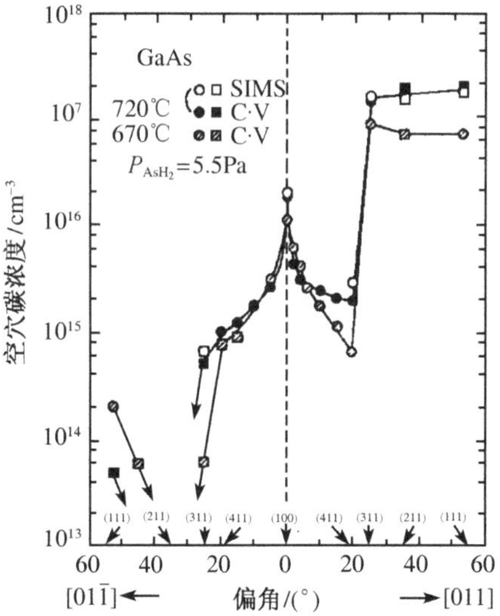

图 7-4　GaAs 外延层中的空穴浓度随衬底取向的变化

偏离(100)面 1°~5°的邻位面衬底提供了更多的表面生长台阶。图 7-4 示出，随着衬底偏角的增大 C 的掺杂浓度逐渐变小[11]。这一现象可以从 C 的掺入机制来解释。在小偏角的情况下，台阶的数量较少，其移动速率较大。这样，快速移动的台阶可能在吸附的含 C 分子与 H 原子反应之前将含 C 分子俘获，使 C 掺入外延层中。增大衬底的偏角也就是提高了台阶密度，当生长速度不变时减小了台阶移动速率。这导致了吸附在表面的 C 有更大的概率与 H 形成 CH_4 排出反应室，从而减小了 C 的掺入[12]。另一种可能的机制是由于衬底偏角的增大加剧了 AsH_3 的热解，这与提高 V/III 比时影响 C 掺入的机制类似[11]。因此偏离(100)面 1°~5°的小角度的衬底由于净载流子浓度的下降，迁移率得到提高。

7.1.1.5　反应室压力

反应室的压力对 TMGa 和 AsH_3 反应生成 GaAs 层电学性质的影响示于图 7-5[13]。当压力从 1.01×10^5Pa 下降到 0.027×10^5Pa 时，GaAs 的迁移率略有上升。压力进一步下降时，碳并入增强。到了分子流区，气相分子间无相互作用，此时碳浓度骤然上升。

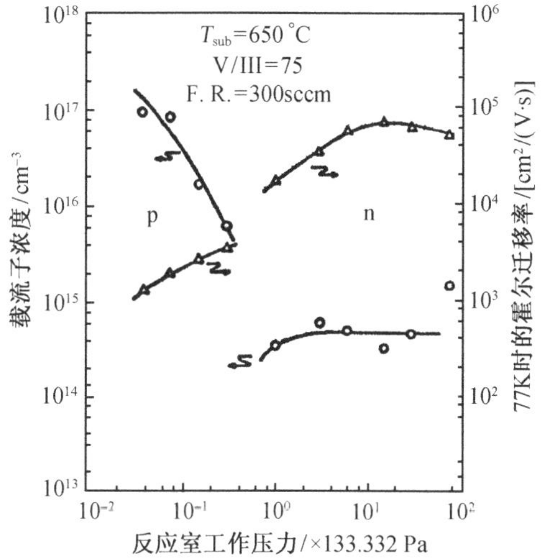

图 7-5　GaAs 净载流子浓度和 77K 霍尔迁移率与反应室的压力之间的关系
外延层生长温度为 650°C，$[AsH_3]/[TMGa]$=75

反应室的压力对生长速度的影响较弱。反应室的压力下降导致反应剂的扩散系数增大，然而这种对生长速度的正影响被反应剂分压随总压力降低的负影响所抵消。降低压力有助于消除反应室内的热驱动对流和抑制气相寄生反应，使得外延层的厚度与组分均匀性以及界面陡峭程度均会有所改善[14]。

7.1.1.6　载气

H_2 是使用最广泛的载气，以上所讨论的结果都是以氢气为载气得到的。早期曾用与 H_2 物理特性相近的 He 为载气，并进行了对比研究。结果表明 GaAs 的生长速度相近；本底浓度主要决定于 AsH_3 的分压，而与载气种类无关[15]。这就排除了在 GaAs 生长中，TMGa 与 H_2 产生 CH_4 的反应起重要作用的可能性。因此使用 N_2 载气就有更为安全的优点，也有报道使用 N_2 载气或 N_2/H_2 混合载气外延层厚度均匀性得到了改善[16,17]。随着 N_2 提纯技术的提高，氮载气的应用逐渐增多。需要指出的是由于 N_2 载气与 H_2 载气的物理性质(如热导率、密度)和化学性质的差别，对外延层的组分、生长速度和掺杂等多方面都有影响。

7.1.2 GaAs 的掺杂

7.1.2.1 掺杂的一般考虑

为了生长器件结构，在外延生长主体化合物的同时往往要进行可控掺杂。为此要向反应室输送含有所需杂质元素的掺杂剂。非金属氢化物和金属有机化合物是使用最广泛的两类掺杂剂。选择掺杂元素要考虑它在半导体中产生的能级位置、溶解度、扩散系数、蒸气压、激活率，以及载流子浓度与迁移率的关系。为了形成 n 型或 p 型导电，希望掺杂元素在半导体中形成浅施主或受主能级，以便在室温杂质就能全部离化。为了生长高阻外延层，需要选择深能级杂质。生长重掺杂外延层，则需要选择在基体中溶解度高的杂质。扩散系数小的杂质有利于形成陡峭界面。蒸气压低的杂质到达生长界面时，杂质基本上全部并入晶格中；而蒸气压较高的杂质只有其中一部分进入生长层。

除了杂质的掺杂行为以外，还要考虑掺杂剂本身的蒸气压、热分解温度、化学活性和是否会产生记忆效应等[18]。已经发现同一杂质元素不同分子结构的掺杂剂，其掺杂规律不同。影响杂质并入主体化合物的因素包括：生长温度、生长速度、反应室压力、V/III 比、固溶体的成分以及衬底取向等。

利用二次离子质谱(SIMS)可以测量杂质元素浓度分布剖面，用电化学 C-V 测试仪可以得到自由载流子浓度剖面。外延层的 Hall 迁移率数据还可用来计算补偿度。

表 7-3 列出了 GaAs 和 GaAlAs 中常用的施主和受主掺杂剂，以及掺杂浓度随生长条件的变化趋势。

7.1.2.2 GaAs 的 n 型掺杂

GaAs 中的施主杂质包括 IV 族的 Si、Sn 和 VI 族的 S、Se、Te。而在 GaAs 中经常使用的施主杂质是 Si 和 S。

(1) Si 掺杂剂: SiH_4 和 Si_2H_6

Si 在 GaAs 中扩散系数低，硅烷和乙硅烷的纯度高而且没有记忆效应，其掺杂电子浓度范围为 10^{15}~$10^{19}cm^{-3}$。图 7-6 示出上述二种硅掺杂剂在 GaAs 中的掺杂浓度与生长温度的关系[21]。当用 SiH_4 掺杂时，GaAs 外延层的电子浓度随生长温度增加呈指数上升，并且与衬底的取向有关。在固定的生长温度下，电子浓度与输入的硅烷摩尔分数关系如下：在低浓度时呈线性关系，当 SiH_4 的摩尔分数超过 10^{-6} 时，由于在 GaAs 中形成 Si 的沉淀，电子浓度呈现饱和趋势。而用 Si_2H_6 掺杂时，在 600~800°C 范围内，GaAs 外延层的电子浓度与生长温度无关。外延层中的电子浓度随 Si_2H_6 对 TMGa 的摩尔分数比呈线性变化。当浓度达到~$6\times10^{19}cm^{-3}$ 时出现饱和。

表 7-3　GaAs 和 GaAlAs 中常用的掺杂剂

掺杂剂	主体化合物	分配系数 K	温度升高	V/III 升高	注
施主					
SiH_4	GaAs/AlGaAs	<1	K 升高	无影响	掺杂量与 P_{SiH_4} 呈线性关系
Si_2H_6	GaAs	0.5	无影响		掺杂量与 $P_{Si_2H_6}$ 呈线性关系
TESn	GaAs		无影响		掺杂量与 P_{TESn} 呈线性关系
TMSn	GaAs		K 升高	无影响	掺杂量与 P_{TMSn} 呈线性关系
H_2S	GaAs/AlGaAs		K 下降	K 下降	掺杂量与 P_{H_2S} 呈线性关系
H_2Se	GaAs/AlGaAs		K 下降	K 下降	$K_{Se} \gg K_S$
DETe	AlGaAs		K 下降	K 下降	$K_{Te} \gg K_{Se}$
受主					
DEZn	GaAs/AlGaAs		K 下降	K 升高	
DMZn	GaAs/AlGaAs		K 下降	K 升高	掺杂量与 P_{DMZn} 呈超线性关系
DEBe	GaAs/AlGaAs		无影响	无影响	剧毒
Cp_2Mg	GaAs				熔点为 27°C,掺杂量与 P_{CP_2Mg} 呈线性关系
DMCd	GaAs				
CCl_4	GaAs/AlGaAs				引入受主碳
TMAs	GaAs				
半绝缘 $Cr(CO)_6$	GaAs/AlGaAs				

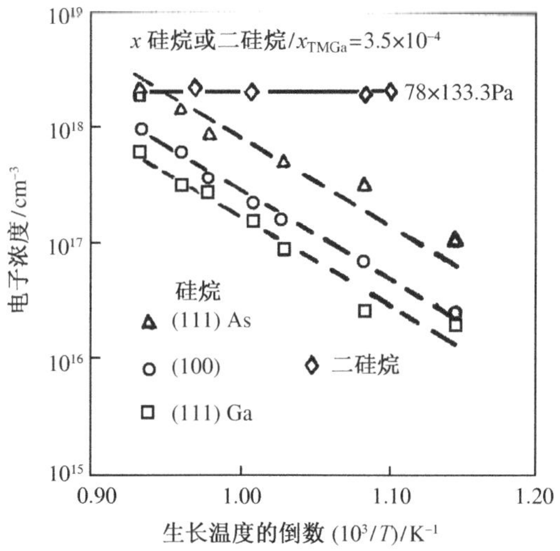

图 7-6　不同 Si 掺杂源(SiH_4 和 Si_2H_6)、衬底取向和衬底温度对 GaAs 中电子浓度的影响

两者掺杂行为的不同是由于 SiH_4 是比较稳定的分子，在 600~800°C 生长温度内仅有部分分解，Si 的并入过程被 SiH_4 在异相或表面催化分解所控制[19]。而 Si_2H_6 的热稳定性比较低，在高于 600°C 时 Si_2H_6 均相分解出 Si、H_2 和 SiH_4，因此 Si 的并入几乎与生长温度无关，是质量输运限制过程。

增加 V/III 比能促进 Si 的并入[20]。可能是由于 AsH_3 与 SiH_4 形成了 H_3SiAsH_2，随着 V/III 比的增加，产生更多的 H_3SiAsH_2 导致掺杂水平提高。选择不同的 III 族和 V 族原材料也会影响 Si 的并入。如使用 TEGa 比 TMGa 可以增强 Si 的并入。如使用 TBAs 取代 AsH_3 显著增强 SiH_4 的并入效率，但对 Si_2H_6 仅有轻微影响。

GaAs 衬底偏离(100)晶面的角度和偏离方向，对 Si 的并入也有影响。在其他生长条件固定时，净载流子浓度按以下顺序递减: (100)向(011)偏 2°> (100)向$(01\bar{1})$偏 2°> (100)，然而补偿比则按此次序递增。此现象与(100)面的表面重构有关[21]。在其他生长条件相同的条件下，(100)向(011)偏 2°衬底上能得到最高的电子浓度。另外 Si 的并入也与反应室压力有关。

(2) S 掺杂剂: H_2S

H_2S 也是 GaAs 常用的 n 型掺杂剂，H_2S 为有毒气体。在 S、Se、Te 中 S 的蒸气压最高。图 7-7 为用 H_2S 掺杂剂时，在不同压力下生长的 GaAs 掺 S 外延层电子浓度与衬底温度倒数的关系[22]。在 TMGa、AsH_3 和 H_2S 摩尔分数保持不变的情况下,电子浓度随温度升高呈指数下降。而且反应室工作压力愈低，电子浓度降低的愈多。当反应室的压力为 0.46 atm 时，温度降低 100°C 会造成电子浓度的下降超过一个数量级。这与 S 的蒸气压偏高，使 S 从生长表面挥发有关。S 的解吸速度受扩散控制，在低压下 S 的扩散更快，因此导致 S 浓度下降的更迅速。

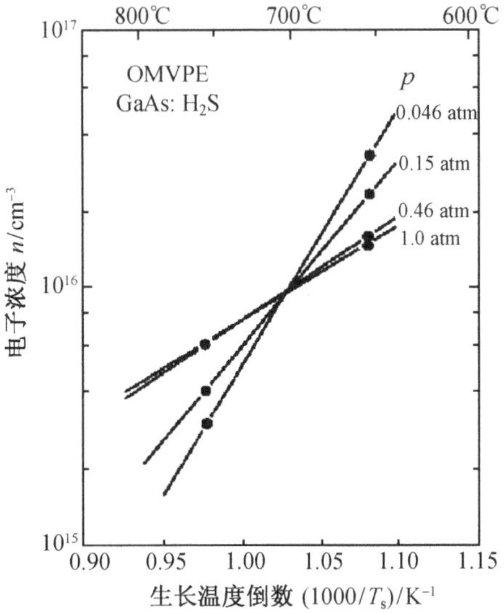

图 7-7　用 H_2S 掺杂剂在不同压力下 MOVPE 生长的掺 S 的 GaAs 外延层电子浓度与衬底温度倒数的关系

(3) Se 掺杂剂: H_2Se

H_2Se 为有剧毒的气体。Se 在 GsAs 中的最高掺杂浓度可以达到 $10^{19}cm^{-3}$。在 650~800°C，并入 GaAs 中的 Se 与气相中的 H_2Se 摩尔分数呈超线性关系，即 $N_{Se} \propto [H_2Se]^{3/2}$[23]。当 V/III 比增加时，Se 的并入几乎是线性降低。当 V/III 从 10 到 100 时，N_{Se} 下降 10 倍。此现象归因于 Se 占据 As 晶格格点，而 V/III 比的增加导致 As 空位浓度的下降。H_2Se 的缺点是它与 TMGa 反应生成 Ga_2Se_3，在 GaAs 中不起浅施主作用。此外 H_2Se 吸附在不锈钢管道表面和反应室石英玻璃表面，造成强的记忆效应。GaAs 衬底取向对 Se 的并入也有影响。当 GaAs 衬底从(100)面朝(111)A 面偏向时 Se 的并入低于(100)面，但是衬底从(100) 面朝 (111) B 偏向时，Se 的并入高于(100)面。

(4) Te 掺杂剂: DETe

DETe 可以在 GaAs 中掺杂到 10^{16}~$10^{18}cm^{-3}$[24]。外延层的载流子浓度与 DETe 摩尔分压呈线性关系，因此便于控制。DETe 有强的记忆效应。

(5) Sn 掺杂剂: TESn

Sn 在 GaAs 中扩散系数小，未观测到记忆效应，可以生长陡峭结。利用 TESn 掺 Sn 可以控制电子浓度在 10^{15}~$10^{19}cm^{-3}$ 范围，而且与 TESn 呈线性关系[25]。在 650~700°C 之间，Sn 的并入与温度无关。Sn 在 GaAs 中存在轻微的自补偿现象，即有一部分 Sn 占据 As 位，造成在高掺杂浓度下(~$10^{19}cm^{-3}$)电子迁移率下降。高掺 Sn 时 ($N_{Sn} \geqslant 10^{19}cm^{-3}$)，GaAs 表面形貌变差，腐蚀坑密度增多[26]。

7.1.2.3　GaAs 的 p 型掺杂

GaAs 中的受主杂质包括周期表 IIa 族元素 Be 和 Mg 和 IIb 族元素的 Zn、Cd 和 IV 族的 C。在 GaAs 中经常使用的受主杂质是 Zn 和 C。

(1) Zn 掺杂剂: DEZn 和 DMZn

DMZn 和 DEZn 是应用广泛的受主掺杂剂。图 7-8 示出 DMZn 和 DEZn 掺杂空穴浓度的对数与生长温度倒数关系[27]。在 500~575°C 温度区间空穴浓度与生长温度几乎无关；当温度进一步增高时，空穴浓度迅速下降，在 575~675°C 温度区间，表观活化能分别为 4.0eV 和 3.3eV，在 675~800°C 温度区间分别为 2.7eV 和 2.1eV。掺 Zn 的最高的空穴浓度可以达到 $10^{20}cm^{-3}$，但是此时 DEZn 或 DMZn 的摩尔分数已经大到可以与 TMGa 相比。

当增加 DMZn 气相浓度时，空穴浓度超线性增加。而增加 DEZn 气相浓度时，空穴浓度亚线性增加。不过对于 DMZn 或 DEZn 也有气相浓度与空穴浓度是线性关系的报道，可能与使用的摩尔分数有关。当增大 V/III 比时，锌的并入增加。这是由于增大 V/III 比导致 Ga 空位浓度增加。提高生长速度会增加锌的并入，可能是由于表面动力学的原因。GaAs 衬底取向对 Zn 的并入也有影响。当 GaAs 衬底从(100)面朝(111)A 面偏向时 Zn 并入增强，在(311)A 面达到最高，但是衬底从(100) 面朝 (111) B 偏向时，随偏角的增大，Zn 并入逐步下降。

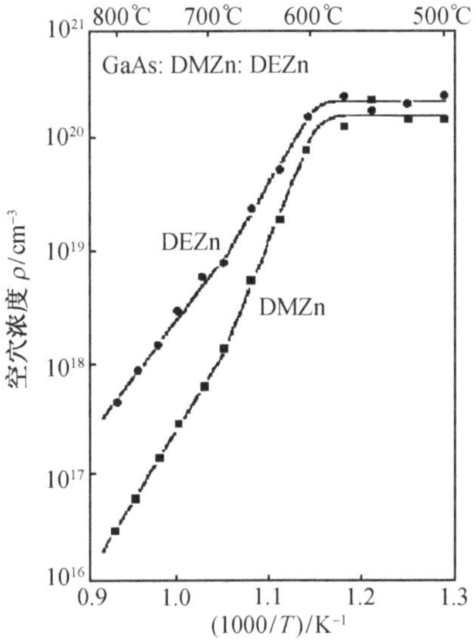

图 7-8　锌掺杂的 GaAs 外延层空穴浓度与生长温度倒数的关系

TMGa=9.6×10^{-5} M.F.，AsH_3=3.2×10^{-2} M.F.，DEZn=4.3×10^{-5} M.F.，DMZn=6.8×10^{-6} M.F.

Zn 的缺点是 Zn 的蒸气压高，导致并入效率较低。Zn 在 GaAs 中的扩散系数大，因而不利于获得陡峭结。更为严重的是在某些器件的生长过程中，如果是在高 Zn 掺杂层生长后进行其他结构的生长，Zn 的扩散可能会破坏预期的掺杂分布，从而对器件的性能造成不利影响。

(2) C 掺杂剂：卤甲烷(CCl_4、CBr_4、$CBrCl_3$)和 TMAs

C 在 GaAs 中占 As 位，其扩散系数极低，在 800°C 下仅为 $10^{-16}cm^2/s$，比 Zn 低了 4 个数量级[18]。C 在 GaAs 的溶解度高，可以获得 $1\times10^{20}cm^{-3}$ 的空穴浓度。由于离化能低，在相同的空穴浓度下，掺 C 的 GaAs 比掺 Zn 的空穴迁移率要大。C 没有记忆效应。因此在需要重掺杂或陡峭结构时，掺碳有其优越性。

掺碳有两种途径：本征掺杂和非本征掺杂。本征掺杂以 TMGa 在表面异相分解产生的碳氢化合物 $CH_x(x\leqslant3)$为源。为了使 C 能并入晶格，V/III 比和生长温度都需要降低，有别于通常的生长条件。非本征掺杂需引入含碳掺杂剂，通常用卤甲烷，如 CCl_4[28]、CBr_4[29]或 $CBrCl_3$[30]。非本征掺杂的空穴浓度随卤甲烷的分压单调上升，进一步增加卤甲烷的分压，则空穴浓度会出现饱和。空穴浓度还随 V/III 比的降低和生长温度的下降而上升。采用卤甲烷可以方便地调节空穴浓度，空穴浓度可以高达 $10^{20}cm^{-3}$。

图 7-9 为 C 掺杂 GaAs 外延层的 Hall 和原子力显微镜(AFM)测量结果：(a) 以 TMG 和 AsH_3 为源、(b)以 TMG 和 TMAs 为源和(c) 以 TMG 和 TMAs 为源加入 CBr_4。图中示出上述 C 掺杂 GaAs 外延层的空穴浓度和表面粗糙度随不同生长温度下的

V/III 比和 CBr_4 分压的变化情况。图 7-9(c)中示出外延层的空穴浓度和表面粗糙度随 CBr_4 分压的变化情况。无论是本征掺杂(a)和(b)，还是用 CBr_4 掺杂，都可以得到 $6\times10^{19}cm^{-3}$ 的空穴浓度，并发现 C 并入总是随着生长温度的降低和 V/III 比的减少而增加。本征并入的 C 源来自 TMG 与 GaAs 表面异相分解产生的碳氢基(CH_x，$x\leqslant3$)。这些品种倾向于被 AsH_3 提供的氢原子饱和，形成 CH_4 并脱附。这解释了在 TMG-AsH_3 生长环境下，C 并入强烈地依赖于 V/III 比的原因(见图 7-9(a))。在低于依赖于生长温度的 V 族供应量临界值，观察到 C 并入的饱和现象并且表面形貌变坏。高于临界的 V/III 比，表面形貌好(表面粗糙度<0.2 nm)。用 TMAs 代替 AsH_3，由于减少了氢原子的供应，增加本征 C 并入，致使 C 并入对 V/III 比的依赖要比 AsH_3 小得多(见图 7-9(b))。空穴浓度仍随 V/III 比的减少而增加。指出 C 原子主要从 TMG 基并入。然而，使用 TMAs 仅有很窄的 V/III 比窗口具有镜面表面形貌。其原因可能是在高 V/III 比的情况下，甲基阻止台阶流动或阻挡吸附的 Ga 品种的表面扩散所致。使用 CBr_4 掺杂源时，空穴浓度与 CBr_4 分压呈现亚线性关系($p=p_{CBr_4}^{0.8}$)，见图 7-9(c)。C 并入随着 V/III 比的减少而增加与由 C 源(CBrn)和 As 源(AsHm)之间在 V 族表面位置的吸附竞争决定 C 的并入模型一致。在适度的 CBr_4 分压下，观察到稳定的生长速度和镜面的表面形貌(表面粗糙度<0.3 nm)，仅在高的 CBr_4 气相浓度(>0.2 Pa，600°C)下，生长速度减小同时表面形貌由于腐蚀而变坏。这三种方法在其最佳生长条件下，空穴迁移率都相近。但是不同掺杂方法得到的 C 掺杂 GaAs 外延层的电子寿命不同。TMG 和 AsH_3 组合的本征掺杂在 $p=1.5\times10^{19}cm^{-3}$ 时，少子寿命大约为 400 ps，而掺 CBr_4 的样品少子寿命低到 300 ps 以下。这一现

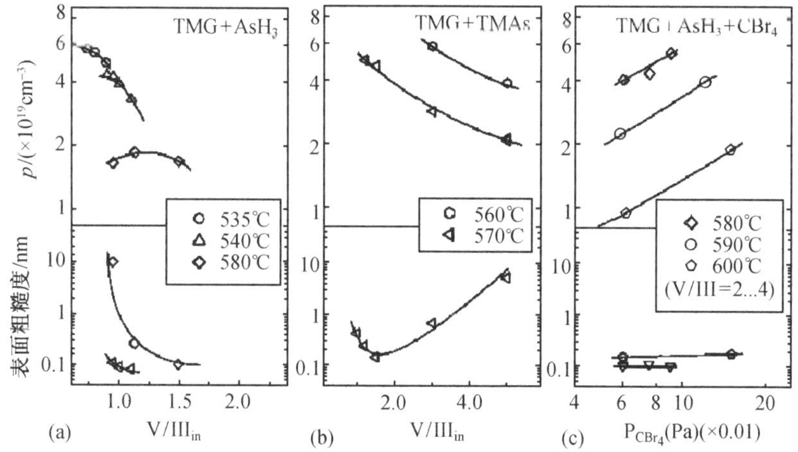

图 7-9　C 掺杂 GaAs 外延层的空穴浓度和表面粗糙度与不同生长温度下的 V/III 比和 CBr_4 分压的变化关系

(a) TMG 和 AsH_3; (b) TMG 和 TMAs; (c) TMG 和 AsH_3 加入 CBr_4

象被解释为掺杂剂引入了非复合辐射中心。对于用 TMG 和 TMAs 制备的高 C 掺杂($p>4\times10^{19}cm^{-3}$)样品，明显地观察到少子寿命的减少。本征掺杂的缺点是在生长器件结构时，需要比较长的生长中断时间来改变生长条件才能得到碳掺杂 GaAs 层。采用 CBr_4 的缺点是反应产生的 HBr 会腐蚀外延层，降低生长速度，增加了控制难度。特别是在重掺杂的情况下随着 CBr_4 摩尔流量的提高，生长速度降低的也越多。用 TMAs 掺杂的缺点是 GaAs 外延层的表面形貌较差。

由于 C 的共价半径为 0.77Å，小于 As 的共价半径 1.2Å，在重掺杂情况下会引起晶格收缩，并在厚外延层表面形成“布格状”缺陷。当空穴浓度超过 $7.36\times10^{19}cm^{-3}$ 时出现 C 同时占据 As 位和 Ga 位的情况，即出现自补偿。

(3) Mg 掺杂剂：二茂镁(Cp_2Mg)和甲基二茂镁($MeCp_2Mg$)

Mg 在 GaAs 具有很高的溶解度($10^{19}cm^{-3}$)，是浅受主能级(30meV)，具有低扩散系数(800°C 为 $1\times10^{-13}cm^2/s$)，而且是低毒性金属。但是当增加 CP_2Mg 气相浓度时，空穴浓度非线性增加。CP_2Mg 有强的记忆效应，当 CP_2Mg 引入反应室关闭时都出现过渡区，造成掺杂元素剖面分布的“软开启”和严重的“拖尾”，即“延迟”和“滞后”，得不到陡峭的界面[32]，这种行为是 CP_2Mg 在反应室石英内壁上吸附和脱附的结果，见图 7-10。Mg 的蒸气压也比较高，而且由于 Cp_2Mg 对于 O_2 和 H_2O 太敏感，又是固态源，可能影响掺杂结果的重复性。$MeCp_2Mg$ 在室温为液态，挥发稳定性优于 Cp_2Mg。

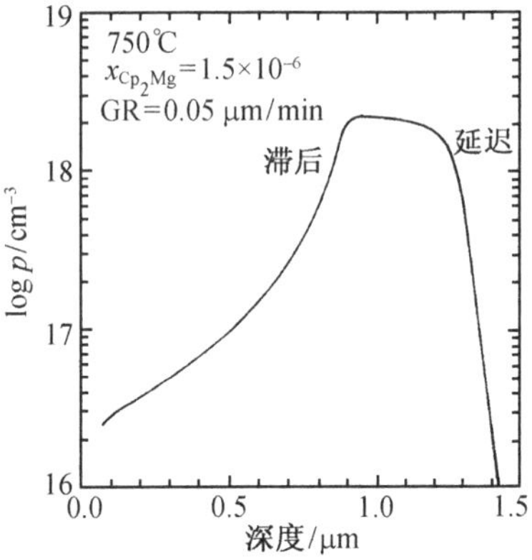

图 7-10　掺 Mg GaAs 外延层中 Mg 浓度分布的二次离子质谱(SIMS)测量结果

(4) Be 掺杂剂：DEBe

Be 是低蒸气压 p 型杂质，并且可以得到高空穴浓度($\sim2\times10^{20}cm^{-3}$)。DEBe 分解和并入效率都很高。当 DEBe 摩尔分数为 5×10^{-8} 时，空穴浓度可达 $10^{18}cm^{-3}$，而且与 V/III 比无关[43]。虽然有诸多优点，但是由于 DEBe 剧毒而较少被人采用。

(5) Cd 掺杂剂：DECd

Cd 的蒸气压比 Zn 还高，当生长室的压力下降时，Cd 的掺杂效率明显减小，因而 Cd 在 GaAs 中使用的较少。

7.1.3　AlGaAs 的 MOVPE 生长

$Al_xGa_{1-x}As$ 属于 III-III′-V 型三元固溶体，$x<0.45$ 为直接带隙材料。替位式固溶体的晶格常数通常用 Vegard 定律表示，即晶格常数随溶质原子的摩尔分数线性变化。$Al_xGa_{1-x}As$ 的晶格常数可以表达为：$a(x)=a_{GaAs}+(a_{AlAs}-a_{GaAs})x=5.6533+(5.6605-5.6533)x$(Å)。由于 GaAs 与 AlAs 的晶格常数非常接近，当 x 值比较低时，$Al_xGa_{1-x}As$ 外延层与 GaAs 衬底之间的晶格失配常被忽略。

7.1.3.1　非有意掺杂 $Al_xGa_{1-x}As$ 的 MOVPE 生长

MOVPE 生长 $Al_xGa_{1-x}As$ 要比生长 GaAs 困难得多，由于 Al 的化学活性高，Al—C 键和 Al—O 键的键能高，导致 AlGaAs 的本底浓度高，因此更难获得高纯度。对于高 Al 组分的 AlGaAs 材料，随 Al 组分的增加，材料中的氧、碳浓度增加得很快，并且材料本身在空气中氧化或被水分解的速度也在加快。纯 AlAs 在空气中已经不稳定。氧在 AlGaAs 中形成两个深能级，它可以作为非辐射复合中心降低材料中的少子寿命，降低光荧光强度并且会导致出现高阻材料。除了对电学和光学性质的影响之外，氧还使表面形貌变差。而碳在 AlGaAs 中为受主，通常以空穴浓度衡量非有意掺杂外延层中的 C 含量。

(1) 源

MOVPE 生长 $Al_xGa_{1-x}As$ 用的 III 族源有 TMGa、TMAl、TEGa 和 TEAl，V 族源有 AsH_3 和 TBAs。根据热力学模型计算，当 V/III 比大于 1 时，$Al_xGa_{1-x}As$ 的气-固分配系数为 1。实验表明不同的 III 族源组合在低压(100Torr)MOVPE 生长室中 AlGaAs 的分配系数并不相同，其结果示与于图 7-11 中[33]。图中示出了 TMGa/TMAl、

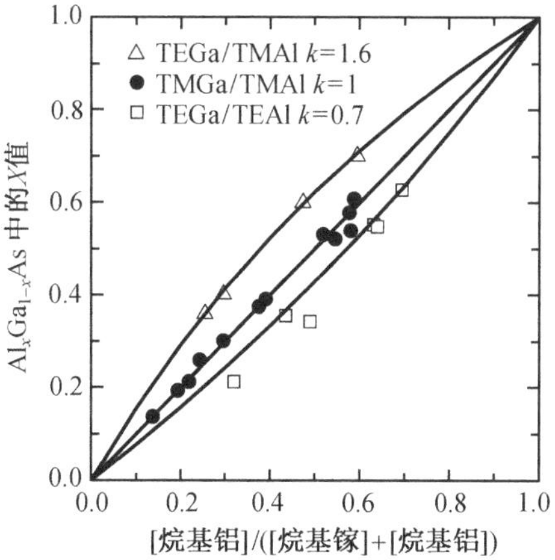

图 7-11　$Al_xGa_{1-x}As$ 的 x 值与气相[烷基铝]/([烷基镓]+[烷基铝])的关系

TEGa/TMAl 和 TEGa/TEAl 三对组合的固相 $Al_xGa_{1-x}As$ 的 x 值与气相[烷基铝]/([烷基镓]+[烷基铝])的关系。其中 TMGa/TMAl 组合的分布系数 k 为 1，与热力学预言的结果吻合。而 TEGa/TMAl 的分布系数为 1.6，TEGa/TEAl 的分布系数等于 0.7，均偏离 1，可能是动力学因素所致。如 TEGa/TEAl 组合的低分布系数可能与 TEAl 与 AsH_3 之间的预反应消耗了 TEAl，使到达衬底的 TEAl 量减少有关。因为已经发现 TEAl 与 AsH_3 生长 AlAs 的生长速度在反应室的压力从 20Torr 提高到 76Torr 时急剧降低[34]。

使用 TEAl 和 TEGa 组合比 TMGa 和 TMAl 组合可以降低外延层中的碳含量，这对需要高纯 AlGaAs 的器件是很重要的。但是由于 TEAl 的蒸气压低，目前最广泛使用的源依然是 TMAl。TMAl 中含有 Sn、Si、Zn、S 和以烷氧基物，Me_2AlOMe，形式存在的氧等杂质，还可能残留有合成过程中使用过的含 O 有机试剂及溶剂。TMAl 是 AlGaAs 中碳和氧的主要来源之一。AsH_3 和 TBAs 中也会含有 H_2O 和氧杂质。在生长 AlGaAs 时，O_2 和 H_2O 严重影响外延层的光荧光强度和电学性质。

用低氧含量的 TMAl 与 AsH_3 组合，生长的高铝 $Al_{0.8}Ga_{0.2}As$ 外延层中的氧含量已经低于 SIMS 的检测限($3\times10^{16}cm^{-3}$)。其生长条件为：生长温度为 700°C、V/III 比高达 75[35]。当用低氧含量 TMAl 与 TBAs 组合生长高铝 $Al_{0.85}Ga_{0.15}As$，生长温度为 625~725°C，V/III 比为 8~60，外延层中氧原子浓度在 3×10^{17}~$1.5\times10^{18}cm^{-3}$ 之间[36]。也有报道在生长温度较低时(<650°C)采用 TBAs 代替 AsH_3 可以减少 O 沾污[37]和 C 沾污[38]。

使用分子内配合物$(CH_2)_5Al(CH_2)_3N(CH_3)_2$ 和$(CH_2)_5Ga(CH_2)_3N(CH_3)_2$ 与 TBA，在 700°C 和 10~20mbar 的压力下生长的 AlGaAs，其剩余电子浓度为 $2\times10^{15}cm^{-3}$，77K 时的迁移率为 15 000$cm^2/(V\cdot s)$，光荧光强度要比用 TEAl 和 TEGa 时强 10 倍。这表明价键饱和的配合物源可以明显降低氧含量。

(2) 生长温度

在 AlGaAs 的 MOVPE 生长中，生长温度不仅影响外延层的剩余施主和受主杂质浓度，还对深能级杂质氧的并入有很大影响。与 GaAs 相比，通常要在较高的生长温度下才能获得高质量 AlGaAs 材料，如 780°C，甚至高达 830°C。随着生长温度的升高，在 AlGaAs 中的氧的含量会大大减小，这可能与吸附在表面上的氧化亚铝更容易挥发有关。随着生长温度从 600°C 提高到 750°C，材料的 PL 谱强度可以提高三个数量级。

非故意掺杂 $Al_{0.5}Ga_{0.5}As$ 外延层的净载流子、C、H 和 O 的浓度与生长温度的关系，见图 7-12。图中所使用的生长条件为[TMAl]/([TMGa]+[TMAl])=0.449(固相 $x\approx0.50$)，III 族掺杂剂流量保持 8.88×10^{-4}mol/min，AsH_3 为 2.68×10^{-2}mol/min(V/III 比=30)。SIMS 测量指出外延层中氧的浓度随生长温度的升高单调下降，从 600°C 的 $7\times10^{18}cm^{-3}$ 降低到 830°C 的 $4\times10^{16}cm^{-3}$。而剩余载流子浓度随生长温度的变化为：

当温度低于 627°C 时随生长温度的提高而降低；在 627~727°C 区间时与温度无关；高于 727°C 时降低到最低值后略有上升。在此温度区间内剩余载流子浓度还与 AsH_3 流速和生长速度有关[38]。外延层中 C 和 H 随生长温度的变化趋势与剩余载流子浓度随生长温度的变化一致。但是曾经有报道当生长温度从 600°C 升高到 700°C，$Al_{0.75}Ga_{0.25}As$ 外延层的碳浓度从 $3\times10^{16}cm^{-3}$ 增加了一个数量级[39]。

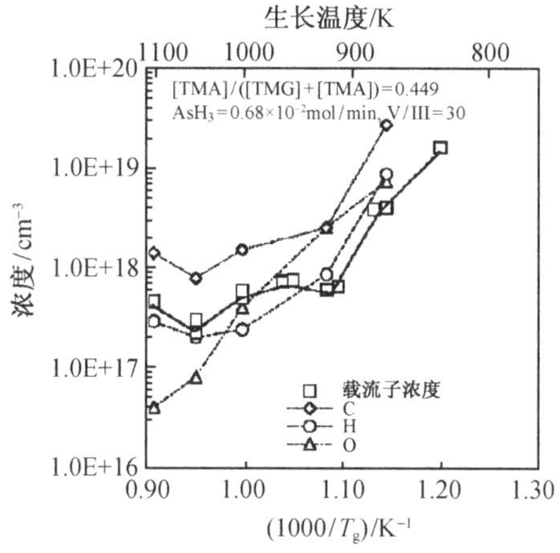

图 7-12　非故意掺杂 $Al_{0.5}Ga_{0.5}As$ 外延层的净载流子、C、H 和 O 的浓度与生长温度的关系

在 600~830°C 温度范围内，AlGaAs 外延层中碳和氧含量随 TMAl/(TMAl+TMGa)增加而增加，随 AsH_3 流量(V/III 比)的增加而减小[38]。在 830°C，V/III 比大于 20 的条件下，生长 $x<0.45$ 的 AlGaAs 外延层，氧的浓度小于 $10^{17}cm^{-3}$。当 $x\sim0.8$ 时，氧的浓度$\sim10^{19}cm^{-3}$。

$Al_xGa_{1-x}As$ 外延层的电学性质与 x 值有关。720°C 生长的非有意掺杂 $Al_{0.1}Ga_{0.9}As$ 外延层为 n 型，77K 电子迁移率为 $4800cm^2/(V\cdot s)$，净电子浓度为 $10^{14}cm^{-3}$；而生长的 $Al_{0.3}Ga_{0.7}As$ 外延层则为 p 型，77K 空穴迁移率为 $400cm^2/(V\cdot s)$，净空穴浓度为 $10^{16}cm^{-3}$。

(3) 输入 V/III 比

当采用 TMGa、TMAl 和 AsH_3 生长 AlGaAs 时，提高 V/III 比可以降低外延层中的 O、C 沾污。降低碳沾污的原因是 AsH_x 基和吸附在衬底表面的甲基基团反应，而 AsH_x 基是从 AsH_3 分解出来的。所以提高 V/III 比，即提高 AsH_3 分压，有助于减少碳沾污。TBAs 的分解温度比 AsH_3 低，因此可能比 AsH_3 提供更多的 AsH_x 基。Mashita 等[40]的实验结果表明用 TBAs 代替 AsH_3 生长高铝 $Al_{0.7}Ga_{0.3}As$ 时，在 650°C 和 V/III 比相同的条件下，得到的外延层空穴浓度更低，如图 7-13 所示。但是在 V/III 比为 5 时，两者之间的差异并不大。当生长温度升高到 700°C 时，AsH_3 已经可以很好地分解，采用 TBAs 生长的 AlGaAs 空穴浓度大于使用 AsH_3 生长的材料。

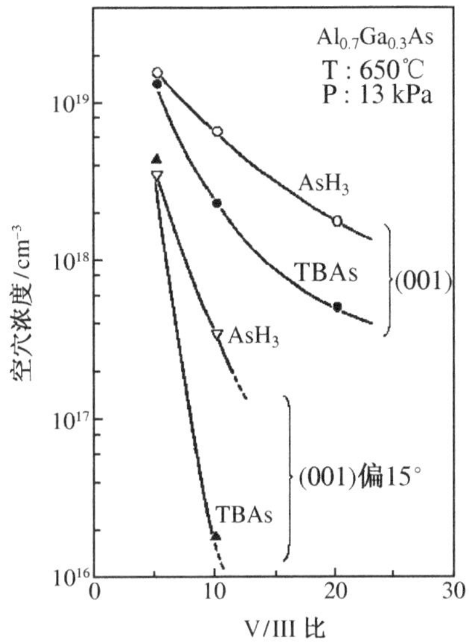

图 7-13　采用 AsH_3 或 TBAs 生长 $Al_{0.7}Ga_{0.3}As$ 外延中空穴浓度与 V/III 比关系的对比

$Al_xGa_{1-x}As$ 外延层也有类似于 GaAs 外延层的导电类型随 V/III 比的转变，见图 7-14。这种导电类型随 V/III 比的转变是外延层中剩余受主(来自 MO 源的 C 和其他受主杂质)和施主相互补偿的结果。转变点的 V/III 比与 Al 含量有关，也与所使用源的杂质含量有关，当然也与生长温度和衬底取向等其他生长条件有关。

(4) 衬底取向

图 7-13 和图 7-14 都表明衬底取向对碳在 AlGaAs 中的并入有显著的影响，从(100)

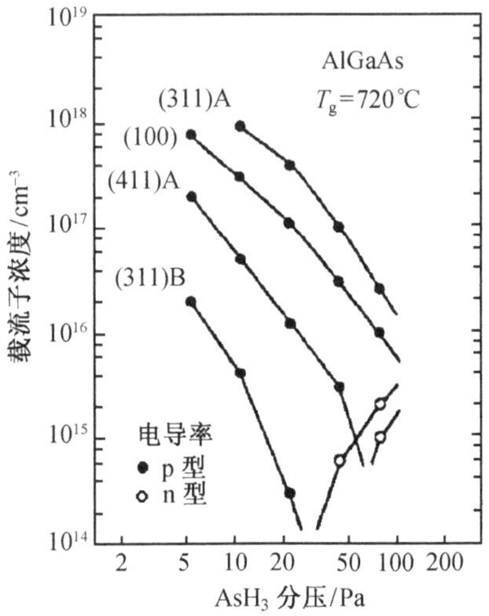

图 7-14　在(100)、(411)A、(311)A 和 (311)B 上生长的 $Al_{0.35}Ga_{0.65}As$ 外延层载流子浓度与 AsH_3 分压的关系

向(411)A 或(311)B 方向偏离都导致 C 掺杂浓度明显地减少[41]。从(100)到 (311)B 衬底导致 C 并入到 $Al_{0.35}Ga_{0.65}As$ 发生数量级的改变。这归结于较高的台阶密度在表面上给出更多的 AsH_x 和 H。然而，在(311)A 面生长的 AlGaAs 外延层中 C 的并入增加。

7.1.3.2　AlGaAs 的掺杂

AlGaAs 的 n 型掺杂元素主要用 Si、Se 和 Te，p 型掺杂元素主要用 Zn、C 和 Be，参见表 7-3 GaAs 和 GaAlAs 中常用的掺杂剂。当用 Si_2H_6 作 n 型掺杂剂时，它在 AlGaAs 中的掺杂特性与在 GaAs 中相似，即掺 Si 的 $Al_xGa_{1-x}As$ 外延层中室温电子浓度与生长温度无关，仅与通入反应室的掺杂剂与 III 族烷基物比例呈线性关系。当$[Si_2H_6]/([TMAl]+[TMGa]) = 1\times10^{-4}$时,SIMS 测定 $Al_xGa_{1-x}As$ 中掺 Si 的电子浓度不随 Al 含量而改变，如在图 7-15 中的实线所示[19]。图中还给出 C-V 法和 Hall 法的测量结果加以比较。C-V 法测量的外延层的室温载流子浓度与 SIMC 的结果一致，而 Hall 方法测量得到的载流子浓度呈现出与外延层的组分有很强的依赖关系，并且 C-V 测量值总是大于或等于 Hall 数值。两者的差别在 AlGaAs 的直接到间接带隙交界附近(x~0.4)达到最大。这种差别在掺 Se (H_2Se)样品中同样存在，见图 7-16 C-V 与 Van der Pauw(简称 VDP)测量的结果。如果考虑到 Hall 样品是在高阻 GaAs 衬底上首先生长薄的纯度 GaAs 缓冲层再生长 1.93−eV AlGaAs 层，这时在 AlGaAs 层下面就会出现高迁移率的二维电子气，导致计算的 Hall 浓度偏低[42]。由于 C-V 法与迁移率无关，因此更为可靠。从 C-V 的测量结果可以看出，在 770°C 和 V/III 比为 40 的条件下，AlGaAs 外延层(其带隙为 1.93−eV)的净载流子浓度与 H_2Se 流量呈线性关系。

使用 H_2Se 或 Si_2H_6 作掺杂剂，都可以在 AlGaAs 中的得到 $4\times10^{18}cm^{-3}$ 电子浓度。但是在采用 SiH_4 进行掺杂时曾经报道净电子浓度随 V/III 比和 $Al_xGa_{1-x}As$ 的 Al 含

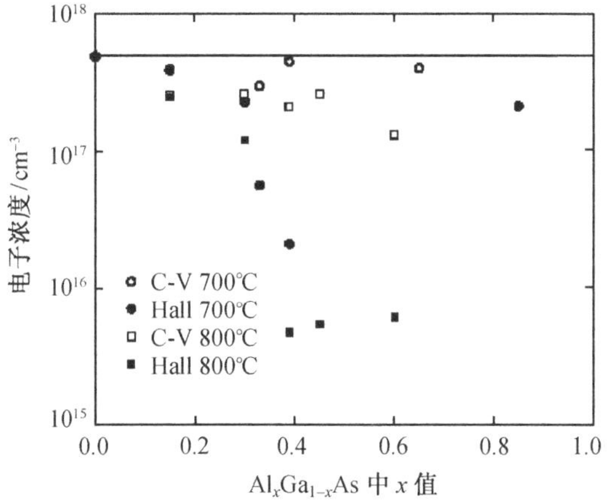

图 7-15　掺 Si 的 $Al_xGa_{1-x}As$ 外延层中室温电子浓度与外延层 Al 含量的关系

实线为 SIMS 测量结果。空心和实心数据分别为 C-V 和 Hall 测量结果

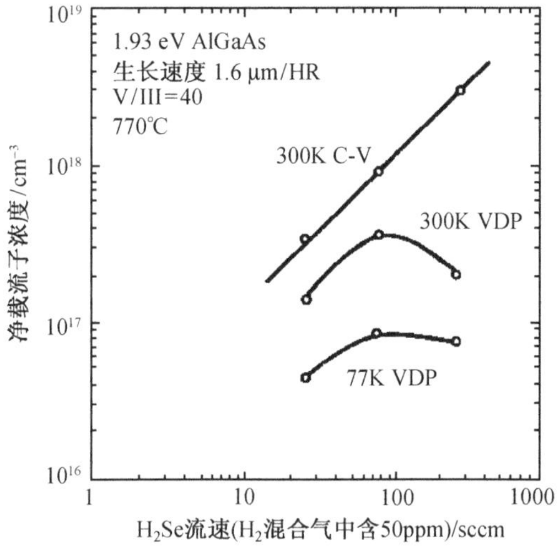

图 7-16　掺 Se 的 1.93–eV$Al_xGa_{1-x}As$ 外延层的净载流子浓度与 H_2Se 流量的关系

C-V 方法在 300K 下测量，VDP 数据在 300K 和 77K 两种温度下测量

量呈现复杂的变化关系[43]。

AlGaAs 的 p 型掺杂剂有主要用 DEZn，也可以用 CCl_4、Cp_2Mg 和 DEBe。使用 DEZn 对 $Al_xGa_{1-x}As$ 进行 p 型掺杂时，当 x 值固定时，外延层中空穴浓度(300K)基本上随 DEZn 在反应室中的摩尔分数线性变化。而在生长温度和 DEZn 浓度不变的条件下，Zn 的并入效率随 $Al_xGa_{1-x}As$ 中的 Al 含量增加而减少，如图 7-17 所示[44]。

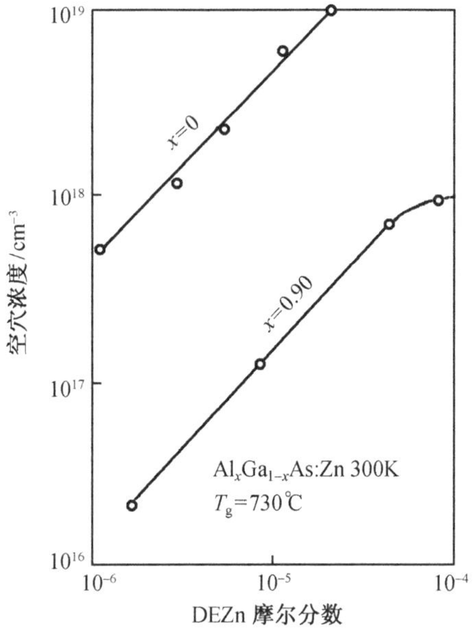

图 7-17　$Al_xGa_{1-x}As$ 中空穴浓度(300K)与 DEZn 摩尔分数和 x 值的关系

已有报道利用 Cp_2Mg 做 $Al_xGa_{1-x}As$ 的 p 型掺杂剂，在 780°C 进行生长时，在 $Al_{0.7}Ga_{0.3}As$ 外延层中得到 $6\times10^{18}\sim1\times10^{19}cm^{-3}$ 的空穴浓度，并且材料的光荧光性质也很好。采用 EDBe 做 p 型掺杂剂时，Be 的并入效率高并且与 V/III 比无关，净空穴浓度随 DEBe 摩尔流量的增加而线性增加。

7.1.4　GaInAs、AlInAs 和 AlGaInAs 的 MOVPE 生长

7.1.4.1　GaInAs

$Ga_xIn_{1-x}As$ 属于 III-III′-V 型三元固溶体，$Ga_{0.47}In_{0.53}As$ 与 InP 衬底晶格匹配，其禁带宽度为 0.75eV。GaInAs 有效质量小，电子迁移率和峰值速度都比 GaAs 高。

在 InP 衬底上生长 $Ga_xIn_{1-x}As$ 首先遇到晶格失配问题。晶格失配，$\Delta a/a$，定义为外延层与衬底的晶格常数之差除以衬底的晶格常数：$(\Delta a/a)=(a_{InGaAs}-a_{InP})/a_{InP}$。晶格失配会降低 GaInAs 的电子迁移率并使光荧光峰展宽。图 7-18 示出当$(\Delta a/a)\leqslant\pm2\times10^{-3}$时，对 $Ga_xIn_{1-x}As$ 层的电子迁移率影响不大，但当$(\Delta a/a)_s\geqslant\pm5\times10^{-3}$则迁移率迅速降低[45]。

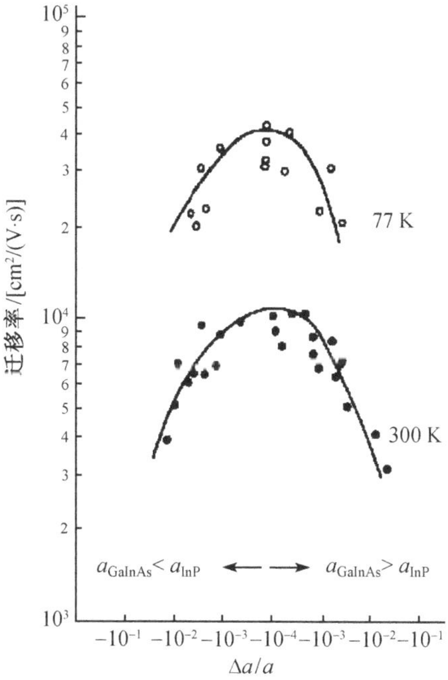

图 7-18　采用 TEGa 和 TEIn 生长的 $Ga_xIn_{1-x}As$ 外延层($N_D-N_A\approx2.5\times10^{15}cm^{-3}$) Hall 迁移率与晶格失配的关系

生长与 InP 衬底晶格匹配的 $Ga_{0.47}In_{0.53}As$ 层，用调整气相中烷基镓与烷基铟的比例来实现。如固定 TMGa 改变 TMIn 的摩尔流量。在 V/III 比大于 1 的条件下，热力学计算 In 的分配系数为 1，而实验值为 0.7。Kuo 等[46]认为这种差别是因为 TMIn

的扩散系数小于 TMGa。

早期生长 GaInAs 使用 TEIn 源。但在常压反应室中，TEIn 容易与 AsH_3 发生寄生反应导致生长效率低和材料特性差。采用低压反应室可以消除预反应，Razeghi[47]报道在 0.1atm 和 550°C 生长的与 InP 晶格匹配的 GaInAs 外延层，室温和 77K 下的电子迁移率分别达到 12 600cm^2/(V·s)和 155 000cm^2/(V·s)，剩余施主浓度低达 2×10^{14}cm^{-3}，而厚度仅为 0.6μm。然而由于 TEIn 的化学性质极其不稳定，目前最广泛应用的 In 源是 TMIn。Kuo 等[46]首先报道在常压下，使用 TMIn 和 TMGa 生长的 InGaAs 室温下的电子迁移率达到 10 000 cm^2/(V·s)，而且不产生寄生反应 。

在常压下，采用 TMGa 和 TMIn 为 III 族源、AsH_3 为 V 族源，生长温度为 650°C 时，V/III 比要大于 31。如果 V/III 比<20，在生长表面会出现金属滴，这是因为 AsH_3 热解不完全，固-气界面 As 太少造成的。在低压反应室内用 TEGa 和 TEIn 生长时，V/III 比则要大于 100，因为氢化物在低压下热解效率下降。

GaInAs 中 C 的并入，对生长温度非常敏感。图 7-19 示出 $Ga_{0.47}In_{0.53}As$ 外延层在液氦温度下的 PL 谱。它们的生长温度分别是 540°C、600°C 和 650°C。图中最高能量峰是由于激子跃迁，较低能量峰是与碳受主的有关的复合。当生长温度从 540°C 升高到 650°C，明显地观察到碳沾污减少，在 PL 谱中从碳受主复合占优势到碳峰消失而以束缚激子峰为主[46]。

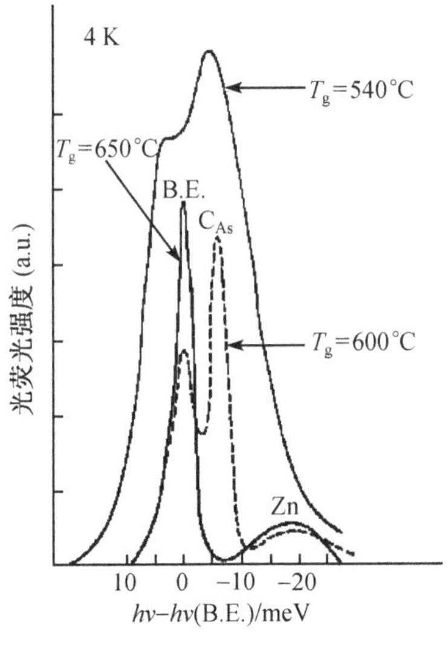

图 7-19　$Ga_{0.47}In_{0.53}As$ 外延层液氦温度下的 PL 谱

生长温度分别为 540°C、600°C 和 650°C。为便于比较对齐束缚激子峰(B.E.)

在非故意掺杂的 $Ga_xIn_{1-x}As$ 中，Zn 和 Si 是两种常见的剩余杂质。有意掺杂时 n 型掺杂剂为 H_2S、SiH_4 和 Si_2H_6，p 型用 DEZn。在采用 SiH_4 对 $Ga_{0.46}In_{0.54}As$ 进行

掺杂时，发现外延层电子浓度随 SiH_4 流量线性增加，使用 TBAs 代替 AsH_3 也会提高 Si 的并入效率，电子浓度可以高达 $10^{19}cm^{-3}$[48]。在采用 DEZn 对 $Ga_{0.46}In_{0.54}As$ 进行掺杂时，发现外延层空穴浓度随 DEZn 流量线性增加，空穴浓度可以高达 $10^{19}cm^{-3}$，而提高生长温度会降低 Zn 的并入效率[49]。在 GaInAs 中掺 C 很难得到低阻 p 型材料，归因于 C 在材料中的两性行为和 C 受主的氢钝化。仅当采用 $CBrCl_3$ 和使用 V/III=5，生长温度 540~550°C，并在生长速度高达 100 nm/min 的条件下得到 $10^{19}cm^{-3}$ 空穴浓度[50]。

7.1.4.2　$Al_xIn_{1-x}As$

$Al_xIn_{1-x}As$ 也为 III-III′-V 型固溶体。$Al_{0.48}In_{0.52}As$ 与 InP 晶格匹配，其 E_g=1.45eV。当 $Al_xIn_{1-x}As$ 材料的直接带隙在 x 值等于 0.68 时达到最大，其 300K 时禁带宽度为 2.05eV。

用 TMAl 和 TMIn 在常压 MOVPE 反应室生长 AlInAs 时，In 的分配系数等于 1[51]。与 AlGaAs 的 MOVPE 生长类似，抑制氧、碳沾污同样是生长高质量 $Al_xIn_{1-x}As$ 的前提。当采用高的生长温度(650~700°C)和高的 V/III 比时，用 TMIn、TMAl 和 AsH_3 在常压 MOVPE 系统中生长时，得到了高质量的与 InP 晶格匹配的 AlInAs[52]。当生长温度为 650°C 时，14K PL 谱线的半高宽为 30meV。载流子浓度低至 $7\times10^{15}cm^{-3}$，室温迁移率高至 4 482$cm^2/(V\cdot s)$。Bhat 等也发现使用高的生长温度和高的 V/III 比给出高的光荧光强度[53]。在这样的条件下氧被抑制。他们也报道了生长速度从 1.3nm/s 降低到 0.64nm/s，改善了材料质量。采用没有直接 Al—C 键的 TMAAl($(CH_3)_3N:AlH_3$)为 Al 源可望降低碳沾污，同时它还倾向形成不挥发的 Al-OH 而不是挥发的烷氧基物，因此可以降低氧沾污[54]。事实表明用 TMAAl 生长的 InAlAs 外延层的 PL 谱强度的确比用 TMAl 的大约高一个数量级。SIMS 测量表明用 TMAAl 生长的 InAlAs 外延层的氧含量也比用 TMAl 的低。

对 InAlAs 有意掺杂时采用的 n 型掺杂剂为 SiH_4、Si_2H_6 或 DETe、H_2Se。Si_2H_6 的掺杂效率比 SiH_4 高许多。DETe 的掺杂效率也比 SiH_4 高，但是存在记忆效应[55]。p 型掺杂剂用 DEZn，空穴浓度可达 $3\times10^{18}cm^{-3}$。C 掺杂需要在低生长温度和低 V/III 比下进行，空穴浓度可达 $2\times10^{19}cm^{-3}$。使用 CBr_4 并采用 TBAs 代替 AsH_3 在 520°C 和 V/III=5 条件下生长时，空穴浓度可达 $1\times10^{20}cm^{-3}$[56]。

7.1.4.3　$Al_xGa_yIn_{1-x-y}As$

$Al_xGa_yIn_{1-x-y}As$ 是 III-III′-III″-V 固溶体材料，与 InP 衬底晶格匹配的 AlGaInAs 覆盖 0.8~1.55μm，是高特征温度 1.3 μm 激光器和高性能的 GaInAs/AlGaInAs HEMT 结构的重要材料。AlGaInAs 四元合金可以独立调整晶格常数和禁带宽度，如果将合金组分表示成$(Al_xGa_{1-x})_yIn_{1-y}As$，波长可以容易用改变 x 值(即 Al/Ga 比)来调节，晶格匹配和应变主要由 $1-y$ (In 摩尔分数) 来调节。此外，由于 AlGaInAs 四元固溶体具有单一的 V 族元素砷，在生长 GaInAs/AlGaInAs 异质结构时容易获得陡峭界面[57]。

MOVPE 生长 AlGaInAs 与其他含 Al 材料生长类似，抑制氧、碳沾污同样是生长高质量 AlGaInAs 的先决条件。Tsuchiya 报道采用(100) InP 衬底，以 TMIn，TEGa，TMAl 和 AsH_3 为源，在低压 MOVPE 反应室内生长 InGaAlAs[58]。选择高 V/III 比(V/III 比>100)和较高的生长温度(690~720°C)以抑制氧和碳沾污。图 7-20 示出与 InP 晶格匹配的 $In_{0.52}Ga_{1-x}Al_xAs$ 中剩余载流子浓度与波长的关系。可以看出随 Al 含量的增高，即波长向短波移动，剩余载流子浓度升高。在大于 1.3 μm 的波段，$In_{0.52}Ga_{1-x}Al_xAs$ 中剩余载流子浓度小于 $1\times10^{15}cm^{-3}$。SIMS 分析表明外延层中存在氧和硅杂质。氧含量随生长温度、V/III 比、反应室的压力升高而降低，相反硅含量随生长温度的降低而下降。

InGaAlAs 的 p 型和 n 型掺杂剂分别采用 DEZn、DMZn 和 Si_2H_6、SiH_4、H_2Se。

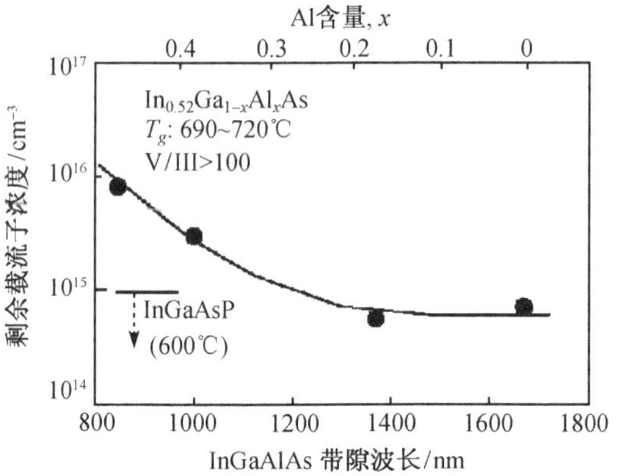

图 7-20　$In_{0.52}Ga_{1-x}Al_xAs$ 中剩余载流子浓度与波长的关系

7.2　InP、GaP 及其有关化合物的 MOVPE 生长

7.2.1　InP 的 MOVPE 生长

7.2.1.1　非有意掺杂 InP 的 MOVPE 生长

InP 的 MOVPE 生长最初是以 TEIn 和 PH_3 作为原材料，由于 TEIn 与 PH_3 之间有强的预反应，生长通常在低压(0.1atm)和低生长温度(550°C)下进行，并需以 H_2 和 N_2 混合气体作为载气。这是因为 N_2 有助于抑制 TEIn 和 PH_3 之间的预反应，而 H_2 可以减少外延层中的碳沾污。以 TEIn 和 PH_3 为源生长的 InP 的 77K 迁移率为 150 000$cm^2/(V\cdot s)$[59]。

TMIn 蒸气压比 TEIn 高，与 PH_3 发生寄生反应的倾向弱。以 TMIn 和 PH_3 为源生长 InP，既可以在常压下生长也可以在低压下进行，但是 TMIn 室温下为固态，挥发不稳定。为了解决 TMIn 源挥发的不稳定性问题，曾使用在室温为液体的 EDMIn 和“溶液 TMIn”，它们与 PH_3 组合生长 InP 外延层的结果见表 7-4。然而随着采用新型挥发稳定的固态 TMIn 源瓶，以及使用无氧合成路线制备的高纯的 TMI，固态 TMIn 源是最为广泛使用的 In 源。

以 TMIn 和 PH_3 为源 MOVPE 生长 InP 的生长速度，在 550~700°C 温区内，与生长温度无关，仅是 TMIn 摩尔流量的线性函数，与 PH_3 的摩尔流量也无关。显然在此温区生长速度被 TMIn 的质量输运所控制。从 InP 的电子迁移率和光荧光强度数据来看，最佳生长温度在 575~675°C。对于常压 MOVPE，生长温度为 650°C，V/III 比等于 40 时，得到 77K 的电子迁移率为 130 000cm^2/(V·s)的 InP 外延层。对于低压 MOVPE，则需要高的 V/III 比(>500)才能得到高迁移率外延层。在 100mbar 和 550°C 的条件下得到了净载流子浓度为 $3\times10^{13}cm^{-3}$、室温迁移率为 6 000cm^2/(V·s)，70K 迁移率高达 200 000cm^2/(V·s)的样品[59]。图 7-21 示出了上述样品在 2K 时的光荧光光谱，其中激子峰(X) 最强，其次是束缚到中性施主的激子发射(D°X)n。在低能侧即使把灵敏度提高 100 倍，也未观测到束缚到中性受主的激子峰(A°X)，这表明样品种补偿度很低[59]。在高纯 InP 外延层中 C 不是主要杂质，而 Si 可能是主要的剩余施主。V/III 比对光荧光强度也有很大影响，图 7-22 示出常压 MOVPE，在高的 V/III 比下获得了高光荧光强度的 InP 外延层[60]。

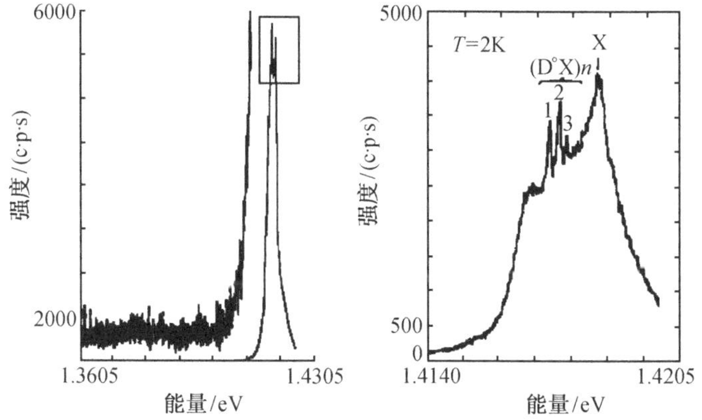

图 7-21　InP 外延层的低温光荧光谱(2K)

Shenai 等[61]采用无氧合成路线制备的高纯的 TMI 和 PH_3 低压 MOVPE 生长 InP，生长温度在 580~600°C 之间，V/III=450~800，生长速度为 3μm/h 的条件下，外延层的净载流子浓度 N_D–N_A=6~8×$10^{13}cm^{-3}$，室温载流子迁移率为 5 400 cm^2/(V·s)，77K迁移率达到 287 000cm^2/(V·s)。Thrush 等[64]采用配合物法进一步提纯的 TMI 生长 InP，其 77K 电子迁移率已高达 264 000cm^2/(V·s)。用高纯的 TMI 和 TBP，在生长温度为 600°C，反应室压力为 0.1×10^5Pa，V/III=20 时，InP 外延层的净载流子浓度 N_D–N_A=$1.5\times10^{14}cm^{-3}$，室温载流子迁移率μ_{300}=4 850cm^2/(V·s)，低温迁移率达到 140 000cm^2/(V·s)。在使用 TBP 时，由于其分解温度低，V/III 比仅需要 20 左右。

表 7-4 给出不同源组合情况下 InP 外延层的电学性质。

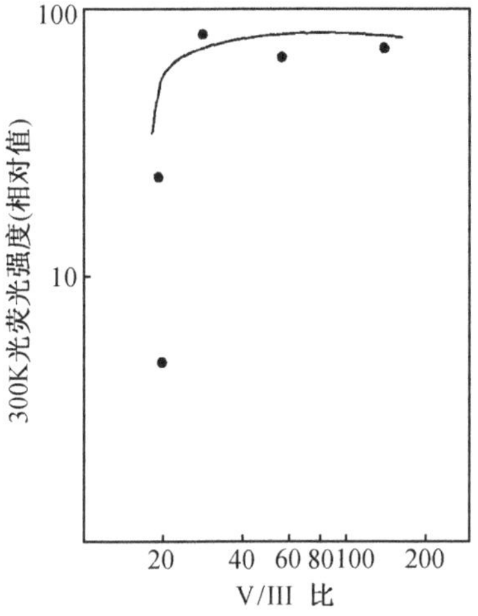

图 7-22　650°C 生长的未掺杂 InP 外延层 PL 强度与 V/III 比的关系

表 7-4　不同源组合情况下 InP 外延层的电学性质

源	生长条件			厚度 /μm	N_D-N_A /cm^{-3}	μ_{300} /[cm^2/(V·s)]	μ_{77} /[cm^2/(V·s)]	文献
	温度/°C	压力/10^5Pa	V/III					
TEIn+PH_3	550	0.1		4	10^{14}	5500	150 000	[59]
TMIn+PH_3	580~600	0.1	450~800	9	$(6\sim8)\times10^{13}$	5400	287 000	[61]
TMIn+PH_3	570				3×10^{13}		305 000	[62]
溶液 TMIn+PH_3	650	0.2	260		3.2×10^{14}	5000	181 000	[63]
TMIn+TBP	600	0.1	20		1.5×10^{14}	4 850	140 000	[61]
TMIn+TBP	590		18		8.5×10^{13}	3 590	256 000	注
EDMIn+PH_3					$\sim10^{14}$		109 000	[65]

注：AKZO NOBEL HPMO 公司 2004 年发表的使用该公司生产的 SSG 级 TMIn 与 TBP 生长 InP 外延层的测试数据。

7.2.1.2　InP 的掺杂

InP 的 n 型掺杂剂可以使用 H_2S、DETe、SiH_4 或 Si_2H_6 等，其中 H_2S 和 SiH_4 用的较多。掺 Si 的 InP 电子浓度可达 $10^{18}cm^{-3}$，掺 S 或 Te 的 InP 电子浓度可达 $10^{19}cm^{-3}$。但是 S 在 InP 中的扩散系数比 Si 大，如果生长温度高不易得到陡峭结。当外延层的载流子浓度相等时，由于 Si 的自补偿效应使得掺 Si 样品的迁移率较掺 Te 的样品低。

图 7-23 示出 InP 的净载流子浓度作为 H_2S 流速的函数，H_2S 在 H_2 底气中的浓度为 1 000ppm。在生长温度 550°C、生长速度≈200Å/min 条件下，N_D-N_A 随 H_2S 流速呈超线性增加。当生长温度升高时，外延层中自由载流子浓度减少。在恒定 H_2S 流速的条件下，净电子浓度随生长温度的倒数(1/T)呈指数规律变化[59]。

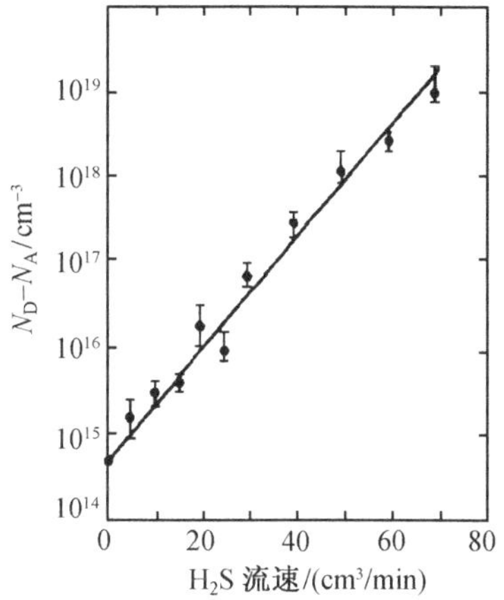

图 7-23　InP 外延层中施主浓度 N_D-N_A 与 H_2S 流速的关系

用 SiH_4 作 InP 的 n 型掺杂剂时，掺杂水平随 SiH_4 分压而增加。当 SiH_4 流量恒定，电子浓度随生长温度升高而增加，因为 SiH_4 在高温时分解地更快。当使用 TBP 代替 PH_3 时，Si 的分配系数增大[66]。Si_2H_6 与 PH_3 反应形成 H_3SiPH_2，促进 Si 的并入。当 V/III 比增加时，导致产生更多 H_3SiPH_2，于是 Si 的掺杂水平更高。但是当 InP 外延层的生长速度增加时，Si 的掺杂效率下降，见图 7-24。图 7-24 为 SIMS 测量的在 630°C 和 V/III=300 条件下，SiH_4、Si_2H_6 和 DMZn 在 InP 外延层中掺杂浓度随生长速度的变化[67]。可以看出对于 SiH_4 和 Si_2H_6 两种掺杂前体，Si 的掺杂浓度都与生长速度成反比。

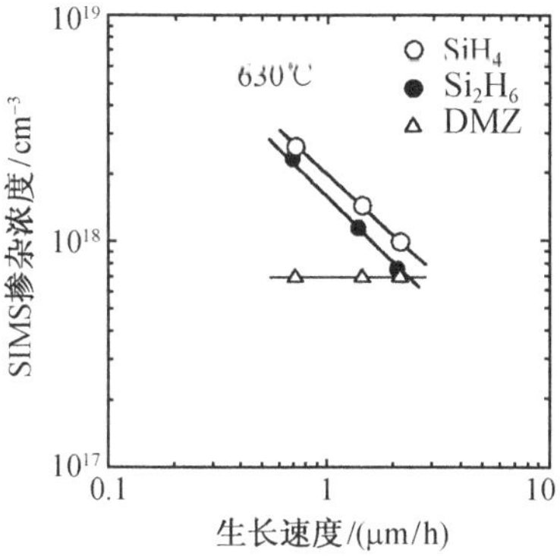

图 7-24　在 630°C 下 SiH_4、Si_2H_6 和 DMZn 在 InP 外延层中掺杂浓度随生长速度的变化

InP 中掺 Te 使用 DETe 作为掺杂剂。与在 GaAs 中电子浓度随 DETe 摩尔分数为线性增加不同，InP 中电子浓度随 DETe 摩尔分数超线性增加。InP 掺 Te 的电子浓度高达 $10^{19}cm^{-3}$ 时，迁移率超过 1000 $cm^2/(V{\cdot}s)$[60]。

InP 的 p 型掺杂用 DEZn、DMZn、DMCd 或 Cp_2Mg 等作为掺杂剂。表 7-5 比较了几种 p-InP 外延层掺杂剂的特性[68]。采用 DEZn 还是 DMZn 掺杂外延层的特性并无显著区别。Zn 的最低掺杂水平可以控制在 $4\times10^{17}cm^{-3}$，最高掺杂水平为 $3\times10^{18}cm^{-3}$，受到 Zn 在 InP 中的溶解度限制，见表 7-5。在达到饱和前，空穴浓度与 DMZn 或 DEZn 的流量呈线性关系。当 DMZn 或 DEZn 的流量固定时，空穴浓度随生长温度的升高而降低。DMCd 的掺杂行为与 DMZn 类似，在达到饱和前 InP 空穴浓度与 DMCd 的流量也呈线性关系，并随生长温度的提高而降低。但 DMCd 的掺杂效率比 DMZn 或 DEZn 低，掺 Cd 的优点是 Cd 的 InP 中的扩散系数比 Zn 低 2 个数量级。表 7-5 中的杂质扩散系数测量是在外延生长的条件下进行的，即从测量掺杂外延层中的杂质向衬底的扩散剖面计算出杂质的扩散系数。Zn 在 InP 中的扩散系数高于 Cd 和 Mg。Zn 的优点是受主能级比较浅，尽管 Zn 的扩散系数比较大，但是至今许多器件仍使用它作 p 型掺杂。

表 7-5 p-InP 外延层掺杂前体特性比较

掺杂前体	掺杂水平			log-log 图中斜率*	生长 $p=1\times10^{18}$ cm^{-3} 所需摩尔流量 /(mol/min)	杂质扩散系数 $/(cm^2\cdot s)$
	最低 $/cm^{-3}$	最高 $/cm^{-3}$	饱和 $/cm^{-3}$			
DEZn	1.5×10^{18}	3×10^{18}	3×10^{18}	1/2	1.3×10^{-7}	$(1\sim6)\times10^{-13}$
DMZn	4×10^{17}	3×10^{18}	3×10^{18}			
DMCd	5×10^{15}	1×10^{18}	2×10^{18}	1	2×10^{-4}	$(0.4\sim1.4)\times10^{-15}$
Cp_2Mg	3×10^{16}	2×10^{18}	—	2	8×10^{-8}	$(2\sim4)\times10^{-15}$

* log-log 图：净载流子浓度的对数与掺杂前体流速的对数图。

从图 7-24 看出外延层中 Zn 的浓度与生长速度无关，这种差别反映 Zn 与 Si 并入机构不同。Zn 的掺杂由吸附-脱附平衡的热力学过程控制，当生长温度提高时，更多的 Zn 从表面脱附，造成 Zn 并入效率下降。(110)面比(100)面有更多形成双键或三键的台阶密度，有利于 Zn 的吸附，因此 Zn 并入效率高。另外，Zn 的并入正比于 Ga 空位浓度 V_{Ga}，在 V/III 比升高时 V_{Ga} 浓度提高，促进了 Zn 的并入。

Fe 是生长半绝缘 InP 常用的掺杂剂，可获得电阻率大于 $10^7\Omega\cdot cm$ 的外延层[69]。通常以二茂铁($(C_5H_5)_2Fe$)和羰基铁($Fe(CO)_5$)为源，前者为固态源。用$(C_5H_5)_2Fe$ 掺杂时，在恒定的生长温度下，InP 外延层中的铁浓度与气相中$(C_5H_5)_2Fe$ 和 PH_3 的浓度关系为

$$[Fe_s]=K[(C_5H_5)_2Fe][PH_3]^{-1/2} \tag{7-1}$$

生长温度升高时，外延层中铁的浓度增高。铁在 InP 中的溶解度在 650°C 时为 7×10^{16} 原子$/cm^3$，当浓度超过此值时可能出现沉淀[70]。Fe 虽然能产生高阻外延层，然而在掺 Fe 的 InP 上继续生长掺 Zn 的 InP 时，发现增强了 Zn 的外扩散。这种铁激活的锌外扩散与 Zn 与 Fe 的强互相作用有关。当在器件结构上使用 InP:Fe/InP:Zn

结构时，Zn 的外扩散可能影响器件性能。

7.2.2　GaP 的 MOVPE 生长

有关 GaP 的 MOVPE 生长的报道不多，总体说来与 GaAs 的生长类似[71]。曾以 TEGa 和 PH_3 为源，低压(40 Torr)在 750~850°C 生长 GaP 时得到镜面。采用 TMGa 和 PH_3 为源时 GaP 生长速度正比于 TMGa 浓度但与 PH_3 浓度无关，其生长速度随生长温度升高而上升。最佳生长条件是 800°C，V/III 比为 10，本底载流子浓度为 $5\times10^{15}cm^{-3}$ [72]。非有意掺杂 GaP 外延层也类似于 GaAs 外延层，随 V/III 比(V/III~3)的变化导致 p 型转变成 n 型现象。

分别用 DEZn 和 H_2Se 对 GaP 进行 p 或 n 型掺杂，这些杂质的掺杂规律与在 GaAs 中的掺杂类似，只是与 V/III 无关。用 NH_3 进行 N 掺杂，可使间接带隙的 GaP 发绿色光，这是在 InGaN 高亮度 LED 出现以前是制造绿色 LED 的主要途径。在使用 NH_3 进行掺杂时，会使 GaP 的生长速度轻微下降。

7.2.3　GaInP 的 MOVPE 生长

$Ga_xIn_{1-x}P$ 属于 III-III′-V 型三元固溶体。$0<x<0.74$ 为直接带隙材料。$Ga_xIn_{1-x}P$ 的晶格常数 $a(x)=5.8686-0.4174x$(Å)。与 GaAs 衬底晶格匹配的 x 值约为 0.5。与 GaAs 衬底晶格匹配的 $Ga_{0.5}In_{0.5}P$ 应用于激光器、高效太阳能电池、异质结双极晶体管和场效应晶体管中。

生长 $Ga_{0.5}In_{0.5}P$ 以 III 族的乙基源(TEGa，TEIn)和 PH_3 为源，在低压下(70Torr)条件下，生长温度为 640°C 和 V/III 比为 45 时，GaP 的分布系数为 1.28[73]。也可以用 III 族甲基源(TMGa，TMIn)和 PH_3 在大气压生长 $Ga_xIn_{1-x}P$，V/III 比大于 1 的条件下，固相 x 值与输入的 $P_{TMGa}/(P_{TMGa}+P_{TMIn})$分压比呈线性关系。在 575~650°C 的生长温度范围内，分配系数与温度无关，约为 1.24[74]。可见与 GaAs 晶格匹配的 $Ga_{0.5}In_{0.5}P$ 比较容易生长。

关于 MOVPE 生长 $Ga_xIn_{1-x}P$ 的合金有序化的成因和描述有序程度的有序参量 s 已经第 6 章 6.3.3 节讨论过。由于有序 $Ga_{0.5}In_{0.5}P$ 的禁带宽度比 Ga 和 In 原子完全随机分布的无序结构的禁带宽度约低 200meV，因此在器件结构生长中需要控制固溶体的有序度。例如，对制造红光激光器来说，通常希望生长出无序结构的 $Ga_{0.5}In_{0.5}P$ 的有源区。

$Ga_{0.5}In_{0.5}P$ 外延层的有序化程度与生长条件密切相关：生长速度[75]、生长温度[75]、V/III 比值[76]、衬底取向[77]、掺杂浓度[78]以及使用不同的磷前体(PH_3 或 TBP)都影响有序度。常利用 PL 谱、Raman 散射和 TEM 等多种方法从实验方面研究材料的有序结构。

生长速度和生长温度对生长 $Ga_xIn_{1-x}P$ 有序度的影响十分复杂，这种复杂的关系用图 7-25 和图 7-26 共同说明。实验采用的是偏 2°的(100)GaAs 衬底，以 TMGa、

TMIn 和 PH_3 为源，输入 V/III 比为 65。为理解图 7-26，先看图 7-25(a)和(b)分别表示的由 PL 谱峰值确定的 $Ga_{0.5}In_{0.5}P$ 带隙随生长速度和生长温度的变化[75]。从图(a)中看出在 15、40、90 和 150nm/min 四种不同生长速度下，带隙与生长温度关系曲线差异很大。例如生长速度为 90nm/min 和 150nm/min 曲线的带隙分别在 650~675°C 和 675~700°C 之间出现最小值。而 15nm/min 和 40nm/min 曲线仅观测到带隙随生长温度的上升而增大。图(b)测得的在不同生长温度下，带隙与生长速度关系曲线也各不相同。图 7-26 是将上述复杂的结果以带隙等高线图表示，即与 GaAs 晶格匹配的 $Ga_{0.5}In_{0.5}P$ 的带隙随生长速度和生长温度变化的带隙等高线图，定性地揭示了 $Ga_xIn_{1-x}P$ 生长时有序度随生长条件变化的复杂性。此图可以分为五个区：I 区是在“宽带隙”字样下方区域，带隙宽度随生长速度的升高而上升。II 区是生长速度小于 50 nm/min，并且生长温度在 650~700°C 之间。其变化规律则恰好与 I 区相反，等高线表明带隙宽度随生长速度的降低而迅速增加。III 区在图的左下角，带隙为 1.825eV 以下，带隙与生长温度和生长速度均无关。IV 区，高生长温度和高

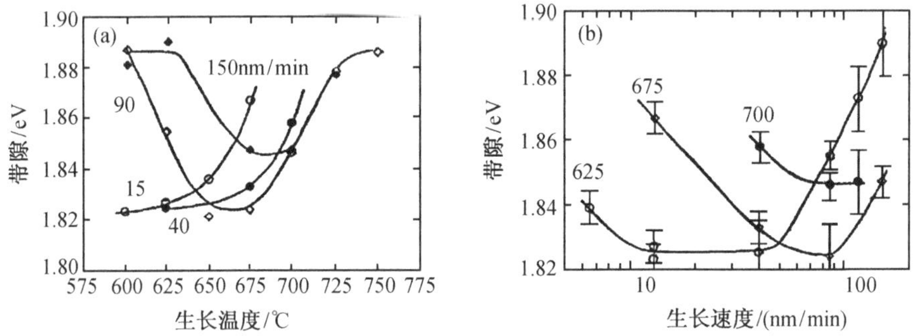

图 7-25　$Ga_{0.5}In_{0.5}P$ 禁带宽度与生长温度(a)和生长速度(b)的关系(V/III 比为 65)

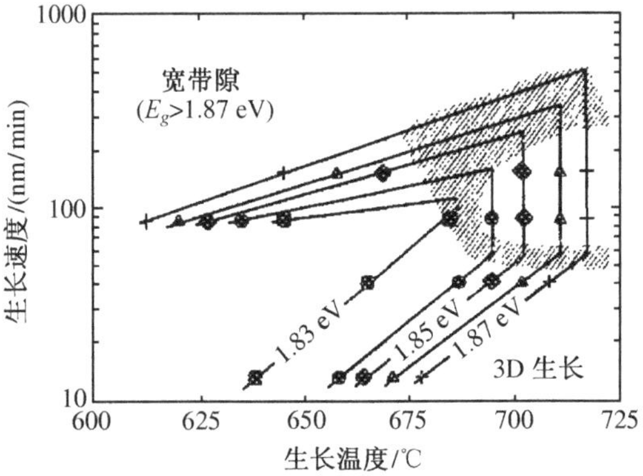

图 7-26　表示与 GaAs 晶格匹配的 $Ga_{0.5}In_{0.5}P$ 的带隙随生长速度和生长温度变化的带隙等高线图(从图 7-25 导出)

生长速度，带隙仅随生长温度的升高而增大，但与生长速度无关，表现为等高线平行于生长速度轴。在图中标记“3D”的地方为 V 区，表面形貌在开始生长后马上变坏，出现三维岛状生长。当 V/III 比增大时，整个等高线向较低生长速度的方向移动。3D 生长模式在更高 V/III 比条件下会回到 2D 生长。需要指出的是图中等高线的准确位置并不能完全确定，尤其在图中阴影区。

图 7-27 示出 $Ga_{0.5}In_{0.5}P$ 带隙与 MOVPE 生长温度和 V/III 比的关系，同样也很复杂，曲面是在超过 20 个实验点的基础上绘制的。其生长条件为(100)偏[011]方向 2°的 GaAs 衬底上以 TEGa、TMIn 和 PH_3 为源，输入 V/III 比变化范围为 60~400，生长的 $Ga_{0.5}In_{0.5}P$ 厚度均为 0.6μm。从图可以看出在 750°C，E_g 随 V/III 增加单调下降，相反在 600°C，E_g 随 V/III 增加单调上升。最高带隙为 1.91eV，是在 750°C 和 V/III=60 条件下生长的，而最低带隙为~1.85eV，生长条件是~650°C，V/III=60~400[79]。

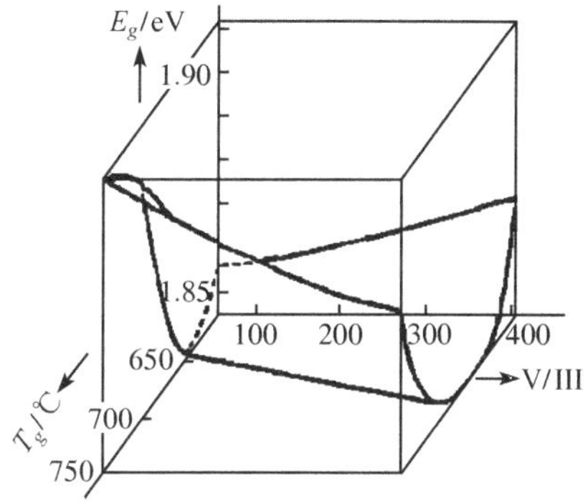

图 7-27　$Ga_{0.5}In_{0.5}P$ 带隙(E_g)随生长参数的变化关系

衬底取向是影响有序化的另一主要因素，(100)GaAs 衬底向[110]或(111) A 偏向 6° 都观察到有序度明显降低，成为最常用的生长无序 GaInP 外延层的方法。在(115)B 衬底上生长 $Ga_{0.5}In_{0.5}P$ 同样有利于无序结构的生长。

非故意掺杂的 GaInP 外延层通常为 n 型，载流子浓度大约为 $10^{16}cm^{-3}$。n 型掺杂剂使用 VI 族的 H_2Se 或 DETe，前者电子浓度可达 $10^{19}cm^{-3}$，后者的记忆效应比较小。IV 族前体 SiH_4 和 Si_2H_6 几乎没有记忆效应，但 SiH_4 在生长温度低时分布系数小(625°C 为 1.6×10^{-2})，故多使用 Si_2H_6。P 型掺杂剂常用 DMZn 或 DEZn，两者差别不大，Zn 的分布系数在 625°C 为 3.8×10^{-3}。在光电子器件中使用 Mg 作 p 型掺杂元素。在生长掺 Se、Zn 或 Mg 的 $Ga_{0.5}In_{0.5}P$ 外延层时，发现当掺杂浓度大于 $10^{18}cm^{-3}$ 时有序结构会向无序结构转化。

7.2.4　AlInP 的 MOVPE 生长

$Al_xIn_{1-x}P$ 在 $0<x<0.44$ 范围内为直接带隙材料。当 x 值为 0.52 时 $Al_xIn_{1-x}P$ 与 GaAs 衬底晶格匹配，此时已经是间接带隙了。$Al_{0.5}In_{0.5}P$ 可以与 GaAs 或$(Al_{0.4}Ga_{0.6})_{0.5}$

$In_{0.5}P$ 形成分布 Bragg 反射器，也可作 GaAs 基高效太阳电池的窗口层。

生长 $Al_xIn_{1-x}P$ 以 TMAl、TEIn 和 PH_3 为源，在低压(70Torr)，生长温度为 750°C 和 V/III 比为 42 时，AlP 的分布系数为~3.13。当温度降低到 640°C 时，分布系数为~1.61[73]。分布系数偏大的原因可能与前体之间的寄生反应或者与 In 的再蒸发有关。AlInP 由于组分中含有 Al，需采用较高的生长温度和较大的 V/III 比生长有利于降低氧沾污。图 7-28 给出 AlInP 中 O 浓度与生长温度和 V/III 比的关系。表明 O 浓度随生长温度提高和 V/III 比的增加而下降[80]。V/III 比对 O 并入的抑制作用可能是由于 O 在 AlInP 中占据 P 的格点，所以生长表面 P 的分压增大时，降低了表面的 V 族空位，氧并入将受到抑制。另一种解释认为 PH_3 在异相或气相分解产生的活性 H 原子在气相中与氧结合形成挥发性的化合物，如 H_2O，减少了 O 在外延层中的并入。较高的生长温度会加速挥发性的化合物的形成或挥发，所以高温使 AlInP 中的 O 浓度下降。

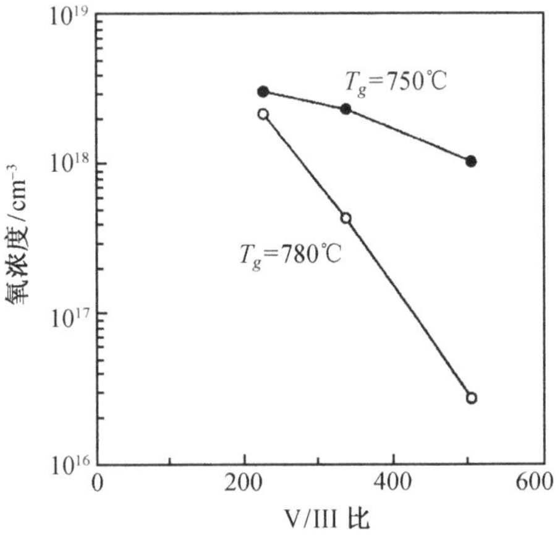

图 7-28　AlInP 中 O 浓度与生长温度和 V/III 比的关系

7.2.5　AlGaInP 的 MOVPE 生长

$(Al_xGa_{1-x})_yIn_{1-y}P$ 是 III-III′-III″-V 型四元(赝三元)固溶体。其中$(Al_xGa_{1-x})_{0.5}In_{0.5}P$ 与 GaAs 晶格匹配。当 x=0(E_g=1.9eV)到 x~0.5(E_g=2.23eV)为直接带隙，而当 x=0.53 就为间接带隙了。AlGaInP 材料广泛用于制造红光 LED 和红光 LD。

生长 AlGaInP 使用的 III 族源通常为 TMGa、TMAl 和 TMIn，V 族前体最常用的是 PH_3，其次为 TBP。虽然热力学模型估计在 V/III 比大于 1 的条件下，三个 III 族元素的分配系数均为 1，但实验发现当生长温度从 660°C 升到 740°C 时，Al 的分配系数上升。这是因为在高温区 In 的耗尽现象严重，而且此时 Ga 的气相耗尽也不可忽视了。在使用 TEIn 时，In 的分配系数为 0.32。

因为 GaP 的晶格常数(5.45117Å)和 AlP 的晶格常数(5.4151Å)非常接近，因此晶格匹配主要用 In 摩尔分数(1−y) 来调节。为了使 AlGaInP 达到与 GaAs 晶格匹配，先设定 In/(Al+Ga+In)比例为 0.5，通过改变气相 TMIn/(TMAl+TMGa)比例来调节晶格常数。然后改变 TMAl/TMGa 比(同时保持总的 TMAl+TMGa 摩尔流量不变)来得到所需要的带隙。

在 AlGaInP 材料外延生长中，也会出现有序结构。有序结构导致 AlGaInP 材料的带隙缩小，折射率、输运特性等也发生变化。影响 AlGaInP 外延层有序度的因素很多，主要包括生长温度、V/III 比、生长速度、衬底晶向、Ga 源种类、Al 的组分、掺杂等。通常采用大偏向 GaAs 衬底(偏 5°的 (100))来生长无序 AlGaInP 材料。

由于含 Al，生长 AlGaInP 需注意克服 Al 引起的 O 和 C 的沾污。$(Al_xGa_{1-x})_{0.5}In_{0.5}P$ 的氧含量随 x 的增加而增加，当 $x > 0.4$ 氧浓度陡然上升[81]。O 在$(Al_{0.7}Ga_{0.3})_{0.5}In_{0.5}P$ 中产生三个深能级，分别为 D1(0.37eV)、D2(0.46eV) 和 D3(1.0eV)。其中 D2 和 D3 是由氧形成的深能级，而 D1 是与 Si 杂质有关的深能级[82]。图 7-29 示出有意掺 O_2 的$(Al_{0.7}Ga_{0.3})_{0.5}In_{0.5}P$ 外延层中的 O 浓度和深能级(D2 和 D3)浓度与衬底温度(T_g)的关系。当 T_g 小于 690°C 时，测得的氧含量与温度无关，并入效率很高。当生长温度高于 690°C 时，外延层中的氧浓度随生长温度升高而迅速降低。对 AlGaInP 材料，虽然提高生长温度有利于抑制 O 杂质并入，但过高温度会造成 In 的再蒸发，也不利于 p 型杂质 Zn 的并入，这使得 AlGaInP 材料生长的温度窗口比较窄。通常采用 700~750°C 的高生长温度。在生长 AlGaInP 材料时需要采用高 V/III 比，约 200，因为 PH_3 分解不完全。

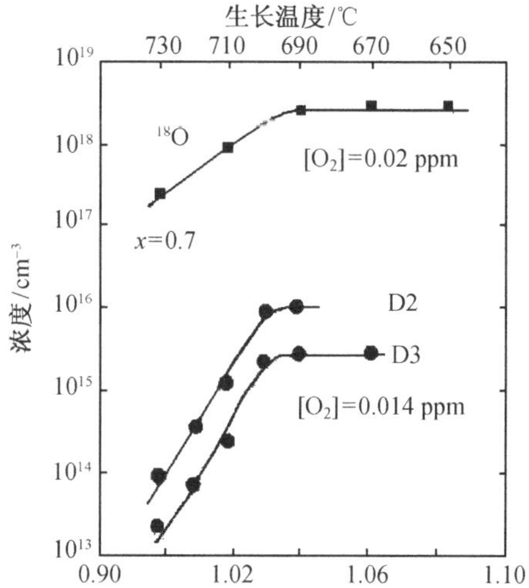

图 7-29　$(Al_{0.7}Ga_{0.3})_{0.5}In_{0.5}P$ 中 O 浓度和深能级(D2 和 D3)浓度与生长温度的关系

采用低毒的低分解温度的 TBP 取代 PH_3 生长 AlGaInP，可以降低生长温度和

V/III 比[83]。在~650°C 和 V/III 比为 30 左右时，$(Al_{0.7}Ga_{0.3})In_{0.5}P$ 外延层 C 含量低达 $5\times10^{16}cm^{-3}$。氧含量随 V/III 比的提高而降低，最低 O 含量低至 $1\times10^{16}cm^{-3}$。

AlGaInP 的 n 型掺杂剂采用 DETe 或 SiH_4 或 Si_2H_6。无论采用 Te 还是 Si 掺杂均可以得到电子浓度大于 $1\times10^{18}cm^{-3}$ 的 $(Al_xGa_{1-x})_{0.5}In_{0.5}P$。Te 和 Si 在 AlGaInP 中分别为挥发性和非挥发性杂质，挥发性杂质的并入速率随生长温度的升高而降低。DETe 的主要缺点是有记忆效应，而 SiH_4 没有记忆效应。采用 SiH_4 掺杂外延层的电子浓度随生长温度的升高而提高，而 Si_2H_6 对生长温度不敏感。非挥发性杂质 Si 的并入速率还与外延层的生长速度成反比。

AlGaInP 的 p 型掺杂剂多采用 DMZn。由于 Al 的存在，生长掺 Zn 低阻 p-AlGaInP 较为困难。首先含 Al 材料需要在较高的生长温度，此时挥发性高的 p 型杂质 Zn 不易进入晶格。其次由于 Al 的存在导致外延层中的深施主杂质 O 的含量较高，会补偿 Zn 受主。当 Al 含量增高时带隙变宽，Zn 在高 Al 含量 AlGaInP 中的离化能增高使室温空穴浓度降低。另外在 $(Al_xGa_{1-x})_{0.5}In_{0.5}P$ 中空穴迁移率低(~$10cm^2/(V\cdot s)$)更增加了生长低阻 p-AlGaInP 的困难。因此在相同的输入[DEZn]/[III]条件下，$(Al_xGa_{1-x})_{0.5}In_{0.5}P$($x$=0.4~0.5)外延层的空穴浓度低于 GaInP 的，见图 7-30[80]。如 GaInP 掺 Zn 空穴浓度可以达到 $2\times10^{18}cm^{-3}$，加入 Al 后空穴浓度显著降低。此外，AlGaInP 中的 Zn 还可能被外延层中的剩余杂质 H 原子钝化，进一步降低了空穴浓度。采用 AlGaInP 生长后在较高温度(500°C)就切换到 N_2 中降温，以消除 H 钝化的影响，提高外延层的空穴浓度。

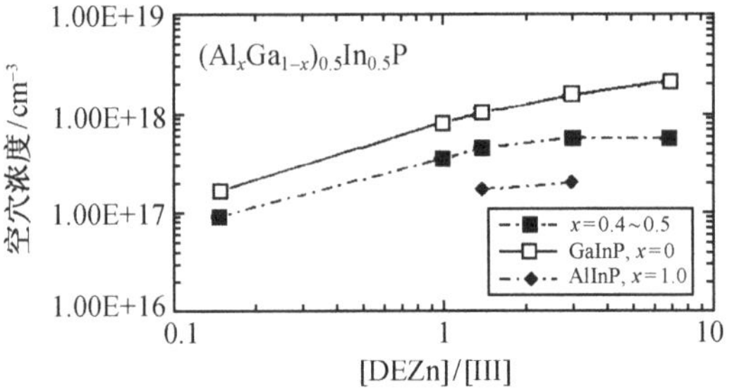

图 7-30　$(Al_xGa_{1-x})_{0.5}In_{0.5}P$($x$=0、0.4~0.5、1)空穴浓度与 DEZn 流速的关系

Cp_2Mg 也可作 AlGaInP 的 p 型掺杂剂，Mg 比 Zn 在 AlGaInP 中的电离能小得多，并且 Mg 的挥发性和扩散系数比 Zn 也小得多，对生长温度的依赖比较小，可得到接近 $10^{18}cm^{-3}$ 的空穴浓度。但是 Cp_2Mg 有记忆效应和很小的高掺杂窗口，使得掺杂的重复性难以控制。

7.2.6　III 族 As/P 三元固溶体的 MOVPE 生长

$InAs_{1-x}P_x$ 和 $GaAs_{1-x}P_x$ 都属于 III-V-V′型三元固溶体。$InAs_{1-x}P_x$ 为直接带隙半导体材料，而 $GaAs_{1-x}P_x$ 当 $0<x<0.45$ 为直接带隙，$x>0.45$ 为间接带隙材料。

生长 $InAs_{1-x}P_x$ 和 $GaAs_{1-x}P_x$ 使用的 III 族源通常为 TMGa 和 TMIn，V 族前体最常用的是 AsH_3 和 PH_3，其次为 TBAs 和 TBP。III-V-V′型三元固溶体的组分控制要比 III-III′-V 型三元固溶体困难得多。在 600°C 下生长 $InAs_{1-x}P_x$，As 优先并入倾向非常强烈。提高 $InAs_{1-x}P_x$ 和 $GaAs_{1-x}P_x$ 的生长温度会增加 P 的并入效率，使 P 的分配系数增加并趋近于 1，见图 7-31[84]。

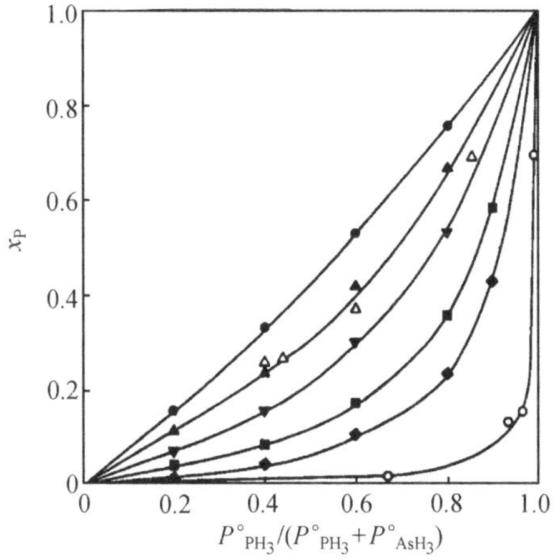

图 7-31　在不同生长温度下 $GaAs_xP_{1-x}$ 和 $InAs_xP_{1-x}$ 的固相与气相组分关系

$GaAs_{1-x}P_x$：(◆) 650°C，(■) 700°C，(▼) 750°C，(▲) 800°C，(●) 850°C

$InAs_{1-x}P_x$：(○) 600°C，(△) 750°C

用热解温度低的 TBP 代替 PH_3 可以与 AsH_3 达到较好的热解匹配，显著增加 P 的并入效率。图 7-32 示出不同 As/P 前体组合对 $GaAs_{1-x}P_x$ 和 $InAs_{1-x}P_x$ 中 P 分布系

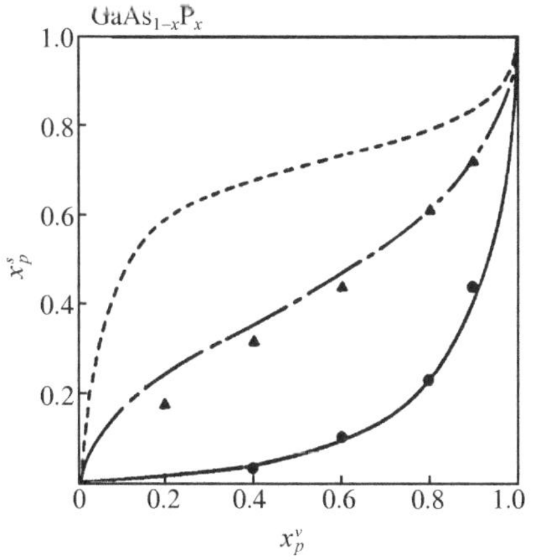

图 7-32　MOVPE 生长的 $GaAs_{1-x}P_x$ 气相 P(x_p^v)与固相 P(x_p^s)之间组分关系

图中▲代表以 TBP 和 AsH_3 为源，610°C 生长；●代表以 PH_3 和 AsH_3 为源，650°C 生长。虚线为按 As_4 和 P_4 的计算值；点画线为按 As_2 和 P_2 的计算值

数的影响[85]。使用 PH_3 与 AsH_3 组合，在 650°C 的生长温度下，P 的气-固分配系数显著偏离 1，固溶体的成分难于控制。使用 TBP 与 AsH_3 组合，在 610°C 的生长温度下，P 的气-固分配系数显著增加，固溶体的成分易于控制，而且 GaAsP 组分分布的均匀性也会得到改善。将 TBP 与 AsH_3 结合使用时，假设气相 As 和 P 的品种分别为 As_2 和 P_2，热力学模型的计算分布系数值与实验值吻合。不过从热力学平衡角度，在常用的生长温度下，四聚物 As_4 或 P_4 应为主要品种。然而从 PH_3 或 AsH_3 分解出来的单分子 As 或 P 应首先形成二聚物，如果形成四聚物的反应由于动力学的原因受阻，就可能造成气相中 As_2 或 P_2 为主的状态。

以 TMIn、PH_3 和 AsH_3 为源，在大气压反应室中，未掺杂的 $InAs_{0.6}P_{0.4}$ 的室温本底电子浓度为 $10^{15}cm^{-3}$，迁移率为 $5000cm^2/(V·s)$[86]。n 型 InAsP 可以用 TESn 进行掺杂。p 型可以用 DEZn 进行掺杂，p-$InAs_{0.60}P_{0.40}$ 的空穴浓度可以达到 $1.7×10^{19}cm^{-3}$。

7.2.7　GaInAsP 的 MOVPE 生长

$Ga_xIn_{1-x}As_yP_{1-y}$ 是光电器件中广泛应用的 III-III′-V-V′型四元固溶体之一，调节 x 与 y 值可以独立地改变它的禁带宽度和晶格常数。与 InP 晶格匹配的 $Ga_xIn_{1-x}As_yP_{1-y}(0\leqslant x\leqslant 0.47;\ 0\leqslant y\leqslant 1)$ 覆盖了 0.91~1.67μm 波段，广泛应用于制作石英光纤通信用的 1.3μm($Ga_{0.25}In_{0.75}As_{0.5}P_{0.5}$)和 1.55μm($Ga_{0.37}In_{0.63}As_{0.8}P_{0.2}$)半导体激光器；与 GaAs 晶格匹配的 $Ga_xIn_{1-x}As_yP_{1-y}$ 则覆盖了 0.78~0.66μm 波段，用于制造近红外光电器件，特别是无 Al 激光器。

$Ga_xIn_{1-x}As_yP_{1-y}$ 晶格常数与组分的关系可以表示为

$$a(x,y)=5.8696+0.1894y-0.4184x+0.0130xy \tag{7-2}$$

与 InP 晶格匹配的 $Ga_xIn_{1-x}As_yP_{1-y}(0\leqslant x\leqslant 0.47;\ 0\leqslant y\leqslant 1)$的 x 与 y 关系为

$$x\approx 0.1894y/(0.4184-0.0130y),\ (0\leqslant y\leqslant 1) \tag{7-3}$$

$Ga_xIn_{1-x}As_yP_{1-y}$ 的带隙与组分关系可以表示为[90]

$$E_g(x,y)=1.35+0.688x-1.17y+0.758x^2+0.18y^2-0.069xy-0.322x^2y+0.03xy^2 \tag{7-4}$$

从室温 PL 数据拟合得到的与 InP 晶格匹配的 $Ga_xIn_{1-x}As_yP_{1-y}$ 的 E_g 为

$$E_g(y)=1.35-0.775y+0.149y^2 \tag{7-5}$$

把(7-2)和(7-4)式取偏微分可以得出 x 或 y 值的变化对带隙(波长)和晶格失配的影响。增加 x(Ga 含量)值会使对波长和晶格常数都减小；而增加 y(As 含量)值会使对波长和晶格常数都增大。在 MOVPE 生长过程中，通常在保持其他参数不变的前提下主要靠调节 Ga 前体或 In 前体的摩尔流量来调整晶格匹配。外延层发射波长的控制主要靠调节 PH_3 或 AsH_3 的摩尔流量。无论 x 还是 y 值，1%的变化对于波长还是晶格匹配的影响都十分巨大。因此 $Ga_xIn_{1-x}As_yP_{1-y}$ 的生长要求严格控制 x 和 y 的组分。

早期 GaInAsP 的 MOVPE 生长是以乙基源(TEGa、TEIn)、AsH_3 和 PH_3 为源，生长温度为 650°C,反应室压力为 76Torr。GaInAsP 外延层生长速度随 TEIn 和 TEGa 摩尔流量之和成线性增加，而与 V 族氢化物流量无关。由于 As 比 P 更易并入晶格，生长 $Ga_{0.21}In_{0.79}As_{0.47}P_{0.53}$ 的外延层所需的 PH_3/AsH_3 分压比需要超过 20。使用 50%H_2+50%N_2 载气生长 $Ga_xIn_{1-x}As_yP_{1-y}$ 材料时，无论表面形貌还是光荧光强度都优于纯氢气载气[87]。

目前广泛使用的 III 族源是甲基源，常用的 V 族源为氢化物。当以 TMIn、TMGa、AsH_3 和 PH_3 为源在 LP-MOVPE 设备中生长 GaInAsP 时，生长温度为 600~650°C，V/III 比为 50~100。III 族元素的分配系数接近于 1，而 P 的分配系数小于 1。图 7-33 示出了与 InP 匹配的 GaInAsP 的光荧光波长 λ 与 III-III′和 V-V′摩尔分数之间的关系。III-III′摩尔分数比[TMGa]/[TMIn]几乎是发射波长 λ 的线性函数，而 V/V′摩尔分数比[PH_3]/[AsH_3]却是 λ 的高次函数。由于[PH_3]比[AsH_3]的热稳定性高得多，在生长较短波长的 GaInAsP 时需要很高的[PH_3]/[AsH_3]比，因此通入反应室的 AsH_3 的浓度动态调节范围要大于 3 个数量级才能完成发射波长从 1~1.6μm 的四元层生长[88]。为此，可以采用在第 2 章生长系统中详细讨论过的双稀释技术来实现这种对 AsH_3 的控制，也可以用 H_2 中含有 10%的 AsH_3 混合气来代替 100%的 AsH_3。

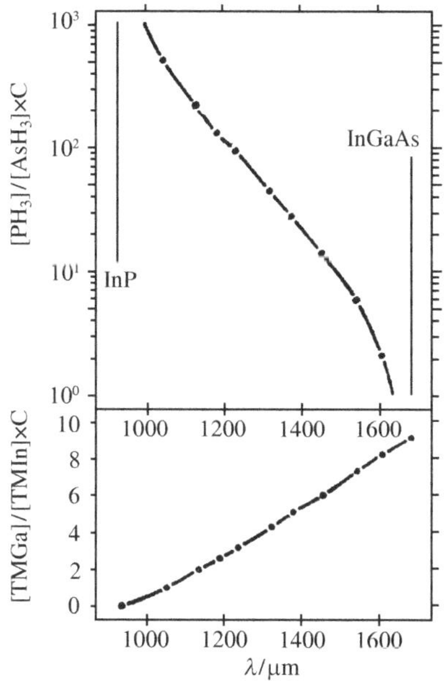

图 7-33　生长与 InP 晶格匹配的 GaInAsP 外延层时，气相 III-III′和 V-V′摩尔分数与外延层的光荧光波长的关系

对生长 GaInAsP 来说，生长温度同样是重要生长参数之一，生长温度从 600°C

上升到 675°C 时 $Ga_xIn_{1-x}As_yP_{1-y}$ 外延层的 P/As 比显著增加，然而对 Ga/In 比的影响很小。这种组分随温度的变化导致 $Ga_xIn_{1-x}As_yP_{1-y}$ 材料的波长随温度升高而向短波移动，其中波长越短向短波移动越多。如波长为~1.1μm 的材料，波长移动达到 –4.3nm/°C，波长~1.3μm 的材料移动为–2.9nm/°C，而波长~1.5μm 的材料移动为–1.8nm/°C[89]。

Zilko 等[90]以 TBAs 和 TBP 代替 AsH_3 和 PH_3 为原材料，比较了 AsH_3 和 PH_3 组合、TBP 和 AsH_3 组合、TBAs 和 TBP 组合以及 TBAs 和 PH_3 组合。得出使用 TBP 和 AsH_3 组合比 PH_3 和 AsH_3 组合显著改善 GaInAsP 组分分布均匀性，尤其是 V 族元素的分布均匀性，并且也改善了晶格匹配均匀性。使用 TBAs 和 TBP 组合和 PH_3 和 AsH_3 组合的波长均匀性相近。而 TBAs 和 PH_3 组合对组分分布均匀性没有改善。另外，使用 TBP 比使用 PH_3 生长 GaInAsP 用的 V/III 比要低 4~5 倍。

为了生长与 InP 晶格失配小于 3×10^{-4} 的 GaInAsP 外延层必须仔细控制组分，表 7-6 列出与 InP 晶格匹配的非故意掺杂 GaInAsP 材料系的典型电学参数。

表 7-6　与 InP 晶格匹配的 GaInAsP 材料系典型本底电子浓度与迁移率数据

化合物		n_{300K} /cm^{-3}	μ_{300K} /[cm^2/(V·s)]	μ_{77K} /[cm^2/(V·s)]
InP		1×10^{14}	5 500	156 000
GaInAsP	λ=1.3μm	1×10^{15}	5 900	45 000
	λ=1.5μm	5×10^{14}	10 500	81 000

GaInAsP 的掺杂与 InP 的掺杂类似，n 型掺杂剂用 H_2S、SiH_4 或 Si_2H_6，p 型掺杂剂用 DEZn、DMZn 和 DMCd 等。

7.3　锑化物的 MOVPE 生长

在 III-V 族化合物半导体中，锑化物的禁带宽度较小。例如，在 InAsSb 三元固溶体中最小禁带宽度为 0.1eV，可应用于 8~12μm 远红外区。GaInSb 和 GaAlSb 则可分别用于 2~5μm 和 1~2μm 的近红外区。

锑化物的 MOVPE 生长与砷、磷化物的不同之处在于锑化物的熔点低，MOVPE 需要在低的生长温度下进行[91,92]。与 As 和 P 在生长温度时高的蒸气压不同，在低的生长温度下元素 Sb 的蒸气压很低，与 III 族元素的蒸气压接近，容易出现 Sb 颗粒或 Ga 滴沉积在生长表面。低的生长温度也使生长速度处于动力学限制区，而非质量输运控制区，生长温度对生长速度的影响很大，并且造成外延层厚度的不均匀。另外，低的生长温度不利于抑制氧的并入。而且，锑化物衬底表面非常容易氧化，而低温导致在生长前使用的氢气热处理步骤不能有效去除衬底上的氧化层，其后果是使外延层中的缺陷增多。

另外，锑化物的 MOVPE 生长采用 Sb 的金属有机化合物，因为 SbH_3 在室温下已明显分解。不用 SbH_3 就不能利用氢化物在表面分解时产生的活泼 H 来抑制 C 沾污，这点对于 AlSb 及其固溶体影响更大。

7.3.1　GaSb 及其固溶体的 MOVPE 生长

锑化物的 MOVPE 生长，首先要解决的问题是如何避免出现富 Ga 或富 Sb 的第二凝聚相。在第 4 章 4.2.3 节 MOVPE 生长相图与单相生长区中讨论 GaSb 生长相图时已经指出 Sb 颗粒(Sb 熔点 631°C)的出现与 V/III 比和输入反应室的 Sb 源分压两个因素有关，而不是有些文献中认为的仅与 V/III 比有关[93]。富 Ga 小滴的出现才仅与 V/III 比有关。在实验上往往采取固定输入 TMGa 摩尔流量改变 TMSb 摩尔流量的方法调节 V/III 比，此时会出现一个获得单相 GaSb 外延层的 V/III 比窗口。

GaSb 的 MOVPE 生长通常以 TMGa 或 TEGa 和 TMSb 或 TESb 为源。TMSb 的热稳定性高是其缺点，而优点是蒸气压高。TEGa 和 TMSb 组合在 525~640°C 温区生长速度与温度无关，即生长速度受质量输运控制，更容易获得均匀的外延层，见图 7-34。在 550~600°C 和 V/III 比接近 1 时，TEGa 和 TMSb 组合或者 TEGa 和 TESb 组合均能生长出电学性质好的外延层[94]。但是 TEGa 和 TESb 组合的表面形貌比较差，即使使用 GaSb 衬底也很难消灭表面缺陷。TMGa 和 TMSb 组合时，生长温度在 560~640°C，生长速度随生长温度的提高而上升，处于动力学控制区，见图 7-34。

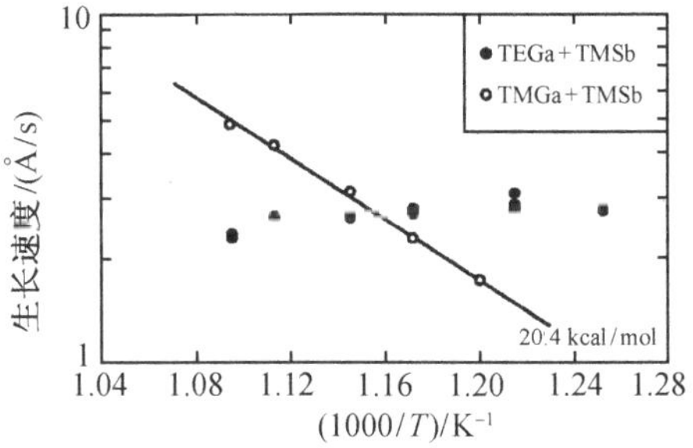

图 7-34　以 TMGa 或 TEGa 和 TMSb 为源的 GaSb 生长速度与生长温度倒数的关系，生长速度按总 III 族流速 sccm 归一化

非故意掺杂的 GaSb 外延层为 p 型，可能与化学剂量比偏离产生的(V_{Ga}-Ga_{Sb})缺陷有关。为了获得载流子迁移率数据，通常是在半绝缘 GaAs 衬底上生长 GaSb，两者晶格失配高达 7.8%。为此，先在低温 500°C 下生长 20 nm 厚的 GaSb 缓冲层，然后再生长外延层，可以改善 GaSb 的电学、光学和表面形貌质量[95]。用 TMGa 和 TMSb 为源生长的 GaSb 外延层的电学和光学质量与生长温度和 V/III 比、生长速度乃至反应室设计都有关系。图 7-35 示出了以 TMGa 和 TMSb 为源生长 GaSb 外延层在 77K 下的空穴迁移率与输入 V/III 值的关系。样品的生长程序如下：先在 500°C

时在半绝缘 GaAs 衬底上生长 GaSb 缓冲层再经 600°C 退火，然后在 580°C 生长外延层。77K 的空穴迁移率从 V/III 比为 1 时的 1000 $cm^2/(V·s)$ 到 V/III 比为 1.8 时迁移率升到 5000 $cm^2/(V·s)$。已报道的 77K 时的空穴迁移率最高值为 6500 $cm^2/(V·s)$，剩余空穴浓度约为 $10^{15}cm^{-3}$。对于 TEGa 和 TMSb 组合，生长温度为 560°C，缓冲层生长温度为 400°C。

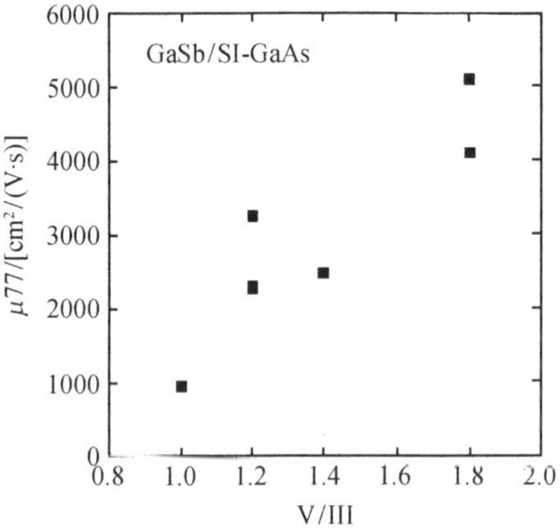

图 7-35　GaSb 的空穴迁移率(77K)与输入 V/III 值的关系

(以 TMGa 和 TMSb 为源生长温度为 580°C (先在 500°C 生长缓冲层再经 600°C 退火)

由于 GaSb 极易氧化，甚至“开盒即用”的 GaSb 衬底也需要在 HCl 中处理 1~20min (GaSb 并不被 HCl 腐蚀)，异丙醇清洗，氮气吹干后，迅速装入反应室。生长前在 525~575°C 氢气下处理至少 10min 才能得到无氧化层表面[96]。

GaSb 的 n 型掺杂剂可用 DETe。在 $n=0.5\sim8\times10^{17}cm^{-3}$ 范围，载流子浓度与 DETe 流速成线性关系。在更高的 DETe 流速下，载流子浓度达到饱和值 $1.3\times10^{18}cm^{-3}$。

p 型 GaSb 掺杂剂可用 DEZn、CBr_4、CCl_4 或 DTBSi。用 DEZn 掺杂的 p 型 GaSb，空穴浓度可以达到 $10^{19}cm^{-3}$，掺杂效率依赖于生长温度并随[TMSb]/[TEGa]比而升高。空穴浓度 p 与 DEZn 摩尔分数的关系表达为 $P\propto[DEZn]^{2.3}$[97]。GaSb 的生长速度受 DEZn 的影响，随 DEZn 分压的升高而下降。C 占据 Sb 位置成为受主，空穴浓度可以从 $5\times10^{16}cm^{-3}$ 掺到大于 $10^{19}cm^{-3}$[98]。C 的共价半径为 0.77Å，小于 Sb 的共价半径(1.4Å)，因此高浓度 C 会引起外延层应力。Si 在 GaSb 中为 p 型杂质，利用二特丁基硅烷 (DTBSi) 掺杂，GaSb 外延层的空穴浓度可以从 $1.5\times10^{17}cm^{-3}$ 到 $1.3\times10^{20}cm^{-3}$[99]。

$GaAs_{1-x}Sb_x$ 三元固溶体能与 InP 晶格匹配，用于制造 HBT。$GaAs_{1-x}Sb_x$ 存在混溶隙问题。热力学模型预计在 600°C 时，$GaAs_{1-x}Sb_x$ 的混溶隙在 $0.25<x<0.75$。但是利用 MOVPE 技术当 V/III=1 时可以在整个混溶隙中生长出亚稳固溶体[100]。以 TMGa、TMSb,和 AsH_3 为源生长 GaAsSb 的生长温度一般为 570~640°C。在 620°C

以上，生长速度与温度无关。低于~620°C 时生长速度是处于动力学生长限制区[91]。当 V/III 比等于 1 或小于 1 时，$k_{Sb}=1$。而当 V/III 比大于 1 时 As 优先并入晶格，因此 Sb 的分布系数 k_{Sb} 小于 1，并且随 V/III 比的进一步增大而减小。使用 TEGa、TMSb 和 TBAs 生长 GaAsSb 时当生长温度为 550°C 外延层组分与热力学模型吻合，然而温度在 475~525°C 区间 As 的分布系数小于 1。前体的热分解速度似乎不是造成这种分歧的原因之一，因为 TBAs 的分解温度比较低。因此还可能存在其他因素的影响如源之间的反应或表面过程。

7.3.2　InSb 及其固溶体的 MOVPE 生长

InSb 具有高室温电子迁移率 78 000 $cm^2/(V\cdot s)$，适合做磁场敏感元件，因此 InSb 外延层的迁移率成为关注重点。测量电学特性的样品普遍生长在半绝缘 GaAs 衬底上。尽管 InSb 与 GaAs 的晶格失配高达 14.5%，仍可以实现外延生长，但是外延层中的缺陷影响了对外延层电学质量的评价。InSb 外延层的迁移率随外延层的厚度而增加。利用低温生长 InSb、或富 In-InSb、或 $Al_{0.12}In_{0.88}Sb$ 缓冲层技术[101]，使外延层的缺陷密度得到一定程度的降低，在更薄的外延层上就可以得到高迁移率。在半绝缘 GaAs 衬底上生长的 InSb 外延层室温迁移率达到 60 000$cm^2/(V\cdot s)$。除了普遍采用的 SI-GaAs 衬底以外，利用掺 Cd 补偿的 InSb 同质衬底在低温呈现高阻的特性也可以用做测量电学特性的同质衬底。

使用 TMSb 或 TESb 与 TMIn 组合生长 InSb 时，其生长效率都随生长温度的升高而升高。在接近 500°C 生长效率饱和，即生长速度由热激活的动力学控制转向质量输运控制。使用 TMSb 与 TMIn 组合时，InSb 的生长速度仅与 TMIn 摩尔流量成正比而与 TMSb 无关。使用 TESb 与 TMIn 组合时，InSb 的生长速度既与 TMIn 摩尔流量有关也与 TESb 有关。TESb 影响生长速度，可能与反应室中发生的寄生反应有关。

InSb 的 MOVPE 生长温度通常为 450~480°C。TMIn 虽然在 250~300°C 已经显著分解，但 TMSb 在低于 450°C 不分解，因此 V/III 比要大于 1。但是需要仔细控制输入反应室的 TMSb 分压和选择适宜的输入 V/III 比窗口，才能避免表面出现 In 滴或 Sb 颗粒。适宜的输入 V/III 比窗口与多种因素有关，包括前体的分压、热分解特性、反应室工作压力和反应室结构等。例如，有人使用 TMSb 与 TMIn 在低压高速旋转盘式反应室中，在半绝缘 GaAs 衬底上直接生长 InSb，生长温度为 475~480°C，V/III 比为 12~18。注意在改变 V/III 比时，维持 TMSb 流量不变，而改变 TMIn 流量[102]。在大气压反应室中，在 475°C 的生长温度，发现 V/III 比大于 2 时表面出现 Sb 颗粒而小于 0.95 则又出现 In 滴[103]。

由于 InSb 生长温度低，促进了一系列低分解温度的新的有机 Sb 源，如特丁基二甲基锑 (TBDMSb)、三异丙基锑 (TIPSb)、二异丙基锑化氢 (DIPSbH)、三烯丙基锑(TASb) 和三二甲胺基锑(TDMASb)以及原位产生锑化氢 (SbH_3) 的研究[91]。

分解温度为 200°C 的 DIPSbH 虽然含有 H 原子，但未能如预期的那样降低 C 沾污，只是生长温度可以降低到 275°C。迄今为止最成功的新前体是三二甲胺基锑(TDMASb, $Sb(N(CH_3)_2)_3$)，由于胺基-Sb 键弱，它的分解温度小于 300°C，因此与 TMIn 的分解匹配，其生长效率高于其他 Sb 前体[104]。图 7-36 为采用 TMIn 与低分解温度的 TBDMSb 或 TDMASb 生长 InSb 的生长效率随温度的变化关系[105]。采用 TMIn 和 TDMASb 生长 InSb 的温度为 275~500°C，反应室压力为 76~760Torr，V/III 比为 0.63~8.6，生长速度为 0.06~0.67μm/h。InSb 的生长速度在 425°C 以前随温度升高而上升，说明低于此温度 TMIn 分解不完全。InSb 外延层的载流子浓度为 2×10^{15}~$8\times10^{16}cm^{-3}$。SIMS 分析结果表明材料中的 C 含量不高于 $2\times10^{16}cm^{-3}$，这种现象与 $Sb(N(CH_3)_2)_3$ 分子中不存在 Sb—C 键有关。采用其他 Sb 源在低温生长时 C 浓度要高得多。TDMASb 可以再现地生长高质量均匀性好的 InSb 外延层，并应用于器件生长中。TDMASb 的缺点是蒸气压比较低，在 50°C 为 7.27Torr，而 TMSb 在 10°C 已经达到 48.9Torr。

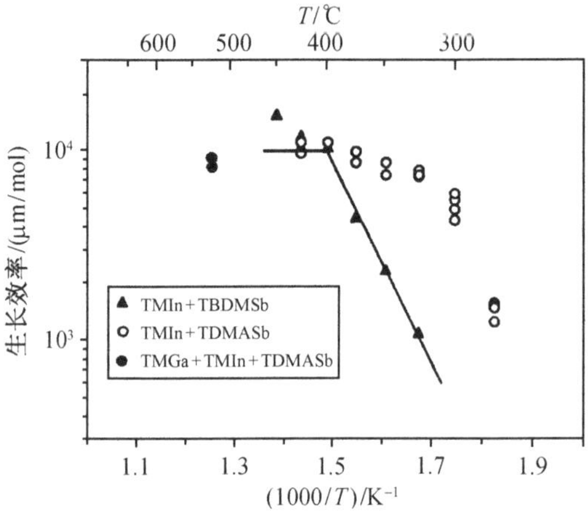

图 7-36　采用 TMIn 与低分解温度的 TBDMSb 或 TDMASb 生长 InSb 的生长效率与生长温度的关系，同时也示出 GaInSb 的生长效率

InSb 的 n 型掺杂可以用 Se、Te、Sn 等元素。使用 DESe 和 DETe 源的缺点是存在记忆效应。四乙基锡(TESn) 在 InSb 中能产生 6×10^{15}~$4\times10^{18}cm^{-3}$ 的电子浓度，并且没有记忆效应。Sn 在 InSb 中不存在自补偿，在生长温度下的扩散系数也不大，因此 TESn 是 InSb 比较适合的 n 型掺杂剂[106]。 P 型掺杂元素为 Zn 和 Cd。值得注意的是 C 在 InSb 中是施主而非受主。

$InAs_{1-x}Sb_x$ 的能带弯曲到远低于组成它的 InAs 和 InSb 的带隙，成为不包括含氮的 III-V 族半导体中带隙最小的材料(0.1 eV)。生长 InAsSb 的 In 源可以用 TMIn 或 TEIn、Sb 源可以用 TMSb 或 TESb、As 源 为 AsH_3 或 TBAs。由于 InAs 比 InSb

稳定，因此当 V/III 比大于 1 时 As 优先并入晶格，因此 Sb 的分布系数 k_{Sb} 小于 1。当 V/III 比等于 1 或小于 1 时，k_{Sb}=1，意味着到达表面的 As 和 Sb 全部进入晶格。从图 7-37 理论曲线与实验值的对比可以看出热力学模型预言的分布系数与实验值很接近[91]。有些在 475°C 生长样品的 k_{Sb} 大于 1，这可能与 AsH_3 分解没有达到平衡值有关。

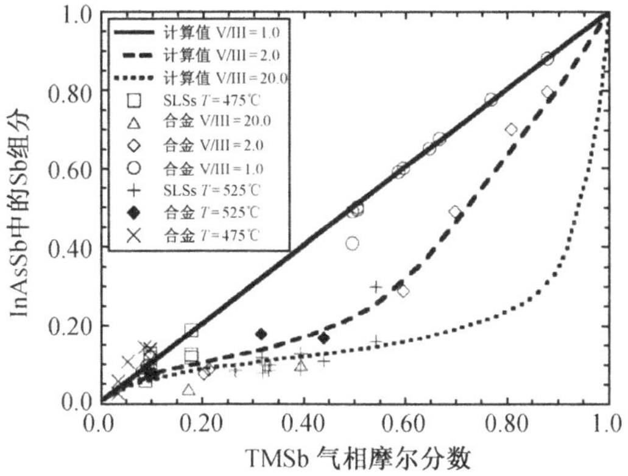

图 7-37　在 $InAs_{1-x}Sb_x$ 固溶体中 InSb 摩尔分数与气相有机锑前体摩尔分数的关系
实线、虚线和点线为 V/III 比分别等于 1、2.0 和 20.0 时的热力学模型计算结果
□、△、○实验点的生长温度为 475°C，◆和+实验点的生长温度为 525°C

Biefeld 系统地研究了以 TMIn、TMSb 和 AsH_3 常压 MOVPE 生长 InAsSb[107]。生长效率正比于 TMIn 流速，与 TMSb 和 AsH_3 流速无关。生长效率的温度依赖性类似于 InSb。当 V/III 比>2.3 时，除 InAsSb 固溶体外，也观察到凝聚的富 Sb 相。当 V/III 比<0.9 时，发现富 In 第二相。为了得到好的表面形貌衬底，生长温度要高于 450°C，InAsSb 的最佳生长温度为 475°C。

如果在 InSb 引入 Tl 或 Bi，带隙还可以更低[91]。InTlSb 的低压 MOVPE 生长采用 TMI、TMSb 和茂基铊(CPTl)分别为 In、Sb 和 Tl 源。CPTl 室温下为固体，蒸气压低，源温为 60~80°C。InTlSb 的生长温度为 455°C，压力为 76Torr，V/III 比为 5~15。若采用 TMI、TBDMSb 和 CPTl 在 400~475°C 和 1atm 下生长的 InTlSb 中，Tl 含量仅为 0.6%。为了克服 InTlSb 中 Tl 的并入困难，在材料中加入 As 形成四元系。GaAs 衬底上生长的 InTlAsSb 室温截止波长达到 15μm。

7.3.3　AlSb 及其固溶体的 MOVPE 生长

AlSb 及其固溶体的 MOVPE 生长的难点是如何降低来自甲基源的高浓度 C，C 作为 p 型杂质，妨碍 n 型掺杂。以 TMAl 和 TMSb 为源生长 AlSb 时，甚至出现 Al_4C_3 第二相。用 TMAA 和 TESb 为源，在生长温度为 500°C、压力为 200Torr、V/III 比为 15、生长速度为 0.5μm/h 的条件下，生长的 AlSb 外延层中总 C 和 O 含量分别高达 1~2×10^{18} 和 5~6×$10^{18}$$cm^{-3}$。采用低分解温度的 Al 前体如三特丁基铝 (TTBAl) 或乙基二甲基胺氢化铝 (EDMAA) 与 TMSb 生长 AlSb 时，存在强烈的预反应，同时这两种 Al 源的纯度尚不够稳定。使用 TTBAl 和 TMSb 生长的 AlSb 为 p 型，77K 净空穴浓度高达 4×$10^{18}$$cm^{-3}$，其 C 和 O 含量分别高达 6×$10^{18}$ 和 5×10^{19} cm^{-3}[108]。DMEAA 的优点是分解温度低(~100°C)、蒸气压较高(5.6 mbar)和 C 和 O 沾污小。缺点是 DMEAA 与 TEGa 或 TMSb 在 100°C 时也发生预反应。尽管如此，使用 DMEAA 和 TMSb 在 575°C 可以得到 C 和 O 含量分别低到 $10^{16}$$cm^{-3}$ 和 $10^{17}$$cm^{-3}$ 的 AlSb[109]。

AlGaSb 的 MOVPE 生长采用 TTBAl 为 Al 源，其他的前体都为甲基源，生长温度范围在 550~650°C 之间。尽管使用 TESb 比 TMSb 能减少 C 的并入，但 TESb 与 TTBAl 生成加合物。未掺杂的 AlGaSb 因为含 C 为 p 型。Al 的分布系数为 1 或略小于 1[91]。Wang[108]以 TTBAl 为 Al 源，TEGa 和 TMSb 分别为 Ga 和 Sb 源进行 $Al_xGa_{1-x}Sb$ 生长。在 GaSb 衬底上，最佳生长温度为 550°C。为得到表面无缺陷的外延层，需精确控制 V/III 比。随着 x 的增加 V/III 比也需要增加。如当 x 为 0.02、0.25 和 1 时，V/III 比分别为 2.8、3.0 和 3.6。在上述生长条件下，Al 的分配系数小于 1，并且随着 V/III 比的增加而降低。生长的 $Al_xGa_{1-x}Sb$ 层为 p 型，其空穴浓度随 x 值超线性地增加：当 x 从 0.02 增加到 1，空穴浓度从 7.9×$10^{15}$$cm^{-3}$ 增加到 7.8×$10^{18}$$cm^{-3}$。这归因于 C 浓度随 x 值超线性地增加。在 x<0.21 的直接带隙范围内都可以观察到光荧光，PL 强度随 x 值的增加而降低。最可能的原因是 O 并入的增加。SIMS 分析表明 x 为 0(GaSb)、0.23 和 1(AlSb)时，O 的浓度分别为 6×$10^{18}$$cm^{-3}$、9×$10^{18}$$cm^{-3}$ 和 5×$10^{19}$$cm^{-3}$。

当以 DMEAA 为 Al 源，与 TEGa 和 TMSb 组合时，可以生长 C 和 O 含量都比较低的 $Al_xGa_{1-x}Sb$(x<0.6)，其生长温度为 625°C[109]。

AlAsSb 为间接带隙材料，并且有很宽的混溶隙。AlAsSb 比较容易氧化，使得器件工艺难做。在下列条件下生长了与 InAs 晶格匹配的 AlAsSb: 以 TMAA、AsH_3 和 TESb 为源，生长温度 600°C, 反应室压力 76Torr，V/III 比 3.75，[AsH_3]/([AsH_3]+[TESb])比为 0.64，生长速度 0.4μm/h[110]。As 优先并入晶格，As 的分布系数随生长温度和 V/III 比增大。使用 TBAs 取代 AsH_3 可以降低外延层中的 C 含量大约一个数量级(2×$10^{17}$$cm^{-3}$)，然而氧含量仍然在 5×$10^{18}$ ~$10^{19}$$cm^{-3}$ 之间。C 含量的降低与 TBAs 能在表面提供更多活泼 H 有关，而 O 主要来自金属有机化合物。

7.3.4　四元锑化物的 MOVPE 生长

在四元锑化物中 GaInAsSb 和 AlGaAsSb 比较重要，它们可能应用于中红外探测器、激光器和热光伏 (TPV) 器件中。这两种四元固溶体材料系都存在很宽的混溶隙，在一定程度上限制了它们的应用。

$Ga_{1-x}In_xAs_{1-y}Sb_y$ 在全部组分中都为直接带隙。利用 MOVPE 技术，以 TMGa、

TMIn、TMSb 和 AsH_3 为源，已经获得分别与 GaSb、InP 和 InAs 衬底晶格匹配的亚稳 $Ga_{1-x}In_xAs_{1-y}Sb_y$[111]。四元固溶体的生长条件是：生长富 GaSb 的四元锑化物 $Ga_{0.63}In_{0.32}As_{0.28}Sb_{0.72}$ 的生长温度为 580°C、Ga/III=0.831、Sb/V=0.577、V/III=0.468。而生长富 InAs 的四元锑化物 $Ga_{0.26}In_{0.74}As_{0.76}Sb_{0.24}$ 的生长温度为 486°C、Ga/III=0.483、Sb/III =0.594、V/III=0.034。

图 7-38 示出 $Ga_{1-x}In_xAs_{1-y}Sb_y$ 相图的固相区[111]。图中曲线为 600°C 的混溶区边界线。所有位于曲线内的材料都是亚稳相，并且在达到热力学平衡时分解成为成分不同的两相。图中直线为分别与 InP、InAs、GaSb 衬底匹配的等晶格线。●为实验值，并标注了根据低温 PL 谱估计的室温带隙值。虽然利用 MOVPE 技术可以在混溶隙内生长出亚稳材料，但是材料的光学和电学特性仍然受到相分离的影响而变差。采用较低的生长温度、较高的生长速度和衬底向$(1\bar{1}1)$B 方向偏离 2°，可以抑制 $Ga_{1-x}In_xAs_{1-y}Sb_y$ 的相分离[112]。

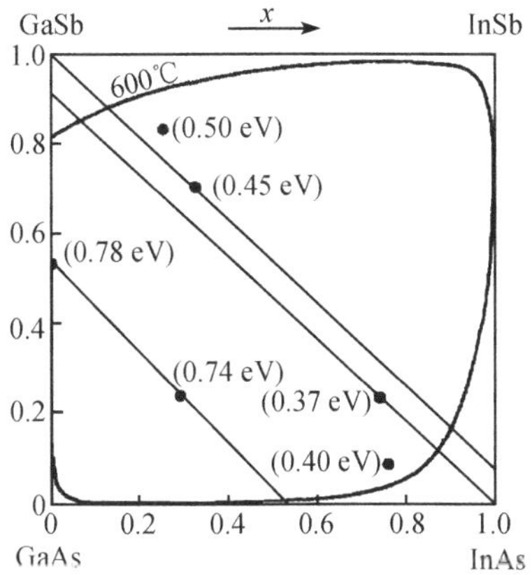

图 7-38　$Ga_{1-x}In_xAs_{1-y}Sb_y$ 相图的固相区

曲线为计算的 600°C 的双结点等温线直线为分别与 InP、InAs、GaSb 衬底匹配的等晶格线

●为实验值，标注了根据低温 PL 谱估计的室温带隙值

Wang 等[112]使用溶液 TMIn、TMGa、TBAs 和 TMSb 源在 GaSb 衬底上生长 $Ga_xIn_{1-x}As_ySb_{1-y}$。外延层组分为 $0.81\leqslant x\leqslant 0.9$ 和 $0.83\leqslant y\leqslant 0.91$，该组分已经深入到混溶隙内。为了观察衬底取向对相分离的影响，选择了较高的 575°C 生长温度，尽管在 525°C 生长时相分离的趋势相对较弱。他们发现衬底取向对相分离有极大影响，(001)衬底向$(1\bar{1}1)$B 方向偏离 2°(写作$(001)2°\rightarrow(1\bar{1}1)$B) 相分离的倾向最小，加大偏角到 6°能进一步降低相分离。

$Al_xGa_{1-x}As_{1-y}Sb_y$ 四元固溶体大部分为间接带隙，也存在很宽的混溶隙。AlGaAsSb 可以与 GaSb[108]、InAs[113]或 InP 衬底晶格匹配，但与 InP 晶格匹配的材料全部处于混溶隙中。如同其他含铝化合物一样，克服 C 和 O 沾污成为提高外延层的质量必须要解决的问题。为了降低碳沾污，Al 源使用 TTBAl($Al(C(CH_3)_3)_3$)、

DMEAA (AlH_3:N$(CH_3)_2(C_2H_5)$)或 TMA A(AlH_3:N$(CH_3)_3$)。采用 TBAs 代替 AsH_3 会使 C 含量下降。Ga 源和 Sb 源多用 TEGa 和 TESb 或 TMSb。

Wang[108]发现了尽管 GaSb 和 AlSb 之间的晶格失配仅为 0.65%，但是当 $x>0.1$ 时，$Ga_xIn_{1-x}As_ySb_{1-y}$ 外延层就出现布格状的表面形貌。为改善表面形貌，采用分解温度低的 TBAs 代替 AsH_3，其他源分别为 TTBAl、TEGa 和 TMSb，当气相 TBAs/(TBAs+ TMSb)=2.7×10^{-3} 时，在 GaSb 衬底上得到光滑、无结构特征镜面的 $Al_{0.3}Ga_{0.7}As_{0.02}Sb_{0.98}$ 层，晶格失配为 1.6×10^{-3}。

Giesen[113]发现了在 InAs 衬底上，以 TTBAl、TEGa、TBAs 和 TESb 为源，生长了晶格匹配的 AlGaAsSb。为了抑制相分离生长温度必须高于 610°C。生长最佳的电学性质的外延层的条件是：生长温度为 625~645°C，V/III 比为 1.8~4，反应室压力为 20hPa。在 $x_{Al}<0.40$ 时，Al 的分配系数约为 0.85。

AlGaAsSb 的 p 型掺杂元素为 Si，n 型掺杂元素用 Te[109]。

7.4　氮化物的 MOVPE 生长

GaN 基半导体材料是继硅和砷化镓之后的第三代半导体材料，近年来发展迅速[114–117]。III 族氮化物(III-N 化合物)包括 GaN、InN、AlN 以及三元和四元固溶体都是直接带隙宽禁带材料。其禁带宽度从 InN 的 0.7eV 到 AlN 的 6.28 eV，InGaAlN 成为带隙跨越最宽的材料系，在蓝、绿光和紫外波段的光电子器件方面获得了广泛应用[116]。同时氮化镓具有高带隙、高电子饱和速度、高临界击穿电压、小介电常数、高热导和抗辐照等优点在高温、高频、大功率电子器件方面有着广阔的应用前景，见表 7-7。为了便于比较在还列出了 Si、GaAs 和 SiC 特性。III-V-N 窄带氮化物，也称稀氮化合物，其中与 GaAs 晶格匹配的 GaInAsN 在研制 1.3~1.55μm 长波长激光器和太阳电池等方面引起关注。

表 7-7　III 族氮化物及几种重要半导体的基本物理参数

性能 \ 材料		GaN	AlN	InN	6H—SiC	4H—SiC	GaAs	Si
带隙/eV		3.45	6.2	0.77	2.86	3.26	1.43	1.12
饱和电子速度/10^7·s		2.5	1.4		2.2	2.0	2.0	1.0
载流子迁移率 /[cm^2/(V·s)]	电子	1000	135		400	950	8500	1400
	空穴	30	14		75	120	400	600
击穿电压/10^5V·cm^{-1}		26	20		24	20	6	3
介电常数		9	8.5		9.7	9.6/10	12.5	11.9
折射率		2.5			2.77			
热导率 /[W/(cm·K)]		1.3	3.0/2		4.9	4.9	0.46	1.5
硬度/(kg/mm^2)			1200		3980	2130	600	1000
抗辐照能力/rad		10^{10}				10^9~10^{10}	10^6	11^4~10^5

III 族氮化物有三种晶体结构；纤维锌矿结构(六方相)、闪锌矿结构(立方相)和岩盐结构(NaCl 结构)。在外延生长中仅涉及六方相和立方相。六方相是热力学稳态结构，其应用也最为广泛。立方相是亚稳态结构。纤维锌矿结构的 GaN 的晶格结构，是由两类原子各自组成的六方排列的 Ga/N 双原子层沿[0001]方向堆积而成，见图 7-39。在 III-N 共价性化合物晶体中，由于这两种元素的电负性差别较大，形成具有极性的共价键合，具有这种结构的半导体也是极化性半导体。规定[0001]方向为正方向，[000$\bar{1}$]方向为负方向。对应的(0001)面和(000$\bar{1}$)面分别为以 Ga 原子终结的“Ga 面”和以 N 原子终结的“N 面”，如图 7-39 所示。由于 N 面存在悬挂键而 Ga 面为空轨道，这两面的物理性质和化学性质也有所不同。Ga 极性表面的典型表面形貌为镜面，N 极性表面以六角锥为特征。Ga 面比 N 面化学性质稳定，除了缺陷处出现腐蚀坑外，能抵抗大多数化学腐蚀剂的侵蚀。相反 N 极性表面在 KOH/H_2O 溶液中和 KOH/NaOH 低共熔物中都会被腐蚀。Ga 极性外延层中的空位型缺陷或缺陷络合物浓度低于 N 极性外延层。因此希望得到 Ga 极性表面。幸运的是通常在 C 面蓝宝石衬底上或 Si 面终结的 6H—SiC 衬底上用两步 MOVPE 生长工艺生长的 GaN 外延层是 Ga 面[118]。生长前蓝宝石表面的氮化，可能导致生长出 N 极性表面的 GaN 外延层和使生长表面粗糙。重掺 Mg 也可以导致 GaN 外延层从 Ga 极性表面转化成 N 极性表面。

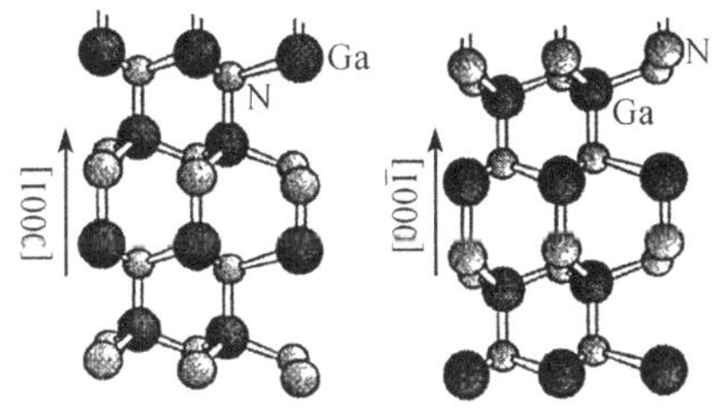

图 7-39　纤维锌矿 GaN 晶体结构

纤维锌矿结构缺少反演对称性，存在很强的压电性，其压电系数很大。沿[0001]轴方向存在应变时，将出现压电极化。即使不存在应变，由于 III 族氮化物沿[0001]方向为六角密集的 Ga 面-N 面构成的双原子层结构，也会产生“自发极化”。利用极强的极化电场对能带的调制，获得许多重要的技术应用。例如，生长在 *c* 面的 AlGaN/GaN 结构中能产生高密度的二维电子气。但是在 InGaN/GaN 量子阱的发光器件中，极化电场则造成不利影响，降低发光效率和发光波长随注入电流的蓝移。因此人们对在(1$\bar{1}$00)面(又称为 *m* 面)、(11$\bar{2}$0)面(又称为 *a* 面)等非极性面的生长感兴趣。

7.4.1 GaN 的 MOVPE 生长

7.4.1.1 生长 GaN 用的衬底

GaN 同质衬底是生长 GaN 外延层理想的衬底，但是因为 GaN 熔点很高(2800°C)和平衡蒸气压(4.5GPa)很大，制备 GaN 体单晶极为困难。尽管可以从高压力下饱和 N_2 的 Ga 溶液中生长出尺度约为 10~14mm，厚度为 0.1mm 的 GaN(0001)面单晶薄片，它们仅具有研究价值。采用氢化物气相外延生长法可以提供 2in(0001)面 GaN 衬底，但是目前昂贵的价格，限制了它的应用。因此，GaN 的外延生长多在异质衬底上进行。表 7-8 列出部分试用过的衬底及其特性，为了便于比较也列出 III 族氮化物的一些物理特性。目前最常用的衬底是蓝宝石(Al_2O_3)和 6H—SiC。价格便宜且尺寸更大的 Si 也是被广泛研究的衬底之一。斜方的 $LiGaO_2$ 与 GaN 晶格失配仅有 0.9%，ZnO 与 GaN 晶格失配也比较小(4%)，但是两者的缺点都是高温稳定性很差。

表 7-8 III 族氮化物及衬底的物理特性

衬底材料	对称性	晶格常数/nm	与 GaN 的晶格失配/%	热膨胀系数/(10^{-6}/K)	与 GaN 的热失配/%	热导率/[W/(cm·K)]
纤锌矿 GaN	六方	*a*=0.3189 *c*=0.5185	0	5.59 3.17	0	1.3
纤锌矿 AlN	六方	*a*=0.3112 *c*=0.4982	2.4	4.2 5.3	33	2.0
纤锌矿 InN	六方	*a*=0.354 *c*=0.580	−9.9	~4 ~3	39	
蓝宝石(*c* 面)	六方	*a*=0.4758 *c*=1.2991	+16.1	7.5 8.5	−25	0.5
6H—SiC	六方	*a*=0.308 *c*=1.512	3.5	4.2 4.68		4.9
Si (111)面	立方	*a*=0.54301	20	3.59	56	1.5
$LiGaO_2$	斜方	*a*=0.5402 *b*=6.372 *c*=0.6372	0.9	6 9 7		
$MgAl_2O_4$	立方	*a*=0.8083	−10	7.45	−24	
ZnO	六方	*a*=0.3252 *c*=0.5213	4 −2.1	2.9 4.75	93	

蓝宝石(α-Al_2O_3)晶体结构与 GaN 相同，为六方结构。蓝宝石的带隙宽、折射率低(1.7)、化学稳定性和热稳定好，在 1000°C 高温也不与氢气发生反应，可用于高温生长。价格相对便宜、可以大量生产也为其优点。缺点是与 GaN 晶格失配和热失配大、不导电、热导差、解理困难，见表 7-8。

常用的蓝宝石晶面是 *c* 面。在(0001)面蓝宝石上用 MOVPE 生长的 GaN 外延层仍为(0001)面，但是相对于(0001)面蓝宝石围绕 *c* 轴旋转 30°，GaN 的[$1\bar{2}10$]方向平行于蓝宝石的[$10\bar{1}0$]方向，GaN 的[$\bar{1}010$]方向平行于蓝宝石的[$1\bar{2}10$]方向。GaN 的

(0001)面上扩大$\sqrt{3}$倍的周期，为 0.552 nm($\sqrt{3}\times 0.3186$)，比 Al_2O_3的 a (0.4758nm)大 16.1%倍[117]，见图 7-40。

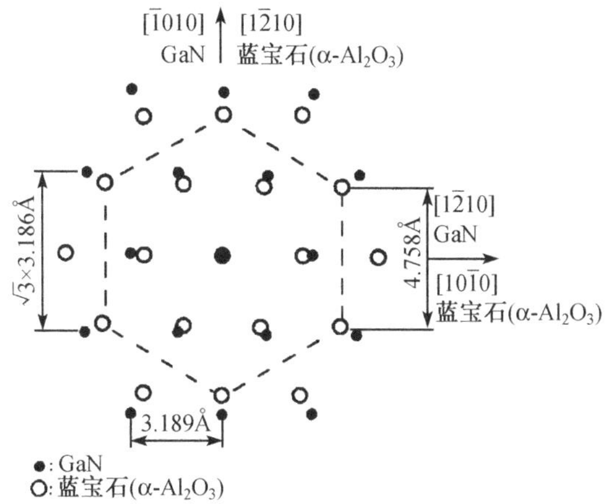

图 7-40　GaN 和 Al_2O_3(0001)面的匹配

带隙宽的 4H—SiC 和 6H—SiC 都是六方结构。其优点是与 GaN 晶格失配较小(与 GaN 的晶格失配为 3.5%、与 AlN<1%)、导电、热导率高[4.9 W/(cm·K)]。SiC 衬底的缺点是价格昂贵、折射率较大(2.77)、缺陷密度高、热失配也较大(与蓝宝石不同为正热失配，产生张应变和容易产生裂纹)。由于 SiC 表面容易形成一种稳定的氧化物，阻止其分解和刻蚀，因此 SiC 衬底在外延生长前的表面处理非常重要。

Si 是当今微电子技术的基石。Si 衬底的优点是直径大、易加工、价格便宜、导电、热导率比较高。由于 Si 与 GaN 晶格失配和热失配更大生长高质量 GaN 更加困难，此外对于制作 LED 来说 Si 本身吸收光也是不利因素。Si 是非极性衬底，生长具有极性的 GaN 外延层还存在反相畴的问题。有关在 Si 上生长 GaN 的问题将在 7.6.1.2 节讨论。

7.4.1.2　GaN 的两步外延生长工艺

GaN 的 MOVPE 生长通常以 TMGa 为 III 族源，以 NH_3为氮源。在蓝宝石衬底上从 500°C 到 1100°C 以上都可以生长(参见第 5 章的图 5-14)。然而由于蓝宝石和 GaN 两者之间晶格失配和化学性质的差异较大，要生长平坦而没有裂纹的高质量 GaN 外延层是非常困难的。直接在蓝宝石衬底上生长的未掺杂 GaN 电子浓度高达 10^{19}~$10^{20}cm^{-3}$、Hall 迁移率仅为 10~50cm^2/(V·s)、光荧光谱的近带边峰发射很弱，以深能级黄光发射为主、X 射线摇摆曲线的半高宽约为 15′~30′。

1986 年 Amano 等[119]首先利用 MOVPE 技术在蓝宝石衬底上低温生长薄 AlN 成核层(nucleation layer) 或称“缓冲层”(buffer layer)，1991 年 Nakamura 等[120]利用低温生长薄 GaN 成核层，然后高温生长体 GaN 外延层的方法，都得到表面光滑如镜的高质量 GaN 外延层。此后 GaN 基材料和器件的研究和产业化得到了快速发展。这种两步外延 MOVPE 生长 GaN 工艺已被广泛采用，见图 7-41。蓝宝石衬底先在进行高温予热处理，然后降低温度生长成核层，升到高温将成核层退火后，最后再进行高温体 GaN 生长。

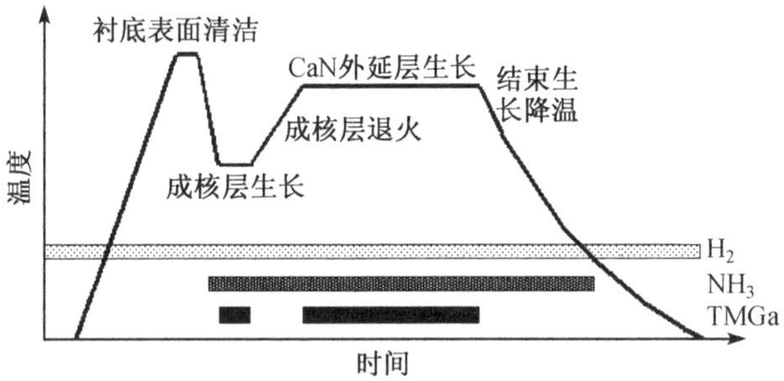

图 7-41　蓝宝石上生长 GaN 成核层的两步生长时序示意图

(1) 使用低温 GaN 成核层的 GaN 的两步外延生长工艺

低温 GaN 成核层是 Nakamura 最先采用的。在双流反应室(见第 2 章图 2-4e)中，以 TMGa 和 NH_3 为源，C 面蓝宝石为衬底，先将衬底在氢气流下加热到 1050°C 进行表面高温处理，后降温到 450~600°C 生长 GaN 成核层。其厚度变化范围为 100~1200Å。再升温到 1000~1030°C，生长 4μm 体 GaN。图 7-42(a)、(b)、(c)分别示出具有 GaN 成核层的 4μm 厚 GaN 外延层的载流子浓度、迁移率、(0002)的 XRC 半高宽与 GaN 成核层厚度的关系。从图(a)可以看出当成核层的厚度为 200Å 时，300K 的 GaN 载流子浓度最低为 $4\times10^{16}cm^{-3}$，77K 为 $8\times10^{15}cm^{-3}$。成核层厚度为 100Å 时，载流子浓度急剧上升。图(b)示出当成核层厚度低于 600Å 时，GaN 的 Hall 迁移率迅速上升。当成核层厚度为 200Å 时达到最高值，300K 的迁移率为 $600cm^2/(V\cdot s)$，77K 为 $1\,500cm^2/(V\cdot s)$。当 GaN 成核层厚度降到 100Å 时，迁移率急剧下降。这些结果表明当成核层厚度为 200Å 的最佳值时，外延层的电学特性得到了极大提高。图(c)示出外延层(0002)面的 X 射线衍射峰的半高宽，在 GaN 成核层的厚度从 200 到 1200Å 的范围内几乎保持不变(~5′)，因此，X 射线衍射的半高宽与载流子浓度或迁移率没有直接关系。

后来，也有报道在 600°C 下生长的 GaN 成核层厚度为 200Å 时，GaN 外延层近带边的光荧光强度与深能级光荧光强度之比最高，带边峰的半高宽最低。这些结果都表明 GaN 成核层的厚度是改善 GaN 外延层性质的关键之一。

低温生长的成核层结晶质量差需要在 NH_3 流下进行高温退火。退火的温度和时间对体 GaN 外延层的质量有很大影响。报道所采用的退火温度和时间也不尽相同：有在成核层生长温度上升到体外延层的生长温度(~1050°C)的升温过程中进行退火、也有在体外延层生长温度下停留一段时间进行退火、还有在高于体外延层的生长温度(如 1200°C)退火后，再降温到体外延层的生长温度开始生长。

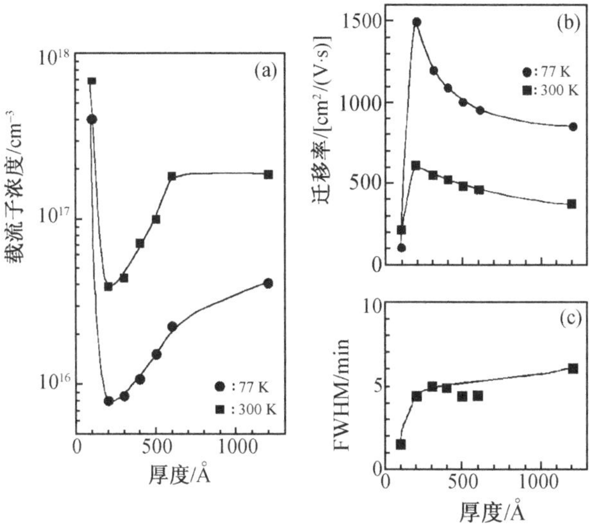

图 7-42　蓝宝石衬底上 GaN 外延层在室温和 77K 下迁移率，载流子浓度和(0002)面的 X 射线摇摆曲线的半高宽与 600°C 下生长的 GaN 成核层厚度的关系

体外延层的生长温度对 GaN 外延层的质量影响极大。GaN 的高键能(2.2eV/键)导致需要高的生长温度才使原子在生长表面迁移。只有在高的生长温度才能得到高质量的 GaN 外延层，通常在 AlN 或 GaN 成核层上生长 GaN 体外延层的生长温度为 1000~1100°C。高生长温度再加上高的 GaN 离解 N_2 分压，因此使用的 V/III 比值高达 1000 至 9000。

图 7-43 示出 GaN 生长温度与室温电子浓度和迁移率的关系[121]，可以看出当生长温度从 950°C 升至 1100°C 时，剩余电子浓度降低，迁移率升高。一般认为未掺杂的 GaN 可能的剩余 n 型杂质是 N 空位、杂质 Si 或者杂质 O，然而图 7-43 的结果表明杂质 O 是主要剩余施主，升高温度则有利于抑制 O 杂质的并入。O 可能来源于 TMGa 或 NH_3，也可能来自生长系统的沾污或漏气。而不是以前认为的 N 空位和杂质 Si。因为 N 空位是热平衡缺陷，其浓度应随生长温度升高而上升，Si 的并入效率也应随温度而增加。

虽然两步外延生长法极大地改善了外延层质量，但是外延层中仍然存在高达 10^9~$10^{10}cm^{-2}$ 的位错密度，如此高的位错密度使得位错对载流子的散射已经不可忽略，因此即使在相同的净载流子浓度下，位错密度高的样品的迁移率低。由于 GaN 外延层高密度位错集中在衬底-外延层界面，导致迁移率随外延层厚度而上升。通常外延层厚于 4 μm 迁移率才得到改善。已报道最高 GaN 外延层室温电子迁移率为

$900cm^2/(V·s)$ ($n=3×10^{16}cm^{-3}$)。

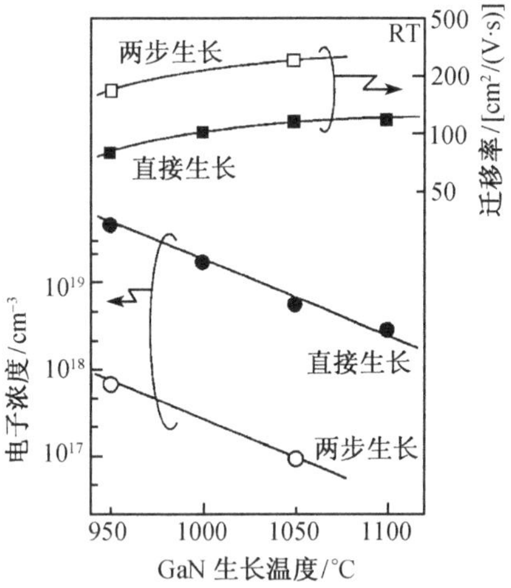

图 7-43　GaN 生长温度与室温 van der Pauw 测量的电学特性的关系

图 7-44 示出生长温度对 GaN 外延层的 X 射线摇摆曲线线宽的影响。与在蓝宝石上直接生长的 GaN(0004)面 X 射线衍射峰的半高宽随生长温度的提高而下降不同，两步生长法 GaN(0004)面 X 射线衍射峰的半高宽在 1050°C 温度下出现最低值，可能与成核层退火程度同时受到影响有关。

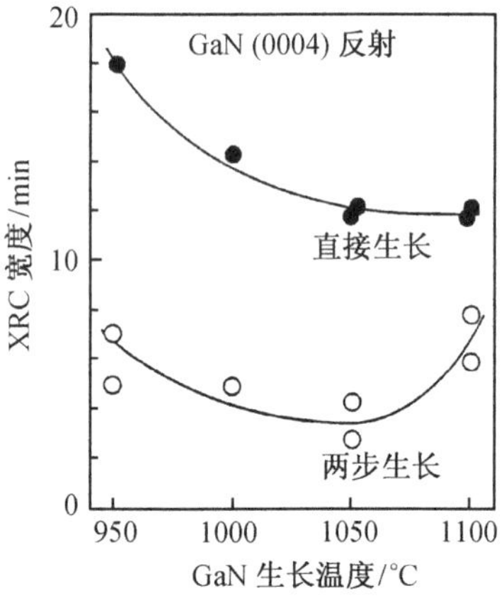

图 7-44　生长温度对 GaN 外延层的 X 射线摇摆曲线线宽的影响

生长温度对 GaN 外延层的光荧光特性也有很大影响。从图 7-45 示出的 PL 光谱可以看出深能级 555nm 黄光与近带边 360nm 发射强度比，随着生长温度的升高而下降[122]。说明生长温度低时晶体缺陷增多，从而使更多的杂质并入。关于深能级 555nm 黄光发射的起因提出了多种假设，如晶体缺陷(位错和晶粒边界)、杂质(如

C 或 Si)、Ga 空位(V_{Ga})和与其有关的络合物，或者是几种机制的结合。

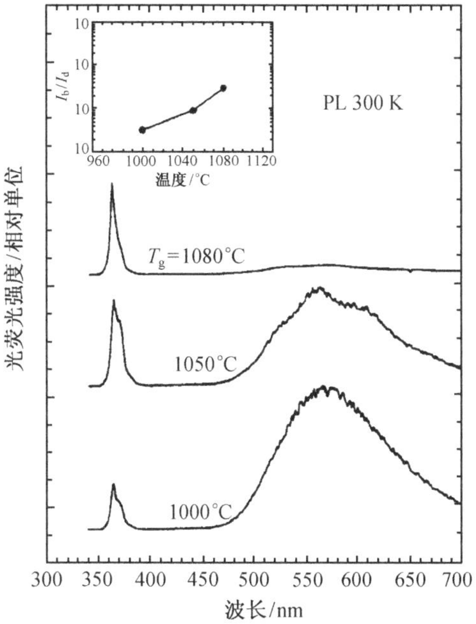

图 7-45　生长温度对 GaN 外延层的光荧光特性的影响

V/III 比影响 GaN 的化学计量比，即影响材料中的空位和(或)间隙原子的浓度。这些本征缺陷自身也是电活性的，氮空位为单施主，而镓空位为三重受主。此外，当晶体中某一品种空位浓度增加，杂质占据此空位的概率也加大，因此 V/III 比还影响杂质的并入。占据 N 亚晶格的元素为 O 和 C，而 Ge 或 Si 容易占据 Ga 位。已经发现，当 V/III 比从 150 增加到 1400 时，SIMS 测量表明外延层中的 C 浓度减少了 4 倍。因此 V/III 比是影响 GaN 外延层电学性质的重要因素，但是解释 V/III 比对电学性质的影响却不容易。已经发现随着 V/III 比的增加，电子浓度一般单调下降。Doverspike 等[123]观察到在 *a* 面蓝宝石衬底上，采用 AlN 为成核层时，当 V/III 比增加时，电子迁移率出现峰值，见图 7-46。其原因可能是由于 TMGa 和 NH_3 之间的气相反应造成的晶体质量下降，因为在高 V/III 比时电子迁移率下降的同时，电子浓度也下降。另一种可能的解释是当 V/III 比增加时，氮空位浓度下降，O 的并入降低(如 NH_3 中的 O)；而在更高的 V/III 比下，镓空位浓度增加，使外来受主浓度增加。于是在中间的某处杂质浓度最低，导致迁移率出现峰值。

V/III 比对光学性质的影响很大。图 7-47 示出 GaN 的 2K 光荧光随 V/III 比的变化。当 V/III 比从 1000 变化到 10000，在低的 V/III 比(1000)，近带边发射峰的半高宽很宽，而且向高能侧扩展，并在 3.1~3.3eV 范围有强的施主-受主对以及它们的声子伴线[124]。在较高 V/III 比下，观测到窄的激子线(施主束缚激子)。这个峰的位置随 V/III 比增高而红移，说明随 V/III 比增高外延层的剩余应力降低。

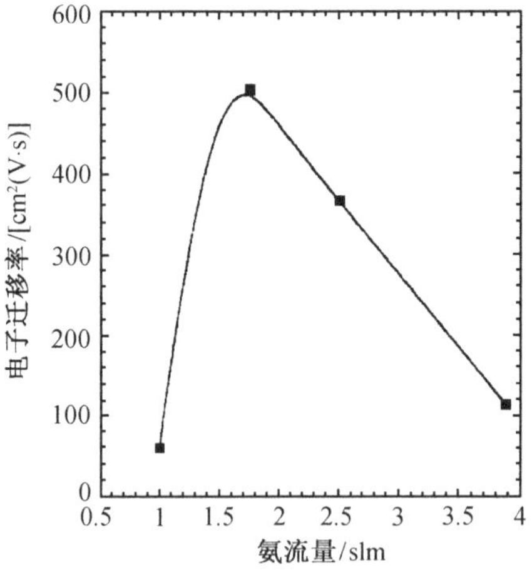

图 7-46　V/III 比对 GaN 外延层的电子迁移率的影响

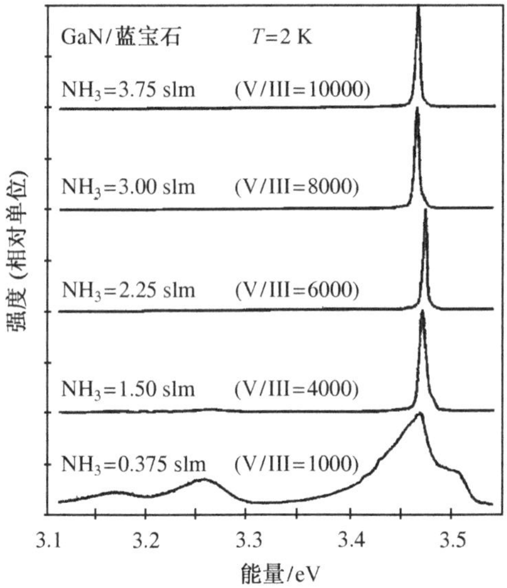

图 7-47　GaN 的 2K 光荧光强度随 V/III 比的变化

关于 GaN 两步外延生长的晶体生长过程人们进行了许多研究并构造了许多模型。其中 Figge 等[125]报道的在 GaN 成核层上利用反射率计(波长 670nm)在位监测 GaN 生长全过程，并在反射率曲线上标出生长不同阶段: (a) 成核层、(b) 退火后、(c) 刚开始体外延生长、(d)体外延生长。后用 AFM 观测了上述各生长阶段对应的表面形貌，其结果如图 7-48 所示。该图的反射率的起点归一化到蓝宝石裸片的反射。当沉积开始时，GaN 层反射率开始上升直到点 a。此时沉积的 GaN 成核层为密集的、取向比较一致的小岛，其平均厚度为 25nm，颗粒平均尺寸为 30nm，其表面情况示于插图(a)。在随后的升温退火过程中，发生再结晶使折射率上升并使反射率略微上升。随着在 1000°C 再结晶过程的进行，比较大的小岛逐渐长大而比较小的小岛消失，岛的密度降低，岛与岛之间的取向差别减小，成核层的粗糙度加大；并且当温度大于 830°C 时平均厚度因为部分 GaN 的挥发而下降，反射率降低到低于初始蓝宝石裸片的水平，此时 GaN 成核层粗糙度最大，形成如插图(b)所示的许多单个大岛。这些大岛成为后续外延层生长的结晶核心，密度约为 10^8cm^{-2}。每个岛含有一个或几个螺旋位错或混合位错。接下来使用最佳的再结晶程序，GaN 开始按类似岛状生长模式生长，即以大岛为核心在水平和垂直两个方向生长。此时的表面形貌如插图(c)所示。只要大岛尺寸小于成核中心间距，外延层的平均粗糙度就会增加，表面反射率就会进一步降低。直到这些长大的小岛开始合并反射率才会回升，并且表面融合成平面开始出现 GaN 层的干涉振荡。在岛与岛的合并处产生刃型穿透位错。此时外延层的穿透位错由两部分组成，小部分是大岛中的穿透位错，大部分是大岛相遇时产生的穿透位错。当形成具有平滑密实的表面，干涉振荡的振幅达到饱和。GaN 以台阶流模式生长，这被 AFM 图像(d)确认。如果这些小岛侧向生长越大，合并越晚，则外延层的穿透位错数目越少。

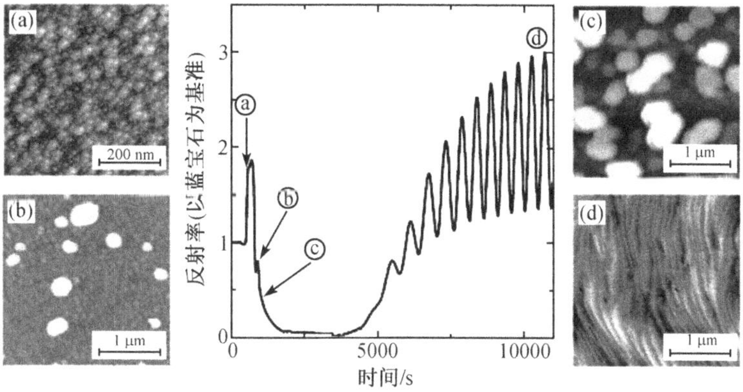

图 7-48　典型 GaN 生长过程的反射率曲线(波长 670nm)

AFM 插图为在生长的不同阶段外延层表面形貌：(a) 成核层；(b) 退火后、(c) 刚开始外延生长；(d) 小岛合并后形成具有原子台阶的表面

利用反射率曲线研究反应室的压力和 V/III 比对岛与岛之间合并过程的影响时，发现降低反应室压力能加速合并过程；增加成核层生长时的 V/III 比也会加速合并过程。为了得到较大的合并厚度使穿透位错的密度降低，大气压下和低压条件下的 MOVPE 生长应采取不同的生长条件。在大气压下，GaN 被氢腐蚀相当严重，晶核密度必须比较高以避免过长的合并时间。相反在低压 MOVPE，腐蚀效应比较

弱，晶核密度应该低。低压生长时，在成核层生长和体外延层生长初期时都应采用低 V/III 比，以推迟岛与岛之间合并时间。依据反射率曲线确定的最佳化生长条件，已经生长出穿透位错密度低至 $5\times10^{8}cm^{-2}$ 的外延层，其 4K 光荧光以 $D°X$ 峰为主，半高宽为 2.3meV。

(2) 使用低温 AlN 成核层的 GaN 的两步外延生长工艺

AlN 成核层是 MOVPE 生长 GaN 最早使用的成核层[119]，其生长温度为 600°C，最佳厚度~50 nm。采用低温 AlN 成核层的两步法生长改善了体外延层的晶体质量：外延层透明、无裂纹并且为镜面。体 GaN 外延层的载流子浓度和室温迁移率，分别从直接在蓝宝石上生长的 $n\sim10^{19}cm^{-3}$ 下降到 $n<10^{17}cm^{-3}$、从 $30\sim40cm^2/(V\cdot s)$ 提高到 $600cm^2/(V\cdot s)$。X 射线摇摆曲线的半高宽也从 8′下降到 1.9′。光荧光谱示出强的近带边发射。

图 7-49 给出在 AlN 成核层上生长高质量 GaN 的过程示意图[116,119]。AlN 成核层由许多细小晶粒和无定形物组成(a)。在沉积后的升温过程中 AlN 层再结晶形成

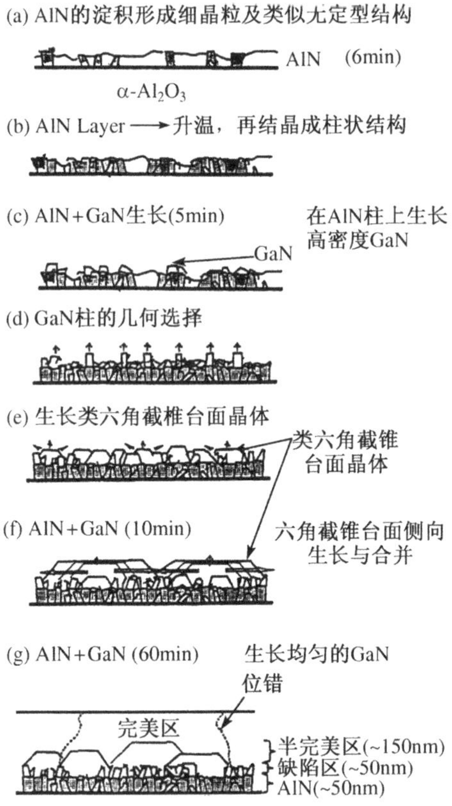

图 7-49　用 AlN 成核层生长 GaN 的过程示意图

柱状结构(b)。高温生长体 GaN 层的初期 (~5min)，AlN 柱成为核化中心生长出高密度的 GaN 小柱(c)。继续生长时由于晶体生长速度的各向异性，经过 GaN 柱的几何选择，小柱密度降低并且取向相近(d)。这些经过优选后的小柱进一步生长成顶部为台面的类六角截椎体小岛(e)。这些小岛侧向生长速度比纵向生长速度大(f)，于是在生长过程中彼此合并，最终形成均匀的 GaN 二维生长(g)。小岛合并的边界处则会形成位错等晶体缺陷。这些小岛取向的差别可以分成两类：一是与 c 轴(生长方向)倾斜；二为对 c 轴方向扭曲。倾斜导致的刃型位错平行于 c 面，而螺位错平行于生长方向。扭曲产生的刃型位错平行于生长方向[121]。衬底与外延层的交界区域晶体极不完整：首先是大约 50 nm 厚的 AlN 成核层，上方是~50nm 的缺陷层，其上是~150nm 的半完美层，再上才是完美层。所谓完美层也是相对而言，穿透位错密度仍高达 10^9~10^{10}cm^{-2}。

除了用 AlN 和 GaN 做成核层以外，GaAlN 和 InN 成核层以及 InGaN/GaN、InN/GaN、InN/InGaN/GaN 复合成核层都取得了类似的效果。为了进一步降低蓝宝石上 GaN 外延层的位错密度还研究了多重成核层技术。如在两种不同生长温度条件下沉积 GaN 成核层[126]、使用 $Al_xGa_{1-x}N$/GaN 多层超晶格成核层[127]，其结果都优于单层成核层。超晶格中 $Al_xGa_{1-x}N$ 的厚度为 3nm、GaN 的厚度为 5nm，层数为 3~12 层，以 3 层最佳。更好的降低位错密度的方法是采用“多步低温成核层”方法，即在 400°C 生长第一层 AlN 成核层，后在 1050°C 生长 GaN，然后再降低温度到 400°C 生长第二层 AlN 成核层，再次升温到 1050°C 生长 GaN[128]。双低温成核层方法可以把穿透位错密度降低到(4~6)×10^7cm^{-2} 量级。

7.4.1.3　GaN 的侧向覆盖生长

尽管用两步生长法提高了 GaN 外延层的晶体质量，但是仍然存在高达 10^8~10^{10}cm^{-2} 的位错密度。高位错密度导致器件的漏电流加大、效率下降和寿命降低。为进一步提高 GaN 外延层晶体质量，1994 年，Kato 等用侧向覆盖外延(epitaxial lateral overgrowth, ELOG)技术生长 GaN，使位错密度降至 10^7cm^{-2} 量级[129]。1997 年，Nakamura[130]利用 ELOG 技术成功制备出了长寿命的 GaN 蓝光激光器，并在此基础上实现了器件的商品化。

GaN 的 ELOG 步骤如下：首先在蓝宝石或 SiC 衬底上按两步法外延生长 GaN 籽晶层(1~2 μm 厚)，然后在 GaN 籽晶层上 400°C 左右用 CVD 方法沉积厚度约 10nm 的无定形 SiO_2 膜(也可用 SiN_x 或金属 W) 。再用常规光刻方法在 SiO_2 膜上开出条形窗口，暴露出 GaN 籽晶层。通常条形窗口宽为 3~5 μm，SiO_2 掩模条宽~20 μm 左右。SiO_2 条形掩模沿 GaN 籽晶层的 $\langle 1\bar{1}00\rangle_{GaN}$ 方向或 $\langle 11\bar{2}0\rangle_{GaN}$ 方向。将带有图形的衬底仔细清洗，去除窗口表面氧化物后，放入 MOVPE 反应室在高温下进行第二次 GaN 选区外延生长。当窗口区生长出的 GaN 薄膜厚度超过掩模层厚度时，外延层会在继续垂直生长的同时在掩模层上进行侧向生长，随后相邻的生长侧面相互连接，最终又融合成新的平面。为了在比较短的时间内合并形成连续的表面，希望侧向生长速度高于纵向生长速度。侧向和纵向生长速度比不仅与掩模条的方向有关，还与掩模材料、掩模尺寸、掩模占空比(窗口宽度/周期)，以及生长参数诸如生长温度、反应室压力、V/III 比、载气、掺杂等有关[131]。

当掩模条平行于 GaN 的$\langle 1\bar{1}00\rangle$晶向时，其横向生长的方向为$\langle 11\bar{2}0\rangle$晶向，$\langle 11\bar{2}0\rangle$是 GaN 原子密排方向，因此生长速度最快，即可获得最大的横向生长速度。相邻的 GaN 条很容易合并成平整的表面。而当掩模条平行于 GaN 的$\langle 11\bar{2}0\rangle$晶向时，其横向生长的方向为$\langle 1\bar{1}00\rangle$晶向，生长速度很慢。相邻的 GaN 条不易合并成平整的表面。因此多采用平行于 GaN 的$\langle 1\bar{1}00\rangle$晶向的掩模条。

当侧向外延窗口条的方向平行于$\langle 1\bar{1}00\rangle$时，二次外延的 GaN 条的侧面有三种可能性：$\{11\bar{2}0\}$ 、$\{11\bar{2}2\}$ 以及这两种晶面的组合。在相对低温、低 V/III 比、大镓源流量和高压的情形下，截面呈侧面为$\{11\bar{2}2\}$的三角形或梯形；在相对高温、高 V/III 比、小镓源流量和低压时，截面呈侧面为$\{11\bar{2}0\}$的矩形；介于这两者之间时，可能出现矩形和梯形组合的截面形状，见图 7-50。

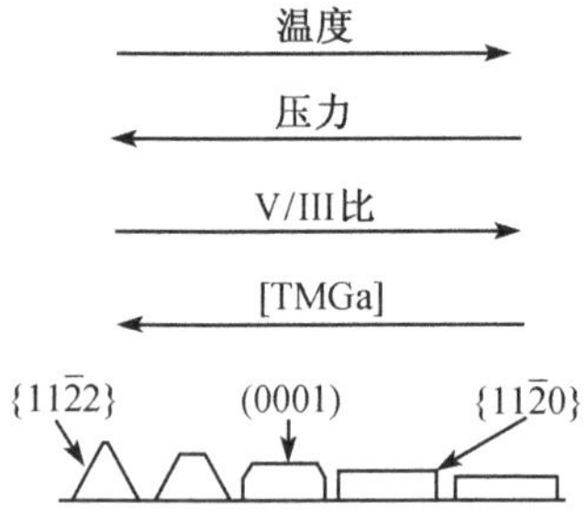

图 7-50　在平行于$\langle 1\bar{1}00\rangle$条上，GaN 的 ELOG 生长的截面随反应室温度和压力的变化示意图

GaN 侧向外延生长过程中位错的减少主要通过两种机制：位错的阻断和位错的转向[132]。位错的阻断发生在有掩模层的区域，由于掩模层的存在，使其下部 GaN 衬底中的穿透位错终止于 GaN 衬底和介质膜间的界面而被阻断，不能继续向上层 GaN 中扩展，从而大幅度降低掩模区上方生长层 (称为侧翼区) 位错密度。窗口区由于没有覆盖介质膜，从 GaN 衬底延伸上来的穿透位错在二次外延 GaN 中全部继续向上扩展到达样品表面，窗口区 GaN 的位错密度仍然很高，见图 7-51(a)。实验观察表明，当二次外延生长的 GaN 条的截面发展为梯形或三角形时，位错线会在这些倾斜晶面附近发生转向。窗口区大量穿透位错线发生 90° 转向而向水平方向延伸，从而降低了窗口区穿透延伸到样品表面的位错数目，有可能增大 ELOG 样品的低位错密度区域，见图 7-51(b), (c)。

侧向外延 GaN 中侧翼区的晶体由于位错的 90° 转向引起的塑性变形以及侧向

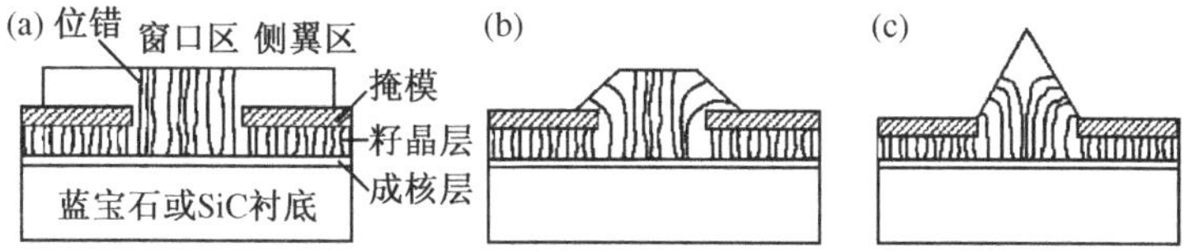

图 7-51　ELOG 降低穿透位错的机制示意图

外延 GaN 与 SiN_x 掩模之间的界面接触应力所产生的弹性形变而发生晶向倾斜，即侧向生长区与从窗口区垂直生长的 GaN 的晶向之间存在取向差。由于在侧翼区生长时晶面发生小角度倾斜，于是在相邻两翼的结合部(称为合并区)产生大量的新位错。晶向倾斜的角度与生长条件有关，低温、低 V/III 比、高反应室压力和高 TMGa 流量有助于抑制 ELOG 样品中的侧翼区晶向倾斜。使用 W 掩模 ELOG 的侧翼区倾斜角度小于 SiO_2 掩模的侧翼区倾斜角度。这些降低侧翼区倾斜角度的措施都可以减少结合部的位错密度。在靠近掩模处，还可能产生孔洞。侧翼区中水平传播的位错一部分终止于孔洞的侧面，一部分则在合并界面再次发生 90°转向而延伸到合并区表面。

从位错的角度可以将侧向外延 GaN 划分成完全不同的三个区域：位错密度接近或者低于 GaN 衬底的窗口区(籽晶区)、位错密度极低的侧翼区以及高位错密度的合并区。正是由于不同区域的位错密度/类型互不相同，导致了侧向外延 GaN 的结构、光学等性质呈现和掩模周期相对应的空间分布特性。由于在窗口区及合并区位错密度高，仅有部分的表面面积可以利用。ELOG 方法可以使位错密度降至 10^6~10^7cm^{-2} 量级。此外还发现侧翼区的压应力得到弛豫，而合并区的压应力增大。合并区形成的孔洞以及样品中大的晶向倾斜可能是合并区压应力增大的原因。

总之，为了降低窗口区的位错密度可以采用控制小平面的外延横向覆盖生长工艺[131]。利用在平行于<1$\bar{1}$00>条形窗口上，GaN 的 ELOG 生长的截面随反应室温度和压力的变化的特性，第一步在条形窗口在比较高的压力(500 Torr)和比较低的生长温度(950°C)下生长一定时间(45min)，首先生长截面为三角形的外延层，促使位错朝向掩模区弯曲。第二步将温度升高(1050°C)促进横向生长，使截面转变为梯形，促进相邻的条合并，将 SiO_2 掩模掩埋。在合并时一些位错因位错间的互相作用而消失，其余位错转向，向上延伸达到表面。这种控制小平面的外延横向覆盖生长将位错密度降低到 10^6cm^{-2} 量级，并且有很好的重现性。

为了进一步降低位错，可以采用二次 ELOG 法生长 GaN，第二层 SiO_2 条形掩模正好落在第一层 GaN 外延层的拼缝处。双重 ELOG 使低位错密度面积扩大到几乎整个衬底表面[133]。上述 ELOG 生长需要低温沉积 SiO_2 或 SiN_x 薄膜和光刻，缺点是工艺复杂而且 SiO_2 或 SiN_x 薄膜可能带来沾污。一种不需要光刻的 ELOG 方法是，在生长低温成核层之前，当温度到达 500°C 时通入 NH_3 和 SiH_4 在蓝宝石表面沉积~2nm 厚的含有微孔的无定形 SiN_x 薄膜，利用微孔 SiN_x 薄膜起掩模作用实现侧向外延[134]。利用选择腐蚀形成沟槽衬底(即图形衬底)，进行无掩模侧向外延[135,136]。在蓝宝石或 6H—SiC(0001)$_{Si}$衬底利用光刻和腐蚀方法沿 GaN 的<1$\bar{1}$00>或<11$\bar{2}$0>取向形成周期性的沟槽。在侧向生长区的 GaN 腐蚀坑密度下降到 $4\times10^6cm^{-2}$或者更低。此外，还发展了一些侧向外延生长的衍生技术，如悬垂外延生长(pendeoepitaxy)[137]和空气桥侧向外延[138]等。

7.4.1.4　GaN 的掺杂

GaN 的 n 型掺杂元素主要是 Si 和 Ge。它们的激活能比较低，为浅施主。例如，Si 在 GaN 中的激活能约 20meV。常用 SiH_4和 GeH_4作为掺杂剂。GaN 电子浓度与 SiH_4或 GeH_4的流量均呈线性关系，最高电子浓度可以达到$(1\sim2)\times10^{19}cm^{-3}$ [139]。SiH_4比 GeH_4掺杂效率高 10 倍。高掺 Si 浓度的 GaN 表面仍为光滑的镜面，而掺 Ge 的表面形貌变差。

GaN 的 p 型掺杂曾长期阻碍氮化物的发展。GaN 中最常用的 p 型掺杂元素是 Mg。Mg 在 GaN 中为深受主，其能级为 160 meV。在 H_2载气下生长的掺 Mg 的 GaN 呈高阻，这是因为 GaN 中的 Mg 受主被 H 钝化形成 Mg—H 络合物的缘故。为得到 p 型 GaN，必须破坏 Mg—H 络合物，使 H 从 GaN 中扩散出去，激活 Mg 受主生成相关的受主态。在采用两步生长方法降低了 GaN 外延层本底电子浓度以后，1989 年 Amano 等首先发现，掺 Mg 的 GaN 外延层经过低能电子辐照(LEEBI)后转变为低阻 p 型的 GaN，空穴浓度和最低电阻分别是 $10^{17}cm^{-3}$和 12Ω[140]。1992 年 Nakamura 等采用掺 Mg 的 GaN 外延层在 700°C 以上氮气气氛中退火的方法，得到低阻 p 型 GaN[141,142]。在氮气气氛中退火的温度和时间都影响掺 Mg—GaN 的电阻率。退火温度一般为 700~800°C，时间为 20~30min。图 7-52 示出氮气气氛中退火时间为 20min 时，掺 Mg—GaN 的电阻率与退火温度的关系。可以看出当温度超过 400°C 电阻率开始下降，在 700°C 时达到最低点，进一步增加温度电阻率不

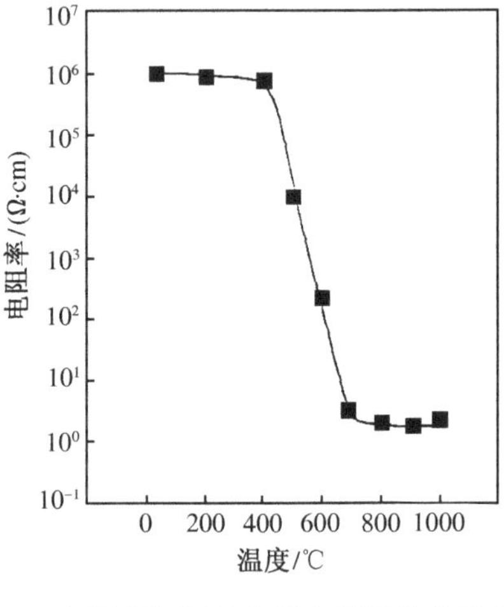

图 7-52　掺 Mg—GaN 电阻率与氮气中退火温度的关系(退火时间为 20min)

再下降。高的退火温度虽然有利于氢原子从样品中扩散出去，但是高温也导致由于氮的丢失造成样品的表面热损伤，为此要从中选择最佳值。测量室温 PL 强度随退火温度的变化表明，450nm 的蓝光强度在 700°C 以下随退火温度增加而增加，700°C 以上则降低。

GaN 的 p 型掺杂采用 Cp_2Mg 或 $MeCp_2Mg$ 掺杂剂，前者室温下为固态后者为液态。图 7-53 示出掺 Mg 的 GaN 外延层中 Mg 浓度和室温空穴浓度与输入反应室 Cp_2Mg/TMG 比的关系[143]。随着 Cp_2Mg/TMG 增加，GaN 中的 Mg 原子浓度单调上升。而空穴浓度最初随着 Cp_2Mg/TMG 增加，在 $Cp_2Mg/TMG=1.5\times10^{-3}$ 时达到最大值，对应的空穴浓度为 $1.5\times10^{18}cm^{-3}$，空穴迁移率为 $3.0cm^2/(V\cdot s)$。此时 Mg 浓度约为 $4\times10^{19}cm^{-3}$。继续增加 Cp_2Mg/TMG，虽然 GaN 中的 Mg 含量增加，但由于 Mg 的自补偿产生深能级(如 $Mg_{Ga}V_N$ 之类的施主能级)空穴浓度反而下降。材料劣化而且会有裂纹。

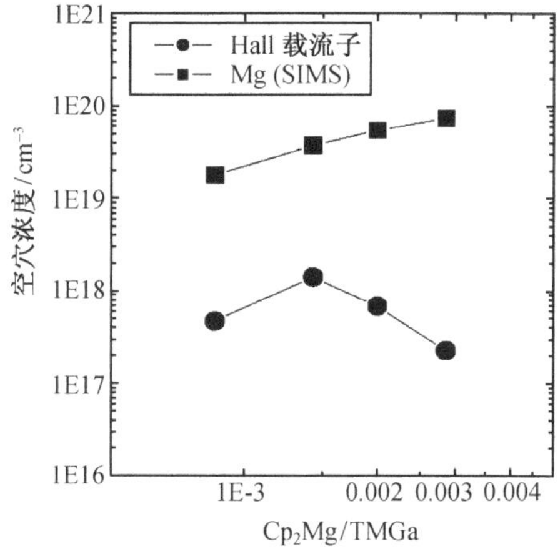

图 7-53　GaN:Mg 外延层中 Mg 原子浓度与室温空穴浓度与输入反应室 Cp_2Mg/TMG 比的关系

反应室的压力、V/III 比及生长速度都影响低阻 p-GaN 的空穴浓度。Tokunaga[143]报道在恒定的 Cp_2Mg/TMG 比条件下，随着反应室的压力的降低，空穴载流子浓度降低。Kozodoy 等[144]报道在 76Torr 的低压下，p-GaN 的空穴浓度和迁移率都随 V/III 比的增加而增加，电阻率随生长速度的增加而增加。然而在大气压下，V/III 比及生长速度对低阻 p-GaN 的空穴浓度影响甚微。Akutsu 等[145]报道在大气压下生长 GaN:Mg，只有在 1025~1050°C 之间的空穴浓度最高，XRC 的半高宽最低，见图 7-54。

用 MOVPE 生长掺 Mg—GaN，还需要考虑 Cp_2Mg 记忆效应引起的延迟时间，才能得到可重复的结果[146]。

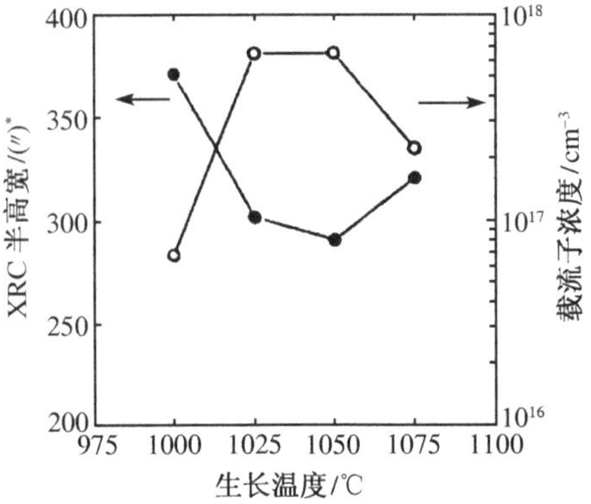

图 7-54　GaN:Mg 外延层中载流子浓度和 XRC 半高宽与生长温度的关系

通常掺 Zn 的 GaN 呈半绝缘性，其室温下的电阻率高达 $10^{12}\Omega\cdot cm$，而且不易被激活。采用 Zn 与 Mg 共掺杂使空穴浓度得到了一些提高。

Fe 在 GaN 中形成深受主能级成为电子陷阱，可以补偿未掺杂生长的 GaN 中的自由电子形成半绝缘材料。Fe 在 GaN 中的浓度直到 $1.7\times10^{19}cm^{-3}$ 时，表面形貌依然为镜面。当 Fe 的浓度达到 $1.7\times10^{20}cm^{-3}$ 时，表面变得粗糙。掺 Fe 也出现类似在 GaN 中掺 Mg 所出现的软启动和拖尾现象，然而起因是 Fe 在表面的分凝，而不同于 Mg 在反应室器壁的吸附和脱附。

7.4.2　AlN 的 MOVPE 生长

AlN 熔点为 3550K，在化合物半导体中具有最高的直接带隙(6.2eV)。由于 Al—N 键能高(2.88eV)Al 原子在表面迁移所需要的激活能高，导致 Al 原子在生长表面的迁移能力较差，这使得样品表面容易出现晶料岛状生长。因此，MOVPE 生长中需要更高的生长温度，并不需要高的 V/III 比。AlN 的 MOVPE 生长所用的源为 TMAl 和 NH_3。TMAl 与 NH_3 之间的预反应强烈，因此如何抑制预反应在 AlN 生长中非常重要。由于 Al 对 O 和 C 有很强的亲合力，生长高纯度 AlN 非常困难。

Ohba 等[147]采用高温 1200°C 生长 20nm 的 AlN 成核层，然后在 1270~1450°C 生长体 AlN 外延层的两步生长法，V/III 比在 1.2~4 之间变化，反应室压力为 10 000Pa。发现 V/III 比为 1.5 时，无论成核层，还是体外延层的表面形貌都很平整。虽然 1450°C 生长的 AlN 表面平整度得到改善，但表面出现 TMAl 和 NH_3 预反应形成的颗粒。

Kaeding 等[148]在低压反应室中(76Torr)，采用低温生长成核层的两步生长法，在蓝宝石上首先于 690°C 和 V/III=2.9 的条件下沉积 AlN 成核层，然后在 1130°C 和 V/III=36.4 条件下生长 AlN 体外延层。大约厚度达到 1μm 时，表面已经基本长平，但仍然有沟，同时还有六角形小岛，说明初始晶粒逐渐长大但尚未完全融合。

* 1″=(π/648 000)rad.

直到 2.1μm 厚初始晶粒才完全融合。1.05μm 和 2.1μm 的 AlN 层的穿透位错密度分别为 $1.1\times10^{10}cm^{-2}$ 和 $5\times10^{9}cm^{-2}$。AlN 外延层的(0002)和(20$\bar{2}$1)衍射的 X 射线摇摆曲线的半高宽与外延层厚度(0.35~2.8μm)的变化关系表明，刃型位错密度随厚度增加而降低，螺位错密度大体保持不变。

在 c 面蓝宝石上生长(0001)AlN 外延层，也存在 AlN 终结面为不同极性的 N 面和 Al 面问题。表面极性取决于成核层生长前蓝宝石表面的预处理方式。低温氮化(620°C)导致 N 极性面，而无氮化则生长出 Al 极性表面。Al 面的位错密度大约为 $1\times10^{10}cm^{-2}$，N 面的位错密度大约为 $3\times10^{10}cm^{-2}$[149]。

SiC 是生长 AlN 最合适的衬底，两者晶格失配与热失配均小。此外 SiC 的热稳定性优于蓝宝石，可以采用更高的生长温度。在 6H—SiC $(0001)_{Si}$ 衬底上，反应室压力为 113hPa，以 TMAl 和 NH_3 为源，于 1600°C 和 V/III 比为 116 的条件下，生长出的 AlN 外延层表面原子平坦，位错密度低($7\times10^{8}cm^{-2}$)，剩余杂质含量少。

7.4.3　AlGaN 的 MOVPE 生长

AlN 和 GaN 都为六方结构，AlN 和 GaN 晶格失配较小，沿 a 轴为 2.5%，沿 c 轴为 4%。两者共价半径差也比较小，为 0.08Å (Ga 为 1.26Å，Al 为 1.18Å)，$Al_xGa_{1-x}N$ 可以在全部组分范围内都可生成固溶体。$Al_xGa_{1-x}N$ 在蓝光、绿光和紫外光电器件以及高功率、高温和高频率电子器件得到广泛应用。然而，生长高 Al 组分的 $Al_xGa_{1-x}N$ 的组分控制、表面形貌、结构完整性和低阻 p 型和 n 型都更为困难。

(1) AlGaN 的组分控制

生长 $Al_xGa_{1-x}N$ 使用的源主要为 TMAl、TMGa 和 NH_3。关于 $Al_xGa_{1-x}N$ 的组分控制已经在第 4 章的 4.2.2 节有所讨论。如果能抑制 TMAl 与 NH_3 和之间的预反应，Al 的气-固分配系数大体接近 1，在高温下 Al 有优先并入倾向。然而若发生造成 TMAl 的消耗的强烈预反应，则会导致 Ga 的优先并入。关于 MOVPE 生长 AlGaN 的化学反应动力学已在第 5 章 5.1.3 节讨论过。TMAl 与 NH_3 生成 $(CH_3)_3Al:NH_3$，它本身对 AlN 生长有贡献，但是在较高温度会进一步生成高聚物，沉积在反应室器壁上或在气相中生成 AlN 纳米颗粒随气流逸出生长区，造成 TMAl 的消耗，不仅会降低 Al(Ga)N 的生长速率，还会影响 Al 的并入效率和 AlGaN 外延层的组分均匀性。因此，为了生长组分均匀、可控的 AlGaN，需要采取使 NH_3 与 TMAl 分别进入反应室、消除反应室内的涡流、降低反应室的压力或/和提高总流速等措施，抑制预反应，增加铝的并入。前三项措施能够降低 NH_3 与 TMAl 分子之间的碰撞概率，从而抑制预反应。提高总流速则降低反应剂的反应室中的停留时间，从而减少预反应的进程。Miyoshi[150]和 Rossowa 等[151]都报道了提高 V/III 比有助于 Al 的并入，其原因是降低了 TMAl 与 NH_3 碰撞的机会或增加了 TMAl-NH_3 加合物生成概率。

Miyoshi 等[150]采用三层流反应室，在 300~740Torr 的压力和 1100°C 下，生长 Al 含量高达 70%的 $Al_xGa_{1-x}N$。先在蓝宝石衬底上按两步法生长的 3μm 厚的 GaN 外延层上，再继续生长 $Al_xGa_{1-x}N$ 外延层。图 7-55 示出 $Al_xGa_{1-x}N$ 外延层的气-固组分关系。可以看出生长压力在小于 300Torr 时 Al 优先并入，当压力增加到 400Torr 以上时则为 Ga 优先并入。当 TMA/(TMA+TMG)为 0.2 或 0.3 时，生长速度随反应室压力升高而降低，尤其当压力超过 500Torr 时。这些现象都说明预反应随反应室的压力升高有加剧的趋势。

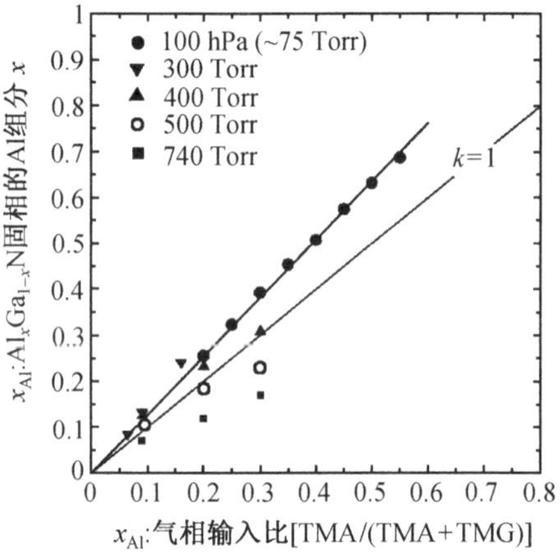

图 7-55　$Al_xGa_{1-x}N$ 外延层的气-固组分关系

图 7-56 示出在三层流水平反应室中生长 $Al_xGa_{1-x}N$ 的 Al 组分和片内均匀性与输入 V/III 比(a)和生长压力(b)变化的关系。图(a)为在反应室压力为 100kPa 的条件下，Al 的并入效率随 V/III 比的增加而大为提高(V/III 比从小于 5000 升高到大于 10000)。图(b)示出在 V/III 比大约为 10000 的条件下，反应室压力从 100kPa 下降到 10kPa 时 Al 的并入效率几乎不变，但是外延层的 Al 含量均匀性大为提高。反应室压力为 10kPa 时，在直径 100mm 的衬底上，片内 Al 含量的均匀性达到 3%。均匀性的提高与降低生长压力抑制预反应有关，因此最佳的生长条件是生长温度 1100°C、V/III 比大于 10000、生长压力小于 10kPa(~75Torr)。

随着 Al 组分的增加，AlGaN 中的氧杂质会从原来的浅施主转化为深能级 DX 中心。当生长温度较高、氨气流量较大、反应室压力较低时，外延生长的 AlGaN 层中的 O 杂质的含量相对较低；当生长温度较高、氨气流量较小、反应室压力较低时，外延生长的 AlGaN 层中的 C 和 H 杂质的含量都相对较低。

(2) AlGaN 的表面形貌与晶体质量

生长 AlGaN 用的衬底为蓝宝石或 SiC。通常 AlGaN 生长在已经外延了 GaN 的 *c* 面蓝宝石衬底上或 SiC 上。图 7-57 为 $Al_xGa_{1-x}N$/GaN/c-蓝宝石的 AFM 表面形貌与 $Al_xGa_{1-x}N$ 层中 Al 含量的关系(x=0.26，0.39，0.58 和 0.70)，扫描面积为 1μm×1μm[150]。

图中的 $Al_xGa_{1-x}N$ 层是在 1100°C 下生长的。在低 Al 含量的样品，呈现类似台阶流形貌并且具有些小坑。尽管低 Al 含量 $Al_xGa_{1-x}N$ 可以得到镜面的外延层，但是无论表面形貌或晶体质量都低于 GaN 的水平。随着 Al 含量的增加，GaN 与 AlGaN 的晶格应力增加，生长模式向岛状生长模式转变。当 Al 含量达到 70%表面已经出现裂纹。GaN 的热膨胀系数比 AlN 大，AlGaN 受到张应力，这个张应力随着 AlGaN 层厚度的增加或者是 Al 组分的增加而迅速增加，并且最终会导致裂纹的产生。

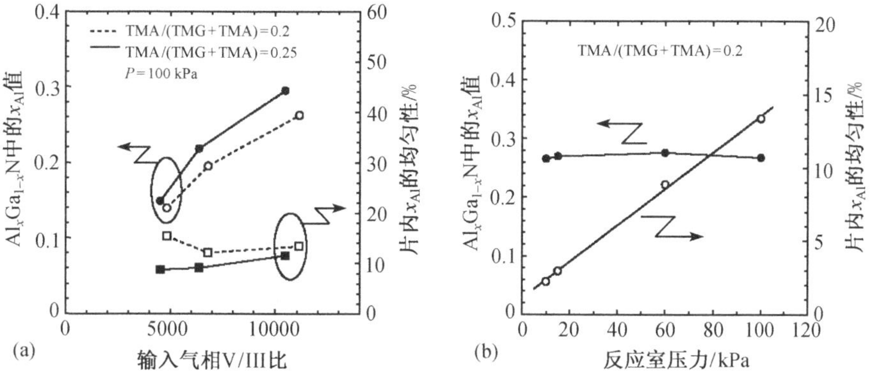

图 7-56　AlGaN 的 Al 含量和片内均匀性与输入 V/III 比(a)和生长压力(b)的关系

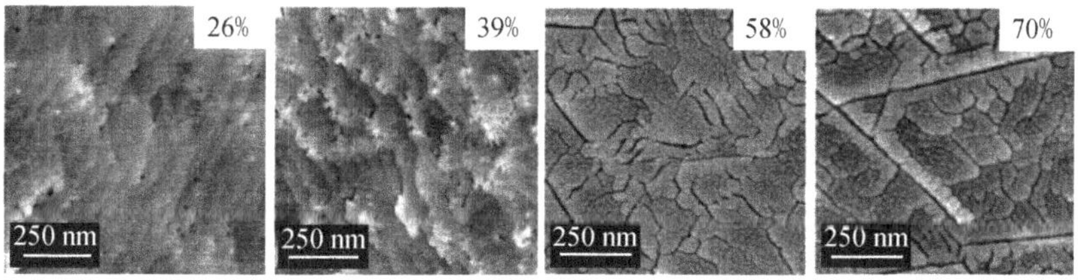

图 7-57　在蓝宝石 c 面上生长的 $Al_xGa_{1-x}N$/GaN 结构的 AFM 表面形貌与 Al 含量的关系[33]

此外，在蓝宝石衬底上先 800°C 生长 50nm 的 AlN 成核层，经过高温退火后接着生长体 $Al_xGa_{1-x}N$ 层，可以得到 Al 含量直到 x=0.4 都为镜面的体外延层[152]。也可以在 540°C 生长与体外延层的组分相同的成核层，这种方法称作“自成核层”。如果在蓝宝石的(0001)晶面上低温(560°C)成核层采用 $Al_xGa_{1-x}N$，其 x 值处于 0.18 至 0.25 之间，其上在 1170°C 生长 $Al_xGa_{1-x}N$ 层的 x 值同样处于 0.18 至 0.25 之间，可以得到近无应力的外延层。当 x 小于 0.18 呈现张应力，当 x 大于 0.25 时为压应力。这种现象被解释为在 x=0.221 时 $2a$(AlGaN)=$3a$(蓝宝石)，出现了晶格格点相合(coincidence site lattice)[153]。

高 Al 含量的 $Al_xGa_{1-x}N$ 的生长更适合用高的生长温度，如在反应室压力为 100Torr、V/III 等于 23 和 1386°C 的高温条件下，在蓝宝石上先生长 AlN 层，接着使用 1286°C 生长出表面平坦、在 CL 谱上有强带边发射的 $Al_{0.71}Ga_{0.39}N$[154]。

降低 GaN 位错密度有效的常规 ELOG 技术难于应用到 AlGaN 上，因为 Al 原子在生长表面的迁移能力较差，AlGaN 会在掩模上沉积。Kawashima 等[155]提出了利用“受控小平面生长工艺”直接在蓝宝石衬底上生长出低位错密度的 AlGaN 的方法，在蓝宝石衬底上，先低温沉积 AlN 成核层和 $Al_{0.12}Ga_{0.88}N$ 籽晶层。然后沿 <1$\bar{1}$00>方向利用干法腐蚀出宽 3μm 间距 3μm 的台面，再回到反应室中继续生长 $Al_{0.12}Ga_{0.88}N$。此时生长出的(11$\bar{2}$2)小平面使位错弯曲，从而在整个面积上降低了穿透位错密度，并且未发现裂纹。阴极荧光像显示与位错有关的暗点密度比在成核层上生长的样品降低了 3 个数量级，为 $5\times10^7cm^{-2}$，位错主要位于外延层的合并处。如图 7-58 所示。

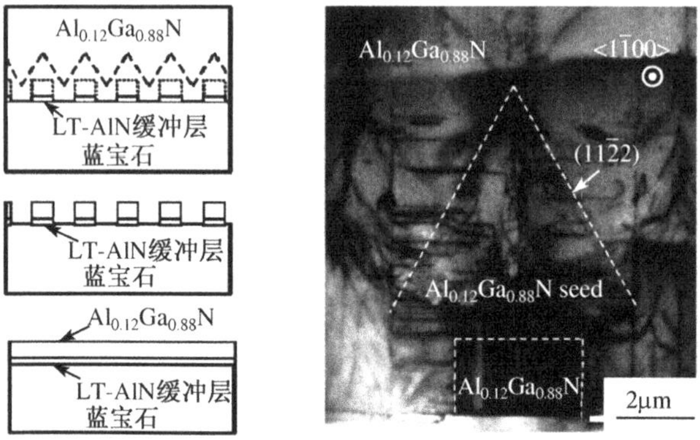

图 7-58 控制小平面生长工艺流程与生长的 $Al_{0.12}Ga_{0.88}N$ 外延层 TEM 像显示生长出的(11$\bar{2}$2)小平面使位错弯曲，并且降低了全部表面的位错密度

(3) 低阻 n 型和 p 型 $Al_xGa_{1-x}N$

$Al_xGa_{1-x}N$ 常用的 *n* 型掺杂元素是 Si。在 Al 组分较低时，Si 在 AlGaN 中是浅施主，但是随着 Al 组分的增加，Si 的电离能会增加，最终转化为深能级 DX 中心。同时，作为 n 型补偿中心的 III 族空位(V_{Ga}和 V_{Al})浓度也会随着 Al 组分的增加而增加。而且，Si 的掺入还会增加材料中的张应变，当 Si 浓度很高时甚至会产生裂纹。这些都增加了 n 型低阻 $Al_xGa_{1-x}N$(特别是高 Al 组分)材料生长的难度。$Al_xGa_{1-x}N$ 的 n 型掺杂剂使用 SiH_4，电子浓度大致与的 SiH_4 摩尔流量成正比。现已报道 x=0.2 时掺 Si 的电子浓度 $n=3.7\times10^{19}cm^{-3}$，估计一直到 x=0.4 都可实现 Si 掺杂[156]。

$Al_xGa_{1-x}N$ 用的 p 型掺杂元素是 Mg(Cp_2Mg)。低阻 p-AlGaN 比低阻 p-GaN 更难获得，其原因在于 Mg 在 AlGaN 中的激活能随 Al 含量的增高而迅速增加，而且 p 型 AlN 中更容易形成氮空位(V_N)这种 p 型补偿中心。图 7-59 示出在掺 Mg 的 $Al_xGa_{1-x}N$ 中与空穴浓度和 Mg 的空穴激活能与 Al 含量的关系[157]。对于在大气压下用 TMAl、TMGa 和 NH_3，在 1100°C 生长的 $Al_xGa_{1-x}N$，当 Al 含量从 0 增加到

0.15 时，Mg 的空穴激活能(ΔE_A)从 160meV 线性地增加到 250meV，空穴浓度则线性地从~$3\times10^{17}cm^{-3}$减少到~$5\times10^{16}cm^{-3}$。另外，随着掺 Mg 浓度提高，$Al_{0.15}Ga_{0.85}N$ 外延层表面变得粗糙和出现六角锥，(0002)面的 X 射线衍射峰的半高宽逐渐增大，说明结晶质量也变差[158]。

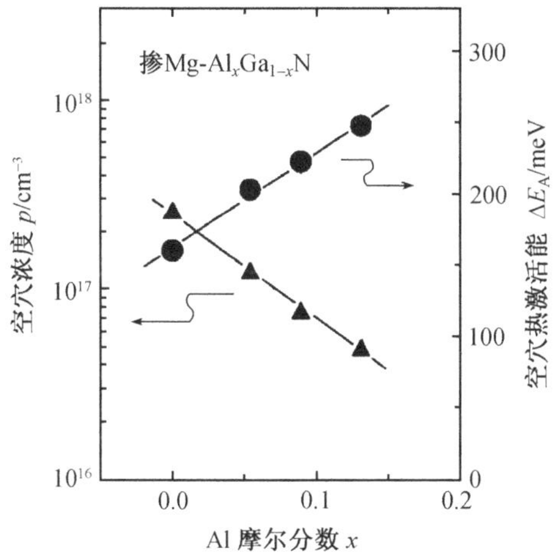

图 7-59　在掺 Mg 的 $Al_xGa_{1-x}N$ 中与空穴浓度和 Mg 的空穴激活能与 Al 含量的关系

为了提高 Mg 杂质的激活效率，Nakamura 等[159]采用调制掺杂的 p 型 $Al_xGa_{1-x}N$/GaN 超晶格代替均匀掺杂的 p 型 AlGaN，提高 Mg 的电离效率，从而大大提高空穴的浓度。

7.4.4　InN 的 MOVPE 生长

InN 的带隙在 2002 年被证实为~0.7eV，成为 III-N 化合物中具有最低直接带隙的材料。预期 InN 也是 III-N 化合物中具有最高的饱和电子漂移速度和电子渡越速度，以及具有最高的电子迁移率的材料，掀起了对 InN 及其化合物新的研究热潮。已有报道用 MBE 生长的 InN 外延层电子浓度已经降低到 $3.49\times10^{17}cm^{-3}$，室温迁移率已经达到 $2050cm^2/(V\cdot s)$。用 MOVPE 方法也生长出室温迁移率为 $1200cm^2/(V\cdot s)$的高质量 InN 外延层。

InN 外延至今仍缺乏合适的衬底，常用的蓝宝石衬底与 InN 之间晶格失配高达 25%。其他晶格失配小于蓝宝石的衬底有 Si、GaAs、GaP、GaN 和 AlN 等。前面提到的最高迁移率的 InN 外延层都是在 GaN 衬底上获得的，尽管 GaN 与 InN 的晶格失配达到 10%，但是 InN 能够在 GaN 上实现二维生长。MOVPE 生长 InN 一般以 TMIn 和 NH_3 为源，以氮气作为载气。使用氮载气的原因是 H_2 作为 InN 生成反应的副产物，H_2 分压增加会抑制 InN 的生成。由于 In-N 键能低，InN 的离解压随温度的升高而急剧升高，因此需要在低的温度下进行 MOVPE 生长，而且在生长过程中还需要保持很高的 N 平衡蒸气压以防止 InN 分解。在低温下 NH_3 的分解率下降，故需要高的 V/III 比。适合 InN 生长的温度区间很窄：一般认为优化生长温度区间在 550~650°C。当生长温度低于 400°C 时，由于 NH_3 分解率很低有效 N 源不足，造成金属 In 的聚集，也会由于生长表面上 H 原子浓度下降，使更多的 C 原子并入外延层。衬底温度低对表面原子的迁移不利，导致柱状生长模式不利于获得高质量的晶体。随着温度的增高，二维生长模式增强，改善了晶体质量和表面形貌。但过高的生长温度会造成表面腐蚀，实验上能观察到外延层表面的腐蚀坑。

在使用 NH_3 源时，也存在适合 InN 生长的 V/III 比窗口。低 V/III 比由于活性 N 供应不足导致在生长表面出现 In 滴，然而也有报道过高的 V/III 比(2.6×10^6)也会造成 In 滴的出现。原因是过高的 NH_3 分压使反应室中由氨分解出来的 H_2 分压高，引起表面出现 In 滴[160]。不同的生长系统要求的最佳 V/III 比不同，一般在 2×10^4~2×10^6 之间为宜。

生长温度和 V/III 比对 InN 外延层的载流子浓度的影响见图 7-60。提高生长温度和增加 V/III 比使得气相中活性 N 的浓度增加，从而使外延层中的 N 空位浓度降低。N 空位被认为是导致 InN 外延层高背景载流子浓度的主要原因。但是在 650°C 生长材料时，背景载流子浓度与 V/III 比无关，此时热分解起更大的作用。

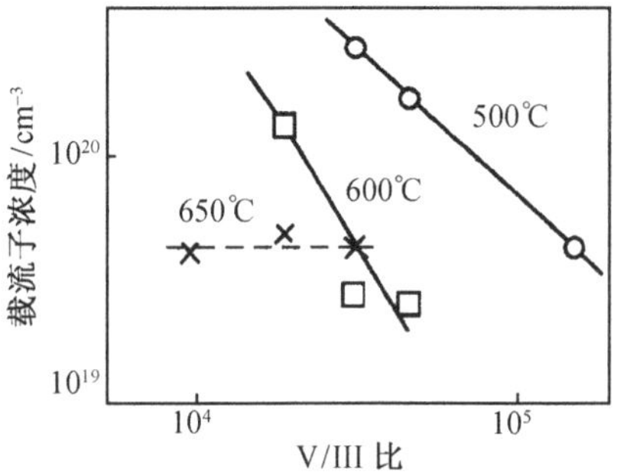

图 7-60　不同温度下生长的 InN 外延层的载流子浓度和 V/III 比的关系

InN 的生长速度在 400~630°C 主要依赖于 NH_3 的分解效率；当温度在 630~650°C 时，InN 的生长速度随 TMIn 量的增加而增加，在 650°C 最高生长速度可以达到 0.8μm/h；当温度高于 650°C 时，由于 InN 的分解导致生长速度下降，表面有明显 In 聚集。

反应室的压力是另一个重要生长参数，常压生长的 InN 电学性质比低压生长的好：在 101.325kPa 时生长的 InN 外延层的载流子浓度为 $5.8\times10^{18}cm^{-3}$，室温迁移率为 $730cm^2/(V\cdot s)$，而在低压生长情况下，最好的报道载流子浓度和室温迁移率分别为 $4\times10^{19}cm^{-3}$ 和 $300cm^2/(V\cdot s)$。

由于 InN 的热稳定性差，若采用一般生长低温 InN 成核层再高温生长体材料的两步外延生长法，在氮载气下加热到 550°C 就会引起 InN 成核层的分解和 N 的脱附，导致表面发生变化。为此，Xie 等[160]报道了在蓝宝石衬底用 MOVPE 方法三步复合成核层，以 TMInT、MGa 和 NH_3 为源，生长温度在 500~630°C 之间。在生长 InN 之前，先将蓝宝石衬底在 1000°C 氮化 10min，再于 550°C 和 100Torr 下低温沉积 GaN100s 和高温沉积 GaN 复合成核层，可以提供生长 InN 的平滑成核层，然后在 620°C 和 30 000V/III 比的条件下，生长 60min 的体 InN 外延层。InN 外延层表面为镜面，其电子浓度为 $3.9\times10^{18}cm^{-3}$，迁移率已经达到 939 $cm^2/(V\cdot s)$。

从已报道 InN 的 XRC 半高宽，PL 峰的半高宽等数据说明目前 MOVPE 生长的 InN 外延层的质量仍然很低，有待进一步提高。迁移增强外延(脉冲 MOVPE)就提供了提高晶体完整性的另一条途径。Johnson 等[161]报道的 InN 的脉冲 MOVPE 方法是在 NH_3 连续流动下每隔 10s 通入 TMIn 6s，提高了 In 原子的表面迁移率，改善了表面形貌和光学质量。

7.4.5　InGaN 的 MOVPE 生长

InN 与 GaN 的晶格常数差大(晶格失配为 11%)，导致该体系中存在较大的混溶隙[162]。$In_xGa_{1-x}N$ 的带隙宽度与 In 含量 x 值的关系可以表示为[163]

$$E_G(x)=3.42x+0.77(1-x)-1.43x(1-x) \tag{7-6}$$

$In_xGa_{1-x}N$ 材料用于制备发光二极管和激光器的有源层。由于 InGaN 的带隙覆盖了整个太阳光谱，因此有人建议可用于制造高效太阳能电池。

(1) $In_xGa_{1-x}N$ 的组分控制

$In_xGa_{1-x}N$ 需要在比 GaN 低的生长温度、比较高的 V/III 比和以 N_2 为载气的条件下生长。生长温度是影响 $In_xGa_{1-x}N$ 中 In 含量和材料质量的关键因素。Matsuoka 等[164]以 TMIn、TEGa 和 NH_3 为源，以 N_2 为载气，直接在氮化的蓝宝石衬底上生长 $In_xGa_{1-x}N$。生长温度在 500°C 至 800°C，采用不同的 TMI 摩尔流量。图 7-61 为固相 $In_xGa_{1-x}N$ 的 x 值与气相[TMI]/([TMI]+[TMG])的关系。在 500°C，In 与 Ga 的并入效率相等，x 值可以达到 0.5。随着温度从 500°C 增加到 800°C，In 的并入减少，可能是由于 In 的蒸气压比 Ga 的高。在 800°C，当气相[TMI]/([TMI]+[TMG])大于 0.8 后，x 值急剧上升。所有外延层都是 n 型。500°C 生长的 $In_xGa_{1-x}N$ 材料的晶体质量、电学和光学质量都非常差。随着生长温度的升高，载流子浓度降低，迁移率升高。在 800°C 生长的 $In_{0.2}Ga_{0.8}N$，室温电子浓度和迁移率分别达到 $3\times10^{17}cm^{-3}$ 和 116 $cm^2/(V\cdot s)$。X 射线衍射的半高宽降低至 30′，在 77K 观察到 PL 的近带边发射，其 PL 强度比 500°C 生长的高 1000 倍。为了增加 In 的并入需要采用高的 TMIn/(TMGa+TMIn)，但要注意控制反应室中 TMIn 的分压以避免 In 滴在生长表面析出。为此只好采用减小 TMGa 摩尔流量的方法，导致 InGaN 的生长速度降低。

Nakamura 等[165]最先提出在 GaN 上生长 $In_xGa_{1-x}N$ 可以改善晶体质量，因为

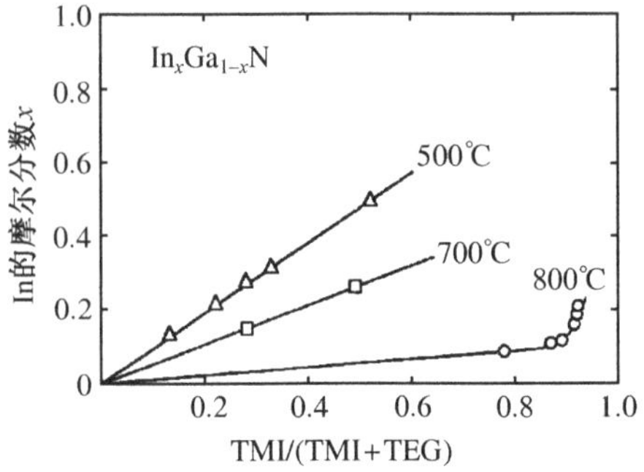

图 7-61　固相 $In_xGa_{1-x}N$ 的 x 值与气相 In 与总 III 族源流速比的关系

GaN 的晶格常数介于 $In_xGa_{1-x}N$ 和蓝宝石之间。他们在蓝宝石衬底上生长了 2μm GaN，采用了 Matsuoka 等[47]提出的高生长温度和高的 TMIn 流量方法，在 TMIn 的流速为 24μmole/min，TMGa 为 2μmole/min 和 NH_3 为 4slm 的条件下，分别在 830°C 和 780°C 的温度下，生长了 x 值分别为 0.14 和 0.24 的高质量的 $In_xGa_{1-x}N$。室温 PL 谱为近带边发射，几乎观测不到深能级发射。其峰值波长分别为 3.10eV 和 2.79eV，半高宽分别为 70meV 和 110meV。样品的 X 射线衍射的半高宽几乎与基底的 GaN 层的半高宽相同，分别为 8′和 9′。

Lin 等[166]也报道了在蓝宝石上生长的 GaN 层上，在 600~850°C 温度范围，生长 $In_xGa_{1-x}N$。研究不同生长温度对 $In_xGa_{1-x}N(0002)$面的 X 射线θ–2θ衍射峰和光荧光谱的影响，得出生长温度对 InGaN 外延层的晶体质量和 In 的并入都有很大影响。当生长温度从 850°C 下降到 600°C，x 值从 0.01 增加到 0.28。而器件级质量的 InGaN，生长温度须选择在 750~850°C 之间。当生长温度低于 750°C 时，X 射线θ–2θ衍射峰的半高宽和 PL 谱的半高宽都急剧增加，而且 PL 谱观察不到近带边发射，仅为深能级跃迁。如图 7-62 所示。

反应室压力对 In 的并入效率也有影响。Kim 等[167]报道反应室压力从 150Torr 增加到 250Torr，使 InGaN 中的 In 含量降低，见图 7-63。Oliver 等[168]也观察到生长 InGaN 时，反应室压力在从 300Torr 增加到 600Torr 时 In 的并入效率下降。

实验还发现 In 的并入随着生长速度的增大而显著增高[169]，图 7-64 示出不同生长温度下的相对 In 分布系数 k_{In} 与生长速度的关系。相对 In 分布系数定义为

$$k_{In} = x_{In}^s f_{TMGa} /(1 - x_{In}^s) f_{TMIn} \tag{7-7}$$

式中，x_{In}^s 表示固相 In 组分，f_{MO} 代表 MO 的摩尔流量(mol/min)。随着生长温度的提高 k_{In} 都下降，但是在已经研究的温度范围内 k_{In} 都随生长速度的增加而增高。这种现象被认为是动力学因素在起作用。In 从表面的蒸发不仅在低温下受到抑制，而且在高生长速度下也受到抑制，好象 In 被“埋”在生长层中。

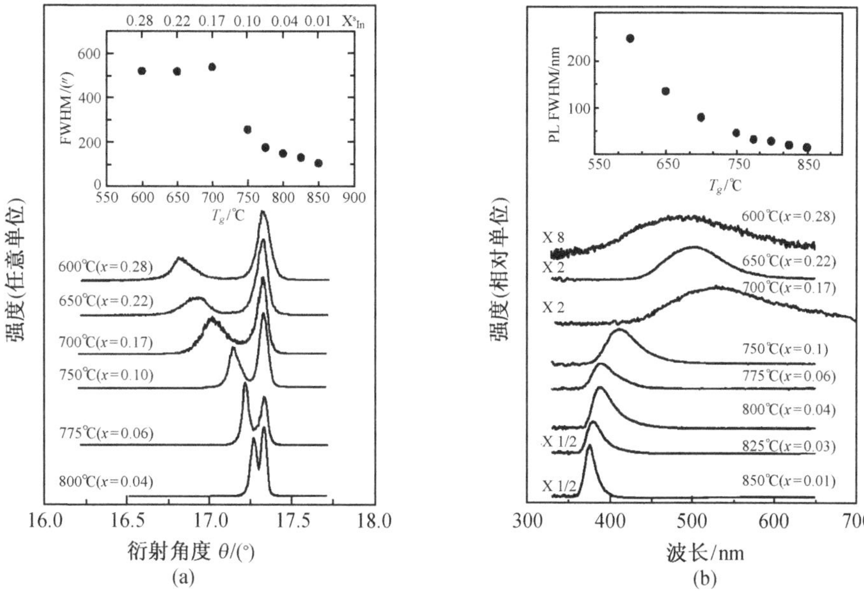

图 7-62　不同生长温度对 InGaN(0002)面的 X 射线θ-2θ衍射峰(a)与对 InGaN 外延层的光荧光谱(b)的影响

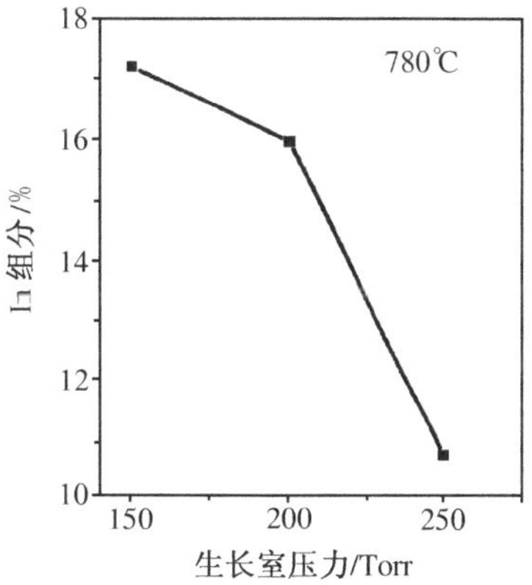

图 7-63　在 780°C 生长的 InGaN 中的 In 组分与反应室压力的关系

在研究 V/III 比对 InGaN 生长的影响时，Keller 等[169]未观察到 V/III 比对 In 分布系数的影响，但对表面形貌有影响。图 7-65 为生长温度和 NH_3/TMIn 对 InGaN 表面形貌的影响。由于 III 族摩尔流量中 TMIn 占很大比例，因此[NH_3]/[TMIn]比近似等于 V/III 比。可以看出为了避免 In 滴析出并能得到平整表面形貌，在常用的生长温度下需要采用的[NH_3]/[TMIn]比高达 10^4 至 10^5。在较高的生长温度下为避免出现 In 滴，使用的[NH_3]/[TMIn]比反而较小，这可能与高温促进了 NH_3 的分解有关。Matsuoka 等[164]也指出在 800°C 生长 InGaN 时，V/III 比用 4000；而在 500°C

至 700°C，V/III 比要大于 20000，如果 V/III 比低于 15000，表面就会出现 In 滴。

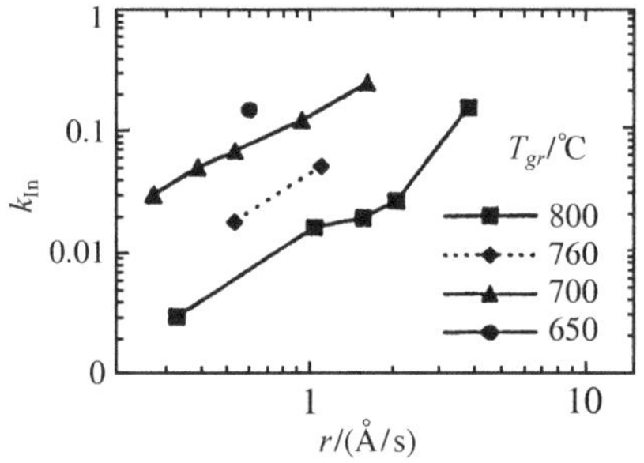

图 7-64　在不同生长温度下测量的相对 In 分布系数与生长速度 r 的关系

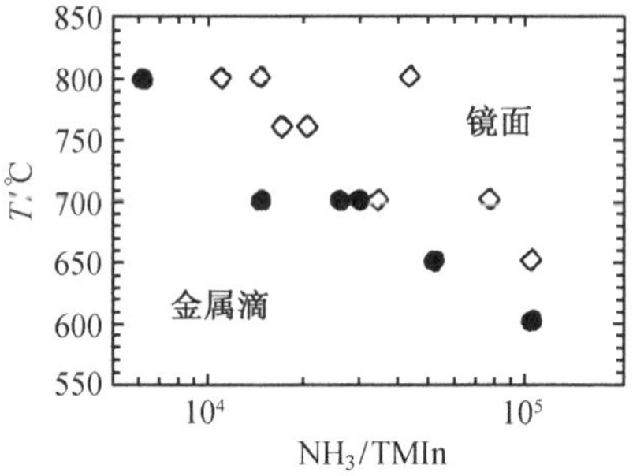

图 7-65　生长温度和 NH_3/TMIn 对 InGaN 表面形貌的影响

关于氮载气中的氢气含量对生长 InGaN 时 In 的并入效率的影响，Bosi 等[170]采用在其他生长条件保持不变的情况下，向氮载气中加入少量氢气的方法进行研究。发现加入的氢气量越多，In 的并入效率越低。Piner 等[171]在研究 H_2 对 InGaN 薄膜中杂质的影响发现，在氮载气中混入少量的 H_2 可以显著地减少 InGaN 薄膜中 C 和 O 杂质的浓度。随着 H_2 流量从 0sccm 增加到 100sccm 时，InGaN 薄膜中 C 和 O 杂质浓度降低近两个数量级。

(2) $In_xGa_{1-x}N$ 的 V 形缺陷

$In_xGa_{1-x}N$ 通常生长在 GaN 外延层上。由于 $In_xGa_{1-x}N$ 与 GaN 的晶格常数相差比较大，x~0.1 引起的晶格失配大于 1%。在高 In 含量外延层中失配应力会引入位错、层错、V 形缺陷和孔隙等结构缺陷[172]。在 InGaN 中，当 In 的组分较高(>10%)时，易出现一种“V 形缺陷”来弛豫由晶格失配所引起应变。V 形缺陷是氮化物中的一种特殊的缺陷，其形貌是开口的倒六角锥，六个斜面是$\{10\bar{1}1\}$面族，从截面看呈现 V 字形，因而被称为 V 形缺陷。在 InGaN 外延层表面和 InGaN/GaN 多量子阱结构中总会观测到 V 形缺陷。图 7-66(a)为 V 形缺陷的结构示意图和 (b) 在 GaN 上生长的 100 nm 厚的 $In_{0.14}Ga_{0.86}N$ 截面上 V 形缺陷沿$[2\bar{1}\bar{1}0]$轴的多束 TEM 像[173]。

大多数 V 形缺陷起源于穿透位错，也可以源于堆垛层错的堆垛失配边界。但是也有些 V 形缺陷起源于外延层中并且未与穿透位错相连，如在图 7-66(b)左侧的小 V 形缺陷。对 V 形缺陷的起源主要有两种解释：一种认为由 InGaN 下层的 GaN 中的位错所致，利用 TEM 常观察到倒六角锥的顶部与 GaN 中的位错相连；另一种认为由于局部 In 引起较大的晶格失配，通过形成 V 形缺陷来释放应力。不少研究者都观察到在 V 形缺陷附近 In 组分富集，还观察到 V 形缺陷的形成会导致部分的弹性弛豫。

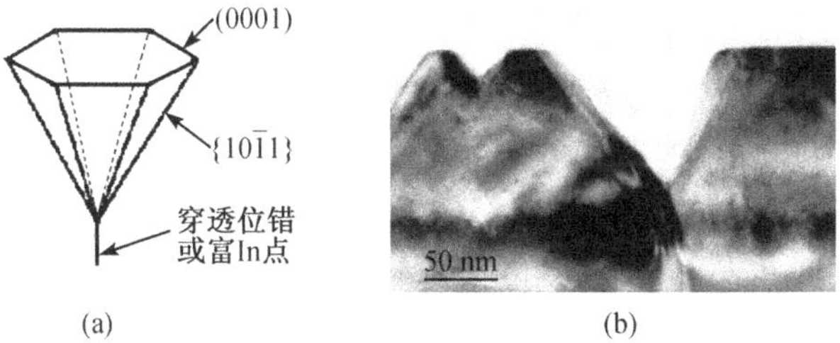

图 7-66　(a) V 形缺陷的结构示意图; (b) $In_{0.14}Ga_{0.86}N$ 截面上 V 形缺陷沿[2$\bar{1}\bar{1}$0]轴的多束 TEM 像

(3) $In_xGa_{1-x}N$ 的掺杂

InGaN 的 n 掺杂剂使用 SiH_4，通常生长温度为 800~830°C。Nakamura 等[116]报道掺 Si-InGaN 的光荧光强度显著增加。

p-$In_xGa_{1-x}N$ 的掺杂元素用 Mg。使用 Cp_2Mg 掺杂剂，生长后须在 700°C 下在氮气中退火。Kumakura 等[174,175]研究了 p-$In_xGa_{1-x}N$ 的生长。图 7-67 示出掺 Mg 的 InGaN、GaN 和 AlGaN 中 Mg 受主的激活能与带隙能量的关系。可以看出 InGaN 中 Mg 受主的激活能小于 AlGaN 和 GaN 的激活能。对于掺 Mg 的 III-N 化合物，Mg 的激活能都随着带隙能量的降低而降低。在 $In_xGa_{1-x}N$ 中，当 In 含量为 0.04、0.07、0.10 和 0.14 时，对应的 Mg 激活能 E_A 分别为 141meV、122meV、98meV 和

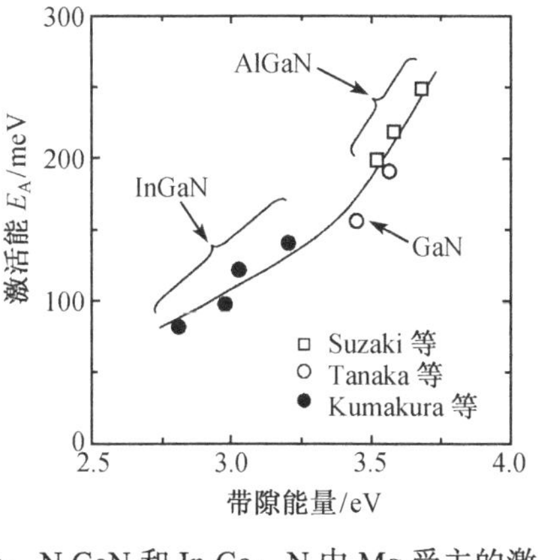

图 7-67　掺 Mg 的 $Al_xGa_{1-x}N$ GaN 和 $In_xGa_{1-x}N$ 中 Mg 受主的激活能与带隙能量的关系

82meV，表明随着 In 含量的增高(即带隙能量的降低)E_A 降低。Mg 在 $In_xGa_{1-x}N$ 中小的激活能，导致高的室温空穴浓度，而且随着激活能的降低而增加。例如，在生长温度为 780°C、生长速度为 0.36μm/h 和 Mg 浓度为 $3\times10^{19}cm^{-3}$ 的条件下，p-$In_xGa_{1-x}N$ 的 In 含量从 x=0.04 增加到 x=0.2 时，空穴浓度从 $1.2\times10^{18}cm^{-3}$ 增加到 $7.8\times10^{18}cm^{-3}$，迁移率则由 2.1 降低到 1.1 $cm^2/(V\cdot s)$。

空穴浓度与[Cp_2Mg]/[III]的关系与在 GaN 中的 Mg 掺杂类似。在 780°C 下以 0.72μm/h 的生长速度生长 $In_{0.18}Ga_{0.82}N$ 外延层，空穴浓度开始随[Cp_2Mg]/[III]的增加而增高，当[Cp_2Mg]/[III]=2×10^{-3} 时达到最高空穴浓度，其值为 $4\times10^{18}cm^{-3}$，此时 Mg 的浓度为 $3\times10^{19}cm^{-3}$。当进一步增加气相中的 Cp_2Mg 分压，空穴浓度反而下降。

较低的生长速度有利于空穴浓度增加。当 $In_xGa_{1-x}N(x\leqslant0.2)$，在 780°C 和固定的 Mg 掺杂浓度($3\times10^{19}cm^{-3}$)条件下，当生长速度从 0.72μm/h 下降到 0.36μm/h，$In_{0.1}Ga_{0.9}N$，空穴浓度从~$2.3\times10^{18}cm^{-3}$ 增加到~$4.8\times10^{19}cm^{-3}$。另外，低生长速度也有利于降低表面粗糙度和得到比较低的 X 射线衍射峰的半高宽，因此，Mg-$In_xGa_{1-x}N$ 的生长适合于采用比较低的生长速度。

生长温度对 $In_xGa_{1-x}N$ 空穴浓度的影响比较复杂。在 730~810°C 的范围内，在 0.36μm/h 和掺 Mg 浓度为 $3\times10^{19}cm^{-3}$ 的条件下，当 x 值小于 0.15 时空穴浓度不受生长温度影响。但是当 x 值高于 0.15，空穴浓度随生长温度的升高而降低，可能是由于相分离引起的晶体质量下降所致。

7.4.6 AlInN 的 MOVPE 生长

$Al_{1-x}In_xN$ 的带隙覆盖了 0.8~6.2eV，其波长覆盖了从红光到紫外区。$Al_{0.83}In_{0.17}N$ 可以与 GaN 晶格匹配，从而提高器件性能。AlInN 与 GaN 的折射率差大，因此 AlInN/GaN 组成的布拉格反射镜具有更好的特性。$Al_{1-x}In_xN$ 的 MOVPE 生长比 InGaN 更为困难。一方面因为 AlN 和 InN 的晶格常数相差更大，Spinodal 相分离现象更为严重。另一方面生长高质量 AlN 的条件与 InN 的条件相差的也更远。

Fujimori 等报道[176]在不同温度下生长 AlInN 的气相组分与固相组分的关系。以 TMGa、TMIn 和 NH_3 为源，N_2 为载气，V/III 比为 10000，所用衬底是在的(0001)蓝宝石上外延生长了 AlN(AlN/α-Al_2O_3)的 AlN 模板或生长了 GaN(GaN/α-Al_2O_3)的 GaN 模板。从图 7-68 示出的 $Al_{1-x}In_xN$ 外延层固相组分(x)与气相组分(x_V=[TMIn]/[TMIn+TMAl])的关系可以看出 In 的并入效率非常低，而且是非线性的。固相中 In 含量随着生长温度升高而降低。图中插图为 x_V = 0.3 在 AlN 模板上生长的 AlInN 外延层的 XRD 谱，在 700°C 和 750°C 生长的样品上看到明显的多峰，表明在外延层中发生了组分的相分离。而在 800°C 生长的 AlInN 层中未见相分离现象，但即使在 800°C 生长，也很难得到与 GaN 晶格匹配的 x~0.17 的外延层。光吸收测量表明，组分为 $Al_{0.91}In_{0.09}N$ 的吸收边大于 4.3eV。

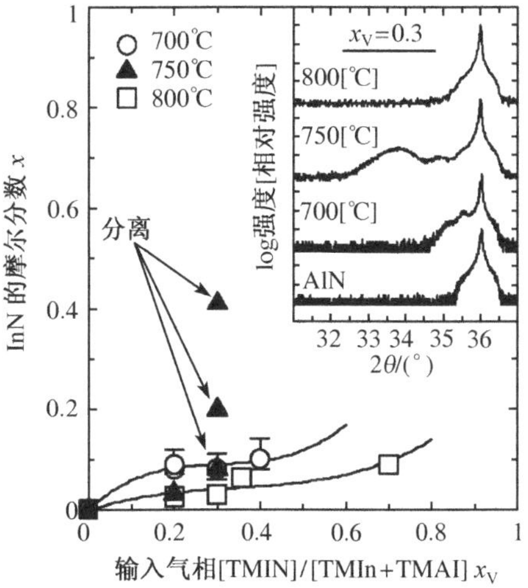

图 7-68　$Al_{1-x}In_xN$ 外延层固相组分'x'与气相组分'x_V'=[TMIn]/[TMIn+TMAl] 的关系
插图为 x_V=0.3 在 AlN 模板上生长的 AlInN 外延层的 XRD 谱

7.4.7　InAlGaN 四元合金的 MOVPE 生长

四元合金 $In_xAl_yGa_{1-x-y}N$ 因其禁带宽度和晶格常数可独立调节而引起人们的兴趣。当 $y=4.8x$ 时，$In_xAl_yGa_{1-x-y}N$ 与 GaN 晶格匹配。晶格匹配的 InAlGaN/InGaN 量子阱，可以降低位错密度以及压电场，进一步提高光电器件的性能。

(1) $In_xAl_yGa_{1-x-y}N$ 的组分控制

$In_xAl_yGa_{1-x-y}N$ 生长的难点在于，一方面该体系中存在大的混溶隙，另一方面是 Al 的并入条件与 In 的并入条件有很大不同：AlGaN 需要较高的生长温度(1000°C 以上)，以抑制深能级杂质的并入和能使在 Al 表面能够移动。而 InGaN 需要较低生长温度(700~800°C)，以利于 In 的并入。由于 AlN 和 GaN 的晶格常数比较接近，可以参考生长 AlGaInP 的方法调节 $In_xAl_yGa_{1-x-y}N$ 的晶格匹配和带隙宽度。即采用调节 TMIn 流速的方法达到晶格匹配，调节 TMAl 流速来达到所希望的带隙值。但是因为 TMAl 的预反应随生长温度的升高而加剧，In 并入效率随生长温度和载气中的 H_2 含量的升高而降低，以及 TMAl 的增加会增强 In 的并入，因此可以用来调节 $In_xAl_yGa_{1-x-y}N$ 的晶格匹配和带隙宽度的参数更多，也更为困难。得到 $In_xAl_yGa_{1-x-y}N$ 材料中 In 含量还比较低，主要应用于紫外波段。

生长 InAlGaN 一般使用 TMGa、TMAl、TMIn(或 EDMIn)和 NH_3 分别作为 Ga、Al、In 和 N 源。Aumer 等[177]的实验表明生长温度是获得高光学质量 $In_xAl_yGa_{1-x-y}N$ 的关键。较高的生长温度是为了抑制含 Al 材料的深能级发射。高的生长速度和高的 V/III 比(100 000)并以氮气作载气是为了增加在较高生长温度下 In 的并入，使 $In_xAl_yGa_{1-x-y}N$ 中至少含 10%的 In。实验发现在 InAlGaN 中的 Al/Ga 比接近于气相中 TMAl/TMGa 比。生长速度基本由 TMGa 和 TMAl 摩尔流量之和确定。只有在生长温度高于 855°C 条件下生长的 InAlGaN，室温 PL 谱中才观察不到深能级发光。$In_xAl_yGa_{1-x-y}N$ 中的 AlN 组分可以到 26%，InN 组分能到 11%都可以得到高质量的材料。但 Li 等[178]报道于 780°C 和反应室的压力为 300Torr 的条件下，调节 TMIn 和 TMAl 的流速，生长出了高质量的与 GaN 晶格匹配的 $In_{0.026}Al_{0.124}Ga_{0.85}N$ 四元合金，PL 发光谱为近带边发射，未观察到深能级发射。AlInGaN 的光荧光强度比 Al 含量相近的 AlGaN 强。

随着生长温度的升高，外延层的结晶质量提高，发光效率增强，但 InAlGaN 外延层中并入 In 的组分降低。Hirayama 等[179]采用 TMGa、TMAl、TMIn 和 NH_3 为源，以流速为 2slm 的 H_2 和流速为 0.5 slm 的 N_2 混合气为载气。在 $Al_{0.12}Ga_{0.88}N$ 缓冲层上生长 InAlGaN 时，上述 Ga、Al、In 源的摩尔流速分别为 1.5、0.13~0.78、30μmol/min。典型的生长温度为 800~870°C。在这些条件下 InAlGaN 的典型生长速度为 0.12 μm/h。发现在 830°C 生长 InAlGaN 时，并入外延层中 In 的含量随着 TMAl 的流量增加而加大。InAlGaN 外延层中 In 的含量也随着 TMIn 加合物的流量增加而加大。在适当的生长条件下，生长了不同组分的 $In_xAl_yGa_{1-x-y}N$(x=1.3%~4.4%, y=12.0%~31.2%)，室温 PL 波长范围在 315~370 nm，其强度已经可以与室温发出蓝光的 InGaN 媲美。

Perez-Solorzano 等[180]也报道了 InAlGaN 的生长温度区间为 800~840°C，采用纯 N_2 或 H_2 为载气时，在 TEGa(19μmol/min)和 TMIn(21μmol/min)摩尔流速不变下，增加 TMAl 摩尔流量从 0.7μmol/min 到 3.5μmol/min，InAlGaN 中的 Al 含量从 6%增加到 15.5%，同时 In 含量也从 12%增加到 15%。图 7-69 示出在 800°C 和 H_2 载气下生长的 InAlGaN 的光荧光谱，其光荧光能量随 TMAl 摩尔流量增加而蓝移，光荧光峰的半高宽在低 Al 并入时下降，但是随后上升，直到大约 120 meV。而图中

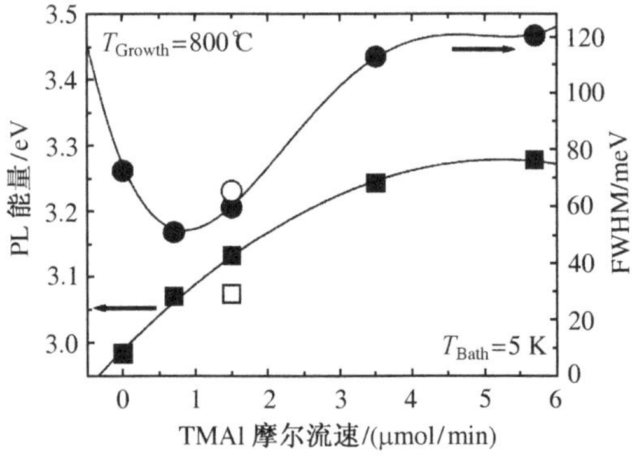

图 7-69　InAlGaN 外延层的 PL 能量和半高宽与 TMAl 摩尔流速的关系
所有样品是在氢载气下生长，仅空心数据点是在氮气下生长

示出的在 N_2 载气下生长的样品，与在 H_2 载气下生长的样品相比，观测到有 57 meV 的红移。众所周知，反应室中的氢能降低 InAlGaN 中 In 的并入，有利于 Al 的并入。当生长温度在 840°C 时，仅调节 TMAl 摩尔流量就可以达到 InAlGaN 与 GaN 的晶格匹配。

(2) $In_xAl_yGa_{1-x-y}N$ 的 V 形缺陷

类似于 InGaN，生长在高温 GaN 层上的 InAlGaN 中也存在 V 形缺陷[181]。大部分(80%)的 V 形缺陷的顶端都与位错相连，而且这类 V 形缺陷都始于 InAlGaN 与 GaN 的界面；但也有少部分的 V 形缺陷的顶部并不与位错相连，此外这类 V 形缺陷不是始于 GaN 与 InAlGaN 的界面处，而是始于 InAlGaN 薄膜的内部。通过提高生长温度和降低反应室的压力可以减少 V 形缺陷的密度，提高 InAlGaN 外延层的晶体质量。因为提高生长温度可以加速原子的迁移速度，一方面可以避免形成富贫区，另一方面有利于二维生长。

7.4.8　立方相 III 族氮化物的 MOVPE 生长

GaN 晶体立方相(c-GaN)和六方相结构的区别在于沿<111>方向的原子堆积顺序不同，立方相为 ABCABC…堆积，而六方相为 ABABAB…堆积。两者最近邻原子相同，次近邻原子不同，晶体结构的差异决定了材料物理性质的不同。立方相氮化镓是直接带隙材料,其能带宽度比六方相要低约 0.19eV。立方 GaN 的优点主要为：① 立方相比六方相生长温度低，有利于 InGaN 生长；② 结晶对称性高，有望降低光子散射，期望有较高迁移率，并有利于 p 型掺杂和得到较高的空穴浓度；③ 立方 GaN 的能带宽度比六方相要低约 0.19eV，较少的 In 掺杂就可得到蓝、绿光发射的固溶体材料；④ 采用导电且容易解理的 GaAs 衬底，可以制作垂直结构 LED 和解理腔面的边发射激光器，不仅简化器件工艺并且有利于实现光电集成。然而，六方相是热力学稳态结构，立方相是亚稳态结构。为了得到立方相生长窗口比较窄，再加上没有晶格匹配的衬底妨碍了高质量立方 GaN 的生长。

生长温度会影响到 GaN 的晶体结构：当生长温度小于 800°C 时一般是立方相结构，而大于 1000°C 时更多的是六方相结构。此外，V/III 比低也有利于立方相的生长。外延层的晶体结构还受到衬底材料和衬底晶向的影响。在 Si(001)、GaAs(001)、MgO 及 3C—SiC 上可以得到立方相结构的 GaN。而在 Al_2O_3、Si(111)、GaAs(111)、6H—SiC、$MgAl_2O_4$(111)等面上生长的 GaN 为六方相结构。GaAs 是生长立方相 GaN 使用比较多的衬底，然而它们的晶格失配高达 20%，两者热膨胀系数也有很大差别。在 GaAs 上生长的立方相 GaN 的位错形式主要是层错和孪晶。XRC 双晶衍射峰的半高宽约 20′~30′，比起六方相的几个弧分相差甚远。

MOVPE 生长立方相 GaN 使用 TMGa 或 TEGa 作为 III 族源。氮源采用 NH_3 或二甲基联胺$(CH_3)_2H$-NH_2, UDMH*y*)。在 GaAs 衬底上采用两步生长方法，首先在 550~575°C 的温度下生长 20nm 的 GaN 成核层，然后在 800~900°C 生长体 c-GaN。

即使在 800~900°C 的低温，外延层仍然可能含量六方相。V/III 比也是影响立方相 GaN 的相纯度的因素之一，偏大的 V/III 比使六方相含量增加；偏小的 V/III 比增加光荧光半高宽，并且使表面劣化。生长质量较高立方相的 V/III 比约为 900。使用氨气为 N 源生长的未掺杂的 c-GaN 本底电子浓度为 $10^{16}cm^{-3}$，迁移率为 $70cm^2/(V·s)$。

在 GaAs(100)衬底上，MOVPE 立方相 c-InGaN 生长采用 NH_3 为氮源，生长温度在 650~780°C 之间。c-InGaN 中的 In 含量随生长参数的变化关系类似于六方相 InGaN，如 In 含量随生长温度的降低、V/III 比的提高和生长速度的提高而上升。GaN/InGaN/GaN 蓝光和绿光立方相 LED 已有报道[182]。

立方相 c-$Al_xGa_{1-x}N$ ($0<x<0.25$)的生长采用 DMH*y* 为氮源，在 GaAs(100)衬底上生长，生长温度为 900°C[183]，也观测到立方相 GaN/AlGaN 光泵受激发射。

7.4.9　GaN 基窄带化合物的 MOVPE 生长

窄禁带 III 族氮化物，III-V-N 化合物，也称“稀氮化合物”，包括 GaN_xAs_{1-x}、GaN_xP_{1-x}、$Ga_{1-x}In_xN_yAs_{1-y}$ 等。这些化合物虽然 N 含量很低(稀氮)，但导致强烈的带隙弯曲，对其电学性质却有很大的影响。例如，在 GaN_xAs_{1-x} 中，当 x~0.04 时导致带隙减少已经超过 0.5eV。目前最受关注的是与 GaAs 晶格匹配的直接带隙 $Ga_{1-x}In_xN_yAs_{1-y}$($y\approx3.5x$)材料，因为在高特征温度的 1.3~1.55μm 长波长激光器、高效 4 节太阳电池，以及低功耗异质结双极晶体管等方面都展现出光明的应用前景。

生长 GaInNAs 的主要问题是氮的并入很难，由于 N 在 III-V 合金中溶解度很低，即使生长含有很低 N 浓度的无序合金也很困难。而且随着 N 组分的增加晶体质量急剧变差。N 的并入损坏晶体质量的原因可能是由于 N 化物和 As 化物之间晶格常数差别大导致形成混溶系的影响、N 原子附近局部的高应力以及从 N 源引入的 C 和 H 等。在 MOVPE 生长 $Ga_{1-x}In_xN_yAs_{1-y}$ 时，N 的并入随生长温度的降低和生长速度的提高而上升。GaInNAs 的光发射很弱，而且随着 N 浓度的增加光荧光强度降低和半高宽增加。为增加光发射，生长后需要进行退火处理。$Ga_{1-x}In_xN_yAs_{1-y}$ 的少子扩散长度很小(主要是在 p 区中的电子)，导致器件性能下降。

InGaAsN 的生长温度约为 500~600°C，因此须使用低分解温度的有机 N 前体，如 1,1 DMH*y*(UDMH*y*)替代 NH_3 为氮源。砷源可以用低分解温度的 TBAs，亦可使用 AsH_3。TEGa 或 TMGa 都可以作为镓源，铟源则使用 TMIn。通常载气为 H_2。使用 N_2 载气替代 H_2 载气时，InGaAsN 中 N 的并入效率增加[184]。

表 7-9 列出生长 III-V-N 化合物用的有机氮源，应用最广泛的 N 源为二甲基联胺。$(CH_3)_2N\text{-}NH_2$ 具有合适的饱和蒸气压与合适的热解温度，采用其与 AsH_3 相结合制备的 GaNAs 材料中 N 含量已经达到 5.742%左右。其他成功用于制备 III-V-N 化合物的有机氮源还有联胺、丁基联胺和三氟化氮。对生长 InGaAsN 来说，N 的并入效率依次为：NF_3~$H_2N\text{-}NH_2$>(tBu)N-NH_2>$(CH_3)_2N\text{-}NH_2$[185]。尽管采用联胺时，

N 的并入效率比采用 DMHy 时高，但是由于这种源十分易燃、易爆，限制了它的应用。由于苯基联胺饱和蒸气压过低、叠氮化氢毒性高，三氟化氮具有腐蚀性都未被广泛采用。此外，叔丁胺虽然蒸气压高、毒性低，但实验中没有观察到 N 的并入。

表 7-9　生长 III-V-N 化合物用的氮源

源名	化学式	TLV-TWA /ppm	易爆性	25°C 下蒸气压/Torr	热解温度 T_{50}/°C
氨气	NH_3	25	是	>760	1200
叔丁胺（TBAm）	$(CH_3)_3CNH_2$	5	否	345	680
联胺(Hydrazine)	$H_2N\text{-}NH_2$	0.1	是	14.4	400
单甲基联胺(MMHy)	$CH_3HN\text{-}NH_2$	0.2	否	49.7	500
二甲基联胺（1,1 DMHy)	$(CH_3)_2N\text{-}NH_2$	0.5	否	165	420
丁基联胺（tbHy)	$(tBu)HN\text{-}NH_2$				
苯基联胺（Phenylhydrazine)	$(C_6H_5)HN\text{-}NH_2$		否	0.06	
叠氮化氢（Hydrogen azide)	HN_3	剧毒	是	较高	300
三氟化氮(Nitrogen trifluoride)	NF_3	10	否	(气体)	

Volz 等[186]以 H_2 为载气，采用 TEGa、TMIn 和 TBAs 分别为 Ga、In 和 As 源。N 源则使用 UDMHy 或 TBHy。反应室压力为 50mbar，生长温度为 525°C，在(001)GaAs 衬底生长用于激光器的 $Ga_{0.7}In_{0.3}N_{0.025}As_{0.975}$ 的外延层和适用于太阳电池的 $Ga_{0.92}In_{0.08}N_{0.028}As_{0.972}$ 两种材料。他们发现在刚生长的 GaInNAs 材料的 TEM 暗场显微像中存在大的柱状应变场造成的衬度。交替的明暗对比垂直于 GaInNAs/GaAs 界面，横向尺寸大约 10nm，高为几十纳米。并且归因于在 GaInNAs 中存在类似链状的 N 有序现象。在退火后柱状应力场完全消失，N 的链状有序溶解。退火条件为：在 700°C 和 TBAs 保护下退火 5min，接着在无 TBAs 保护下于 625°C 退火 25min。他们还发现当 InGaAsN 中 N 含量增加时，C 的并入增强了。这是由于 N—C 键很强的亲和力所致，并且导致材料具有高达 $10^{17}cm^{-3}$ 的本底空穴浓度。通常认为，高的 C 含量可能与 DMHy 中的甲基有关。采用本身并不含有 C 的 NF_3 作为 N 源。但是实验结果表明，采用 NF_3 和 DMHy 制备的 GaNAs 样品中的 C 含量和本底空穴浓度并没有很大的不同。Volz 认为 C 沾污的来源可能是由 TEGa 引入，因为在低的生长温度下，TEGa 分解不发生β氢消去反应。采用适当的 V/V 和 V/III 比可以降低 C 的沾污，并且可以改善器件特性。

7.5　选择外延生长和非平面衬底上的外延生长

7.5.1　选择外延生长

选择外延是在衬底表面限定的区域内进行外延生长的技术，亦称选区外延生长。选择外延对于生长光电器件和光电集成电路是极其有用的工具，大大简化了器件制备的步骤。为了限定生长区域，需要在衬底上沉积薄层无定型 SiO_2 或 Si_3N_4 介质形成掩模，利用光刻技术开出窗口，窗口图案可以是条形、方形或圆形等。在(100)面衬底上，方形或条形窗口的一个边通常平行于[011]或[01$\bar{1}$]晶向。选择适当的生长条件使外延只发生在窗口区的半导体表面上。MOVPE 之所以能进行选择外延生长是因为 III 族源通常在气相中仅部分分解，导致这些品种在掩模介质上不被吸附，而只吸附在半导体表面。例如，用 TMGa 生长 GaAs 时，均相热解产生 MMGa。最后一步热解只是发生在 GaAs 表面的异相热解，或许是在台阶边缘，那里 MMGa 吸附最强。如果 III 族源完全热解，将导致在掩模上有 III 族或 III-V 族材料的核化和沉积，为了避免在掩模上发生沉积，可以采用降低反应室压力、降低生长速度、降低生长温度和增加非覆盖与覆盖面积比的方法，其中降低反应室压力的方法作用最明显。如果在掩模上发生多晶沉积，还可以采用在反应室中引入少量 Cl 或 Br 的腐蚀剂的方法来消除这种不希望的沉积。由于仅在窗口区内有沉积，在窗口区表面和上方气相中 III 族品种的浓度低于掩模区，于是在窗口和掩模之间存在浓度差。这种浓度差造成 III 族品种从不发生沉积的掩模区朝向窗口的横向扩散，叠加在垂直扩散上，使得窗口内的生长速度增加和固溶体的组分发生变化。

Tsuchiya 等[187]报道了在低压反应室中，以为 TMIn、TEGa、TMAl、AsH_3 和 PH_3 为源，选择外延生长 InP 以及与 InP 衬底匹配的 InGaAlAs、InGaAsP 和 InGaAs 的结果。图 7-70 示出在掩模条平行[011]晶向的(001)InP 衬底上，选择外延生长上述几种材料的掩模边缘侧壁剖面的 SEM 像：它们是在 690°C 生长的 InP(a)、InGaAlAs(b)、InGaAs(c)和在 600°C 生长的 InP(d)、InGaAsP(e)和 InGaAs(f)。各层的厚度大约 1μm，表面均光滑类似镜面。窗口内生长的外延层侧壁会发展出其他低指数的小平面。在(001)衬底上，掩模条平行[011]晶向的侧壁生长出{111}B 面(若掩模条平行[01$\bar{1}$]方向的则为{111}A 面)。在 600°C 生长的 InP(d)、InGaAsP(e)和 InGaAs(f)样品在边缘处都出现尖峰。提高生长温度，掩模上的 In 品种挥发增强，迁移到生长区的量减小，而且在表面的迁移长度也随温度增加而增加，导致边缘的尖峰高度下降。在 690°C，含 In 量小的 $In_{0.52}Ga_{0.32}Al_{0.16}As$(b)和 $In_{0.53}Ga_{0.47}As$(c)已经出现平坦的表面。在所有这些样品中，掩模上都没有沉积。

在图 7-71(a)绘出选择外延生长的 $In_{0.52}Ga_{0.32}Al_{0.16}As$ 和 $In_{0.72}Ga_{0.28}As_{0.61}P_{0.39}$ 层的厚度增加比与离掩模边缘距离的变化关系[187]。厚度增加比定义为选区外延生长区的厚度与远离掩模处的厚度比。掩模宽度(W_m)对于 InGaAlAs 和 InGaAsP 分别为 30μm 和 40μm，生长温度分别为 690°C 和 600°C。在非选区外延生长区 InGaAlAs 和 InGaAsP 的厚度大约为 300nm。从图 7-70(a)可以看出在选区内两种材料的外延层的厚度都高于无掩模的情况，特别是 InGaAsP 的情况，在近掩模边缘处厚度的急剧升高正对应边缘尖峰的出现。说明高尖峰的出现主要是 In 品种从掩模区移往

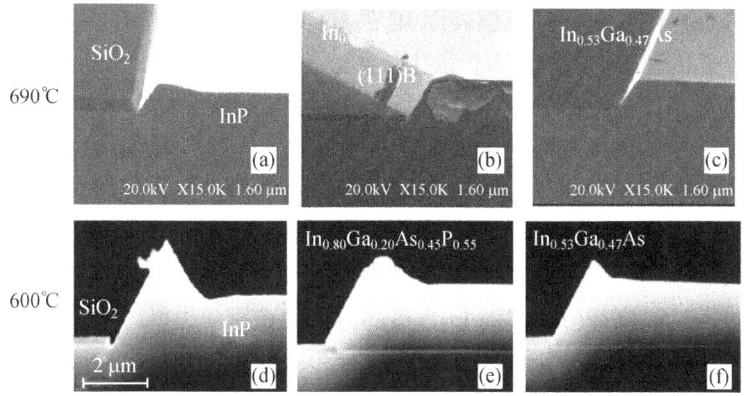

图 7-70 InP、InGaAlAs、InGaAs 和 InGaAsP 选择外延生长掩模边缘侧壁剖面的 SEM 像
在 690°C 生长的 InP(a)、InGaAlAs(b)、InGaAs(c)和在 600°C 生长的 InP(d)、InGaAsP(e)和 InGaAs(f)

生长区造成的。在图 7-71(b)示出选择外延生长的 $In_{0.52}Ga_{0.32}Al_{0.16}As$ 和 $In_{0.72}Ga_{0.28}As_{0.61}P_{0.39}$ 层的光荧光峰值波长随离掩模边缘距离的变化关系，在此图中掩模宽度为 60μm。在非选择外延生长区 InGaAlAs 和 InGaAsP 的光荧光峰值波长大约在 1.3μm。随着测量点接近掩模边缘，InGaAsP 的 PL 峰值波长迅速增加，证明外延层中 In 含量在增加。在 InGaAlAs 中，在掩模边缘形成平坦生长表面，In 含量比较小，因此从掩模上移向生长区的 In 量也少，所以 PL 峰即使到边缘也是逐步增加。

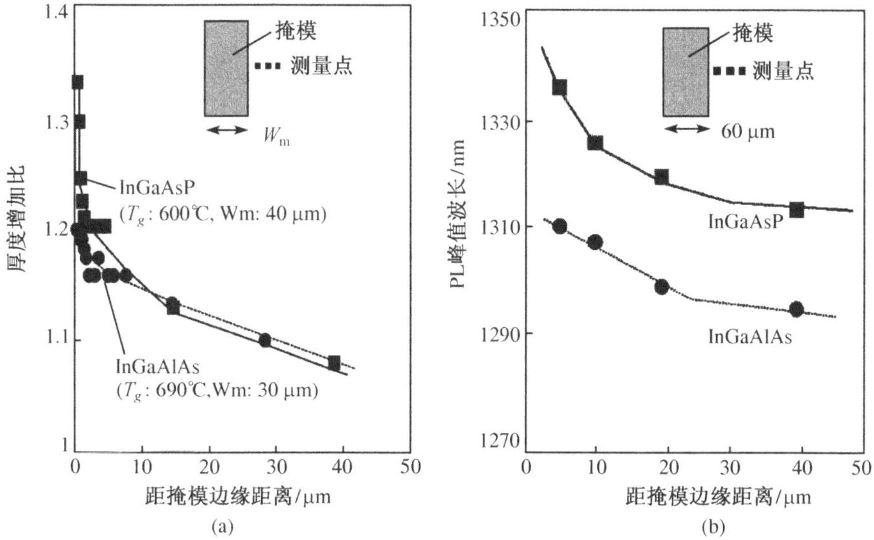

图 7-71
(a) $In_{0.72}Ga_{0.28}As_{0.61}P_{0.39}$ 和 $In_{0.52}Ga_{0.32}Al_{0.16}As$ 体外延层的厚度增加比与离掩模边缘距离的关系；(b) PL 峰值与离掩模边缘距离的关系

在选择外延生长中，从掩模表面 III 品种向生长区的转移有两条彼此竞争的路径，表面迁移和气相扩散。表面扩散主要影响掩模边缘区域，气相扩散则影响到更大区域，特别是宽窗口的中心区。在窗口内的生长速度从掩模边缘向内逐步减小。由于不同前体在气相或表面的扩散速度不同，对多元固溶体伴随着生长速度的变化还有组分的变化。无论是生长速度还是组分的变化都与掩模的形状和生长条件(如温度、压力、生长速度等)有关。对比 InGaAsP 和 InGaAlAs 选择外延的研究，两者生长机构的差别可以用图 7-72 的示意图加以说明。在 $In_{0.72}Ga_{0.28}As_{0.61}P_{0.39}$ 选择外延情况，生长温度低(600°C)，In 含量高。因此在掩模边缘，掩模表面含 In 品种的表面迁移起主导作用，导致出现边缘生长尖峰。另一方面，$In_{0.52}Ga_{0.32}Al_{0.16}As$ 的情况生长温度较高(690°C)In 含量较低，导致 In 品种从掩模表面的蒸发量增加，使掩模表面含 In 品种向生长区的迁移降低。此外，迁移长度和气相扩散长度也都随生长温度升高而增加。于是尖峰生长被削弱，PL 峰值波长在掩模边缘处的变化也不剧烈。然而当 Al 含量高时，由于含 Al 品种迁移长度和气相扩散长度都小，在掩模边缘平坦程度下降组分变化加大。

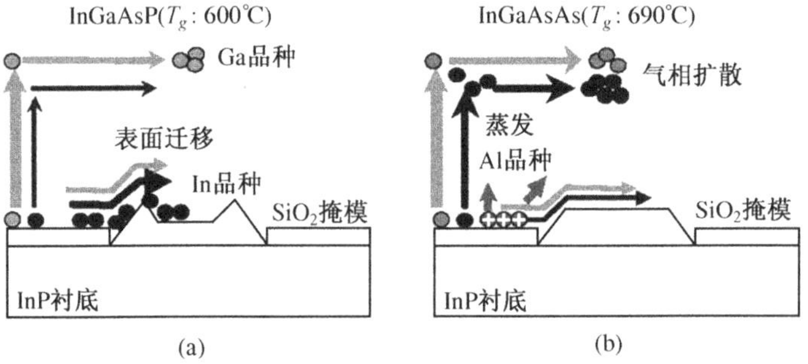

图 7-72

(a) $In_{0.72}Ga_{0.28}As_{0.61}P_{0.39}$ 和(b) $In_{0.52}Ga_{0.32}Al_{0.16}As$ 的选择外延示意图

既然窗口区的厚度增加比和窗口内组分变化的起源是掩模区品种向窗口区的转移，掩模的宽度自然会对外延层的厚度和组分有影响。图 7-73 示出了 InGaAlAs 体外延层的组分与掩模宽度的关系。两个掩模间的窗口宽度(W_g)固定为 20 μm。在窗口中央测量外延层的成分。在非选区外延生长区的组分为 $In_{0.49}Ga_{0.38}Al_{0.13}As$。当掩模宽度增加时窗口区内的 In 含量增加，同时造成 Ga 或 Al 含量降低。这种结果表明在掩模区表面 In 品种的扩散长度要大于 Ga 或 Al 品种，Al 品种的扩散长度最小。从掩模区扩散到生长区的 In 品种数量要比 Ga 或 Al 品种大的多。

由于这种发生在选择外延时的组分变化效应依赖于掩模的形状，这就使得在生长晶格失配的异质结构时，要仔细考虑掩模的设计和选择外延生长条件。一方面，可以利用组分变化效应来调节应变[188]，但也要防止出现失配位错。

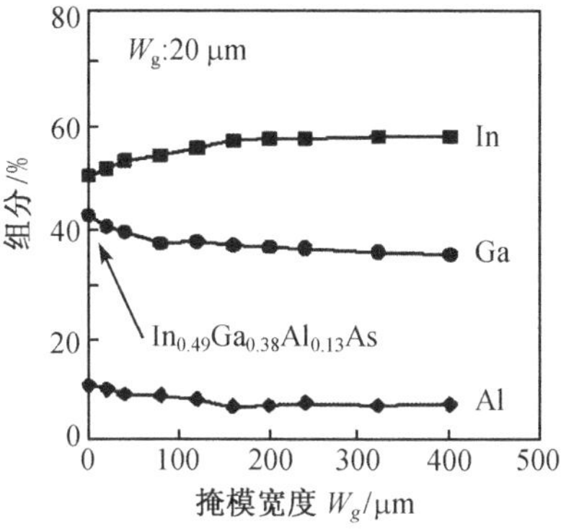

图 7-73　InGaAlAs 体外延层的组分与掩模宽度的关系

降低反应室的压力，不但容易抑制掩模上的生长，也减弱了上述的组分变化效应，同时也会使窗口区的生长速度增量减小。因为除了生长温度会影响扩散外，反应室压力对扩散系数也有很大影响。扩散系数与反应室的压力成反比，自然会影响生长速度增量和选区外延层截面形状。压力下降一方面会使气相扩散长度增加，掩模上 III 族品种因此可以散布到更大的区域；另一方面也增加了掩模上 III 族品种蒸发到气相的可能性。

含 Al 半导体容易在掩模上沉积多晶，因为 Al 反应性强，迁移长度短。例如，在 750°C 生长 Al 高含量的 $In_{0.52}Al_{0.48}As$ 时发现在掩模发生沉积，当将生长温度降低到 690°C 则掩模上的沉积消失[187]。当掩模上发生多晶沉积时，还可以采用在反应室中引入少量 Cl 或 Br 的腐蚀剂(HCl、CBr_4、CCl_4、$AsCl_3$、PCl_3、TBCl) 或采用含 Cl 的有机金属化合物(如 DEGaCl) 的方法来消除这种不希望的沉积[189]。在引入少量腐蚀剂的同时，外延层的生长速度会降低，固溶体的组分也会受到影响，这种影响随生长温度升高而加剧，因此需要适当调整生长参数以寻找最佳生长条件。

选择外延对掺杂也有影响。Ekawa 等[190]以 TMIn 和 PH_3 分别为 In 和 P 源，在 50 Torr 的低压反应室，对 DMZn，SiH_4 和 Si_2H_6 在 InP 选择外延生长时的掺杂行为进行了研究。在无掩模情况下，DMZn 的掺杂效率与 InP 的生长速度无关，而 SiH_4 和 Si_2H_6 的掺杂效率反比于生长速度。然后在 InP 衬底上形成 600μm 长、窗口间距为 60μm 的双矩形掩模，沿轴方向用 SIMS 测量窗口条形区内外的掺杂浓度变化。发现用 DMZn 掺杂时，条形区内外的 Zn 掺杂浓度相同。用 SiH_4 掺杂时，条形区内的 Si 掺杂浓度低于条形区外开放面积的 Si 浓度。对于 Si_2H_6 掺杂剂，当生长温度为 630°C 时，条形区内的 Si 掺杂浓度仍然低于条形区外开放面积的 Si 浓度，生长温度提高到 730°C 条内外 Si 浓度基本持平。InP 本身生长速度在条形窗口区中心增加了接近 2.5 倍。如果计入 InP 生长速度变化的影响(对掺杂浓度的稀释作用)，SiH_4 的掺杂通量在窗口条形区内外相同，而 Si_2H_6 在窗口条形区内的通量高于条形区外。并且随生长温度的上升而提高。这些实验结果说明低并入效率的掺杂剂如 DMZn 和 SiH_4 由于气相浓度差小，未发现从掩模区到生长窗口的横向气相扩散转移，并入效率高的 Si_2H_6 的出现从掩模区到生长窗口的横向气相扩散转移。

另外，本章 7.4.1.3 节讨论的 GaN 的侧向覆盖生长是选择外延的一种，其特点是不仅在窗口区生长还侧向生长并覆盖掩模区最终形成连续的外延层，以减少外延层的位错密度和提高发光二极管的性能。

7.5.2 非平面衬底上的外延生长

非平面衬底是指经过选择腐蚀后在表面形成带有图形的衬底，也称图形衬底。如果选择腐蚀时采用 SiO_2 作掩模，在衬底形成图形后接着外延，则将选择外延与非平面衬底外延技术结合起来。

III-V 半导体衬底腐蚀可以采用湿法化学腐蚀或干法腐蚀(如反应离子和反应等离子束刻蚀)技术。湿法腐蚀对结晶学取向的依赖性强，而干法腐蚀可以克服这些限制。为了用湿法腐蚀得到平坦而且光滑的腐蚀表面，需要选择合适的腐蚀液和腐蚀条件。图 7-74 为 InP (100) 衬底上用不同腐蚀剂进行湿法腐蚀产生的沟槽形状，并标出了暴露出来的不同低指数面。呈现{111}A 或{111}B 面或 (211) 面限定的 V 形槽，(111)A 面为侧壁的倒台面，或是 (110) 面和 (100) 面限定的矩形槽[191]。

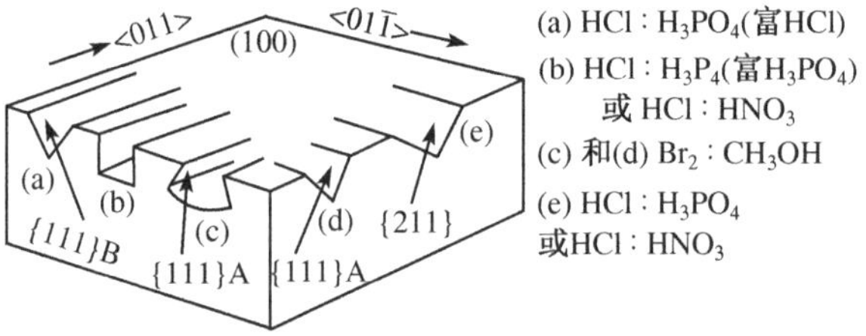

图 7-74　用湿法化学腐蚀在(100)InP 衬底上形成的各种形状的槽

图形衬底的窗口图案可以是圆形坑、方形坑、截面为 V 形或矩形条形沟槽或双沟等，也可以是凸出的台面。

在带有形成腐蚀图形使用的介质掩模的衬底上生长时，需要避免在介质掩模上沉积多晶。其中降低反应室压力方法最有效。Clawson 等[192]报道了在覆盖 SiO_2 掩模的 InP 沟槽衬底上，常压生长 InP 时在 SiO_2 掩模上发生 InP 多晶沉积。而降低反应室压力，SiO_2 掩模表面则没有沉积物。在窗口处也存在来自不发生沉积的掩模区的额外的 III 族源的供应，因此，降低反应室压力也有抑制掩模边缘的过生长的问题。过生长是由来自没有沉积的掩模区的反应剂造成的，降低压力可以使这些反应剂在并入格点前分布到更为宽广的区域。如在有 SiO_2 掩模的图形衬底上生长 InP，在窗口边缘的生长厚度大于在中心的厚度，即边缘过生长现象。这种过生长随着反应室压力降低而减弱，反应室压力低至 12hPa 窗口区的厚度已经均匀。

在凹槽内的生长速度与窗口宽度有关，在沟道中的生长速度低于无掩模时的生长速度。因为反应剂要通过窗口扩散进入凹槽，表 7-10 列出 InP 生长层厚度随沟道窗口宽度变化。只有沟道窗口宽度大于 100μm 时，沟道中的生长速度才等于无掩模时的生长速度[193]。

表 7-10　InP 生长层厚度随沟道窗口宽度变化

窗口宽度/μm	1	3	5	7	>100
无掩模的层厚度	6	6	6	6	6
沟道中的层厚度	<1	1.5	3	3.8	6

在除去形成腐蚀图形时所使用的介质掩模后，图形衬底的生长表面，无论是腐蚀坑的还是台面的，都出现其他指数表面，因为存在各向异性的生长现象。对二元系化合物各向异性的生长导致生长速度的不同。对三元和多元材料则除了生长速度以外，还造成固溶体组分的不均匀。对于晶格匹配的 GaAs/AlGaAs 材料系，组分的不均匀不会产生失配位错。然而对于晶格常数随组分变化大的体系，就可能造成应变，甚至产生失配位错破坏材料和器件的质量。如对于 InGaAsP/InP 系，在 V 形槽内生长无位错的 InGaAsP 材料变得困难。Bhat 等[194]发现在侧壁为{211}A 的 V 形槽生长 InP 时，会发展出{111}A 面的侧壁和在底部的{311}A 面。此时再生长 InGaAsP，结果在{111}A 面无 InGaAsP 生长层，而在 V 形槽的底部，由于{311}面族的存在，才有新月形的无缺陷 InGaAsP 生长，如图 7-75 所示。

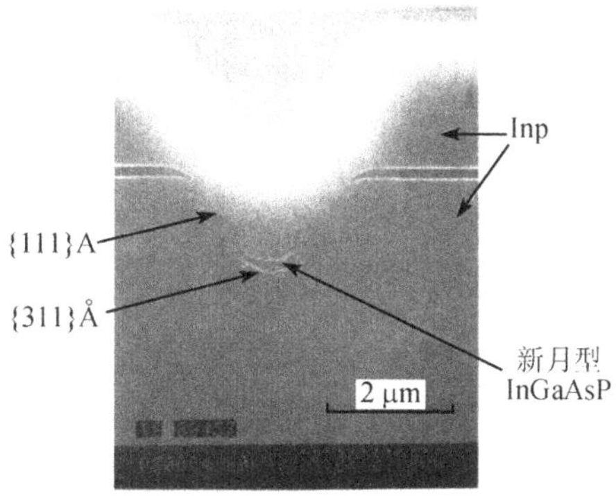

图 7-75　在具有{111}A 侧面的 V 型槽上生长 InP/InGaAsP 经过染色的断面 SEM 像
注意在槽底部有新月形 InGaAsP 生长

其他晶格失配体系的图形外延生长也存在产生失配位错问题。Fukuhisa 等[195]报道在平底凹槽的$(Al_{0.7}Ga_{0.3})_{0.51}In_{0.49}P$ 的图形衬底上进行$(Al_{0.7}Ga_{0.3})_{0.51}In_{0.49}P$ 选择

外延时出现组分变化引起的晶格失配。在 720°C 生长时，由于 Al、Ga、In 的表面迁移速度不同，出现高密度位错。当生长温度高于 800°C，迁移速度加快并且与表面结晶学取向的关系减弱，生长区的位错密度显著降低。

在氮化物生长中利用图形化蓝宝石衬底减少外延层的位错密度和提高发光二极管的性能[196]。沟槽蓝宝石衬底：在 *c* 面蓝宝石衬底刻出沿〈$10\bar{1}0$〉或〈$11\bar{2}0$〉方向的条宽为 2~3μm 左右、间距 4~8μm 左右、深度 60nm~1.4μm 左右的周期性结构，然后在其上生长常规结构的 LED 外延片。相对无结构的蓝宝石衬底的 LED 外延片，此沟槽蓝宝石衬底所生长的 LED 外延片侧向外延，使得位错密度降低，从而提高了外延片的晶体品质，相应的光学、电学性能也得到改善。非条形的图形化蓝宝石衬底就是在蓝宝石衬底上采用不同的光刻技术，形成周期性的尺度在 10μm 之内的图形结构(如圆形、六边形和长方形等)。一方面，图形化蓝宝石衬底可以引入侧向外延的外延特性，从而降低位错密度；另一方面，在器件采用倒装结构时，蓝宝石图形化衬底中的周期性图形有微透镜的作用而将增加光出射效率。

在第 7 章 7. 4. 3 节讨论的“受控小平面生长”的 AlGaN 生长，即在沿〈$1\bar{1}00$〉方向条纹图形的 AlGaN 籽晶层上生长 AlGaN，也属于非平面衬底上的外延生长范畴。

总之，选择外延和图形衬底外延生长提供了在横向控制外延层的手段，便于生长复杂结构或者提高外延层的晶体质量。但是必须注意利用或者抑制在发生侧向生长的同时生长速度和组分的局部变化所引起的效应，才能得到预想的结果。在后续第 9 和 10 章，我们将介绍选择外延和图形外延生长在量子点、量子线和光电集成方面的应用实例。

7.6　Si、Ge 上 III-V 族半导体的 MOVPE 生长

7.6.1　Si 上 III-V 族半导体的 MOVPE 生长

7.6.1.1　Si 上 GaAs 及其固溶体的 MOVPE 生长

在 Si 上外延生长 III-V 半导体材料，提供了将硅和化合物半导体两者的优点结合起来的诱人前景。Si 衬底尺寸大、价廉，可以降低外延生长成本。Si 衬底优越的散热性能，可以提高器件特性。为了得到器件级的 GaAs 外延层，必须解决以下三个问题：① 在非极性的 IV 族金刚石结构的 Si 上生长有极性的闪锌矿结构的 III-V 族 GaAs 时产生的 GaAs 反相畴；② Si 和 GaAs 之间晶格失配为 4.1%，导致 GaAs 外延层中高达 10^7cm^{-2} 的位错密度；③ 两种材料的热膨胀系数差异(Si 和 GaAs 的线膨胀系数分别为 2.33 和 $6.0/10^{-6}K^{-1}$)导致 GaAs 层中的张应力达~$2\times10^4N/cm^2$，这种张应力可造成外延片的“弓形”形变，甚至使较厚(2~3μm)的外延层发生龟裂[197]。

在 Si 上外延 GaAs 时，当 Ga 原子与 As 原子同时到达 Si 衬底表面时，由于化

学键的强度不同，通常总是 As 原子首先与 Si 键合。然后再交替生长 Ga 原子和 As 原子。但是实际 Si 表面并不完全平坦，除了双原子台阶(图 7-76(a))以外，还有单原子台阶(图 7-76(b))。在单原子台阶两侧生长会形成一个原子错序，从而出现沿原子台阶方向两边 Ga—Ga 原子或 As—As 原子键，如图 7-76(b)所示。由于沿台阶方向两边 Ga 和 As 原子结合序列(位相)相反，这种结构缺陷就是反相畴。另外，在大失配的异质外延中。初期生长往往成岛状，在岛的边缘也有可能形成反相畴结构。图 7-76(a)为在具有双原子台阶的 Si 表面上外延 GaAs 时抑制反相畴形成[198]。

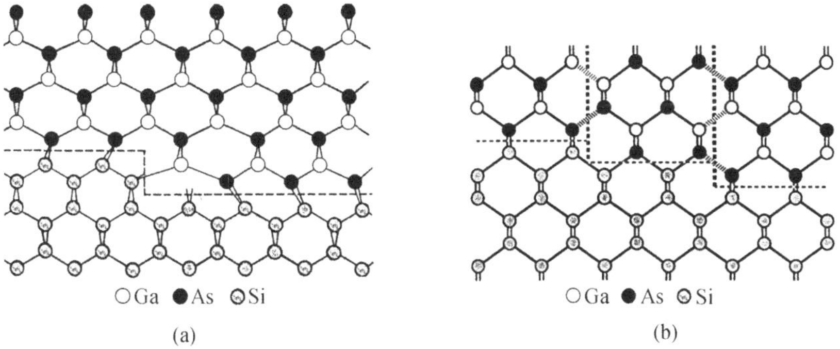

图 7-76
(a) 无反相畴的具有双原子台阶的 GaAs 外延层/Si 衬底界面原子结构；
(b) 引起反相畴的 GaAs 外延层/Si 衬底界面和畴/畴边界原子结构

采用偏向(011)2°~4°的(100)Si 衬底及生长前的高温预处理工艺(为了除去硅表面天然氧化物)可以获得清洁的具有双原子台阶的再构表面，结合先低温(400°C)再正常生长温度(700°C)的二步生长工艺可有效地抑制反相畴的形成。

降低 GaAs 外延层中的位错密度的主要方法是利用缓冲层、插入应变层、热退火和选择外延等。在 Si 衬底和 GaAs 之间插入晶格常数处于两者之间的缓冲层的作用是将大晶格失配分解为两个较小的晶格失配。缓冲层也可以是具有组分梯度或组分渐变的。如利用 GaAs 与 Ge 晶格常数接近的性质，通过 GeSi 的组分逐步递进，在 Si 衬底生长 GaAs/Ge/GeSi/Si 结构。或简单使用 $Si_{0.04}Ge_{0.96}$/Ge 缓冲层。

插入应变层的目的是产生更大的内应力，促使穿透位错弯曲而达到降低位错密度的目的。如 GaAs/GaAsP 应变层超晶格和 GaAs/GaP 应变层超晶格。

热退火在生长反应室中就可以进行。高低温循环热退火促使位错在应力作用下发生滑移和位错间的反应，而达到降低穿透位错密度的目的。

选择侧向外延覆盖生长则是利用 SiO_2 掩模对位错的阻断，将位错限制在掩模图形的窗口处。

在生长中可以将上述措施结合使用，以达到更好结果。Soga 等[199]使用多重超晶格缓冲层和热循环退火技术，即在 Si 上首先生长两组 GaAs/GaAsP 应变层超晶格，再生长一组 AlAs/GaAs 超晶格，在超晶格之间为 0.5μm 厚的 GaAs 层，这样得到的 GaAs 外延层的位错腐蚀坑密度降低至 10^5cm^{-2} 。

实验表明,热应力造成的龟裂经常发生在生长缺陷上,使用双室 MOVPE 系统，在第一生长室中仅做 Si 片表面清洁处理，在第二生长室进行外延生长，大大降低了表面缺陷密度，使应力分布均匀，即使外延层厚度达 5μm 也不发生龟裂。

GaNAsP 可以调节 N 含量使得晶格常数与 Si 匹配。于是可以在 Si 衬底上生长 GaNAsP/GaP 或 GaNAsP/GaNAsP 量子阱。为了增加 N 的并入,生长温度约为 575°C，V 族源使用低分解温度的 TBAs、TBP 和 UDHy。为了提高外延层质量，生长后外延层需要在 750°C 退火 1h。

7.6.1.2　Si 上 GaN 及其固溶体的 MOVPE 生长

Si 衬底尺寸大、价廉可以降低外延生长成本。对比硬度大、导热差的绝缘蓝宝石衬底，导电的 Si 上 GaN 可以提高 LED 管芯的数量，简化衬底减薄等加工工艺，降低 LED 器件制作工艺成本。

在 Si 上 MOVPE 生长 GaN 的难点在于：GaN 纤维锌矿结构的(0001)GaN 与金刚石结构的 Si(111)衬底的晶格失配为 20.4%，将产生大量的位错。GaN 与 Si 之间的热失配高达 56%，外延生长结束后的降温过程中，外延层将承受很大的张应力。由于外延层厚度远小于衬底厚度，所以在外延层中会产生微裂纹，微裂对 GaN 器件特性有很大影响。Si 衬底上直接生长 GaN 时，NH_3 容易与衬底 Si 发生反应而在衬底表面形成非晶态的 SiN_x，影响 GaN 的生长质量。金属 Ga 与衬底 Si 之间也有很强的化学反应，会对衬底造成回溶，从而破坏界面的平整。在高温生长时，衬底中的 Si 会扩散至缓冲层表面，如果控制不当，将会影响 GaN 的生长模式，从而破坏晶体质量。此外由于 Si 是非极性半导体，在其上生长 GaN、AlN 或其他极性半导体时将会产生一些与化合物极性相关的问题。

采用合适的缓冲层是解决 Si 衬底生长 GaN 时晶格失配、Si 扩散和极性问题的有效手段,同时在一定程度上也可以缓解薄膜中的应力。为此人们尝试过许多方法，如 AlAs、γ-Al_2O_3、AlN 以及 AlGaN/AlN 等复合缓冲层。其中 AlN 结果最好[200]，其主要优点是既可以和 GaN 在同一反应室进行生长，又可以避免高温生长时 Si_xN_y 的形成。

GaN 外延层压应变造成的微裂纹，成为目前影响 Si 衬底 GaN 外延质量的最主要的障碍。根据其应力释放机理提出许多解决方法：

(1) 缓冲层应力补偿法：通过缓冲层对上层 GaN 提供一个压应力来补偿热失配造成的张应力。如采用 5 个梯度的 $Al_xGa_{1-x}N$(x=0.87、0.67、0.47、0.27 和 0.07) 缓冲层，结果表明龟裂密度由 2×10^{-2} 减到 3×10^{-3}μm/μm^2(定义单位面积的龟裂线长度为龟裂密度)，且光学特性也有较大提高[201]。

(2) 插入层应力剪裁法：通过“插入层”来调节薄膜内部的应力状态，或阻挡由于热失配从衬底传入的张应力的传播。如超晶格插入层法：插入 10 个周期的 AlN/GaN 超晶格作插入层，AlN 层和 GaN 层厚度分别为 3nm 和 4nm，生长 GaN 总厚度为 0.9~2.5μm，表面无微裂。随着超晶格插入层层数的增加，张应变减少。TEM 显示位错密度随厚度变化从 $1\times10^{10}cm^{-2}$ 降低到 $2.5\times10^{9}cm^{-2}$，PL 谱 I_2 峰半宽度为 6 meV(10K)，X 射线摇摆曲线半宽为 500′[202]。

(3) 预先控制裂纹走向：通过光刻掩模，在生长之前即为裂纹的产生留下通道，而最终裂纹将不会产生于有用的 GaN 外延膜中。选区外延(SAG)方法是利用 GaN 在介质掩模和衬底上生长的选择性，把 GaN 外延层限制在没有隐蔽膜的区域中生长，形成分立的窗口，从而释放整个外延层中张应力。利用该方法可实现 X 射线摇摆曲线 GaN(0004)半宽为 388′[203]。而图形衬底方法这种方法与 SAG 的区别是直接在 Si 衬底上刻蚀一定深度的图形，在图形之间的 Si 衬底上生长的 GaN，通过横向外延合并，在外延层下面形成中空结构，从而释放应力。悬挂外延(Pendeo)生长也属于这种结构。

目前，采用低温 AlN 插入层被认为是解决 Si 基 GaN 微裂的最简单有效的方法。在实际的生长过程中，常常将几种方法综合在一起使用。如莫春兰等[204]报道为克服 GaN 与 Si 衬底之间巨大的晶格失配与热失配，采用 AlN 低温缓冲层及富镓的 GaN 高温缓冲层，在 Si(111)衬底上获得了无龟裂的 GaN，并且在此基础上生长了 InGaN 多量子阱 LED 外延材料。在 Si 上生长的 AlGaN/GaN FET 特性也在不断提高。

7.6.2　Ge 上 GaAs 的 MOVPE 生长

Ge 与 GaAs 晶格常数差仅为 0.08%，热膨胀系数也接近(相差 1.6%)。用 Ge 衬底与 GaAs 相比，具有价格低廉、机械强度高、衬底直径大和位错密度底等优点。利用锗机械强度高的特点，可以减轻太阳能电池重量，Ge 还可以作 GaInP/InGaAs/Ge 多结太阳能电池的底电池以提高电池效率，这对于空间应用有重要价值。

在 Ge 上生长 GaAs 的难点在于 IV 族半导体 Ge 是无极性的金刚石结构，而 III-V 半导体 GaAs 为具有极性的闪锌矿结构。在 Ge 上生长 GaAs 会在外延层中出现反相畴。反相畴边界(APB)会在禁带中产生深能级，起散射和复合中心作用，并且改变异质界面的能带结构。图 7-77 为显示不同反相畴边界的原子结构示意图。理论上可能存在两种反相畴边界。在$(\bar{1}\bar{1}3)$面上的 I 型反相畴边界处存在数目相等的错误的 A—A 键和 B—B 键。在$(\bar{1}1\bar{1})$面上的 II 型反相畴边界，可以仅包含错误的 B—B 键和多余 B 原子(图 7-77(b))也可以仅包含错误的 A—A 键和多余 A 原子的 II 型反相畴　(图 7-77(c))。在 II 型反相畴边界中，晶体中存在二维的单一品种的过剩原子平面，可以看成薄的面沉积物。反相畴边界两边一侧表面为 III 族原子，另一侧表面为 V 族原子。

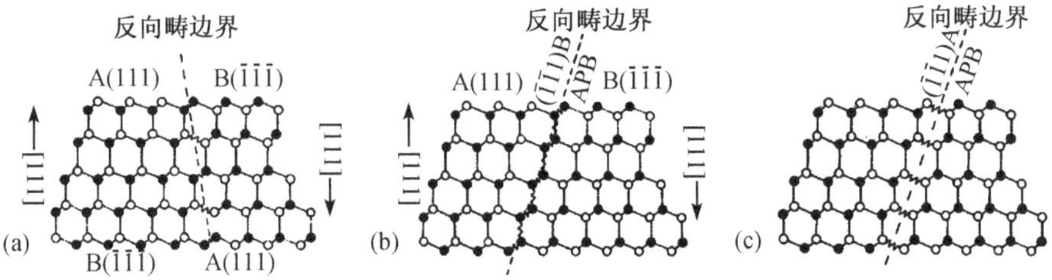

图 7-77　反相畴边界结构((1$\bar{1}$0)投影)

(a) 存在数目相等的错误的 A—A 键和 B—B 键的 I 型 APB；(b) 仅包含错误 B—B 键和多余 B 原子的 II 型 APB；(c) 仅包含错误 A—A 键和多余 A 原子的 II 型 APB. 图中 Z 形折线表示错误的键合

为了抑制反相畴的生成，最主要的方法是使用大偏向衬底，如(100)面朝向〈110〉偏向 4°~6°，同时采用较高的生长温度和 V/III 比，较低的生长速度[205]。采用(211)晶面也可以防止反相畴边界的生成。

在 Ge 上生长 GaAs 遇到的另一个问题是 Ga 和 As 向 Ge 衬底的扩散。Ga 在 Ge 中的溶解度高于 As，因此可能会在 n-Ge 衬底和 n-GaAs 界面出现 p 型层。生长温度和生长速度以及 Ge 衬底在生长前在 AsH_3 气氛下的预处理均会影响界面的特性。Agarwal 等[206]采用向(110)偏 6°的 n 型(100)Ge 衬底，以 TMGa、AsH_3、DEZn 和 SiH_4 分别作为 III 族源、V 族源、n 型和 p 型掺杂剂。在常压下，总流速维持 4slm，V/III 比为 50。采用两步生长法，即先在 680°C，以低的生长速度(1μm/h)生长 1000Å 厚的第一层，后在 660°C，以高的生长速度(4μm/h)生长 GaAs 外延层。大大改善了 GaAs 外延层的表面形貌、光学性质和晶体质量。

利用 Ge 上生长 III-V 化合物时的 III 和 V 向 Ge 衬底的扩散，可以在 Ge 衬底上自动形成提高太阳电池效率的 pn 结(参见第 10 章 10.3.2 节)。在 Ge 衬底上外延晶格匹配的 InGaP 层利用 P 在 Ge 中的扩散系数小，而 In 在 Ge 中的溶解度又小于 Ga。使得用 InGaP 作第一层材料时在 Ge 中产生的 pn 结深仅为 0.1μm(浅结)。

为了进一步达到减少外延层中的位错密度可以生长与 GaAs 晶格匹配 $Al_{0.2}Ga_{0.8}As$ 缓冲层[207]，或者生长与 Ge 晶格匹配的 $In_{0.01}Ga_{0.99}As$[208]。

参 考 文 献

[1] Dupkus P D, Manasevit H M, Hess K L, Low T S, Stillman G E. High purity GaAs prepared from trimethylgallium and arsine. J Crystal Growth, 1981, 55: 10-23.

[2] Nakanisi T. The growth and characterization of high quality MOVPE GaAs and GaAlAs. J Crystal Growth,1984, 68: 282-294.

[3] Nakanisi T, Udagawa T, Kamei K. Growth of high-purity GaAs epilayers by MOCVD and their applications to microwave MESFET's. J Crystal Growth, 1981, 55: 255-262.

[4] Razeghi M, Omnes F, Nagle J, Defour M, Acher O, Bove P. High-purity GaAs layers. Appl Phys Lett, 1991, 59: 2263-2265.

[5] Hanna M C, Lu Z H, Oh E G, Mao E, Majerfeld A. Atmospheric pressure organometallic vapor phase epitaxy growth of high-mobility GaAs using trimethylgallium and arsine. Appl. Phys Lett, 1990, 57: 1120-1122.

[6] Haacke G, Watkins S P, Burkhard H. Control of residual impurity incorporation in tertiarybutylarsine-grown GaAs. J Crystal Growth. 1991, 107: 342-347.

[7] Haacke G, Watkins S P, Burkhard H. Metalorganic chemical vapor deposition of high-purity GaAs using tertiarybutylarsine. Appl Phys Lett, 1989, 54: 2029-2031.

[8] Shastry S K, Zemon S, Kenneson D G, Lambert G. Control residual imporities in very high purity GaAs grown by OMVPE. Appl Phys Lett, 1988, 52: 150-152.

[9] Ikeda T, Noda H, Matsumoto K. The elimination of H_2O and SiH_4 in AsH_3. J Crystal Growth, 1992, 124: 272-277.

[10] Watanabe M O, Tanaka A, Udagawa T, Nakanisi T. AsH_3 to $Ga(CH_3)_3$ mole ratoio dependence to dominant deep levels in MOCVD GaAs. Jpn J Appl Phys, 1983, 22: 923-929.

[11] Kondo M, Tanahashi T. Dependence of carbon incorporation on crystallographic orientation during metalorganic vapor phase epitaxy of GaAs and AlGaAs. J Crystal Growth. 1994, 145: 390-396.

[12] ven de VEN J, Schoot H G, Gilling L J. Influence of growth parameters on the incorporation of residual impurities in GaAs grown by MOCVD. J Appl Phys, 1986, 60: 1648-1660.

[13] Takagishi S, Mori H, Effect of operation pressure on the properties of GaAs grown by low-pressure MOCVD. Jpn J Appl Phys, 1983, 22: L759-L797.

[14] Razeghi M. LP-MOCVD growth, characterization, and application of InP material. in "Semiconductors and Semimetals", Willardson R K, Beer A C. Boston: Acadmic Press, 1990, 31: 243-355.

[15] Arens G, Heinecke H, Putz N, Luth H, Balk P. On the role of hydrogen in the MOCVD of GaAs. J Crystal Growth, 1986, 76: 305-310.

[16] Hardtdegen H, Ungermanns C, Hollfelder M. A new approach towards low-pressure metalorganic vapor phase epitaxy of (AlGa) As using triethylgallium and dimethylethylaminealane. J Crystal Growth, 1994, 145: 478-484.

[17] Jochum S, Kuphal E, Piataev V, Burkhard H. Very high compositional homogeneity of 1.55 μm strain-compensated InGaAsP MQW structures by MOVPE. J Crystal Growth, 1998, 195: 637-643.

[18] Schubert E F. Doping in III-V semiconductors. Cambridge: Cambridge University Press, 1993: 208-219.

[19] Kuech T F, Veuhoff E, Meyerson B S. Silicon doping GaAs and $Al_xGa_{1-x}As$ using disilane in MOCVD. J Crystal Growth, 1984, 68: 48-53.

[20] Redwing J M, Simka H, Jensen K F, Kuech T F. Study of silicon incorporation from SiH_4 in GaAs layers grown by metalorganic vapor phase epitaxy using tertiarybutylarsine. J Crystal Growth, 1994, 145: 397-402.

[21] Tang X, Nijenhuis J, Li Y, Giling L J. The influence of substrate orientation and mis-oriemtation on the Si-doping of GaAs grown by MOVPE. J Crystal Growth, 1991, 107: 263-267.

[22] Field R J, Ghandhi S K. Doping of GaAs in a low pressure organometallic CVD system: II.

Hydrogen sulfide. J Cryts Growth, 1986, 74: 551-558.
[23] Glew RW. In: Sugano T. Gallium arsenide and related compounds. ed. Bristol: Inst Phys, 1982, 581.
[24] Houng Y M, Low T S. Te doping of GaAs and $Al_xGa_{1-x}As$ using diethyltellurium in low pressure OMVPE. J Crytsal Growth, 1986, 77: 272-280.
[25] Parson D J, Krajenbrik F G. Tin doping of MOVPE grown GaAs using tetraethyltin. J Crystal Growth, 1984, 68: 60-64.
[26] Yakimova R, Roth A P, Williams D F, Sundaram V S. Morphology of Tin doped GaAs grown by low pressure MOVPE. J Crystal Growth, 1984, 68: 71-77.
[27] Glew R W. Znic doping of MOCVD GaAs. J Crystal Growth, 1984, 68: 44-47.
[28] Hanna M C, Lu Z H, Majerfeld A. Very high carbon incorporation in metalorganic vapor phase epitaxy of heavily doped *p*-type GaAs. Appl Phys Lett, 1991, 58: 164-166.
[29] Buchan N I, Kuech T F, Scilla S, Cardone F. Carbon incorporation in metalorganic vapor phase epitaxy grown GaAs using CH_yX_{4-y}, TMG and AsH_3. J Crystal Growth, 1991, 110: 405-414.
[30] Uchida K, Bhunia S, Sugiyama N, et al. Heavy carbon doping of GaAs by MOVPE using a new dopant source $CBrCl_3$ and characterization of the epilayers. J Crystal Growth, 2003, 248: 124-129.
[31] Brunner F, Bergunde T, Richter E, et al. Carbon doping for the GaAs base layer of Heterojunction Bipolar Transistors in a production scale MOVPE reactor. J Crystal Growth, 2000, 221: 53-58.
[32] Kisker D W, Kuech T F. The principles and practice of OMVPE // Hurle. D T J. Thin films and epitaxy. Amsterdam: Elsevier, 1994: 133-134.
[33] Mizuta M, Iwamoto T, Moriyama F, Kawata S, Kukimoto H. AlGaAs growth using trimethyl and triethyl compound sources. J Crystal Growth, 1984, 68: 142-147.
[34] Kuech T F, Veuhoff E, Kuan T S, Deline V, Potemski R. The influence of growth chemistry on the MOVPE growth of GaAs and $Al_xGa_{1-x}As$ layers and heterostructures. J Crystal Growth, 1986, 77: 257-271.
[35] Rushworth S A, Smith L M, Ravetz M S, et al. Correlation of reduced oxygen content in precursors with improved MOVPE layer quality. J Crystal Growth, 2003, 248: 86-90.
[36] Stolz W. Alternative N-, P- and As-precursors for III/V-epitaxy. J Crystal Growth, 2000, 209: 272-278.
[37] Derluyn J, Dessein K, Flamand G, et al. Comparison of MOVPE grown GaAs solar cells using different substrates and group-V precursors. J Crystal Crowth, 2003, 247: 237-244.
[38] Fujii K, Kawamura K, Gotoh H. Impurity incorporation of unintentionally doped $Al_xGa_{1-x}As$ during MOVPE. J Crystal Growth, 2000, 221: 41-46.
[39] Kuech T F. Wolford D J, Venhoff E, et al. Properties of high-pulity $Al_xGa_{1-x}As$ grown by the MOVPE technique using methyl precursors. J Appl Phys, 1987, 62: 632-643.
[40] Mashita M, Ishikawa H, Izumiya T. Comparative on carbon incorporation in MOCVD AlGaAs layers between arsine and tertiarybutylarsine. J Crystal Growth, 1995, 155: 164-170.
[41] Kondo M, Tanahashi T. Dependence of carbon incorporation on crystallographic orientation during metalorganic vapor phase epitaxy of GaAs and AlGaAs. J Crystal Growth, 1994, 145: 390-396.

[42] Lewis C R, Hamaker H C, Green R T. Growth of high-quility 1.93eV AlGaAs using MOVPE. J Electr Materl, 1987, 16: 365-371.

[43] Bottka N, Sillmon R S, Tseng W F. Silicon and beryllium doping of MOVPE grown $Al_xGa_{1-x}As$ (x=0–0.3) using silane and diethylberyllium. J Crystal Growth, 1984, 68: 54-59.

[44] Aebi V, Cooper C B, Moon R L, Savena R R. Characterization of OMVPE grown GaAs and AlGaAs for solar cell applications. J Crystal Growth, 1981, 55: 517-525.

[45] Razeghi M, Poisson M A, Guldner Y, Voisin J P, Voos M. Two-dimensional electron gas in a $In_{0.53}Ga_{0.47}As$-InP heterojuction grown by MOCVD. Appl Phys Lett, 1982, 40: 877-879.

[46] Kuo C P, Cohen R M, Fry K L, Stringfellow G B. Characterization of $Ga_xIn_{1-x}As$ grown with TMIn. J Electron Mater, 1985, 14: 231-244.

[47] Razeghi M. The MOCVD challenge Vol.1: A survey of InGaAsP-InP for photonic and electronic applications. Brist, NewYork: Adam Hilger, 1989: 79.

[48] Keiper D. Effect of the carrier gas and the group-V precursor on the doping efficiency of SiH_4 for InP and $In_{0.54}Ga_{0.46}As$/InP in LP-MOVPE. J Crystal Growth, 2001, 233: 121-125.

[49] Keiper D, Westphalen R. Effect of the carrier gas and the group-V precursor on the DEZn doping efficiency for InP and $In_{0.54}Ga_{0.46}As$/InP in LP-MOVPE. J Crystal Growth, 2001, 233: 126-131.

[50] Uchida K, Takahashi K, Kabe S, Nozaki S, Morisaki H. Growth and characterization of p-type InGaAs on InP substrates by LP-MOVPE using a new carbon-dopant source, $CBrCl_3$. J Crystal Growth, 2004, 272: 658-663.

[51] Scott M D, Norman A G, Bradley R R. The characterization of GaInAs, AlInAs and InP epitaxial layers prepared by MOCVD. J Crystal Growth, 1984, 68: 319-325.

[52] Aina L, Mattingly M. High-quality InAlAs grown by organometallic vapor phase epitaxy. Appl Phys Lett, 1987, 51: 1637-1639.

[53] Bhat R, Zah C E, Koza M A, et al. High-performance 1.3μm AlGaInAs/InP strained quantum well lasers grown by organometallic chemical vapor deposition. J Crystal Growth, 1994, 145: 858-865.

[54] Kohzen A, Tohmori Y, Akatsu Y, Kamada H. MOVPE growth of InGaAs/InAlAs using trimethylamine alane for photonic and electronic devices. J Crystal Growth, 1992, 124: 70-75.

[55] Aina L, Mattingly M, Serio M, Martin E. MOVPE of AlInAs HMET stuctures. J Crystal Growth, 1991, 107: 932-941.

[56] Neumann S, Prost W, Tegude F J. Growth of carbon-doped LP-MOVPE InAlAs using non-gaseous sources. J Crystal Growth, 2003, 248: 130-133.

[57] Decobert J, Lagay N, Cuisin C, et al. MOVPE growth of AlGaInAs－InP highly tensile-strained MQWs for 1.3 mm low-threshold lasers. J Crystal Growth, 2004, 272: 543-548.

[58] Tsuchiya T, Shimizu J, Shirai M, Aoki M. Selective-area growth of high-crystalline-quality InGaAlAs by metal-organic vapor-phase epitaxy. J Crystal Growth, 2003, 248: 384-389.

[59] Razeghi M. The MOCVD challenge vol.I: Ssurvey of GaInAsP-InP for photonic and electronic applications. Bristol and Philadalphia: IOP Publishing Ltd, Adam Hilger, 1988: 52.

[60] Hsu C C, Yuan J S, Cohen R M, Stringfellow G B. Doping studies for InP grown by organometallic vapor phase epitaxy. J Crystal Growth, 1986, 74: 535-542.

[61] Shenai D V, Timmons M L, Dicarlo R L, et al. Correlation of film properties and reduced impurity concentrations in sources for III/V-MOVPE using high-purity trimethylindium and tertiarybutylphosphine. J Crystal Growth, 2004, 272: 603-608.

[62] Jones A C. Metalorganic precursors for vapour phase epitaxy. J Crystal Growth, 1993, 129: 728-733.

[63] Frigo D M, van Mier G P M, Wilkie J H, Gal A W. Improved dosimetry for metalorganic vapor phase epitaxy from a solution of trimethylindium. Appl Phys Lett, 1992, 61: 531-533.

[64] Thrush E J, Cureton C G, Trigg J M, Stagg J P, Butle B R. Chemtronics, 1987.

[65] Knauf J, Schmitz D, Strauch G, et al. Comparison of ethyldimethylindium (EDMIn) and trimethylindium (TMIn) for GaInAs and InP growth by LP-MOVPE. J Crystal Growth, 1988, 93: 34-40.

[66] Keiper D. Effect of the carrier gas and the group-V precursor on the doping efficiency of SiH_4 for InP and $In_{0.54}Ga_{0.46}As$ / InP in LP-MOVPE. J Crystal Growth, 2001, 233: 121-125.

[67] Ekawa M, Fujii T, Tanahashi T. Effect of incorporation efficiency on dopant behaviors in selective-area MOVPE. J Crystal Growth, 1997, 170: 685-688.

[68] Nelson A W, Westbrook L D. A study of p-type dopants for InP grown by adduct MOVPE. J Crystal Growth, 1984, 68: 102-110.

[69] Long J A, Riggs V G, Macrander A T, Johnston W D, Jr. A study of Fe-dopants for growth of semi-insulating InP by MOCVD. J Crystal Growth, 1986, 77: 42-46.

[70] Robein D, Kazmiesski C, Pougnet A M, Rose B. Iron incorporation in InP layers using a ferrocene source in atmospheric pressure MOVPE. J Crystal Growth, 1991, 108: 554-560.

[71] Ludowise M J. MOCVD of III-V semiconductors. J Appl Phys, 1985, 58: R31-R55.

[72] Biefeld R M. The preparation of device quality gallium phosphide by metal organic chemical vapor deposition. J Crystal Growth, 1982, 56: 382-388.

[73] Hino I, Suzuki T. MOCVD growth of (AlGa)InP and double heterostructures for visible light lasers. J Crystal Growth, 1984, 68: 483-489.

[74] Hsu C C, Yuan J S, Cohen R M, Stringfellow G B. OMVPE growth of GaInP. J Crystal Growth, 1983, 62: 648-650.

[75] Kurtz S R, Olson J M, Kibber A. Effect of growth rate on the band gap of $Ga_{0.5}In_{0.5}P$. Appl Phys Lett, 1990, 57: 1922-1924.

[76] Stringfellow G B. Organometallic vapor phase epitaxy: Theory and practice. 2nd Edition. Boston: Academic Press, 1999.

[77] Suzuki M, Nishikawa Y, Ishikawa M, Kokubum Y. Effects of substrate misorientation on doping characteristics and band gap energy for InGaAlP crystals grown by metalorganic chemical vapor deposition. J Crystal Growth, 1991. 113: 127-130.

[78] Kurtz S R, Olson J M, Goral J P, Kibber A, Beck E. The effect of selenium doping on the optical and structural properties of $Ga_{0.5}In_{0.5}P$. J Electron Mater, 1990, 19: 825-828.

[79] Gomyo A, Suzuki T, Kobayashi K, et al. Evidence for the existence of an ordered state in $Ga_{0.5}In_{0.5}P$ grown by metalorganic vapor phase epitaxy and its relation to band-gap energy. Appl Phys Lett, 1987, 50: 673-675.

[80] Chen C H, Stockman S A, Peanasky M J, Kuo C P. OMVPE growth of AlGaInP for high-efficiency visible light-emitting diodes. Academic Press: Semiconductors and Semimetals,

1997.
[81] Nishikawa Y, Suzuki M, Ishikawa M, Kokubun Y, Hatakoshi G. Effects of residual impurities on Zn electrical activity in Zn-doped InGaAlP grown by metalorganic chemical vapor deposition. J Crystal Growth, 1992, 123: 181-187.
[82] Kondo M, Okada N, Domen K, et al. Origin of nonradiative recombination centers in AlGaInP grown by metalorganic vapor phase epitaxy. J Electron Mater, 1994, 23: 355-358.
[83] El-Zein N, Greiling A, Koch J, Stolz W, Reinhard S, McDermott B T. MOVPE growth of (AlGaIn)P/(GaIn)P heterostructures using TBP. J Crystal Growth 2004, 272: 609-614.
[84] M Smeets E R J. Solid composition of $GaAs_{1-x}P_x$ grown by OMVPE. J Crystal Growth, 1987, 82: 385-395.
[85] Chen C H, Cao D S, Stringfellow G B. Use of TBP for the growth of InP and $GaAs_{1-x}P_x$. J Electron. Mater, 1988, 17: 67-73.
[86] Huang K H, Wessels B W. Growth and properties of InAsP alloys prepared by OMVPE. J Crystal Growth, 1988, 92: 547-552.
[87] Razeghi M, Poisson M A, Larivain J P, Duchemin J P. Low pressure metalorganic chemical vapor deposition of InP and related compounds. J Electron Mater, 1983, 12: 371-395.
[88] Speier P. MOVPE for optoelectronics. Microelectronic Eng, 1992, 18: 1-31.
[89] Lum R M, Mc Donald M L, Mack E M, et al. Effect of temperature on InGaAsP alloy composition. J Electron Materials, 1995, 24: 1577-1581.
[90] Zilko J L, Davisson P S, Luther L, Trapp K D C. Improved compositional uniformity of InGaAsP grown by low pressure metalorganic vapor phase epitaxy using tertiary butyl phosphine as the phosphorus source. J Crystal Growth, 1992, 124: 112-117.
[91] Biefeld R M. The MOCVD and properties of III-V antimony-based semiconductor materials. Materials Sci Eng, 2002, R36: 105-142.
[92] Wang C A. Progress and continuing challenges in GaSb-based III-V alloys and heterostructures grown by organometallic vapor-phase epitaxy. J Crystal Growth, 2004, 272: 664-681.
[93] Lu D C, Liu X L, Wang D, Lin L. Growth of GaSb and GaAsSb in the Single Phase Region by MOVPE. J Crystal Growth, 1992, 124: 383-388.
[94] Wang C A, Salim S, Jensen K F, Jones A C. Characteristics of GaSb growth using various gallium and antimony precursors. J Crystal Growth, 1997, 170: 55-60.
[95] Chidley E T R, Haywood S K, Henriques A B, et al. Photoluminescence of GaSb grown by MOVPE. Semicond Sci Technol 1991, 6: 45-53.
[96] Wang C A, Shiau D A, Lin A. Preparation of GaSb substrates for GaSb and GaInAsSb growth by organometallic vapor phase epitaxy. J Crystal Growth, 2004, 261: 385-392.
[97] Su T K, Kuan H, Chang P H. Zinc doping in GaSb grown by LP-MOCVD. J Appl Phys, 1993, 73: 56-59.
[98] Wiersma R, Stotz J A H, Pitts O J, Thwalt M L W, Watkins S P. P-type carbon doping of GaSb. J Electron Materials, 2001, 30: 1429-1432.
[99] Kollonitsch Z, oller K M, Schimper H J, et at. In situ monitored MOVPE growth of undoped and p-doped GaSb (100). J Crystal Growth, 2004, 261: 289-293.
[100] Sringfellow G B, Cherng M J. OMVPE growth of $GaAs_{1-x}Sb_x$: solid composition. J Crystal Growth, 1983, 64: 413-415.

[101] Biefeld R M, Phillips J D. Growth of InSb on GaAs using InAlSb buffer layers. J Crystal Growth 2000, 209: 567-571.

[102] McKee M A, Yoo B S, Stall R A. Uniform growth of InSb on GaAs in a rotating reactor by LP-MOVPE. J Crystal Growth, 1992, 124: 286-291.

[103] Biefeld R M. The preparation of $InAs_{1-x}Sb_x$ alloys and strained-layer superlattices by MOCVD. J Crystal Growth, 1986, 77: 392-399.

[104] Shin J, Verma A, Stringfellow G B, Gedridge W Jr. Trisdimethylaminoantimony: a new Sb source for low temperature epitaxial growth of InSb. J Crystal Growth, 1994, 143: 15-21.

[105] Shin J, Hsu Y, Hsu T C, Stringfellow G B, Gedridge R W. InSb, GaSb, and GaInSb grown using Tridimethylaminoantimony. J Electro Mater. 1995, 24: 1563-1569.

[106] Biefeld R M, Wendt J R, Kurtz S R. Improving the performance of InAsSb/InSb infrared detectors grown by MOVPE. J Crystal Growth, 1991, 107: 836-839.

[107] Biefeld R M. The preparation of InSb and $InAs_{1-x}Sb_x$ by MOCVD. J Crystal Growth, 1986, 75: 255-263.

[108] Wang C A. Organometallic vapor phase epitaxial growth of AlSb-based alloys. J Crystal Growth, 1997, 170: 725-731.

[109] Dimroth F, Agert C, Bett A W. Growth of Sb-based materials by MOVPE. J Crystal Growth, 2003, 248: 265-273.

[110] Biefeld R M, Allerman A A, Pelczynski M W. Growth of n- and p-type Al(As)Sb by MOCVD. Appl Phys Lett, 1996, 68: 932-934.

[111] Cherng M J, Stringfellow G B. GaInAsSb metastable alloys grown by organometallic vapor phase epitaxy. Appl Phys Lett, 1986, 48: 419-421.

[112] Wang C A, Calawa D R, Vineis C J. Effect of substrate orientation on phase separation in epitaxial GaInAsSb. J Electron Materials, 2001, 30: 1392-1396.

[113] Giesen Ch, Szymakowski A, Rushworth S, Heuken M, Heime K. MOVPE of AlGaAsSb using TTBAl as an alternative aluminum precursor. J Crystal Growth, 2000, 221: 450-455.

[114] Akasaki I. Nitride semiconductors impact on the future world. J Crystal Growth, 2002, 237-239: 905-911.

[115] Akasaki I. Progress in crystal growth of Nitride semiconductors. J Crystal Growth, 2000, 221: 231-239.

[116] Nakamura S, Fasol G. The blue laser diode-GaN based light emitters and lasers. Berlin: Springer, 1997.

[117] Dupuis R D. Epitaxial growth of III-V nitride semiconductors by MOCVD. J Crystal Growth, 1997, 178: 56-73.

[118] Sumiya M, Fuke S. Review of polarity determination and control of GaN. MRS Internet J Nitride Semicond Res, 2004, 9: 1.

[119] Amano H, Sawaki N, Akasaki I, Toyoda Y. Metalorganic vapor phase epitaxial growth of a high quality GaN film using an AlN buffer layer. Appl Phys Lett, 1986, 48: 353-355.

[120] Nakamura S. GaN Growth using GaN buffer layer. Jpn J Appl Phys, 1991, 30: L1705-L1707.

[121] Sasaki T, Matsuoka T. Analysis of two-step-growth conditions for GaN on an AlN buffer layer. J Appl Phys, 1995, 77: 192-200.

[122] Keller B P, Keller S, Kapolnek D, et al. Metalorganic chemical vapor deposition growth of

high optical quality and high mobility GaN. J Electron Mater, 1995, 24: 1707-1709.

[123] Doverspike K, Rowland L B, Gaskill D K, et al. The effect of GaN and AlN buffer layers on GaN film properties grown on both C-plane and A-plane sapphire. J Electron Mater, 1995, 24: 269-273.

[124] Briot O. MOVPE growth of nitrides // Gil B, Group III Nitride Semiconductor Compounds. / Oxford: Clarendon Press, 1997: 70-122.

[125] Figge S, BoK ttcher T, Einfeldt S, Hommel D. In situ and ex situ evaluation of the film coalescence for GaN growth on GaN nucleation layers. J Crystal Growth 2000, 221: 262-266.

[126] Uchida K, Nishida K, Kondo M, Munekata H. Epitaxial growth of GaN layers with double-buffer layers. J Crystal Growth, 1998, 189/190: 270-274.

[127] Zhang X, Chua S J, Li P, et al. Improved Mg-doped GaN films grown over a multilayered buffer. Appl Phys Lett, 1998, 773: 1772-1774.

[128] Iwaya M, Takeuchi T, Yamaguchi S, et al. Reduction of etch pit density in OMVPE-grown GaN on sapphire by insertion of a low-temperature-deposited buffer layer between high-temperature-grown GaN. Jpn J Appl Phys, 1998, 37: l316-318.

[129] Kato Y, Kitamura S, Hiramatsu K, Sawaki N. Selective growth of wurtzite GaN and $Al_xGa_{1-x}N$ on GaN/sapphire substrates by metalorganic vapor phase epitaxy. J Crystal Growth, 1994, 144: 133-140.

[130] Nakamura S, Senoh M, Nagahama S, et al. InGaN/GaN/AlGaN-based laser diodes with modulation-doped strained-layer superlattices grown on an epitaxially laterally overgrown GaN substrate. Appl Phys Lett, 1998, 72: 211-213.

[131] Hiramatsu K, Nishiyama K, Onishi M, et al. Fabrication and characterization of low defect density GaN using facet-controlled epitaxial lateral overgrowth (FACELO). J Crystal Growth, 2000, 221: 316-326.

[132] Lilienthal-Weber Z, Benamara M, Swider W, et al. TEM Study of Defects in Laterally Overgrown GaN Layers. MRS Internet J Nitride Semicond Res, 1999, 4S1, G4.6.

[133] Nam O H, Zheleva T S, Bremser M D, et al. Organometallic vapor phase lateral epitaxy of low defect density GaN layers // Ponce F A, DenBaars S P, Meyer B K, et al. Nitride Semiconductors. Mat Res Soc Symp Proc. Pittsburgh: MRS, 1998, 482: 301-306.

[134] Sakai S, Wang T, Morishima Y, Naoi Y. A new method of reducing dislocation density in GaN layer grown on sapphire substrate by MOVPE. J Crystal Growth, 2000, 221: 334-337.

[135] Ishida M, Ogawa M, Orita K, et al. Drastic reduction of threading dislocation in GaN regrown on grooved stripe structure. J Crystal Growth, 2000, 221: 345-349.

[136] Detchprohm T, Yano M, Sano S, et al. Heteroepitaxial lateral overgrowth of GaN on periodically grooved substrates: a new approach for growing low dislocation density GaN single crystals. Jpn J Appl Phys, 2001, 40: L16-L19.

[137] Zheleva T S, Smith S A, Thomson D B, et al. Pendeo-epitaxy-a new approach for lateral growth of gallium nitride structures. MRS Internet J Nitride Semicond Res, 1999, RS1, G3.38.

[138] Ishibashi A, Kidoguchi I, Sugahara G, Ban Y. High-quality GaN films obtained by air-bridged lateral epitaxial growth. Journal of Crystal Growth, 2000, 221: 338-344.

[139] Nakamura S, Mukai T, Senoh M. Si and Ge-doped GaN films grown with GaN buffer layers. Jpn J Appl Phys, 1992, 31: 2883-2888.

[140] Amano H, Kito M, Hiramatsu K, Akasaki I. P-type conduction in Mg-doped GaN trated with low-energy electron beam irradiation (LEEBI). Jpn J Appl Phys, 1989, 28: 2112-2114.

[141] Nakamura S, Mukai T, Senoh M, Iwasa N. Thermal annealing effects on P-type Mg-doped GaN films. Jpn J Appl Phys, 1992, 31: 139-142.

[142] Nakamura S, Iwasa N, Senoh M, Mukai T. Hole compensation mechanism of P-type GaN films. Jpn J Appl Phys, 1992, 31: 1258-1266.

[143] Tokunaga H, Ubukata A, Yano Y, et al. Effects of growth pressure on AlGaN and Mg-doped GaN grown using multiwafer metal organic vapor phase epitaxy system. J Crystal Growth, 2004, 272: 348-352.

[144] Kozodoy P, Keller S, DenBaars S P, Mishra U K. MOVPE growth and characterization of Mg-doped GaN. J Crystal Growth, 1998, 195: 265-269.

[145] Akutsu N, et al. Nitride Semiconductors // Ponce F A, DenBaars S P, Meyer B K, Nakamura S, Strite S. MRS Proc. Pittsburgh: MRS, 1998, 482: 113.

[146] Ohba Y, Hatano A. A study on strong memory effects for Mg doping in GaN MOCVD. J Crystal Growth, 1994, 145: 214-218.

[147] Ohba Y, Sato R. Growth of AlN on sapphire substrates by using a thin AlN buffer layer grown two-dimensionally at a very low V/III ratio. J Crystal Growth, 2000, 221: 258-261.

[148] Kaeding J F, Wu Y, Fujii T, et al. Growth and laser-assisted liftoff of low dislocation density AlN thin films for deep-UV light-emitting diodes. J Crystal Growth, 2004, 272: 257-263.

[149] Takeuchi M, Shimizu H, Kajitani R, et al. Al- and N-polar AlN layers grown on *c*-plane sapphire substrates by modified flow-modulation MOCVD. J Crystal Growth, 2007, 305: 360-365.

[150] Miyoshi M, Sakai M, Ishikawa H, et al. MOVPE growth and characterization of high-Al-content AlGaN/GaN heterostructures on 100-mm-diameter sapphire substrates. J Crystal Growth, 2004, 272: 293-299.

[151] Rossowa U, Fuhrmann D, Greve M, et al. Growth of $Al_xGa_{1-x}N$-layers on planar and patterned substrates. J Crystal Growth, 2004, 272: 506-514.

[152] Koide Y, Itoh N, Itoh K, et al. Effect of AlN Buffer Layer on AlGaN/α-Al_2O_3 Heteroepitaxial Growth by Metalorganic Vapor Phase Epitaxy. Jpn J Appl Phys, 1988, 27: 1156-1161.

[153] Krost A, Blasing J, Schulze F, et al. Nearly strain-free AlGaN on (0001) sapphire: X-ray measurements and a new crystallographic growth model. J Crystal Growth, 2000, 221: 251-257.

[154] Katoa N, Sato S, Sumii T, et al. High-speed growth of AlGaN having high-crystalline quality and smooth surface by high-temperature MOVPE. J Crystal Growth, 2007, 298: 215-218.

[155] Kawashima T, Iida K, Miyake Y, et al. High-quality $Al_{0.12}Ga_{0.88}N$ film with low dislocation density grown on facet-controlled $Al_{0.12}Ga_{0.88}N$ by MOVPE. J Crystal Growth, 2004, 272: 377-380.

[156] Lee C R. N-type doping behavior of $A1_{0.15}Ga_{0.85}N$:Si with various Si incorporations. J Crystal Growth, 2002, 246: 25-30.

[157] Suzuki M M, Nishio J, Onomura M, Hongo C. Doping characteristics and electrical properties of Mg-doped AlGaN grown by AP-MOCVD. J Crystal Growth, 1998, 189/190: 511-515.

[158] Lee C R, Lee I H, Yeon J M, et al. Doping characteristics of $A1_{0.15}Ga_{0.85}N$ epilayers with

various Mg incorporations. J Crystal Growth, 2003, 256: 56-62.
[159] Nakamura S, Senoh M, Nagahama S, et al. InGaN/GaN/AlGaN-based laser diodes with modulation-doped strained-layer superlattices grown on an epitaxially laterally overgrown GaN substrate. Appl Phys Lett, 1998, 72: 211-213.
[160] Xie Z L, Zhang R, Liu B, et al. The high mobility InN film grown by MOCVD with GaN buffer layer. J Crystal Growth , 2007, 298: 409-412.
[161] Johnson M C, Konsek S L, Zettl A, Bourret-Courchesne E D. Nucleation and growth of InN thin films using conventional and pulsed MOVPE. J Crystal Growth, 2004, 272 : 400-406.
[162] Ho I, Stringfellow G B. Solid Phase Immiscibility in GaInN. Appl Phys Lett, 1996, 69: 2701-2703.
[163] Wu J, Walukiewicz W, Yu K M, Ager III J W, Haller E E, Lu H, Schaff W J. Small band gap bowing in $In_{1-x}Ga_xN$ alloys. Appl Phys Lett, 2002, 80: 4741-4743.
[164] Matsuoka T, Yoshimoto N, Sasaki T, Katsui A. Wide-gap semiconductor InGaN and InGaAlN grown by MOVPE. J Electron Mater, 1992, 21: 157-163.
[165] Nakamura S, Mukai T. High-quality InGaN films grown on GaN films. Jpn J Appl Phys, 1992, 31: 1457-1459.
[166] Lin H C, Shu C K, Ou J, et al. Growth temperature effects on $In_xGa_{1-x}N$ films studied by X-ray and photoluminescence. J Crystal Growth, 1998, 189/190: 57-60.
[167] Kim D J, Moon Y T, Song K M, et al. Effect of growth pressure on indium incorporation during the growth of InGaN by MOCVD, J Electron Maters, 2001, 30: 99-102.
[168] Oliver R A, Kappers M J, Humphreys C J, Briggs G A D. The influence of ammonia on the growth mode in InGaN/GaN Heteroepitaxy. J Crystal Growth, 2004, 272: 393-399
[169] Keller S, Keller B P, Kapolnek D, et al. Growth of bulk InGaN films and quantum wells by AP-MOCVD. J Crystal Growth, 1997, 170: 349-352.
[170] Bosi M, Fornari R. A study of Indium incorporation efficiency in InGaN grown by MOVPE. J Crystal Growth, 2004, 265: 434-439.
[171] Piner E L, Behbehani M K, El-Masry N A, et al. Effect of hydrogen on the indium incorporation in InGaN epitaxial films. Appl Phys Lett, 1997, 71: 2023-2025.
[172] Cho H K, Lee J Y, Kim C S, et al. Microstructural characterization of InGaN/GaN multiple quantum wells with high indium composition. J Crystal Growth, 2001, 231:466-473.
[173] Jahnen B, Albrecht M, Dorsch W, et al. Pinholes, dislocations and strain relaxation in InGaN. MRS Internet J Nitride Semicond Res, 1998, 3: 39.
[174] Kumakura K, Makimoto T, Kobayashi N. Activation energy and electrical activity of Mg in Mg-doped $In_xGa_{1-x}N$. Jpn J Appl Phys, 2000, 39: 337-339.
[175] Kumakura K, Makimoto T, Kobayashi N. High hole concentrations in Mg-doped InGaN grown by MOVPE. J Crystal Growth, 2000, 221: 267-270.
[176] Fujimori T, Imai H, Wakahara A, Okada H, Yoshida A, Shibata T, Tanaka M. Growth and characterization of AlInN on AlN template. J Crystal Growth, 2004, 272: 381-385.
[177] Aumer E, LeBoeuf S F, McIntosh F G, Bedair S M. High optical quality AlInGaN by metalorganic chemical vapor deposition. Appl Phys Lett, 1999, 75: 3315-3317.
[178] Li J, Nam K B, Kim K H, et al. Growth and optical properties of $In_xAl_yGa_{1-x-y}N$ quaternary alloys. Appl Phys Lett, 2001,78: 61-63.

[179] Hirayama H, Kinoshita A, Yamabi T, et al. Marked enhancement of 320~360 nm ultraviolet emission in quaternary $In_xAl_yGa_{1-x-y}N$ with In-segregation effect. Appl Phys Lett, 2002, 80: 207-209.

[180] Perez-Solorzano V, Groening A, Haerle R, et al. Characterization of quaternary AlInGaN thick layers and quantum wells grown by MOVPE. J Crystal Growth, 2004, 272: 386-392.

[181] Liu J P, Zhang B S, Wu M, et al. Structural and optical properties of quaternary AlInGaN epilayers grown by MOCVD with various TMGa flows. J Crystal Growth 2004, 260: 388-393.

[182] Yang H, Zheng L X, Li J B, et al. Cubic-phase GaN light-emitting diodes, Appl Phys Lett, 1999, 74: 2498-2500.

[183] Wu, Yagichi H, Onabe K, Shriki Y. MOVPE growth and photoluminescence properties of cubic $Al_xGa_{1-x}N$. Appl Phys Lett, 1998, 73: 193-195.

[184] Reentilä O, Mattila M, Knuuttila L, et al. Comparison of H_2 and N_2 as carrier gas in MOVPE growth of InGaAsN quantum wells. J Crystal Growth, 2007, 298: 536-539.

[185] Ptak A J, Sarah Kurtz, Curtis C, Reedy R, Olson J M. Incorporation effects in MOCVD-grown (In)GaAsN using different nitrogen precursors. J Crystal Growth, 2004, 243: 231-237.

[186] Volz K, Torunski T, Kunert B, et al. Specific structural and compositional properties of (GaIn)(NAs) and their influence on optoelectronic device performance. J Crystal Growth, 2004, 272: 739-747.

[187] Tsuchiya T, Shimizu J, Shirai M, Aokiet M. InGaAlAs selective-area growth on an InP substrate by metalorganic vapor-phase epitaxy. J Crystal Growth, 2005, 276: 439-445.

[188] Tsuji M, Makita K, Takeuchi T, Taguchi K. Large bandgap energy control of InAlAs/InGaAs multiple quantum wells selectively grown by low-pressure MOVPE. J Crystal Growth, 1997, 170: 669-673.

[189] Arakawa S, Itoh M, Kasukawa A. Highly selective growth of AlGaInAs assisted by CBr_4 during MOCVD growth. J Crystal Growth, 2000, 221: 183-188.

[190] Ekawa M, Fujii T, Tanahashi T. Effect of incorporation on dopant behaviors in selective-area MOVPE. J Crystal Growth, 1997, 170: 685-688.

[191] Ishikawa H, Imai H, Tanahashi T, et al. V-grooved substrate buried heterostructure InGaAsP/InP laser emitting at 1.3μm wavelength. IEEE, J Quantum Electroics, vol(QE), 1982, 18: 1704-1711.

[192] Clawson A R, Hanson C M, Vu T T. MOVPE growth of SiO_2-masked InP structures at reduced pressures. J Crystal Growth, 1986, 77: 334-339.

[193] Laube G, Nowitzki A, Dütting K, Speier P. Selective MOVPE of semi-insulating InP layers for high speed OEICs. J Crystal Growth, 1991, 107: 156-160.

[194] Bhat R, Kapon E, Simihony S, et al. Quantum wire lasers by OMCVD growth on nonplanar substrates. J Crystal Growth, 1991, 107: 716-723.

[195] Fukuhisa T, Imafuji O, Mannoh M, et al. Epitaxial regrowth of AlGaInP on AlGaInP grooved structure by MOVPE. J Crystal Growth, 2000, 221: 208-211.

[196] Wang W K, Wuu D S, Shih W C, et al. Near-Ultraviolet InGaN/GaN Light-emitting diodes grown on patterned sapphire substrates. Jpn J Appl Phys, 2005, 44: 2512-2515.

[197] 韩培德. 第 9 章硅基 III-V 半导体异质结构 // 王占国，陈立泉，屠海令. 中国材料工程大典，第 11 卷(上)信息材料工程，第 4 篇硅基异质结构材料和器件. 北京：化学工业出版社，

2006, 331-341.

[198] Kroemer H. Polar-on-nonpolar epitaxy. J Crystal Growth, 1987, 81: 193-204.

[199] Soga T, Nishikawa H, Jimbo J, Umeno M. Very low dislocation density GaAs on Si using superlattices grown by MOCVD. J Crystal Growth, 1991, 107: 479-482.

[200] Watanabe A, Takeuchi T, Hirosawa K, et al. The growth of single crystalline GaN on a Si substrate using AIN as an intermediate layer. J Crystal Growth, 1993, 128:391-396.

[201] Kimn M H, Do Y G, Kang H C, et al. Effects of step-graded $Al_xGa_{1-x}N$ interlayer on properties of GaN grown on Si(111) using ultrahigh vacuum chemical vapor deposition. Appl Phys Lett, 2001, 79: 2713-2715.

[202] Feltin E, Beaumont B, Laügt M, et al. Stress control in GaN grown on silicon (111) by metalorganic vapor phase epitaxy. Appl Phys Lett, 2001, 79; 3230-3232.

[203] Honda Y, Kuroiwa Y, Yamaguchi M, Sawaki N. Growth of GaN free from cracks on a (111)Si substrate by selective metalorganic vapor-phase epitaxy. Appl Phys Lett, 2002, 80: 222-224.

[204] 莫春兰，方文卿，刘和初，周毛兴，江风益. 硅衬底 InGaN 多量子阱材料生长及 LED 研制. 高技术通信, 2005, 15: 58-61.

[205] Yuan Li, Salviati G, Bongers M M G, et al. On the formation of antiphase domains in the system of GaAs on Ge. J Crystal Growth, 163: 195-202.

[206] Agarwal S K, Tyagi R, Singh M, Jain R K. Effect of growth parameters on the MOVPE of GaAs/Ge for solar cell applications. Solar Energy Materials & Solar Cells, 1999, 59: 19-26.

[207] Takahashi K, Yamada S, Nakazono R, Minagawa Y, Matsuda T, Unno T, Kuma S. Improvement of life time of minority carriers in GaAs epi-layer grown on Ge substrate. Solar Energy Materials and Solar Cells, 1998, 50:273-280

[208] Takamot T, Agui T, Ikeda E, Kurita H. High-effciency InGaP/$In_{0.01}Ga_{0.99}As$ tandem solar cells lattice-matched to Ge substrates. Solar Energy Materials & Solar Cells, 2001, 66: 511-516.

第 8 章　II-VI 族半导体材料的 MOVPE 生长

II-VI 族半导体化合物是直接带隙材料，也是重要的光电材料。表 8-1 给出部分 II-VI 族化合物的晶体结构。图 8-1 为 II-VI 族半导体带隙-晶格常数关系图。一般将 II-VI 族半导体化合物分为两大类：以 ZnSe、ZnO 为代表的宽禁带半导体和以 HgCdTe 为代表的窄禁带半导体。前者用作短波长发光器件，后者则是制作中远红外探测器最重要的半导体材料。

表 8-1　部分 II-VI 族化合物的晶体结构

元素	O	S	Se	Te
Zn	纤维锌矿	纤维锌、矿闪锌矿	纤维锌矿、闪锌矿	闪锌矿
Cd	岩盐	纤维锌、矿闪锌矿	纤维锌矿、闪锌矿	闪锌矿
Hg	斜方	纤维锌、矿闪锌矿	闪锌矿	闪锌矿
Be	纤维锌矿	闪锌矿	闪锌矿	闪锌矿
Mg	岩盐	岩盐	岩盐	纤维锌矿

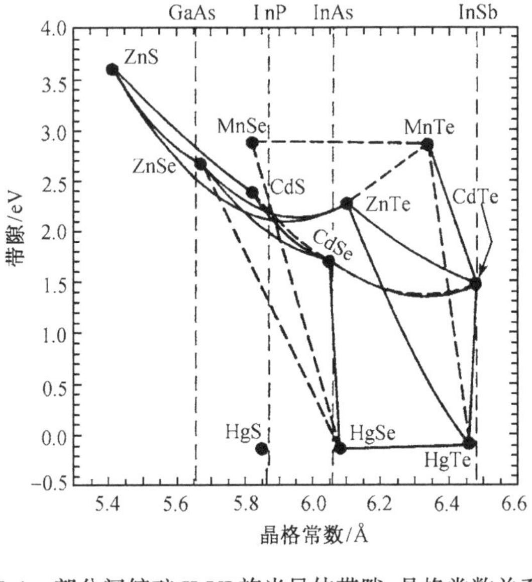

图 8-1　部分闪锌矿 II-VI 族半导体带隙-晶格常数关系图

8.1 ZnSe 及其有关化合物的 MOVPE 生长

8.1.1 ZnSe、ZnS 和 ZnTe 的 MOVPE 生长

8.1.1.1 ZnSe 和 ZnS 的 MOVPE 生长

ZnSe 和 ZnS 的晶体结构都有闪锌矿和纤维锌矿两种类型，一般常用立方闪锌矿结构。生长立方 ZnSe 外延层除了使用 ZnSe 衬底外，经常采用(001)GaAs 衬底。因为闪锌矿的 ZnSe 晶格常数为 5.6684Å，与 GaAs 的 5.6543Å 很接近。其他可以选用的衬底还有 GaF_2、InP 以及 Si 等。MOVPE 生长时通常使用 DMZn 作为锌源，硒源可以用 H_2Se 或者硒的有机化合物。当用(001)GaAs 衬底，以 H_2Se 和 DMZn 为源时，生长温度在 280~350°C 范围内。以原位合成的高纯 H_2Se 和 DMZn 为源，在 325°C 生长，VI/II 比为 1.75 和反应室压力为 40 hPa，得到高纯 n 型 ZnSe 层。77K 迁移率高达 9250cm^2/(V·s). 净载流子浓度为 6×10^{14}cm^{-3}，其 9 K 下的光荧光谱呈现强的近带边(2.7954eV)发射[1]。由于 H_2Se 和 DMZn 在室温就发生预反应，不仅难于获得大面积的均匀生长层，而且表面形貌也比较差。为此需要将 H_2Se 和 DMZn 分别导入反应室，并且降低反应室的压力。使用 II 族的加合物源，如二甲基锌-三乙胺加合物(DMZn-TEN，DMZn←$N(C_2H_5)_3$)作为锌源，可以抑制与 H_2Se 之间的预反应，并已在 350°C 生长出 77 K 时电子迁移率为 6455 cm^2/(V·s)的 ZnSe 外延层[2]。更普遍采用的抑制预反应的方法是使用 VI 族烷基物源。常用的 VI 族烷基物有 DMSe、DESe 和 DTBSe 等。例如，使用 DESe 取代 H_2Se 与 DMZn 生长 ZnSe 时由于它们之间没有预反应，得到均匀和镜面的外延层。但是生长温度升高到 500°C 左右，ZnSe 层呈高阻，低温光荧光虽然仍以近带边发射为主，然而在 2.5~2.0 eV 低能侧总能观测到与深能级有关的发射。高的生长温度导致了含有高蒸气压的 ZnSe 基半导体所固有的天然点缺陷(诸如组成元素的空位)的浓度增高，并且也使得杂质更容易并入晶格。在生长多层薄层结构时，衬底和外延层、外延层之间的内扩散变得严重，造成杂质并入和(或)多层结构的破坏。为了克服生长温度高所带来的问题，可以采用两条途径来降低生长温度：一是使用低分解温度的源；另一是采用能量辅助生长方法。如用低分解温度的 DTBSe 和 DMZn-TEN (Me_2ZnNEt_3 加合物)源，在大气压下 350°C 生长出高光学质量的 ZnSe 外延层，室温电子迁移率达到 500 cm^2/(V·s)，而且表面形貌也好[3]。

在 ZnSe 的能量辅助 MOVPE 生长方法中，光辅助生长应用的最多。衬底温度处于生长速度的动力学控制区中，当光照射到衬底上的光能大于 ZnSe 的禁带宽度时，激发出光生载流子，生长速度被加速。通常将这种 ZnSe 表面上大量光激发非平衡电子或空穴参与促进生长的化学反应的机制，称为光催化机制。光辅助生长可

以使用比较低的生长温度。图 8-2 比较了采用光辅助 MOVPE 生长 ZnSe 和通常不采用光辅助的热 MOVPE 生长速度与生长温度的依赖关系[4]。所用的源为 DEZn (6.0×10^{-5} mol/min) 和 DMSe(1.2×10^{-4} mol/min)。用超高压汞灯(500W)或 Xe 灯(600W)的紫外线辐照明显地增加了在 76Torr 生长 ZnSe 的速度，可以把生长温度降低到 350°C。350°C 下的生长速度为~2 μm/h，450°C 下的生长速度达到~6 μm/h，激活能为 38.9 kJ/mol。而常压下不用光辅助的生长温度比较高，激活能为 78.1 kJ/mol。

上述光催化机构也存在 ZnS、ZnSSe 和 ZnTe 的光辅助 MOVPE 生长中。图 8-3 示出 ZnS、ZnSe、ZnSSe 和 ZnTe 的生长速度与入射光波长的依赖关系[5]。光源为 Xe 灯，采用不同滤波器限制最大辐照光子能量。源前体为 DEZn、DES 和 DMSe，以及 CH_3SH。从图中可以看出 ZnS、ZnSe、ZnSSe 和 ZnTe 的生长速度增加的起始点，随着材料带隙的变窄向入射光的长波长方向移动。

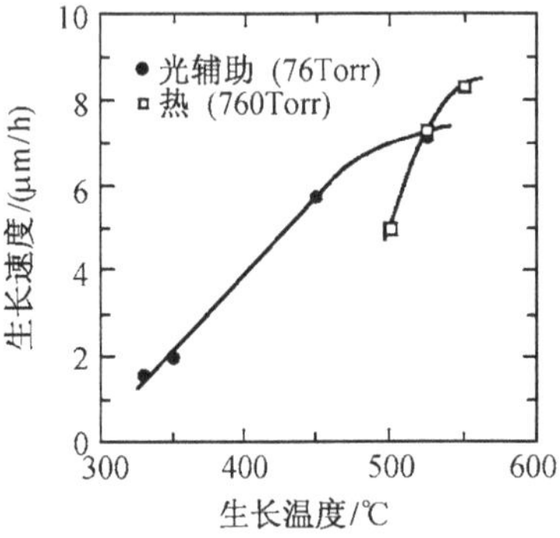

图 8-2 ZnSe 的生长速度与生长温度的依赖关系

源为 DEZn (6.0×10^{-5} mol/min) 和 DMSe (1.2×10^{-4}mol/min)

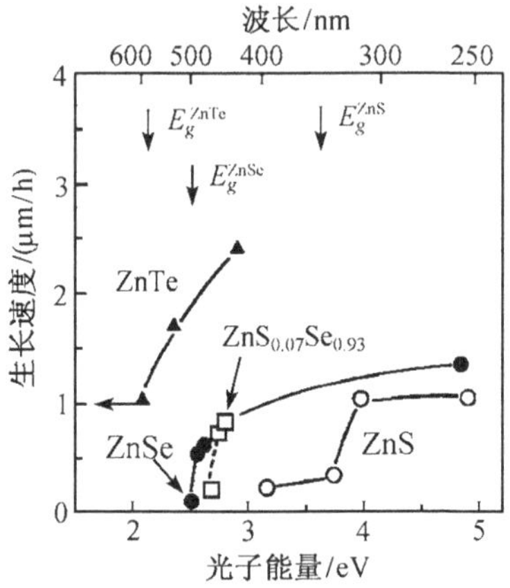

图 8-3 ZnS、ZnSe、ZnSSe 和 ZnTe 的生长速度与入射光波长的依赖关系

ZnS 的 MOVPE 生长可用 GaAs、GaP 或 Si 作为衬底。以 DMZn 和 H_2S 为源时，为抑制预反应需要降低 MOVPE 反应室的压力到 1Torr 或更低。在 0.57Torr 和 500°C 条件下，使用的 DMZn 和 H_2S 摩尔流速分别为 5.4 和 92.8 μmol/min。在 GaAs 衬底上生长立方晶系的 ZnS 时，由于晶格失配，外延层的晶体质量随厚度增加而改善，8μm 厚 ZnS 的 X 射线摇摆曲线的半高宽已下降到 125″ [6]。生长 ZnS 也可以采用 DEZn-DES 加合物与 H_2S 组合为源以抑制气相预反应。生长温度为 370°C，反应室的压力为 1.3Torr，H_2S 和 DEZn-DES 的摩尔流速分别为 9.0×10^{-5} 和 1.1×10^{-4}mol/min(VI/II=0.8)，生长速度~1.5μm/h。在 GaAs 衬底上生长 1μm 厚的 ZnS 后表面为镜面，然而 GaP 衬底上生长 1μm 厚的 ZnS 后表面为雾状。由于 DES 的热

稳定性高，尽管 DEZn-DES 加合物本身既含有 Zn 又含有 S，在 250~370°C 不会形成 ZnS，除非温度高于 500°C。

8.1.1.2 ZnTe 的 MOVPE 生长

ZnTe 室温下的禁带宽度为 2.26eV (λ=548.5 nm)，其潜在应用为制作绿光 LED、TH_Z 探测器、太阳能电池、光波导和调制器等。

ZnTe 单晶可用垂直梯度凝固(VGF)方法生长，因此 MOVPE 生长 ZnTe 可用低阻(100) p-ZnTe 衬底进行同质外延生长。也有人使用 GaAs 衬底，但 ZnTe 和 GaAs 之间的晶格失配为$\Delta a/a$=7.7%。

生长 ZnTe 常用的 II 族源是 DMZn，VI 族源是 DETe 或 iPr_2Te。在掺 P 的(100)ZnTe 单晶衬底上以 DMZn 和 iPr_2Te 为源时，在常压下 ZnTe 外延层生长温度为 340°C。外延生长前，ZnTe 衬底先经过高于 240°C 氢气热处理以去除表面氧化膜。得到的 ZnTe 外延层表面光洁，4.2K 下的 PL 谱主峰为 2.3809eV，其半高宽为 2.2 meV[7]。SIMS 分析表明外延层中未观测到可能来自衬底扩散或通过气相自掺杂引入的 P，然而外延层中 C 浓度却高于衬底。

以 DMZn 和 DETe 为源在掺 P 的(100)ZnTe 单晶衬底上，ZnTe 外延层生长温度为 400°C。外延生长前，ZnTe 衬底先经过高于 470°C 氢气热处理，研究了压力对生长速度的影响时发现 ZnTe 的生长速度开始时随着反应室压力 (200~760 Torr) 增加而单调上升，达到 600 Torr 后趋于饱和。ZnTe 外延层的表面形貌也与反应室压力有关：在 760 Torr 时表面出现密集的脊形，在 200 Torr 表面为类似金字塔形的小丘结构。最好的是在 500 Torr 生长的表面形貌，相对比较平滑，但是仍然不如 ZnTe 衬底[8]。在研究生长温度对表面形貌的影响时发现，在生长速度的质量输运控制区，表面出现密集的沿<110>方向排列的脊形表面形貌，而在动力学控制区生长的表面则出现类似金字塔形的小丘。

在(100)GaAs 衬底上生长 ZnTe 时，除了外延层的晶体质量随厚度增加而改善外，还发现生长温度对外延层的晶体质量有很大影响。以 DMZn 和 DETe 为源(都为 15 μmol/min)时，最佳的生长温度为 430°C，此温度下生长的 10μm 厚外延层(400)面的 X 射线摇摆曲线的半高宽减小到 103″。当生长温度高于 400°C 时，由于提供了足够的活化能使吸附前体能够占据势能最小的位置并促进了岛与岛之间的合并过程；然而过高的温度(440°C)使反应速度增加，于是前体一到达表面立即反应形成 ZnTe 层，可能容易形成空位和裹挟杂质，从而使晶体质量下降。

8.1.2 ZnSe、ZnS 和 ZnTe 基固溶体的 MOVPE 生长

8.1.2.1 II-II′-VI 型三元固溶体 MOVPE 生长

在 MOVPE 生长 II-II′-VI 型三元固溶体 ZnCdS 时，通常以 DMZn 或 DEZn、DMCd 分别为 Zn 源和 Cd 源。而 S 源则用 H_2S 或 DES。当使用的 VI/II 值大于 1，Cd 的分配系数近于 1。在紫外光辅助-MOVPE 生长的 II-VI 族蓝光激光器时，

$Cd_{0.2}Zn_{0.8}Se$ 阱层的生长使用的源就是 DMZn、DMCd 和 DES。在 GaAs 衬底上生长 $Zn_{0.8}Cd_{0.2}Se$ 的温度范围在 330~480°C 之间。应用光辅助 MOVPE 生长固溶体时，光辐照强度影响固溶体的组分[9]。图 8-4 示出在反应剂浓度和生长温度不变的情况下，$Cd_xZn_{1-x}Se$ 的固相组分 x 随生长时辐照强度的上升而下降。辐照是采用 150W 的 Hg 弧灯，通过反应室的石英窗口垂直照射到衬底表面。$Cd_xZn_{1-x}Se$ 的固相组分变化的原因是 ZnSe 的生长受光辐照的增强作用比 CdSe 强的多，于是 x 值随辐照强度上升固相中 Cd 组分下降，从而增加了控制组分的变数。为此，可以在其他条件固定的情况下利用有、无辐照来生长含有不同组分的多层结构。

Mg 基 II-VI 化合物具有更宽的带隙，如可用 ZnMgSe 材料用于生长 ZnSe/ZnMgSe 量子阱的垒层。生长与 GaAs 衬底晶格匹配的 $Zn_{0.83}Mg_{0.17}Se$ 所用的源材料分别为 DTBSe、DMZn-NEt_3 和$(MeCp)_2Mg$，它们的摩尔流速（μmol/min）比为 DTBSe:DMZn-NEt_3:$(MeCp)_2Mg$=10:5:137。VI/II 比接近 9.1，生长温度为 330°C，反应室压力为 304 hPa[10]。

ZnMgTe 固溶体用于形成 ZnTe/ZnMgTe 量子阱的垒层。在 ZnTe 衬底上生长 $Zn_{1-x}Mg_xTe$ 采用 DMZn、DETe 和$(MeCp)_2Mg$ 源，生长室的压力为 1atm，生长温度为 420°C。在固定 DETe(15 mol/min)和$(MeCp)_2Mg$ 的摩尔流速(10 mol/min)以及总气体流速(800sccm)不变条件下，当 DMZn 的摩尔流速从 15 mol/min 增加到 35 mol/min 时，ZnMgTe 的 Mg 含量不但没有下降反而从 15%上升到 17%。但是在固定 DMZn(35 mol/min)和$(MeCp)_2Mg$ 的摩尔流速(10 mol/min)时，将 DETe 的摩尔流速从 15 mol/min 增加到 90 mol/min，Mg 含量急剧下降，如图 8-5 所示。在高 DETe

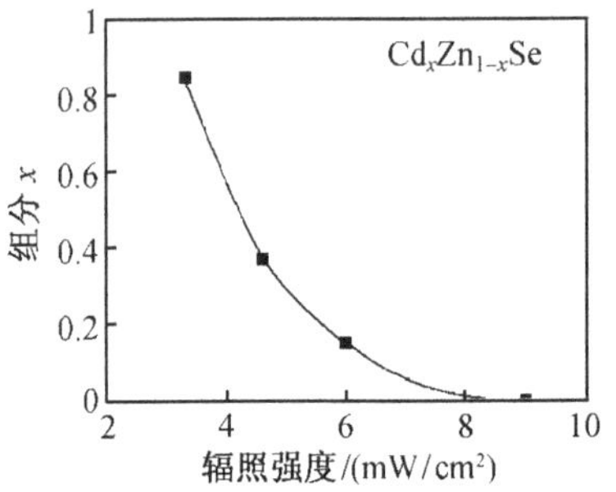

图 8-4　$Cd_xZn_{1-x}Se$ 的固相组分 x 与生长时的辐照强度的关系

反应剂的摩尔分数固定为 $x_{DMCd}=1.5\times10^{-4}$，$x_{DMZn}=2\times10^{-4}$，$x_{DMSe}=4\times10^{-4}$，生长温度保持在 405°C 不变

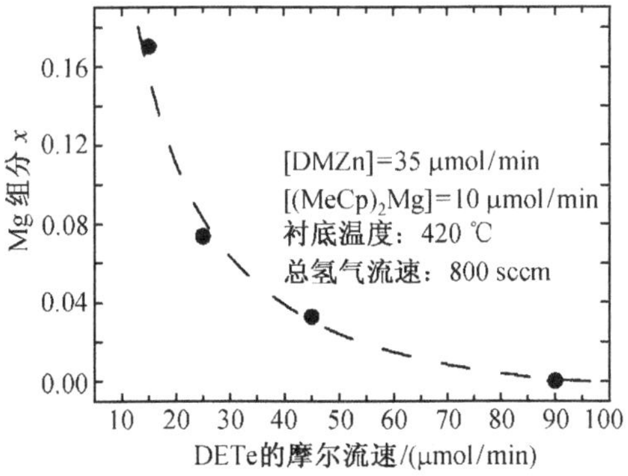

图 8-5　$Zn_{1-x}Mg_xTe$ 外延层的 Mg 组分与 DETe 摩尔流速的关系

摩尔流速下，$Zn_{1-x}Mg_xTe$ 外延层中 Mg 含量降低归因于 $(MeCp)_2Mg$ 与 DETe 在气相中发生寄生反应。当生长温度和前体流速固定条件下，总气体流速从 1.6slm 增加到 2.0slm 时，Mg 含量从 18%急剧上升到 31%，同时生长速度也从~1μm/h 上升到~2.3μm/h。这与在高总气体流速时，预反应显著减少有关[11]。

8.1.2.2　II-VI-VI′型三元固溶体 MOVPE 生长

MOVPE 生长 II-VI-VI′ 型 ZnSSe 三元固溶体所用的源为 DMZn、H_2S 与 H_2Se。在 350°C、1atm 和 VI/II=5 的条件下，由于 Se 优先并入固相，在固相 ZnS_xSe_{1-x} 组分随气相输入摩尔比关系中呈现非线性关系(参见第 4 章 4.2.6 节图 4-14(b))。生长 ZnSSe 三元固溶体也可以 VI 族有机源 DES 和 DMSe 取代氢化物。例如，在波长为 365nm 和 $25mW/cm^2$ 强度的紫外光辅助下，与 DMZn 组合生长 $ZnS_{0.06}Se_{0.94}$，其生长温度为 330~480°C[12]。

对于 ZnSeTe 体系，尽管存在混溶隙，利用 MOVPE 技术可以在高于 464°C 和 VI/II 比接近于 1 的生长条件下，生长各种组分其中包括亚稳的 ZnSeTe 外延层。图 8-6 示出采用 DMZn、DESe 和 DIPTe 分别为 Zn、Se 和 Te 源，在 500°C 和 VI/II 比等于 1 的条件下，固相组分正比于气相组分(图中○数据点)，而在 VI/II≥2 的条件下表现为 Te 的优先并入固相(□数据点)[13]。

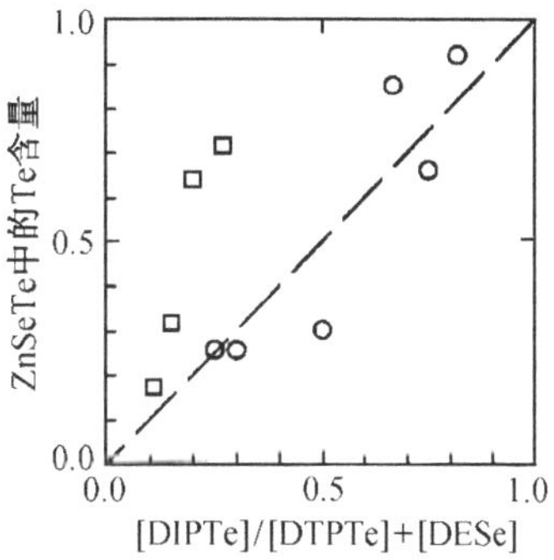

图 8-6　ZnSeTe 外延层中固相 Te 含量与气相 Te 含量的关系
□数据点为 VI/II≥2；○数据点为 VI/II≈1，生长温度为 500°C

在 InP 衬底上生长与其晶格匹配的 $ZnSe_{0.5}Te_{0.5}$ 时采用两步生长法，在 380°C 和 100hPa 条件下首先生长 50~100 nm 厚与 InP 晶格匹配的 $Zn_{0.48}Cd_{0.52}Se$ 缓冲层，然后在其上生长 $ZnSe_{0.5}Te_{0.5}$。生长所用的源分别为 DMZn-NEt_3、DMCd、DIPTe 和 DTBSe[14]。采用两步生长法明显地提高了 $ZnSe_{0.5}Te_{0.5}$ 外延层的晶体质量。

此外，在 ZnSe 基激光器中，可用更宽带隙的四元固溶体 $Zn_{0.93}Mg_{0.07}S_{0.1}Se_{0.9}$ 作限制层。其生长条件是在 500W 高压汞灯的紫外光辅助下，以 DMZn、$(MeCp)_2Mg$、DES 和 DMSe 为源，生长温度范围在 330~480°C 之间[12]。

8.1.3　ZnSe 基 II-VI 族半导体的掺杂

ZnSe 基 II-VI 族半导体的 n 型掺杂可用周期表 III 族(Al、Ga、In)或 VII 族(Cl、I)元素；p 型掺杂则可用 I 族(Li)或 V 族(N、P)元素。

常用的 n 型掺杂剂有含 III 族元素的 TMAl、TEAl 、TMGa 或含 VII 族元素的 HCl 与 EI (乙基碘)。在这些 n 型掺杂剂中，乙基碘的可控制电子浓度掺杂范围最宽。EI 的分解温度在 VII 族烷基物中最低。当 ZnSe 外延层的生长温度低于 300°C，由于 EI 的分解不完全，电子浓度随温度的降低而下降。而在高于 350°C，由于 I 的黏附系数下降，电子浓度随温度的进一步升高而迅速降低。图 8-7 示出在最佳生长温度 300°C 下，ZnSe 外延层中的电子浓度和 EI 流速关系图。当 EI 流速为 0.01~5.0 μmol/min 时，电子浓度范围为 5×10^{15}~8×10^{18} cm^{-3}。然而到接近 10^{19} cm^{-3} 时出现深能级发射，说明过度掺杂使外延层退化。

ZnS 的 n 型掺杂可用 Al(如 TEAl)，在 350°C 下最高电子浓度可以达到 8×10^{18} cm^{-3}。

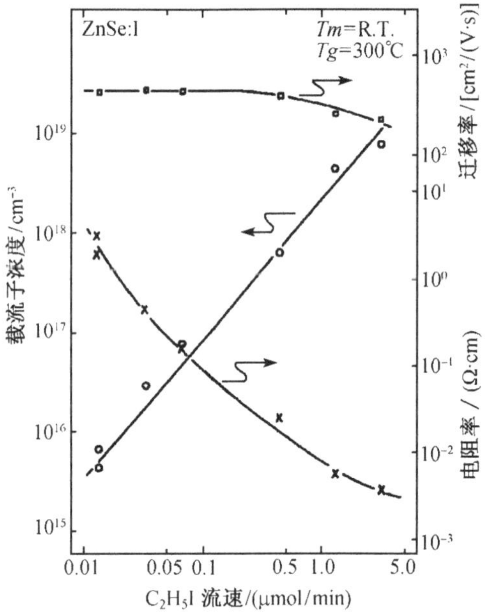

图 8-7　EI (乙基碘)流速和 ZnSe 电子浓度关系图

p 型掺杂元素：尽管 I 族元素和 V 族元素都在 ZnSe 中形成浅受主。然而使用 Li 掺杂的缺点是它在 ZnSe 中的扩散系数太大，并且采用二甲胺基锂($((CH_3)_2NLi)$)掺杂剂在 ZnSe 中最高空穴浓度仅为 10^{16} cm^{-3}[15]。最有希望的 p 型掺杂元素是 N。早期曾使用 NH_3 进行 N 掺杂。在 LP-MOVPE 中使用等离子体分解 NH_3，尽管可使 ZnSe 中的氮原子浓度提高到 $10^{17}$$cm^{-3}$，但是由于 NH_3 有三个牢固的 N—H 键，存在 N 受主被氢原子严重钝化的现象，致使 ZnSe 中的空穴浓度很低。

在光辅助的 MOVPE 生长 ZnSe 时，普遍采用有机氮源进行 N 掺杂。如以 DMZn、DMSe 和 Di-PHN 分别为 Zn、Se 和掺杂 N 源，用 500W 高压汞灯辐照衬底，在生长温度低于 370°C 和 VI/II 比为 2 的条件下，生长出净空穴浓度为 1.4×10^{16} cm^{-3} 的 p-ZnSe 层[12]。而 SIMS 分析外延层中的 N 浓度为 10^{18} cm^{-3}，净空穴浓度低于 N 原子浓度的原因可能与 H 钝化有关。另外，采用特丁基胺(*t*-BN)为 N 掺

杂源生长的 ZnSe:N 层，氮原子浓度为 5×10^{17} cm^{-3}，而空穴浓度已达到 2×10^{17} cm^{-3}[16]。采用 Li 和 N 共掺杂的方法，净受主浓度可达到 $9\times10^{17}cm^{-3}$。总之，时至今日低阻 p 型 ZnSe 的 MOVPE 生长尚未彻底解决。

利用 TBP 对 $ZnSe_{0.5}Te_{0.5}$ 进行磷掺杂，已得到空穴浓度为 10^{17} cm^{-3} 的 p 型材料[14]。

8.2　ZnO 及其固溶体的 MOVPE 生长

ZnO 是直接带隙材料，其带隙宽度为 3.37 eV。其晶体结构为纤维锌矿类型(a=3.2498Å，c=5.20661Å)，具有压电效应。ZnO 已经应用于压电传感器、气敏传感器、光波导、透明电极、变阻器和 SAW 表面声波过滤器等多方面。近年来 ZnO 在紫外和蓝光 LED 方面的应用引起人们广泛的关注。室温下 ZnO 在紫外区有强激子发射，其激子束缚能高达 60 meV，为 GaN 的激子束缚能 (24 meV)的 2 倍。MgZnO 和 CdZnO 三元合金的带隙分别大于或小于 ZnO 因此可以用于与 ZnO 形成量子阱结构。与 GaN 相比 ZnO 的外延生长温度低，可用湿法刻蚀加工，又有 ZnO 单晶衬底可供进行同质外延生长等优点，因此 ZnO 被认为是具有竞争潜力的高效紫外发光器件材料。此外，掺入等电子磁性杂质(Mn、V 或 Co)还有可能制造出在室温具有磁性的半磁半导体，ZnO 的强抗辐照能力显示它在空间方面应用的潜力[17]。

8.2.1　ZnO 的 MOVPE 生长

ZnO 的薄膜的制备方法很多，如射频溅射、脉冲激光沉积、溶胶-凝胶法等。对于光电子应用来说 MBE 和 MOVPE 是生长高质量和复杂结构外延层的主要方法。

虽然已经有 ZnO 单晶衬底供应，但昂贵的价格限制了它的应用。目前 MOVPE 生长使用的衬底多为蓝宝石或生长在蓝宝石上生长 GaN 的模板。c 轴取向的 ZnO 与(0001)蓝宝石衬底的晶格失配高达 18%，而生长在蓝宝石上的 GaN 模板是比较好的选择，因为 GaN 与 ZnO 晶格失配小。其他可选择的衬底有六方 $ScAlMg_4$、GaAs、Si 等。六方 $ScAlMg_4$ 与 ZnO 的晶格失配仅有 0.09%，可以认为是匹配衬底。ZnO 与 GaAs 有 19%的晶格失配，但 GaAs 衬底可以提供 As 原子作为 p 型杂质生长 p-ZnO。掺 P 的 Si 片可以提供 P 原子作为 p 型杂质生长 p-ZnO。

在 MOVPE 生长 ZnO 时，Zn 源主要采用 DEZn，也有人使用 DMZn，为了降低生长温度也可使用二异丙基锌(Di-PrZn) [18]。在(0001)蓝宝石衬底上，以 O_2 为氧源，分别与 DMZn 或 DEZn 在 485°C 生长 ZnO 的对比研究表明，DEZn 由于β 氢消去反应生长 ZnO 的碳含量少，而 DMZn 生长 ZnO 含有较多的 C 和 H 杂质[19]。此外使用 DMZn 生长的 ZnO 膜呈现 3D 生长模式，其 XRD 半高宽为 0.58°，而用 DEZn 生长的 ZnO 膜为准 2D 生长模式，XRD 的半高宽仅为 0.19°，同时光学特性也比 DMZn 生长的膜好。

MOVPE 生长 ZnO 时，使用的氧源为 O_2、H_2O、一氧化二氮(N_2O)、氧化氮(NO)、二氧化氮(NO_2)、CO_2、丙酮(CH_3COCH_3)、异丙醇 *i*-PrOH (($(CH_3)_2$CHOH) 和特丁醇 tBuOH(($(CH_3)_3$CHO)等[20]。O_2 或 H_2O 会猛烈地与 DMZn 或 DEZn 反应是其缺点，因此它们必须分别进入 MOCVD 反应室，但生长温度低。N_2O 与 DEZn 组合的未发现预反应，典型生长温度为 800°C 也需要使用较高 VI/II 比，因为 N_2O 分解需要高温。因为 NO、NO_2 或 CO_2 反应活性比较低，较少被使用。丙酮以及醇类则是反应能力较弱的源，其中 t-BuOH 生长温度范围宽 (380~510°C) ZnO 外延层的特性好。与 DEZn 组合时典型的生长温度为 400~600°C，VI/II 比=60。需要使用大 V/II 比以提高外延层的光学质量，但是也发现外延层中存在碳氢化合物或碳。在使用丙酮为 O 源时发现衬底周围有 C 沉积，ZnO 的表面形貌也差[21]。Di-PrZn 与 *t*-BuOH 组合使用 N_2 为运载气体生长温度可以降到 300°C。

生长 ZnO 时，运载气体可用 Ar、N_2 等惰性气体。在使用有机氧源时也可使用 H_2，由于 H_2 在高温时会腐蚀 ZnO，使用 H_2 或 N_2 会使 ZnO 的生长速度会不同。为了抑制预反应，MOVPE 生长常常在低压下进行。有机氧源分子内存在的 H 可以与 O 形成一价负电的 H—O 复合体，成为 O 的替位杂质，贡献出电子，因此有机氧源可能并不理想。

使用 DEZn 和 O_2 生长 ZnO 时生长速度与生长温度的关系示于图 8-8。在 400°C 以下 ZnO 的生长速度随生长温度的升高迅速提高，外延层的生长受表面反应所限制，活化能~0.41eV。在 400°C 以上进入质量输运限制生长区，此时温度对生长速度的影响很弱，超过 650°C 温度再升高生长速度反而下降，可能与 ZnO 的分解有关[22]。在 250~650°C 温度区，ZnO 的外延层的表面形貌，晶体结构，光学和电学特性都随生长温度的提高而改善。温度超过 650°C 外延层的特性由于 ZnO 的分解而退化。从图 8-8 的 SEM 表面形貌照片可以看出，在 GaAs(001)衬底上生长的 ZnO 呈现在 6.2.6 节所讨论的柱状生长模式(CG 生长模式)。柱状生长模式一般出现在大晶格失配的异质外延生长中，生长出取向的密集柱状层，这些小柱并不随生长层变厚而彼此融合，小柱与小柱之间始终保持分离状态。这种 ZnO 外延层的 XRC 曲线的半高宽为 0.58°，未掺杂材料的剩余电子浓度高达 10^{17}~10^{19} cm^{-3}，远远比不上 ZnO 体单晶 10^{15} cm^{-3} 的水平。

对于研发基于多层结构的 ZnO 基器件如激光器，探测器和晶体管来说，生长平坦的外延层是基本要求。Fujita 等[23] 采用 DEZn 和 N_2O 为源发现 ZnO 生长模式随温度而转变，在低温和/或低 VI/II 比条件下在蓝宝石衬底上得到三维和纳米棒生长。在 500°C 纳米棒直径约为 10~50 nm，随生长温度升高，直径变大。在更高的生长温度 (900°C) 和高 VI/II 比条件下则得到二维生长。CG 生长模式的出现与吸附原子在生长表面的迁移率很低有关，升高温度促进了原子在表面的移动自然有利于得到 2D 模式生长。为了生长平坦而高质量 ZnO 外延层可以采用两步生长法，即首先在 500°C

在 c 面蓝宝石上生长低温柱状结构缓冲层，然后升高温度到 800°C 转变为 2D 生长模式生长体外延层，见图 8-9。然而在(0001)ZnO 衬底上由于没有晶格失配从 400~800°C 都为二维生长，说明衬底在控制生长模式方面起的重要作用[23]。

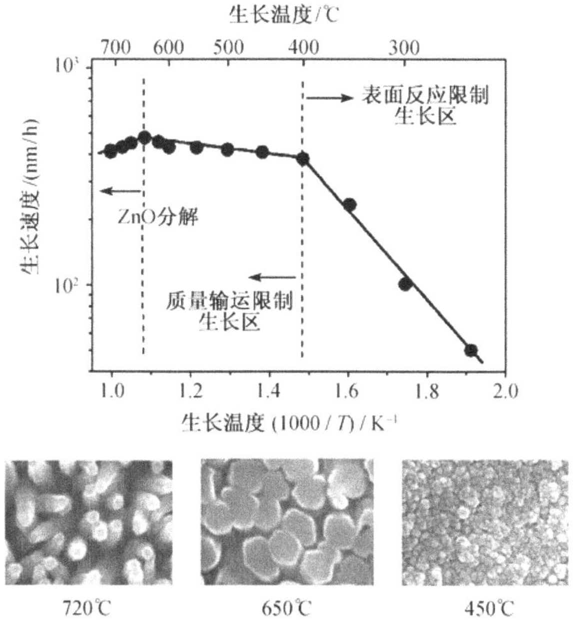

图 8-8　ZnO 生长温度与生长速度的关系(上)和生长温度对在 GaAs(001)衬底上生长的 ZnO 外延层的表面形貌的影响(下)

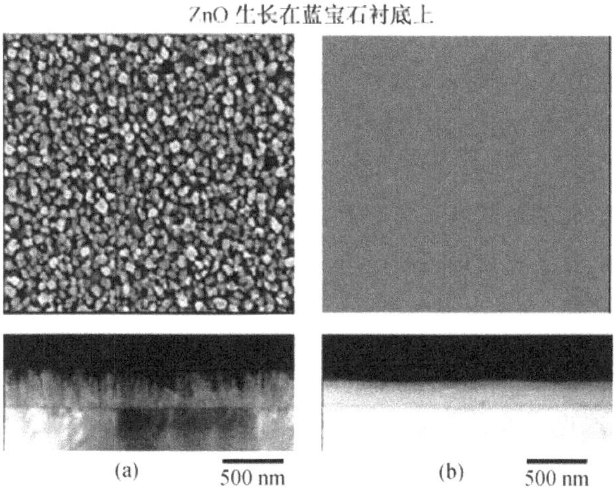

图 8-9　在蓝宝石上两步法生长 ZnO 外延层的 SEM 平面和截面像，源为 DEZn 和 N_2O
(a) 第一步生长温度为 500°C；(b) 第二步生长温度为 800°C

采用 DEZn 和 N_2O 为源，在 ZnO 衬底上生长时使用较高的生长温度(800°C)和高 VI/II 比(100,000)提高了 ZnO 外延层的质量，见图 8-10。可能与高温和高 VI/II 比抑制了氧空位和/或其他缺陷有关。9K 下测量的 3.357 eV 激子发射谱的半高宽已经窄到 0.5 meV[23]。高的生长温度和高的 VI/II 比还改善了外延层的表面形貌。

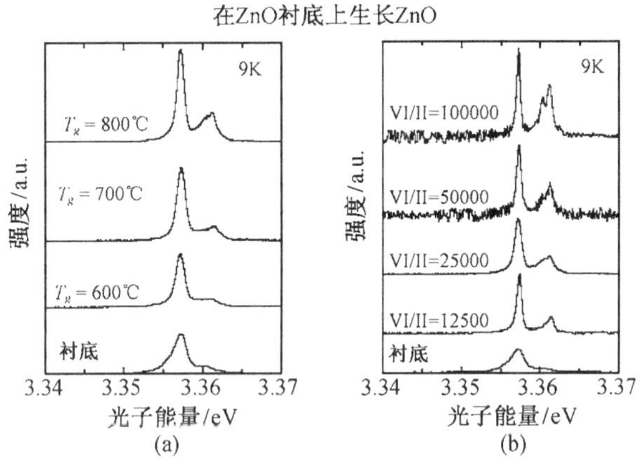

图 8-10　生长温度(T_g)和 VI/II 比对同质 ZnO 外延层低温(9K)PL 谱的影响

(a) 生长温度(T_g)；(b) VI/II 比

在预先生长了 GaN 外延层的 *c* 面蓝宝石复合衬底上生长的 ZnO 也可以得到连续平坦薄膜。采用 DEZn 和 *t*-BuOH 为源在 380°C 生长的 ZnO 外延层其的低温 PL 谱以近带边发射为主，束缚激子 D°X 跃迁的半高宽小于 1meV，表明 ZnO 外延层已经有了较高质量[17]。

在(0001)蓝宝石衬底生长的 *c* 轴取向的 ZnO 与 GaN 类似也存在极性问题。因此在非极性的$(11\bar{2}0)$ *a* 面的 ZnO 衬底上进行同质外延生长因此也引起人们兴趣。采用$(11\bar{2}0)$ ZnO 衬底，以 $Zn(C_5H_7O_2)_2$ 和 O_2 为源，以 N_2 为载气，在 650ºC 温度下生长同质 ZnO 外延层。发现当$(11\bar{2}0)$面的衬底向$[1\bar{1}00]$面偏离 2°~3°时，晶体质量和表面形貌都比正方向的衬底有了显著改进。在低温(5K)PL 谱上，观测到在 3.375~3.378 eV 处的自由激子峰和束缚激子峰[24]。

8.2.2　ZnO 的掺杂

未掺杂的 ZnO 外延层为 n 型($10^{17}cm^{-3}$)，这与氧空位和锌间隙(非化学计量比)导致的自补偿本底电子有关。也可能与体内存在的 H—O 复合体贡献出电子有关[25]　。B、Al、Ga、In 均可以作为 n 型掺杂剂，得到低阻 n 型材料。

然而 p 型 ZnO 的生长却有许多困难：首先 ZnO 材料本底电子浓度必须控制的很低。其次，p 型受主离化能高，同时 ZnO 存在很多本征施主缺陷的形成能很低，如间隙 Zn(Zn_i) 和空位 O(V_O)，其能级分别位于距导带底 0.05eV 和 0.3eV 处，对受主产生高度自补偿作用。再次，掺杂元素在 ZnO 中的溶解度较低。因此，要实现 ZnO 的 p 型掺杂必须选择受主元素在 ZnO 中的掺杂浓度较高、受主能级较浅的杂质，并且抑制 ZnO 中的施主缺陷浓度减少自补偿效应。理论上 ZnO 的 p 型掺杂可以选择 IA 族元素 Li、Na；IB 族元素 Cu、Ag、Au；VA 族元素 N、P、As、Sb 等，掺 Li 的 ZnO 为高阻。Cu 和 Ag 的受主能级很深。N 作为浅受主能级，位于导带底 0.2~0.4eV，在 ZnO 中的溶解度也相对较高。这些因素决定了 N 是最有效的受主掺杂元素。

N_2、UDMHy、TBAm 和 NO 为目前试用的氮源。N_2 需要利用等离子体预先分解，已得到 p 型 ZnO 的空穴浓度为 5.5×10^{15}~$8.3\times10^{17}cm^{-3}$，迁移率为 17.3~3.6 $cm^2/(V·s)$ [26]。UDMHy 由于低分解温度因此被关注[27]。虽然已经从掺 UDMHy 的 ZnO 外延层的低温 PL 谱中观察到来自施主-受主对的发射和电子浓度的降低，然而样品仍然为 n 型。提高 UDMHy 的流速，样品带褐色，电子浓度反而从 $10^{16}cm^{-3}$ 增加到 $10^{18}cm^{-3}$。采用 DiPZn 和特丁醇为 Zn 和 O 源，TBAm 为掺 N 源，发现外延层中的 N 浓度随生长温度的降低(450~350°C)或 VI/II 比的下降(从 60 到 2)而提高，但是仍然为 n 型。用在生长后 500ºC 退火的方法破坏 H 对 N 的钝化效应，仅取得部分成功。观测到退火后 ZnO 外延层 Raman 散射谱的 N—H 振动模式消失和电子浓度的降低，但是样品仍然保持 n 型[28]。以 DEZn 和 NO 为源(NO 既作 N 源又作 O 源)LP-MOVPE 生长 ZnO 时，虽然观察到 N 的并入达到~10^{21} cm^{-3}，但是受主浓度却很低，仅为 10^{14}~10^{17} cm^{-3}。可得到 p 型掺杂的生长温度仅在 400~450°C 之间。最好的样品是在蓝宝石衬底上在上述温度区间生长的，其空穴浓度为 8.36×10^{17} cm^{-3}，Hall 迁移率为 4.55$cm^2/(V·s)$，电阻率为 1.64Ω·cm。低的受主浓度可能是由于来自 MO 源的氢和碳杂质的补偿和钝化效应所致，还需要指出的是掺 NO 和 DEZn 生长的 ZnO 外延层中碳含量比使用 O_2 和 DEZn 生长的不掺杂的 ZnO 层高达 10 倍[29]。

另一种获得 p 型 ZnO 膜方法是在 GaAs 衬底上生长 n 型 ZnO 外延层，然后进行退火，此时 GaAs 衬底中的 As 扩散到 ZnO 层中，As 取代 O 位形成受主在界面形成 p 型 ZnO[30]。有人认为 As 是 ZnO 中最有希望的 p 型掺杂剂。As 在 ZnO 中受主活化能为 119 meV，比 Mg 在 GaN 中受主活化能 215 meV 低很多，有利于得到低阻 p 型 ZnO。用这种方法制备的 p 型 ZnO 样品的载流子浓度可以达到 $7.26\times10^{17}cm^{-3}$，迁移率为 1.24 $cm^2/(V·s)$。用在 InP 为衬底或在掺磷的 Si 衬底上生长 ZnO 再退火的方法，衬底中的 P 扩散到 ZnO 层中，P 取代 O 位形成受主，也能得到 p 型 ZnO 层。然而由于 P 的离子半径为 2.12 Å、As 离子半径为 2.22 Å，与 O 的离子半径 1.38 Å 相差较大，因此 As 或 P 在 ZnO 中的溶解度有限。

当生长 ZnO 时，提供过量的 O_2 以消除 ZnO 的自补偿效应，也可以生长出本征 p 型 ZnO。已报道得到空穴浓度为 $1.59\times10^{16}cm^{-3}$[31]。

需要指出的是即使获得了 p 型 ZnO 外延层，不但空穴浓度低、空穴迁移率低、难于再现生长，而且还不稳定，即在室温存储一段时间，会转变成为 n 型。生长稳定和低阻的 p 型 ZnO 材料仍然是 ZnO 发展的重要课题。已经有报道使用等离子辅助 MBE 在蓝宝石衬底上生长了高空穴浓度的 p 型 ZnO，并且观察到室温下 pn 结型 ZnO LED 的源自 p 型层中施主受主对复合的蓝-紫光发射[32]。

8.2.3 ZnO 基固溶体的 MOVPE 生长

为了发展 ZnO 基异质结器件，宽带隙的 $Mg_xZn_{1-x}O$ 三元固溶体是最引人注目的异质结材料，然而 MgO 是立方相的岩盐结构。但是由于 Mg 离子半径非常接近 Zn 离子，因此 MgZnO 三元固溶体的晶格常数将非常接近 ZnO，并且能在一定组分范围内保持六方结构。图 8-11 为 $Mg_xZn_{1-x}O$ 三元固溶体组成与带隙关系，同时示出晶体结构从六方相向立方相的变化。当 Mg 含量在 0 到 0.37 之间仍然保持六方相结构；当 Mg 含量超过 0.62 转变成立方相；Mg 含量在 0.37~0.62 之间为六方和立方混合相[33]。

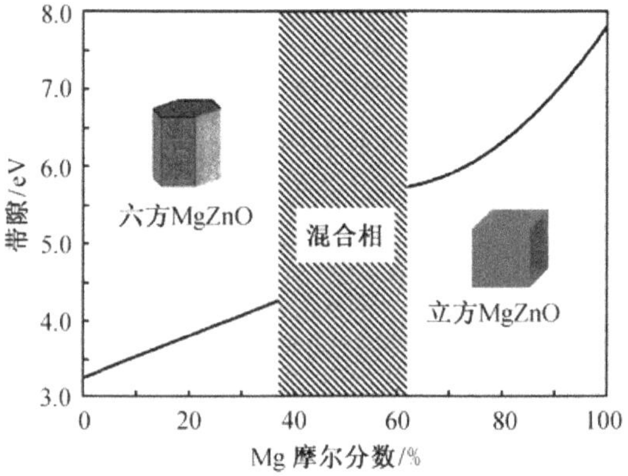

图 8-11　$Mg_xZn_{1-x}O$ 固溶体中 Mg 含量与带隙关系

当 Mg 含量在 0~37%之间为六方相结构；当 Mg 含量超过 62%转变成立方相；Mg 含量在 37%~62%之间为六方和立方混合相

$Mg_xZn_{1-x}O$ 固溶体的 MOVPE 生长与 ZnO 的生长类似，仅需要增加 Mg 源。例如，以 DEZn、 $MeCp_2Mg$ 和 O_2 为源，以 Ar 为载气，在 r 面蓝宝石衬底上生长 $Mg_xZn_{1-x}O$。Mg 的并入依赖于生长温度，在 375°C 以下 Mg 并入的很少，而且不随 $MeCp_2Mg$ 流量增加而增加。在 375°C 以上外延层中 Mg 含量随 $MeCp_2Mg$ 流量增加而线性增加，直到 $x\approx0.3$。最佳生长温度约为 400°C。图 8-12 为 $Mg_xZn_{1-x}O$ 固溶体中 Mg 含量与进入 MOVPE 反应室的气相 Mg/(Mg+Zn)比的关系。典型

$Mg_xZn_{1-x}O$ ($x\leqslant 0.33$)的生长速度为 0.6~0.7 μm/h [34]。在 r 面蓝宝石衬底上生长 $Mg_xZn_{1-x}O$ 仍然为柱状生长模式。采用先沉积 50Å 厚的 ZnO 缓冲层再生长 $Mg_xZn_{1-x}O$ 才能得到平滑而致密的体外延层，并且有助于形成六方相($x\leqslant 0.33$)。当 $x>0.5$，$Mg_xZn_{1-x}O$ 转变为岩盐结构的立方相。

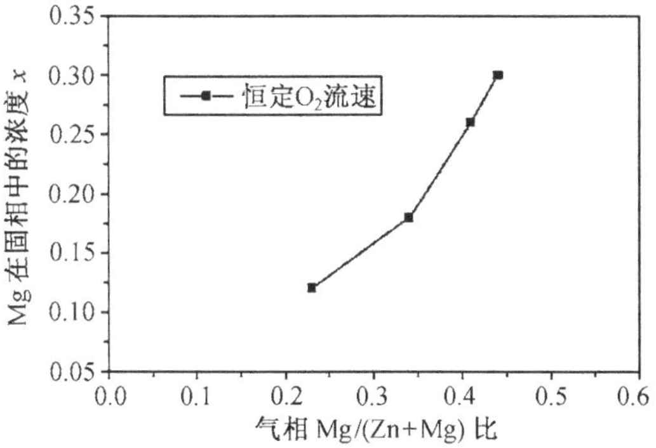

图 8-12　$Mg_xZn_{1-x}O$ 固溶体中 Mg 含量与进入 MOVPE 反应室的气相 Mg/(Mg+Zn)比的关系

源为 DEZn，$MeCp_2Mg$ 和 O_2，生长在 r 面蓝宝石衬底上

在 *c* 面蓝宝石上生长 $Mg_xZn_{1-x}O$ 固溶体，也采用先生长 ZnO 缓冲层的两步生长法，生长温度为 500~650°C，单相区一直到 x=0.49。发现随着 Mg 含量的增高 $Mg_xZn_{1-x}O$ 的 *c* 轴晶格常数缩小，从 x=0 的 5.21Å 到 x=0.49 的 5.14Å，因为 Mg^{2+}(0.78Å)的离子半径略小于 Zn^{2+}(0.83Å)离子。典型 $Mg_xZn_{1-x}O$ 外延层的 X 射线摇摆曲线的半高宽值随 x 值的增加而增加。在 x=0.0，0.11，0.21，0.29 和 0.47 时，分别为 0.046°，0.065°，0.1°，0.2°和 0.2°[35]。

8.3　HgCdTe 的 MOVPE 生长

II-VI 族碲化物为窄禁带材料中，HgTe 具有极其小的带隙[36]。由于带结构的交叠，在 HgCdTe(MCT)中具有零带隙。HgCdTe 成为制作中远红外探测器最重要的半导体材料[37]。它可工作在 8~14 μm (x~0.2)波段、3~5 μm (x~0.3)和 1~3 μm(x~0.6)，其中 8~14 μm 波段应用最广泛。对于 8~14 μm 的红外成像列阵器件，在 1 cm^2 面积上组分变化应小于 ± 0.005。HgTe 的键强度比 CdTe 弱，这可从 HgTe 的标准生成焓 ΔH°_{298} 为−33.9 kJ/mol 而 CdTe 为 −102.6 kJ/mol 看出[38]。正是由于 Hg—Te 键结合较弱，在生长 $Hg_{1-x}Cd_xTe$ 材料时 Cd 强烈地优先于 Hg 并入晶格，因此 $Hg_{1-x}Cd_xTe$ 的组分控制比较困难。当为调节探测器波段而改变 $Hg_{1-x}Cd_xTe$ 中组分 x 时，其晶格常数变化很小，如从 CdTe 变化到 $Hg_{0.8}Cd_{0.2}Te$ 晶格常数仅改变 0.2%。另外，在 $Hg_{1-x}Cd_xTe$ 中掺少量 Zn 或者掺少量的 Se，可以使 $Hg_{1-x}(CdZn)_xTe$ 或 Hg_{1-x}

$Cd_x(Te_{1-y}Se_y)$的晶格常数几乎不变，这就非常适合制备异质结构，满足新型红外探测器的需要。另外，HgTe 和 CdTe 异质结的互扩散系数大，估计在 200°C 高达 10^{-16} cm^2/s。为限制互扩散，可以采用低温、能量辅助 MOVPE 生长工艺，如等离子辅助 MOVPE、光辅助 MOVPE 以及预裂解方法等，也可以采用低分解温度的新源。此外，还利用 HgTe 和 CdTe 异质结的互扩散系数大的特点，发展了生长 MCT 的互扩散多层工艺。

8.3.1　直接合金法

所谓直接合金法 (DAG) 就是直接将含有碲、镉和汞的源材料导入生长区沉积 MCT 的常规的 MOVPE 方法。采用 DMCd 和 DETe 或其他低分解温度有机碲化合物分别作为镉和碲源。Hg 源可以采用 DMHg，但更多采用金属汞。其原因除有机汞毒性很高外，更主要是因为高温生长时需要很高的 Hg 压(>0.05 atm)，危险性更高。而金属 Hg 有足够高的挥发性，在空气中不易氧化，也便于应用。以金属汞为源生长 CdHgTe 的反应室，除衬底需要加热外，上游需有一个加热并且控温的 Hg 舟或特殊设计的 Hg 喷口[39]，在 Hg 舟和衬底之间亦要控温以避免 Hg 的凝结，而下游需要设置 Hg 冷凝收集器，见图 8-13。(a) 为水平式反应室的示意图，图中标示出电阻炉、RF 线圈和水冷套是为了维持上游 Hg 舟、衬底和下游 Hg 冷凝区的温度分布。(b) 为立式反应室的示意图，具有特殊设计的环形 Hg 喷口、衬底面朝下及 Hg 冷凝收集槽。

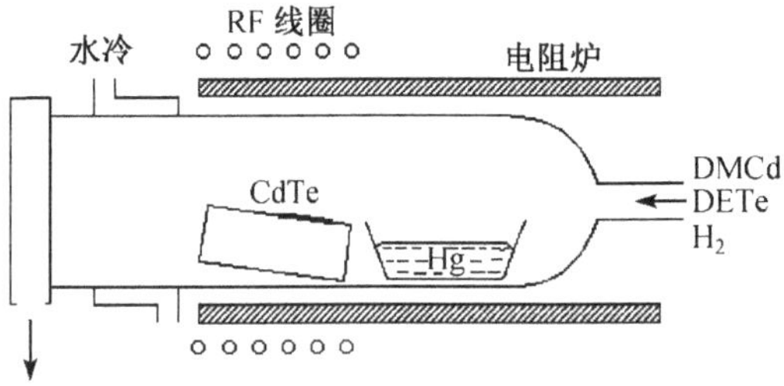

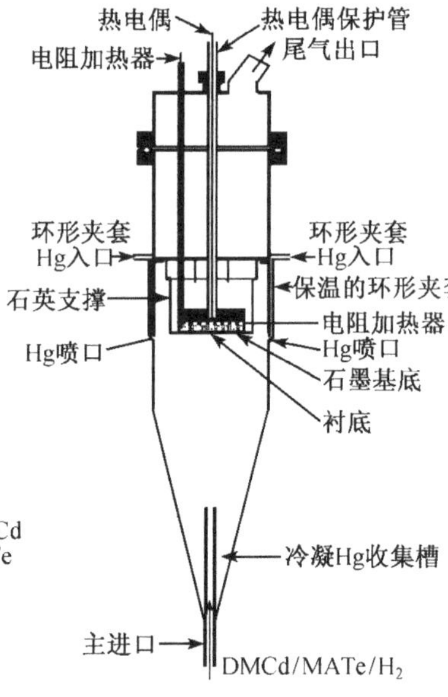

图 8-13　MCT 生长反应室

(a) 水平反应室；(b) 立式反应室

生长 HgCdTe 和 CdTe 的衬底采用 CdTe、GaAs、InP、InSb 或 Si 等。CdTe 外延层与 GaAs 和 InP 衬底的晶格失配分别为 14.7%和 10.5%。然而高质量 CdTe 单晶层可以生长在这些衬底上。在 GaAs 衬底上生长 HgCdTe 时衬底 Ga 会扩散到外延层中，然而采用先生长 CdTe 缓冲层的方法可以抑制 Ga 的扩散[40]。

当用 DETe 和 DMCd 分别作为 Te 和 Cd 源生长 HgCdTe 时，DETe 需在 410°C 才能有效分解，远比 DMCd 的热分解温度高。由于 Hg—Te 键结合较弱使得 Hg 不易并入晶体,在高温生长 HgCdTe 所需的 Hg 分压较高(>0.05 atm)。换言之是在 II/VI 比大于 1 的条件下生长的。高的生长温度还导致产生高浓度的作为受主的 Hg 空位($>10^{17}cm^{-3}$)。而且 400°C 的自扩散系数大，难以生长具有陡峭界面的超晶格结构。为此人们致力于发展更活泼的 Te 源以便降低生长温度。根据在 3.1.2.1 节所讨论的 MO 源分解温度与分子结构之间关系原则，已经发展了一系列 Te 前体。它们在氢气中的开始分解温度(onset temperature)分别是 Me_2Te 为 391°C，Et_2Te 为 318°C，*i*-Pr_2Te (DIPTe)为 266°C，*t*-Bu_2Te (DTBTe)为 236°C [41]。图 8-14 比较了几种 Te 源的特性：实线分别为 *i*-PrTe 和 *t*-Bu_2Te 生长 HgTe 的生长速度与生长温度的关系曲线；虚线分别为 Me_2Te 和 Et_2Te 热分解百分数曲线。DTBTe 的蒸气压偏低，限制了它的应用。DIPTe 成为目前使用最广泛的 Te 源[42]。例如，使用 DIPTe 与 CdTe 源在 337~425°C 生长了 CdTe[43]。其他的低分解温度 Te 源还有二甲基二碲 (DMDTe) 和甲基烯丙基碲 (MATe)。使用 MATe 可以 250°C~350°C 下生长 CdTe 和 HgTe 外延层。

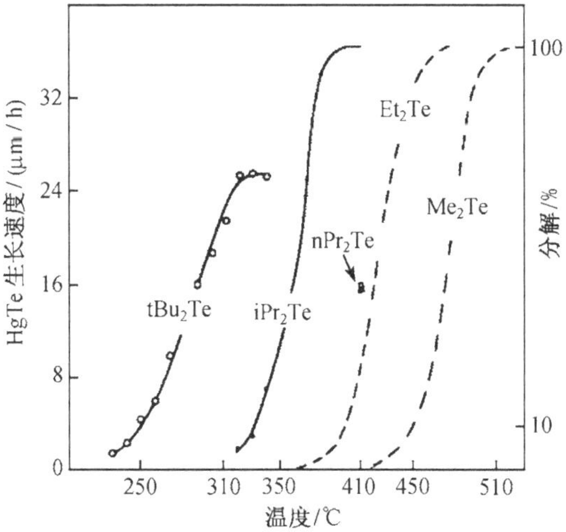

图 8-14　不同 Te 源热分解之比较

实线为 *i*-Pr_2Te 和 *t*-Bu_2Te 生长 HgTe 的生长速度与生长温度的关系曲线；虚线为 Me_2Te 和 Et_2Te 热分解百分数曲线

采用元素 Hg，DMCd 和 DIPTe 分别作为 Hg，Cd 和 Te 源的直接合金法中，

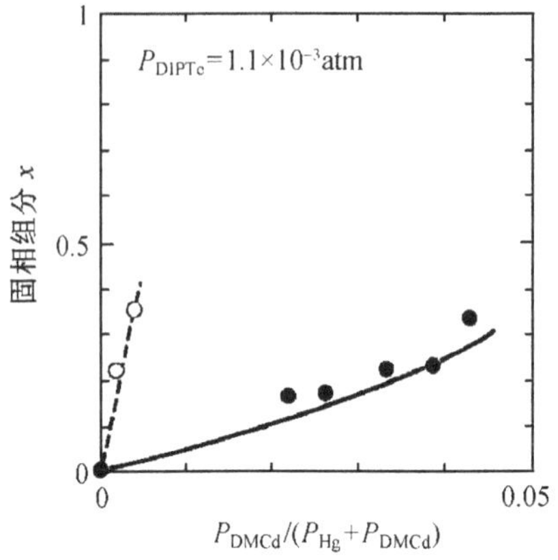

图 8-15　在 380°C 生长的 HgCdTe 组分与气相中 DMCd 分压对总 II 族分压比的关系
●数据点代表采用 LMP-DAG 方法生长的样品；
○点代表采用 DAG 方法生长的样品

DMCd 的少量变化就会引起固相中 Cd 含量的很大变化和生长速度的变化。这使得组分控制十分困难。而“低汞压直接合金法”(LMP-DAG)中 HgCdTe 组分对 DMCd 分压的变化不敏感[44]。与常规直接合金法生长方法所使用的 Hg 分压 3×10^{-2} atm 相比，低 Hg 压直接合金法的 Hg 分压为 5.5×10^{-3} atm，DIPTe 的分压维持在 1×10^{-3} atm。图 8-15 中实线和虚线分别为用 LMP-DAG 法和 DAG 法生长的 HgCdTe 组分与气相中 DMCd 分压对总 II 族分压比的关系，生长温度为 380°C。LMP-DAG 方法中 HgCdTe 组分对 DMCd 分压的变化没有 DAG 法敏感。LMP-DAG 方法生长的外延层均匀性更好，而且还发现外延层的位错密度也降低了。在 4.2.4.7 节对 HgCdTe 的热力学分析中已经指出“低汞压直接合金方法”实际上把 II/VI 比从 30 下降到约为 8.5。当 II/VI 比接近 1(或小于 1)时，Cd 的分布系数也接近 1，因此可以改善 HgCdTe 外延层的均匀性。

直接合金法不会产生失配位错，较易满足新型器件结构需要的陡峭界面和纵向均匀掺杂要求，因而近年来重又引起注意。改善衬底温度均匀性，精确控制各反应剂特别是 DMCd 的分压，可在直径为 2in 的 GaAs 衬底的 1in 中心区得到 x=0.2±0.01 的外延层[45]。采用 DIPTe 为碲源降低生长温度到 380°C 甚至 300°C，或者在降低生长温度的同时降低 Hg 分压到 5.5×10^{-3}atm，均可改进 DAG 法生长 HgCdTe 的组分均匀性。低生长温度还有利于降低 Hg 空位浓度。

其他降低生长温度的途径是使用能量辅助工艺，包括等离子体增强 MOVPE、预裂解工艺和光增强 MOVPE。等离子体增强 MOVPE 可以在 85°C 的低温下生长 HgTe，在 150°C 下生长 HgTe/CdTe 超晶格，然而有 C 沾污和衬底表面被等离子体破坏的问题，并且难于在大面积衬底上生长均匀层。预裂解工艺是使 Te 源或所有的源都先经过高温预裂解，再抵达处于较低温度的衬底进行生长。例如，以 DETe、DMHg 和 DMCd 为源，在氢气运载下 DETe 和 DMHg 经过 400~500°C 的高温预裂解，而 DMCd 不经热裂解，分别通入压力为 600Torr 的反应室，在 225°C 的 CdTe 衬底上生长出 $Hg_{1-x}Cd_xTe$ ($0.1<x<0.6$)薄膜[46]。低生长温度有利于得到陡峭结构，然而沿气流方向的热梯度造成已裂解品种的耗尽，影响外延层厚度和组分的不均匀性[47]。

光辅助 MOVPE 生长 HgCdTe 的优点是不仅降低了生长温度，改善了掺杂效率和晶体质量，并且可以分别单独地控制衬底温度和反应剂的分解[38,48]。在 CdTe 衬底上，以 DMHg、DMCd 和 DMTe 为源，采用 ArF 准分子激光器波长的 193nm 光束经柱面透镜形成平行光，平行通过衬底表面的气相区域，在 150°C 下生长了 HgCdTe(参见第 2 章的图 2-12)。与光辅助 MOVPE 生长 ZnSe 的光催化机制不同，光辅助 MOVPE 生长 HgCdTe 是光分解增强机制，只有入射波长在源分子的吸收区内才有效，如上述的 193nm [49]。当采用 Hg、DMCd、DETe 或 i-Pr_2Te 源时，光辅助 MOVPE 生长 HgTe 和 CdTe 外延层的生长温度分别降到 100 和 150°C。HgTe 和 CdTe 的生长速度均达到 1.5 μm/h。当生长温度为 100°C 时，在 HgTe 和 CdTe 外延层中均检测到含有来自 Te 源的碳氢化合物的吸收峰，但是在 150°C 生长时，这些峰消失，X 射线衍射数据和霍耳测量均证明 HgTe 和 CdTe 外延层的质量很好[50]。

8.3.2　互扩散多层工艺

实验和热力学分析均指出，当 DMCd 分压等于或大于 DETe 分压时，尽管存在过量的 Hg 蒸汽也只沉积 CdTe。正是基于这一生长特性并利用了 Cd 和 Hg 扩散系数大的特点，提出了互扩散多层工艺(IDP)[51]。该法是在各自最佳条件下交替生长 HgTe 和 CdTe 薄层，如 45nm HgTe 层和 12 nm CdTe 层，然后在生长温度下原位退火，通过互扩散均匀化得到 $Hg_{1-x}Cd_xTe$ 固溶体。其 x 值取决于 CdTe 层和 HgTe 层的厚度比。以 Hg、DMCd 和 DETe 为源时，生长温度为 410°C。而用 DIPTe 代替 DETe 时，则可在 350°C 低温生长。此法极大地改进了横向组分均匀性，已得到组分均匀性为 0.4%的直径为 1in 的外延片。IDP 方法的不足之处是由于 HgTe 与 CdTe 的晶格失配为 0.3%，如果每个单层的厚度超过临界厚度(~150 nm)时，在 CdTe-HgTe 界面处将产生失配位错。为了更好控制 IDP 过程可以采用激光反射在位监控生长全过程，包括在 GaAs 衬底上生长缓冲层和 CdTe/HgTe 层的生长[52]。表 8-2 中三种生长方法生长的 $Hg_{0.8}Cd_{0.2}Te$ 外延层 X 射线摇摆曲线半高宽和 77 K 温度下测量的霍尔效应数据比较[44]。

表 8-2　三种生长方法生长的 $Hg_{0.8}Cd_{0.2}Te$ 外延层 X 射线摇摆曲线半高宽和 77 K 温度下测量的霍尔效应数据比较

生长方法	X 射线摇摆曲线半高宽/″	霍尔系数 /(cm^3/C)	载流子浓度 p/cm^{-3}	迁移率 /[cm^2/(V·s)]
LMP-DAG	44	1820	3.5×10^{15}	520
DAG	68	205	3.1×10^{16}	410
IMP	152	243	2.6×10^{16}	220

8.3.3　掺杂

由于存在汞空位，非故意掺杂 $Hg_{1-x}Cd_xTe$ 材料总呈 p 型。TEIn 或 TMIn 用做

n 型掺杂剂[45]。掺杂浓度可以很好控制在 2×10^{16} 到 5×10^{18} cm^{-3}。饱和浓度在 5×10^{18} cm^{-3},由于在外延层中生成了 In_2Te_3 颗粒沉淀所致。在生长时降低 Hg 压有利于 In 的并入。碘也用于 n 型掺杂剂。采用液态乙基碘 (EI)源，利用双稀释方法，可以将外延层中的 I 浓度控制在 10^{14} 到~5×10^{18} cm^{-3} [53]。而使用低蒸气压的 2MePrI(2-methylpropyl iodide)则更为方便。在生长时升高 Hg 压有利于获得高浓度 n 型材料。

对于 $Hg_{1-x}Cd_xTe$ 材料的 p 型掺杂元素使用 As。早期曾使用 AsH_3 做 p 型掺杂剂，现在则用低毒性的 DMAAs 或 TBAs 为 p 型掺杂剂。鉴于掺 DMAAs 的 $Hg_{0.7}Cd_{0.3}Te$ 外延层的少数载流子寿命长于掺 TBAs 的样品。DMAAs 的蒸气压低于 TBAs 的蒸气压(在 15°C 低两个数量级)，因此更适合做掺杂剂。其最大的掺杂浓度可以达到高 10^{17} cm^{-3}。有趣的是 $Hg_{1-x}Cd_xTe$ 的 x 值随掺 As 浓度的提高而降低。因此需要在掺砷的同时提高 DMCd 的流量，以保持 x 值不变[45]。

掺杂浓度与衬底取向偏离有关，正(100)面的碘浓度最低，(211)B 面最高。当(100)向(211)B 偏离 4°~8°时，碘的浓度从正(100)面的 $10^{16}cm^{-3}$ 增加到(211)B 面的 $10^{18}cm^{-3}$[53]。在(211)B 面生长的 $Hg_{1-x}Cd_xTe$ 还具有晶体质量高、无孪晶以及表面生长丘少的优点。

在用互扩散多层工艺生长 $Hg_{1-x}Cd_xTe$ 时，无论是掺 DMAAs 还是掺 EI，都要在生长 CdTe 层的周期进行，因为 Cd/Te 比可以控制的更精确。

参 考 文 献

[1] Giapis K P, Lu D C, Jensen K F. High quality epitaxial ZnSe and the relationship between electron mobility and photoluminescence characteristics. Appl Phys Letter, 1989, 54: 353-355.

[2] Jones A C, Wriht P J, Cockayne B. Precursors for II–VI semiconductors: requirements and developments. J Crystal Growth, 1991, 107: 297-308.

[3] Kuhn W, Naumov A, Stanzl H, et al. Low temperature MOVPE growth of ZnSe with ditertiarybutylselenide. J Crystal Growth, 1992, 123: 605-610.

[4] Fujita Y. The reaction mechanisms for precursors in photo-assisted metalorganic –vapor -phase epitaxy growth of ZnSe. J Cryst Growth, 2000, 221: 382-387.

[5] Fujita S, Fujita S. Growth and characterization of ZnSe-based II-VI semiconductors by MOVPE//Gunshor R L. Semiconductors and semimetals. Academic Press, 1997, Vol. 44: II-VI semiconductor bule green emitters.

[6] Nakamura S, Takagimoto S, Ando T, et al. Optical and structural properties of high-quality ZnS epitaxial layers grown on GaAs substrates by low-pressure metalorganic chemical vapor deposition. J Crystal Growth, 2000, 221: 388-392.

[7] Lovergine N, Traversa M, Prete P, et al. MOVPE growth and characterization of ZnTe epilayers on (100) ZnTe:P substrates. J Crystal Growth, 2003, 248: 37-42.

[8] Kume Y, Guo Q, Tanaka T, et al. Low-pressure metalorganic vapor phase epitaxy growth of ZnTe. J Crystal Growth 2007, 298: 441-444.

[9] Bao K X, Mo R, Zhang X G, et al. Compositional control of $Cd_xZn_{1-x}Se$ grown by photo-assisted OMVPE. J. Cryst. Growth, 1997, 170: 497-502.

[10] Prete P, Lovergine N, Di Luccio T, et al. Structural characterization of ZnSe/ZnMgSe MQWs grown on (100) GaAs by low pressure MOVPE. J Crystal Growth, 2003, 248: 56–61.

[11] Saito K, Yamashita T, Kouno D, et al. Growth characteristics of ZnMgTe layer on ZnTe substrate by metalorganic vapor phase epitaxy. J Crystal Growth 2007, 298: 449–452.

[12] Toda A, Nakamura F, Yanashima K, Ishibashi A. Blue-green laser diode grown by photo-assisted MOCVD. J Cryst Growth, 1997, 170: 461-466.

[13] Kamata A, Yoshida H, Chichibu S, Nakanishi H. Growth and doping characteristics of ZnSeTe epilayers by MOCVD. J Crystal Growth, 1997, 170: 518-522.

[14] Matthias Strassburg, Martin Strassburg, Schulz O, et al. Growth and p-type doping of ZnSeTe on InP. J Cryst Growth, 2003, 248: 50-55.

[15] Yanashima K, Koyanagi K, Hara K, et al. MOVPE growth of p-type ZnSe using dimethylaminolithium as the dopant. J Crystal Growth, 1997, 124: 616-619.

[16] Fujita Sz, Asano T, Maehara K, et al. Photo-assisted metalorganic vapor-phase epitaxy for nitrogen doping and fabrication of blue-green light emitting devices of ZnSe-based semiconductors. J Cryst Growth, 1994, 138: 737-744.

[17] Waag A, Gruber Th, Thonke K, et al. ZnO metal–organic vapor phase epitaxy: present state and prospective applications. J Alloys and Compounds, 2004, 371: 77-81.

[18] Fujita Y, Nakai R. Growth of ZnO films by MOVPE using diisopropylzinc and alcohols. J Crystal Growth, 2004, 272: 795-799.

[19] Ye J, Gu S, Zhu S, et al. Comparative study of diethylzinc and dimethylzinc for the growth of ZnO. J Cryst Growth, 2005, 274: 489-494.

[20] Kirchner C, Gruber Th, Reu F, et al. MOVPE growth of ZnO using various oxygen precursors. J Crystal Growth, 2003, 248: 20-24.

[21] Oleynik N, Adam M, Krtschil A, et al. MOCVD of ZnO with different O-precursors. J Crystal Growth, 2003, 248: 14-19.

[22] Bang K H, Hwang D K, et al. Effects of growth temperature on the properties of ZnO/GaAs prepared by metalorganic chemical vapor deposition. J Crystal Growth 2003, 250: 437-443.

[23] Ogata K, Maejima K, Fujita Sz, Fujita Sg. Growth mode control of ZnO toward nanorod structures or high-quality layered structures by MOVPE. J Crystal Growth, 2003, 248: 25-30.

[24] Abea T, Kashiwabab Y, Onoderab S, et al. Homoepitaxial growth of non-polar ZnO $(11\bar{2}0)$ films on off-angle ZnO substrates by MOCVD. J Crystal Growth, 2007, 298: 457-460.

[25] Ven de Walle C G. Hydrogen as a cause of doping in Zinc oxide. Phys Rev Lett, 2000, 85: 1012-1015.

[26] Du G, Ma Y, Zhang Y, Yang T. Preparation of intrinsic and N-doped P-type ZnO thin films by MOVPE. Appl Phys Lett, 2005, 87: 213103.

[27] Dadgar A, Oleynik N, Blasing J, et al. Heteroepitaxy and nitrogen doping of high-quality ZnO. J Crystal Growth, 2004, 272: 800-804.

[28] Kumar O S, Watanabe E, Nakai R. Growth of nitrogen-doped ZnO films by MOVPE using diisopropylzinc and tertiary-butanol. J Cryst Growth, 2007, 298: 491-494.

[29] Li X, Asher S E, Limpijumnong S, et al. Impurity effects in ZnO and nitrogen-doped ZnO thin

films fabricated by MOCVD. J Cryst Growth, 2006, 287:94-100.

[30] Ryu Y R, Zhu S, Look D C, et al. Synthesis of p-type ZnO films. J Cryst Growth, 2000, 216: 330-334.

[31] Du G, Ma Y, Zhang Y, Yang T. Preparation of intrinsic and N-doped p-type ZnO thin films by metalorganic vapor phase epitaxy. Appl Phys Lett, 2005, 87: 213103.

[32] Wei Z P, Lu Y M, Liao C D, et al. Room temperature p-n ZnO blue-violet LED. Appl Phys Lett, 2007, 90: 042113.

[33] Yang W, Hullavarad S S, Nagaraj B, et al. Compositionally-tuned epitaxial cubic $Mg_xZn_{1-x}O$ on Si (100) for deep ultraviolet photodetectors. Appl Phys Lett, 2003, 82: 3424-3426.

[34] Muthukumar S, Chen Y, Zhong J, et al. MOCVD and Characterizations of Epitaxial $Mg_xZn_{1-x}O$ ($0 \leqslant x \leqslant 0.33$) Films on r-sapphire Substrates. J Cryst Growth, 2004, 261: 316-323.

[35] Park W I, Yiand Gyu-Chul, Jang H M. Metalorganic vapor-phase epitaxial growth and photoluminescent properties of $Zn_{1-x}Mg_xO$ ($0 \leqslant x \leqslant 0.49$) thin films. Appl Phys Lett, 2001, 79: 2022-2024.

[36] 褚君浩. 窄禁带半导体物理学. 北京：科学出版社，2005.

[37] Irvine S J C, Mullin J B. The growth by MOVPE and characterization of $Hg_{1-x}Cd_xTe$. J Cryst Growth, 1981, 55: 107-115.

[38] Triboulet R. MOVPE of narrow band gap II-VI materials. J Crystal Growth, 1991, 107: 598-604.

[39] Hahn S R, Parsons J D. Direct growth of $Hg_{1-x}Cd_xTe$ alloys in a cold-wall, annular reactant inlet inverted-vertical OMVPE reactor at 300°C. J Cryst Growth, 1993, 134: 90-96S.

[40] Irvine S J C, Mullin J B, Giess J, Gough J S, Royle A, Crimes G. Recent development in the pyrolytic and photolytic deposition of (Cd,Hg)Te and related II-VI materials. J Cryst Growth, 1988, 93: 732-743.

[41] Jackson D A, Jr. Influence of carrier gases on pyrolysis of organometallies. J Cryst Growth, 1989, 94: 459-468.

[42] Mcqueen A E D, Culshaw P N, Walton J C, et al. Synthesis and decomposition studies of dialkyltellurides of type RTeR. J Crystal Growth, 1991, 107: 325-330.

[43] Yang K, Sides P J, Gellman A J. The morphology of CdTe deposited by OMVPE: the effect of substrate misorinetation. J Electron Mater, 1997, 26: 1261-1264.

[44] Shigenaka K, Uemoto T, Sugiura L, et al. HgCdTe epitaxial layers grown by low mercury partial pressure MOCVD and extended defect characterization. J Cryst Growth, 1992, 117: 37-43.

[45] Bhat I B. Recent advances in the organometallic vapor phase epitaxial growth of HgCdTe by the direct alloy growth process. J Crystal Growth, 1992, 117: 1-9.

[46] Lu P Y, Williams L M, Chu S N G, Stiles C M. Epitaxial $Hg_{1-x}Cd_xTe$ growth by low-temperature MOCVD. Appl Phys Lett, 1986, 49:1372-1374.

[47] Lu P Y, Williams L M, Chu S N G, Ross M H. Device quality $Hg_{1-x}Cd_xTe$ material by low-temperature precracking metalorganic chemical vapor deposition. Appl Phys Lett, 1989, 54: 2021.

[48] Morris B J. Photochemical organometallic vapor phase epitaxy of mercury cadmium telluride. Appl Phys Let, 1986, 48: 867-869.

[49] Triboulet R. MOVPE of narrow band gap II-VI materials. J Crystal Growth, 1991, 107: 598-604.

[50] Fujita Y, Terada T, Fujita S, Iuchi T. Reaction measurements and growth of HgTe/CdTe by photo-assisted MOCVD using an excimer laser. J Cryst Growth, 1991, 107: 621-625.

[51] Tunnicliffe J, Irvine S J C, Dosser O D, Mullin J B. A new MOVPE technique for the growth of highly uniform CMT. J Crystal Growth, 1984, 68: 245-253.

[52] Irvine S J C, Bajaj J, Sankur H O. Complete in situ laser monitoring of MOCVD HgCdTe/CdTe/ZnTe growth onto GaAs substrate. J Cryst Growth, 1992, 124: 654-663.

[53] Mitra P, Case F C, Reine M B, Starr R, Weiler M H. Doping in MOVPE of HgCdTe: orientation effects and growth of high performance IR photodiodes. J Cryst Growth, 1997, 170: 542-548.

第 9 章　低维半导体材料的 MOVPE 生长

低维半导体材料是一类人工设计的新型功能材料，包括量子阱(QW)、量子线(QL)和量子点(QD)材料等。它们共同的特点是电子在一个或几个方向上的运动被限制在德布罗意波长 (10nm 量级)或平均自由程尺度的空间内，其相应的运动状态必须采用量子力学进行描述。在量子阱材料中，电子沿生长方向的运动受到限制，沿该方向的能量发生量子化，而在生长平面内的运动仍然是自由的，每一个量子态内的载流子形成一个二维体系，因此它也被称为二维材料。量子线是一种一维结构，电子仅在一个方向上可以自由运动；量子点则是零维材料，电子在三个方向上的运动都受到了限制，相应的电子能量在三个方向上都是量子化的[1]。

电子运动状态由三维到二维、一维至零维，使电子态密度分布发生了重大变化：从三维的抛物线连续分布，到二维的阶梯形分布、一维的带拖尾的尖峰锯齿状分布、到零维的离散δ函数分布，见图 9-1。正是由于特有的电子态密度分布，才使它们具有许多体材料所没有的、物理内涵十分丰富的新效应，如量子尺寸效应、量子隧穿效应、库仑阻塞效应、量子干涉效应、多体相关和非线性光学效应以及表面、界面效应等，随着材料维度的降低和材料特征尺寸的减小，这些效应表现得越来越明显。以这些新效应为基础，已经制备出了一系列比传统半导体器件的性能更为优越的新型量子器件。在未来的纳米电子学、光子学和光电集成等方面有重要的应用前景。

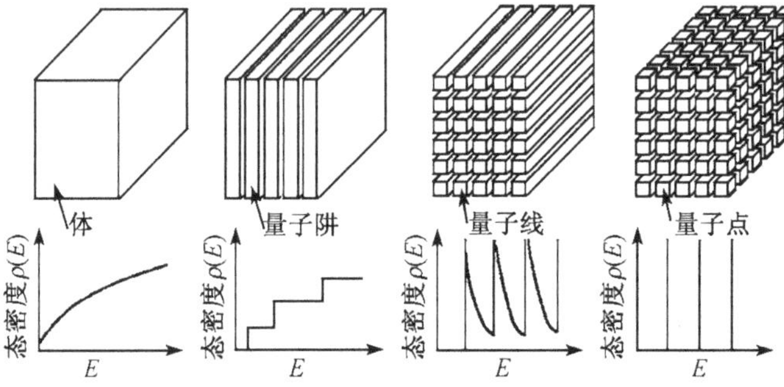

图 9-1 不同维度结构和电子态密度分布对比示意图
(三维：体材料；二维：量子阱；一维：量子线；零维：量子点)

低维半导体结构的发展在很大程度上依赖于先进的材料生长技术和精细的加工工艺。MBE 和 MOVPE 技术不仅能生长超薄层，而且能够制备出接近原子陡峭和无缺陷的界面，成为生长超晶格和量子阱、量子线和量子点结构的主要手段。

9.1　量子阱结构的 MOVPE 生长

量子阱(QW)结构需要生长层厚为几百埃乃至单分子层的薄层。超薄层生长主要是精确地控制厚度和界面质量。原则上讲，利用调节生长速度和控制生长时间就可以获得所需要的任意厚度的薄层。实际上 MOVPE 所能生长的薄层厚度被异质界面质量所控制。界面质量包括组分变化的陡峭度、界面平坦度和界面缺陷密度等。

界面平坦度不仅与衬底取向和表面制备有关，而且与外延层的生长成核机构有关。成核机构取决于形成异质界面的两种材料自身的性质以及生长条件。为获得平坦的界面，需要在台阶流或层-层生长模式下进行生长。如第 6 章 6.2 节所述，采用比较高的生长温度和比较低的生长速度有利于实现 2D 生长。低的生长速度还可以更好地控制薄层的厚度。

异质结组分的陡峭度则受到下列因素的影响：首先是在生长相邻层时要做到生长表面的气相成分突变。如果气相中生长当前外延层所使用的源未被彻底置换就可能遗留到后续生长层中，并且在界面处形成组分梯度薄层。即使在良好设计的生长系统和合适的生长条件下(参见第 2 章)，由于先后进入反应室的反应剂可以通过气相扩散相互混合，以及器壁和基座表面的吸附和脱附等均可造成反应剂的存储，影响气相成分的突变。为了改善异质界面的陡峭程度，广泛采“生长中断”技术，即在生长相邻层时中断生长若干秒，以等待气相成分彻底转变后，再重新开始生长[2,3]。其次是新的气相与原来固相最顶层几层原子之间是否会发生交换反应。这与材料本身的化学性质和生长异质结构中进入反应室的反应剂有关。第三是异质结生长后固相的内扩散，这主要与生长温度和在高温停留的时间长短有关。

界面缺陷密度主要是指异质界面晶格失配可能引起的失配位错，这在生长应变量子阱时尤其需要注意，将在 9.1.2 节中讨论。

量子阱和超晶格的表征可分为两个方面：一是用透射电子显微镜(TEM)、扫描电子显微镜(SEM)、扫描隧道电流显微镜(STM)、原子力显微镜(AFM)、X 射线衍射(XRD)等进行结构表征；二是用光荧光(PL)、光激发谱(PLE)、光电导(PC)、吸收谱(AS)、光电流谱和阴极荧光(CL)等来研究 QW 和 SL 的光学性质。另外，反射差分谱(RDS)可用于量子阱和超晶格生长时的 SK 生长模式等的在位监测[4]。

由于量子阱和超晶格结构材料众多，这里仅选取几个典型的量子阱的 MOVPE 生长进行讨论。

9.1.1　晶格匹配量子阱结构的 MOVPE 生长

9.1.1.1　GaAs/AlGaAs QW

AlAs 与 GaAs 的晶格常数接近(两者相差小于 0.14%)，一般在生长 GaAs/AlGaAs

QW 或 SL 时无须考虑会产生失配位错问题。由于在 MOVPE 生长 GaAs/AlGaAs 时，通常使用 TMGa、TEGa、TMAl 和 AsH_3 为源，只需要切换一种 TMAl 源。即在生长 GaAs 势阱时，将携带 TMAl 的气流切到放空线；在生长 AlGaAs 势垒时，将携带 TMAl 的气流切到生长线。

Duipis 等[5] 在(100)GaAs 衬底上生长了具有多个不同阱宽的 GaAs/$Al_xGa_{1-x}As$ 量子阱结构。其阱宽在 6~31 单层(monolayer,·ML)之间，$Al_xGa_{1-x}As$ 垒的 Al 组分为 $0.22<x<0.30$，垒宽固定在 30nm。用量子阱的 PL 谱线半高宽表征量子阱的质量。生长是在 60Torr 的低压 MOVPE 反应室中，以 TMGa、TMAl 和 AsH_3 为源进行的。分别研究了 V/III 比(25~120)、生长温度(700~800°C)、生长中断(0~120s)和生长速度(0.5~1 ML/s)对量子阱光荧光半高宽的影响。他们发现在高的 V/III 比(~120)的条件下，阱宽较大的 PL 谱线的半高宽比较窄，其原因是 PL 谱线的半高宽与阱中杂质(包括施主和受主)有关，高的 V/III 比减少了杂质 C 的并入。还发现在 750~780°C 生长的 GaAs/GaAlAs 量子阱 PL 谱的半高宽最小。这是因为生长 AlGaAs 垒层时需要较高的生长温度。当生长中断时间分别为 0s，6s，30s，60s 和 120s 对 PL 谱线半高宽的影响并不特别强烈，而以两个界面都用 6s 生长中断时间最好。在生长中断时仅需要中断 III 族源的供应若干秒，等待气相成分完全改变。在此期间仍然需要维持 V 族分压以保护表面不致分解。

为研究生长速度的影响，在生长温度为 750°C、生长中断时间 6s、$Al_xGa_{1-x}As$ 垒的 x=0.3 条件下，采用降低 TMGa 和 TMAl 分压的方法将生长速度降低到 1 ML/s 和 0.5 ML/s(通常 GaAs 的生长速度为 5~10 ML/s)。结果表明降低生长速度，显著改善了窄阱(<15 ML)的 PL 谱的半高宽，而对宽阱几乎没有影响，见图 9-2。窄阱改善的原因可能是由于表面的品种在并入晶格和被下一个单层覆盖之前，有更长的时间移动到扭折位置上，使表面平滑。

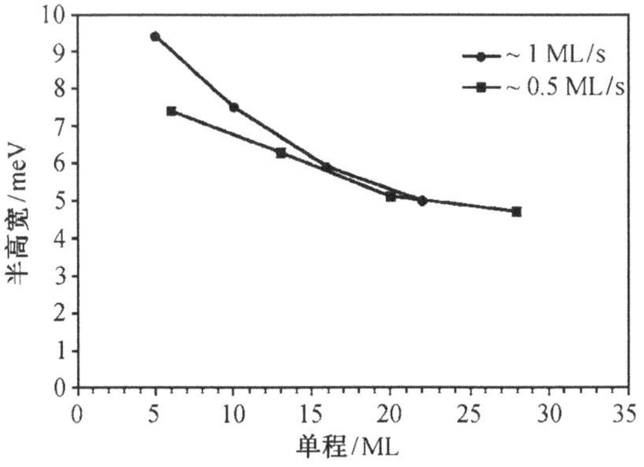

图 9-2　不同阱宽的 GaAs/AlGaAs 量子阱的 PL 谱的半高宽

●生长速度~1 ML/s；■生长速度~0.5 ML/s

图 9-3 示出了阱宽分别为 6 ML、14 ML、21 ML 和 28 ML 的多个 GaAs/GaAlAs 量子阱结构光荧光谱的例子。6 ML 阱宽的 PL 谱线半高宽低至 6.3 meV，可与任何其他技术包括 MBE 生长的结果相比[5]。由于量子尺寸效应，阱宽为 6 ML 的 GaAs 量子阱的发光峰能量已经移到 1.7647 eV。发光峰能量也与 $Ga_{1-x}Al_xAs$ 垒 Al 含量有关，Al 含量越高，量子尺寸效应移动的值越大。

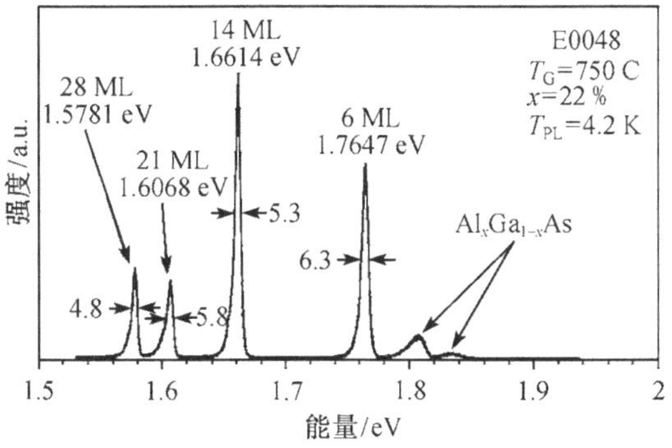

图 9-3 四个不同阱宽的 $GaAs/Al_{0.22}Ga_{0.78}As$ 量子阱的 4.2K PL 谱，生长温度 750°C

由于生长 GaAs 的最佳生长温度与 GaAlAs(包括 AlAs)的最佳生长温度不同，为此 GaAs/GaAlAs 量子阱也可以在不同的温度下生长。例如，在 640°C 下生长 GaAs，在 700°C 下生长 GaAlAs[6]。调整温度时中断生长，保持 AsH_3 流量不变以保护外延层表面不致分解。

9.1.1.2 InGaAs(P)/InP QW

GaInAs(P)/InP QW 材料的发射和接收波长由于量子尺寸效应可以从 1.6μm 一直改变到 1.1μm，覆盖了长波长光纤通信的 1.3μm 和 1.55μm 两个窗口。在 InP 衬底上，GaInAs(P)/InP 量子阱的生长通常以 TMGa、TMIn、AsH_3 和 PH_3 为源。生长 GaInAs(P)/InP QW 要求精确控制 GaInAs(P)势阱组分使之与 InP 晶格相匹配，以避免界面处产生失配位错。TMIn 在反应室内沿气流方向的耗尽以及 As/P 并入的差别，增加了 GaInAs(P)层的厚度以及组分控制的难度。更为困难的是在生长异质界面时要同时切换进入反应管的 III 族和 V 族的反应剂，如果不采用生长中断，在异质结界面处可能出现 InAsP 或 GaInAsP 的夹层[3]。图 9-4 示出 GaInAs/InP 量子阱结构生长时的气体开关顺序。t_{1A} 和 t_{1B} 为 InP 垒到 GaInAs 阱切换时的生长中断时间，t_{2A} 和 t_{2B} 为 GaInAs 阱到 InP 垒切换时的生长中断时间。其中 t_{1A} 为 InP 暴露在 PH_3 气氛中的时间，为了稳定 InP 表面，避免残留在反应室内的 TMIn 在表面形成 In 滴。t_{1B} 为 InP 暴露在 AsH_3 气氛中的时间，以消除 PH_3 的存储效应，如果 t_{1B}=0，则反应室内残留的 PH_3 将进入 GaInAs 阱中，将会出现不希望的 GaInAsP 夹层。采用的生长中断时间取决于生长系统和生长条件。对于好的反应系统，t_{1B} =0.5s，就

可以消除 PH_3 的存储效应。反之，过长的 t_{1B} 则会使 InP 表面与气相 AsH_3 发生 P/As 的交换反应，使已生长的 InP 顶层转变为 InAsP。在生长 GaInAs 势阱之后，为了得到好的 GaInAs 表面，t_{2A} 必须大于 0，否则 GaInAs 表面与 PH_3 发生 As/P 的交换反应，使 GaInAs 顶层出现 GaInAsP 夹层，并且使界面变得粗糙。如果 t_{2B} 为 0，As 则进入 InP 势垒层，使有效阱宽增加，光荧光波长向长波方向移动[3]。至此我们可以看出 InP →GaInAs 界面与 GaInAs→InP 界面是不同的。这从图 9-5 的 $In_{0.53}Ga_{0.47}As$/InP 多量子阱结构的透射电子显微镜断面像中很容易观察到[7]。图中(a) 为暗场像(g=002)；(b) 为单量子阱的[110]高分辨晶格像。

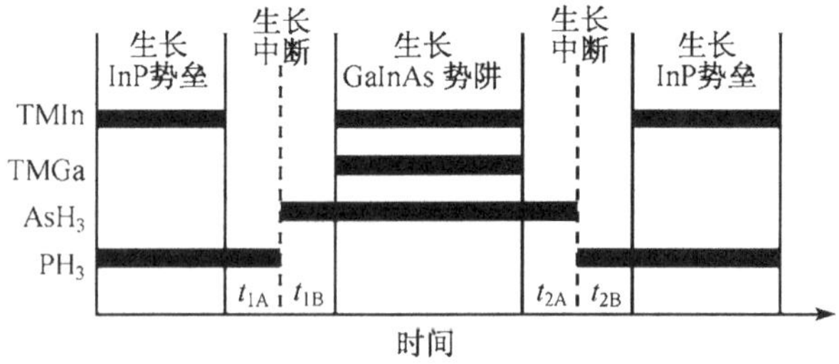

图 9-4　GaInAs/InP 量子阱结构生长时的气体开关顺序示意图

水平粗实线表示该种气体通入反应室

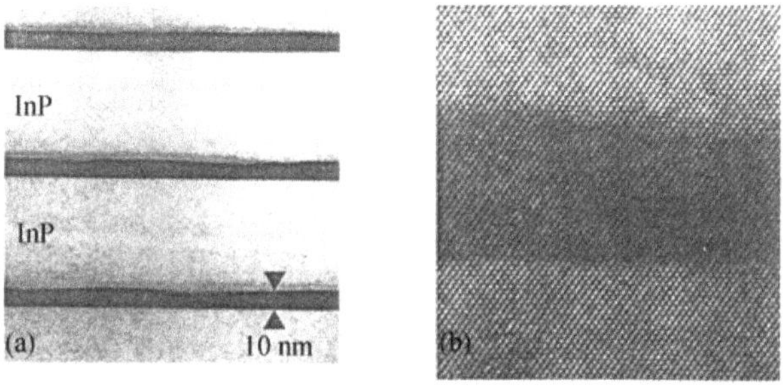

图 9-5　$In_{0.53}Ga_{0.47}As$/InP 多量子阱结构的透射电子显微镜断面像

(a) 暗场像(g=002)；(b) 单量子阱的[110]高分辨晶格像

Kamei 等指出[4] 生长 $In_{0.53}Ga_{0.47}As$/InP 多量子阱结构时，当在 InP 势垒上生长 GaInAs 势阱时，InP 表面与 AsH_3 接触时发生的 P 被 As 置换反应，在 600°C 下 0.5 秒(t_{1B} =0.5s)之内就完成了表面层的 P/As 置换。而在 GaInAs 势阱上生长 InP 势垒时，GaInAs 表面发生 As 被 PH_3 中的 P 置换，但是其置换速度比 As 被 P 速度慢得多，并且置换仅仅限于表面一层 As 原子，这使得 GaInAs 阱减少了一个单层。

图 9-6 示出四个单量子阱的 GaInAs/InP QW 结构的低温光荧光谱。这些阱的生长时间分别为 1s，2.5s，5s 和 10s，曲线 A 为连续生长的样品，B 为 $t_{1A} = t_{1B} = t_{2A} = t_{2B} = 0.5s$ 的情况。显然在最佳生长中断情况下，PL 峰的半高宽比连续生长的要窄，

同时峰的位置也不同[3]。在薄阱宽的 PL 谱中，时常观察到双峰或三峰对应于一个阱的现象。这归因于量子阱厚度的单层涨落。

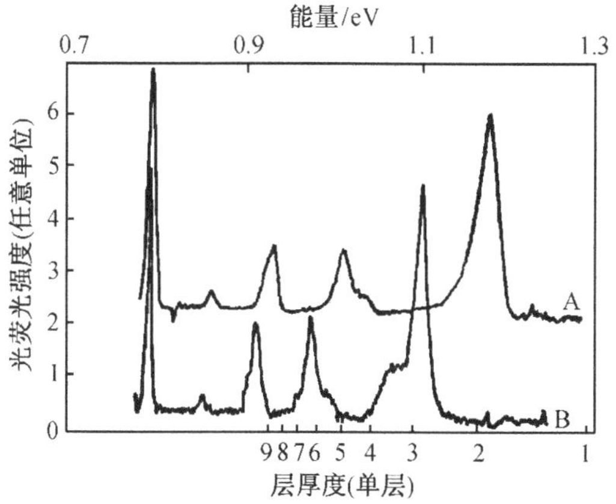

图 9-6　两个 InGaAs/InP 四量子阱和参考层样品的 4K 光荧光谱

A: 连续生长；B: 在每个异质界面均有最佳的生长中断

图 9-7 为两个 GaInAs/InP 多量子阱的 X 射线双晶衍射谱。两个样品的标称阱宽均为 6 个单层。卫星峰的角间距表明两个样品的周期是相近的。图 9-7 (a)中的衍射图为有生长中断的样品，InP 峰与 GaInAs/InP 多量子阱(MQW)的零级峰几乎重合。由此计算的失配度是 4×10^{-4}。用动力学模型来模拟衍射峰时，假设在下界面存在 1 到 2 个 InAsP 单层，得到的结果与实验值符合得最好，也与低温光荧光的结果一致。在图 9-7 (b)中，样品仅在 InP→GaInAs 下界面处有生长中断，上界面处是连续生长的。除了在下界面有 InAsP 层外，在上界面还有 GaInAsP 梯度层，MQW 的平均应力增大了一倍，较高级卫星峰的强度也减弱了[8]。尽管如此，两个样品的卫星峰都很窄，说明晶体完整性好。

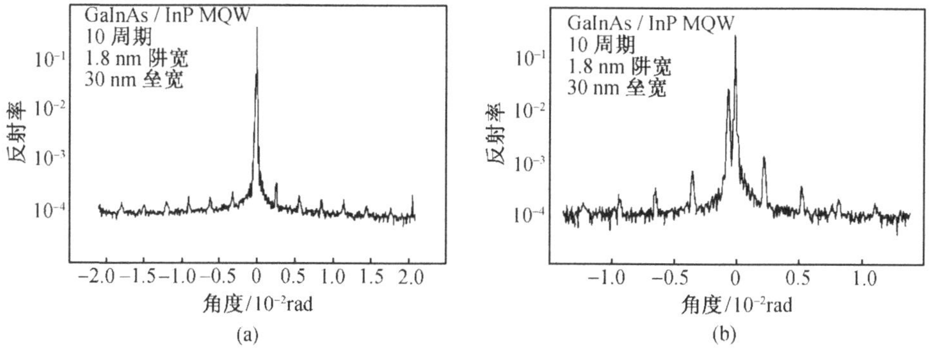

图 9-7　InGaAs/InP 多量子阱的 X 射线衍射图

(a) 在两个界面均有生长中断；(b) 仅在 InP→InGaAs 界面有生长中断

Grutzmacher 等[9] 提出以下关于生长中断与界面结构的生长模型。量子阱生长可以有三种情况：二维核化 (2D)的层状生长、三维核化的岛状生长(3D)、生长中断可能使岛状生长的表面重排而变得平滑(3D +平滑)。图 9-8 示意地给出这三种生长机构与生长中断对量子阱界面结构的综合影响。图 9-9 则给出对应的 PL 谱与生长时间 t_g 的关系。二维成核不论有无生长中断和三维成核加生长中断时平滑效应均形成包含原子台阶的平坦界面。因此谱峰值是随阱厚度单层数目增加不连续变化的，而不是随生长时间连续变化。3D 成核又没有中断生长以使平滑得以发生，使界面粗糙，峰值位置随生长时间则是连续变化的。对 GaInAs/InP QW 结构来说，从上述模型的结论推断，在 640~610°C 时，在 0.9~2.4 μm/h 的生长速度范围内，GaInAs/InP 呈现 2D 成核，然而在 6.3 μm/h 的高生长速度下转变为 3D 成核，在没有生长中断时 PL 峰值位置随生长时间连续变化。而在两个界面都采用生长中断时，PL 峰又呈非连续变化。这与 3D 平滑生长机构的推论符合。这项研究还表明，对“体”外延层测得的生长速度适用于超薄层生长。

除了 GaInAs/InP QW 以外，对晶格匹配的 GaInAsP/InP QW 和 GaInAs/GaInAsP QW 也进行了研究[8]。图 9-10 比较了这三种材料系统由于量子尺寸效应导致的能量移动。所有的样品在界面处都使用了类似的生长中断时间和开关顺序。在

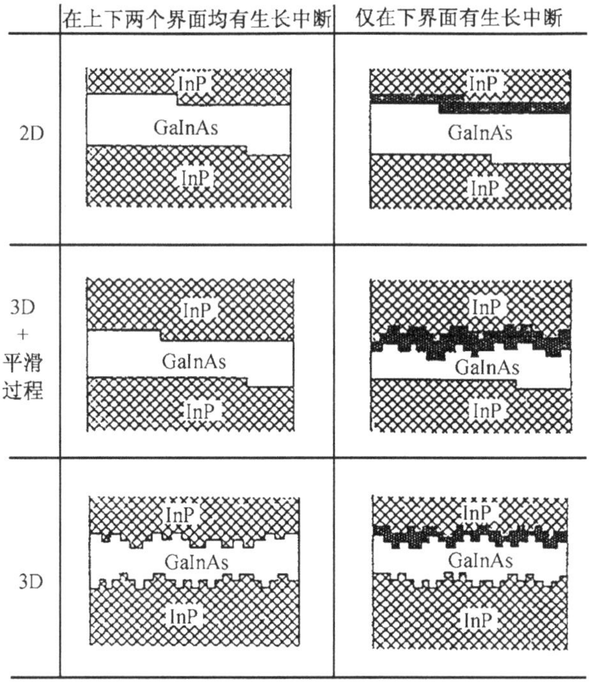

图 9-8　2D、3D、3D 带重排生长机构与量子阱生长界面结构示意图

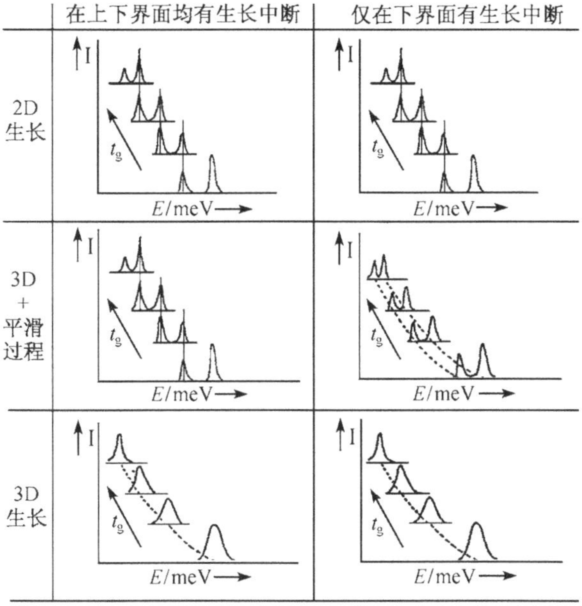

图 9-9　在两个界面均有生长中断和在上界面没有生长中断的 2D 与 3D 生长的界面结构对量子阱 PL 谱的影响。t_g 为生长时间

GaInAs/GaInAsP QW 中 GaInAsP 的带隙为 1.1eV，导致阱与垒之间的能带不连续值为 0.35eV。在 GaInAsP/InP QW 中 GaInAsP 阱的带隙为 0.95eV，能带不连续值为 0.4eV。由于这两个系统的能带不连续值都小于晶格匹配的 GaInAs/InP QW 的能带不连续值(0.6eV)。为获得发射波长为 1.3μm 的 GaInAs/GaInAsP QW，阱宽仅为 4 ML。在这些样品中 PL 谱的线宽很窄，如阱宽为 3 ML 厚的 GaInAsP 阱的 PL 谱线宽为 9 meV。线宽比 GaInAs/InP QW 低的原因是能带不连续值小时单层涨落对阱宽的影响也小。这些线宽说明界面是原子级平坦。此外，对所有样品观测到的能量移动的不连续性也表明生长是在二维模式下进行的，导致量子阱阱宽具有极好的重复性。目前的 MOVPE 生长技术已经可以重复生长具有原子级平坦界面和高晶体质量的 Ga-In-As-P 体系。

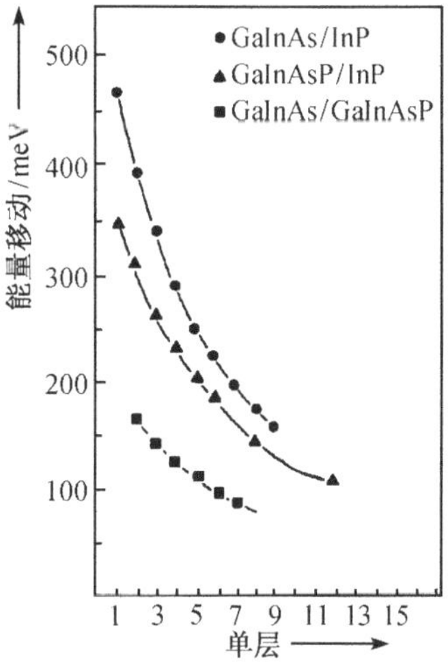

图 9-10　GaInAs/GaInAsP, GaInAsP/InP 和 GaInAs/InP QW 结构由于量子尺寸效应导致的能量移动之比较

9.1.2　应变量子阱结构的 MOVPE 生长

半导体异质结的生长过程中，外延层与衬底两

种材料的晶格常数可以存在一定差异。由于外延层厚度远远小于衬底厚度，为了满足外延层与衬底晶格尺寸保持一致的共格条件，外延层的晶格须发生畸变，如图 9-11 所示。当外延层的晶格常数 a_e 小于衬底的晶格常数 a_s 时，外延层晶格在水平方向受到双轴张应变，在垂直方向受到单轴压应变，此时 $a_\perp < a_e$，见图 9-11(a)。当 a_e 大于 a_s 时，外延层晶格在水平方向受到双轴压应变，在垂直方向受到单轴张应变，此时 $a_\perp > a_e$，见图 9-11(b)。通常外延层的应变类型是根据外延层在水平方向的双轴应变来定义的。

与晶格匹配半导体的能带不同，在应力作用下半导体的能带发生变化，即晶格匹配的、压应变的和张应变的半导体能带彼此不同。另外，对于应变量子阱，能带结构还受到量子尺寸效应的影响。量子尺寸效应和应变效应导致了有效质量和态密度的变化[10]。应变层的概念扩展了超晶格、量子阱结构材料体系的种类。拓展了半导体激光器的波长覆盖范围，改善了半导体激光器的性能。因此应变层量子阱结构的材料和器件是当今非常活跃的研究领域。

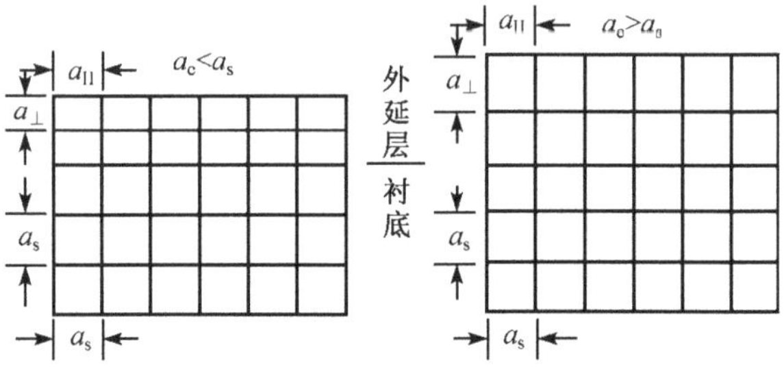

(a) 张应变时的共格生长　　(b) 压应变时的共格生长

图 9-11　应变下外延层晶格的弹性形变

对于足够薄的外延层，当外延层厚度小于某个临界厚度 h_c 时，由于晶格失配形成的应力可以通过弹性形变的方式来承受，并不形成位错或缺陷。随着外延层厚度的增加，在外延层中积蓄的应变能随之增加，体系在热力学上是不稳定的，所以必须寻求某种方式来弛豫积蓄的应变能。通过破坏薄膜和衬底之间的共格，可以产生位错并弛豫部分应力。在位错出现的地方外延系统失去共格性，外延层的晶格常数部分的恢复到它的平衡晶格常数，导致整个体系净失配应变与应变能下降。

关于产生失配位错的临界厚度的计算有很多模型[11-13]，如 Matthews 和 Blakeslee 提出力学平衡模型及 People 和 Bean 提出的能量平衡模型。对于 III-V 族半导体的临界厚度数值，通常用 M-B 力学平衡模型[11]导出的公式来估计。

在 M-B 的力学平衡模型中假设位错的产生是由于力平衡的破坏，当失配引起的作用于位错线上的力 F_H 超过位错内部的张力 F_D 时，就产生位错。

于是临界厚度 h_c 的计算公式为

$$h_c \cong \frac{b}{2\pi f}\frac{(1-\nu\cos^2\alpha)}{(1+\nu\cos\lambda)}\left(\ln\frac{h_c}{b}+1\right) \tag{9-1}$$

式中，b 为伯格斯矢量，f 为失配度，ν 为泊松比($\nu = C_{12}/(C_{11}+C_{12})$)，$\alpha$ 为位错线与其伯格斯矢量间的角度，λ为滑移面与界面间的角度。如对于 $GaAs\text{-}GaAs_{0.5}P_{0.5}$($\nu$=1/3、$b$=4Å、$\cos\alpha$=1/2、$\cos\lambda$=1/2 以及 f=0.018)h_c 近似~250Å。

People 和 Bean 提出能量平衡模型[12]。在能量平衡模型中，假定位错是由于能量平衡的破坏产生的，当外延层的应变能密度 E_H 超过形成一个螺位错需要的能量密度 E_D 时，就产生位错。由此可以计算出临界厚度：

$$h_c \approx \left(\frac{1-\nu}{1+\nu}\right)\left(\frac{1}{16\pi\sqrt{2}}\right)\left[\frac{b^2}{a_e}\right]\left[\left(\frac{1}{f^2}\right)\ln\left(\frac{h_c}{b}\right)\right] \tag{9-2}$$

从式(9-1)或式(9-2)都可以看出随着应变的增加，临界厚度减小。力学平衡模型和能量平衡模型中临界厚度与失配度 f 的关系分别是 f^{-1} 和 f^{-2} 的函数。异质外延生长晶格失配范围覆盖很宽，不同的失配度 f，其临界厚度 h_c 相差很大。例如，$f<1\times10^{-4}$，h_c 可达 1μm，但是 $f>1\times10^{-1}$，临界厚度 h_c 只有一两个分子层。

临界厚度的概念为生长高质量应变量子阱，避免出现失配位错提供了依据。以 $In_xGa_{1-x}As/InGaAsP$ (λ_{PL}=1.3μm) MQW 应变量子阱为例，图 9-12 示出计算的具有

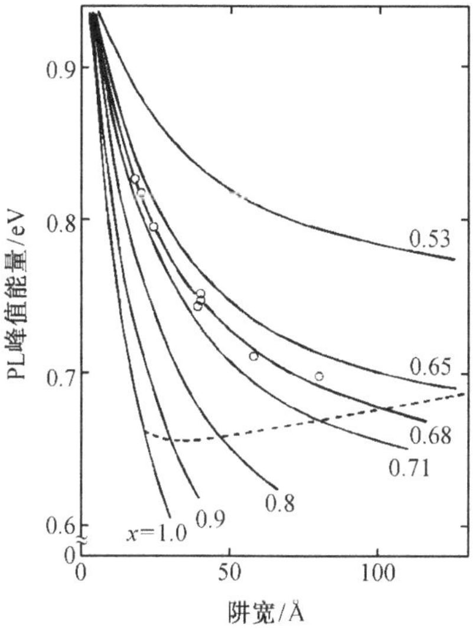

图 9-12　计算的具有不同组分的 $In_xGa_{1-x}As/InGaAsP$ MQW 带隙能量与阱宽的关系(用实线表示)

x=0.53 为晶格匹配的 MQW。“○”为实验测得的不同阱宽的 $In_{0.68}Ga_{0.32}As/InGaAsP$ 应变 MQW 的 PL 峰值能量。虚线为用 M-B 力学模型计算的每种组分临界厚度

不同组分的 $In_xGa_{1-x}As$/InGaAsP MQW 带隙能量与阱宽的关系(用实线表示)(垒宽都为~200Å)[13]。x=0.53 为晶格匹配的 MQW。“○”为实验测得的不同阱宽的 $In_{0.68}Ga_{0.32}As$/InGaAsP 应变 MQW 的 PL 峰值能量。虚线为用 M-B 力学模型计算的每种组分临界厚度。由图可以估计在此材料系中不产生失配位错的最长波长为 1.88μm，阱宽为 30Å，x=0.9。这些应变量子阱结构都是在低压 MOVPE 反应室(50Torr)中生长的，以(001)InP 为衬底，以 TMIn、TEGa、PH_3 和 AsH_3 为源，生长温度为 630°C。

实验发现实际临界厚度要比理论预计的大。当外延层厚度刚刚超过 h_c 时，系统处于亚稳态，并不立即在异质界面处产生位错。由于热力学平衡态之间的转变需要通过动力学过程来实现，可以通过改变生长条件(如降低生长温度)来推迟失配位错的发生，达到增加临界厚度的目的。

9.1.3 InGaN/(In)GaN 量子阱结构的生长

$In_xGa_{1-x}N$/(In)GaN 量子阱主要应用是作氮化物基发光器件的有源区。如 Nakamura 在激光二极管中使用在 800°C 下生长的 $In_{0.20}Ga_{.80}N$(30Å)/$In_{.05}$ $Ga_{0.95}N$(60Å)量子阱。目前， InGaN/(In)GaN 量子阱大都在蓝宝石衬底的(0001)面上生长。正如第 7 章 7. 4 节所述 c 面蓝宝石衬底上生长的 GaN 外延层是有极性的。在 $In_xGa_{1-x}N$/(In)GaN MQWs 中存在自发极化与压电极化。自发极化起因于 GaN 薄膜结构中 Ga 原子集合和 N 原子集合的质心不重合，从而形成电偶极子，产生自发极化场。而在 InGaN/GaN 量子阱结构中，起主要作用的是压电极化场。In 含量越高，压电极化越强。压电极化是由于 $In_xGa_{1-x}N$ 与 GaN 之间存在晶格失配和热失配而导致的应力产生的。阱中存在很强的极化电场，该电场严重影响电子与空穴的复合过程。Kozodoy 等 [14]报道了 $In_{0.2}Ga_{0.8}N$/GaN 多量子阱结构中阱宽和垒宽对 MQW 光学特性的影响。通常 $In_{0.2}Ga_{0.8}N$/GaN 量子阱采用的最佳阱宽为 25~30Å。在此范围 PL 强度最强，半高宽最窄。如果阱太薄(如~12Å)受界面粗糙的影响使光荧光的半高宽增加，而阱太厚则受大的压电场和质量退化的影响光荧光强度降低，见图 9-13(a)。垒宽对 $In_{0.2}Ga_{0.8}N$/GaN 量子阱的特性也有影响：一般认为阱宽为 20Å 时，垒宽大于 50Å 为佳，见图 9-13(b)。此外，垒中掺 Si 可以改善材料晶体质量，减少材料的非辐射复合并且屏蔽了压电场。

InGaN(/In)GaN 多量子阱的质量与生长条件诸如衬底温度、反应室压力、V/III 比、载气的种类与流量、退火条件等多种因素密切相关。

Harris 等[15]报道在常压 MOVPE 反应室中，以氮气为载气，生长 $In_xGa_{1-x}N$/$In_yGa_{1-y}N$ 量子阱结构。系统地研究了生长温度、生长速度、NH_3 流速、H_2 流速、总反应室流速和 TMIn 流速对其光荧光强度的影响。采用的生长温度范围在 750~780°C 之间，虽然比较低的生长温度有利于 In 的并入，然而只有在较高的温度下才能生长出较好的表面形貌，因此量子阱都选择在适中的、比较高的温度下生长。发现高的氨气流速和低的氢气流速(小于总气体流速的 1%)有利于获得高 In 组分以及高的 PL 谱强度。低的总气体流速和低的生长速度以及高的 TMIn 流速也有利于多量子阱质量的提高，其多量子阱的室温 PL 谱半宽低至 64meV。图 9-14 示出 $In_xGa_{1-x}N/In_yGa_{1-y}N$ 量子阱的室温 PL 谱，其生长温度为 750°C、TMGa 流速为 44 μmol/min、生长垒的 TMIn 流速为 5.33 μmol/min, 生长阱的 TMIn 流速为 40 μmol/min, 在 N_2 载气中加入 300 cm^3/min 的 H_2。NH_3 流速从 5 l/min 改变到 10 l/min 时，生长的 $In_xGa_{1-x}N/In_yGa_{1-y}N$ 量子阱的室温 PL 谱强度大为提高，同时由于 In 含量增高波长向长波方向移动。插图为 PL 峰值波长 (实心点) 和强度(空心点)随 NH_3 流速的变化。

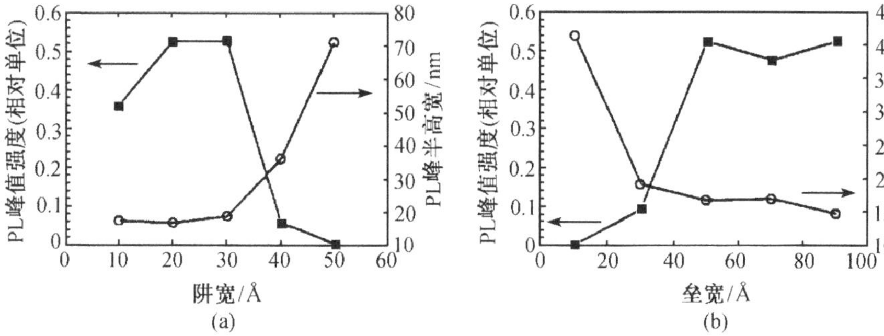

图 9-13

(a) 当 $In_{0.2}Ga_{0.8}N$/GaN MQW 垒厚为 50Å 时，量子阱的 PL 强度及半高宽与量子阱厚度的关系；(b) 当量子阱厚度为 20Å 时，量子阱的 PL 强度及半高宽与垒层厚度的关系

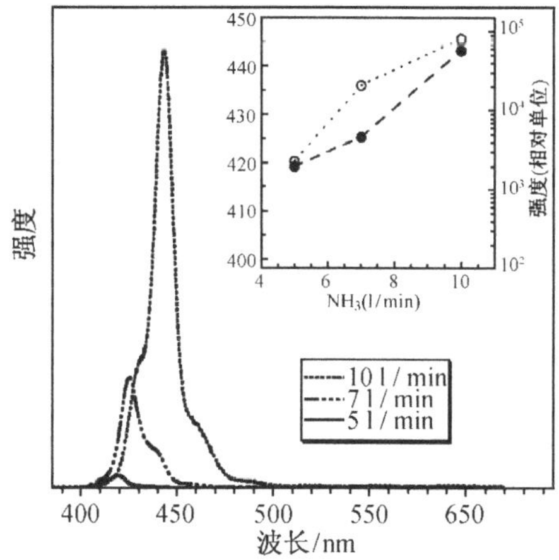

图 9-14　在 750°C 下改变 NH_3 流速所生长的 $In_xGa_{1-x}N/In_yGa_{1-y}N$ 量子阱的室温 PL 谱
插图为峰值波长 (实心点) 和强度(空心点)随 NH_3 流速的变化

Lee 等 [16]研究了在 740°C 下生长速率对 $In_{0.08}Ga_{0.92}N/In_{0.02}Ga_{0.98}N$ 多量子阱结构与光学性质的影响。实验表明将生长速度从 1.65 nm/min 降低到 0.36 nm/min 界面粗糙度和具有螺位错分量的穿透位错密度都减少了，低的生长速率也增强了 PL 强度、使 PL 谱线的半高宽变窄而且在外延片上波长分布也变得均匀。此外，低的生长速率的样品在改变 PL 激发强度时峰值能量移动较小。

生长 $In_xGa_{1-x}N$/(In)GaN 量子阱还可以采用在较低的温度下生长 InGaN 阱层，在较高温度下生长(In)GaN 垒层的双温度生长方法。Kim 等 [17]研究了垒层的生长温度对 InGaN/GaN MQWs 性质的影响。随着生长垒层的温度升高，MQWs 的结构、光学性质以及表面形貌都得到了改善。需要指出的是在生长完 InGaN 阱层后，必须中断生长(大约 20~40 s)，升高温度并且将氮载气换成氢气进行 GaN 垒层生长。反之，在生长完 GaN 垒层后，仍需中断生长，降低温度并且将氢载气换成氮气进行 InGaN 阱层生长。然而生长中断期间 InGaN 阱层中的 In 会挥发损失，为了减弱 In 的挥发，可以在 InGaN 阱生长之后先覆盖厚度仅为 2~4 单层的 GaN 盖层，然后再升温。采用双温生长法需要多次升降衬底温度，可能使衬底表面温度分布变的不均匀，进而影响到量子阱发射波长的不均匀。Shee 等[18]采用双温度生长法，在(0001)面蓝宝石衬底上生长 $In_{0.15}Ga_{0.85}N/In_{0.02}Ga_{0.98}N$ 的多量子阱结构。他们在 780°C 生长 $In_{0.15}Ga_{0.85}N$ 阱层，在 810°C 生长 $In_{0.02}Ga_{0.98}N$ 垒层。阱宽为 15Å 的薄阱的 PL 强度下降归因于界面的非复合辐射中心的影响。但把厚阱的 PL 强度下降和半高宽展宽归因于应力弛豫。垒宽增加导致 PL 强度的增强，其原因可能是由于改善了结构(界面)质量，X 射线衍射实验支持了这一假设。

另外，Kim 等[19] 研究了 InGaN/GaN MQWs 的量子阱 InGaN(3 nm)/GaN(8.5 nm)的数目对其结构质量和光学质量的影响。如果量子阱的对数超过 10 对，界面的陡峭度随着对数的增加而下降，断面的 TEM 像出现富 In 的沉积物。当对数增加到 15 和 20 时，室温 PL 谱强度由于界面结构退化而大大降低，并且由于形成了富 In 的颗粒导致 PL 谱峰值的位置也发生了红移上述结果可以归因于随着量子阱对数的增加导致量子阱的总厚度增加，积蓄的应变能通过位错而弛豫，位错促进了 InGaN 层中富 In 相的形成。

Shim 等[20] 研究了不同形状的量子阱的发光效率。发现梯形阱比方形阱和三角阱的发光效率要高，重现性要好。

Lin 等[21] 研究了退火对 InGaN/GaN 量子阱性能的影响。因为制备量子阱器件结构时，在 InGaN/GaN 量子阱有源区后，还需进行高温生长 AlGaN 限制层和 GaN 接触层，这相当于对量子阱进行退火。实验发现 InGaN/GaN 多量子阱在 800~850°C 退火后，影响 InGaN 阱中富 In 团束的尺寸、形状和分布。甚至导致 InGaN/GaN 多量子阱经过高温再生长后的 X 射线 $\Omega/2\theta$ 扫描摇摆曲线多量子阱的卫星峰消失。对 InGaN/GaN 多量子阱高温退火样品的 TEM 研究也证明在氮气下 950°C 退火

30min，量子阱结构已经被破坏。一般认为退火破坏 InGaN/GaN 量子阱的机制是由于 In 和 Ga 的互扩散[22]。

9.2　量子点和量子线结构的生长

制备量子点、量子线材料有许多方法，最主要的分两大类:一是早期采用的超微细加工方法，即利用量子阱材料，通过高分辨率电子束光刻或聚焦离子束注入隔离制备半导体量子线和量子点结构，即所谓自上而下法。由于加工过程不可避免的带来了大量损伤和杂质污染等，导致材料性能和理论预期值相差甚远。二是晶体生长法，即所谓自下而上法：包括 20 世纪 90 年代初期出现的获得巨大成功的应变自组装量子点生长法、气-液-固(VLS)法、图形衬底上生长低维结构法、量子点的液滴外延法，以及在量子阱中生长量子点方法等，还有近年来正在发展的量子点空间分布可控生长技术。

9.2.1　量子点(线)的应变自组装生长法

应变自组装生长量子点法是利用了第 6 章 6.2.1 中所述的层-岛(SK)生长模式。当外延层的带隙低于衬底，并与衬底晶格具有较大的正失配(失配度$(a_e-a_s)/a_s>2\%$)且具有较小的界面能时，在外延初始阶段是二维层状生长，这种生长出的二维层称为浸润层。随着浸润层厚度增加和应变能的不断积累，达到临界厚度(通常只有几个分子层)时，外延生长由二维层状生长转变为三维岛状生长，在生长表面上出现随机分布的三维小岛。由于应变能是以形成 3D 岛的形式得到部分释放，这些岛中不含有位错。岛的尺寸有一定的分布，底部直径一般为几十纳米，高约几个纳米。当用禁带宽度大的衬底材料将其包围起来，小岛中的载流子将受到三维限制，形成量子点。利用应变自组装技术可以制备出尺寸和空间分布比较均匀(≤10%)、密度为 10^8~$10^{12}/cm^2$ 无缺陷的量子点材料。

9.2.1.1　$In_{0.5}Ga_{0.5}As/GaAs$ 量子点的自组装生长

$In_{0.5}Ga_{0.5}As/GaAs$ QD 结构可以做 1.3 μm LD 的有源区，已经引起广泛关注。InAs 与 GaAs 间的晶格失配高达 7.2%，使得层-岛生长模式很容易建立，在 GaAs 衬底上生长~1.7 ML 厚的 InAs 就能出现岛状生长。已经证明在 GaAs 上 MOVPE 生长 InGaAs 量子点，从 2D 转变到 3D 的临界厚度主要由 $In_xGa_{1-x}As$ 层的组分决定，最好的量子点均匀性和形貌是在量子点刚开始之后获得的。但是当组分固定为 $In_{0.5}Ga_{0.5}As$ 时，这个转变过程也受动力学因素的影响。Passaseo 等 [23]研究了生长条件对 $In_{0.5}Ga_{0.5}As/GaAs$ 量子点形成的影响。他们以 TMGa、TMIn 和 AsH_3 为源，在低压反应室(20 hPa)中，在(100)GaAs 衬底上生长 200nm 厚的 GaAs 缓冲层后，通过改变生长速度(0.4~2 ML/s)、AsH_3 分压(0.5×10^{-1}~5.7×10^{-1} hPa)和生长温度

(500~600°C)等研究了 $In_{0.5}Ga_{0.5}As$ 量子点的形成与生长参数的关系。

固定生长温度为 550°C，分别以 0.4ML/s，1ML/s 和 2ML/s 的生长速度生长 6ML 厚的 $In_{0.5}Ga_{0.5}As$ 外延层。结果发现在生长速度为 0.4 ML/s 时为二维生长模式，得到单层台阶而没有出现量子点。随着生长速度增加，6ML 厚的外延层足以出现 2D-3D 转变：生长速度为 1ML/s 时，量子点尺寸均匀(平均半径为 17nm ± 2nm)，但是密度很低。其 PL 谱是以浸润层所形成的量子阱发射为主；生长速度为 2ML/s 时，量子点密度增高，至少出现半径分别为 11nm ± 2nm 和 14nm ± 2nm 的两类量子点。基于 AFM 和 TEM 的统计分析表明生长速度为 1ML/s 和 2ML/s 时，样品的量子点密度分别为 $0.3\times10^{10}cm^{-2}$ 和 $3.4\times10^{10}cm^{-2}$ 。量子点密度的增加反映出在高的生长速度下降低了 2D-3D 转变的临界厚度。由于量子点密度的增加，伴随着浸润层变薄，随着生长速度从 1ML/s 增加到 2ML/s，PL 谱中浸润层的发射峰蓝移 20meV。图 9-15 示出在正(100)GaAs 衬底上，生长温度为 550°C、AsH_3 分压为 2.9×10^{-1} hPa、生长速度为 2ML/s 的条件下，生长了 6ML 厚的 $In_{0.5}Ga_{0.5}As$。(a)为 $In_{0.5}Ga_{0.5}As$ 量子点的 AFM 像，可以看到随机分布的量子点有较大和较小的两类尺寸分布。(b)是在不同激发强度下的 $In_{0.5}Ga_{0.5}As$ 量子点的 PL 谱。图中 WL 为浸润层，低能侧的双峰对应于量子点的两种尺寸分布。从图中可以看出即使在低激发强度下，量子点的发射已占主要地位。PL 谱呈现出两种量子点结构：在≈1.031 eV(FWHM≈30 meV)和≈1.095eV，两者强度比恒定并且与激发强度无关。

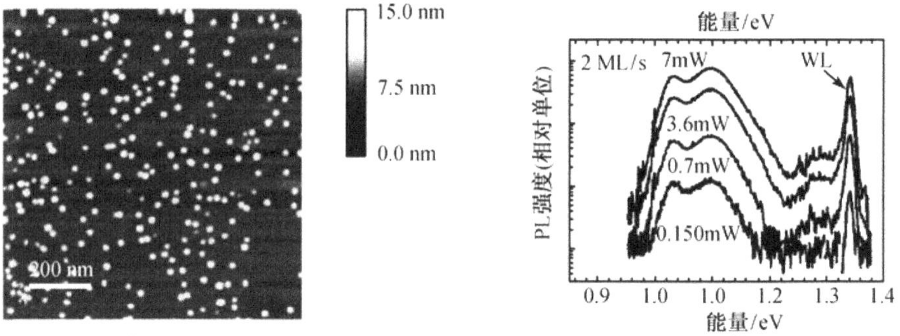

(a)　　　　(b)

图 9-15

(a) 在正(100)GaAs 衬底上生长的 $In_{0.5}Ga_{0.5}As$ 量子点的 AFM 像; (b) 不同激发强度下的 PL 谱。其中 WL 为浸润层，低能侧的双峰对应于量子点的两种尺寸分布

降低 V/III 比可使生长模式转变更早出现，有利于量子点的生长。维持生长温度为 550°C，生长速度为 2ML/s 不变，仅改变 AsH_3 分压，当 AsH_3 分压为 2.9×10^{-1} hPa 时(V/III=90)，量子点密度为 $3\times10^{10}cm^{-2}$。而当 AsH_3 分压为 5.7×10^{-1} hPa 时(V/III=180)，仅观察到具有单层高的平台和小孔的几乎平坦的表面，说明尚未达

到临界厚度。降低 V/III 比更有利于的 In 的并入，其结果是岛内 In 含量增加，由于应力效应使临界厚度降低。

提高生长温度的主要影响是增加了临界层厚度。可能是随着生长温度的增加表面扩散增强，并且热激活的成核势垒增加所致。在生长速度为 2ML/s、AsH_3 分压为 2.9×10^{-1} hPa 的条件下，将生长温度从 550°C 提高到 600°C，大大降低了量子点密度，但是量子点的尺寸却增加了。

生长高质量的单层量子点，需要降低临界厚度。在相同的生长温度(550°C)和生长速度(1 ML/s)下，改变 AsH_3 分压和覆盖率以改变临界厚度生长了两个样品。在 AsH_3 分压为 1.4×10^{-1} hPa 的条件下生长 4 ML 厚 $In_{0.5}Ga_{0.5}As$ 样品和 AsH_3 分压为 2.9×10^{-1} hPa 的条件下生长 6ML 厚 $In_{0.5}Ga_{0.5}As$ 的样品，两者量子点的平均尺寸(分别为 15 nm 和 17 nm)和密度(分别为 1.9×10^{10} cm^{-2} 和 1.5×10^{10} cm^{-2})大致相同。然而 4 ML 的样品的浸润层发光峰值比 6 ML 的样品的浸润层发光峰值蓝移了 30 meV，4 ML 的样品发光峰强度大于浸润层发光峰强度，而 6 ML 的样品发光峰强度小于浸润层发光峰强度。此外，低浸润层厚度有利于生长多层垂直堆垛量子点结构，详见 9.2.2.1 迭层量子点的生长一节。

通常在量子点上需要在高于 650°C 下生长上盖层。此时会对量子点产生具有不良影响的退火效应，造成严重的蓝移和谱线的展宽，使得器件很难实现在 1.3μm 下工作。Tasco 等[24] 研究了 550~610°C 温度范围内生长的 InGaAs 量子点的形貌和光学性质。发现从 550°C 升高到 590°C，量子点密度降低了，但是缺陷(即合并的大岛)密度也显著降低了，同时量子点的总体积不断增加致使直到 590°C 积分 PL 谱强度几乎保持不变。590°C 生长的 $In_{0.5}Ga_{0.5}As$ 量子点的热稳定性较好，在 700°C 生长 $Al_{0.7}Ga_{0.3}As$ 盖层后发光峰的蓝移和展宽都比 550°C 生长的量子点小。因此对于实际应用而言，590°C 的生长温度更为合适。Passaseo 等[25] 还报道生长 GaAs 盖层时的 V/III 比对量子点的发光也有影响，低 V/III 比(低 AsH_3 分压)使波长红移，半高宽变窄。

Hakkarainen 等 [26]将 $In_{0.5}Ga_{0.5}As$ 量子点埋入 5 nm 厚的 $In_{0.2}Ga_{0.8}As$ 量子阱中，导致较低的量子限制并且降低量子点的应力，从而改变量子点发光波长和强度。使用 5 nm 厚的 $In_{0.2}Ga_{0.8}As$ 盖层代替常规 GaAs 盖层，可使 $In_{0.5}Ga_{0.5}As$ 量子点室温 PL 强度提高 3 倍，光荧光波长增加到 1.42 μm。如果将 $In_{0.5}Ga_{0.5}As$ 量子点埋入 $Ga_{0.85}In_{0.15}NAs$，波长可以到 1.3 μm。

9.2.1.2　InAs/GaAs 量子点的自组装生长

InAs/GaAs QD 结构也可以做 1.3 μm LD 的有源区。Yang 等[27]采用 TMGa、TEGa、TMIn 和 TBAs 源生长 InAs/GaAs QD。GaAs 衬底经过 800°C 热处理后，用 TMGa 和 TBAs 在 700°C 生长 200 nm 厚的 GaAs 缓冲层，然后降温到 500°C，以 TMIn 和 TBAs 为源生长 InAs QD。再经过 20s 生长中断后，在 500°C 下用 TEGa

和 TBAs 以 0.56 nm/s 的生长速度，生长 100 nm 厚的 GaAs 盖层。所有 InAs QD 样品的名义厚度为 2.64 ML。图 9-16 示出不同生长速度下生长的 InAs QD 的 7K PL 谱(低激发密度~ 0.5 W/cm^2)。发现 InAs QD 层的生长速度在 0.0055~0.011 ML/s 时，7K PL 谱仅有单一的尖锐峰，而生长速度增大到 0.0165~0.022ML/s 时，7K PL 谱中除了一个尖锐峰外，在高能侧还有一个小峰。AFM 观测也证明在高生长速度下出现量子点的双峰尺寸分布。7K PL 谱的半高宽在生长速度为 0.011 ML/s 时仅为 16.5 meV(大大低于通常的 50 meV)，而且在 7~300K 的温度区间几乎与温度无关。表明此时量子点的尺寸分布最为均匀。从 AFM 的测量估计，量子点的密度达到 1.7×10^{10} cm^{-2}，平均高度近似为 8.4 nm，平均直径大约为 34.7 nm。500°C 下在 InAs 量子点上方生长 25 nm 厚 GaAs 盖层时，使用 TEGa 源优于 TMGa。使用 TEGa 最终得到的室温 PL 峰的半高宽已经降低到为 18meV，并且波长大于 1.3 μm；而用 TMGa 则要宽的多，波长也小于 1.3 μm。其原因是使用 TEGa 时 GaAs 生长速度快，抑制了量子点尺寸减小和形状改变，也抑制了 In-Ga 之间互混。

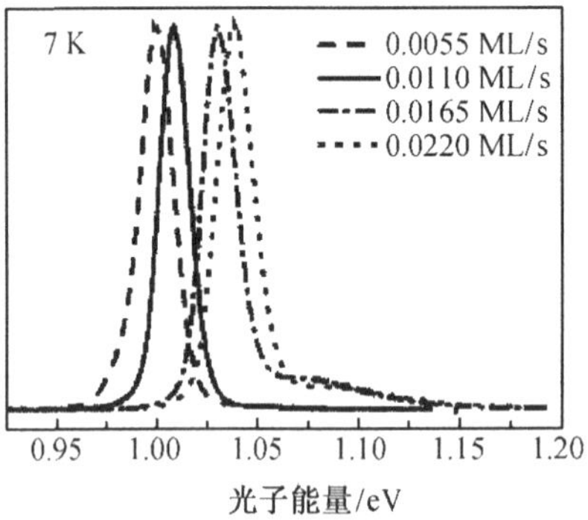

图 9-16　不同生长速度下生长的 InAs/ QD 的 77K PL 谱(低激发密度~ 0.5 W/cm^2)

利用 SK 生长模式的自组织生长量子点更容易在台阶边缘形成，并且倾向于沿“多原子台阶”边缘排列，有利于控制量子点的生长位置。在 GaAs(100)偏向<110>或<111>2°、4°或 6° 的邻晶面衬底上，生长 InAs QD 时也观察到这种现象。首先在邻晶面 GaAs 衬底上以 TMGa 和 AsH_3 为源在 640°C 下生长 GaAs 缓冲层，利用台阶聚并现象培育多原子台阶，为此需要很低的生长速度(0.02 nm/s)和高 V/III 比(800)。低生长速度给含 Ga 品种足够的时间在表面扩散。生长 100~150 nm 缓冲层后，在表面形成 100 nm 宽 5 nm 高沿<111>方向排列的阶梯。然后降温到 400°C，采用低分解温度的 TBAs 代替 AsH_3，用 1 ML/s 的生长速度生长 1.2~2.5 ML，以形成 InAs 量子点。图 9-17 为

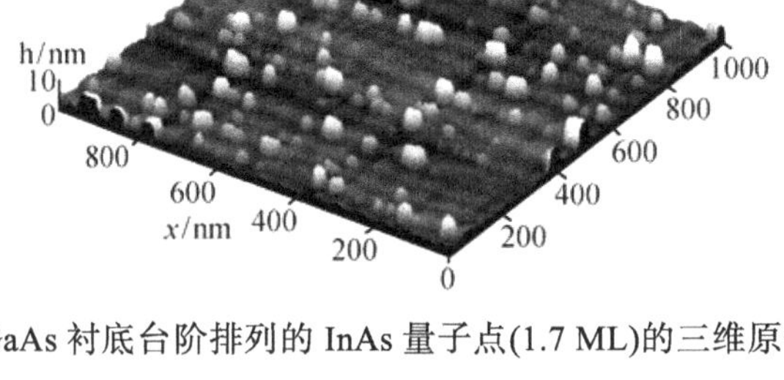

图 9-17　沿 GaAs 衬底台阶排列的 InAs 量子点(1.7 ML)的三维原子力显微像[71]

生长了 1.7 ML 厚的 InAs 层形成的沿 GaAs 衬底台阶排列的量子点的三维原子力显微像[28]。平行于台阶的量子点的平均尺寸大于垂直于台阶的量子点。这就意味着增加 InAs 的覆盖量，使量子点沿台阶方向彼此合并就可以形成量子线。

9.2.1.3　InAs/InP 量子点的自组装生长

InAs 与 InP 的晶格失配为 3.2%，在(001)InP 衬底上生长的 InAs 量子点的发射波长可以大于 1.6 μm。由于生长量子点时，量子点与衬底、量子点与盖层间均存在严重的 As/P 交换问题。为了抑制 As/P 交换，在 500°C 生长 InAs 量子点时采用低达 5.4 的 V/III 比，随后的 InP 盖层则分两步进行生长：先在 500°C 生长 1~3.5 nm 厚的第一 InP 盖层，然后生长温度提高到 600°C 生长第二盖层，总盖层厚度为 20nm。在两层之间的温度调整时生长中断 3~120s，仅通入 PH_3。改变第一 InP 盖层厚度可以用来调节量子点的发射波长[29]。

9.2.2　量子点(线)的可控生长技术

自组装生长量子点(线)的方法虽然很容易得到高密度量子点(线)阵列，但是由于 SK 生长模式生长量子点的随机性，即存在成核无序性的问题，因此很难获得尺寸、形状都相同、分布有序的二维阵列。这种不均匀的尺寸大小和形状会淹没量子点、量子线所特有的低维特性。因此量子点(线)的可控生长技术受到重视，已经发展了一些方法来改善二维和三维有序生长，以对量子点(线)的空间位置、大小、组分及密度进行控制。例如，迭层量子点生长、选择外延生长和图形化衬底生长技术等。

9.2.2.1　迭层量子点(线)的生长

迭层量子点(线)的生长是利用多层垂直耦合的应变自组装效应，以得到空间有序性良好的量子点(线)超晶格结构。迭层量子点(线)对于需要高光学密度的有源层的器件应用(如激光器)特别重要。

当用衬底材料 GaAs 将应变自组装生长的 InAs 岛埋藏起来时，InAs 岛将在盖层中产生非均匀分布的张应力场，处于 InAs 岛正上方的盖层所受到的张应力最强，当偏离原点时，应力场逐渐衰减至零。在这样的应力调制表面上生长 InAs 时，In 原子优先迁移到张应力区并成核，因为在那里的应变最小，这样上层量子点就与下层量子点形成垂直对准关系，上层量子点的密度完全由下层点决定，而且点的横向有序性也得到了改善。随着盖层厚度的增大，这种对准关系将逐渐减弱。为此，选择合适的盖层厚度，重复生长一定的周期数后可以得到较为有序的量子点二维阵列。降低浸润层厚度对于提高生长垂直堆垛量子点结构的质量有重要影响。

Passaseo 等[23] 报道 $In_{0.5}Ga_{0.5}As/GaAs$ 多层 QD 生长时，降低 2D-3D 转变临界厚度使各层中几乎所有量子点都是垂直排列的，具有相同密度和相同的均匀分布，而且缺陷密度很低。图 9-18 是在 550°C 生长的 6 层堆垛量子点的 TEM 剖面像，各层量子点被 5 nm 厚的 GaAs 垒层隔开。图 9-18 (a) 是以 1 ML/s 的生长速度在 AsH_3

分压为 2.9×10^{-1} hPa 的条件下，每层生长 6ML 厚 $In_{0.5}Ga_{0.5}As$ 的结果(简称 6 ML 样品)。图 9-18 (b)则是以 1 ML/s 的生长速度在 AsH_3 分压为 1.4×10^{-1} hPa 的条件下，每层生长 4ML 厚 $In_{0.5}Ga_{0.5}As$ 的结果(简称 4 ML 样品)。尽管籽晶层几乎相同，图 9-18 (b)呈现垂直排列的堆叠，没有延伸的缺陷，而且尺寸也相当均匀(仅最顶层的量子点大了一些)。相反，图 9-18 (a) 中量子点的尺寸逐层增大、高度递减。最重要的是由于量子点的高度逐层递减和/或在第 4 层之后形成位错，在 6 ML 样品中仅在前 4 层出现了量子点。另一个显著区别是两个样品的浸润层的衬度，在 6 ML 样品中衬度表现的很明显，在每层都很均匀并且环绕着量子点。然而在 4 ML 样品中，量子点周围浸润层的组分衬度很弱，表明浸润层的厚度比较薄。

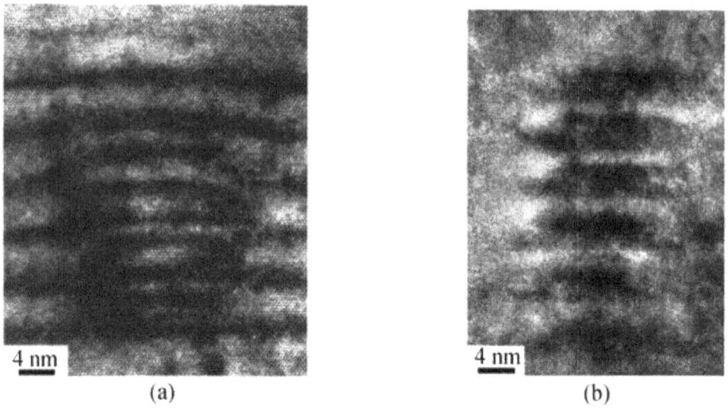

图 9-18　6 层堆垛量子点结构的 TEM 剖面像

(a) 量子点每层为 6 ML $In_{0.5}Ga_{0.5}As$; (b) 量子点每层为 4 ML $In_{0.5}Ga_{0.5}As$
这里减少临界厚度的影响被很好地证实

在观察图 9-19 两个 6 层堆垛量子点样品的表面 TEM 平面像时，可以看出图 9-19 (b) (即图 9-18 (b)样品)的每层量子点的覆盖量为 4 ML 样品，最顶层具有与单层参考样品相同的量子点密度(1.6×10^{10})和同样均匀的分布，说明几乎所有籽晶量子点在堆垛样品中是垂直复制的，而且具有很低的缺陷密度。每层量子点的覆盖量为 6 ML 样品则相反，最顶层的量子点密度降低，而一些缺陷传播到最顶层，见图 9-19 (a) (即图 9-18 (a)样品)。因此，降低浸润层厚度的堆叠量子点也具有好得多的光学特性。

在生长多层堆垛量子点结构时，垒层的生长条件、厚度和生长中断对于量子点的尺寸和组分都有不可忽视的影响。Eisele 等[30] 报道 InAs 和 InGaAs 量子点的空间结构与生长条件的细节有关，特别是生长中断的插入和持续时间。在生长 InAs 量子点(485°C，1.7 ML)之后插入短的生长中断(4s)，而不用 AsH_3 来稳定，然后生长 GaAs 覆盖层(485°C，12.3 ML)，再生长中断 10 s 生长第二层量子点。重复此程序共生长三层量子点。截面扫描隧道显微镜(XSEM)观测到垂直堆垛的三层量子点，量子点外形为侧面是{101}、{111}，顶面为(001)的截锥金字塔。而在 InAs 量子点上生长薄 GaAs 覆盖层(2.5 ML)之后采用较长时间的生长中断(300s)，导致 In 进入覆盖层，使量子点消失，只剩下浸润层。

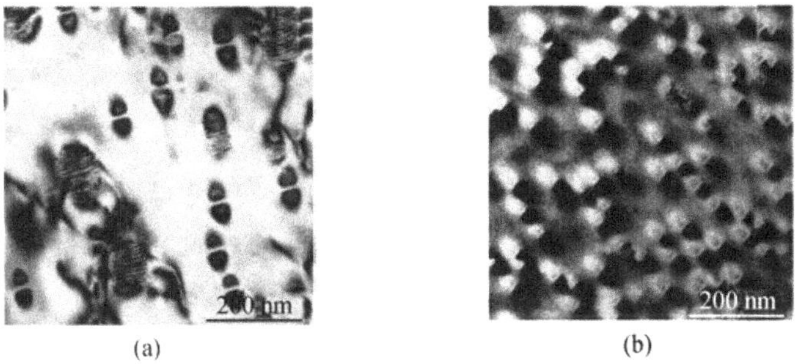

图 9-19　6 层堆垛量子点结构的 TEM 平面像

(a) 含有每层为 6 ML $In_{0.5}Ga_{0.5}As$ 的量子点；(b) 含有每层为 4 ML $In_{0.5}Ga_{0.5}As$ 的量子点

9.2.2.2　在图形衬底上生长量子点(线)

在表面形成的 V 形槽的衬底上可以外延生长出量子线；在正四面体(倒金字塔)坑的衬底上可以生长出量子点。

图 9-20(a)示出生长 GaAs/GaAlAs 量子线列阵的工艺流程。首先在 GaAs(100) ± 0.1 面衬底上沿$[01\bar{1}]$方向用光刻法形成条形掩模，然后经化学腐蚀出侧面由准{111}A 面限定的 V 形槽(槽 2~5μm 深)。再在具有 V 形槽的 GaAs 衬底上生长 GaAs/GaAlAs 量子线列阵，利用生长速度的各向异性，形成原位掩埋结构。生长温度在 630~660°C 之间。图 9-20(b)为在 630°C 下，在 4μm 深 V 形槽上连续生长 4 层垂直堆垛 GaAs/GaAlAs 量子线的截面 TEM 像[31]。两个侧壁面的夹角为 78°，接近{111}A 面的 72°夹角。在 V 形槽中心的生长速度为侧壁面上生长速度的 4~5 倍。截面为新月形的量子线的上界面中部为(100)面，两边是(311)A 面。由于在生长势垒层后 V 形槽的截面发生一些变化，新月形量子线的中心厚度也有一些变化。在侧面上 AlGaAs 垒层的生长速度大约为(100)平面上的生长速度的 70%。对于 4 层 4.5 nm 厚的量子线观测到基态与第一激发态之差大到 58 meV。也观察到来自量子线的光荧光偏振特性[32]。

在图形衬底上生长量子点(线)的方法也可以应用在其他材料系中，如在腐蚀形成了{111}A 面限定的 V 形槽 InP 衬底上生长 GaInAs/InP 多层结构时，当生长温度为 630°C 时，发现在{111}A 面无 GaInAs 生长层，而在 V 形槽的底部，由于存在{311}或{411}面族，才有 GaInAs 生长。只有当生长温度降到 580°C 时，在{111}A 面上才出现 GaInAs 成核，但生长速度比(100)面要低[33]。在 GaInAs/GaAs 和 GaInAsP/InP 系中，也观察到这种生长速度的差别，利用这种差别可以生长量子线和量子点[34]。然而在晶格失配材料系中(如 GaInAsP/InP)，晶体生长的各向异性可能导致成分的变化进而造成失配位错。

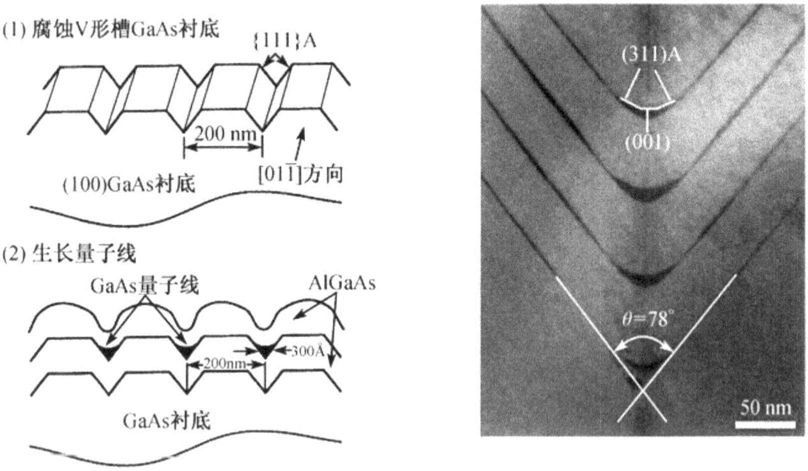

(a)　　(b)

图 9-20　(a) GaAs/GaAlAs 量子线列阵的工艺流程图

(b) 在 630°C 于 4μm 深 V 形槽生长的 4 层垂直堆垛 GaAs/GaAlAs 量子线的 TEM 像

9.2.2.3　量子点(线)的选择外延生长

控制量子点的生长位置的另一种方法是利用选择外延。该工艺巧妙地利用了选择外延生长与生长层的晶面选择效应。如 GaAs 金字塔生长丘上 InAs 量子点的位置由 GaAs 生长丘的位置确定。在沉积了 SiN_x 掩模的 GaAs(100)衬底上先形成直径为 150nm 圆形窗口的矩阵，然后在 700°C 进行 GaAs 外延生长。在适当厚度下(210Å)，圆形窗口区内生长出上部表面为{124}面族的 GaAs 小丘。{124}表面有许多台阶和纽结促使 InAs 量子点的生长，当顶部为{011}面族时不能形成 InAs 量子点。降温到 500°C，再生长 2 ML 厚的 InAs 时，InAs 量子点正好形成在小丘顶点，如图 9-21(a)上部的示意图所示。在量子点上先在 480°C 生长 160Å，后在 650°C 生长 1500Å 两层 GaAs 势垒层。随着 GaAs 势垒层的生长，小丘表面倾向于被低指数晶面覆盖，以降低总表面能，小丘顶部的{124}面族会逐渐收缩而消失，代之以{011}面族。当窗口直径为 150 nm，周期为 160 nm 时，小丘(量子点)密度为 $4.4\times10^{9}\ cm^{-2}$。图 9-21(b)比较了在平面衬底上以 SK 模式生长 InAs 量子点和选择外延法生长的 InAs 量子点光荧光谱[35]。选择外延生长的 InAs 量子点 PL 谱中没有来自浸润层量子阱的发射。选择外延生长量子点已经用于多种材料系如 GaInAs/InP 量子点和 InGaN/GaN 量子点的生长。

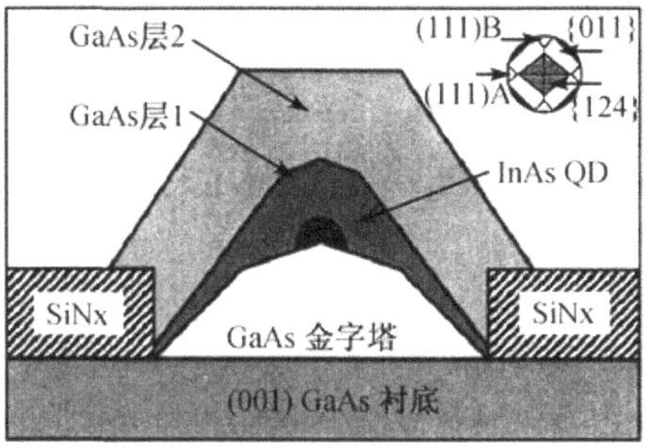

(a)

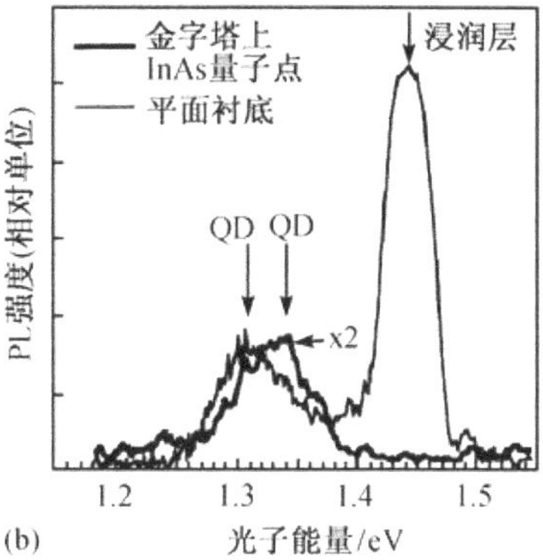

(b)

图 9-21

(a) InAs 量子点各层结构示意图、生长条件及 GaAs 小丘各个晶面；(b) InAs 量子点 PL 谱，为了比较也示出在平面衬底上按 SK 模式生长的 InAs 量子点的 PL 谱[63]

在 GaAs(111)B 衬底上[36]沉积 SiO_2 膜，用电子束刻蚀技术形成 100nm(或 500 nm)的窗口，在较高的生长温度(750°C)和较低的 AsH_3 分压下(5.0×10^{-4} atm)下，生长出垂直于衬底的六面棱柱 GaAs 纳米线阵列，见图 9-22。纳米线的直径和高度分别为 100 nm 和 5 μm，棱柱的侧壁为{ī10}，顶端为(111)B 面。而在(001)、(311)B 和(110) GaAs 衬底上得不到纳米线的生长。此结果表明选择外延生长 GaAs 纳米线的机理是生长过程中形成侧壁小平面的生长速度远低于(111)B 面的生长速度所致。

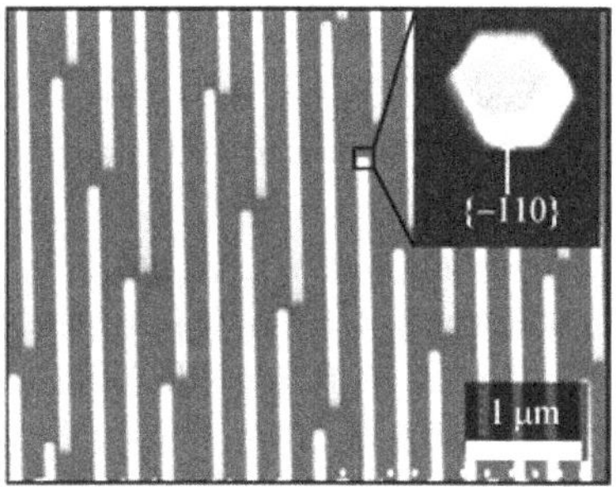

图 9-22 在 GaAs (111)B 衬底上，用选择外延技术生长的典型的 GaAs 纳米线 SEM 鸟瞰像

插图为顶视图，纳米线的直径和高度分别为 100 nm 和 5 μm

9.2.3　量子点的液滴外延生长技术

在晶格匹配的 GaAs/AlGaAs 体系可以采用“液滴外延”方法生长量子点。所谓液滴外延是在衬底上先形成 III 族液滴，然后再通入 V 族源，使 III 族液滴与 V 族元素反应生成 III-V 化合物，如果液滴足够小则能生长出无位错的共格量子点。MBE 液滴外延已经成功地生长出不同形状 (岛、双环等)和密度($4\times10^{9}\sim5\times10^{10}$ cm^{-2})的 GaAs 量子点[37]，并且已经观测到 GaAs 量子点(环)的光泵受激发射。液滴外延生长的 InGaAs 量子点形状和尺寸与 SK 方法生长的不同，In 浓度在单个量子点中分布比较均匀，而尺寸起伏却较大。有趣的是在较大的量子点中 In 含量较低，这种自补偿效应使得光荧光半高宽比较窄(~22meV)，优于一般 SK 模式生长 InGaAs 量子点[38]。

Nonogaki 等[39]用 MOVPE 液滴外延在 InP 衬底上生长出来 InAs 量子点。使用 TMIn、TBAs 和 TBP 为源，V/III 比为 10，反应室的压力为 76Torr，生长温度固定在 530°C。在 TBP 稳定的 InP 表面停止供应 TBP 小于 1s 后，通入 8s TMIn(相应生长 3 ML 厚的 InAs 层)，然后再间隔小于 1s 后通入 TBAs，将滴 In 转化为 InAs 量子点，平均高度和直径分别为 8.1 nm 和 51nm。在向[100]偏 2°的(001)InP 衬底上生长出来 InAs 量子点密度达到 $2.2\times10^{10}cm^{-2}$。

Rice 等[40]用 MOVPE 液滴外延已经生长出来 InGaN 量子点。生长程序是先在 2.8 μm 厚的 GaN 缓冲层上生长 10 ML 厚的 InGaN 外延层，然后在生长 InGaN 的 700°C 温度下在氮气气氛下对 InGaN 薄外延层退火。退火时层中的富 In-InGaN 分解形成 In 滴。在后续的 GaN 势垒层生长过程中 In 滴又与 NH_3 反应后转化成 InGaN 量子点，其 4.2K 的 PL 谱线半高宽窄到 700μeV。

参 考 文 献

[1] 叶小玲，王占国. 第5章低维半导体材料和器件 // 何杰、夏建白主编. 半导体科学与技术. 北京：科学出版社，2007：158-203.

[2] Landgren G, Ojala P, Ekstrom O. Influence of The gas switching sequence on the optical properties of ultrathin InGaAs/InP quantum wells. J Cryst Growth, 1991, 107: 573-577.

[3] Kamei H, Hayashi H. OMVPE growth of GaInAs/InP and GaInAs/GaInAsP quantum wells. J Cryst Growth, 1991, 107: 567-572.

[4] 陈涌海. 第 4 章半导体低维结构的评价技术 // 王占国、陈立泉、屠海令主编. 中国材料工程大典, 第 12 卷(中)信息功能材料工程: 第 7 篇半导体低维结构和量子器件. 北京: 化学工业出版社, 2006：73-87.

[5] Dupuis R D, Neff J G, Pinzone C J. Very smooth AlGaAs-GaAs quantum wells grown by MOVPE. J Crystal Growth, 1992, 124: 558-564.

[6] Bottka N, Gaskill D K, Wright P D, et al. Qualification of OMVPE AlGaAs/GaAs HBT structures using nondestructive photoreflectance spectroscopy. J Crystal Growth, 1991, 107: 893-897.

[7] Chew N G, Cullis A G, Bass S J, et al. Characterisation of $In_{1-x}Ga_xAs$/InP heterostructures and superlattices grown by AP-MOCVD//Cullis A G, Augustus P D. Microscopy of semiconducting Mterials. Bristol and Philadelphia: Institute of Physics, 1987: 231-236.

[8] Grutzmacher D, Glade M. MOVPE in Ga-In-As-P system for opto-electronic applications. Microelectronic Engineering, 1992, 18: 89-117.

[9] Grutzmacher D, Hergeth J, Reinhard F, et al. Mode of growth in LP-MOVPE deposition of GaInAs/InP quantum wells. J Electron Mater, 1990, 19: 471-479.

[10] 张靖，王圩. 第6章半导量子阱激光器//王占国，陈立泉，屠海令主编. 中国材料工程大典, 第 12 卷(中)信息功能材料工程: 第 7 篇半导体低维结构和量子器件. 北京: 化学工业出版社, 2006: 105-115.

[11] Matthews J W, Blakeslee A E. Defects in epitaxial multilayers 1. Misfit dislocations. J Cryst Growth，1974, 27: 118-125.

[12] People R, Bean J C. Calculation of critical layer thickness versus lattice mismatch for

Ge_xSi_{1-x}/Si strained-layer heterostructures. Appl Phys Lett, 1985, 47: 322-324.

[13] Yamamoto M, Oishi M, Sudo H, et al. Strained-layer InGaAs/InGaAsP MQW structures and their application to 1.67 mm lasers grown by metalorganic vapor phase epitaxy. J Crystal Growth, 1991, 107: 796-801.

[14] Kozodoy P, Abare A, Sink R K, et al. MOCVD growth of high output power InGaN MQW LED//Abernathy C R, Amano H, Zolper J C. Gallium Nitride and Related Materials II. MRS Symposum Proc, Pittsburgh: MRS, 1997, 468: 481-486.

[15] Harris J C, Brisset H, Someya T, Arakawa Y. Growth condition dependence of the photoluminescence properties of $In_xGa_{1-x}N/In_yGa_{1-y}N$ multiple quantum wells grown by MOCVD. Jpn J Appl Phys, 1999, 38: 2613.

[16] Lee S N, Sakong T, Lee W, et al. Characterization of optical and crystal qualities in $In_xGa_{1-x}N/In_yGa_{1-y}N$ multi-quantum wells grown by MOCVD. J Crystal Growth, 2003, 250: 256-261.

[17] Kim S, Lee K, Park K, Kim C S. Effects of barrier growth temperature on the properties of InGaN/GaN multi-quantum wells. J Cryst Growth, 2003, 247: 62-68.

[18] Shee S K, Kwon Y H, Lam J B, et al. MOCVD growth, stimulated emission and time-resolved PL studies of InGaN/(In)GaN MQWs: well and barrier thickness dependence. J Crystal Growth, 2000, 221: 373-377.

[19] Kim D J, Moon Y T, Song K M, et al. Structural and optical properties of InGaN/GaN MQW: the effect of the number of InGaN/GaN pairs. J Crystal Growth, 2000, 221: 368-372.

[20] Shim H W, Choi R J, Jeong S M, et al. Influence of the quantum-well shape on the light emission characteristics of InGaN/GaN quantum-well structures and light-emitting diodes. Appl Phys Lett, 2002, 81: 3552-3554.

[21] Lin Y S, Ma K J, Yang C C, Weirich T E. Effects of post-growth thermal annealing on the indium aggregatedstructures in InGaN/GaN quantum wells. J Crystal Growth, 2002, 242: 35-40.

[22] Chuo C C, Lee C M, Chyi J I. Interdiffusion of In and Ga in InGaN/GaN multiple quantum wells. Appl Phys Lett, 2001, 78: 314-316.

[23] Passaseo A, Rinaldi R, Longo M, et al. Structural study of InGaAs/GaAs quantum dots grown by metalorganic chemical vapor deposition for optoelectronic applications at 1.3 μm. J Appl Phys, 2001. 98: 4341-4349.

[24] Tasco V, Poti B, De Vittorio M, et al. Improved performances of 1.3 μm InGaAs QD structures grown at high temperature by metal organic chemical vapour deposition. Microelectronics Journal, 2005, 36: 180-182.

[25] Passaseo A, Tasco V, De Giorgi M, et al. Long wavelength emission in $In_xGa_{1-x}As$ quantum dot structures grown in a GaAs barrier by metalorganic chemical vapor deposition. Appl Phys Lett, 2004, 84: 1868-1870.

[26] Hakkarainen T, Toivonen J, Sopanen M, et al. Wavelength extension of GaInAs/GaIn(N)As quantum dot structures grown on GaAs. J Crystal Growth, 2003, 248: 339-342.

[27] Yang T, Tatebayashi J, Tsukamoto S, Arakawa Y. Highly uniform self-assembled InAs/GaAs quantum dots emitting at 1.3 μm by metalorganic chemical vapor deposition. Physica E, 2005, 26: 77-80.

[28] Posera F, Bhattacharya A, Weeke S, Richter W. Growth of spatially ordered InAs quantum dots on stepbunched vicinal GaAs (100) substrates. J Crystal Growth, 2003, 248: 317-321.
[29] Sakuma Y, Takemoto K, Hirose S, et al. Controlling emission wavelength from InAs self-assembled quantum dots on InP (001) during MOCVD. Physica E, 2005, 26: 81-85.
[30] Eisele H, Lenz A, Hennig Ch, et al. Atomic structure of InAs and InGaAs quantum dots determined by cross-sectional scanning tunneling microscopy. J Cryst Growth, 2003, 248: 322-327.
[31] Gaienchet V. Ecole Polytechnique Federale de Lausanne. Switzerland, Thesis No. 933, 1991.
[32] Karam N H, Mastovito A, Haren V, et al. Patterning and overgrowth of nanostructure quantum well wire arrays by LP-MOVPE. J Crystal Growth, 1991, 107: 591-597.
[33] Galeuchet Y D, Roentgen P, Grag V. GaInAs/InP selective area metalorganic vapor phase epitaxy for one-step-grown buried low-dimensional structures. J Appl Phys, 1990, 68: 560-568.
[34] Bhat R, Kapon E, Simihony S, et al. Quantum wire lasers by OMCVD growth on nonplanar substrates. J Crystal Growth, 1991, 107: 716-723.
[35] Umeda T, Kumakura K, Motohisa J, Fukui T. InAs quantum dot formation on GaAs pyramids by selective area MOVPE. Physica E, 1998, 2: 714-719.
[36] Ikcjiri K, Noborisaka J, Hara S, ct al. Mcchanism of catalyst-frcc growth of GaAs nanowires by selective area MOVPE. J Crystal Growth, 2007, 298: 616-619.
[37] Huang S, Niu Z, Fang Z, et al. Complex quantum ring structures formed by droplet epitaxy. Appl Phys Lett, 2006, 89: 031921.
[38] Liu N, Lyeo H K, Shih C K, et al. Cross-sectional scanning tunneling microscopy study of InGaAs quantum dots on GaAs(001) grown by heterogeneous droplet epitaxy. Appl Phys Lett, 2002, 80: 4345-3447.
[39] Nonogaki Y, Iguchi T, Fuchi S, et al. Effects of vicinal InP (001) surface on InAs dots grown by droplet hetero-epitaxy. Materials Science and Engineering B, 1999, 58: 195-198.
[40] Rice J H, Oliver R A, Robinson J W, et al. InGaN quantum dots grown by MOVPE via a droplet epitaxy route. Physica E, 2004, 21: 546-550.

第 10 章　MOVPE 技术在半导体器件方面的应用

MOVPE 技术的发展与化合物半导体材料研究和器件制造的需求紧密相关，反过来又促进了新型器件的研制。目前用 MOVPE 进行半导体化合物的外延生长已经成为制备电子和光电器件的关键技术。面对众多的材料系和不断发展的种类繁多的器件，本章中简要地介绍几种典型光电器件(如发光二极管、注入式激光器、太阳能电池、光探测器)和电子器件(如高电子迁移率场效应晶体管、异质结双极晶体管)的 MOVPE 生长，在每类器件中也只能够举个别器件从该器件 MOVPE 生长的特点加以简要说明。

10.1　发光二极管

pn 结型发光二极管(light emitting diode，LED)是正向电流流过直接带隙材料构成的 pn 结时，跨越结的非平衡载流子辐射复合而发光的器件。LED 有效率高、寿命长、体积小、温升低、响应快和没有荧光灯的汞污染等优点。

用 MOVPE 方法生长的异质结和量子阱结构 LED，不仅提高了 LED 的发光效率也扩大了发射波长的范围，先后发展了 AlGaInP/GaAs 高亮度红、橙、黄色发光管，氮化物高亮度蓝光和绿光 LED，以及近年来的 AlGaN 紫外 LED。LED 发射光谱已经覆盖了从红外到可见光到紫外的宽广范围。随着 LED 的性能的提高，LED 已经从作为指示灯、室内单色显示屏和红外线遥控装置低亮度器件发展成能用于室外大屏幕全彩显示、交通信号灯、汽车的各种用灯，环境装饰照明的高亮度器件，以及高效白光半导体照明。图 10-1 为部分 III-V 族化合物半导体固溶体的室温发射

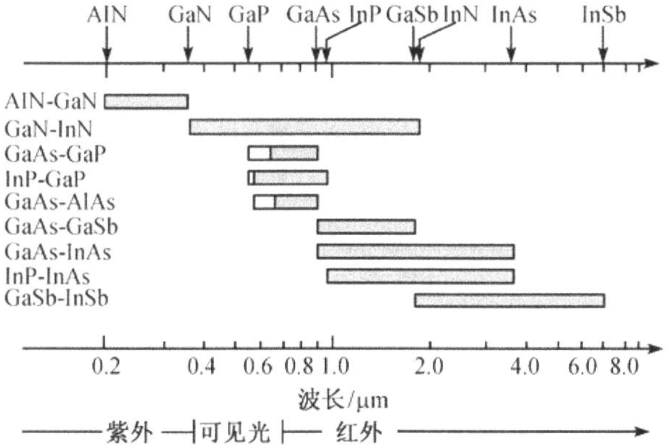

图 10-1　III-V 族化合物半导体固溶体的室温波长范围(阴影部分为直接带隙材料)

波长范围示意图(阴影部分为直接带隙材料，其余为间接带隙)。大体可以将制作 LED 的半导体固溶体分为氮化物材料系、As/P 材料系和锑化物材料系等。

(1) InGaAlN 材料系：从 AlN 的 6.2eV 到 InN 的 0.8eV, 覆盖了从 200 nm 的紫外光区、整个可见光区，一直到近红外光区。利用此材料系可以制作紫外波段的 AlGaN 量子阱 LED、高亮度蓝和绿光 InGaN 量子阱 LED [1,2]等。

(2) As/P 材料系：在 GaAs 衬底上可以生长 653 ~873 nm 材料，在 InP 衬底上可以生长 918~1700 nm 材料。利用此材料系可以制作近红外的 GaAs LED、红光 AlGaAs LED 和红色、橙黄和琥珀色的 AlGaInP LED[3,4]等。

(3) 锑化物材料系：常用的波长范围为中红外 2~6 μm 波段，用于非石英光纤通信和危险气体探测。在 InAs 衬底上制作的 InAsSbP/InAsSb DH LED 发射波长为 3.3~4.5 μm[5]。

此外还有 II-VI 族化合物材料系。包括宽带 ZnSe 基材料的 ZnCdSe/ZnSe 多量子阱蓝光 LED 和最近深受关注的 ZnO 近紫外 LED。

下面重点讨论目前最引人关注的高亮度红光 AlGaInP LED、高亮度蓝光 InGaAlN LED 的 MOVPE 生长和白光 LED。

10.1.1　AlGaInP LED 的 MOVPE 生长

图 10-2 示出典型的在 n-GaAs 衬底上生长的$(Al_xGa_{1-x})_{0.5}In_{0.5}P$ DH LED 结构。发光区为非故意掺杂$(Al_xGa_{1-x})_{0.5}In_{0.5}P$，厚度约 0.3~1μm。分别以厚度为 1μm、掺杂浓度为 $n=1\times10^{18}$ cm^{-3} 的 n-$(Al_{0.7}Ga_{0.3})_{0.5}In_{0.5}P$ 和 0.7μm、$p=8\times10^{17}cm^{-3}$ 的 p-$(Al_{0.7}Ga_{0.3})_{0.5}In_{0.5}P$ 为限制层。在 p-$(Al_{0.7}Ga_{0.3})_{0.5}In_{0.5}P$ 限制层之上为 2~50μm 的 p 型 GaP 电流扩展窗口层。n 限制层之下是 n-$Al_{0.9}Ga_{0.1}As$/GaAs 分布布拉格(DBR)反射层。再下为在 GaAs 衬底上生长的 GaAs 缓冲层。

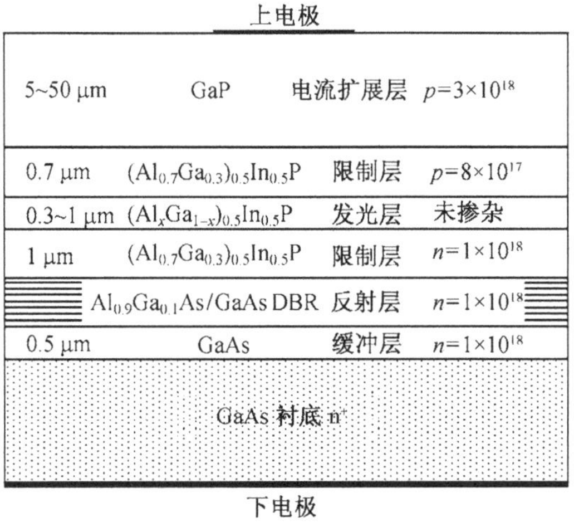

图 10-2　典型的双异质结$(Al_xGa_{1-x})_{0.5}In_{0.5}P$ LED 结构

有源区$(Al_xGa_{1-x})_{0.5}In_{0.5}P$的直接带隙的变化范围从 1.9 eV($x$=0)到 2.23 eV($x$=0.543)，对应的发射波长从 650 nm 到 550 nm。其最佳范围是有源层$(Al_xGa_{1-x})_{0.5}In_{0.5}P$ 的 x 值等于 0.2 到~0.43，对应的电发光发射波长在橘红到绿光，见图 10-3[4]。图中电发光谱(EL)表现出直接带隙的特征，即谱线形状对称，线宽在 15 nm(50 meV)左右。改变有源区的 Al 含量，发射波长可以在 554~622 nm 之间调节。谱线线宽主要由器件有源区的掺杂水平决定。随着波长的减小线宽也降低，因为在高 Al 含量时有源区的掺杂浓度下降。x 值~0.5 时，已经接近间接带隙，发光效率下降。其原因是由于载流子泄漏到间接带，随 Al 含量增加的杂质(如氧)也可能对其有些贡献。限制层的 x 值通常在 0.6~1 之间，如可用$(Al_{0.7}Ga_{0.3})_{0.5}In_{0.5}P$ 或 $Al_{0.5}In_{0.5}P$。

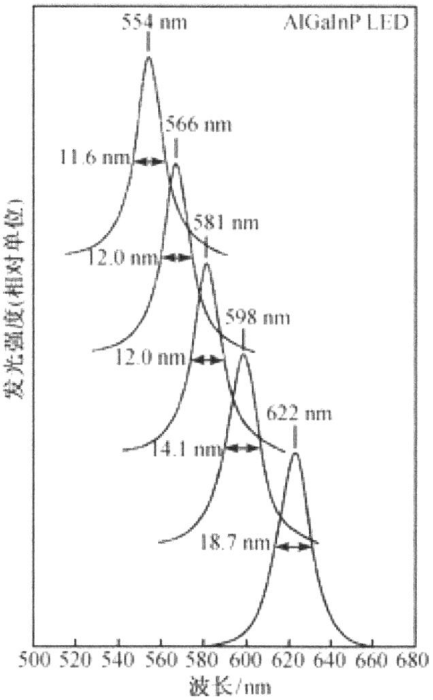

图 10-3　典型的双异质结 $(Al_xGa_{1-x})_{0.5}In_{0.5}P$ LED 的电发光谱

具有高面电导和高透明度的厚 AlGaAs 或 GaP 电流扩展窗口层，可以使电流均匀流过结，以克服 p 型$(Al_{0.7}Ga_{0.3})_{0.5}In_{0.5}P$ 面电阻高导致的从电极注入的电流主要集中在电极下面流过结，发光效率低的缺点。AlGaAs 或 GaP 层都能得到迁移率相对高的重掺杂材料。对于晶格匹配的 p-$Al_xGa_{1-x}As$，当 $x\geqslant0.7$ 时，已经是间接带隙，对光的吸收低，在红到黄绿光区透明。p 型 GaP 是间接带隙材料，当波长小于 600 nm 时比 $Al_xGa_{1-x}As$ 更透明。GaP 与 GaAs 之间晶格失配为 3.6%，在上限制层和 GaP 界面附近几微米处产生高密度的位错网络。但是这些位错既不向下传播到有源层，也不影响透明度和电导率。p 型 GaP 电流扩展层可以在 p 限制层上连续生长，也可以用更经济、生长速度更高的 HVPE 方法生长。

高反射 DBR 镜是一组厚度等于 LED 的发射波长 1/4 的高、低折射率层交替堆垛而成周期结构。它们的作用是减少由于 GaAs 衬底对可见光不透明而导致的光吸收，由 DBR 反射层将射向衬底的光反射回去，以提高出光效率。DBR 反射层可用 n-$Al_{0.9}Ga_{0.1}As$/GaAs 或 n-$Al_{0.5}In_{0.5}P$/GaAs。这些材料系与衬底晶格匹配、$Al_{0.9}Ga_{0.1}As$ 和 GaAs 的射率差高、化学稳定性好，并且容易得到小的串联电阻。

MOVPE 生长 AlGaInP LED 的关键点包括以下几个方面：

(1) 控制晶格失配度

为了提高发光效率，必须降低$(Al_xGa_{1-x})_{0.5}In_{0.5}P$ 发光层中的深能级浓度。避免在异质界面形成失配位错，产生大量非复合辐射中心。一般要求失配度至少控制在 10^{-3} 以内。

在生长时通过改变气相中 TMIn/(TMAl+TMGa)比，使 AlGaInP 与 GaAs 达到晶格匹配。然后在保持总(TMAl+TMGa)摩尔流速不变的条件下，改变 TMAl/TMGa 比，得到有源层和限制层所需要的不同带隙宽度。由于 AlGaInP 外延层与 GaAs 衬底的热膨胀系数不同，在生长条件下匹配的外延层降到室温时将受到压应力。为此最好生长在室温 X 射线摇摆曲线测量为正失配的 AlGaInP 层。在实际生长过程中，控制 In 含量对晶格匹配非常重要。这不仅因为 In 对 AlGaInP 晶格常数影响大，而且由于固态 TMIn 的挥发不稳定及热稳定性差，In 的并入效率依赖于生长温度，为此需要严格控制生长条件。

生长 AlGaInP 外延层的另一个重要问题是从生长 GaAs 使用的 AsH_3 到生长 P 基材料使用的 PH_3 的切换，以避免出现不希望的过渡层。

(2) 生长无序 AlGaInP 材料

AlGaInP 也存在有序化问题。有序 AlGaInP 材料比无序 AlGaInP 材料带隙宽度小，因此当有序度变化会引起器件发光颜色的变化。从控制波长的角度消除有序非常重要，特别是在绿光波段，波长变化几个纳米，其发光强度会变化很大。大偏向衬底、高生长温度有利获得无序材料生长，参见第 7 章 7.2.5 节 AlGaInP 的 MOVPE 生长。

(3) 控制 O 的并入

O 在 AlGaInP 中产生深能级，起非复合辐射中心作用。由于 Al 对 O 有很强的亲和力，O 非常容易并入高 Al 含量的 AlGaAs 和 AlGaInP 中，导致 LED 的再现性很差。解决办法：一是使用高纯度低氧含量的氢化物源和 MO 源以及低 H_2O、O_2 含量的载气、避免生长系统漏气和空气沾污反应室。二是采用较高的生长温度(如 650~800°C)、高 V/III 比(如>200)和大的偏向衬底(如 15°)。需要指出的是过高的生长温度对 In 并入不利，故生长温度窗口很窄，参见 7.2.5 节。

(4) p 型掺杂的并入

AlGaInP 的掺杂已经在 7.2.5 节中讨论过，这里不再赘述。由于生长器件结构为多个层连续生长，为此不仅要考虑外延层的掺杂浓度，还要考虑掺杂剖面，乃至考虑后续生长对 pn 结位置的影响。AlGaInP 的 p 型掺杂元素主要采用 Zn 和 Mg，但两者都不理想。Zn 的扩散系数大和挥发性高、Mg 的记忆效应导致软开启和拖尾现象。一种解决办法是在生长 p-AlGaInP 限制层时采用 Mg 掺杂，在生长 p 型电流扩展层时改用 Zn 掺杂。这样在生长厚电流扩展层的过程中消除了 Mg 的记忆效应[6]。

影响获得 AlGaInP 外延层高浓度空穴浓度的另外一个因素是杂质 Zn 或 Mg 被氢钝化。在 AlGaInP 中 Zn 或 Mg 主要以替位形式占据 III 族元素位置，与 V 族元素形成共价键时出现一个悬挂键。当有一个氢原子填隙在杂质原子和 V 族原子之间时，能够提供一个电子，饱和了杂质原子与 V 族原子之间的悬挂键，使杂质不能电离而被钝化。由于 H 的原子半径很小，在外延层中的扩散系数很大，所以在外延层中扩散深度很大。H 钝化主要发生在外延生长后的降温过程(750~150 °C)中。氢气钝化的程度主要由降温过程或退火过程中气相 H 原子的浓度决定的。H 原子的来源主要是 AsH_3、PH_3 以及载气 H_2 分子高温裂解产生的 H 原子，它们的裂解能次序为 $AsH_3<PH_3< H_2$，所以在 AsH_3 气氛下降温 H 钝化的程度大于在 PH_3 气氛下降温 H 钝化的程度。在较高温度下(500 °C)早些关断 AsH_3 和改换成氮载气都是可以减少 H 钝化的措施。

氢气钝化的程度还与生长的外延层结构有关。使用 $Al_xGa_{1-x}As(x>0.7)$ 作电流扩展层需要在 AsH_3 下降温，而采用 GaP 作电流扩展层就可以在 PH_3 下降温了。然而 GaP 与 GaAs 晶格不匹配，需要生长逐渐减小 AlGaInP 中的 Al 和 In 含量的过渡层。

(5) P-GaP 电流扩展窗口层

5~50 μm 厚的电流扩展窗口层的作用在于一方面使电流均匀流过结面，另一方面也为了提高出光效率[4]。由于磷化物的高折射率($n\approx3.3$)使产生的光子仅在有限的角度才能从平表面射出，其余则在界面被全反射回半导体内被吸收。因此提高出光效率是 LED 设计的重要考虑因素之一。

另外，为了解决 GaAs 衬底吸收光的问题，已经提出几种解决方法。例如，在衬底上首先生长 DBR 反射器，再生长 LED 结构。比生长 DBR 反射器更有效的方法是先用 MOVPE 生长 LED 有源区的 DH 结构，再改用 HVPE 方法生长 60 μm 的 GaP 电流扩展层。然后除去 GaAs 衬底，将其与透明的 n 型 GaP 衬底键合，增加了出光面积，光通量增加 3 倍。若在此基础上将 GaP 衬底加工成倒金字塔形状，则进一步减少出光面的反射损失，光通量增加 22 倍，见图 10-4[7]。

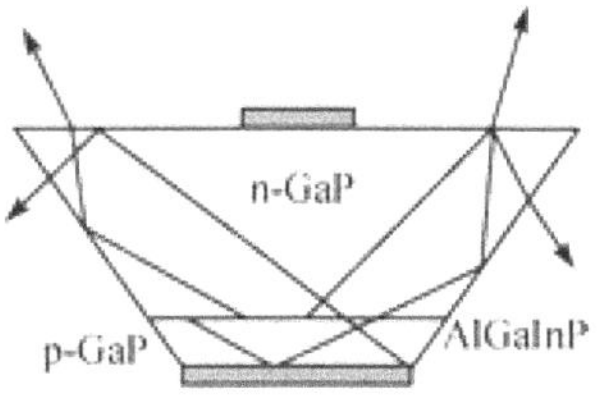

图 10-4　键合了透明 n-GaP 衬底的 AlGaInP 倒截锥金字塔 LED 的示意图

10.1.2　AlGaInN LED 的 MOVPE 生长

InGaAlN 是跨越带隙最宽的材料系，从 AlN 的 6.2eV 到 InN 的 0.77eV，已经利用此材料系制作了高亮度紫外波段到绿光波段 LED。GaN 基高亮度蓝、绿光发光二极管应用于大屏幕全彩色显示、交通信号灯和具有巨大市场前景的白光照明。紫外波段 LED 的潜在应用是在化学/生物剂的探测和高显色性白光等方面。

10.1.2.1　GaN 基蓝、绿光 LED 的 MOVPE 生长

(1) 蓝宝石衬底

蓝宝石是 GaN 基蓝、绿光 LED 使用最广泛的衬底[1,8,9]。图 10-5 示出在绝缘的蓝宝石衬底上生长的一种多量子阱蓝光 LED 结构[8]。在 *c* 面蓝宝石衬底上首先生长低温的 GaN 核化层，然后生长掺 Si 的 2.5 μm 厚 n-GaN 限制层。发光的有源

区由 14 周期的 25Å $In_{0.25}Ga_{0.75}N$/40Å GaN 多量子阱组成。在生长 InGaN 量子阱时，载气由氢气换成氮气同时生长温度也下降到~780°C。上盖层为 750 Å 厚的掺 Mg 的 p-$Al_{0.07}Ga_{0.93}N$，以加强对载流子的限制。在生长 p-AlGaN 时，载气由氮气换成氢气，同时生长温度也提高。最后为 0.5 μm 厚 p-GaN:Mg 接触层。为了激活 Mg，外延层还需要在氮气下经过后退火处理。

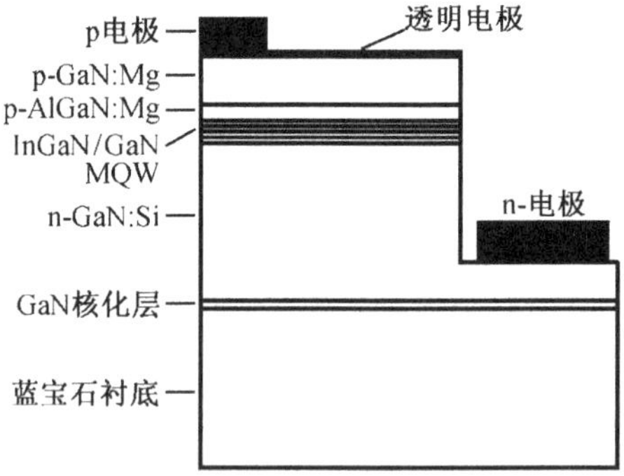

图 10-5　GaN 基蓝、绿光 MQW LED 器件结构示意图

由于蓝宝石衬底的绝缘特性，器件的正负电极均须做在器件的上表面同侧，如图 10-4 所示，无法制作垂直结构的 LED 器件。为了形成 n-电极(Ti/Al)，需要利用干法刻蚀方法腐蚀掉一小部分外延层，直到把部分 n-GaN 层暴露出来，以便形成接触。为了使电流能够均匀流过结，降低工作电压并且提高器件的寿命，n-GaN 掺 Si 层的电阻应该比较低，即 n-GaN 掺 Si 层应该比较厚，掺 Si 浓度比较高。然而过大的厚度和过高的掺杂浓度会造成龟裂。通常 n-GaN 掺 Si 层的厚度为 2.5~4 μm，掺 Si 浓度为 $3\times10^{18}cm^{-3}$。

增加 $In_xGa_{1-x}N$/GaN 多量子阱的 In 含量可以改变发光波长。图 10-6 为 GaN 基蓝、绿光 MQW LED 的电发光谱。短波长的 470nm 蓝光峰的半高宽(~25 nm)窄于

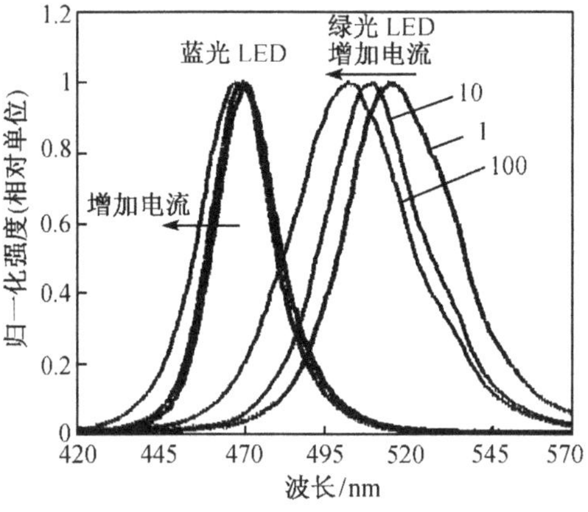

图 10-6　GaN 基蓝、绿光 MQW LED 的在 1，10 和 100mA 下的电发光谱

500~540nm 的绿光峰的半高宽(35~45 nm)。而且峰值随驱动电流的增加向短波方向移动，绿光更为明显。

p-GaN 面为出光面，有两个因素使得从正电极注入的电流不容易扩展：一是 p-GaN 和 p-AlGaN 很难掺杂到高浓度以及 Mg 的离化能高，使得低阻 p-GaN 和 p-AlGaN 的电阻都比较高；二是如果用增加 p-GaN 和 p-AlGaN 层的厚度来降低电阻的话，高温生长时间过长会破坏 InGaN 量子阱结构。因此需要分两步在 p-GaN 接触层上蒸镀大面积半透明薄 Ni/Au 辅助电极(或 ITO 透明电极)帮助电流均匀注入。另外蒸镀厚 Ni/Au 焊盘电极做压焊用。

蓝宝石衬底的优点是对可见光透明，有利于光的射出。但是上述工艺使有效发光面积减小，降低外延材料的利用率，金属半透明电极会吸收少量光，增加了器件制备中的光刻和刻蚀工艺过程使成本增加。蓝宝石热导率也比较低使器件散热困难。

为了照明应用，需要增加工作电流以提高单个 LED 器件的光功率。增加工作电流导致效率下降、结温升高、寿命缩短和波长移动。当工作电流从 20mA 增加到 350 mA 或更高，散热问题突出，特别是在蓝宝石衬底上生长的器件。为此在蓝宝石衬底从管芯 p 面朝上的传统工艺变为 p 面朝下的倒装芯片工艺，采用镜面 p 电极反光，从蓝宝石面出光[10]。不仅改善了散热而且消除了半透明电极和它带来的吸收。进一步又发展了垂直结构的薄膜倒装管芯技术。管芯 p 面沉积 Ni/Pd/Au 电极后，与镀了 In 的金属 Cu 热沉键合，然后用 KrF 准分子激光剥离技术除去蓝宝石衬底，在暴露出的 n-GaN 表面制作 n 电极。由于 p 面直接与导热好的 Cu 热沉键合增强了散热，使器件可以在高电流密度下工作。如果将暴露出的 n-GaN 表面粗化以减少内反射，形成图 10-7 的结构。此种结构在 10 mA 驱动电流下已经达到 ~150 lm/W 的高效率记录。然而当增加电流时发光效率下降，但是在 350mA 下仍然为 88 lm/W。

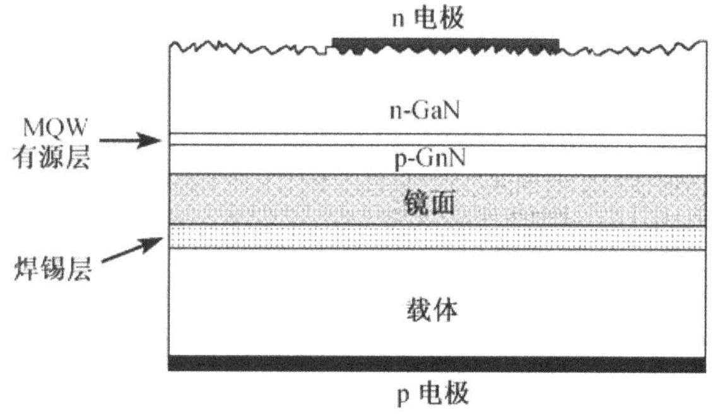

图 10-7　剥离衬底的表面粗化的薄膜 LED

(2) 6H–SiC 衬底

生长在导电的 n 型(0001)Si 面 6H–SiC 衬底其结构如图 10-8 所示，正负电极分别在器件的上下两面(垂直结构)。早期使用 AlN 缓冲层，因为 AlN 与 SiC 晶格匹配好，缺点是 AlN 不导电在 GaN 外延层和 SiC 衬底之间需要 Ni 短路环把两者连通。短路环即占用了面积，阻挡光输出还需要增加 4 道光刻工序。采用 AlGaN 导电核化层后，才真正实现了垂直结构器件，如图 10-8 所示。在 SiC 衬底上生长高质量的 GaN 层首先需要在 1000°C 以上氢气气氛下高温处理得到清洁的表面。AlGaN 导电核化层也需要在 1000 °C 左右的高温下生长[11]。以后的器件结构的生长类似于在蓝宝石上的生长条件。对于折射率高的 SiC 衬底，需要将管芯加工成截锥金字塔或倒截锥金字塔形状以增加出光效率。

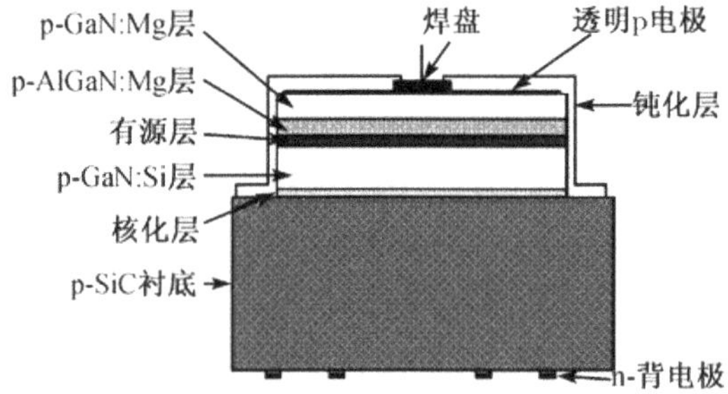

图 10-8　采用 AlGaN 导电核化层的 SiC 上的 GaN LED 示意图

(3) Si 衬底

在 Si 衬底上 GaN 基 LED 的 MOVPE 生长近来取得重大进展:使用低温 AlN 缓冲层加富 Ga 核化层技术，改善了 LED 外延层的质量；为了克服 Si 衬底对发射光的吸收，发展了外延片焊接技术。将在 Si 衬底上生长的 GaN 基 LED 外延层通过金属黏结层转移到新的低阻 Si 衬底上，去除原来的 Si 衬底及核化层，制备出垂直结构的 GaN 基蓝光 LED。由于 p 电极层兼做反射光层，光从低阻厚 n 型层发出，这种结构有效地提高了器件的发光效率，降低了器件的串联电阻，改善了散热，使器件性能得到了明显提高，在室温 20mA 正向电流下的发光功率达到 2.8mW[12]。此技术利用了 Si 衬底的价廉、尺寸大、热导率高和容易加工的优点，使 Si 成为继蓝宝石和碳化硅之后，可以进行批量生产蓝光 LED 的衬底。

图 10-9 示出 MOVPE 生长的 Si 衬底上 GaN 基 LED 外延层(a)和 Si 衬底上 GaN 基 LED 结构(b)。MOVPE 生长的 Si 衬底上 GaN 基 LED 外延层结构的特点是在 Si 衬底上(111)衬底上，首先生长 AlN 低温缓冲层、低 V/III 比条件下生长的富镓 GaN 高温缓冲层和非故意掺杂的 GaN 层，再在高 V/III 比下生长一般的 LED 结构：掺 Si 的 n-GaN、InGaN MQW 和掺 Mg 的 p-GaN。

制作垂直结构 LED 的基本工艺过程为：① 外延材料的 P 型面和新的双面抛光的(100)Si 基板分别制作欧姆接触电极，之后分别蒸发 Au 作为压焊金属层；② 将外延片和新的 Si 基板压焊在一起；③ 用酸去除 Si(111)生长衬底，然后用 ICP 刻蚀掉 AlN 缓冲层；④ 制作 LED 的 n 型欧姆接触电极；⑤ 划片和封装。

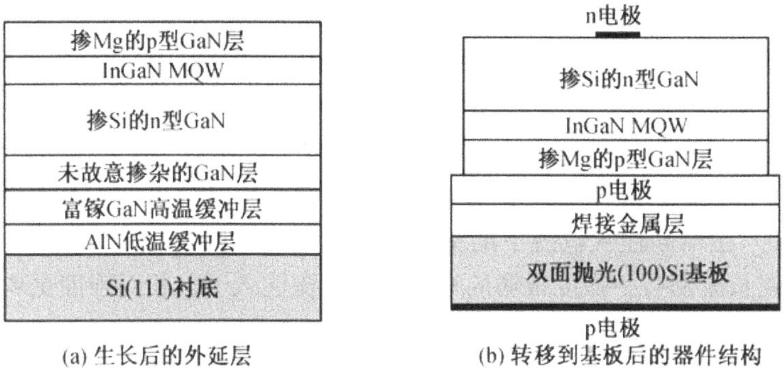

图 10-9　MOVPE 生长的 Si 衬底上 GaN 基 LED 外延层和 Si 衬底上 GaN 基 LED 结构

10.1.2.2　AlGaN 紫外 LED

AlGaN 紫外 LED 的发光峰值逐渐向深紫外发展，效率不断提高。已经报道的最短发光峰值为 210 nm 的 AlN DH LED。制备紫外 LED 的难点是高 Al 含量的 AlGaN 生长困难。由于生长温度高(1100 °C 或更高)，更需要抑制 TMAl 与 NH_3 的预反应对 Al 组分控制的干扰。如采用高速供气抑制 TMAl 与 NH_3 的预反应；采用脉冲原子层外延，即分时向反应室内通入 TMAl 或 NH_3 生长出了高质量的 AlN 和 $Al_{0.85}Ga_{0.15}N$ 外延层[13]。高 Al 含量 AlGaN 与 GaN 之间的晶格失配和热失配大，容易产生高密度缺陷。而穿透位错和点缺陷起着非复合辐射作用，对 UV LED 的发光效率影响很大。采用 ELO 或者 AlN/AlGaN 超晶格可以降低穿透位错密度和生长无龟裂高质量的 AlGaN 外延层。高 Al 含量的 AlGaN 中杂质激活能和极化特性都随 Al 含量增高而增高。高杂质激活能不仅使得高 Al 含量的低阻 p-AlGaN 制备困难，甚至生长低阻 n-AlGaN 都很困难。AlGaN 材料的极化特性随 Al 含量的增加而增强。极化电场对 LED 量子阱结构能带的调制使阱区能带发生倾斜。电子和空穴分别朝向阱的不同界面分离，降低电子和空穴的波函数的交叠，从而降低了 LED 的发光效率。

图 10-10 (a) 示出发射峰为 267 nm UV LED 的结构和生长各层时的温度变化[14]。衬底为双面抛光的 C 面蓝宝石，首先在约 700 °C 生长 20 nm 厚的 AlN 核化层。接着在 1150°C 高温生长 350 nm 厚的 AlN 层。然后在 1075 °C 生长 30 个周期的 $Al_{0.85}Ga_{0.15}N$/AlN(50 Å/50 Å)超晶格。生长超晶格是为了释放应力和过滤位错。超晶格层之上为在 1150 °C 生长的 50 nm AlN 层。随后在 1000 °C 生长 0.9 μm 高电导的 n^+-$Al_{0.58}In_{0.02}Ga_{0.4}N$ 的 n 型接触层。在 n 接触层上生长 100 nm 厚的 n-$Al_{0.5}Ga_{0.5}N$。n^+-$Al_{0.58}In_{0.02}Ga_{0.4}N$ 接触层的电阻率、迁移率和载流子浓度分别为 0.06 Ω · cm、55cm^2/(V · s)和 1.7×10^{18} cm^{-3}。以上各层选择高 Al 摩尔分数是为了能对 267 nm 透明，使光可以从衬底侧发射。然后在 1050°C 生长不对称的单量子阱有源区：10 nm 厚的 $Al_{0.45}Ga_{0.55}N$ 垒、5 nm 厚的 $Al_{0.42}Ga_{0.58}N$ 阱和 5 nm $Al_{0.45}Ga_{0.55}N$ 垒。其上生长

10 nm 的 $Al_{0.6}Ga_{0.4}N$ 电流阻挡层，以防止电子从有源区溢出。再上为 50 nm 厚的 p-$Al_{0.5}Ga_{0.5}N$ 限制层和 50 nm 厚的 p-GaN 接触层。图中示出各层的生长温度变化情况。生长温度的选择取决于各层的 Al 含量，如上所述 AlN 层的生长温度高达 1150 °C、有源区为 1050 °C、$Al_{0.58}In_{0.02}Ga_{0.4}N$ 和 GaN 层则在 1000 °C 下生长。制成的 UV LED 发射波长为 267 nm，脉冲光功率为 4.5mW，连续工作时输出 165μW。图 10-10 (b) 为 UV LED 在不同注入电流下的室温电发光谱。主峰在 267 nm，半高宽约为 ~8.5 nm。在长波侧有一强度很弱的峰，在高电流注入下，相对强度更弱。

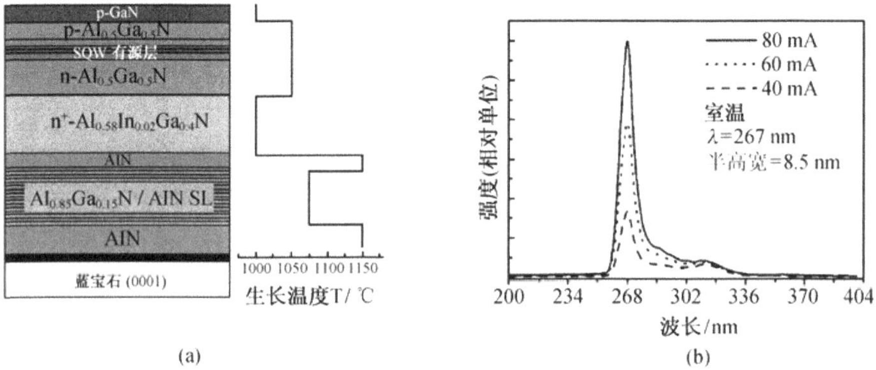

图 10-10
(a) 267 nm UV LED 的结构(左)和各层生长温度变化(右);
(b) 不同注入电流下 267 nm UV LED 的室温电发光谱

10.1.3 白光 LED

世界发电量中大约 20%用于照明，日益增长的能源需求，使全球能源供应面临严峻挑战。高亮度蓝光、绿光氮化镓 LED 的问世开辟了半导体白光照明的新纪元。LED 白光照明有节能、长寿命、安全、体积小、反应速度快、耐震、光的指向性高和环保(无汞污染)等优点。对于照明白光 LED 应用来说，发光效率、寿命、色度(色温)、显色因子和产生每流明的成本等是重要指标。目前白光 LED 的发光效率已经达到 150 lm/W，超过荧光灯，更远远超过白炽灯泡的水平，寿命达到数万小时。

从图 10-11 色度图可以看出，由红、绿、蓝三基色可以合成各种颜色光，包括白光；也可由蓝光加黄光合成白光(补色法)。红、绿、蓝三基色的光可以直接从 LED 发出，还可以用紫外 LED 发出的光去激发红、绿、蓝三基色荧光粉而得到。补色法则用蓝光 LED 加黄光荧光粉而产生白光。于是产生了多种利用 LED 得到白光的的技术途径，见表 10-1。

目前制备白光 LED 的主要技术为蓝光 InGaN 基 LED 加黄光荧光粉。该法具有简单易行、成本低廉、技术成熟度高的特点。蓝光加黄光的补色法是将 YAG:Ce 黄光荧光粉($Y_3Al_5O_{12}:Ce^{3+}$)直接涂覆在发射蓝光的 LED 芯片上。部分 LED 发出的波长为 460nm 蓝光被荧光粉转化为具有一定宽度峰值为 570nm 的黄光和剩余的蓝光混合成为白光。图 10-12 为 LED 封装后的光谱图(a)和色度图(b)。可以看出其色温偏高(高于 4000K)。另外，此种蓝光加黄光的补色法的显色指数不是太高，约为 75(日光为 100)不过已经可以满足普通照明的需要。

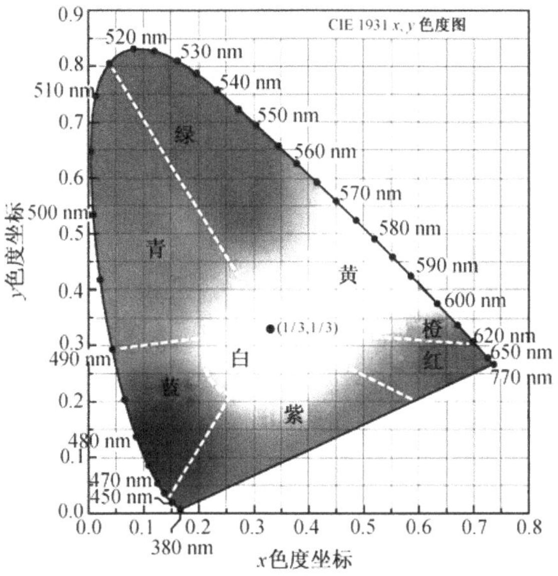

图 10-11　1931 色度图

表 10-1　白光发光二极管的类型

	LED 光源	配合使用之荧光物质	主要发光原理
单芯片	InGaN 监光 LED	YAG 黄光荧光粉	以蓝光激发黄光荧光粉
	InGaN(AlGaN) 紫外 LED	RGB 三波长荧光粉	紫外光激发 RGB 荧光粉
	ZnCdSe/ZnSe 蓝光 LED	掺 I-ZnSe 黄光荧光衬底	以蓝光激发掺 I-ZnSe 衬底产生黄光
	InGaN 多波长 LED	同时发蓝光和黄光的两种量子阱 LED	配成白色
多芯片	InGaN 蓝、绿、AlInGaP 或 AlGaAs 红光 LED		三基色配成白色
	InGaN 蓝、蓝绿、GaP 黄绿、AlInGaP 橙色 LED		多色光配成白色

为了发展蓝光 InGaN 基 LED 加黄光的补色法，需要发展高发光效率、高光通量、大功率蓝光 LED 和研发高转换效率、高显色指数的荧光粉。用白光 LED 代替传统照明发光效率需达到 200 lm/W 或 300 lm/W。单灯的发光强度应达到 1500 lm。为此，提高 LED 发光效率和光通量变得十分重要。而提高 LED 发光效率和光通量

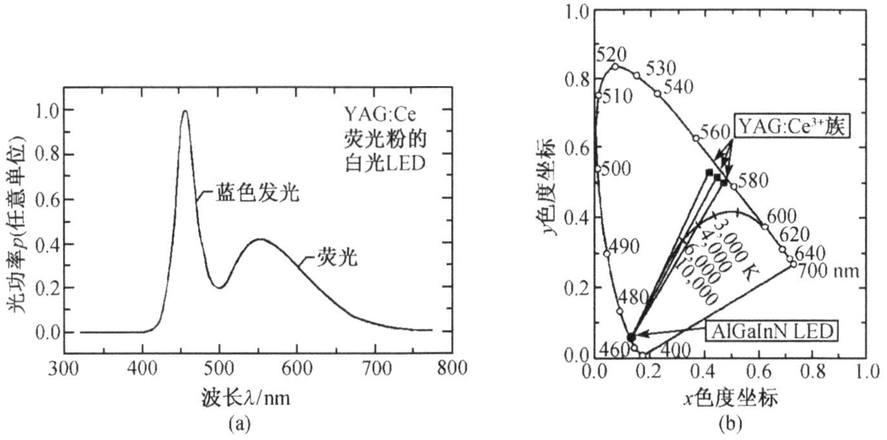

图 10-12 (a) LED 封装后的光谱图和 (b) 色度图

涉及提高 LED 的内量子效率和出光效率。对于 GaN 基多量子阱结构的 LED，内量子效率的提高取决于阱内载流子辐射复合效率的提高。主要从两方面入手，一是降低材料的缺陷密度减少非辐射复合，二是克服在(0001)InGaN 量子阱内的压电极化增加辐射复合概率。出光效率则通过芯片表面微结构、芯片形状以及封装来解决。为了提高输入功率密度，采用增大 LED 管芯的尺寸或进行多芯片组合封装。为了提高出光效率和降低热阻采用 p 面朝下的倒封装结构。以达到通过增大 LED 管芯的输入功率来提高 LED 输出光通量的目的。

采用近紫外 LED(波长在 380~410 nm)激发三色荧光粉得到显色指数高(>90)和转换效率也高(外量子效率为 43%)的白光 LED。也可以采用深紫外 LED(波长在 250~280 nm)利用成熟的荧光灯用的荧光粉，然而目前深紫外 LED 本身效率尚待提高[15]。

将由 LED 发出红、绿、蓝色光的混合可以产生高显色性白光，使物体颜色不失真。目前全彩色显示屏就是使用三种红、绿、蓝色 LED，但是该法目前离实际白光照明的应用还有一定距离。

在蓝宝石衬底上生长多有源层的叠层 InGaN 量子阱 LED 结构，发射多色光并合成白光。如有源层为 5 个周期的 InGaN/GaN 多量子阱，采用不同的 In 组分，分别发射波长为 460 nm 的蓝光和 520nm 的绿光，无需荧光粉就可以得到接近白色的光发射。

10.2 激 光 器

半导体激光器(laser diode，LD)是利用直接带隙半导体实现的相干辐射光源。半导体激光器由于具有体积小、效率高、易于调制等优点，近年来在光纤通信、光存储、泵浦固体激光器和气体探测等方面得到广泛应用[16]。

要产生相干辐射必须具备三个基本条件：

(1) 建立起激射媒质(有源区)载流子的反转分布，即处在高能态导带底的电子数比处在低能态价带顶的空穴数大很多，这是靠给异质结施加正向偏压，向有源区内注入必要的载流子来实现的。

(2) 有一个合适的谐振腔，使受激辐射在其中得到多次反馈而形成激光振荡。

(3) 为了形成稳定振荡，有源区光增益必须等于或大于各种损耗之和。这就要求足够强的电流注入，必须满足一定的电流阈值条件。

常用的半导体激光器谐振腔结构主要有三种：

(1) 法布里-珀罗 (Fabry-Perot，F-P)腔激光器，此种腔面为相互平行的平面并垂直于 pn 结平面，对于闪锌矿结构晶体，可用天然的(110)解理面构成谐振腔。由于 F-P 激光器制造工艺简单，应用最广泛。这种结构的激光器通常工作在多纵模状态下。

(2) 分布反馈(distributed feedback, DFB)激光器和分布布拉格反射(distributed Bragg reflector, DBR)激光器，DFB 的反射机构是靠做在有源区波导上的布拉格光栅，而 DBR 是把布拉格光栅做在有源波导两个外侧的无源波导上。与 F-P 端面反射激光器不同，它能够实现稳定的单纵膜激光输出。

以上两种都属于边发射激光器。

(3) 垂直腔面发射激光器(vertical cavity surface emitting lasers , VCSEL)。由交替生长的多层布拉格反射器(DBR)形成谐振腔，出光垂直于外延层表面，腔长在微米量级，纵模间距很大，因此很容易实现单模工作。

为了获得良好的光束特性和稳定的基横模工作，必须在平行于激光器有源区结平面的侧向加入限制结构，即在侧向上加一光增益限制区或是建立有折射率差的导引结构。侧向限制能起三个作用：将注入电流限制在有源区内、限制载流子沿有源区侧向的扩散和将辐射场限制在谐振腔的更小区域内。因此提高了电能向光能的转换效率，能使器件的阈值电流降低；能实现侧向基模工作，易于和光纤实现高效率耦合；有源区产生的热量能通过四个方向的无源区传递而逸散，改善器件的热状态减慢了激光器的退化过程。加入侧向限制机构的条形激光器可分为增益导引激光器和折射率导引激光器两大类。前者如质子轰击条形激光器、扩散条形激光器和氧化物条形激光器等，而常用的脊波导条形激光器和各种掩埋条形激光器都属于后者。

自从 1962 年第一支 GaAs 激光器问世以来，半导体激光器取得了巨大进展。在结构方面，半导体激光器的发展大致有以下几个阶段：早期的同质结激光器、室温连续激射的双异质结激光器、使半导体激光器性能获得极大改善并得到广泛应用的量子阱及应变量子阱激光器，以及将来可能会广泛应用的量子点激光器。在材料系方面，从早期的 GaAs/AlGaAs 激光器，发展到 InGaAsP/InP 激光器和 InGaAlAs/InGaAs 激光器、锑化物激光器、AlGaInP/GaAs 激光器、AlInGaN 激光器以及 II-VI 族激光器等，其应用范围在不断扩大，见表 10-2。

表 10-2　用 MOVPE 制备的 III-V 族半导体激光器的材料体系及其应用

外延材料	衬底	应用范围
InGaN/AlGaN	GaN、蓝宝石、SiC	波长为 395~430 nm 的蓝、紫光激光器，用于下一代高密度光盘存储等信息处理
GaInP/AlGaInP	GaAs	波长为 630~690nm 红光激光器，用于 DVD 光存储、激光指示和其他信息处理
GaAs /AlGaAs	GaAs	波长为 760 ~ 850 nm 激光器，用于固体激光泵浦与 CD、光存储
InGaAsP/InGaP	GaAs	波长为 790~840 nm，用于固体激光泵浦
InGaAs/AlGaAs	GaAs	波长为 850~1000 nm，用于固体激光泵浦及 EDFA 泵浦
GaInNAs/GaAs	GaAs	波长为 1310~1550 nm，用于光纤通信光源
InGaAlAs/InGaAs	InP	波长为 1310~1550 nm，用于光纤通信光源
InGaAsP/InP	InP	波长为 1310~1550 nm，用于光纤通信光源
InGaAs/InGaAsP	InP	波长在 2 μm 附近，用于气体探测
InGaAsSb/AlGaAsSb	GaSb	波长为 2~3 μm ，用于气体探测

如上所述，半导体激光器材料和结构众多，随着应用范围的不断扩大对器件性能的要求日益提高，又促进了半导体激光器的材料和结构的进一步扩展。本节仅从 MOVPE 生长的角度选择几种类型的激光器重点加以讨论。

10.2.1　GaAs 基 F-P 腔激光器的 MOVPE 生长

在 GaAs 衬底上制备的 AlGaAs/GaAs 激光器研究的最早也最为深入。前面提到的半导体激光器发展各阶段的许多技术进步几乎都是从晶格匹配的 AlGaAs/GaAs 材料系开始的，然后拓展到其他材料系。例如，电子和光子分别限制层的生长、多次选区外延生长、在光栅上生长、VCSEL 中生长布拉格反射镜、量子阱和量子点的生长等。下面简介目前广泛应用的 F-P 腔量子阱激光器。第一支 MOVPE 生长的 $Ga_{1-x}Al_xAs$/GaAs 量子阱激光器是由 Dupuis、Dapkus 和 Holonyak 在 1978 年报道的[17]。后来不断优化结构设计，引入波导层的光和载流子分别限制结构可以明显地集中光场，降低阈值；其中以线性分布的阈值最低。目前绝大多数 $Ga_{1-x}Al_xAs$/GaAs 量子阱激光器均采用分别限制的组分渐变量子阱结构(GRIN-SCH)作为有源区。

图 10-13 为 Hersee 等[18]在 1982 年报道的 MOVPE 生长的 GRIN-SCH 单量子阱结构激光器的示意图。GaAs 量子阱厚度为 60Å，组分缓变的光学谐振腔厚 4400Å，共同组成复合有源区。有源区不掺杂，以避免自由载流子吸收，估计 n 型本底掺杂

水平为 $2\times10^{16}\ cm^{-3}$。GRIN 区能显著增强对量子阱载流子限制。外限制层为 $Ga_{0.4}Al_{0.6}As$。这种结构大大降低了阈电流密度。对于宽接触激光器，在腔长 413 μm(宽 140 μm)时，平均阈电流密度为 232 A/cm²。当腔长为 1 788 μm 时，阈电流密度低至 121 A/cm²。为生长组分缓变层，采用生长一系列组分梯度层的方法来实现，如 x 值每 200Å 变化 0.017。此时需要精确控制通过鼓泡瓶的流速和温度，因为生长速度仅依赖于 III 族摩尔流量。生长速度为 150~500Å/min。由于具有高 Al 含量(x=0.6)，为了生长低补偿比的 $Ga_{0.4}Al_{0.6}As$，在当时技术条件下生长，尚需采用吸杂缓冲层技术消除了反应室中所有的水和氧。目前 $Al_xGa_{1-x}As/GaAs$ 量子阱激光器已经达到很高的水平，阈值电流密度低至 40A/cm^{-2}，相应的阈值电流为亚毫安量级。

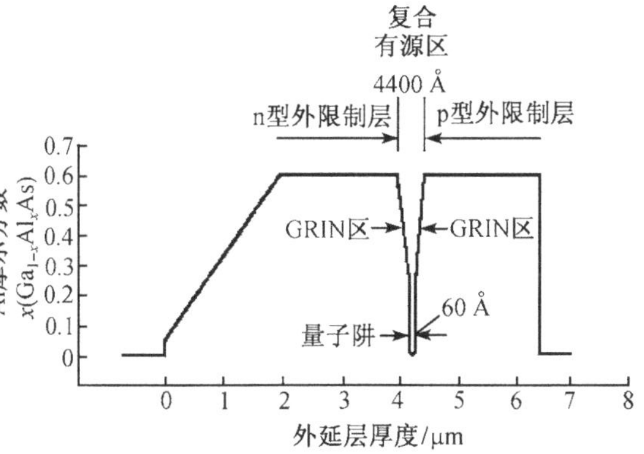

图 10-13　GRIN-SCH GaAs 单量子阱结构的示意图

GaAs 基大功率激光器用做固体激光器的泵浦光源。大功率激光器不仅要求具有高功率(>1W)，并且要求波长与固体激光器的吸收带匹配，以及在高功率密度的工作条件下还应具有较长的工作寿命等。但是 $Al_xGa_{1-x}As/GaAs$ 量子阱激光器由于有源区含铝，容易氧化和产生暗线缺陷，腔面光学灾变功率密度不高，从而限制了激光器的功率和寿命。为此从 20 世纪 80 年代末开始采用应变补偿 InGaAsP 结构，做成发射波长为 808 nm 的长寿命无 Al 大功率激光器。无 Al 激光器包括全无 Al 激光器、波导无 Al 激光器和有源区波导无 Al 激光器，其中全无铝 808 nm InGaAsP/InGaP/GaAs 大功率激光器的研究已经引起人们很大兴趣。在 1997 年国内报道的采用 LP-MOCVD 方法生长 808 nm InGaAsP/InGaP/GaAs 分别限制单量子阱结构如下[19]：在 $1\times10^{18}\ cm^{-3}$ 掺 Si 的(100)衬底上，依次生长 InGaP 下限制层、非掺杂的 InGaAsP 下波导层、非掺杂的 InGaAsP 有源层、非掺杂的 InGaAsP 上波导层、Zn 掺杂 InGaP 上限制层($6\times10^{17}cm^{-3}$)和 Zn 掺杂欧姆接触层($1\times10^{20}cm^{-3}$)。SCH SQW 器件外微分量子效率为 65%，阈值电流密度 400 A/cm²，特征温度 120°C，对于 100 μm 条宽、1000 μm 腔长宽接触激光器，室温连续输出光功率达 1W 以上。

目前无 Al 的 808nm GaAs 基大功率量子阱激光器已经商品化，器件寿命已超过 10 000h。

980 nm 的大功率半导体激光器是掺 Er^{3+}光纤放大器(EDFA)的理想泵浦光源。要求波长准确控制在(980 ± 5) nm 范围内，激光器应有足够高的输出功率，并且在高的功率输出时应能保证稳定的基横模工作以提高光纤耦合效率，以及在高功率密度的工作条件下应具有较长的工作寿命等。早期 980 nm 的 GaAs 基大功率半导体激光器采用 InGaAs/GaAs/AlGaAs 应变量子阱结构，已得到阈值电流密度<100 A/cm^2，内微分量子效率>90%。作为 EDFA 的泵浦源，与 808 nm GaAs 基大功率量子阱激光器一样，Al 的存在会导致激光器在大功率应用中性能退化，寿命缩短。因此，无 Al 的 980 nm InGaAs/InGaAsP/InGaP 应变激光器是目前发展的重要方向。

Dong 等[20]报道用 TBAs 代替毒性大的 AsH_3 作为 V 族源，生长了有源区无铝的 980 nm InGaAs/GaAs/AlGaAs GRIN-SCH QW 激光器，见图 10-14。在(100)n$^+$-GaAs 衬底上依次生长 300nm 厚的掺 Si GaAs 缓冲层($n\approx3\times10^{18}$ cm^{-3})、20 nm 掺 Si-$Al_{0.2}Ga_{0.8}As$ 层 ($n\approx2\times10^{18}$ cm^{-3})、100 nm 掺 Si 的线性缓变 $Al_xGa_{1-x}As$ 层(x 从 0.2 到 0.6), 1400 nm 掺 Si 的 $Al_{0.6}Ga_{0.4}As$ 下包层($n\approx2\times10^{17}$ cm^{-3})、82 nm 未掺杂线性缓变 $Al_xGa_{1-x}As$ 层(x 从 0.6 到 0.2)、10 nm $Al_{0.2}Ga_{0.8}As$ 下限制层、40 nm GaAs 垒层，两个被 12 nm GaAs 垒层分割开的 6 nm $In_{0.2}Ga_{0.8}As$ 阱层，40nm GaAs 垒层、10nm 未掺杂 $Al_{0.2}Ga_{0.8}As$ 上限制层、82 nm 未掺杂线性缓变 $Al_xGa_{1-x}As$ 层(x 从 0.2 到 0.6)、1400 nm 掺 Zn 的 $Al_{0.6}Ga_{0.4}As$ 上包层 ($n\approx1\times10^{18}$ cm^{-3})、100 nm 掺 Zn 的线性梯度 $Al_xGa_{1-x}As$ 层 (x 从 0.6 到 0.2，$n\approx2\times10^{18}$ cm^{-3})、20 nm 掺 Zn 的 $Al_{0.2}Ga_{0.8}As$ 层 ($n\approx4\times10^{18}$ cm^{-3}) 和 100 nm 掺 Zn 的 GaAs 接触层 ($p\approx1\times10^{19}$ cm^{-3})。量子阱结构生长温度为 640°C。制成的 4μm 宽脊形波导激光器室温下在 980 nm 连续激射，典型阈值电流为 14 mA。

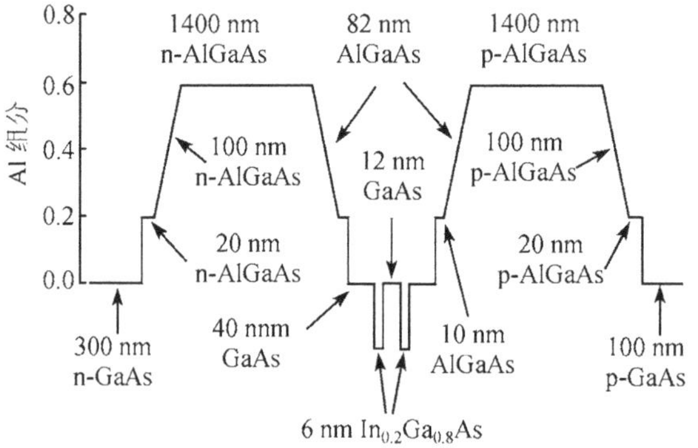

图 10-14　980 nm GRIN-SCH InGaAs/GaAs/AlGaAs 量子阱激光器结构

图 10-15 为 Chen 等[21]报道的用 LP-MOVPE 方法成功地生长大功率的宽波导无 Al 980 nm InGaAs/InGaAsP/InGaP 应变分别限制双量子阱(SCH DQW)宽波导激

光器示意图。在 n^+-GaAs 衬底上所有各层，包括 InGaP 限制层和 InGaAs/InGaAsP QW 都是在 680°C 生长的。InGaAs 波导层与 GaAs 的 $\Delta a/a < 2.0 \times 10^{-3}$。SCH 的有源区由 7 nm 厚的 $In_{0.18}Ga_{0.82}As$ 应变 QW 和 20 nm 厚的 $In_{0.3}Ga_{0.7}As_{0.4}P_{0.6}$ (1.64eV) 垒层组成，夹在两个 420 nm 厚的 InGaAsP 宽波导层中。n 和 p 限制层都为 1.2 μm 厚的 $In_{0.49}Ga_{0.51}P$(1.9eV)。制成的 3 μm 条宽脊形波导激光器典型阈值电流为 30 mA，最大输出功率和在基横模工作的输出功率分别为 350mW 和 200mW。对于镀膜的 100 μm 宽、800μm 长的激光器阈值电流密度为 170 A/cm²。从单模光纤的输出效率已达 100 mW，耦合效率为 50%。100 μm 宽的镀膜激光器最大输出功率为 3.5 W。目前，无 Al 的 980 nm 波段宽波导激光器的 CW 输出功率可以达到 8W。

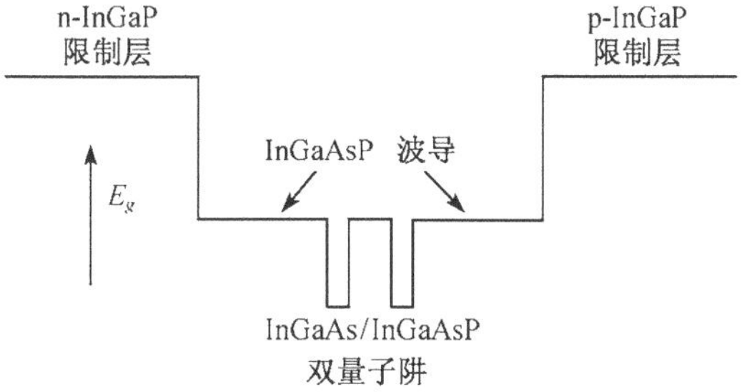

图 10-15　InGaAs/InGaAsP/InGaP 分别限制双量子阱(SCH DQW)激光器结构示意图

10.2.2　InP 基长波长分布反馈激光器的 MOVPE 生长

用作光纤通信系统的光源，要求激光器的阈值电流低、量子效率高、光谱线宽窄、调制速率高并能动态单模工作、噪声低、啁啾声小。由于石英光纤在 1.3μm 色散最小，在 1.55μm 损耗最低，因此，1.3μm 和 1.55μm InP 基长波长分布反馈激光器成为光纤通信系统的光源。其输出波长主要由其光栅决定：光栅决定的模式之间的间隔很大，因此很容易实现单纵模输出；由于更强的模式选择性，输出谱线的线宽也小得多；输出波长被锁定在对应的光栅模式上，所以其温度漂移小。这些都优于 F-P 腔激光器。

图 10-16 示出了具有半绝缘电流阻挡层的 GaInAsP/InP 多量子阱分布反馈(DFB)激光器的结构[22]。该结构用四步 MOVPE 来完成：第一步在 n-InP 衬底上生长 n-InP 缓冲层、多量子阱有源区层及两边对称的 GaInAsP 波导层(λ=1.2μm)。然后在上 GaInAsP 波导层上面用全息光刻工艺与湿法化学腐蚀工艺形成一级光栅。第二步在一级光栅上生长 p-InP 薄层。在再生长前加热升温期间通入 AsH_3/PH_3 混合气体，以保护光栅的形状。采用这个步骤可使光栅在再生长时不产生畸变。接着用光刻和湿法化学腐蚀工艺形成高 4μm、宽 1.5μm 的台面。第三步是选择外延生长掺 Fe 半绝缘 InP 和 n-InP，于是激光器台面被 SI-InP 和一层 n-InP 所掩埋。其作用是将注入电流限制在 1.5 μm 的狭小条形区域，以降低阈值电流和获得基横模振荡，有利

于与光纤耦合。在腐蚀去除选择生长掩模后进行最后一步外延，生长 p-InP 限制层和 p-InGaAs 接触层。400μm 长的端面未镀膜器件，阈值电流低达 7mA。在 100mA 的驱动电流下，单面输出功率为 11mW。DFB-SIBH 结构激光器的边模抑制比在连续工作时超过 40dB，在 10Gb/s 非零调制时超过 37dB。有源区使用量子阱结构显著减少了动态线宽展宽。

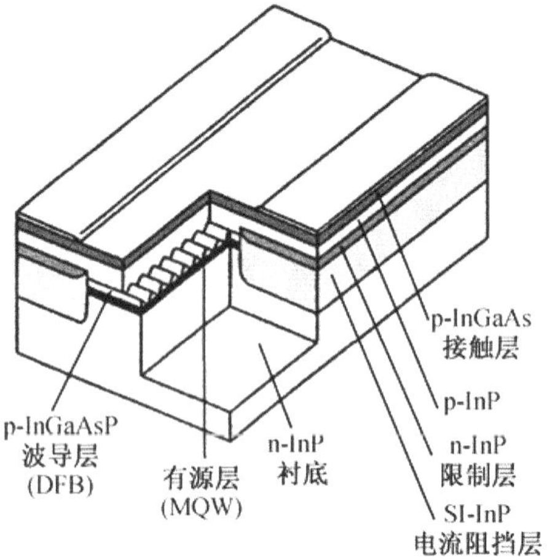

图 10-16　DFB-SIBH 激光器结构示意图

在刻有光栅表面的外延再生长是 DFB 激光器制作中关键的步骤之一。生长前应进行仔细的清洁处理，并在 MOVPE 再生长前在 V 族气氛保护下对光栅进行低温烘烤，尽量缩短将温度升到生长温度的时间。Franke 等[23]报道了在 InGaAsP 光栅上生长 InP 层时，即能完好地保护光栅又使 InP 层的表面缺陷降至最低，重复性好的生长工艺：以 TMGa、TMIn、PH_3 和 AsH_3 为源，用 LP-MOVPE(2×10^3Pa)生长系统，在 InGaAsP 光栅上生长 InP 层时，需要选择适中的起始生长温度(约 550°C)，采用非常低的生长速度(约 7.5nm/h)，以及在开始升温期间通入 PH_3 的同时通入一定量的 AsH_3。

Park 等[24]报道了先在 InP 衬底上刻制光栅，再在光栅上生长全部器件结构，制备 1.55 μm DFB 激光器。其器件结构为：在刻制光栅的 InP 衬底上生长 80 nm 厚 InGaAsP (λ=1.1μm)层。有源区为 3nm 厚、具有 1%压应变的 InGaAsP (λ=1.65μm) 阱和与 InP 晶格匹配的 InGaAsP(λ=1.25μm)垒组成的 MQW。MQW 两侧采用 40nm 厚 InGaAsP(λ=1.25μm)和 80nm 厚 InGaAsP(λ=1.1μm)分别限制异质结构。在λ=1.25μm 的 InGaAsP 上限制层上，生长 p-InP 和 p^+-InGaAs 接触层。制得的 1.55 μm DFB 激光器在 25°C 和 100°C 时，阈值电流分别为 12 mA 和 36 mA、斜率效率分别为 0.32 mW/mA 和 0.22 mW/mA。在 25~85°C 和注入电流范围为 40~200 mA 条件下，边模抑制比为 50 dB。他们在光栅表面的外延再生长的特点是采用在 LP-MOVPE

系统中降低载气流速的办法在 InP 光栅上得到可重复的、均匀的覆盖生长。具体做法是在 InP 光栅上进行 InGaAsP (Q=1.1μm)层再生长时，为了保护光栅，在升温至 600 °C 过程中将载气流量从一般采用的 20 slm 降低到 2 slm，以增加 P_4 分压。当温度稳定在生长温度 600 °C，再把载气流量从 2 slm 升高到 20 slm，以获得均匀的 InGaAsP 外延层。

10.2.3　可见光 InGaP/AlGaInP 垂直腔面发射激光器的 MOVPE 生长

垂直腔面发射激光器(VCSEL)作为一种新型的半导体激光器与边发射激光器的区别仅在于它的谐振腔的特殊结构。最常见的 VCSEL 结构是由上两个平行的高反射率的分布布拉格反射器(DBR)夹着一个很薄的有源区。反射镜由交替四分之一波长厚(光学厚度)的高折射率材料和低折射率材料多层膜构成，腔长在微米量级，并且与有源区平面垂直。在两个 DBR 的限制下，光场在有源层形成驻波。选择有源层的厚度使得驻波在有源层中心达到最大值，这样光场与有源层的交叠才能达到最大，量子阱的增益得到最有效的利用。由于短光腔，减少了有源区的增益，通常要求 DBR 有很高的反射率(高于 99%)才能保证激射。这就要求反射镜有几十个周期。此外还要求 DBR 具有高热导率、低串联电阻并且对射出的光吸收率低。为了提高注入电流效率，需要对电流的空间分布和光场进行限制，在 VCSEL 中常采用空气柱结构、离子注入结构、介质孔结构和掩埋异质结构等。

与边发射条形半导体激光器相比，VCSEL 具有许多优良特性：可在较宽的温度范围内实现单纵模工作，动态调制频率高；出射光束具有小的发散角和圆形对称的远、近场分布，使其与光纤耦合效率大大提高；VCSEL 出光方向与衬底表面垂直，可实现高密度二维面阵的集成；可以在封装前整片检测，极大地降低了生产成本。VCSEL 已经成为目前最有实用价值的半导体器件之一，在未来的光通信、光互联、光计算、激光打印等方面有巨大的应用前景。

下面介绍可用于高密度光存储、塑料光纤通信、高清晰度激光打印等方面的 650 nm 垂直腔面发射激光器的 MOVPE 生长。图 10-17 示出 650 nm 压应变 InGaP/AlGaInP 的 VCSEL 结构略图[25]。中间为一个波长厚的光学腔，含有 3~5 个压应变 GaInP 量子阱嵌在 $(Al_{0.5}Ga_{0.5})_{0.52}In_{0.48}P$ 隔离层中。光学腔两边为 $Al_xGa_{1-x}As$/AlAs DBR。为了降低对 650 nm 光的吸收，要求 $Al_xGa_{1-x}As$/AlAs DBR 的 $x \geqslant 0.5$，而 x 值的增大导致构成 DBR 的两层 $Al_xGa_{1-x}As$ 和 AlAs 的折射率差变小，就需要更多对的 DBR 才能达到所需要的高反射率。对于 n 型 DBR 需要 55.5 对的 $Al_{0.6}Ga_{0.4}As$/AlAs，而 p 型 DBR 则需要 35 对 $Al_{0.6}Ga_{0.4}As$/AlAs。采用干法/湿法刻蚀形成空气柱结构，波长为 654 nm 的垂直腔表面发射激光器的阈值电流密度为 2.8 kA/cm^2。

650 nm InGaP/AlGaInP VCSEL 的生长是用 LP-MOVPE 系统，以 TMGa、TMAl、TMIn、AsH_3、PH_3 为源，典型的生长温度为 770°C。AlGaAs 和 AlAs 生长速度分

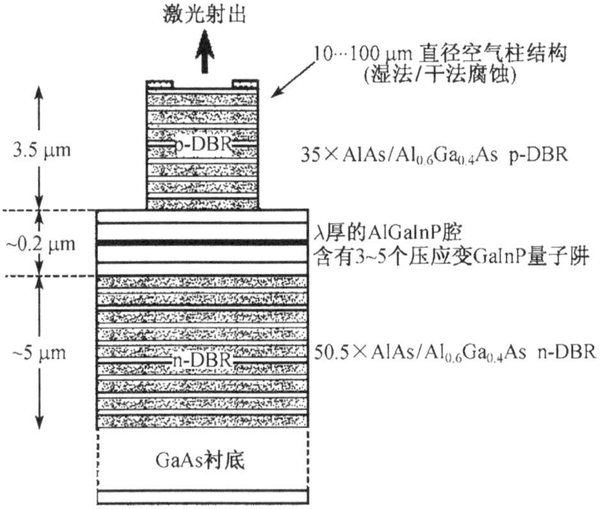

图 10-17　650 nm 垂直腔表面发射激光器(VCSEL)的结构略图

别为~10Å/s 和~5Å/s。为了得到平坦的界面，使用向(111)A 偏 6°的偏向 GaAs 衬底。若使用正向衬底((100) ± 0.5°)由于表面粗糙，DBR 的反射率会降低。

InGaP/AlGaInP VCSEL 需要生长低阻的 DBR。在高、低折射率异质结界面存在大的带偏移所形成的载流子的势垒。由于空穴的有效质量大，可见光使用的 p-DBR 对数又多，因此需要生长组分缓变结而非组分陡峭结，以平滑势垒尖峰，并且在界面进行掺杂，以得到低阻的 p-DBR。因此生长 $Al_{0.6}Ga_{0.4}As/AlAs$ DBR 时不需要生长中断。p-DBR 掺杂剂可用 DEZn 或 C。在生长掺 C 的 p-DBR 时，为了生长缓变结不用生长中断，采用降低 V/III 比的方法进行碳的本征掺杂，参见第 7 章 7.1.2.3 节。实验表明具有缓变界面的掺 C 的 p-DBR 镜的电阻率比具有陡峭界面的掺 C 的 p-DBR 镜的电阻率低，电阻率最高的是具有陡峭界面的掺 Zn 的 p-DBR。当台面直径为 57μm 时，具有缓变界面的掺 C 的 p-DBR 镜的电阻率为 8 Ω·cm，而具有陡峭界面的掺 Zn 的 p-DBR 镜的电阻率为 16 Ω·cm。生长 n-DBR 用的掺杂剂为 Si_2H_6。

InGaP/AlGaInP VCSEL 生长的另一个关键是腔与 DBR 之间的 AlGaInP/AlGaAs 界面，特别是 AlGaInP 和 p-AlGaAs 的上界面。在上界面存在 In 的转移现象，即 In 混入 AlGaAs 层中破坏了晶体完整性，导致形成缺陷和梯度界面层。因此采用在生长 AlGaInP 层之后，立即通入 TMGa、TMAl 和 AsH_3 生长 AlGaAs 层。此外 AlGaInP/AlGaAs 界面还存在 As/P 交换，要尽量缩短 AlGaInP 层暴露在 AsH_3 中的时间[26]。

由于 VCSEL 腔长短，要求有源区材料有很高增益。含有多达上百层而每层都必须精确控制厚度和组分并且要求界面平坦。两组 Bragg 反射镜的反射率谱之间的匹配、腔的谐振和有源区的峰值 PL 波长对于器件的输出特性具有决定性的作用。

VCSEL 工艺不仅需要非常的精确，同时要求激光器的发射波长重复性好。通常生长速率的控制应优于 1%，而常规器件所要求的厚度公差为 5%~10%。外延层厚度每发生 1%的变化会导致常规激光器的发射波长 0.5 nm 的变化，而对于 VCSEL 来说就会产生约 8.5 nm 的波长变化。

VCSEL 整个厚度大约 8~9μm，因此需要很长的生长时间，这就要求在生长过程中一直保持稳定的、较高的生长速度和精确地控制生长过程中各个层的厚度。为此，对外延生长的衬底温度和温度均匀性、反应室压力、各种源材料的计量等稳定性要求都很高。

采用原位监控技术是控制生长速率的最好办法之一。利用反射率计可以实时监测 Bragg 反射镜的界面粗糙度，以及粗糙度在整个生长过程中的变化[27]。近垂直入射反射差分谱仪可以实时监测各层的厚度、组分和掺杂水平以及上、下反射镜中心波长与有源层发射波长的对准。使用基于原位监测的方法对 650 nm VCSELS 的生长工艺进行优化，已经制出在室温输出高达 3mW 的激光器[28]。

10.2.4　AlGaInN 激光器的 MOVPE 生长

III 族氮化物是目前宽带隙半导体中最成功地制作短波长激光器的材料。蓝、紫光激光器用于高密度存储光盘、激光印刷、医疗诊断和海底探潜等方面。对光盘而言，因为记录和再生的可能的容量与光源波长的 N 次方成反比，因而要实现光存储的高密度化，激光光源的短波化是很必要的。

10.2.4.1　蓝宝石衬底上 GaN 基激光器的 MOVPE 生长

1995 年 12 月日本日亚公司的 Nakamura 等[29]宣布制备成功第一个室温脉冲工作的条形边发射 InGaN 多量子阱紫光半导体激光器，如图 10-18 所示。在双流 MOVPE 生长室中，在(0001)面蓝宝石衬底上，生长 30nm 厚低温 GaN 成核层后，生长 3 μm 厚 n 型 GaN:Si 层。接着依次生长 0.1μm 厚 n 型 $In_{0.1}Ga_{0.9}N$:Si 层(防止后续生长的厚 AlGaN 出现裂纹)、0.4 μm 厚 n 型 $Al_{0.15}Ga_{0.85}N$:Si 限制层、0.1 μm 厚 n 型 GaN:Si 光波导层、26 周期的 $In_{0.2}Ga_{0.8}N/In_{0.05}Ga_{0.95}N$ 多量子阱(其中 $In_{0.2}Ga_{0.8}N$ 阱层和 $In_{0.05}Ga_{0.95}N$ 垒层的厚度分别为 2.5nm 和 5.0nm)、20nm 的 p 型 $Al_{0.2}Ga_{0.8}N$:Mg(防止生长 p 型层时 InGaN 分解)、0.1μm 的 p 型 GaN:Mg 光波导层、0.4μm 厚 p 型 $Al_{0.15}Ga_{0.85}N$:Mg 限制层，以及 0.5μm 厚 p 型 GaN:Mg 接触层。激光器为增益波导结构，腔尺寸为 30μm × 1500μm。腔面用反应离子刻蚀而成，表面粗糙度为 500Å，镀高反射膜，反射率为 60%~70%。不能使用解理腔面的原因是 GaN 的解理面为$(1\bar{1}00)$面与 c 面蓝宝石衬底的解理面为$(1\bar{1}02)$面两者之间有 2.4°的夹角，解理后在 GaN 的解理面上形成很多垂直于衬底的条纹。另外，由于蓝宝石的绝缘特性，两个电极都要做在同一侧。激光器在室温下电脉冲激射(脉宽 2μs，周期 2ms)，阈值电流为

1.7A(阈值电流密度 $4kA/cm^2$)，电压为 34V，激射波长为 417nm，发光峰的半高宽为 1.6nm。

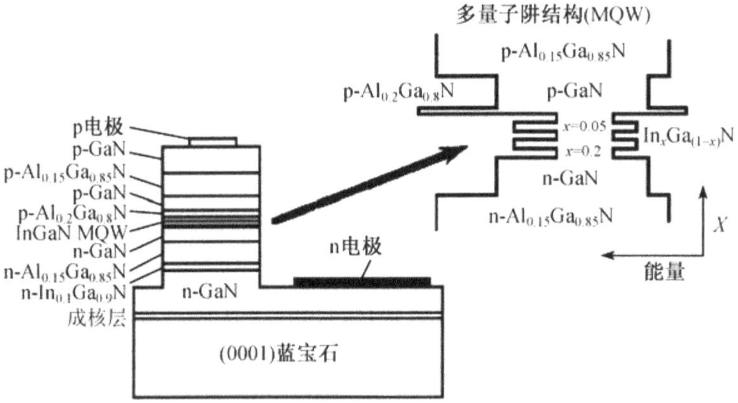

图 10-18　InGaN 多量子阱半导体激光器结构示意图

后来将量子阱数目减少到 3 个，并采用脊形波导结构就实现了室温连续激射。又过两年 GaN 激光器实现了商品化。器件特性为：发射波长 400nm，阈值电流 $4kA/cm^2$，阈值电流时的工作电压 5V，在室温和恒定 2mW 的输出条件下，器件经历 1150h 仍然工作，预期寿命在室温下可达到 10,000h[30]。这期间他们对制备工艺主要作了两项改进：一是限制层改用 $Al_{0.14}Ga_{0.86}N$/GaN 调制掺杂应变超晶格(120 周期的 2.5nm 掺杂 GaN 和 2.5nm 不掺杂 $Al_{0.14}Ga_{0.86}N$ 组成的 MD-SLS)代替原来采用的容易产生裂纹的厚度约为 0.5 μm 的 AlGaN 限制层，从而大大降低了由于应变释放而产生的位错的密度，提高了外延层的质量。二是采用侧向生长(ELOG)技术，使位错密度大大降低。关于侧向外延生长参见第 7 章 7.4.2 节。所采用的 InGaN/ GaN/ AlGaN 分别限制脊型波导激光器结构如图 10-19。首先，在蓝宝石的 C 面生长 2 μm 的 GaN，然后沉积 0.1 μm 的 SiO_2 掩模，沿 GaN 的<1$\bar{1}$00>方向刻出 4 μm 宽的窗口区(周期为 11 μm)，然后继续生长 10 μm 厚的 GaN，使表面重新变为平面，形成 ELOG 衬底。测量表明在 4 μm 宽的窗口区的腐蚀坑密度约为 $2\times10^8/cm^2$。但是在 7μm 宽的 SiO_2 掩模条上，除了中心汇合区外，腐蚀坑密度几乎为 0。在此 ELOG 衬底上生长 MQW 激光器的各层结构如下：3 μm 厚 n-GaN:Si 层、0.1 μm 厚 n-$In_{0.1}Ga_{0.9}N$:Si 层、$Al_{0.14}Ga_{0.86}N$/GaN 调制掺杂超晶格(MD-SLS) 载流子和光限制层(由 120 周期的 25Å 未掺杂 GaN 层和 25Å 掺 Si 的 n-$Al_{0.14}Ga_{0.86}N$ 层组成)、0.1 μm 厚的 n-GaN:Si 光波导层、由 4 个 35Å 厚的掺 Si n-$In_{0.15}Ga_{0.85}N$ 阱和 105Å 厚的掺 Si n-$In_{0.02}Ga_{0.98}N$ 垒组成的 $In_{0.15}Ga_{0.85}N/In_{0.02}Ga_{0.98}N$ MQW 有源层、200Å 厚 p-$Al_{0.2}Ga_{0.8}N$:Mg 层、0.1μm 厚 p-GaN:Mg 光波导层、p-$Al_{0.14}Ga_{0.86}N$/GaN 调制掺杂超晶格(MD-SLS)载流子和光限制层(由 120 周期的 25Å 未掺杂 GaN 层和 25Å 厚的掺 Mg p-$Al_{0.14}Ga_{0.86}N$ 层组成)和 0.05μm 厚的 p-GaN:Mg 接触层。利用选择腐蚀去除部分 p-GaN 表面层直到暴露出 n-GaN 和 p-$Al_{0.14}Ga_{0.86}N$/GaN MD-SLS 限制层，以便制作 n 电极和形成脊形结构激光器。激光器谐振腔平行于 SiO_2 掩模条，条形有源区正好处于低穿透位错密度的 SiO_2 掩模上方。脊形结构激光器的面积为 4μm×550μm。激光器的腔面用干法腐蚀形成。镀高反射膜，反射率为 50%。

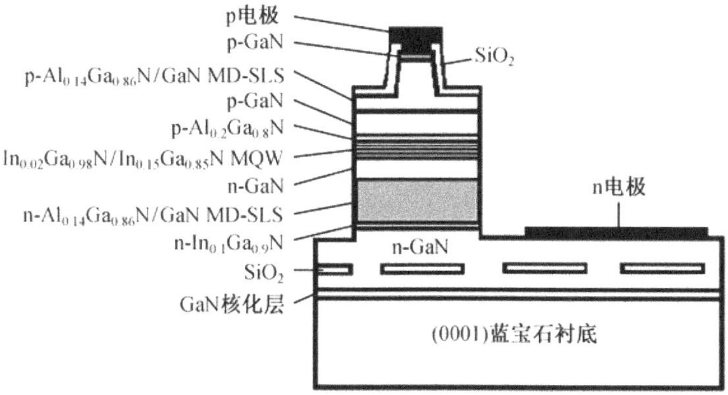

图 10-19　InGaN/GaN/AlGaN 分别限制脊型波导激光器结构示意图

Nakamura 等[31]于 1999 年率先研制出激射波长更长的蓝光激光器。采用在蓝宝石衬底上侧向外延生长的 GaN 衬底，有源区阱层用 $In_{0.3}Ga_{0.7}N$，实现了 450nm 激射，阈值电流密度为 4.6kA/cm^2，电压为 6.1V。并发现激射波长为 435nm 时，采用单量子阱结构比两个或三个量子阱的阈值电流低得多。

Nagahama 等[32]利用侧向外延获得高质量的 GaN 衬底，通过改变 $In_xGa_{1-x}N$ 阱层的生长温度来获得不同的 In 组分，实现了 440~465nm 波段激射，阈值电流密度和电压分别为 3.3kA/cm^2 和 4.6V。并发现阈值电流密度随激射波长增大而增大，激光器寿命随激射波长增大而减小。

10.2.4.2　自支撑 *c* 面 GaN 衬底上 GaN 基激光器的 MOVPE 生长

在蓝宝石衬底上制作半导体激光器存在几个主要问题：一是由于蓝宝石的电绝缘性，负电极必须做在 n-GaN 层上，构成横向器件结构，增大了串联电阻；二是在蓝宝石衬底上生长的 III-N 化合物材料存在很高的失配位错密度，制约了激光器发光性能的提高；三是 F-P 腔面的制作困难。为此，采用导电的低位错密度的自支撑 *c* 面 GaN 作衬底，特别是在这种自支撑 *c* 面 GaN 衬底上，再采用 ELOG 衬底的技术，即成为具有 ELOG 的 GaN 衬底，可以实现垂直器件结构，降低串联电阻，进而提高激光器的输出功率。

Nagahama 等[33]比较了如图 10-20 所示的下列三种 GaN 衬底：

(a) ELOG 衬底：首先，在蓝宝石的 *c* 面用双流 MOCVD 反应室生长 2.5 μm 的 GaN，然后沉积 0.1 μm 的 SiO_2 掩模，沿 GaN 的 $\langle 1\bar{1}00 \rangle$ 方向刻出 8μm 的条形窗口

区(周期为 20 μm)，然后再生长 15 μm 厚 GaN，使全部表面重新形成平坦平面。在此衬底上制作的激光器在表 10-4 中标作 LD(I)。

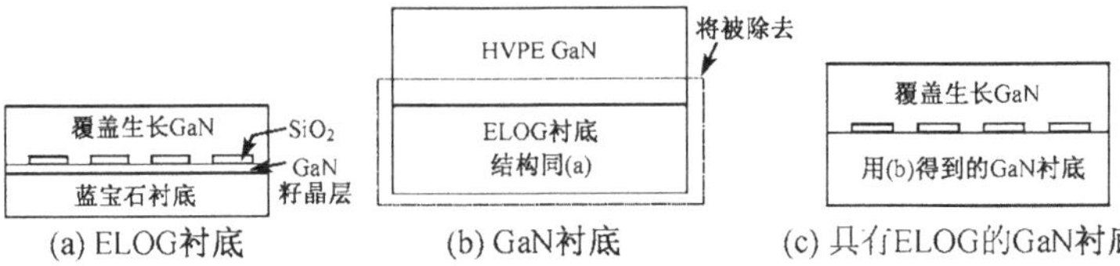

图 10-20　三种 GaN 衬底示意图

(a)ELOG 衬底; (b)GaN 衬底; (c)具有 ELOG 的 GaN 衬底

(b) GaN 衬底：在上述 ELOG 衬底(a)上，再用氢化物气相外延(HVPE)生长 200μm 的 GaN，然后除去衬底和一部分 GaN 外延层，形成自支撑 150 μm GaN 衬底。在此衬底上制作的激光器标作 LD(II)。

(c) 具有 ELOG 的 GaN 衬底：在上述自支撑 GaN 衬底(b)上仍然采用 ELOG 衬底的技术，生长 15 μm 厚的 GaN，使全部表面重新形成平坦平面。生长窗口区的位错密度为 $5\times10^7/cm^2$，在 SiO_2 掩模区上的 GaN 层位错密度降低到 $7\times10^5/cm^2$。在此衬底上制作的激光器标作 LD(III)。

该三种 GaN 衬底晶体质量如表 10-3 所示。具有 ELOG 的 GaN 衬底在 SiO_2 掩模上具有最低的位错密度，为 $7\times10^5\ cm^{-2}$。

表 10-3　每种衬底的不同位置上的暗点密度

衬底	不同位置上的暗点密度/ cm^{-2}	
	窗口区上	SiO_2 区上
ELOG 衬底	很高（全部被暗点覆盖）	1×10^6
GaN 衬底	5×10^7	5×10^7
带 ELOG 的 GaN 衬底	5×10^7	7×10^5

然后在三种 GaN 衬底上生长 InGaN MQW 激光器结构：5 μm 厚 n-$Al_{0.05}Ga_{0.95}N$:Si 层、0.1 μm 厚 n-$In_{0.1}Ga_{0.9}N$:Si 层、$Al_{0.1}Ga_{0.9}N$/GaN 调制掺杂超晶格(MD-SLS) 载流子和光限制层(由 180 周期的 25Å 掺 Si 的 n-GaN 层和 25Å 未掺杂 $Al_{0.14}Ga_{0.86}N$ 层组成)、0.15 μm 厚未掺杂 GaN 层、由 3 个 40Å 厚的未掺 $In_{0.15}Ga_{0.85}N$ 阱形成增益介质和 4 个 100Å 厚的掺 Si n-$In_{0.02}Ga_{0.98}N$ 垒组成的 $In_{0.15}Ga_{0.85}N/In_{0.02}Ga_{0.98}N$ MQW 有源层，100Å 厚 p-$Al_{0.35}Ga_{0.65}N$:Mg 层，0.15μm 厚未掺杂 GaN 层，p-$Al_{0.1}Ga_{0.9}N$/GaN 调制掺杂超晶格(MD-SLS)载流子和光限制层(由 120 周期的 25Å 掺 Mg p-GaN 层和 25Å 厚的未掺杂 $Al_{0.1}Ga_{0.9}N$ 层组成)和 150Å 厚的 p-GaN:Mg 接触层。脊形激光器的面积 1.8μm × 650μm。当使用 GaN 衬底(b)或带 ELOG 的 GaN 衬底(c)时，腔是用沿 $\{1\bar{1}00\}$ 解理面解理方法形成。ELOG 衬底(a)腔是用反应离子刻蚀

方法形成。生长在带 ELOG 的 GaN 低位错密度的衬底上的 InGaN MQW 激光器(LD(III))，在功率输出达 30 mW 时，相应的电流密度低至为 3.5kA/cm^2。在 60°C 下，LD(I)、LD(II)、LD(III)估计寿命分别为 700、3000 和 15 000 h。可以看出带 ELOG 的 GaN 低位错密度的衬底显著延长了激光器的寿命。表 10-4 比较了在三种 GaN 衬底上生长的激光器在 25°C 时的阈值电流、在 30mW 时的正向电流、斜率效率和发射波长。

表 10-4　在 25°C 时激光器的阈值电流、在 30mW 时的正向电流、斜率效率和发射波长

	LD(I)	LD(II)	LD(III)
阈值电流/mA	27	27	23
30mW 时的正向电流/mA	50	60	42
斜率效率/(W/A)	1.25	0.9	1.6
发射波长/nm	405	405	405

10.2.4.3　非极性面 GaN 激光器

目前，GaN 基器件大都在蓝宝石衬底的 c 面上生长，但 c 面蓝宝石衬底上生长的 GaN 薄膜是有极性的，参见第 7 章 7.4 节。理论预言在极性的 c 面上制造的 LED 比在非极性和半极性面的器件性能要差，因为沿 c 轴的应变量子阱中存在自发极化和压电极化，由于极化场使得电子和空穴的波函数分离。此外极化效应还造成不希望的量子阱发射峰随注入电流而增加的蓝移，因为极化场的库仑屏蔽随注入电流而增加。结果使高 In 含量的 c 面 InGaN QW 的量子效率很低。例如，绿光(520 nm) LED 的效率比最新的蓝光 LED 低几倍，而绿光激光器至今还未做出来。在非极性$(1\bar{1}00)$面(又称 m 面)或 $(11\bar{2}0)$面(又称 a 面)GaN 衬底上生长 InGaN/GaN 量子阱因为极性的 c 轴平行于异质结界面，因此不存在极化电场，可望提高量子阱的发光效率。目前研究的较多的是非极性 m 面。然而在 m 面上进行外延生长的困难在于很难降低堆垛层错和穿透位错密度。如在含有堆垛层错和穿透位错的 m 面 SiC 或 m 面 GaN 模板上生长 m 面 GaN，原来存在衬底的堆垛层错的激增是个非常难于解决的问题。但是已经在 HVPE 生长的高质量自支撑 $m(1\bar{1}00)$面 GaN 衬底上取得了进展。

日本 ROHM 公司的 Okamoto 等[34]和美国 UCSB 的 Schmidt 等[35]几乎同时报道了在非极性 m 面上成功地生长出 InGaN 多量子阱激光器。图 10-21 为 Okamoto 等的非极性 m 面 InGaN 多量子阱激光器示意图。使用的 m 面 GaN 衬底是从 HVPE 生长的 c 面高质量厚 GaN 材料上切出来并且经过机械和化学抛光，表面平滑到具有单层原子台阶，沿<0001>和<11$\bar{2}$0>方向的偏角小于 ± 0.3°。生长在通常的 LP-MOVPE 反应室中进行，采用高 V/III 比。外延层没有观察到明显的位错、堆垛层错和裂纹。为制备器件结构，在 m 面 GaN 衬底上，依次生长 n-GaN 层、n-AlGaN

限制层、n-GaN 波导层、3 个周期 InGaN 多量子阱层、p-AlGaN 电子阻挡层、p-GaN 波导层、p-AlGaN 限制层和 p-GaN 接触层。沿 *c* 轴用干法刻蚀外延片形成底部宽 1.5 μm 脊形条，溅射 ZrO_2 绝缘层，解理形成长 600μm 的激光器谐振腔。激光器的发射波长约 400 nm，连续工作阈值电流为 36mA，阈电流密度为 4.0 kA/cm^2，可以得到大于 10 mW 的输出。与 *c* 面上生长的激光器相当。然而与在 *c* 面上生长的激光器相比，*m* 面激光器的工作电压仍然较高，这是因为处理几毫米左右的小 *m* 面衬底存在工艺上的困难所致。

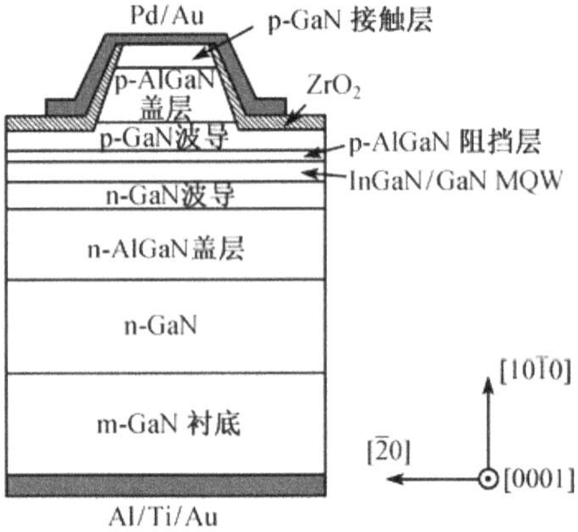

图 10-21　非极性 *m* 面 InGaN 多量子阱激光器示意图

条形谐振腔平行于 *c* 轴

此后 ROHM 公司的 Okamoto 等[36]报道了在 *m* 面 GaN 衬底上已作出室温连续激射的发射波长为 451.8 nm 蓝光激光器。其阈电流和相应的阈电流密度分别为 134mA 和 22.3 kA/cm^2。器件结构由 InGaN 基多量子阱、InGaN 波导层、含 Al 限制层组成。InGaN 波导层起两个作用：作为较长波长激光器的波导和防止平行于 *c* 面的裂纹。后者是制造波长超过蓝光的非极性激光器不可缺少的技术。最近 Kubota 等[37]报道了在 *m* 面衬底上已作出室温连续激射的发射波长为 460 nm 蓝光激光器。其阈电流和相应的阈电流密度分别为 40mA 和 5.0 kA/cm^2。在脉冲模式下从自发辐射 (0.3 mA) 到受激发射(32 mA)电荧光峰值波长仅移动 10 nm (58 meV)，此值比在 *c* 面蓝光激光器小得多。从实验上证明了非极性 *m* 面激光器的优点。

UCSB 小组在常压 MOVPE 反应室中进行生长，生长条件类似于在 *c* 面上生长激光器的条件。典型的 V/III 比大于 3000，典型的生长温度范围在 875~1185°C。在 *m* 面 GaN 衬底上首先生长 GaN:Si 层，而不需要生长低温成核层。接着生长 25 nm 的 InGaN 弹性形变层、250 周期 AlGaN/GaN(2/2nm)掺 Si 的限制层、75 nm 的掺 Si 的分别限制异质结构、5 周期 InGaN/GaN(8/8 nm)未掺杂多量子阱有源区。有源区的厚度大于 *c* 面激光器使用的 3.5~4 nm 典型值。有源层上是 10 nm 厚的 p-AlGaN 电子阻挡层、125 周期的 AlGaN/GaN(2/2 nm)掺 Mg 的限制层，最后为具有 20 nm p^{++}层的总厚度为 150 nm 掺 Mg 的 GaN 接触层。已经观测到宽接触激光器(10μm × 1000μm)脉冲受激发射，发射波长为 405nm，阈电流密度为 7.5 kA/cm^2。此后，UCSB 小组在 InGaN/GaN 激光器中不生长含 Al 波导限制层，采用厚 InGaN 量子阱产生有效的横光学模式限制，阈值电流密度和阈值电压分别为 6.8 kA/cm^2 和 5.6 V，峰值输出功率大于 25 mW。未封装和未涂层的这种激光器连续工作已超过 15 小时[38]。而且阈值电流密度还在降低中。

此外，在 GaN 的半极性面的$(10\bar{1}\bar{3})$面或$(11\bar{2}2)$面上制造激光器也预期可以提高发光器件的性能。在半极性面的$(11\bar{2}2)$ GaN 面上已经生长了 InGaN/GaN 多量子阱。

10.2.5　量子点激光器的 MOVPE 生长

量子点激光器与量子阱激光器相比具有更低的阈值电流密度、更高的微分增益和极高的特征温度等优点，因此受到广泛的关注。制备量子点激光器多采用第 9 章的 9.2.1 节介绍的应变自组装 QD 生长法。自 20 世纪 90 年代研制成功单层应变自组装量子点激光器实现低温下连续工作以来，通过采用提高限制层的生长温度、优化量子点尺寸(增加量子点中激子热激活能)以及采用量子点叠层结构、提高量子点叠层结构中间隔层的生长温度，在量子阱中生长量子点等方法，大大降低了载流子逃逸出量子点发生非辐射复合的概率，使得阈值电流密度不断降低，连续输出功率不断提高，工作寿命不断延长。由于 InGaAsP/InP 系长波长量子阱激光器的 T_0 低，应用于光通信的长波长(1.3~1.55μm)量子点激光器更具吸引力。为此，很多量子点激光器的研究工作主要围绕制备技术较为成熟的 GaAs 基应变自组装 1.3μm InAs/GaAs 量子点材料展开。应变自组装量子点激光器主要采用 MBE 方法生长，近年来利用 MOVPE 生长量子点激光器的工作也取得进展，如 GaAs 基应变自组装 In(Ga)As/GaAs 量子点激光器的研制。

理想的量子点激光器要求有源区里的量子点的尺寸完全相同，然而由于应变自组装生长量子点尺寸、形状和组分分布的随机性，使得应变自组装量子点通常具有一个比较宽的尺寸分布，其发光光谱宽度有数十毫电子伏特。另外，即使密度高达 5×10^{10}cm^{-2} 单层量子点的横向填充因子也要比量子阱小，至少小一个量级，因此光增益非常小，在较低的输出功率下就会饱和。这个结果会导致具有较高态密度的激发态先激射而不是基态激射，或者由基态激射转变为激发态激射，并且使阈电流密度升高。因此，增加量子点密度和均匀性是自组装量子点材料生长面临的最大挑战[39]。采用堆垛多层量子点的方法可以增加量子点密度，而且均匀性也得到一定改善。Tatebayashi 等[40]报道了用 MOVPE 低温生长 $Al_{0.4}Ga_{0.6}As$ 覆盖的堆垛 InAs/GaAs 量子点激光器。以 TMGa、TMAl、TMIn 和 TBAs 为源；SiH_4和 DEZn 分别为 n 和 p 掺杂剂。激光器结构如下：n-GaAs 衬底先生长 1.5μm n-$Al_{0.4}Ga_{0.6}As$

下限制层、25 nm $Al_{0.2}Ga_{0.8}As$ 层、有源区、25 nm $Al_{0.2}Ga_{0.8}As$ 层、1.5μm p^+-$Al_{0.4}Ga_{0.6}As$ ($p=1\times10^{17}cm^{-3}$)上限制层、最后为 400 nm n^+-GaAs 接触层。有源区为 5 个堆垛 InAs/GaAs 量子点包埋在 $In_{0.13}Ga_{0.87}As$ 应变缓解层(SRL)中，被 25nm GaAs 层分开。总共 InAs 量子点数目为 $6.7\times10^{10}/cm^2$。生长温度为 600 °C，在生长 p 限制层(盖层)的生长温度降低到 560 °C 可以抑制由于后退火时量子点层中 In、Ga 原子的互混导致的蓝移，实现了 1.28 μm 室温连续激射。器件结构从实验和增益谱的计算表明激射源于堆垛 InAs 量子点的第一激发态。

Nuntawong 等[41]基于应变补偿概念，生长了的三个堆垛的应变补偿 InAs/GaAs QD 有源区激光器。激光器结构为：n-GaAs 衬底上生长 300nm n^+-GaAs 层、0.8μm n-$Al_{0.7}Ga_{0.3}As$ ($n=1\times10^{17}cm^{-3}$)下限制层、110 nm GaAs 波导层、有源区埋入其中、0.8μm p-$Al_{0.7}Ga_{0.3}As$ ($p=1\times10^{17}cm^{-3}$)上限制层、最后为 50 nm n^+-GaAs 接触层。有源区由 5ML $In_{0.15}Ga_{0.85}As$ 缓冲层, 3ML InAs QD,25ml $In_{0.15}Ga_{0.8}5As$ 盖层组成。每层 QD 生长后，都在 AsH_3 下退火以降低缺陷密度。QD 堆垛层之间用 8 nm GaAs 层分隔，并且夹一薄层 GaP(2~8ML)。埋在 GaAs 波导层的堆垛 QD 有源区的每层含有薄 GaP (Δa_o=–3.8%)张应变层以部分补偿 InAs (Δa_o=7%) QD 层的压应变。最佳的 GaP 厚度是 ~4 ML，导致在该器件结构中压应变减少了 36%。AFM、PL 和 X 射线衍射都证明这种应变补偿改进了器件的结构和光学特性。得到了λ=1.249 μm, J_{th}=550 A/cm^2 的室温基态激射。

Germann 等[42]报道了用 MOVPE 也生长了 InGaAs/GaAs 量子点激光器。其特点是采用的原材料全部为金属有机源。使用 TBAs 代替 AsH_3 是因为 TBAs 分解温度低，在低 V/III 比下可得到与使用 AsH_3 同样的晶体质量。InGaAs/GaAs 量子点激光器的结构如下：在 2in 的(001) n-GaAs ($n=2\times10^{18}cm^{-3}$)衬底上，首先生长 0.4μm 的 GaAs:Te 缓冲层($n=2\times10^{18}cm^{-3}$)。接着生长 $Al_{0.8}Ga_{0.2}As$:Te 下限制层(0.8μm 的 $n=2\times10^{18}cm^{-3}$ / 0.3μm 的 $n=5\times10^{17}cm^{-3}$)、埋入有源区的不掺杂的 0.3μm 厚 GaAs 波导核心层、p$Al_{0.8}Ga_{0.2}As$:C 上限制层(0.3μm 的 $p=3\times10^{17}cm^{-3}$/0.5μm 的 $p=2\times10^{18}cm^{-3}$)，最后生长 0.2μm 的 GaAs 掺 C($p=1\times10^{19}cm^{-3}$)接触层。有源区由堆垛多层的生长在低 In 含量(x_{In}=0.08~0.15)的 $In_xGa_{1-x}As$ 应变缓解层中包埋的 $In_{0.65}Ga_{0.35}As$ 量子点组成。应变缓解层可以降低量子点的局部应变并且导致尺寸的增加，使得波长向 1.3 μm 红移。QD 层是在 500°C 生长的，在 GaAs 上沉积 2.7ML $In_{0.65}Ga_{0.35}As$ 后中断生长，在无 V 族稳定的生长中断期间形成量子点。量子点的密度大于 5×10^{10} cm^{-2}。随后生长 6.7 nm 的 $In_xGa_{1-x}As$ 应变缓解层和 GaAs 层。应变缓解层中的 In 含量对于量子点的 PL 发光波长和强度以及 QD 的最大堆垛层数都有很大影响。应变缓解层的厚度远低于产生失配位错的临界厚度。因为量子点的形成对应变非常敏感，所以应变缓解层对量子点堆垛能力有很大影响，限制了最大堆垛高度。影响 QD 发光波长和强度的还有应变缓解层生长时的 V/III 比和 QD 生长后的生长中断时间等。生长应变缓解层时，V/III 比从 5 降低到 2，造成 PL 谱 16 nm 的红移同时强度增加 7%，半高宽也降低了。对于多层 QD (3~5 层)，需要逐层单独调整生长中断时间。在生长间隔层时，生长温度要上升到 600°C，连续生长 GaAs。后续层的生长会造成蓝移，也需要加以考虑。为了进一步把波长移到 1.3μm，已经在研究增加量子点的 In 组分和改变应变缓解层生长时的 V/III 比。量子点组分的 In 含量从 0.65 增加到 0.75，导致 PL 谱 15 nm 的红移，但是强度降低 12%。上述外延片最终制作成宽面积浅台面的 F-P 型激光器管芯(50~150 μm 宽、2~8 mm 长)，然后键合到控温热沉上。管芯用脉冲宽度 300 ns 重复频率 1kHz 的电流驱动。3 层和 5 层堆垛量子点激光器的受激发射波长分别为 1.216~1.219 μm 和 1.240~1.246 μm。阈电流密度低至 66 A/cm^2，透明电流密度为 52 A/cm^2，内量子效率高达 94%。

总之,研制应变自组装量子点激光器是一个需要考虑多方面因素的十分复杂的过程，才能最终达到所希望的发射波长和输出功率。特别是对量子尺寸的离散和密度的控制。目前量子点激光器的研制虽已取得突破性进展，许多指标已超过了传统量子阱激光器，但离实际应用仍有一段距离。

10.2.6　II-VI 族半导体激光器的 MOVPE 生长

ZnSe 的室温禁带宽度为 2.68 eV，是制作蓝光波段发光器件的材料之一。利用 ZnSe 基 II-VI 族宽带化合物制备蓝绿光激光器，一直为人们所关注。但是由于 ZnSe 存在较强的自补偿效应，通常条件下未掺杂的 ZnSe 往往呈现 n 型导电性，所以很难得到高载流子浓度的 P 型掺杂，也很难通过双极性掺杂制备 pn 结。直到 20 世纪 90 年代初,用 MBE 方法以氮等离子体为掺杂源使 ZnSe 掺杂技术有了重大突破，改善了杂质和缺陷的掺入，实现了电学性质的控制。此后于 1991 年，3M 公司首次制成了世界上第一个 ZnCdSe/ZnSe 量子阱有源层的电流泵浦蓝绿光激光器。器件波长为 490nm，77K 下脉冲阈值电流密度为 320A/cm^2。在 1993 年又实现了 ZnCdSe/ZnSe/ ZnMgSeS 室温连续工作的量子阱蓝绿光激光器。但是直到 1997 年激光器室温连续工作时间仅为 400h。一般认为影响器件寿命的主要原因是晶体内高的缺陷密度。缺陷的来源一方面是 ZnSe 外延层在 GaAs 衬底上三维岛状生长，在 ZnSe/GaAs 界面附近产生堆垛层错和位错，并向有源层扩展和倍增，形成非辐射复合中心，产生非辐射复合。这反过来又会使晶格局部发热，从而产生更多的缺陷，形成正反馈，使器件性能快速老化。此外由于 ZnSe 材料自身的化学键离子性较强，键能低(小于其带隙)，所以容易断裂，形成缺陷。为了克服 ZnSe 激光器的退化问题，1996 年一种新的含 Be 的 II-Ⅵ族材料，引起了人们的关注。由于 Be 的Ⅵ族化合物具有很强的共价键，因而其硬度比 ZnSe 高，可望有效地降低外延层的缺陷密度。但目前人们对 Be 化合物知道得尚少，还有大量的研究工作要去完成。

利用 MOVPE 生长 ZnSe,还存在 H 对 p 型杂质的钝化作用,使得低阻 p 型 ZnSe

的生长更为困难。直到 1997 年才实现 MOVPE 生长的 ZnSe 基激光器 77K 脉冲蓝光激射。第一个 MOVPE 生长的 II-VI 族 ZnSe 基激光器采用了光辅助技术[43]。激光器的有源区是单 ZnCdSe 量子阱，限制层为 ZnMgSSe，光波导层为 ZnSe，如图 10-22 所示。采用 DMZn，DMCd，DMSe，DES 和$(MeCp)_2Mg$分别为 Zn、Cd、Se、S 和 Mg 源。n 型掺杂剂为乙基碘化物(ethyliodide)，采用 DIPNH 作为 p 型掺杂剂在 UV 光辅助下进行生长。在掺 Si 的(100) n-GaAs 衬底上首先生长 500 nm 厚 n-$ZnS_{0.06}Se_{0.94}$外限制层(5×10^{17} cm^{-3})、60 nm 厚的未掺杂 $Zn_{0.93}Mg_{0.07}S_{0.1}Se_{0.9}$ 内限制层、120 nm 厚的未掺杂 ZnSe 光波导层、6 nm 厚的未掺杂 ZnCdSe 量子阱、120 nm 厚的未掺杂 ZnSe 光波导层 60 nm 厚的未掺杂 $Zn_{0.93}Mg_{0.07}S_{0.1}Se_{0.9}$ 内限制层、60 nm 厚的未掺杂 $Zn_{0.93}Mg_{0.07}S_{0.1}Se_{0.9}$ 内限制层、500 nm 厚 p-$ZnS_{0.06}Se_{0.94}$外限制层和 20nm 厚的 p-ZnSe 接触层。p-ZnSe 接触层是在 VI/II=2 和 330°C 的条件下生长，其 p 型掺杂水平仅为 $1.4\times10^{16}cm^{-3}$，比固体中 N 浓度(1×1018 cm^{-3})小约两个量级。器件在 77K 观察到 473.3nm (2.618 eV)的脉冲激射。Ogata 等[44]采用了光辅助 MOVPE 技术生长了以 ZnCdSe 为有源区的 ZnSe 基激光器，同样只得到 77K 下的脉冲激射。

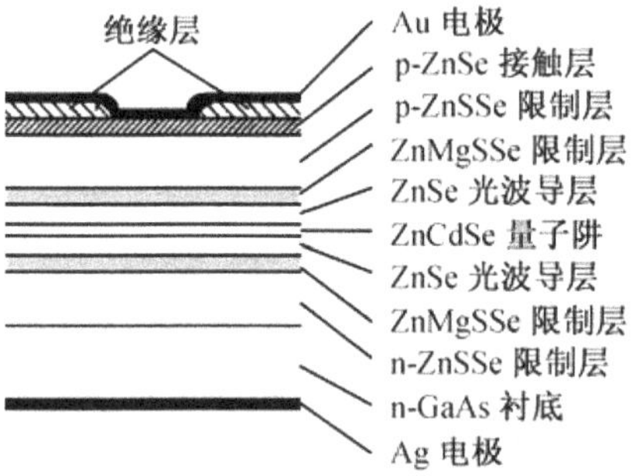

图 10-22　光辅助 MOVPE 生长的 ZnSe 基激光器结构

10.3　太阳能电池

太阳能是一种巨大的几乎是取之不尽的清洁能源,地球上一年中接收到的太阳能高达 1.8×10^{18} kW ·h。半导体太阳电池大多数都是基于半导体 pn 结的光伏效应，即在光照下，pn 结两端产生电位差的现象[45]。与发光器件不同的是直接带隙材料或间接带隙材料都有光伏效应、都可以制造太阳能电池，只不过直接带隙材料对太阳光的吸收率高。如直接带隙材料 GaAs 仅几微米厚就能有效地吸收阳光，而间接带隙材料硅，有效地吸收阳光的厚度在 100 μm 以上。因此尽管硅太阳电池有价格优势，利用 GaAs 基高校太阳电池将太阳光能直接转化为电能仍然受到很大重视[46]。太阳能电池的光电转换效率——η，定义为在标准光强下电池的最大输出功率与输入光功率的比值。太阳能电池的光电转换效率首先是由半导体材料的性质决定的，如材料的带隙宽度(E_g)、少子寿命和扩散长度等。由于太阳电池只能吸收能量大于禁带宽度的光子，禁带宽度为 1.4~1.6eV 的材料对于太阳光谱有较高的理论效率。见图 10-23 室温下太阳电池理论效率与禁带宽度的关系。可以看出 III-V 族材料中 GaAs(E_g为 1.43 eV)和 InP(E_g为 1.37eV)都是高效太阳电池材料。图中指出了 AM1.5 效率和 AM0 效率。III-V 族半导体太阳电池广泛用于人造卫星和空间站。卫星电源的功率已从几百瓦到几千瓦，空间站电源功率从十几千瓦到上百千瓦，寿命从 1 年到 20 年以上。聚光多结串接 III-V 族太阳电池，如聚光到 500 sun，降低了发电成本开拓了在地面应用 III-V 族半导体太阳电池的途径。

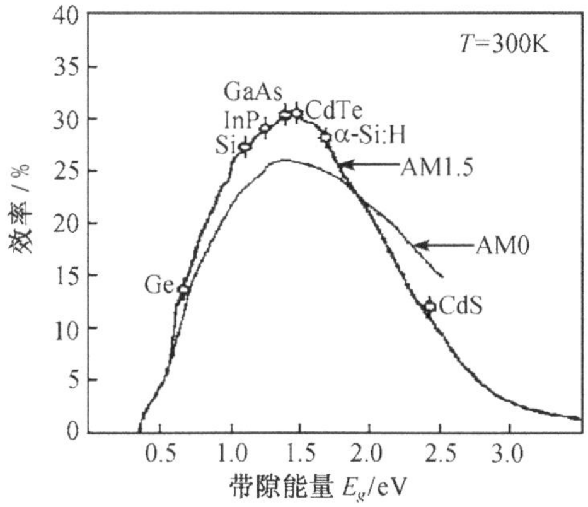

图 10-23　理论计算的太阳电池效率与带隙宽度的关系

材料的少子寿命与扩散长度对太阳电池反向饱和电流和收集光生载流子的效率都有影响。少子寿命取决于太阳电池中的各种复合机制，如辐射复合、俄歇复合、通过复合中心的复合等。同时，陷阱效应在决定少子寿命方面也起着重要作用。这些机制对电池效率的影响不仅取决于电池材料的性质，也与电池器件工艺因素相关。因此减小能影响少子寿命的杂质含量，提高晶体完整性就非常重要。

III-V 族化合物太阳能电池有许多种，若用材料分类主要有 GaAs 基和 InP 基两大类；用结构分类有单结太阳电池和多结叠层电池；用应用方式分类有普通型太阳电池和聚光型太阳电池。自上世纪 90 年代 MOVPE 技术应用于 III-V 族化合物太阳能电池的研究和生产以来，不仅改善了表面的平整性和各层的厚度、浓度的均匀性，并且可以精确地进行控制生长，因此大大改进了太阳电池的性能，提高了效率。更因太阳能电池最终产生的能量与电池面积成正比的特点，MOVPE 技术能够进行大量生产的优点得到充分发挥，大型的 MOVPE 反应室，现已广泛地应用于 III-V 族太阳能电池的生产中[47]。表 10-5 列出部分 III-V 族化合物太阳能电池的结构与效率，其中包括用 MOVPE 技术生长的太阳能电池材料系多结电池的结构和效率[48]。

表 10-5　MOVPE 技术生长的太阳能电池材料系

太阳能电池材料系	结构	AM*	效率/%	面积/cm^2	年代
GaAs	体	AM1.5	26.0	25	2001
InP	体	AM1.5	22.5	0.25	1986
Si 上 GaAs	薄膜	AM1.5	20.0	1	1989
GaAs 上 2-结	多结	AM1.5	30.6	9	1988
AlGaAs/Si		AM0, 1-sun**	21.4		
GaAs//InGaAsP 机械叠层	多结	AM1.5	31.1	1	2001
InGaP/InGaAs/Ge	多结	AM1.5	31.7	1	2000
InGaP/GaAs/InGaAs	多结	AM1.5	33.3	1	1997
InGaP/GaAs 2-结	聚光多结	AM1.5 × 20	31.5		

* AM 为大气质量：AM0 大气质量为 0，代表空间应用环境；AM1 表示阳光垂直穿透大气，即 0° 入射；AM1.5 表示阳光以 45° 斜入射

** sun 为太阳光强度：1-sun 表示阳光未被聚焦，n-sun 表示太阳光被聚焦几倍.

10.3.1　单结 GaAs 太阳能电池的 MOVPE 生长

GaAs 在制备太阳能电池方面有许多优点：GaAs 的带隙处于太阳光谱的峰值附近，GaAs 单个 pn 结电池的效率可以达到 25%、GaAs 为直接带隙材料，光吸收系数大、抗辐照性能好、GaAs 太阳能电池的温度系数小，能够在较高的温度下正常工作等。GaAs 基太阳电池的上述特点使其在空间能源系统中得到广泛应用。图 10-24 为单结 GaAs 太阳电池的结构示意图[49]。衬底为 n 型 GaAs(n=1~4 × $10^{18}cm^{-3}$)，在其上首先生长 200 nm 厚、n=1 × $10^{18}cm^{-3}$ 的 n^+-GaAs 缓冲层和 100~300 nm 厚、p=3.5 × $10^{18}cm^{-3}$ 的背面场(BSF)层以有效地限制载流子，也可以采用布拉格反射器(5 × $Al_{0.3}Ga_{0.7}As$/GaAs)代替 BSF，以增加 GaAs 吸收限附近的光反射和限制载流子，有助于提高光电流。然后生长厚度约为 2~4μm、施主浓度为 2 × $10^{17}cm^{-3}$ 的 GaAs 基区和厚度为 500 nm、受主浓度为 5 × $10^{18}cm^{-3}$ 的 GaAs 发射区。接着生长受主浓度为 1~5 × $10^{18}cm^{-3}$ 厚度为 30 nm 的 $Al_{0.8}Ga_{0.2}As$(此时已是间接带隙)的窗口层，以钝化发射区表面，降低 GaAs 表面复合速度和提供高光通的窗口作用。最后生长掺杂

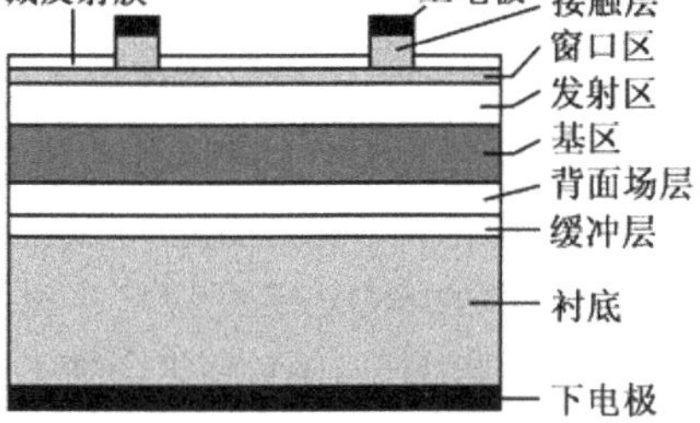

图 10-24　单结 GaAs 太阳能电池示意图

浓度高达 $8\times10^{18}cm^{-3}$ 的 p-GaAs 接触层是为了与上电极金属形成良好的欧姆接触，并在工艺操作中起到保护上表面的作用。光学减反射膜采用真空蒸发的单层或双层机构，以降低表面入射光的反射损失。

GaAs 太阳能电池最初是在 GaAs 衬底上生长的。虽然能够获得很高的转换效率，但是 GaAs 衬底材料价格昂贵，机械强度差(易碎)。为了克服这些缺点，用 Ge 取代 GaAs 作衬底。Ge 的晶格常数(5.6575 Å)与 GaAs(5.6533Å)相近，两者的热膨胀系数也比较接近，Ge 衬底不仅比 GaAs 衬底便宜，而且 Ge 的机械强度优于 GaAs，可以使用薄的衬底有利于减轻电池重量。这点对于空间应用尤为重要。

在 Ge 衬底上生长 GaAs，需要解决以下两个问题：一是晶体缺陷是和位错。在非极性的金刚石结构 Ge 衬底上生长极性的闪锌矿结构 GaAs 导致反相畴形成的问题，反相畴的形成降低了在 Ge 上生长的 GaAs 层的电学性能。解决的办法是采用大偏向衬底，通常采用向(110)偏 6° 的(100)Ge 衬底，以及优化和控制生长速度、V/III 比和生长温度等[50]。位错的产生主要是由于界面处的晶格失配，位错在电池中起着复合中心和旁路的作用，优化成核条件和缓冲层结构可以降低位错密度。虽然 Ge 与 GaAs 晶格常数相近，但是仍然会导入失配位错。采用掺入少量 In 到 GaAs 中，即生长 $In_{0.07}Ga_{0.93}As$ 固溶体，可以抑制失配位错的产生[48]。二是由于生长时在 n-GaAs 和 n-Ge 界面会形成的寄生 pn 结，它产生的额外光伏效应非但未提供附加的功率输出，反倒降低了总的电池效率。寄生 pn 结的出现是因为对于 Ge 来说，Ga 是 p 型杂质，As 是 n 型杂质。在生长 GaAs 时，它们扩散到 Ge 中，由于 Ga 在 Ge 中的溶解度大约比 As 高 10 倍，于是在 n-Ge 衬底表面出现 p^{+}型 Ge 薄层，形成 pn 结。解决的办法之一是在生长 GaAs 之前，在较高温度(如 730°C)通入 AsH_3 一段时间 (约 20 分钟)，使表面出现浓度超过 $1\times10^{19}cm^{-3}$ 的掺 As 的 n^{+}-Ge 薄层。即使在生长 GaAs 时(660°C)有 Ga 扩散进来，只会形成呈现欧姆导电特性的 p^{+}/n^{+} 隧道结，而没有光伏效应。

MOVPE 生长单结 GaAs/Ge 太阳能电池一般在低压反应室中进行，使用 TMGa、TMIn、TMAl、AsH_3 和 PH_3 分别为 III 族和 V 族源，DMZn 和 SiH_4 分别为 p 型和 n 型掺杂源。在 700°C 和 100 hPa 条件下生长速度大约为 5 μm/h。也可采用低毒的 TBAs 代替剧毒的 AsH_3 进行 MOVPE 生长，制备的单结 GaAs 太阳电池，效率达到 24.4%(A M 1.5)[51]。

10.3.2 高效多结 GaAs 基叠层太阳能电池的 MOVPE 生长

材料组分单一的太阳电池，只能吸收和转换特定光谱范围内的阳光，其能量转换效率不高。如果用不同带隙宽度的材料做成太阳电池，按 E_g 的大小从上而下叠合起来，让它们有选择性的吸收和转换太阳光谱的不同子域，就能大幅度地提高电池的转换效率。叠层太阳能电池一般可以分为两类：一是单片多结叠层电池，二是机械叠层电池。

机械叠层电池，有两个以上的输出端，在计算电池效率时将各个子电池效率相加。如 GaAs/GaSb 机械叠层电池，它是由 GaAs 顶电池和 GaSb 底电池用机械的方法叠合而成。它们在光学是串联的，在电学上是各自独立的，用外电路的串、并联实现电流匹配。这种电池效率的效率等于 GaAs 顶电池和 GaSb 底电池的效率之和，因而容易获得高效率。1990 年已经达到 35%(AM1.5，200sun 太阳)。但是机械叠层电池带有复杂的外电路，使它的应用受到限制。

单片多结叠层电池，只有两个输出端，各个子电池在光学和电学上都是串联连接的。单片多结叠层电池是在单一衬底上采用外延生长的方法按带隙宽度从低到高的顺序连续生长不同带隙的电池，用隧道结把不同带隙的电池串联起来。单片叠层电池中构成各个不同带隙的子电池材料的晶格常数应一致，以免在外延生长过程中产生失配位错而降低载流子寿命。

虽然理论计算单片多结叠层电池的光电转换效率随着组成叠层电池的子电池数目的增加而增加，但是当结的数目超过 4 以后，效率提高的趋势变缓。另外，结数增多给材料的选择和生长带来了许多困难，不易得到高质量的多结叠层电池材料，这反而影响了多结叠层电池效率的提高。目前，报道最高效率的仍是三结叠层电池得到的。

10.3.2.1　双结叠层太阳能电池

双结叠层太阳能电池主要由 GaAs 底电池和 InGaP 顶电池，以及它们之间电学和光学低损耗连接用的隧道结组成。对于双结叠层太阳能电池，必须考虑底电池和顶电池的材料带隙宽度匹配和晶格匹配两个因素。但是在实际上即使最简单的双结叠层电池，也不存在兼顾这两个因素的理想方案。对于 AM0 光谱匹配的最佳带隙宽度值为 1.23eV 和 1.97eV，理论效率可达 35.8%，但很难找到晶格匹配的对应材料。目前在技术上比较可行的是利用晶格匹配的材料，放宽对 E_g 的要求。如采用与 GaAs 晶格匹配的 AlGaAs 或 x 值约为 0.5 的 $In_xGa_{1-x}P$ (或写为 $GaInP_2$)。由于 AlGaAs 材料中与氧有关的缺陷限制了它的应用。而 InGaP 顶电池与 GaAs 晶格匹配，与 AlGaAs 相比，InGaP 的界面复合速度比较低、对氧不敏感、有较好的降低表面复合速度的窗口材料 AlInP、抗辐照特性也比较好、获得无序 InGaP 以增加顶电池的宽带，因此获得广泛地应用。GaAs 上生长晶格匹配的 $In_{0.5}Ga_{0.5}P$/GaAs 双结叠层太阳能电池的光电转换效率已超过 30%。顶电池 MOVPE 生长条件的选择除了晶格匹配还要考虑生长温度对少子寿命的影响。

连接相邻两个电池的隧道结，开始采用重掺杂的 GaAs 隧道结，后来采用宽带隙的 InGaP 隧道结。这是因为宽带隙可以降低隧道结导致的吸收，使光能低损耗通过到达底电池。减薄隧道结厚度和增大其禁带宽度可以降低光学损失，但是隧道电流却随禁带宽度增大而指数减小。在生长方面，需要防止后续生长工艺会造成高浓度杂质外扩散降低电阻。

10.3.2.2　三结叠层太阳能电池

三结叠层太阳能电池使用 p-Ge 衬底，把带隙宽度为 0.65 eV 的 Ge 作成底电池，增加了对阳光低能段的吸收，形成了 InGaP/InGaAs/Ge 三结太阳电池，其中 InGaAs 和 InGaP 分别为中电池和顶电池，进一步提高了电池整体效率[52]。三结叠层太阳能电池已在空间能源系统中得到广泛应用，在地面作为聚光太阳电池也有着重要意义。图 10-25 为 MOVPE 生长的 InGaP (1.86 eV) / InGaAs (1.4 eV) / Ge (0.65 eV) 三结叠层太阳能电池的结构示意图[53]。

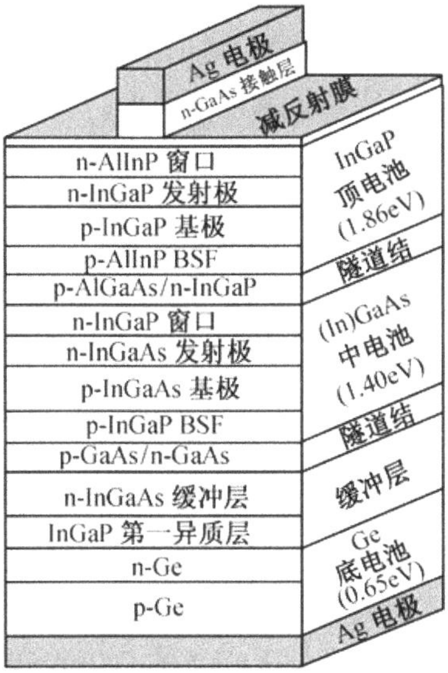

图 10-25　三结 InGaP/InGaAs/Ge 太阳电池结构示意图

图 10-22 三结叠层太阳能电池的结构特点如下：

(1) InGaP/Ge 异质面结构底电池：Ge 底电池的 pn 结无须特意制作，该 pn 结是在 p 型 Ge 衬底上生长的第一外延层的过程时，V 族原子扩散到 Ge 衬底中自动形成的。因此第一异质层材料对于 Ge 底电池性能影响极大。现已证明 InGaP 是比 GaAs 更好的第一异质层材料。这是因为 P 在 Ge 中的扩散系数小于 As，而 In 在 Ge 中的溶解度又小于 Ga。使得用 InGaP 作第一层材料产生的 pn 结深仅为 0.1μm(浅结)，而用 GaAs 时结深为 1μm。由于结深的减少提高了 Ge 底电池的量子效率。

(2) 晶格匹配的 InGaAs 中电池：虽然 Ge 与 GaAs 晶格常数相近，晶格失配仅为 0.08%，但是仍会在厚的 GaAs 层中产生失配位错，降低电池的效率。若在 GaAs 中掺入少量 In(1%)，则与 Ge 精确晶格匹配，不产生失配位错。由于晶体质量的改善提高了少子扩散长度，增大了电池的开路电压(V_{OC})和短路电流 (J_{SC})。采用 E_g=1.40eV 的 InGaAs 中电池，由于降低了 E_g(红移 12meV)，吸收限延伸至 0.88 μm 左右，可以吸收一部分原本会进入 Ge 电池的红外光，使电流密度提高约 3%。

(3) InGaP 顶电池：采用 AlInP 窗口材料，较好的降低了表面复合速度。由于 InGaP 的 E_g=1.86 eV，如果改用更宽带隙的 AlGaInP(E_g=1.96 eV)顶电池，获得更高开路电压(接近 2.72 V)，同时保持电流不变。转换效率可以达到 33%(AM1.5)。

(4) 宽带隙 p-AlGaAs/n-InGaP 异质结构隧道结：该异质隧道结具有高透射率、高势垒的特点。为防止后续生长工艺会造成高浓度杂质外扩散降低电阻，采用扩散系数低的 p 型掺杂元素 C 而不采用扩散系数高的 Zn，n 型掺杂元素采用扩散系数低的 Si。此外使用 TBAs 和 TBP 分别取代 AsH_3 和 PH_3 可以降低生长温度到 600 °C，从而降低生长过程中隧道结杂质的外扩散。如果用 Zn 掺杂，可以采用 $p^+AlInP/p^+InGaP/n^+InGaP/n^+AlInP$ 双异质隧道结，来有效防止杂质 Zn 外扩散，在显著增加峰值隧道电流的同时实现了宽带隙要求。

(5) 宽带隙 BSF 层：由于宽带隙背面场层比重掺杂层在限制少子方面更有效，InGaAs 中电池采用 p-InGaP 作 BSF 层，InGaP 顶电池以 p-AlInAs 为 BSF 层。

10.3.2.3　“超薄型”三结叠层太阳电池

GaAs 基多结叠层太阳能电池尽管它们的效率很高，但是材料的密度大，功率/质量比不高。在 GaAs 衬底上，采用反向生长和剥离技术发展了“超薄型”的变晶格 GaInP/GaAs/GaInAs 三结电池。三个子电池的带隙宽度接近于理想值，分别为 1.9 eV、1.4 eV 和 1.0 eV。三个子电池的窗口层分别为 n 型的 AlInP、GaInP 和 GaInP。具体的结构见图 10-26 所示[45]。所谓反向生长是指与通常的多结电池的先生长窄带隙后生长宽带隙电池的次序相反。在进行外延生长时首先生长与 GaAs 衬底晶格匹配的 1.9 eV 的 GaInP 电池，接着生长 1.4 eV GaAs 电池，最后生长 1.0 eV 的 GaInAs 电池，为了解决 GaAs 衬底与 1.0 eV GaInAs 之间的晶格失配问题，采用了 GaInP 缓冲层组分渐变技术。由于 GaInP 和 GaAs 都是在晶格匹配的状态下生长的，因此质量更好。为了避免在腐蚀 GaAs 衬底时不至于连 GaAs 接触层也一起腐蚀掉，在衬底和接触层之间增加 GaInP 腐蚀停止层。在 AM1.5 光谱、10.1 倍太阳光强下，该电池获得了 37.9%的高效率。生长后把它的外延表面粘贴到玻璃或塑料薄膜上，然后采用选择腐蚀把 GaAs 衬底腐蚀掉，只将 1~3μm 厚的电池有源层转移到金属膜上，就可以获得柔性超薄型 GaAs 基叠层太阳能电池。

p+GaInAs 接触层
n/p-GaInAs/GaInP DH
组分渐变 n-GaInP
p+/n+GaAs 隧道结
n/p-GaAs/GaInP DH
p+/n+GaAs 隧道结
n/p-GaInP/AlInP DH
n+GaInAs 接触层
n+GaInP 腐蚀停止层
GaAs 衬底

图 10-26　超薄型的变晶格 GaInP/GaAs/GaInAs 三结叠层电池(剥离前)的异质结构示意图

10.3.2.4　四结叠层太阳电池

尽管 GaInP/GaAs/Ge 三结叠层太阳电池在目前的空间用太阳电池中保持着效率记录，但是，从电流匹配的角度来讲，这种电池结构远非最佳。这主要是因为 GaAs 与 Ge 禁带宽度差较大，Ge 电池产生的光生电流是

GaInP 子电池或 GaAs 子电池的两倍。而由于电流不匹配，其中的一半被白白浪费掉，对太阳电池的效率基本上没有贡献。因此将 GaAs 与 Ge 吸收边之间的光谱进行进一步的分割，在二者之中再加入一个“第三结”，而将 Ge 作为第四结材料，形成 AlGaInP (2.0 eV)/GaAs (1.4 eV)/GaInNAs (1 eV)/Ge (0.65 eV) 4 结电池的理论效率高达 43%[54]。这是目前叠层太阳电池研究的主要方向之一[55]。目前实际达到的电池效率与理论预期还有不少差距。关键是生长与 GaAs 晶格匹配、少子迁移率高和扩散长度大的、带隙在~1eV 的 $Ga_{0.92}In_{0.08}N_{0.028}As_{0.972}$ 材料[56]。GaInNAs 材料需要降低生长温度以利 N 的并入，因此常用 TBAs 与 DMHy 为 As 和 N 源。在小型反应室上 GaInNAs 的生长采用 TEGa、TMIn、TBAs、DMHy 为源，DETe 和$(MeCp)_2Mg$ 分别为 n 和 p 型掺杂源。典型的生长温度 550~580°C，反应室压力为 50~70mbar，[TBAs]/[III]在 2~3 之间，[DMHy]/[TBAs]为 5 到 8。生长速率为~2μm/h。GaInAsN 的空穴本底浓度为 $10^{16}cm^{-3}$,生长的 GaInNAs 单结电池的短路电流密度已经达到 10.9 mA/cm^2 (AM0)[57]。

10.3.3　III-V 族量子阱太阳电池的 MOVPE 生长

在 pin 型太阳电池的本征层中嵌入多量子阱，形成 p-i(MQW)-n 型太阳电池，利用量子阱对光的吸收，扩展对太阳光谱的长波长范围的吸收，从而提高光电流以提高太阳电池的能量转换效率。图 10-27 示出含应变多量子阱的 p-i(MQW)-n 型应力平衡太阳电池的能带结构。电池的基质材料和垒层材料具有较宽的带隙 E_g；量子阱层材料具有较窄的有效带隙 E_a，E_a 值的大小由阱层量子限制能级的基态所决定。所以，p-i(MQW)-n 型太阳电池的吸收带隙可以通过阱层材料的选择和量子阱宽度(垒宽 L_b，阱宽 L_z)来进行剪裁，以扩展对太阳光谱长波长范围的吸收，从而提高光电流。理论分析表明，p-i(MQW)-n 型太阳电池的短路电流主要取决于阱层的有效带隙 E_a，而开路电压将小于不含 MQW 的基质材料电池的开路电压。

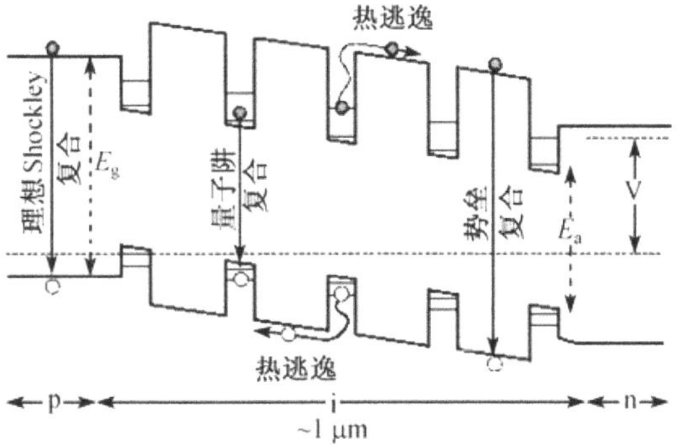

图 10-27　应力平衡 p-i(MQW)-n 型太阳电池的能带结构

pi(MQW)n 型太阳电池不仅将吸收大于基质材料带隙 E_g 的光子，也能吸收小于 E_g 而大于 E_a 的光子。这些额外的电子和空穴从量子阱中逃逸并产生输出电流，而且逃逸的概率非常高。这种结构必须含有数目足够多(如多于 50)，生长的挑战在于缺乏与通常太阳电池使用的 GaAs 晶格匹配的低带宽的固溶体材料。通过将晶格常数小于 GaAs 的几十纳米厚 $GaAs_{0.92}P_{0.08}$ 垒插入晶格常数大于 GaAs 的几纳米厚 $In_{0.1}Ga_{0.9}As$ 阱层中，获得应力平衡的 GaAsP/InGaAs 多量子阱[58]。在 GaAs 太阳电池的 i 层中插入 GaAsP/InGaAs 应变补偿量子阱的数目从 1 增加到 50 时，开路电压略有下降，但是短路电流显著增加，使电池的 AM0 效率从 18.4%增加到 19.4%。唯一不可避免的损失机制是量子阱的复合辐射。为此，在量子阱和衬底之间再插入 DBR 反射镜，产生的大部分光子将再次被量子阱吸收，并增大电流输出[59]。

量子阱太阳电池目前还处于探索试验阶段，它可以扩展长波响应，用很薄的有源层(约 0.6μm)获得高的电流密度；它可以形成应变结构，扩充了晶格匹配的容限选择；但是器件的暗电流较大，影响了电池的开路电压，还有赖于结构设计的进一步优化。有关多量子阱电池的实验研究大体集中在晶格匹配的 AlGaAs/GaAs 和 InP/InGaAs 系统，以及晶格失配的应变多量子阱 GaAsP/InGaAs[60]、GaAs/InGaAs 和 InP/InAsP 系统。

10.3.4　热光伏电池的 MOVPE 生长

热光伏电池(TPV)是将热源产生的红外辐射热能转化为电能的器件。当辐射体的温度在 1000~1800°C 要求带隙在 0.5~0.6 eV 的半导体材料。GaInAsSb 四元合金带隙最低可达 0.53 eV。图 10-28 示出典型的单片串联器件结构，在 GaSb 衬底上生长晶格匹配的 GaInAsSb pn 结，其上为 p 型 AlGaAsSb 窗口层和 p-GaSb 接触层。器件总厚度大约 5μm，MOVPE 生长速度高比较低生长速度的 MBE 更有吸引力[61]。MOVPE 生长锑化物的特点已经在 4.1.3 节和 6.3 节讨论过，其生长温度较低(450~600 °C)，V/III 比接近于 1。例如以 TEGa、TMIn、TBAs 和 TMSb 为源，在 525~550°C 下，在(100)向(111)B 偏 6° 的 GaSb 衬底上依次生长 0.1μm 厚的 GaSb 缓冲层、1μm 厚的 n-GaAlAsSb($n=5\times10^{17}cm^{-3}$)基区、3~5μm 的 p-GaAlAsSb ($p=2\times10^{17}cm^{-3}$)发射区、0.1μm 厚的 p-AlGaAsSb($p=4\times10^{17}cm^{-3}$)窗口层和 0.05μm 厚的 p-GaSb($p=2\times10^{18}cm^{-3}$)接触层。

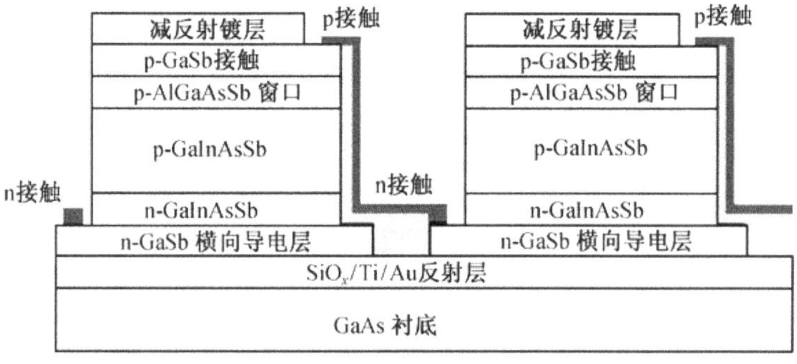

图 10-28　键合到半绝缘 GaAs 片基上的单片串联 pn 结型 GaInAsSb TPV 器件结构示意图

10.4　半导体光探测器

半导体光探测器(photo detector)是将光信号转变为电信号的两端器件。半导体光探测器已经成为现代光通信的基础；光探测器可用于自动控制、医疗诊断、气象卫星、遥感测量和化学分析等方面。光探测器还可以组成线阵或二维面阵(焦平面)探测器形成图像。红外和紫外探测器无论在军事还是在工业方面都有广泛应用。按照对光辐射响应方式或工作机理的不同可分光电导型和光伏型半导体光电探测器两种主要类型。光探测器的工作原理是，当光入射到探测器上时，一部分光被反射，另一部分光透射入半导体内，若光子能量 $h\nu$ 大于禁带宽度 E_g，则会将价带的电子激发到导带，从而产生光生电子-空穴对，经过外加电场(光电导型)或内建电场(光伏型)的收集作用在外电路中产生光生电流。半导体光伏型探测器根据形成内建电场的结势垒不同，又可分为 pn 结、p-i-n 结、金属-半导体肖特基结、异质结势垒等不同类型的光伏探测器。光电导型探测器需要在一定偏压下工作，而光伏探测器可以在零偏压或低偏压下工作。光电探测器的性能参数与材料参数、器件结构密切相关。

10.4.1　光纤通信用长波长光探测器的 MOVPE 生长

长波长光纤通信常用的两种激光器为低价格的 p-i-n 光电二极管和高灵敏的雪崩光电二极管(APD)。随着激光器向高速和高功率发展，光电二极管朝着高灵敏度和快速响应的方向发展。对于石英光纤通信用的 1.3μm 和 1.55 μm 波长来说，$Ga_{0.47}In_{0.53}As$ 是理想的材料。1.3~1.55μm 波段的光纤通信用的 GaInAs p-i-n 光电二极管和高灵敏的雪崩光电二极管(APD)，对于材料的要求在很多方面要比 LD 和 LED 器件严格得多。如 p-i-n 或 APD 二极管的背景掺杂浓度都需小于 $10^{15}\,cm^{-3}$。对于异质结或量子阱器件体内和界面存在和产生/复合中心会导致暗电流增高，严重影响光探测器的性能。为了获得小的暗电流还需要生长近于理想的 pn 结。所有上述要求以及大面积的均匀生长的需求，使得 MOVPE 成为生长光探测器结构的理想外延技术。

图 10-29 为 Putz[62]在 1991 年报道的在 InP 衬底上生长的 GaInAs 平面异质结构 p-i-n 光电二极管示意图，其中 $Ga_{0.47}In_{0.53}As$ 的质量，特别是少子特性，是非常重要的。由于 $Ga_{0.47}In_{0.53}As$ 的表面复合速度很高，在其上需要生长 n-InP 层来加以钝化。器件的 p 型区是用扩散方法形成。用 MOVPE 生长上述结构制作的二极管在 10V 反向偏压下暗电流仅为 1μA，器件电容小于 0.5pF，可以在高达 $1GH_Z$ 调制频率下工作。之所以有如此低的漏电流，是由于在 GaInAs 上生长的 InP 保护层，降低了三元材料的表面复合速度所致。

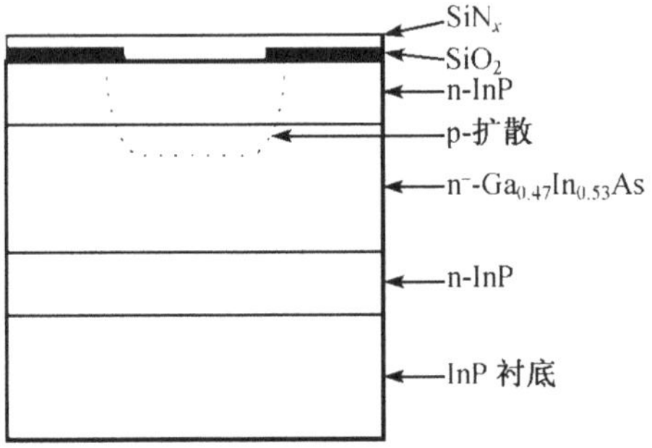

图 10-29　平面异质结构 p-i-n 光电二极管示意图

所谓雪崩光电二极管是反向偏置的 p-i-n 光电二极管，当耗尽区内的电场将电子和空穴加速并使其能量高于半导体的禁带宽度，它们能在与晶格的离化碰撞中产生附加的二次载流子。这一过程可以持续下去，产生使初始的光生载流子数目倍增的雪崩效应。雪崩增益提高了光电流增益但也带来噪声。一个高性能的雪崩二极管还必须具有适当的增益与带宽，并且雪崩倍增的过剩噪声必须低。图 10-30 给出由一个 GaInAs 吸收区及一个 InP 倍增区所构成的雪崩光电二极管(APD)的结构示意图，以及为获得合适的工作条件所需的电场分布。异质结构包含一个由窄禁带材料 GaInAs 构成的吸收入射光子的区域和另一个分离的由宽禁带材料 InP 构成的提供载流子倍增的区域。一般将具有这样分离区域的雪崩光电二极管结构称为分离吸收区和倍增区的雪崩光电二极管(简称 SAM-APD)。窄禁带的吸收区必须具有足够的厚度，以吸收所有的入射光子，从而使器件获得高的量子效率；同时这层吸收区的载流子浓度必须足够低，从而在适中的外加电场下就能够全部耗尽。为了在 GaInAs 器件中获得明显的雪崩增益，必须应用载流子浓度低于 $10^{15}cm^{-3}$ 的材料。当载流子浓度大于约 $10^{16}cm^{-3}$ 时，隧道击穿先于雪崩击穿，从而使雪崩击穿和雪崩增益的观察很困难。电场分布对 APD 的特性影响极大。SAM-APD 结构的设计要求当倍增区达到雪崩击穿时，异质结界面处的电场仍然相当小，以避免产生大的隧道电流。对于 GaInAs 材料所构成的吸收区，异质界面处的电场必须保持低于 1.5×10^5 V/cm 左右。而每一点的场强又是由膜的厚度、InP 中的掺杂浓度和 pn 的精确位置决定的。倍增区的典型厚度为 ± 2.5μm，厚度变化 ± 0.2μm 就会导致雪崩电压变化 ± 12V。掺杂浓度的变化不得超过 ± 10%。另外，在 GaInAs 和 InP 界面处有较大的价带不连续，从吸收区(GaInAs) 注入到倍增区(InP)的光生空穴容易堆积在交界处。这既影响器件的响应时间，又降低了内量子效率。为了克服这个缺点，可以在这两层之间增加 0.1μm 厚的四元过渡层，使得上升和下降时间分别达到 80 ps 和 300ps[62]。

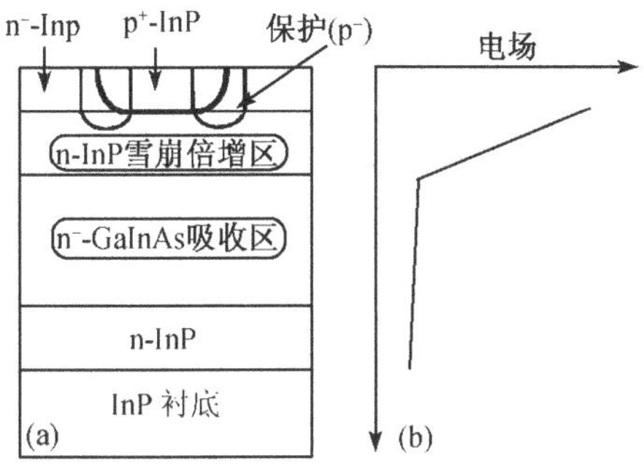

图 10-30　(a)异质结雪崩光电二极管(APD)结构示意图; (b) APD 的电场分布

10.4.2　红外光探测器的 MOVPE 生长

10.4.2.1　$Hg_{1-x}Cd_xTe$ 红外光探测器

在低温下工作的 $Hg_{1-x}Cd_xTe$(CMT)长波长(红外)光探测器具有非常好的探测率和响应率。采用内扩散多层工艺(IMP)或直接合金工艺(DAG)都用来生长器件结构[63]。Irvine 等[64]报道用 IMP 方法生长的 $Hg_{1-x}Cd_xTe$ 材料性能可与体材料或者 LPE 生长的材料的性能相当，并且均匀性也好，如当 x=0.21 时，在 1in 直径的片子上 x 的变化为 0.004。

图 10-31 是 Smith 等[65]用内扩散多层法生长在(111)或(100)GaAs 衬底上的光二极管结构示意图。采用金属 Hg、DMCd 和 DIPTe 为源，生长温度为 350~400°C。缓冲层为 CdTe 或 HgTe 或两者的组合。由于存在 Hg 空位，CMT 外延层 p 型。n 型 CMT 区是采用通过窗口的 Hg 扩散完成或在 Hg 扩散前辅助以离子注入。

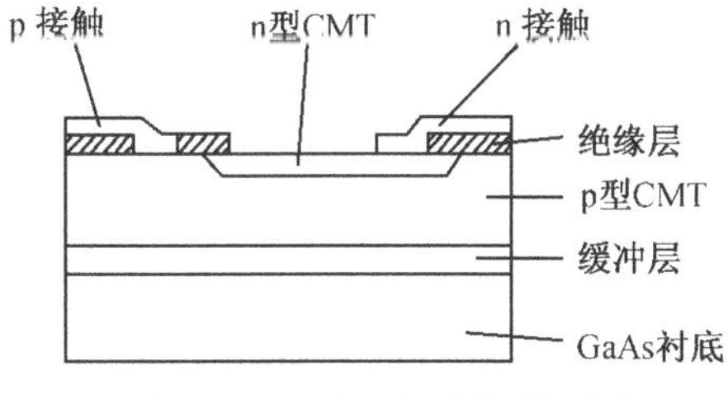

图 10-31　光二极管结构示意图

Mitra 等[66]在 $Hg_{1-x}Cd_xTe$ 光探测器制造中用 I(以 EI 为源) 实现 n 型掺杂，用 As(以 DMAAs 为源)实现 p 型掺杂，直接生长出 pn 结。$Hg_{1-x}Cd_xTe$ 的生长采用内扩散多层工艺，以金属 Hg、DMCd 和 DIPTe 为源，生长温度为 360 °C。无论 n 型 I 掺杂还是 p 型 As 掺杂都是在生长 CdTe 的周期内进行，因为 Cd/Te 比可以精确控制。衬底为向(111)B 偏 4°的(100)晶格匹配 CdZnTe。掺 I 的 n-$Hg_{1-x}Cd_xTe$ 层的厚度约为 10 μm，载流子浓度为$(1\sim2)\times10^{15}cm^{-3}$。然后生长 2 μm 厚的掺 As 的 p-$Hg_{1-x}Cd_xTe$ 帽层，浓度为$(1\sim3)\times10^{17}cm^{-3}$。p-$Hg_{1-x}Cd_xTe$ 层的带隙略宽于 n 型吸

收层，Δx=0.04。此异质结在富 Hg 的环境下退火(415°C)以保证 As 完全活化，然后在 235°C 下进行化学计量比退火。用生长在晶格匹配 CdZnTe 衬底上的 pn 异质结 HgCdTe 材料，制备的背面受光的光二极管的截至波长已经达到 12.7 μm(80K)。在 70K 的量子效率大于 55%。

10.4.2.2　锑化物红外探测器

GaSb、InGaAsSb 和 InGaSb 材料制作的光探测器可以工作在 1.6~2.2 μm 波段。在 InSb 或 InAsSb 等 III-V 族材料中加入 Bi (以 TMBi 为源)或 Tl (以 CpTl 为源)，如 InTlSb, InSbBi 和 InTlAsSb 也可以制备工作在 8~12 μm 波段光二极管。由于元素 Bi 或 Tl 的共价半径很大故两者在锑化物中的互溶度小。然而 Razeghi 小组的 Lee 等[67]用低压 MOVPE(101hPa)以 TMIn，TMSb 和 TMBi 为源，V/III 比为 13，在 456°C 和 1.3 μm/h 的生长速度下已经得到 6%的 Bi 浓度($InSb_{0.94}Bi_{0.06}$) 。而且 InTlSb 光二极管已成功把室温响应扩展到 11μm 的。为了突破 InTlSb 混溶隙的限制，加入 As 形成 InTlAsSb 四元合金。在 GaAs 上生长的 InTlAsSb 室温截止波长已经到 15 μm。尽管这些材料的质量尚不够高，基于这类材料的高速且不需要冷却的红外探测器无论在军事还是工业方面都很需要。

10.4.2.3　量子阱红外探测器

量子阱红外探测器(QWIP)是基于量子阱的子带间吸收。最简单的 QWIP 采用由掺杂的量子阱和不掺杂的垒所组成的超晶格结构，它包含两态：位于阱深处的基态和阱顶部附近的第一激发态。这样制备出的探测器具备窄的光谱响应。通过调整量子阱的阱宽、势垒区厚度及阱的成分就可以改变探测波长。在持续光照下，量子阱会产生光电子，在有源区两侧施加电压能够检测到稳定的光电流。在量子阱中需要掺杂以保证在低温下量子阱中有足够的电子吸收红外辐射。由于受量子阱子带跃迁选择定则的制约，它不能吸收正入射的光，必须以 45°或布儒斯特角入射，或在表面增加耦合光栅来满足跃迁选择定则的要求。在各种量子阱红外探测器中，GaAs/AlGaAs 量子阱红外探测器是最成熟的，探测率已经非常高，640×480 的量子阱红外焦平面探测器已经可以媲美甚至超过 HgCdTe 的探测器，此外还可以制造多色红外探测器，已成为一种主流的红外探测技术。与 HgCdTe 红外探测器相比，QWIP 探测器有一系列优势，包括成熟的外延生长工艺、大尺寸衬底、高成品率和更好的热稳定性和抗辐照特性。缺点是量子效率比较低和在大于 40K 的温度下器件性能较差[61]。图 10-32 为量子阱红外探测器结构示意图。

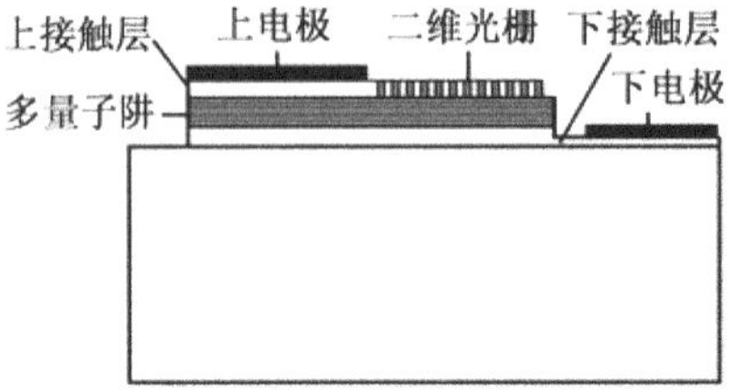

图 10-32　量子阱红外探测器结构示意图

Zhao 等[68]用 LP-MOVPE 在 InP 衬底上生长了 $In_{0.29}Ga_{0.71}As_{0.39}P_{0.6}$ /$In_{0.53}Ga_{0.47}$

As QWIP。使用 TMIn、TMGa、TBAs 和 TBP 为源，掺杂剂为 SiH_4。载气为 N_2。在 630℃，首先在 InP 衬底上生长 1.0μm 厚的 InP 缓冲层。然后生长 30 周期的 InGaAsP/InGaAs MMQW，量子阱由 20Å 厚的 $In_{0.53}Ga_{0.47}As$ 阱层、35Å 厚的 $In_{0.8885}Ga_{0.1114}As_{0.45}P_{0.55}$ 梯度阱层和 270Å 厚的 $In_{0.9305}Ga_{0.0695}As_{0.15}P_{0.85}$ 的垒层组成。最后生长 500Å 厚的 InP 帽层。阱层均匀掺 Si 到载流子浓度达 $1\times10^{18}cm^{-3}$。底部 InP 缓冲层和顶部的 InP 帽层也都掺 Si 到载流子浓度达 $1\times10^{18}cm^{-3}$。生长量子阱 $In_{0.53}Ga_{0.47}As$、$In_{0.8885}Ga_{0.1114}As_{0.45}P_{0.55}$ 和 $In_{0.9305}Ga_{0.0695}As_{0.15}P_{0.85}$ 三层时的生长速度分别为 0.82 μm/h, 0.80 μm/h 和 0.78 μm/h，V/III 比分别为 23, 41 和 68。此结构的吸收峰值达到 11μm。

Hoff 等[69]用 LP-MOVPE 生长的 p-GaAs/$Ga_{0.71}In_{0.29}As_{0.39}P_{0.61}$ QWIP 探测器由 50 个周期的 3nm GaAs 阱(掺 Zn $3\times10^{18}cm^{-3}$)和 28nm 的 GaInAsP (E_g=1.75 eV，不掺杂) 垒组成。超晶格夹在顶部 GaAs(0.5 μm)和底部 GaAs(1.0 μm)两接触层之间。价带中的带混合克服了对于垂直入射光子禁戒响应的选择定择限制，也避免使用 Al 所带来的困难。这种探测器覆盖 2.5 μm 到 7 μm，峰值响应波长为 4.5 μm，红外探测的背景限制达到 100K。

10.4.3 紫外探测器的 MOVPE 生长

半导体紫外探测器基于 SiC、ZnO、金刚石和 AlGaN 等宽带隙材料。AlGaN 的带隙所对应的波长覆盖范围为 200~365 nm 的近紫外和中紫外区。1992 年 GaN 基光电导型探测器问世。GaN 基光电导型探测器具有很高的响应度，但是响应速度低，UV/VIS 响应比较低，存在持续光电导现象，不适用要求高速和低噪声的情况。GaN 基光电导型探测器的持续光电导，与 GaN 基材料中存在的大量本征缺陷有关。此后出现多种 AlGaN 紫外光探测器：pn 结型、肖特基势垒型、双极型光电三极管、场效应光电三极管和焦平面陈列等多种[70]。其中 AlGaN 的太阳盲探测器倍受关注。由于地面臭氧层的吸收太阳辐射中短于 290 nm 波长的紫外光不能达到地球表面。所以工作波长在 250~300 nm(230~280 nm)波段的探测器称日光盲探测器(solar-blind detectors, SBD)。当 $Al_xGa_{1-x}N$ 中 x>0.40 时，AlGaN 的截止波长就小于 280 nm，因而就能探测到有太阳光背景干扰下的紫外光辐射。太阳盲探测器可以用于导弹探测和跟踪，生物制剂和化学物质探测，因此在商业和军事上均有价值。半导体太阳盲探测器的优点是体积小，功耗低，牢固可靠和易于与其他电子线路积成。高性能的太阳盲探测器在 0V 时外量子效率已经达到 53%，探测率 D^* 达到~3.0×10^{14} cm · $Hz^{1/2}$/W。

Chowdhury 等[71]报道的 MOVPE 生长的 p-i-n 型 AlGaN 太阳盲背光照射紫外光探测器的器件结构示意于图 10-33 中。生长采用常规的 MOVPE 氮化物生长工艺。以 TMGa、TMAl、NH_3 分别为 Ga、Al、N 源，SiH_4 和$(Cp)_2Mg$ 分别为 Si 和 Mg 源。使用双面抛光的(0001)蓝宝石衬底首先生长低温 AlN 核化层(~540°C)，然后升高温度生长~700 nm 厚的轻掺 Si 的 $Al_{0.60}Ga_{0.40}N$ 模板层以降低起源于核化层的穿透位错密度。在模板层上生长~100 nm 厚的 n^+-$Al_{0.55}Ga_{0.45}N$ 接触层。n^+接触层生长条件的优化要使电子浓度和迁移率达到最大，并且要十分注意降低 O 沾污。在生长了~15 nm 厚的重掺 n-AlGaN 梯度层以降低应变后，接着生长~150 nm 厚的不掺杂的 i-$Al_{0.45}Ga_{0.55}N$ 吸收层。生长如此厚的 i 层是为了使入射光子充分被吸收。由于被探测的光从背面穿过蓝宝石衬底，轻掺 Si 的 AlGaN 模板层和 n^+接触层和梯度层才到达 i-$Al_{0.45}Ga_{0.55}N$ 区，所以模板层、接触层和梯度层的 Al 含量都要高于吸收层。在吸收层之上，生长~10 nm 厚的 p-$Al_{0.45}Ga_{0.55}N$ 层和 25 nm 厚 p+ GaN:Mg 接触层。在未镀减反射膜的条件下，器件在 0 偏压下对 274 nm 波长的外量子效率达到 58%(响应度~1.3A/W)，在−5V 偏压下外量子效率达到 64%。

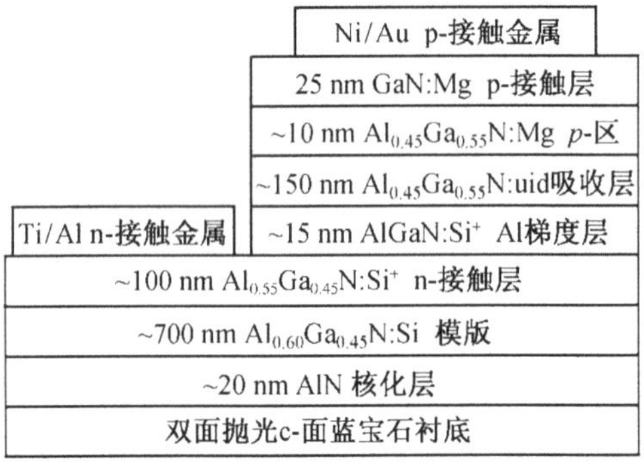

图 10-33　p-i-n 型 AlGaN 太阳盲(SBD)器件结构示意图

10.5　高电子迁移率场效应晶体管

高电子迁移率场效应晶体管(HEMT)，又称调制掺杂场效应晶体管(MODFET)，是一种以衬底材料与另一种宽带材料形成的异质界面的二维电子气导电的场效应晶体管(FET)。因其沟道中无杂质，基本上不存在电离杂质散射对电子运动的影响，因此电子迁移率更高而得名。HEMT 的工作原理是通过控制栅极电压的变化使源、漏之间的沟道电流产生相应的变化，从而达到放大信号的目的。其优点是具有高的频率和低噪声特性。HEMT 现已用于卫星电视、移动通信、军事通信和雷达系统的接收电路中。

自 1980 年 GaAs 基 HEMT 研制成功以来，得到了很快的发展。GaAs 基 HEMT 在射频、微波及毫米波低频段已得到广泛的应用。InP 器件比 GaAs HEMT 有更高的工作频率和更低的噪声，用于毫米波高频段和亚毫米波频段。GaN HEMT 器件的特点是耐高温、大功率，有着巨大的应用前景，特别是在 10~40 GHz 占据优势地位。下面就 MOVPE 技术在生长 GaAs 基、InP 基和 GaN 基 HEMT 的应用分别加以介绍。

10.5.1　GaAs 基高电子迁移率晶体管的 MOVPE 生长

图 10-34 示出具有未掺杂超晶格缓冲层的 AlGaAs/GaAs HEMT典型的外延结构 (a) 和能带图 (b)[72]。在生长了 0.1 nm GaAs未掺杂缓冲层的半绝缘GaAs衬底上，先在 650°C 下生长 10 个周期的 AlAs/GaAs 超晶格缓冲层，以消除可能来自衬底的不良影响。然后生长 0.5μm 未掺杂的 GaAs 层沟道层，二维电子气将在此层形成。接着再生长 8.8 nm 厚的未掺杂 AlGaAs 间隔层，其主要作用是降低重掺杂 AlGaAs 势垒层中电离杂质中心对二维电子气的库仑散射作用。但是同时也减少了掺杂层向沟道层的电荷转移和面载流子浓度降低，因此不宜过厚。在 750°C 下生长 45 nm 厚的重掺硅 n 型 $Al_{0.26}Ga_{0.74}As$ (电子浓度为 $2\times10^{18}cm^{-3}$)势垒层。此层中 Si 离化出的电子将落入 GaAs 层的沟道中形成二维电子气，所以该层又称电子供应层，为了增加面电子浓度该层需要重掺杂。最后生长 12 nm 厚的未掺杂的 GaAs 盖层。在 GaAs 和 AlGaAs 异质结处，导带存在一个>0.3eV 的跃变，使靠近界面的 GaAs 一侧出现一个尖沟，而原先在 AlGaAs 中杂质电离的自由电子大部分聚集在这个尖沟中形成二维电子气。二维电子气有较高的低场迁移率，该结构在室温、77K 和 20K 时测得的二维电子气迁移率分别为 6 800、100 000 和 210 000 $cm^2/(V\cdot s)$。然后，通过光刻、腐蚀、金属布线等工艺，形成具有源(S)、漏(D)、栅(G)三个电极的 HEMT 器件。栅金属与盖层形成肖特基接触，而源、漏金属与盖层形成欧姆接触。制成的器件在 25K 时最大跨导为 270mS/mm，电流增益截止频率为 12GHz[72]。

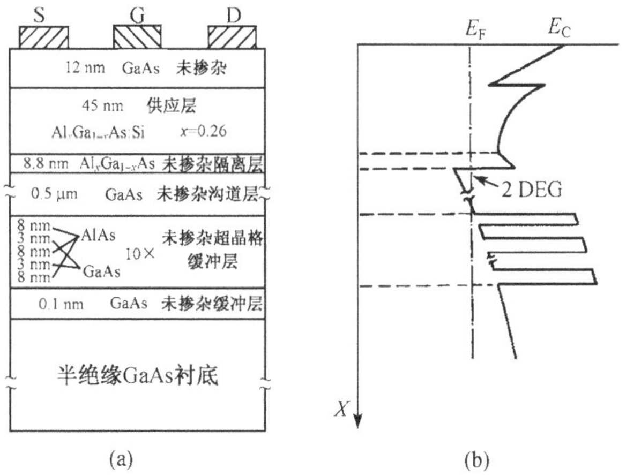

图 10-34　具有未掺杂超晶格缓冲层的 GaAs HEMT 结构剖面与能带图

影响 HEMT 器件性能的因素除沟道中二维电子气的浓度外，还有电子迁移率。影响迁移率的各种散射机制包括：电离杂质散射、声子散射、合金无序散射和界面粗糙散射等。在 HEMT 中，电离杂质散射包括势垒层的远程电离杂质散射和沟道层的本底电离杂质散射。由于空间隔离层的存在，极大地减小了远程电离杂质散射的影响，而对于由三元化合物组成的沟道层，不仅需考虑合金无序散射，还因其背景杂质浓度比较大，需要考虑降低背景杂质散射。界面粗糙散射取决于沟道层和势垒层异质结界面的平整程度。在生长过程中采用生长中断可以提高界面的平整度，从而提高迁移率。此外，抑制穿透位错密度也会降低界面粗糙散射。

在 HEMT 中缓冲层的质量对于消除器件的退化和 GaAs 基 FET 集成电路中相邻器件之间的隔离起着重要作用。已使用过多种缓冲层，如广泛应用的未掺杂高纯 AlGaAs。预期此缓冲层在沟道和衬底间提供附加的势垒，可防止电子注入衬底。然而高纯缓冲层缺乏电荷，电场会穿过缓冲层造成相邻器件的干扰，即所谓旁栅效应(side-gating effect)。Shiao[73]采用在半绝缘 GaAs 衬底上先以 TEGa 为 Ga 源在低温 550 °C 生长 0.3 μm 的高含 O (2×10^{18} cm^{-3})低 C 的高阻 AlGaAs 缓冲层,然后 650 °C 高温并同时调整 V/III 比生长 0.3 μm 的低含 O($<2 \times 10^{16}$ cm^{-3}) 高纯 AlGaAs 缓冲层(空穴浓度$<2 \times 10^{14}$ cm^{-3})。高纯 AlGaAs 缓冲层以抵消高阻 AlGaAs 缓冲层中高 O 含量对后续外延层的不利影响。这种双 AlGaAs 缓冲层有效地抑制了旁栅效应，提高了 PHEMT 的性能，适合应用于 GaAs 基 FET 集成电路。在这种双 AlGaAs 缓冲层生长上巧妙地利用了 AlGaAs 中 O、C 含量与生长温度、V/III 比和 Ga 源分子结构的关系。

导电沟道层中电子的迁移率和饱和漂移速度对器件高频性能影响极大[74]。研究表明，与 GaAs 晶格有少许失配的 $In_xGa_{1-x}As$ 作为沟道材料可以提高电子的迁移率，x 的值一般取 0.2~0.22，沟道厚度一般在 10~15 nm。因此，$In_xGa_{1-x}As$ 沟道成为目前最多采用的沟道材料结构。这种沟道材料晶格与衬底晶格存在少许失配的 HEMT 称作赝配高电子迁移率晶体管，即常称的 PHEMT(pseudomorphic high electron mobility transistors)。在这种结构中，$In_xGa_{1-x}As$ 的晶格虽与 GaAs 存在失配，晶格内有应力存在，但由于它的厚度没有超过“临界厚度”，没有达到产生晶格缺陷的程度，因此，晶格仍然是完整的，器件迁移率可以得到提高。在 PHEMT 中，$In_xGa_{1-x}As$ 沟道中的 In 含量十分重要，一般说来，在临界厚度以内，x 值越大，迁移率越高；但由于 In 含量越多，失配越大，应力也越大，导致晶格弛豫或产生位错的概率越大。因此，x 值通常选在 0.20~0.22。Shiao[73]采用 MOVPE 方法生长的 PHEMT 结构如下：在向(110)偏 2°的半绝缘(100) GaAs 衬底上首先用 TEGa 为源生长前述的有效抑制旁栅效应的双 AlGaAs 缓冲层。在此双缓冲层上，换用 TMGa 为源生长 PHEMT 结构：依次为 n-AlGaAs 层/150Å 厚的未掺杂 $In_{0.18}Ga_{0.82}As$ 沟道层、40Å 厚的未掺杂的 $Al_{0.2}Ga_{0.8}As$ 间隔层、n^+-$Al_{0.2}Ga_{0.8}As$ 供应层、1000Å 厚的 n-$Al_{0.2}Ga_{0.8}As$ Schottky 结层，最后为 500Å 厚的 n^+-GaAs 接触层。这种双缓冲层有效地抑制了旁栅效应，提高了 PHEMT 的性能，适合应用于 GaAs 基 FET 集成电路。

除了应用广泛的 AlGaAs/InGaAs PHEMT 外，还有以 InGaP 为势垒层，以 InGaAs 作为沟道层的 InGaP/InGaAs PHEMT 结构。在 MOVPE 生长 InGaP/InGaAs

界面时为了得到陡峭的沟道层/间隔层界面需要使用生长中断[75]。

10.5.2 InP 基高电子迁移率晶体管的 MOVPE 生长

InP 基高电子迁移率晶体管是指在 InP 衬底上生长晶格匹配的 $Al_{0.48}In_{0.52}As$/$Ga_{0.47}In_{0.53}As$ 的 HEMT。作为沟道层的 $Ga_{0.47}In_{0.53}As$ 具有电子迁移率高(13 800 cm^2/(V · s))、峰值速度(v>3×10^7cm/s)高的优点。由于 $Al_{0.48}In_{0.52}As$/$Ga_{0.47}In_{0.53}As$ 之间导带不连续性较大(ΔE_c~0.51eV)和 AlInAs 中较高的掺杂效率(N_D>1×$10^{19}cm^{-8}$)，使得沟道中的二维电子气密度较大(n_s>3×$10^{12}cm^{-2}$)，因此 InP 基 HEMT 具有寄生电阻低、跨导高、频率特性好等优点，用于高频、低噪音器件。

Keiper 等[76]利用 MOVPE 技术可以生长出图 10-35 所示的具有压应变 GaInAs 沟道层的 AlInAs/GaInAs HEMT 结构。使用的源为 TMIn、TEGa、TMAl、TBAs、TBP。Si 掺杂源用液态的 DitBuSi(二特丁基硅烷)。在 InP:Fe 半绝缘衬底上首先生长不掺杂的 300 nm 厚的 InP 缓冲层和 30 nm 厚的不掺杂的 GaInAs 沟道层。其上接续生长厚 10 nm 的不掺杂的 AlInAs 隔离层，5 nm 厚的掺 Si 的 AlInAs 电子供应层和 10 nm 厚的不掺杂的 AlInAs 势垒层。最后为 50 nm 厚的重掺 Si 的 GaInAs 接触层。用 MOVPE 生长该器件的主要挑战是生长 Al 含量约为 50%~55%的各个 AlInAs 层。高 Al 含量会导致 AlInAs 层容易受到 O、C 杂质沾污。非故意引入的 O、C 杂质沾污量和有意掺 Si 量均受生长条件很大影响，特别是生长温度。如固定 V/III=20 和 IV/III=0.008 的条件下，当生长温度从 620°C 上升到 730°C 时，使用 DiTBu 进行掺 Si 的 AlInAs 外延层中 Si 的浓度增加了 30 倍(如当温度从 670°C 上升到 700°C 时，n 型掺杂从 2×10^{17} 增加到 2×10^{18} cm^{-3})，O 浓度仅上升了 30%，而 C 杂质随温度显著增加从 1×10^{17} 到 2×10^{18} cm^{-3}。将 V/III 提高一倍，导致 AlInAs 外延层中 O、C 浓度都下降。实验还发现，随 DitBuSi/III 比的增加，外延层中的 O 含量降低，而 C 含量却升高。即 DitBuSi 本身或其分解产物能起到吸氧作用，同时却带来碳沾污。因此，在高温和高 V/III 比下，使用 DitBuSi 掺 Si 的 AlInAs 层中的 O 浓度可以低于 $2\times10^{18}cm^{-3}$，Si 的浓度可以达到 1×10^{19} cm^{-3}。使用上述 MOVPE 工艺生长出图

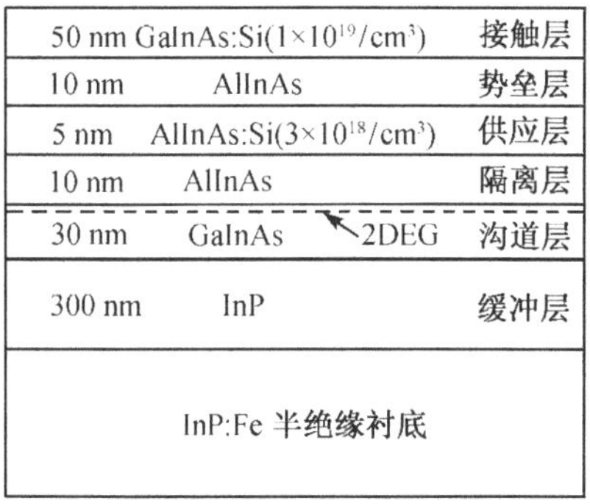

图 10-35　InP 衬底上生长的 AlInAs/GaInAs HEMT 外延层结构示意图

10-35 所示的压应变的 GaInAs 沟道层和 AlInAs 隔离层、供应层和势垒层。用此外延层所制造的 HEMT，其 300K 温度下的跨导大于 400 mS/mm，最高振荡频率为 210GHz，适用于频率大于 40GHz 光电集成电路。

当 InP 衬底上 HEMT 的 GaInAs 沟道层中的 In 含量大于 0.53，如达到 0.7，就与衬底有少许失配，成为 InP 基赝配 PHEMT。如果采用 InAs 沟道层，它具有更高的电子迁移率(33000 $cm^2/(V \cdot s)$)。但是 InP 衬底与 InAs 沟道之间的晶格失配比较大，导致了三维生长。这种生长不仅增加了界面的粗糙度，而且降低了电子迁移率和速率，导致器件性能衰退。因此必须在衬底上生长缓冲层，如组分渐变的 AlInAs 缓冲层或 AlInAs/lnAs 超晶格。不足之处是该材料的击穿场强低，致使器件的击穿电压低。

尽管与 GaAs 基 HEMT 相比，InP 基 HEMT 在跨导、功率和频率方面有较大优势，但是 InP 缺乏大直径衬底而且昂贵、易碎，GaAs 已经有 152.4mm(6in)衬底。因此在 GaAs 衬底上生长 InP 基 HEMT 可以制出高性能低成本器件。在 GaAs 衬底上形成适当地缓冲层，制作的 InAlAs/GaInAs 的 HEMT，称为变晶格高电子迁移率晶体管(metamorphic high electron mobility transistor，MHEMT)。为了解决晶格失配问题，发展了多种缓冲层技术，使应力在这些缓冲层中释放，从而降低沟道等有源层内材料的应力，达到保持有源层的晶格完整，提高载流子迁移率和器件频率特性的目的。如在沟道层和 GaAs 衬底之间生长 GaAs/InGaAs 或 InAlAs/InGaAs 应变层超晶格缓冲层；或生长 0.1μm 的 AlInAs 和 1μm 的 $Al_{0.5}Ga_{0.5}As_xSb_{1-x}$ (x=0~0.54) 梯度层；或者生长具有不同 In 含量的 AlInAs 梯度层，其一侧与 GaAs 晶格匹配，另一侧与 GaInAs 沟道层晶格匹配。后一种方法的优点是可以应用到不同 In 含量的 GaInAs 沟道器件中，以便对针对不同应用目的对器件进行优化(低 In 含量器件的噪音低；高 In 含量器件的增益高)。

10.5.3 GaN 基高电子迁移率晶体管的 MOVPE 生长

AlGaN/GaN HEMT 由于作为沟道层的 GaN 带隙宽度大(3.4 eV)、击穿电压高(3.3 MV/cm)、饱和电子速度大($2.8 \times 10^7 s^{-1}$)和二维电子气面密度高(>10^{13} cm^2)等特性，导致 GaN 基 HEMT 的研究向更高工作频率、更大输出功率、更高工作温度和实用化方向发展。GaN 基 HEMT 还可以用于高速开关集成电路和高压 DC-DC 变换器方面[77]。

AlGaN/GaN HEMT 生长在半绝缘的$(0001)_{Si}$面 SiC 或(0001)蓝宝石衬底上，在核化层后生长一层半绝缘的 GaN(约 2 μm)沟道层，接着生长不掺杂的 5 nm AlGaN 隔离层(或 1 nm AlN 隔离层)，12 nm 掺 Si 的 AlGaN 和不掺杂的 AlGaN 势垒层。二维电子气形成在沟道层/隔离层界面。典型的 AlGaN/GaN HEMT 外延层结构如图 10-36 所示。

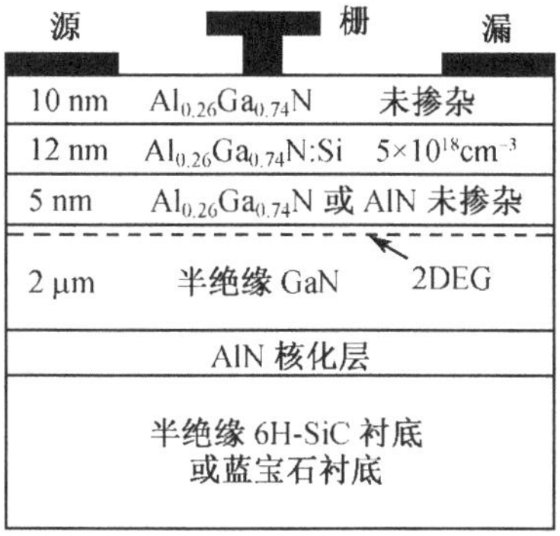

图 10-36　半绝缘 SiC 或蓝宝石衬底上 AlGaN/GaN HEMT 外延层和器件结构示意图

正如第 7 章 7.4 节所述，纤锌矿型 GaN 材料系有强的自发极化和压电极化现象，生长在 c 面的 AlGaN/GaN 结构中能产生高密度的二维电子气。即使不掺杂也会因为自发极化和压电极化效应，导致在界面自发产生高浓度的 2DEG($>10^{12}$ cm^{-2})。应力来源于 A1GaN 和 GaN 层之间晶格失配和热膨胀系数失配，两种应力产生相当强的垂直于器件材料层的压电极化。用 MOVPE 方法在(0001)蓝宝石上生长的 GaN 表面通常为(0001)Ga 面，使得自发极化和压电极化电场方向一致。若用 SiC 衬底，则采用在 SiC 的(0001)Si 面生长 GaN。在极化效应的影响下，沟道面电子密度经常高出有意掺杂的施主总量[78]。

对于 AlGaN/GaN HEMT 结构，室温沟道中电子迁移率主要取决于电子-声子散射，界面粗糙度(包括厚度和组分两方面)和合金无序散射。在高位错密度的 GaN 外延层中，位错散射也需计入。半绝缘 GaN 沟道层的生长非常关键。Aggerstam 等[79]强调提高界面平整度和整个材料晶体质量能增加沟道中的二维电子气迁移率，提出了 AlGaN/GaN/GaN:Fe/蓝宝石结构。其中生长掺铁的半绝缘 GaN 时使用二茂铁为源(Cp_2Fe)。掺铁的半绝缘 GaN 还可以将缓冲层的电流泄漏减小到最低限度。所谓缓冲层电流泄漏是指当 GaN 缓冲层的电阻不够高，源漏电流除了从沟道层通过以外，也会有部分电流经沟道层下面的 GaN 缓冲层到达器件的漏极，造成器件的开关特性恶化，而且会在器件中产生额外的热量，使器件温度升高，输出特性变坏。由于 Fe 源关断时的滞后，仅在 1/3 厚(总厚度为 2.4 μm)GaN 半绝缘缓冲层中掺铁。于是 AlGaN/GaN 界面处仍然为高质量的 GaN。如在 7.4.1.2.节所讨论的，蓝宝石衬底上生长核化层是获得高质量 GaN 外延层的关键一步。包括控制核化层生长温度，V/III 比和从核化层生长温度(550 °C)到 GaN 体材料生长温度(1050°C)的升温速度(退火)，以达到实现 GaN 的台阶流生长模式。从 X 射线衍射数据推测界面粗糙度达到单层水平。估计位错密度降低到 5×10^{8} cm^{-2} 左右。$Al_{0.22}Ga_{0.78}N$/ GaN/GaN:Fe/蓝宝石 HEMT 结构在最佳的半绝缘衬底条件下室温 Hall 迁移率高达 1720 cm^2/(V · s)，面载流子密度达到 8.4×10^{12} cm^{-2}。

Miyoshi 等报道[80]在 AlGaN/GaN HEMT 结构中的 AlGaN 势垒层和沟道层之间插入 1 nm AlN 隔离层能显著增加 2DEG 的迁移率和浓度。AlN 和 GaN 间的导带不连续性比 AlGaN 和 GaN 间的导带不连续性大，从而更有效地抑制了电子从 GaN 沟道穿透 AlGaN 层，同时也降低了 AlGaN 中的合金无序散射。由于 AlN 与 GaN 的晶格失配较大，过厚的 AlN 层会影响表面形貌，产生失配位错甚至龟裂，同时还限制了电子由势垒层向沟道的隧穿作用。通常最佳的 AlN 插层厚度大约为 1~1.5 nm。在 c 面蓝宝石衬底上使用 TMGa、TMAl 和 NH_3 分别为 Ga、Al 和 N 源，SiH_4 为 n 型掺杂剂。首先生长 GaN 核化层和 3 μm 厚的 GaN。优化 GaN 层的生长条件，使其电阻率大于 $1\times10^6\,\Omega\cdot cm$。然后生长 1 nm AlN 隔离层、7 nm 的未掺 $Al_{0.26}Ga_{0.74}N$、15 nm 的掺硅 $Al_{0.26}Ga_{0.74}N$($\sim5\times10^{18}\ cm^{-3}$)和 3nm 的未掺 $Al_{0.26}Ga_{0.74}N$。2DEG 的室温迁移率达到 1770 $cm^2/(V\cdot s)$，77K 电子浓度为 $1\times10^{13}\ cm^{-2}$。对比没有 AlN 隔离层的结构，其室温迁移率为 1287 $cm^2/(V\cdot s)$，77K 浓度为 $0.9\times10^{13}\ cm^{-2}$[80]。

SiC 的晶格常数和热膨胀系数与 GaN 材料更为接近，所以生长的材料缺陷密度较低，晶体质量较高。SiC 热导率高，器件的散热特性好。Wang 等[81]在半绝缘 SiC 衬底上先在 1000°C 生长 AlN 核化层，接着生长 1.5 μm 的高阻 GaN 以降低晶体缺陷，然后提高生长温度到 1050°C 生长高迁移率沟道层和 AlN 隔离层。然后降低到 1000°C 生长不掺杂 AlGaN 势垒层。室温迁移率高达 2215 $cm^2/(V\cdot s)$，面载流子密度达到 $1.04\times10^{13}\ cm^{-2}$。

增加 AlGaN 中 Al 含量提高了势垒高度因此提供对高密度二维电子气更好的限制。此外宽带隙还使击穿电场增加，这对高功率操作是不可缺少的。然而由于在生长表面的 Al 吸附品种在表面难于运动，使得高质量的高 Al 含量 AlGaN 生长困难并且使界面质量下降。利用降低氨分压的方法能够增强 Al 的表面迁移率，如可以采用减少 NH_3 流量或者 NH_3 与 III 族源分时注入来改善 Al 含量 AlGaN 的质量。但是另一方面高 Al 含量 AlGaN 也增加了合金散射。因此 AlGaN 中 Al 含量存在最佳值[82]。掺硅 $Al_xGa_{1-x}N$ 势垒层的 Al 含量通常在 0.2~0.3 之间，厚度为 15~20 nm。这样既保持 2DEG 的高浓度，又不致引起势垒层的应变弛豫。

Wu 等[83]在 SiC 衬底上生长的 $Al_xGa_{1-x}N$/AlN/GaN HEMT 结构材料，室温方块电阻已经达到 265Ω/□，二维电子气浓度和迁移率的乘积为 $2.35\times10^{16}(V\cdot s)$，用此材料研制的 HEMT 功率器件，在 2GHz 时连续波输出功率密度大于 30W/mm。目前 AlGaN/GaN HEMT 的最高振荡频率已达 150GHz；报道的最高工作温度已经超过 300°C。采用双重绝缘栅结构的 HEMT 耐压最高已经达到 1300V。

Balmer 等[84]利用光学原位监测可以实时测量控制 AlGaN/GaN 的生长，包括蓝宝石氮化、核化层的生长、核化层退火、体 GaN 生长，特别是 AlGaN 的厚度及组分等参数，以便更好控制生长过程。

10.6　异质结双极晶体管

异质结双极晶体管(HBT)是由宽禁带半导体材料作为发射区、窄禁带半导体材料作为基区构成的双极型晶体管。由于这种不同材料构成的发射极结两边的价带具有较大的不连续性，阻碍了基区空穴向发射区的反向注入，提高发射极注入效率，从而获得了比同质结双极晶体管更大的电流放大系数 β 和更高的截止频率 f_T 。HBT 的发射极注入比主要取决于发射区与基区的带隙差，而不是掺杂浓度差。因此，提高 HBT 的基区浓度，降低发射区的浓度，有利于提高 f_T，但对 β 影响不大，所以 HBT 的基区都是重掺杂的。如果将基区的组分做成渐变的形式，就相当于基区存在一个等效电场，它将使注入的少子通过基区的渡越时间缩短，从而进一步提高 HBT 的频率响应。由于 HBT 除了高频特性好外，还具有驱动能力强、电流密度大、芯片面积小、阈值容易控制、重复性好、抗辐照和抗静电能力强等优点，在高频和高速电路中应用的优势十分明显。

按集电区材料分，HBT 可分为以窄带隙材料为集电区的单异质结 HBT (S-HBT)和以宽带隙材料为集电区的双异质结 HBT (D-HBT)。D-HBT 的击穿电压高、开关速度快，但是在集电结异质界面导带能级会形成一个尖峰(ΔE_c)，阻碍了电子从基区向集电区的漂移运动，称电流阻塞效应，对器件的频率特性产生一定负面影响。为了消除电流阻塞效应，一般需要在集电区一侧插入一定厚度的组分缓变或超晶格缓冲层，以便同时获得较高的击穿电压和良好的频率特性。下面就 MOVPE 技术在生长 GaAs 基、InP 基和 GaN 基 HBT 的应用分别加以介绍。

10.6.1　GaAs 基异质结双极晶体管的 MOVPE 生长

早期用 MOVPE 方法研制成功的 GaAs 基异质结双极晶体管是以 AlGaAs 为发射区、GaAs 为基区的 AlGaAs/GaAs HBT，其特征频率 f_r 达到 40 GHz[85]。后来采用与 GaAs 晶格匹配的 InGaP 代替 AlGaAs 发射区制造 HBT，见图 10-37。InGaP/GaAs HBT 与 AlGaAs/GaAs HBT 相比有如下优点：较大的价带不连续性、较小的导带不连续性、较少的复合中心(没有 DX 中心问题)、更高的电子饱和漂移速度和好的刻蚀选择性。在基区掺 C 后，不仅提高了掺杂浓度，而且有更好的可靠性。有研究报道，InGaP/GaAs HBT 的平均失效时间超过 10^6h，平均寿命超过 100 年。商品化的 InGaP/GaAs HBT 的特征频率 f_r 一般已经达到 156GHz。

图 10-38 为 Kurpas 等[86]研制的一种 InGaP/GaAs HBT 的结构，各层厚度和掺杂浓度也都示于图中。衬底为未掺杂的向(111)B 偏 2° 的(100)GaAs 片，以 TMGa、TMIn、AsH_3 和 PH_3 分别为 III 族和 V 族源。n 型掺杂源为 H_2Se，p 型掺杂源为 CBr_4。HBT 的结构包括一层 500 nm 厚的 GaAs 亚集电极(n^+=3 × 10^{18} cm^{-3})、一层 10 nm 厚

的 GaInP 腐蚀停止层($n=2\times10^{18}$ cm^{-3})、500 nm 厚的 GaAs 集电极($n^+=3\times10^{16}$ cm^{-3})、重掺碳的 100 nm 厚的 GaAs 基区($p^+=3\times10^{19}$ cm^{-3})、20 nm 厚的 InGaP 发射区($n=1\times10^{17}$ cm^{-3})、200 nm 厚的 n-GaAs($n=4\times10^{17}$ cm^{-3})和 100 nm 厚的重掺 n-GaAs($n^+=3\times10^{18}$ cm^{-3})，最后为 60 nm 厚的梯度重掺 n-InGaAs($n^+=3\times10^{18}$ cm^{-3})接触层。 HBT 的集电极、基极和发射极分别做在亚集电区、基区和接触层(帽层)上。除了亚集电区和接触层生长温度较低外，所有各层都在统一的 600 °C 下生长。

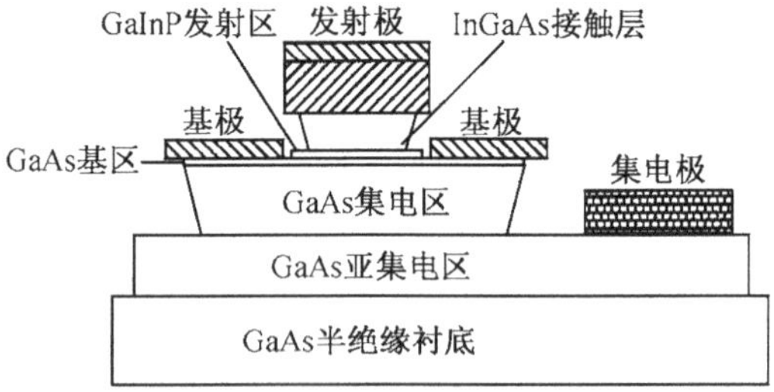

图 10-37　GaInP/GaAs HBT 结构示意图

60 nm	InGaAs:Se ($n^+=2\times10^{19}$cm^{-3})	接触层
100 nm	GaAs:Se ($n^+=3\times10^{18}$cm^{-3})	
200 nm	GaAs:Se ($n^-=4\times10^{17}$cm^{-3})	
20 nm	GaInP:Se ($n=1\times10^{17}$cm^{-3})	发射区
100 nm	GaAs:C ($p=3\times10^{19}$cm^{-3})	基区
500 nm	GaAs:Se ($n^-=3\times10^{16}$cm^{-3})	集电区
10 nm	GaInP:Se ($n=2\times10^{18}$cm^{-3})	腐蚀停止层
500 nm	GaAs:Se ($n^+=3\times10^{18}$cm^{-3})	亚集电区
	(100) GaAs 衬底	

图 10-38　GaInP/GaAs HBT 外延层结构示意图

在 InGaP/GaAs HBT 中经常在 GaAs 收集极和亚集电区之间生长 GaInP 腐蚀停止层。利用 GaInP 与 GaAs 的腐蚀特性差异较大的特点简化 HBT 器件生产工艺，提高成品均匀性。然而 GaInP 腐蚀停止层也增加了电子从集电区到亚集电区的势垒，降低器件的直流增益。因此 GaInP 腐蚀停止层的厚度应该尽可能薄。然而在 GaInP 层与 GaAs 之间会出现 InGaAsP 四元层(参见 9 章 9.1 节)而影响 GaInP 的有效厚度。在采取了 3S 的生长中断和把生长温度降低到 575°C，有效抑制了四元层的生长。20 Å 的 GaInP 腐蚀停止层在 H_3PO_4:H_2O_2:H_2O = 1:1:20 腐蚀液中能经受 45S 的侵蚀。而 GaAs 的腐蚀速度为 40 Å/s[87]。

Uchida 等[88]研究了在生长重掺碳的 C:GaAs 基区和 $In_{0.48}Ga_{0.52}P$ 发射区之间的源切换程序对器件特性的影响。在 GaAs 基区生长后中断生长，继续通入 10s 的 AsH_3 后切换为 PH_3。发现在生长中断期间通入 2min 的 PH_3，能改善了基区-发射区界面的晶体质量和降低了基区-发射区边缘的缺陷造成的基极电流中的复合分量。他们认为这是由于在界面处形成了 GaAsP 薄层的缘故。

在 GaAlAs/GaAs HBT 或 InGaP/GaAs HBT 中，由于基区材料 GaAs 的带隙较大导致发射结的开启电压较高，使功耗较大，从而大大限制了其在低功耗领域的应用。因此选用与 GaAs 晶格匹配，带隙又低的 InGaNAs 材料做基区的低功耗 GaInP/InGaNAs HBT 已经引起重视。

10. 6.2　InP 基异质结双极晶体管的 MOVPE 生长

InP 具有高迁移率、高击穿场强和高热导率等优点。InP 的晶格常数与 $In_{0.53}Ga_{0.47}As$ 晶格匹配，因此可以用更高电子迁移率的 $In_{0.53}Ga_{0.47}As$ 作基区。用做 InP 衬底的 InP 基 HBT 器件的开启电压低、线性好，适合在高速低功耗和线性度要求高电路中应用。InP 基 HBT 的频率特性在半导体器件中是最高的，可以作毫米波器件。由于 InP 基 HBT 的生长工艺与 1.3~1.55μm 波段的光纤通信用半导体激光器相容，所以也适用于单片光集成电路。

InP 基 HBT 通常在发射区使用 InP 或 InAlAs，在基区使用 InGaAs 或 InGaSb。在集电区使用 InGaAs 或 InP。于是构成多种 InP 基 HBT 结构。图 10-39 为以 n-InP 做发射区、p^+-InGaAs 为基区和 n-InGaAs 为集电区的单异质结 HBT(S-HBT)结构示意图。

70 nm	n^+-InGaAs	$2\times10^{19}cm^{-3}$	接触层
75 nm	n-InP	$5\times10^{17}cm^{-3}$	发射区
1 nm	$In_{0.8}gAa_{0.2}As_{0.1}P_{0.9}$		过渡层
100 nm	p^+-InGaAs	$1.5\times10^{19}cm^{-3}$	基区
300 nm	InGaAs	未掺杂	集电区
300 nm	n^+-InGaAs	$2\times10^{19}cm^{-3}$	亚集电区
60 nm	InP		缓冲层
半绝缘 InP:Fe衬底 (100)±0.5			

图 10-39　InP/InGaAs S-HBT 外延层结构示意图

InP 基 HBT 的生长温度通常为 650°C，当使用 Zn 为杂质生长 p^+-InGaAs 时，为了得到重掺杂 Zn 和防止 Zn 的外扩散，Eisenbach 等[89]在集电区生长后采用生长中断，将生长温度降低到 550°C 再开始生长基区和后续各层。Lindner 等[90]采用 CCl_4 进行掺 C，然而由于 In–C 键弱，p^+-InGaAs 层也需要在低温 470°C 生长，以使空

穴浓度达到 $1\sim2\times10^{19}\ cm^{-3}$。由于其他层的生长温度在 600~630°C，所以在 p^+-InGaAs 层生长前、后都需要采用生长中断以调整温度。

单异质结 InP 基 HBT 高频特性好，截止频率最高已达 550GHz，不足之处是它的集电极-发射极击穿电压(BV_{CEO})太低，一般只有 2~3V。为了提高击穿电压，发展了双异质结 HBT(D-HBT)。最典型的结构是 InP/InGaAs/InP D-HBT。集电区使用了带隙比 InGaAs 大的 InP，所以击穿电压也大，通常达到 6~8V。但是由于 InP 的带隙比 InGaAs 大很多，在集电结异质结界面导带形成势垒尖峰，阻碍电子从基区顺利流向集电极。结果使放大系数降低，集电极串联电阻增加。为了避免在集电结异质结界面导带能级尖峰引起的电流阻塞效应，可以采用在基区和集电区之间生长不掺杂或轻掺杂的 InGaAs 层。也可以在集电区和基区间插入组分缓变的 InGaAsP 过渡层或 InGaAs/InAlAs 超晶格缓冲层，实现平坦的电子注入层结构。

为了解决常规 InP D-HBT 存在的电流阻塞效应，可以用 $GaAs_{0.51}Sb_{0.49}$来代替 InGaAs 作为 P 型基区材料形成 InP/InGaSb/InP D-HBT。由于 $GaAs_{0.51}Sb_{0.49}$的导带底的能级高于 InP 的导带底的能级，不存在势垒尖峰，同时还可以抑止空穴反向注入发射区而提高发射极注入效率；此外，由于 GaAsSb 的带隙宽度较 InGaAs 的带隙宽度更小，因此 InP/GaAsSb HBT 较 InP/InGaAs HBT 开启电压更低，功耗更小。

$GaAs_{0.51}Sb_{0.49}$与 InP 晶格匹配，同时低扩散系数的 p 型杂质 C 在 GaAsSb 中有高溶解度，可以实现重掺杂降低基区寄生电阻。但是用 MOVPE 生长掺 C 的 GaAsSb 时存在 H 对碳受主的钝化问题。即形成[C–H]键。一般而言能提供 H 的物质有 H_2、但主要是氢化物 AsH_3 和 PH_3。在外延生长的三个阶段都可能发生 H 钝化：① 掺碳 GaAsSb 层生长时；② 在掺碳 GaAsSb 层上生长下一层的生长中断时；③ 在掺 GaAsSb 碳层上生长下一层时。掺 C-GaAsSb 层中大约 90%的 C 受主是在① 阶段被钝化的。需要去氢退火把它们再激活。可是再激活的 C 可能在第② 和第③ 阶段会被再钝化。Oda 等[91]的实验发现，当采用 TMIn，TEGa，TMSb 和 AsH_3 生长 GaAsSb 时，当生长温度维持比较高的 540°C，在掺碳 GaAsSb 层生长时 H 钝化被抑制。而且再暴露到 AsH_3 时再钝化也不严重。因此只要选择正确的生长条件掺 C-GaAsSb 层 C 的 H 钝化就可以避免，而不需要去氢退火。采用厚度为 25 nm 的空穴浓度达到 $8\times10^{19}\ cm^{-3}$ 掺 C 基区结构，InP/GaAsSb/InP DHBT 可以实现直流增益$\beta\sim40$，截止频率 f_T~300GHz，最高频率 f_{max}~200 GHz，击穿电压 BV_{CEO}~6V 的高性能器件。

InP HBT 尽管具有高频和低功耗的优势，但一直受到缺乏大直径廉价 InP 衬底材料的困扰。受 InP 变晶格 HEMT(MHEMT)技术研究的突破所启发，GaAs 基 InP(InAlAs)/InGaAs 变晶格异质结双极晶体管(MHBT)技术也开始受到关注，即在 GaAs 衬底上通过缓冲层材料的设计和生长来克服晶格失配问题，生长出适合器件要求的高质量外延层结构，以突破 InP 衬底材料在尺寸、成本和机械强度问题上对 InP HBT 技术推广的限制。例如，采用在 GaAs 衬底上生长由 GaAs(100 nm)/$In_{0.48}Ga_{0.52}As$→

InP 组分梯度层(1.5 μm)/InP(50 nm)组成的复合缓冲层。但与 HEMT 不同的是，HBT 有源区外延层厚度较厚，一般在 1μm 左右，因而对缓冲层材料生长的控制难度更大。

10.6.3　GaN 基异质结双极晶体管的 MOVPE 生长

III 族氮化物具有优异的应用于电子器件的特性，如高饱和漂移迁移率(v_s~2×10^7 cm/s)、大临界击穿电场($E_{critical}$~2 MV/cm)和优异的热和化学稳定性。GaN 基 HBT 主要用于高温、高功率微波通信领域，它的优点是具有大的输出电流密度，在雷达等需要高输出电流的领域更具应用价值；同时它还具有工作噪声小、阈电压更均匀等特点。目前 GaN 基 HBT 的研究工作主要集中在 AlGaN/GaN 基 NpN 型 SHBT、AlGaN/GaN 基 p-n-p 型 SHBT 和 GaN/InGaN 基 NpN 型 DHBT 等。但是，GaN 基 HBT 的发展比 GaN 基 HEMT 缓慢。原因是 GaN 中受主 Mg 的离化能高($E_{a,GaN:Mg}$~170 meV)，限制了基区有效空穴浓度(典型为 10^{17} cm^{-3} 量级)，严重限制了器件的性能。Mg 的记忆效应使基-射结变为渐变结，难以确定结的位置。GaN 中有高密度的位错，从而形成漏电路径，对器件的长期可靠性不利。

GaN/InGaN HBT 近来取得进展。InGaN 中 Mg 的离化能降低，提供了获得基区高空穴浓度($p>1\times10^{18}$ cm^{-3})的途径，并且降低了基区片电阻。然而要实现 p-InGaN，要求 InGaN 外延层的质量必须足够高。与 V 形缺陷相关的坑或纳米管在薄的和厚的 InGaN 层上都能观测到，据信这种缺陷对器件特性影响极大。图 10-40 为 Chung 等[92]所设计的具有梯度 InGaN 结的 NpN GaN/InGaN HBT 外延层结构示意图，较好地调节了 InGaN 和 GaN 间的晶格失配所产生的应力，减少了在发射区-基区和基区-收集区之间形成的缺陷。消除了集电结界面导带形成势垒尖峰。此外，梯度发射区的使用，降低了应变，允许生长更厚的、更工艺兼容的发射层。

帽发射层	GaN:Si	70 nm	$n=1.0\times10^{19}cm^{-3}$
梯度发射层	GaN:Si $In_{0.06}Ga_{0.94}N$:Si	30 nm	$n=1.0\times10^{19}cm^{-3}$
梯度基区	$In_{0.06}Ga_{0.94}N$:Mg $In_{0.03}Ga_{0.97}N$:Mg	100 nm	$p=2.5\times10^{18}cm^{-3}$
梯度收集区	$In_{0.03}Ga_{0.97}N$:Si GaN:Si	30 nm	$n=2.0\times10^{18}cm^{-3}$
收集区	GaN:Si	200 nm	$n=2.0\times10^{17}cm^{-3}$
亚收集区	GaN:Si	500 nm	$n=2.0\times10^{18}cm^{-3}$
核化层	GaN	2.0 μm	
衬底　蓝宝石或 SiC			

图 10-40　NpN GaN/InGaN D-HBT 外延层结构示意图

图 10-40 设计的 NpN 型 GaN/InGaN HBT 的 MOVPE 生长，使用 TMGa、TMIn、高纯 NH_3 分别为 Ga、In 和 N 源，而 SiH_4 和 Cp_2Mg 分别为 n 和 p 型掺杂源。首先在衬底为(0001)蓝宝石上生长~20 nm 低温(550 °C)GaN 核化层和 2.0μm 厚的高温(1050 °C) GaN 层。然后生长梯度 GaN/InGaN HBT 外延层。掺 Si 的梯度发射区在

30 nm 内组分由 GaN 变为 $In_{0.03}Ga_{0.97}N$；掺 Mg 的梯度基区在 100 nm 内组分由 $In_{0.03}Ga_{0.97}N$ 变化到 $In_{0.06}Ga_{0.94}N$；掺 Si 的梯度集电区在 30 nm 内组分由 $In_{0.06}Ga_{0.94}N$ 变为 GaN。最后生长 70 nm 的掺 Si 的 GaN 帽发射极。此结构也可以生长在(0001)SiC 衬底上，采用~100nm AlN 核化层。p^+-InGaN 的空穴浓度可以达到~2.5×10^{18} cm^{-3}。利用此外延层试制的 NpN 型 GaN/InGaN HBT 的共发射极电流增益值大于 35。器件的工作温度高达 300°C。Makimoto 等[93]报道在 SiC 衬底上生长的 GaN/InGaN D-HBT 的共发射极电流增益值已经大于 2000。

10.7 光电集成电路

光电集成电路 (opto-electronic integrated circuit，OEIC) 是把多种光子(如激光器、探测器等有源器件和光波导等无源器件)和电子元件(如晶体管、电阻、电容等)集成在同一衬底上以完成光信息与电信息相互转换的一种集成电路。具有低成本、高性能、高可靠性等优点。光电集成芯片应用于光纤通信、计算机网络等多种领域中，以满足信息社会对超大容量信息的高速传输、处理、交换和存储的需要。OEIC 器件主要包括 OEIC 光发射机、OEIC 光接收机和光收发机。OEIC 光发射机是由激光二极管(LD)、发光管(LED)及驱动电路构成，光源与驱动电路及探测器集成；OEIC 光接收机器件主要由探测器与电子放大电路(晶体管放大器)构成；光收发机将光发射器件、光接收器件和放大电路器件集成在一起，兼有光发射、接收和放大功能。

光电集成电路要解决元件结构和工艺技术的兼容性外，还要选择满足两种元件性能所要求的材料。常用的光电集成材料是既可以制作光子器件又可以制造晶体管的砷化镓、磷化铟等。OEIC 工艺较为复杂，设计时往往要在分离器件性能方面进行折衷处理。OEIC 器件的结构或工艺路线都应注意成品率问题。

图 10-41 为 Liou 等 1991 年报道的速率达到 5Gb/s 垂直集成的光发射机外延层结构示意图[94]。此结构是在常压 MOVPE 反应室中，分两次进行外延生长的。先在半绝缘 InP 衬底上生长工作波长为 1.5μm 的 SCH-MQW 激光器结构，在外延片进行测试后再送入清洁的反应室在其上继续生长 HBT 结构。激光器为自对准接触脊形波导 MQW 结构，采用成品率很高的反应离子刻蚀和湿法刻蚀工艺制造，这一点对于 OEIC 是很重要的。激光器的有源区为 3 个 50Å 厚的 InGaAs 压应变量子阱，垒为 InGaAsP(λ=1.3μm)。两边为双梯度折射率限制层(λ=1.3μm 的 InGaAsP 和 λ=1.1μm 的 InGaAsP，其厚度均为 1000Å)。p-InP 脊形波导台面 3μm 宽、1.5μm 厚。为了在半绝缘 InP 衬底上形成对激光器的电接触同时也为了好的波导特性，在有源波导下生长 1.5μm 厚的 n-InP 层和 0.5μm 厚的 n-InGaAs 接触层(掺杂到 $2\times10^{19}cm^{-3}$)。优化 n-InGaAs 接触层与有源波导之间的距离，以避免激光器的内吸收损失或电阻的显著增加。为降低串联电阻，n 型接触金属与激光器条横向仅分开

15μm。用高速 InP/InGaAs HBT 结构用作激光器的驱动器。HBT 采用单异质结构，标称的基区厚度为 1000Å，集电区厚度为 5000Å。为能高速工作，发射区的尺寸为 5×9 μm，基区为 13×23 μm。NPN 型 HBT 的掺杂水平分别为：发射区为 $4\times10^{17}cm^{-3}$、基区为 $8\times10^{18}cm^{-3}$、集电区为 $1\times10^{16}cm^{-3}$。发射区接触层和亚集电区的掺杂水平都近似为 $10^{19}cm^{-3}$。HBT 结构生长在 LD 结构的上面，在 HBT 结构下的 LD 结构是不激活的。激光器和 HBT 台面都腐蚀到半绝缘衬底，并且横向被聚合物覆盖，以降低寄生电容。最后进行电极蒸镀和金属布线完成电路的电学连接。

垂直结构的优点是：电路简单，生产和制作工艺简单，通过将器件层堆叠提高了实际集成度。其缺点是：设计灵活性差，寄生电容大不易实现高速工作，不易获得好的隔离和绝缘而使互连困难、平面性差所引起的非平面电互连困难。

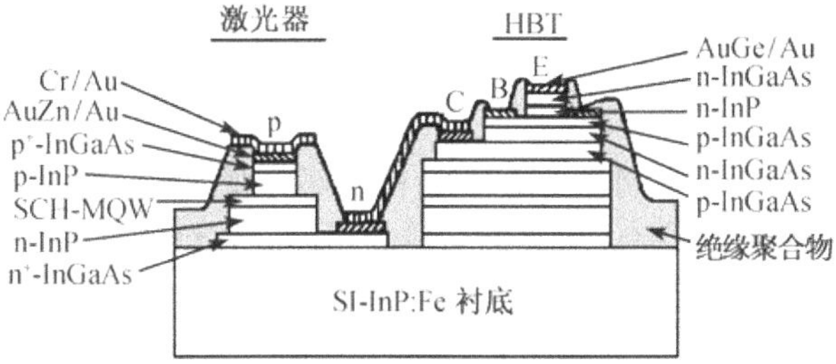

图 10-41　单片集成激光器和驱动器的器件结构剖面

在文献[95]中比较具体的介绍了类似上述结构的垂直集成的光发射机外延层结构生长方面的细节。在 LP-MOVPE 生长系统中，采用掺铁的半绝缘(100) 面 InP 衬底，以 TMIn、TMGa、TEGa 和纯 PH_3、纯 AsH_3 分别作为 III 族源和Ⅴ族源，DEZn 和 2%的 SiH_4 分别为 p 型和 n 型掺杂剂，生长表 10-7 示出的 OEIC 结构。其中 MQW 结构为 5 个 7 nm 厚的 InGaAsP1.1%的压应变量子阱(λ=1.6μm 的 InGaAsP)，9 nm 厚的 0.4%的张应变垒(λ=1.28 μm 的 InGaAsP)。两边为双梯度折射率限制层，分别为λ=1.28μm 的 InGaAsP 和λ=1.1μm 的 InGaAsP，其厚度均为 60 nm。

首先在 655°C 生长 1.55 μ m MQW LD 结构和 100 nm 厚的不掺杂 InP 隔离层。此隔离层一方面起激光器的 p+-InGaAs 接触层和 n^+-InGaAs 亚集电区之间的绝缘作用，另一方面起腐蚀停止层的作用。然后降温至 580°C 生长 HBT 结构的亚集电区和集电区，再降温至 550°C 生长完其余结构。在亚集电极生长完成后有 16min 生长暂停。低温下生长的 HBT 中 Zn 扩散较小。生长过程中适当的生长中断对基区的 Zn 扩散有一定的抑制作用，这主要是由于生长暂停使得 n^+亚集电极产生的非平衡Ⅲ族填隙型点缺陷有充分的时间达到热平衡态，从而避免基区中 Zn 的非正常扩散。

图10-42(a)示出的是将 SIBH 激光器与 DHBT 驱动器水平集成结构。首先在 n-InP 衬底上生长 DH 激光器结构，然后用 CVD-SiO_2 为掩模，利用光刻和腐蚀技

表 10-7　OEIC 的材料结构

层		材料	掺杂/ cm^{-3}	层厚/ nm
HBT	帽层	n^+-InGaA	5×10^{18}	120
	发射区	n^+-InP	1×10^{19}	70
		n-InP	5×10^{17}	120
		i-InGaAs	不掺杂	10
	基区	p^+-InGaAs	2×10^{19}	70
	集电区	n^--InGaAs	2×10^{16}	450
	亚集电区	n^+-InGaAs	5×10^{18}	500
	隔离层	InP	不掺杂	100
	激光器	p^+-InGaAs	5×10^{18}	500
		p-InP	2×10^{17}	1700
		MQW	不掺杂	300
		n-InP	2×10^{17}	1700
		n^+-InGaAs	2×10^{19}	500
	衬底	SI-InP		

术形成激光器的条形。而在制作 DHBT 结构的部分腐蚀到暴露出 n-InP 衬底，其深度恰好使 DHBT 结构生长完成后表面又成为平面。在第 2 次选择外延生长时首先生长半绝缘 InP 层，完成激光器的条形结构的横向电流限制，同时完成激光器和 D-HBT 驱动器之间的隔离。然后生长 DHBT 结构。外延工艺把激光器侧壁区的侧向生长与平面区域上生长 DHBT 结构巧妙地结合起来，最后形成的 OEIC 结构如图 10-42(b)所示[96]。

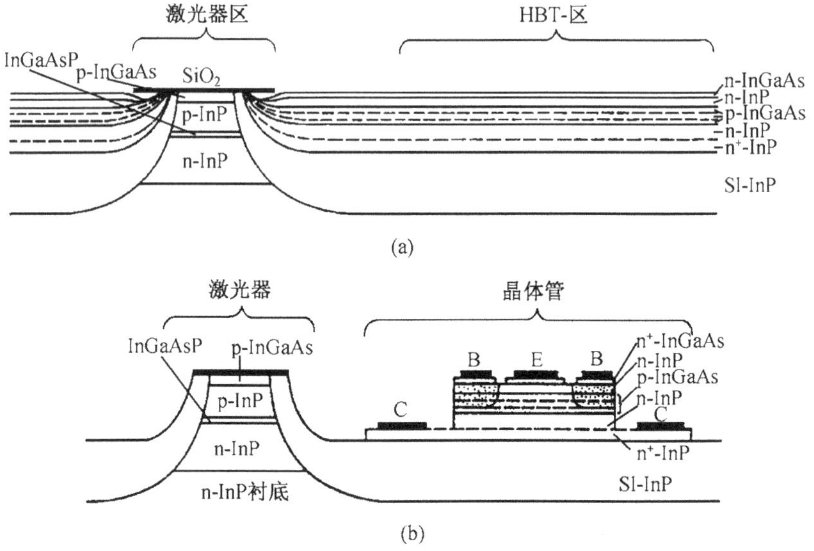

图 10-42
(a) 激光器与 D-HBT 驱动器水平集成在一起的外延层结构；(b)最后形成的 OEIC 结构

图 10-43 为速率达到 10Gb/s 的单片集成电吸收调制(electroabsorptionmodulated, EAM)的 DFB 激光器光源制备步骤示意图[97]。该结构是在低压 MOVPE 反应室中利用选区外延技术生长的。首先在(100) n-InP 衬底上沉积 150 nm 厚的 SiO_2膜，再沿[110]方向光刻形成条宽(Ws)22 μm，生长区窗口宽(Wo)15 μm 的选区外延生长掩模，见图 10-43(a)。然后进行选区外延，生长 8 对应变 InGaAsP/InGaAsP MQW 有源波导结构。该结构由 6 nm 厚的 InGaAsP 的压应变量子阱(应变量为 0.4%)，7 nm 厚的 0.2%的张应变垒(λ=1.2 μm 的 InGaAsP)组成，见图 10-43(b)。在窗口区中心 PL 谱的峰值波长为 1.548 μm，在无掩模的平坦区波长为 1.492 μm。这种可控的光荧光波长的变化是因为在窗口生长区含 In 品种的快速扩散和并入造成的生长速度增加和组分变化所致(见图 10-43(b)中的插图)。选区外延生长后，在激光器区刻制光栅，然后进行第 2 次外延，在全部区域生长公用 p-InP 限制层和 p^+-InGaAs 接触层。在 p-InP 限制层中距离核心波导上 100 nm 处，生长薄 InGaAsP 腐蚀停止层，见图 10-43(c)、(d)。生长腐蚀停止层的目的是为了简化和稳定后续工艺。

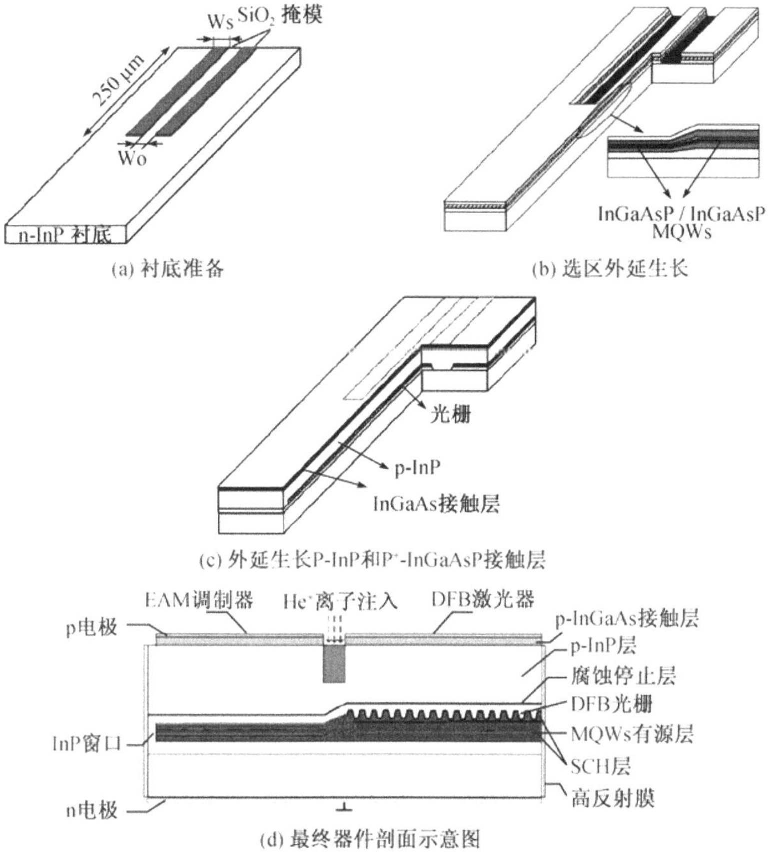

(a) 衬底准备　(b) 选区外延生长

(c) 外延生长P-InP和P^+-InGaAsP接触层

(d) 最终器件剖面示意图

图 10-43　电吸收调制的 DFB 激光器制造工艺

图 10-43(d)为最终的器件结构剖面示意图。激光器和调制器的长度分别为 250 μm 和 170 μm。采用自对准脊形结构形成波导。对于两个器件，都先腐蚀出 2 μm 宽的脊形低台面，腐蚀正好停止到 InGaAsP 核心层上方。调制器区在低台面基础上，对中 2 μm 脊形波导，进一步腐蚀出完全穿过有源层的 6 μm 宽脊形深台面，以降低电容。用聚合物把脊形台面包围起来。为了实现激光器和调制器的隔离，把调制器与激光器之间的 InGaAs 接触层腐蚀掉，并且用 He 离子注入形成 50μm 宽的高阻隔离槽。在调制器出光端面引入 InP 窗口层，防止光反射造成的啁啾声。

参考文献

[1] Nakamura S, Fasol G. The blue laser diode-GaN based light emitters and lasers. Berlin: Springer, 1997.

[2] Kim A Y, Gotz1 W, Steigerwald D A, et al. Performance of high-power AlInGaN light emitting diodes. Phys Stat Sol (a) 2001, 188:15-21.

[3] Chen C H, Stockman S A, Peanasky M J, C P Kuo. OMVPE growth AlGaInP for high-efficiency visible light-emitting diodes//Stringfellow G B, Craford M G. High Brightness Light Emitting Diodes: Semiconductors and Semimetals. Academic Press, 1997, 48: Chap. 4.

[4] Kish F A, Fletcher R M. AlGaInP light emitting diodes// Stringfellow G B, Craford M G, high brightness light emitting diodes: Semiconductors and Semimetals. Academic Press, 1997, 48: Chap. 5.

[5] Kizhayev S S, et al. Powerful InAsSbP/InAsSb light emitting diodes grown by MOVPE. J Crystal Growth, 2003, 248: 296-300.

[6] Huang K H. US Patent No. 5,164,798, 1992.

[7] Gessmanna Th, Schubert E F. High-efficiency AlGaInP light-emitting diodes for solid-state lighting applications. J Appl Phys, 2004, 95: 2203-2216.

[8] Kozodoy P, Abare A, Sink R K, et al. MOCVD growth of high output power InGaN MQW LED //Gallium Nitride and Related Materials II, MRS Symposum Proc, 1997, 468 :481-486.

[9] Lester S D, Ludowise M J, Killeen K P, et al. High-efficiency InGaN MQW blue and green LEDs. J Crystal Growth, 1998, 189/190: 786-789.

[10] Chu C F, Yu C C, Cheng H C, et al. Comparison of p-Side Down and p-Side Up GaN Light-Emitting Diodes Fabricated by Laser Lift-Off. Jpn J Appl Phys, 2003, 42: L147-L 150.

[11] Forte-Poisson di M A, Romann A, Tordjman M, et al. LPMOCVD growth of GaN on silicon carbide. J Crystal Growth, 2003, 248: 533-536.

[12] 熊成兵，江风益，方文卿，等. Si 基蓝光 LED 外延材料转移前后性能.中国科学(E 辑)，技术科学, 2006, 36:733-740.

[13] Zhang J P, Asif Khan M, Sun W H, et al. Pulsed atomic-layer epitaxy of ultrahigh-quality $Al_xGa_{1-x}N$ structures for deep ultraviolet emissions below 230 nm. Appl Phys Lett, 2002, 81: 4392-4394.

[14] Yasan A, McClintock R, Mayes K, et al. 4.5 mW operation of AlGaN-based 267 nm deep-ultraviolet light-emitting diodes. Appl Phys Lett, 2003, 83: 4701-4703.

[15] 郑有炓. 第 2 章 宽禁带半导体光电子器件//何杰、夏建白主编. 半导体科学与技术. 北京：

科学出版社, 2007: 45-73.

[16] 江剑平. 半导体激光器. 北京：电子工业出版社, 2000.

[17] Dupuis R D, Dapkus P D, Holonyak N. Room-temperature laser operation of quantum-well $Ga_{(1-x)}Al_xAs$-GaAs laser diodes grown by metalorganic chemical vapor deposition. Appl Phys Lett, 1978, 32: 295-297.

[18] Hersee S D, Baldy M, Assenat P, et al. Very low threshold GRIN-SCH GaAs/GaAlAs laser structure grown by OM-VPE. Electron Lett, 1982, 18: 870-871.

[19] 王立军, 武胜利, 刘云等. 808nm 无铝大功率量子阱激光器. 发光学报. 1997, 18:360-362.

[20] Dong J R, Teng J H, Chua S J, et al. MOCVD growth of 980 nm InGaAs/GaAs/AlGaAs graded index separate confinement heterostructure quantum well lasers with tertiarybutylarsine. J Crystal Growth, 2006, 289: 59-62.

[21] Chen L, Xu Z, Ma X, et al. High power 980nm Al-free strained quantum-well lasers for erbium-doped fiber amplifiers. Optical Materials 2000, 14: 201-204.

[22] Speier P, Bouayad-Amine J, Cebulla U, et al. 10 Gbit/s MQW-DFB-SIBH lasers entirely grown by LPMOVPE. Electron. Lett, 1991, 27:863-864.

[23] Franke D, Roehle H. Highly reproducible and defect-free MOVPE overgrowth of InGaAsP-based DFB gratings.J. Crystal Growth, 1997, 170: 113-116.

[24] Park S W, Moon C K, Kang J H, et al. Overgrowth on InP corrugations for 1.55 μm DFB LDs by reduction of carrier gas flow in LPMOCVD. J Crystal Growth, 2003, 258: 26-33.

[25] Bhattacharya1 A, Zorn M, Oster A, et al. Optimization of MOVPE growth for 650 nm-emitting VCSELs. J Crystal Growth, 2000, 221: 663-667.

[26] Butendeich R, Graef D, Schwarz J, et al. Low threshold current densities in red VCSELs. J Crystal Growth, 2000, 221: 657-662.

[27] Haberland K, Zorn M, Klein A, et al. In-situ determination of interface roughness in MOVPE-grown visible VCSELs by reflectance spectroscopy. J Crystal Growth, 2003, 248: 194-200.

[28] Zorn M, Haberland K, Knigge A, et al. MOVPE process development for 650 nm VCSELS using optical in-situ techniques. J Crystal Growth, 2002, 235: 25-34.

[29] Nakamura S, Senoh M, Nagahama S, et al. InGaN-based multi-quantum-well structure laser diodes. Jpn. J Appl Phys, 1996, 35: L74-L76.

[30] Nakamura S, Senoh M, Nagahama S, et al. InGaN/GaN/AlGaN-based laser diodes with modulation-doped strained-layer superlattices grown on an epitaxially laterally overgrown GaN substrate. Appl Phys Lett, 1998, 72: 211-213.

[31] Nakamura S, Senoh M, Nagahama S, et al. Blue InGaN-based laser diodes with an emission wavelength of 450 nm. Appl Phys Lett, 2000, 76: 22-24.

[32] Nagahama S, Yanamoto T, Sano M, Mukai T. Characteristics of InGaN laser diodes in the pure blue region. Appl Phys Lett, 2001, 79: 1948-1950.

[33] Nagahama S, Iwasa N, Senoh M, et al. High-power and long-Lifetime InGaN multi-quantum-well laser diodes grown on low-dislocation-density GaN substrates. Jpn. J Appl Phys Lett, 2000, 39: L647-L650.

[34] Okamoto K, Ohta H, Chichibu S F, et al. Continuous-Wave Operation of *m*-Plane InGaN Multiple Quantum Well Laser Diodes. Jpn J Appl Phys, 2007, 46: L187-L189.

[35] Schmidt M C, Kim K C, Farrell R M, et al. Demonstration of nonpolar *m*-plane InGaN/GaN laser diodes. Jpn. J Appl Phys, 2007, 46：L190-L191.

[36] Okamoto K, Tanaka T, Kubota M, Ohta H. Pure blue laser diodes based on nonpolar *m*-plane gallium nitride with InGaN waveguiding layers. Jpn J Appl Phys, 2007, 46: L820- L822.

[37] Kubota M, Okamoto K, Tanaka T, Ohta H. Continuous-wave operation of blue laser diodes based on nonpolar *m*-plane gallium nitride. Appl Phys Letter, Express 2008, 1:011102.

[38] Farrell R M, Feezell D F, Schmidt M C, et al. Continuous-wave operation of AlGaN-cladding-free nonpolar *m*-plane InGaN/GaN laser diodes. Jpn J Appl Phys, 2007, 46 : L761-L763.

[39] 陈涌海，刘峰奇．第 7 章新型半导体量子器件//王占国，陈立泉，屠海令主编．中国材料工程大典，第 12 卷 (中)信息功能材料工程：第 7 篇半导体低维结构和量子器件．北京：化学工业出版社，2006: 116-136.

[40] Tatebayashi J, Hatori N, Ishida M, et al. 1.28 μm lasing from stacked InAs/GaAs quantum dots with low-temperature-grown AlGaAs cladding layer by metalorganic chemical vapor deposition. Appl Phys Lett, 2005, 86:053107.

[41] Nuntawong N, Xin Y C, Birudavolu S, et al. Quantum dot lasers based on a stacked and strain-compensated active region grown by metal-organic chemical vapor deposition. Appl Phys Lett, 2005, 86: 193115.

[42] Germann T D, Strittmatter A, Kettler Th, et al. MOCVD of InGaAs/GaAs quantum dots for lasers emitting close to 1.3 μm . J Crystal Growth, 2007, 298:591-594.

[43] Toda A, Nakamura F, Yashima K, Ishibashi A. Blue-green laser diode grown by photo-assisted MOCVD. J Crystal Growth, 1997, 170: 461-466.

[44] Ogata K I, Kawaguchi D, Nishiyama N, et al. Fabrication of ZnSe-based laser diode structures by photoassisted MOVPE. J Crystal Growth, 1998, 184-185: 554 -557.

[45] 廖显伯，向贤碧．第 8 章太阳电池//何杰，夏建白主编．半导体科学与技术．北京：科学出版社，2007: 267-305.

[46] Kurtz S, Friedman D, Geisz J, McMahon W. Using MOVPE growth to generate tomorrow's solar electricity. J Cyrst Growth, 2007, 298: 748-753.

[47] Bett W, Adelhelm R, Agert C, et al. Advanced III-V solar cell structures grown by MOVPE. Solar Energy Materials & Solar Cells, 2001, 66: 541-550.

[48] Yamaguchi M. III-V compound multi-junction solar cells: present and future. Sol Energy Mater Sol Cells, 2003, 75: 261-269.

[49] Bett A W, Dimroth F, Stollwerck G, Sulima O V. III-V compounds for solar cell applications. Appl Phys, 1999, A 69: 119-129.

[50] Agarwa S K, Tyagi R, Singh M, Jain R K. Effect of growth parameters on the MOVPE of GaAs/Ge for solar cell applications. Solar Energy Materials & Solar Cells, 1999, 59: 19-26.

[51] Derluyn J, Dessein K, Flamand G, et al. Comparison of MOVPE grown GaAs solar cells using different substrates and group-V precursors. J Crystal Growth, 2003, 247: 237-244.

[52] Fetzera C M, King R R, Colter P C, et al. High-efficiency metamorphic GaInP/GaInAs/Ge solar cells grown by MOVPE. J Crystal Growth, 2004, 261: 341-348.

[53] Yamaguchi M, Takamoto T, Araki K, Ekins-Daukes N. Multi-junction III-V solar cells: current status and future potential. Solar Energy, 2005, 79: 78-85.

[54] Karam N H, King R R, Haddad M, et al. Recent developments in high-efficiency $Ga_{0.5}In_{0.5}P$/GaAs/Ge dual-and triple-junction solar cells: steps to next-generation PV cells. Solar Energy Materials & Solar Cells, 2001, 66:453-466.

[55] Friedman D J, Geisz J F, Kurtz S R, Olson J M. 1-eV solar cells with GaInNAs active layer. J Crystal Growth, 1998, 195: 409-415.

[56] Kurtz S R, Allerman A A, Jones E D, et al. InGaAsN solar cells with 1.0 eV band gap, lattice matched to GaAs. Appl Phys Lett, 1999, 74: 729-731.

[57] Dimroth F, Baur C, Bett A W, et al. Comparison of dilute nitride growth on a single-and 8×4-inch multiwafer MOVPE system for solar cell applications. J Crystal Growth, 2004, 272: 726-731.

[58] Ekins-Daukes N J, Barnham K W J, Connolly J P, et al. Strain-balanced GaAsP/InGaAs quantum well solar cells. Appl Phys Lett, 1999, 75:4195-4197.

[59] Johnson D C, Ballard I M, Barnham K W J, et al. Observation of photon recycling in strain-balanced quantum well solar cells. Appl Phys Lett, 2007, 90:213505.

[60] Wu J, Walukiewicz W, Yu K M, et al. Superior radiation resistance of $In_{1-x}Ga_xN$ alloys: Full-solar-spectrum photovoltaic material system. J Appl Phys, 2003, 94: 6477-6482.

[61] Wang C A. Progress and continuing challenges in GaSb-based III-V alloys and heterostructures grown by OMVPE. J Crystal Growth, 2004, 272: 664-681.

[62] Putz N. InP based optoelectronics. J Crystal Growth, 1991, 107: 806-821.

[63] Triboulet R. MOVPE of narrow band gap II-VI materials. J Crystal Growth, 1991, 107: 598-604.

[64] Irvine S J C, Mullin J B, Giess J, et al. Recent developments in the pyrolytic and photolytic deposition of (Cd,Hg)Te and related II–VI materials. J Crystal Growth, 1988, 93: 732-743.

[65] Smith L M, Byrne C F, Patel D, et al. The growth of CMT on GaAs for high quality linear arrays of MWIR and LWIR photodiodes. J Crystal Growth, 1991, 107: 605-609.

[66] Mitra P, Case F C, Reine M B, et al. Doping in MOVPE of HgCdTe: orientation effects and growth of high performance IR photodiodes. J Crystal Growth, 1997, 170: 542-548.

[67] Lee J J, Kim J D, Razeghi M. Growth and characterization of InSbBi for long wavelength infrared photodetectors. Appl Phys Lett, 1997, 70: 3266-3268.

[68] Zhao J H, Tang X H, Mei T, et al. MOCVD growth of InGaAsP/InGaAs multi-step-quantum well structure for QWIP application by using TBA and TBP in N_2 ambient. J Crystal Growth, 2004, 268: 432-436.

[69] Hoff J, Kim S, Erdtmann M, et al. Background limited performance in p-doped GaAs/ $Ga_{0.71}In_{0.29}As_{0.39}P_{0.61}$ quantum well infrared photodetectors. Appl Phys Lett, 1995, 67: 22-25.

[70] 周玉刚，陈鹏，江若琏，沈波. 第 4 章 III 族氮化物半导体器件的应用//王占国、陈立泉、屠海令主编. 中国材料工程大典，第 11 卷信息材料工程(上)，第 6 篇宽带隙半导体及其应用. 北京：化学工业出版社，2006: 537-559.

[71] Chowdhury U, Wong M M, Collins C J, et al. High-performance solar-blind photodetector using an $Al_{0.6}Ga_{0.4}N$ n-type window layer. J Crystal Growth, 2003, 248: 552–555.

[72] Heuken M. Heterostructure field effect transistor grown by MOVPE. Microelectronic Engineering, 1992, 18:33-55.

[73] Shiao H P. AlGaAs buffer structure grown by metalorganic vapor phase epitaxy for

GaAs-based field-effect transistors. Solid-State Electronics, 2006, 50: 125-128.

[74] 刘训春, 魏珂. 第 5 章半导体高频、高速微电子器件及其应用//王占国、陈立泉、屠海令主编. 中国材料工程大典,第 12 卷信息材料工程(中): 第 7 篇半导体低维结构和量子器件. 北京：化学工业出版社，2006: 88-104.

[75] Kimura M, Okano T, Okuyama M, et al. MOVPE growth of electron mobility enhanced GaInP/GaInAs pseudomorpic two-dimensional FET structure. J Crystal Growth, 2000, 221: 713-716.

[76] Keiper D, Velling P, Brennemann A, et al. MOVPE growth of InAlAs using TBAs and DitBuSi for HEMT applications. J Crystal Growth, 2003, 248: 153-157.

[77] Shur M S. GaN based transistors for high power applications. Solid-State Electronics, 1998, 42: 2131-2138.

[78] Monemar B, Pozina G. Group III-nitride based hetero and quantum structures. Progress in Quantum Electronics, 2000, 24: 239-290.

[79] Aggerstam T, Lourdudoss S, Radamson H H, et al. Investigation of the interface properties of MOVPE grown AlGaN/GaN high electron mobility transistor (HEMT) structures on sapphire. Thin Solid Films, 2006, 515: 705-707.

[80] Miyoshi M, Egawa T, Ishikawa H. Study on mobility enhancement in MOVPE-grown AlGaN/AlN/GaN HEMT structures using a thin AlN interfacial layer. Solid-State Electronics. 2006, 50: 1515-1521.

[81] Wang X, Hu G, Ma Z, et al. AlGaN/AlN/GaN/SiC HEMT structure with high mobility GaN thin layer as channel grown by MOCVD. J Crystal Growth, 2007, 298: 791-793.

[82] Yamada S, Ohnishi T, Kakegawa T, et al. High-quality two-dimensional electron gas at large scale GaN/AlGaN wafer interface prepared by mass production MOCVD systems. Solid State Communications, 2005, 133: 647-649.

[83] Wu Y F, Saxler A, Moore M, et al. 30-W/mm GaN HEMTs by field plate optimization. IEEE Electron Device Lett, 2004, 25(3): 117-119.

[84] Balmer R S, Pickering C, Kier A M, et al. In situ optical monitoring of AlGaN thickness and composition during MOVPE growth of AlGaN/GaN microwave HFETs. J Crystal Growth, 2001, 230: 361-367.

[85] Packeiser G, Tews H, Zwicknagl P. High frequency AlGaAs/GaAs heterojunction bipolar transistors: the role of MOVPE. J Crystal Growth, 1991, 107: 883-892.

[86] Kurpas P, Arens M, Gutsche D, et al. Growth monitoring of GaInP/GaAs heterojunction bipolar transistors by reflectance anisotropy spectroscopy. J Crystal Growth, 1998, 195: 217-222.

[87] Hsieh Y C, Chang E Y, Yeh S S, et al. Optimization of the growth of the InGaP etch-stop layer by MOVPE for InGaP/GaAs HBT device application. J Crystal Growth, 2006, 289: 96-101.

[88] Uchida K, Kurokawa A, Yang F Y, et al. Correlation between the base–emitter interface crystalline quality and the current gain in InGaP/GaAs HBTs grown by MOVPE. J Crystal Growth, 2007, 298: 861-866.

[89] Eisenbach A, Goldhorn A, Kuphal E, Mause K. MOVPE growth for an integrated InGaAs/InP PIN-HBT receiver using Zn-doped p^+-InGaAs layers. J Crystal Growth, 1997, 170: 451-455.

[90] Lindner A, Velling P, Prost W, et al. The role of hydrogen in low-temperature MOVPE growth

and carbon doping of $In_{0.53}Ga_{0.47}As$ for InP-based HBT. J Crystal Growth, 1997, 170: 287-291.

[91] Oda Y, Watanabe N, Uchida M, Kurishima K, Kobayashi T. C-doped GaAsSb base HBT without hydrogen passivation grown by MOVPE. J Crystal Growth, 2004, 272: 700-705.

[92] Chung T, Keogh D M, Ryou J H, et al. High current gain graded GaN/InGaN heterojunction bipolar transistors grown on sapphire and SiC substrates by metalorganic chemical vapor deposition. J Crystal Growth, 2007, 298:852-856.

[93] Makimoto T, Kumakura K, Kobayashi N. High current gain (>2000) of GaN/InGaN double heterojunction bipolar transistors using base regrowth of p-InGaN, Appl Phys Lett, 2003, 83: 1035-1037.

[94] Liou K Y, Chandrassekhar S, Dentai A G, et al. A 5 Gb/s Monolithically Integrated Light Wave Transmitter with 1.5mm Multiple Quantum Well Laser and HBT Driver Circuit. IEEE Photonics Technol Lett, 1991, 3: 928-930.

[95] 江李, 林涛, 韦欣, 等. InP 基长波长光发射 OEIC 材料的 MOCVD 生长. 半导体学报, 2005, 26:319-323.

[96] Speier S. MOVPE for optoelectronics. Microelectronic Engineering, 1992, 18: 1-31.

[97] Li B, Zhu H, Zhang J, et al. 10Gbit/s electroabsorption-modulated laser light-source module using selective area MOVPE. Semicond Sci Technol, 2005, 20: 917-920.

后　记

MOVPE 技术具有生长多种材料的灵活性、能以较快的生长速度(与 MBE 相比)生长均匀的超薄层、陡峭的异质界面，该技术还有进行选择外延生长的能力，使其在各种外延生长方法中更具实用性。然而由于 MOVPE 技术的复杂性，生长时需要控制的参数多。尽管如此，经历了 40 年的发展，以 GaAs 基和 InP 基为代表的 III-V 族化合物半导体的 MOVPE 生长取得了巨大成功。近年来，宽带 III 族氮化物的 MOVPE 生长取得了突破性的发展。非平面和选择外延生长为更复杂的器件结构如量子线、量子点和光电集成等开辟了新的途径。今天 MOVPE 技术已经成为化合物半导体薄层、超薄层和低维结构材料和相应器件的研究和生产的重要手段之一，已用来大量生产半导体激光器、发光二极管、太阳能电池、光探测器、异质结双极晶体管、高电子迁移率晶体管、光电集成电路等。

MOVPE 技术的发展与化合物半导体材料研究和器件制造的需求紧密相关，相互促进。今天 MOVPE 技术在理论和应用两个方向上，朝深度和广度两方面继续发展。MOVPE 技术的核心是如何更精确地控制其生长过程，诸如组分、厚度、界面、晶体完整性等。随着目前器件的结构更加低维化和复杂化，使得异质界面质量控制成为当前重要研究课题之一。例如，要生长一种基于子带间电子跃迁的中远红外波段单极光源的量子级联激光器，共有源区每层层厚在 0.5~10 nm 范围，须依次生长 500~1000 层。虽然已有用 MOVPE 技术生长了某些量子级联激光器的实例，但是仍然需要进一步提高控制精度。另外，第 9 章提到的可控量子点的生长也尚未得到很好解决。又如目前对表面过程知之甚少，已经发现在 MOVPE 生长时简单地加入少量的表面活性剂就可以改变导电类型和固相组分等半导体性质，预示着利用表面活性剂控制生长时的表面热力学和动力学，将会形成控制 MOVPE 生长的新工艺，可能极大地影响许多重要的半导体器件的制备。

随着微电子和光电子技术的发展，越来越需要把不同体系的材料结合到一起，以增加芯片的功能。将不同材料集成在一起面临的主要挑战是晶格失配与热膨胀系数差异，于是柔性衬底引起人们的关注。所谓柔性衬底是基于衬底协调失配应变的思想，通过柔性层来协调外延层的应变分布，增大外延层的临界厚度。通过减小镜像力的大小甚至改变其方向把产生的缺陷局限在柔性层上，从而提高外延层的质量。期望在柔性衬底上生长大失配外延体系以及新的材料。

MOVPE 技术与 Si 集成电路的结合是 MOVPE 应用领域扩展的重要方面。一方面，用 MOVPE 技术在 Si 衬底上生长器件级质量的 III-V 外延层，将 Si 和 III-V 族的优点集成在一起的单片集成电路(如 Si 上 III-V CMOS)。随着芯片特征线宽不断降低，对介质膜的要求不断提高，在研发此类薄膜用的原子层沉积工艺中，也可使用金属有机化合物为源。

MOVPE 技术的应用还扩大到生长亚稳半导体合金、稀磁半导体和氧化物等方面。稀磁半导体研究的目的是为了发展半导体自旋电子学，涉及含 Mn 等具有磁性离子的半导体外延层的生长，特别是具有高居里点材料的生长。氧化物的生长包括研制非挥发存储器的铁电薄膜，以及高温超导、压电和非线性光学薄膜等非半导体材料的生长。这些对 MOVPE 生长来说是“新材料”，必将推动相应的原材料、生长工艺、沉积设备以及基础研究的进展。

总之，MOVPE 的进一步发展不仅促进材料科学的发展，还将给微电子技术和光电子技术带来更广阔的前景。

《半导体科学与技术丛书》已出版书目

（按出版时间排序）

1. 窄禁带半导体物理学	褚君浩	2005年4月
2. 微系统封装技术概论	金玉丰 等	2006年3月
3. 半导体异质结物理(第二版)	虞丽生	2006年5月
4. 高速 CMOS 数据转换器	杨银堂 等	2006年9月
5. 光电子器件微波封装和测试	祝宁华	2007年7月
6. 半导体科学与技术	何杰，夏建白	2007年9月
7. 半导体的检测与分析(第二版)	许振嘉 等	2007年8月
8. 微纳米 MOS 器件可靠性与失效机理	郝跃，刘红侠	2008年4月
9. 半导体自旋电子学	夏建白, 葛惟昆, 常 凯	2008年10月
10. 金属有机化合物气相外延基础及应用	**陆大成, 段树坤**	**2009年5月**